九曲红梅阅孜

毛立民　赵大川　著

浙江大学出版社
ZHEJIANG UNIVERSITY PRESS

图书在版编目（C I P）数据

九曲红梅图考 / 毛立民，赵大川著. — 杭州 :浙江大学出版社，2015.12
ISBN 978-7-308-14827-6

Ⅰ.①九… Ⅱ.①毛… ②赵… Ⅲ.①红茶－介绍－杭州市 Ⅳ.①TS272.5

中国版本图书馆CIP数据核字(2015)第149390号

九曲红梅图考

毛立民　赵大川　著

责任编辑　张　琛　张远方
责任校对　仲亚萍
出版发行　浙江大学出版社
（杭州市天目山路148号　邮政编码310007）
（网址：http://www.zjupress.com）
排　　版　杭州美虹电脑设计有限公司
印　　刷　浙江印刷集团有限公司
开　　本　889mm×1194mm　1/16
印　　张　25.5
字　　数　650千
版 印 次　2015年12月第1版　2015年12月第1次印刷
书　　号　ISBN 978-7-308-14827-6
定　　价　508.00元

九曲红梅图考

刘枫 题

刘枫　原中共浙江省委副书记、原浙江省政协主席、原中国国际茶文化研究会会长

春回大地，茶芽迎春萌发。一芽二叶的嫩茶，是极品九曲红梅的上佳原材，但产量却很少。君不知，一斤极品九曲红梅，要六万多个茶芽，采茶姑娘要跑遍茶山，方能为人间带来这天外来香。

赵大川《天外来香九曲红梅》

Fragrance from outer space Jiuqu Hongmei by Zhao Dachuan

吾非作家，也非画家，耗30年心血，以有限财力积攒的原创实物、史料，使此书鲜活、生动。书将付梓，思绪万千，从来不会绘画的人竟提笔画此图。

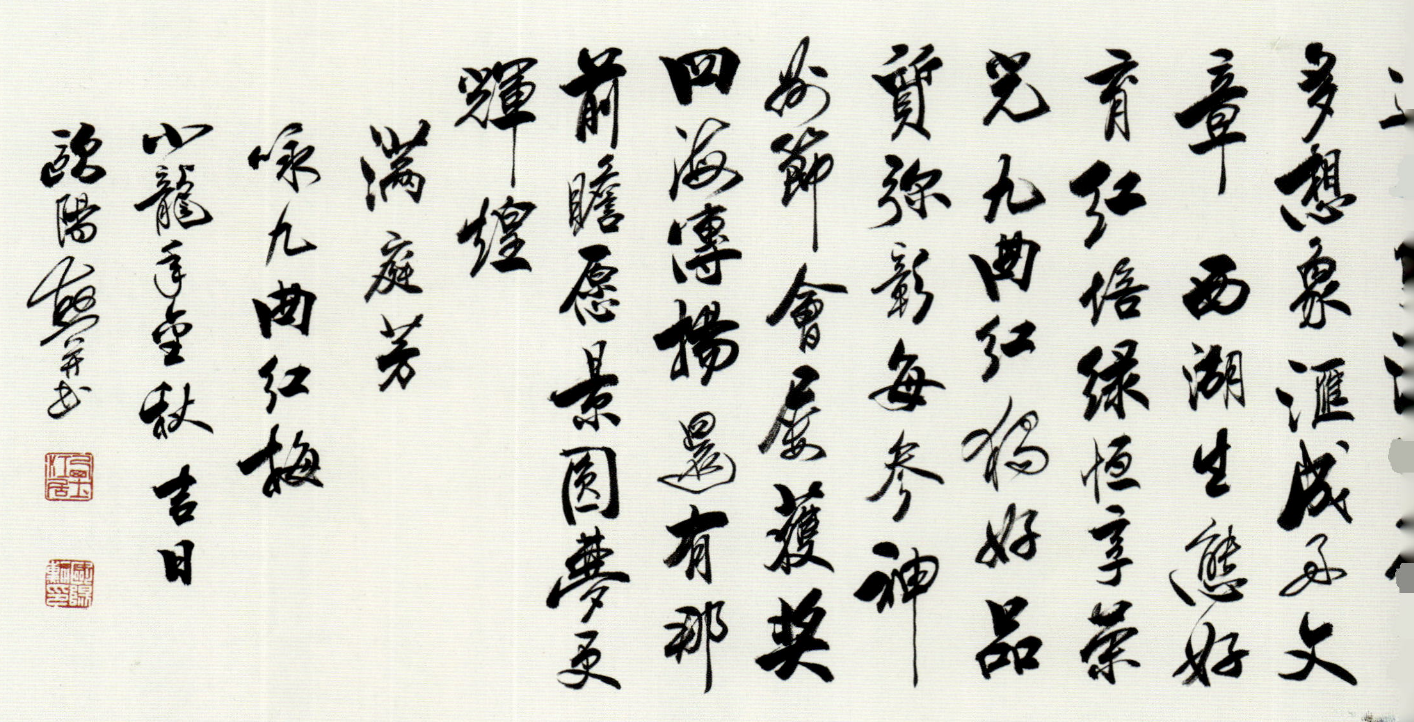

欧阳勋《满庭芳·咏九曲红梅》

“Mantingfang, Ode to Jiuqu Hongmei” by Ouyang Xun

九曲红梅是浙江省杭州市的一款特有的红茶。她“弯如九曲溪，香逾江畔梅”“细如鱼钩，色泽乌润，梅香馥郁，汤色红艳，滋味鲜醇，叶底红亮”，凭借出色的品质屡获各项大赛金奖。西湖区双浦镇是其主产地。

山水清音，
神清骨秀，红唇舌底梅芳。
暗香浮动，
七赏红艳汤。
回味外形内质，
屈指数，遐迩无双。
漫留得，几多想象，
汇成好文章。

西湖生态好，育红培绿，
恒享荣光。
“九曲红”独好，
品质弥彰。
每参神州节会，
屡获奖，四海传扬。
还有那、前瞻愿景，
圆梦更辉煌。

注释：“育红”，指所育红茶——九曲红梅；“培绿”，指绿茶之首——“西湖龙井”。然对“九曲红”，近有题词曰：“万绿丛中一点红，中国红茶九曲红。”

欧阳勋，男，1935年6月生，湖北天门人。北宋欧阳修32代孙。自幼于其父私塾馆启蒙，注重习学古文、诗词及书法技艺。20世纪80年代初期入安徽农学院茶叶系，受业于茶坛泰斗陈椽教授门下，研修茶史和茶叶制作学。于是，平生爱好定型于研习诗词、书法和茶文化。

在诗词创作上，他有40多年的艺术实践，共创作旧体诗词3300多首（其中茶诗1380首）。其创作特点是，在追求意境中，多有浅切质朴的意趣。于2008年获“诗学状元杯”金奖。

在书法实践中，他走笔书坛，笃行不辍。先后在国内大型书画展中荣获七次金奖。20世纪90年代以来，还举办过三次个人作品展出，获得好评。2008年获中国国学研究会颁发的“国学功勋艺术家”荣誉称号。2013年5月获中国书画艺术家协会、中国文学艺术家协会联合颁发的“国家级艺术家”荣誉称号。

在茶文化研究中，欧阳勋因矢志研究陆羽和《茶经》，并相继出版多部茶事专著，于2010年获全国第三届“陆羽奖”——“国际十大杰出贡献茶人”荣誉称号。

在国际学术交流方面，他曾一访西欧，三访日本（1999年11月10日二访日本时，他与日本东京书道家佐藤武夫等进行了一次专场书道交流），四访韩国，促进了书法和茶文化方面的国际交流。

自20世纪80年代以来，欧阳勋历任原天门陆羽研究会副会长兼秘书长、常务副会长，天门市书协主席，湖北书协理事，楚风诗社社长；现任湖北省陆羽茶文化研究会首席顾问，中国茶叶博物馆技术顾问，湖北陆羽书画院艺术院长。

作品有《陆羽研究》《茶经注》《论茶绝句》《茶诗八百首》；与人合著有《陆羽茶经译注》；主编有《陆羽研究集刊》《茶经论稿》和《陆羽》杂志。

茶坛泰斗陈椽（右）和欧阳勋（左）在一起（20世纪90年代初）
Professor Chen Chuan (right) together with Ouyang Xun (left) (in the early 1990s)

序　一

王立华*

天下西湖三十六，唯独杭州西湖天下秀。杭州西湖美名扬天下，一湖一茶绚丽夺目，相得益彰。遥想当年，茶圣陆羽因安史之乱，随难民南下，来到江南的第二年，即唐至德二年（757），就曾赴杭州西湖灵隐寺。《宋高僧传·唐杭州灵隐山道标传》、明万历《钱塘县志·道标》记载，陆羽亲眼所见，道标作为“试通经七百纸者”首先剃度，“名之威凤云”。陆羽写有《道标传》，惜佚传，但却留下了“日月云霞为天标，山川草木为地标，推能归美为德标，居闲趣寂为道标，名实两全，品藻斯当”的文字记载。唐上元元年（760），陆羽先隐居于余杭苎山，整理遍历32州笔记，写《茶记》一卷。同年十一月，刘展之反，陆羽再隐于余杭双溪今之陆羽泉。外面兵荒马乱，陆羽“阖门著书”，著成《茶经》三卷，永垂青史。陆羽还为杭州写下了《武林山记》《灵隐天竺二寺记》，这些史实，在明、清、民国《余杭县志》，清宣统《杭州府志》均有记载。陆羽《茶经·八之出》，有“钱塘生天竺、灵隐二寺”之句。

王立华书记和《中国名茶·九曲红梅》作者、浙江省农业厅研究员王家斌合影
Photo of Wang Lihua and Wang Jiabin

* 王立华，中共杭州市西湖区委书记。

为此，新千年以来，每年的杭州西湖博览会均先在西湖区隆重召开“开茶节”，嗣后又在余杭区召开“中国茶圣节”，以此来纪念陆羽。陆羽为杭州写的著作虽然失传，但南宋《咸淳临安志》中却有许多陆羽记载的地名，其中“秦王缆船石”即是陆羽记载的。秦王缆船石是杭州最古老的地名，晋代于此处建有大佛寺。巍巍巨石今安在，不见当年秦始皇。南宋《咸淳临安志》卷八十还有《陆羽记》，陆羽用219字记载了庄丽的唐代灵隐寺，“绣角画拱，霞晕于九霄；藻井雕楹，华垂于四照……”。这219字，是陆羽现存世仅次于《茶经》的文字记载。陆羽不仅足迹遍布西湖周遭，还将灵隐、天竺二寺之茶写入其《茶经》，可能是古代将杭州“一湖一茶”同时载入史册的第一人。

公元804年，陆羽去世，他的好友道标则过世于823年。804年、805年，日本高僧最澄、空海先后来到杭州。最澄、空海将杭州茶籽、陆羽《茶经》传播到日本，使杭州西湖“一湖一茶”远渡重洋。现灵隐寺中仍屹立着日本友人捐赠的空海铜像，诉说着千年前的中日友好故事。

无数名人高士、官宦商贾，无不陶醉于杭州的“一湖一茶”，留下多少传诵至今的不朽诗篇，其中最著名的是唐宋杭州父母官白居易、苏东坡。乾隆皇帝六下江南，四上龙井，写下六首龙井御茶诗，更将西湖龙井茶推为“绿茶至尊”。

晚清、民国以来，通过铁路、公路、轮船等运输方式，杭州四通八达，无数向往西湖的中外人士，在饱览西湖美景的同时，品味并购买奇妙的西湖茶叶。茶叶喝完了，绘有西湖美景的茶叶罐至今尚存，它们将西湖风情、西湖茶叶传遍神州，使之名扬海外。

历史越千年，换了人间。进入新千年，西湖申遗成功，其最重要的载体之一乃西湖茶叶也。西湖名茶一绿一红，龙井绿茶、九曲红梅也。大凡中国嗜茶之人，言茶者，必有西湖龙井绿茶。殊不知，西湖还有一著名红茶——“九曲红梅”，它“植西子湖畔，钱塘江边，汲旸煦雨润之精华”；它始创于清同光年间，首度亮相于1876年美国费城世博会；在1915年巴拿马赛会上，吴越国王钱镠后代钱文选据理力争，使其夺得大奖；在1926年美国费城世博会、1928年上海工商部中华国货展览会、1929年杭州西湖博览会上，杭州红茶（九曲红梅）频获金奖。据1919年浙江省立甲种农业学校校刊《浙江农言》、1919年《浙江商品陈列馆季刊》、1923年杭人徐珂《可言》、1929年《工商半月刊》、1934年《杭州民国日报画报》、1935年《东方杂志》等清楚记载，民国时期九曲红梅营销全国，与祁红、滇红、闽红齐名。西湖名茶，一绿一红，实至名归。“原创传世，言必有据”，翔实考证、鲜活展示的《九曲红梅图考》一书，图文并茂地诠释了九曲红梅的前生今世，这是一部好书，阅后您会有同感。

是为序。

王立华书记（右）、虞荣仁会长（左）为“九曲红梅茶研究院”剪彩

Wang Lihua and Yu Rongren cutting the ribbon for the Jiuqu Hongmei Research Institute

序　二

祝永华*

西湖名茶，一绿一红。龙井绿茶、九曲红梅，犹如西湖雷峰、宝俶两座古塔，又似镶嵌在西湖上的绿红两颗宝石。它们熠熠生辉，使湖山生色，为杭州添彩。

西湖茶叶早在唐代就载入陆羽《茶经》。清《龙井见闻录》记载，北宋二任杭州知府赵抃和龙井寺住持辩才品龙凤团茶，即贡茶。南宋《咸淳临安志》载，西湖宝云庵产宝云茶，天竺香林洞产香林茶，苏东坡诗云："白云峰下两枪新"，西子湖畔的宝云茶、香林茶、白云茶，据古籍记载均为贡茶。需要说明的是，典籍中记载的西湖贡茶是"采之、蒸之、捣之、拍之、焙之、穿之、封之"的饼茶，即团茶，品茗时需"碾茶为末，置于磨令细，以罗罗之。候汤将如蟹眼"，有别于今天烘焙法炒制的龙井绿茶，更不同于全发酵的九曲红梅。

唐、宋、元代，品茗的主流是团茶。但即使在唐代也有炒烘青的造茶法。当代茶圣吴觉农《茶经述评》就引用唐代大诗人刘禹锡《西山兰若试茶歌》中"自傍芳丛摘鹰嘴""斯须炒成满室香"来证实唐代就有炒青法制茶工艺，南宋《咸淳临安志》及明清《余杭县志》记载，余杭径山国一大师法钦开山之初，"采谷雨前者，以小缶贮送"之"佛供茶"，由于量少，即是用"炒青法"制成，它也是今天中国驰名商标"径山茶"的原型。

制茶品茗，因着时代而变迁。唐代品茗是宫廷寺院的奢侈享受，使用的器具如茶碾、碾堕、汤匙均是银制鎏金。北宋经济总量远胜唐代，达官贵人、大德高僧、文人墨客、富商财主，皆以品茗为时尚，全国几乎有三分之一的人从事茶的种植、营销，或以茶肆营生，乃至茶铺遍布各城邑。于是，银制鎏金的茶碾、碾堕转换成陶瓷质地。《宋会要》等典籍清楚记载，从北宋初年至苏轼来杭任通判的100多年间，杭州商税超过广州，超过南京、苏州的总和，超过当时的首都开封，始终为神州第一位。商税缴纳多，市场繁荣也。市场繁荣，品茗成风也。杭州大量出土的茶具证实了这段历史。

杭州市西湖区茶文化研究会会长祝永华
Zhu Yonghua, the director of Tea Culture Research Institute in West Lake District, Hangzhou

到了明代，社会进一步发展。明成化《浙江志》记载，杭州、富阳的贡茶已是条索状的芽茶。品茗方式也随之改变，明陈师撰《禅寄笔谈》曰："杭俗用细茗置瓯，以沸汤点之，名曰'撮泡'。"明代杭城人首创的"撮泡法"，也即今天龙井茶的品茗方法。乾隆皇帝的六首御茶诗，描绘了如茵的茶园，乾隆皇帝实地考察了龙井茶的采摘、炒焙，认为"陆羽茶经太精讨"，也就是品茗太烦琐了。于是，明清以降，即泡即饮的龙井绿茶，在崇尚绿茶的人群中流行起来，延续至今。

---

* 祝永华，杭州市西湖区茶文化研究会会长。

殊不知，在龙井绿茶的光环笼罩下，其实西子湖畔、钱塘江边还有一颗中国名茶遗珠——九曲红梅。

新中国建立初期，浙杭报刊就有杭州九曲红梅之说；改革开放以来，省农业厅派员调查九曲红梅原产地，茶农口口相传，九曲红梅身世渐现。新千年以来，杭州西湖区委、区政府十分重视历史名茶发掘，九曲红梅申报浙江省"非遗"名录成功，更坚定了我们深度发掘九曲红梅历史文化遗存，有根有据地探明九曲红梅的前生今世，进一步申报国家级"非遗"名录的决心。《九曲红梅图考》一书，即是广为搜索、深度挖掘九曲红梅历史文化遗存丰硕成果的结晶。

毛立民、赵大川先生所著的《九曲红梅图考》一书，以翔实的第一手实物史料，全面地论证了杭州红茶九曲红梅的百年历史。1919年浙江省立甲种农业学校校刊《浙江农言》记载的西湖"本山红茶"，1919年浙江商品陈列馆方正大茶庄展览的"杭县红茶"，1923年杭人徐珂《可言》中的九种各色"九曲""红梅"，是杭州红茶九曲红梅最早的文字记载，迄今已有近百年。1929年国家级刊物工商部工商访问局《工商半月刊》之《杭州茶业状况・红茶》，除了记载杭州红茶（九曲红梅）的种植、采摘、炒制外，还记载了十种杭州红茶（九曲红梅）的名称和价格，其中有五种还有别称，因此，共有十五种牌号（名称）的杭州红茶（九曲红梅）。此记载，实为一次对杭州九曲红梅牌号的认真梳理，我们可以以此对各种报刊、商家广告、账册所载杭州红茶牌号进行比对、搜索，确认是否为杭州红茶（九曲红梅）。其后，本书以大量的典籍文献说明，太平军入杭，"富阳县至省城一百余里，枯骨遍野"，因此口口相传的"九曲红梅始创于太平天国时期"并不确切，其应始创于太平军离浙杭后五年左右，即1870年的同光时期。

为纪念《独立宣言》在美国费城签署一百周年，美国于1876年举办费城世博会，清廷首次派团参赛。中国参赛的组织工作由总税务司赫德负责，多数展品由设于宁波的东海关税务司德璀琳筹办，由于邻近上海、宁波，杭州红茶（九曲红梅）有了首度亮相的机会，浙江海关文书李圭《环游地球实录》记载下了当时的盛况。

1915年的《神州日报》生动真实地记载了巴拿马赛会上，吴越国王钱镠后裔、旧金山领事、巴拿马赛会农业与食品两馆审查员钱文选，以一人兼两职，智勇双全，力战日本审查员、翻译两人，终于得到以美国审查员为首的大多数审查员的认可，使江西、安徽、湖南、浙江、湖北、江苏、福建参赛茶叶共获大奖。1915年7月7日的《神州日报》还专门报道七省之红茶"尤为美国欢迎"。此"浙江红茶"，即杭州九曲红梅是也。1919年的浙江省立甲种农业学校校刊《浙江农言》记载杭州"本山红茶"，1919年浙江商品陈列馆杭州方正大茶庄陈列的"杭县红茶"距1915年巴拿马赛会不到四年，有力地支持了九曲红梅（杭州红茶）巴拿马赛会得大奖的史实。

1926年，在美国费城世博会上，杭州方正大、翁隆盛、大成、乾泰、亨大、茂记六家茶庄参赛，均获甲等大奖，其参赛茶叶中也有九曲红梅。

1928年上海工商部中华国货展览会和1929年杭州西湖博览会是国民政府时期两次全国性的博览会，茶叶评审均由当代茶圣吴觉农主持，1928年吴觉农撰写的《对于茶叶之审查意见》称"杭州之红茶，色香味亦极优"，杭州乃至来杭设厂的其他厂家，送展的九曲红梅（杭州红茶）获奖多多。

本书还图文并茂地展示了1930年12月吴觉农校阅的《浙江省杭湖两区茶业概况・红茶》、1931年《中国茶业问题・杭州乌龙茶》、1934年《杭州民国日报画报》之九溪红茶、1935年《东方杂

祝永华会长（前座者右3）在挖掘九曲红梅历史文化遗存会上
Zhu Yonghua attending the Historical and Cultural Heritage Meeting of Jiuqu Hongmei

志·龙井红茶》，以及大量的商家广告。文字清楚记载，图片鲜活展示，20世纪30年代是九曲红梅的鼎盛时代。

其后，本书以杭州老字号茶庄方正大的账册和龙井寺的广告、茶叶罐、信函、发票、报端报道，条分缕析地论述九曲红梅“营销全国，誉满神州”的史实。书中展示的四枚1919年茶行纳税凭证，弥足珍贵。这四枚纳税凭证是由位于九曲红梅原产地闸口浮山茶捐分局颁给杭州公顺茶行的，还盖有“闸口统捐征收局，验讫”“杭县凤山门统捐分局”二枚官印，表明红茶来自浮山，进了凤山门便售于杭州茶行进行精制。书中还展示了方正大茶庄账册清楚记载的公顺茶行收“大洋四百元”，证实了九曲红梅从采制红茶，售卖公顺茶行，公顺茶行船运至方正大茶庄，方正大茶庄精制后销往全国的有序、完整的采制、营销全过程。尤为精彩的是书中千方百计挖掘出来的1948年杭州《东南日报》刊登颂扬九曲红梅的《红茶颂》《饮红茶的三部曲》，说明了民国时期确有许多嗜好九曲红梅的人。

新中国成立初期，中国共产党人接手的是满目疮痍、百业俱废的烂摊子，加之帝国主义对我国进行经济封锁，新生的共和国，经济形势十分严峻。

根据毛泽东与斯大林签署的协定，苏联贷给中国3亿美元贷款，却指明要以茶叶偿还贷款本金及利息，而且要的是红茶。因此，九曲红梅等红茶，以纤纤茶叶挑起大梁，支持共和国渡过了最困难的时期。

凡此种种，《九曲红梅图考》一书通过深度挖掘，展示给我们鲜活、真实、完整、令人信服的杭州九曲红梅前生今世百年历史。

是为序。

序　三

毛立民

浙江省茶叶公司在种植、精制、营销浙江名茶的同时，一贯关注研究浙江名茶的悠久历史。2012年，在筹建杭州九曲红梅茶业有限公司之先，我们就大量收集九曲红梅史料，并计划进一步研究、著述。赵大川先生曾任杭州市种猪试验场场长，并兼任拥有6000亩成片茶园的全国最大的杭州茶叶试验场场长，他曾是浙江省茶叶公司、日本三明茶叶公司、杭州茶试场三家企业合资的浙江三明茶叶公司董事，也是我们的老熟人了。退休后他“原创传世，言必有据”，已写作出版40余部图书，其中有许多茶史专著。因此，我有了与赵大川先生合作编撰出版《九曲红梅图考》的动议，经过一年多的辛勤劳作，鲜活、生动、真实的《九曲红梅图考》终于完竣面世。

诸君略翻本书的目录，再阅书中桩桩件件的历史依据，会了解到九曲红梅作为“中国名茶”，一点不过分。

说到九曲红梅的历史，与我们浙江省茶叶集团股份有限公司可谓有着不解之缘。1915年，钱文选据理力争，包括九曲红梅在内的浙、皖、赣、闽、湘、鄂、苏七省茗茶共获金牌大奖，仅仅四年后，浙江省茶叶公司的上级单位中国茶叶公司（当时名为中国茶业公司）原总经理、当代茶圣吴觉农先生的母校，笔者现研读博士生的浙江大学茶学系前身——浙江省立甲种农业学校的校刊《浙江农言》，就刊登了“本山红茶”，也即西湖区九曲红梅，不仅有采摘制法，还有获利情况，说明其时九曲红梅（“本山红茶”）已从原产地扩大到整个西湖区。1923年《浙江省立农业学校十周纪念刊》载，吴觉农为农学研究生第一名。1919年《浙江农言》刊登“本山红茶”时，吴觉农还在农业学校担任助教。1919年《浙江商品陈列馆季刊》也刊登有“龙井红梅”，即九曲红梅。

1928年，日军残忍杀害我外交处主任兼山东特派交涉员蔡公时等17人的“济南惨案”震惊全国，“抵制日货，挽回利权，提倡国货”的国货运动此起彼伏，因此有了1928年12月的上海工商部中华国货展览会。中国茶业公司原总经理吴觉农先生，以审查委员身份写就的《对于茶叶之审查意见》中有“杭州之红茶，色香味亦极优”之语。“杭州之红茶”，即九曲红梅。在吴觉农先生主持下，“杭州红茶”（九曲红梅）在此次展览会上获三项优等奖。吴觉农也完成了他茶叶事业的一件大事。在1929年6月6日至10月11日，历时137天、观众超过1000万人次的杭州西湖博览会上，吴觉农任评议部委员，他的夫人陈宣昭为农业品研究部委员。在吴觉农的参与下，杭县永春、乾泰茶庄参展的杭州红茶（九曲红梅）获两项特等奖。吴觉农因评议有功，还获得西湖博览会感谢章。

新中国成立以后，历经美帝国主义经济封锁、朝鲜战争，国家随即进行大规模经济建设，国民经济任务急迫繁重。苏联伸出援助之手，给予3亿美元贷款，红茶是偿还苏联贷款的主要物资。吴觉农作为农业部副部长和中国茶业公司总经理，在《新中国茶业的前途》一文中提出“大力生产红茶”。浙江省茶叶公司率先响应，筹办了1950年的杭州中国茶业公司制茶干部训练班，大力培训干部，努力完成增产红茶任务，众多学生中就有浙江省茶叶公司业务科办事员唐力新先生。其时，他方25岁，专科毕业后，已从事茶业工作两年。

纵观九曲红梅的百年历史，囿于种种原因，曾辉煌一时的九曲红梅长期被湮没，甚至被遗忘。抹去尘封，九曲红梅的辉煌历史重现眼前，一桩桩、一件件的史料证实，这些历史的亮点，与浙江省茶叶公司，特别是唐力新先生有关。在此，对唐力新先生的历史贡献略举一二。

1951年唐力新刊于《浙江贸易通讯》之《浙江春茶市场分析》一文，就写及杭州红茶。1953年5月《浙江贸易通讯》第2卷第5期刊登唐力新《目前茶叶收购及市场管理工作存在的几个问题》，文中专门写及“湖埠红茶价格问题”，提出“茶商抢购湖埠红茶”，应适当抬高价格。这是新中国成立后首次记载下的九曲红梅原产地湖埠红茶历史。1964年唐力新编《浙江茶叶特点和评茶方法》，书中专门写到名茶九曲红梅。1985年，俞寿康、王家斌、唐力新主编《浙江名茶》，书中也赫然列有九曲红梅。这些确凿翔实的史料，使得中国名茶九曲红梅拥有丰富饱满的内涵。

愿您在阅读图文并茂的《九曲红梅图考》时，会为我国众多的名茶中有九曲红梅这样既色香味极优，又有如此历史文化内涵的奇葩，感到赏心悦目。

愿大家都为“茶为国饮，杭为茶都”助力。品茗九曲红梅，人人健康长寿。

是为序。

杭州九曲红梅茶业有限公司一届一次董事会合影
Photo of Council of Hangzhou Jiuqu Hongmei Tea Co., Ltd.

前　言

她，“植西子湖畔，钱塘江边”，汲旸煦雨润之精华；她，历史悠久，始创于晚清同光年间，至今已有一百余年历史。她，声名显赫，1876年首度亮相美国费城世博会；1915年巴拿马世博会上，因吴越王钱镠后裔钱文选据理力争，搭车获金奖；1926年费城世博会、1928年上海工商部中华国货展览会、1929年杭州西湖博览会上，频频获得金奖。她，受当代茶圣吴觉农的青睐，1928年上海工商部中华国货展览会上吴觉农亲撰《对于茶叶之评审意见》给予其高度评价。她，家世清楚，传承有序，记载完整，1923年杭人徐珂《可言》记载龙井红茶有九种品牌，1929年《工商半月刊》刊其15种牌号及种植制作之法，1935年《东方杂志》记载有其制法，1934年《杭州民国日报画报》刊登有其制作照片。她，营销神州，大幅民国彩色广告、杭州老字号茶庄方正大账册，标明北平、哈尔滨、烟台、奉天……中国北部各省、市都有她的芳迹；她，醉翻文人墨客为她写下《红茶颂》《饮红茶的三部曲》；她，解放初期撑起共和国外销大梁，以纤纤茶叶助共和国渡过帝国主义封锁的最困难时期。她就是与祁红、闽红、滇红齐名的中国著名红茶——杭州九曲红梅。

烟台福增春茶庄售九曲红梅广告

Advertisement of Jiuqu Hongmei of Fuzengchun Tea Shop in Yantai

目　录

Chapter Seven Important Role in the Early Days after the Founding of the PRC

Chapter Eight Good Environment and Resplendence Again

Appendix Technical Regulations for Jiuqu Hongmei Production

Postscript

第一章　九曲红梅牌号梳理

囿于种种历史原因，曾盛极一时的九曲红梅长期湮没在历史中。本书以大量的原始文献资料、实物图片，来证实、解读、诠释九曲红梅悠远辉煌的历史。不同时期，现域九曲红梅的原产地不同，生产、销售、参与评奖的九曲红梅名称、牌号也不尽相同，有必要做一认真梳理。

九曲红梅之“梅”，即茶。而“九曲”与“龙井”一样，是一地域概念，指的是杭州浮山、定山到九溪十八涧，这一带的“龙井红茶”即杭州九曲红梅。“九曲”，应源自“九溪十八涧”之地名；“红梅”，红茶也。1919年浙江省立甲种农业学校校刊《浙江农言》称其为“本山红茶”，1919年浙江商品陈列馆中方正大茶庄陈列称其为“杭县红茶”。1923年杭人徐珂《可言》载“龙井红茶”有龙井九曲、龙井红、红寿、寿眉、红袍、红梅、建旗、红茶蕊、君眉九种名称；1928年浙江省国货陈列馆陈列有红梅、红袍、小种、红芯、乌龙五种杭州红茶；1928年，上海工商部中华国货展览会吴觉农《对于茶叶之审查意见》称其为“杭州红茶”；1929年西湖博览会荣获特等奖时亦称“杭州红茶”；1929年7月，国民政府工商部工商访问局第一卷第十三号《工商半月刊·杭州茶业状况·红茶》称其为顶上乌龙、最优乌龙（或称“最优红寿”）、九曲上红袍、九曲红袍（或称“极品红寿”）、九曲红寿（或称“九曲岩毫”）、上君眉（或称“小种”）、大红袍（或称“九

图1–1　苏州老吴世美茶号售九曲红梅的包装广告

Fig. 1-1 Advertisement of Jiuqu Hongmei by Wushimei Tea Shop in Suzhou

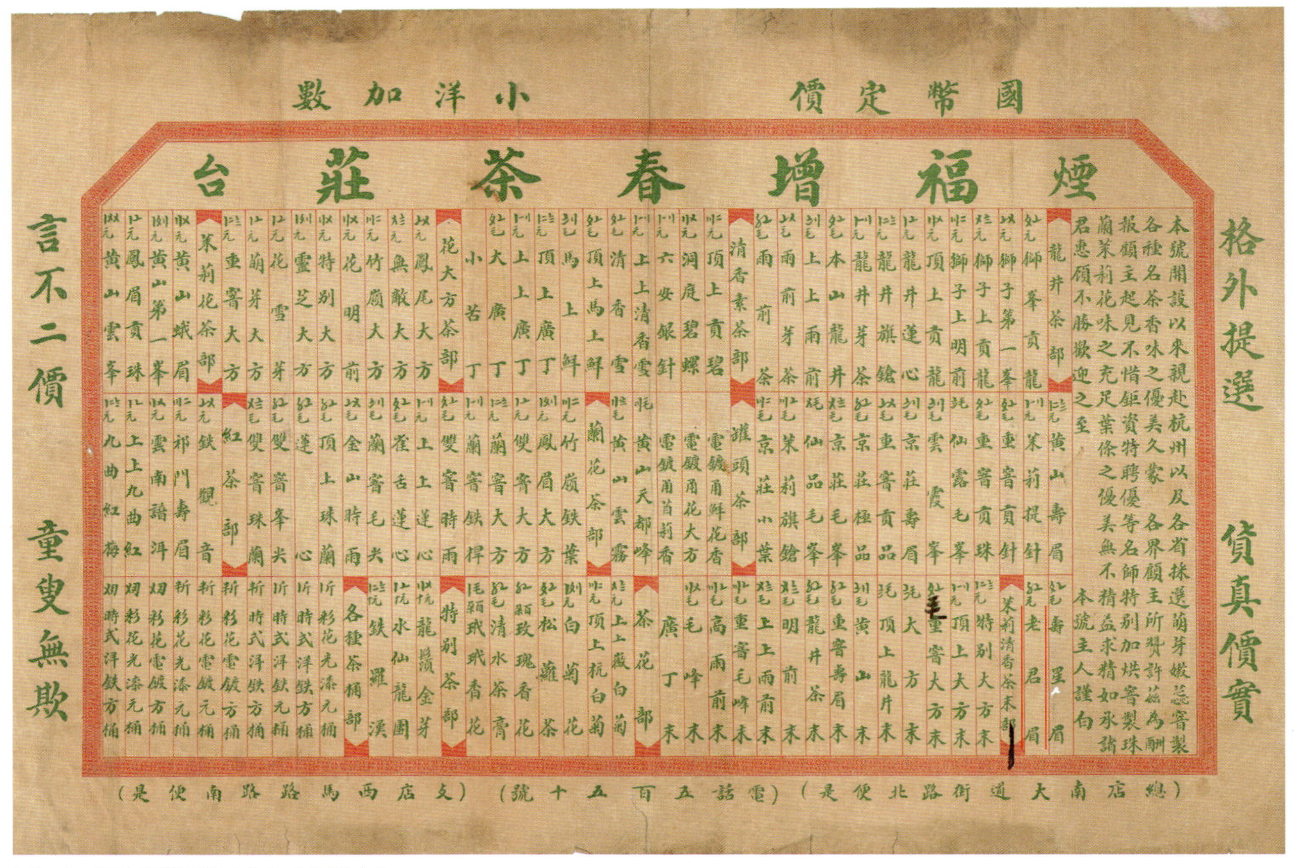

图1–2　烟台福增春茶庄售九曲红梅广告

Fig. 1-2 Advertisement of Jiuqu Hongmei by Fuzengchun Tea Shop in Yantai

曲上红寿”）、君眉、上红梅、红梅，计有十种牌号，另有五种副牌号，共十五种“杭州红茶”（九曲红梅）的牌号，是见诸文字最多，且有“九曲红”及“红梅”字眼的首次。而且这十五种牌号的九曲红梅，在方正大销往全国的账册上都能见到。1935年4月1日第32卷第7号《东方杂志》称其为龙井红茶；20世纪40年代，报纸杂志上，称其为龙井红、九曲红梅、杭州红茶、龙井红茶、上上九曲……据此，晚清、民国时期生产、销售的杭州红茶、红茶、龙井红、上上九曲、九曲寿眉等标有九曲红茶字样的红茶，应均为杭州历史名茶九曲红梅。而外省茶庄大幅广告画中，与其他省份并列之九曲红梅，即“杭州红茶”。由杭州生产、杭州茶庄销卖，在杭州报刊上刊登杭州红茶的顶上乌龙、最优乌龙、大红袍、上红袍、君梅、小种，亦是杭州九曲红梅的一种牌号、一种称呼，而此处的“乌龙”和“红袍”应是被借用的名称，均解释为“杭州红茶”（九曲红梅）。

图1–1至图1–3，连同前言的配图，是一组民国时期江苏苏州、山东烟台、河北辛集镇茶庄售九曲红梅的广告。

潤德成泰記茶莊

總號束鹿辛集鎮

支號晉縣小樵鎮

夫我國茶產著名全球古今中外認為必需之飲料助文思增詩典除煩滌慮清胃消食實衛生之妙品本莊開設在束鹿縣辛集鎮大街路南百有餘年今設晉縣小樵鎮大街路北座莊零整批發不惜重資特聘名師親赴各大名山採選新到杭州洞庭碧螺西湖龍井頭品貢茶珠窨茉薰以及紅綠素茶並不加工焙製精益求精以期達到提倡國產實業之目的繳莊出貨俱售大洋不折不扣如攜銅元買貨者概照本鎮現時市價合算出入一律以期彼此兩便並門市零售小包銀元銅元仍由尊便謹將茶目列後務請垂鑒是荷

本莊主人謹啓

獅球商標

花茶類：玉葉長春、黃山玉英、祁門雲霧、祁山雲英、雨前花須谷、竹嶺大方、抱雲峯、仙枝大方、花馳名、特别大方、花谷芽、超等大方、明前綠、鉄葉大方、花蓮心、靈芝大方、花碧螺、花大方、頂上毛峯、花清香、馬上鮮、茉莉母、双窨香片、上香片

綠茶類：頭春墨玉、先春碧蕊、洞庭碧螺、天山貢碧、蜜雲龍、全貢龍、西湖龍井、明前貢龍、明前龍井、六安貢尖、雨前白毫、雨前銀針、廣丁茶、杭菊花

紅茶類：雲貢銀毫、鋼毫普洱、三星普洱、九曲紅梅、五子普洱

珠花茶類：頂上白毫、理門茶膏、白壽眉、嫩蕊、君眉、上白毫、紅梅

花珠茶末類：珠紫筍、珠綠娥眉、珠蘭鳳眉、頂上珠蕊、珠茗芽、珠蘭茶梗、特别三角、高香末、花三角、奇香末、明前花末、花香末

小包類：香片末、花末、香末、徽花岩頂、徽竹嶺大方、徽抱雲峯、徽仙枝大方、徽花馳名、徽特别大方、徽花谷芽、徽花大方、徽明前綠、徽花蓮心、徽花峯針、徽花碧螺、徽蒙山頂谷

大小黑漆扁五彩油印茶盒

代售徽墨

辛集大街路南長隆石印局印

图1-3　河北辛集镇（现为辛集市）润德成泰记茶庄售九曲红梅广告

Fig. 1-3 Advertisement of Jiuqu Hongmei by Runde Chengtai Tea Shop in Xinji City, Hebei Province

第二章　历史悠久，同光肇创

一、白居易、苏东坡笔下的风水洞、定山、浮山

九曲红梅的原产地浮山、定山、风水洞，并不为杭人知晓，殊不知，唐宋杭州父母官白居易、苏东坡都到过浮山、定山、风水洞，且留下了千古诗文。

明《西湖游览志》卷二十四载：

风水洞在杨村慈岩院侧，旧名恩德洞。上洞立夏清风自生，立秋则止。下洞流水潺潺，大旱不涸。洞中石子，红点如丹，持出即隐，置于内如故。

白乐天诗云：云水埋藏恩德洞，簪裾束缚使君身。暂来不宿归州去，应被山呼作俗人。

《西湖游览志》的这一段记载，说明风水洞在唐代就很著名，杭州父母官白居易曾莅临此地，留下千古诗篇。

《西湖游览志》继续记载，曰：

苏子瞻《往富阳新城李节推先行三日留风水洞见待》诗云：

春山磔磔鸣春禽，此间不可无我吟。路长漫漫傍江浦，此间不可无君语。金鲫池边不见君，追君直过定山村。路人皆言君未远，骑马少年清且婉。风崖水穴旧闻名，只隔山溪夜不行，溪桥晓溜浮梅萼，知君系马岩花落。出行三日尚逶迟，妻孥怪骂归何时。世上小儿夸疾走，如君相待今安有。

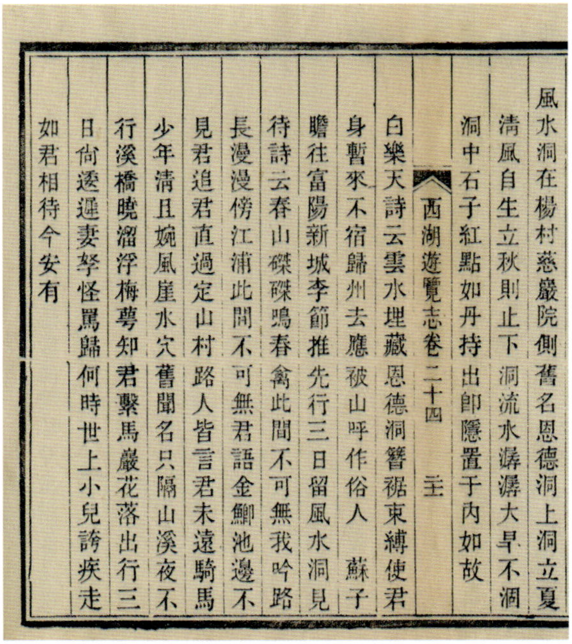

苏子瞻，即杭州父母官苏东坡。他在去富阳新城（新登）的途中经过风水洞，“春山磔磔鸣春禽，此间不可无我吟”，诗兴大发，随即吟诗。诗中“路长漫漫傍江浦”“追君直过定山村”，说明苏东坡是沿钱江，经定山村，来到风水洞的。“溪桥晓溜浮梅萼”，宋时定山、浮山、风水洞一带遍植梅花，难怪“杭州红茶”称九曲红梅。

白居易、苏东坡以他们在唐宋诗坛上的地位，为定山、风水洞留下诗篇，无疑为定山、风水洞的悠久历史和文化更添光彩。

風水洞在楊村慈巖院側舊名恩德洞上洞立夏清風自生立秋則止下洞流水潺潺大旱不涸洞中石子紅點如丹持出即隱置于內如故

西湖遊覽志卷二十四

白樂天詩云雲水埋藏恩德洞簪裾束縛使君身暫來不宿歸州去應被山呼作俗人　蘇子瞻往富陽新城李節推先行三日留風水洞見待詩云春山磔磔鳴春禽此間不可無我吟路長漫漫傍江浦此間不可無君語金鯽池邊不見君追君直過定山村路人皆言君未遠騎馬少年清且婉風崖水穴舊聞名只隔山溪夜不行溪橋曉溜浮梅萼知君繫馬巖花落出行三日尚逶遲妻孥怪罵歸何時世上小兒誇疾走如君相待今安有

图2-1　《西湖游览志·风水洞》白居易、苏子瞻（东坡）诗
Fig. 2-1 Poems about Fengshui Cave written by Bai Juyi and Su Zizhan, *The Chronicles of West Lake Tour*

《西湖游览志》还专门记载了苏东坡《乞开石门河状》（又作《乞相度开石门河状》，本书以《西湖游览志》所载为准）中的浮山，文如下：

> 浮山在城南四十里。苏子瞻守杭日《乞开石门河状》云：
>
> 按《史记》秦始皇帝三十六年（前211）东游至钱唐（塘），临浙江，水波恶，乃西百二十里，从狭中渡。始皇帝以天下之力，殉其意之所欲，出赭山桥，海无难，而独畏浙江水波恶，不敢径渡，以此知钱唐（塘）江天下之险，无出其右者。臣昔通守此邦，今又忝郡寄，二十年间亲见覆溺无数，自温台明越往来者，皆由西兴径渡，不涉浮山之险，时有覆舟，然尚稀少。自衢睦处婺宣歙饶信及福建路八州往来者，皆出入龙山。沿泝皆江，江水滩浅，必乘潮而行。潮自海门东来，势若雷霆，而浮山峙于江中，与渔浦诸山相望，犬牙错入，以乱潮水，洄洑激射，其怒自倍，沙碛转移，状如鬼神。往往于渊潭中涌出陵阜十数里，旦夕之间又复失去。虽舟师泅人，不能前知其深浅，以故公私坐视覆溺，无如之何。臣相视地形，访问父老，自浙江上流，地名“石门”，并山而东，凿为运河。引浙江及溪谷诸水凡二十二里有奇，以达于江。又并江为岸，度潮水所向，则用石；所不向，则用竹木，凡八里有奇，以达于龙山之大慈浦。自大慈浦北折抵小岭下，凿岭六十五丈，以达于岭东之古河。因古河稍加浚治，东南行四里有奇，以达于今龙山之运河，以避浮山之险，则浙民幸甚。观此则浮山之险，自古为然。盖潮入海门，分为两派，东派沿捍江塘向富春，西派直射浮山，怒激而回，谚称“回头浪者”是也。

苏东坡专门踏勘地形，走访父老，写下《乞开石门河状》。按照苏东坡的说法，秦始皇三十六年（前221），即距今2200多年前，秦始皇巡游天下，至钱塘江之地，则是水波险恶的浮山。因此，浮山在宋代已见诸典籍，其历史应上溯至秦始皇南巡，已有2200多年历史了。

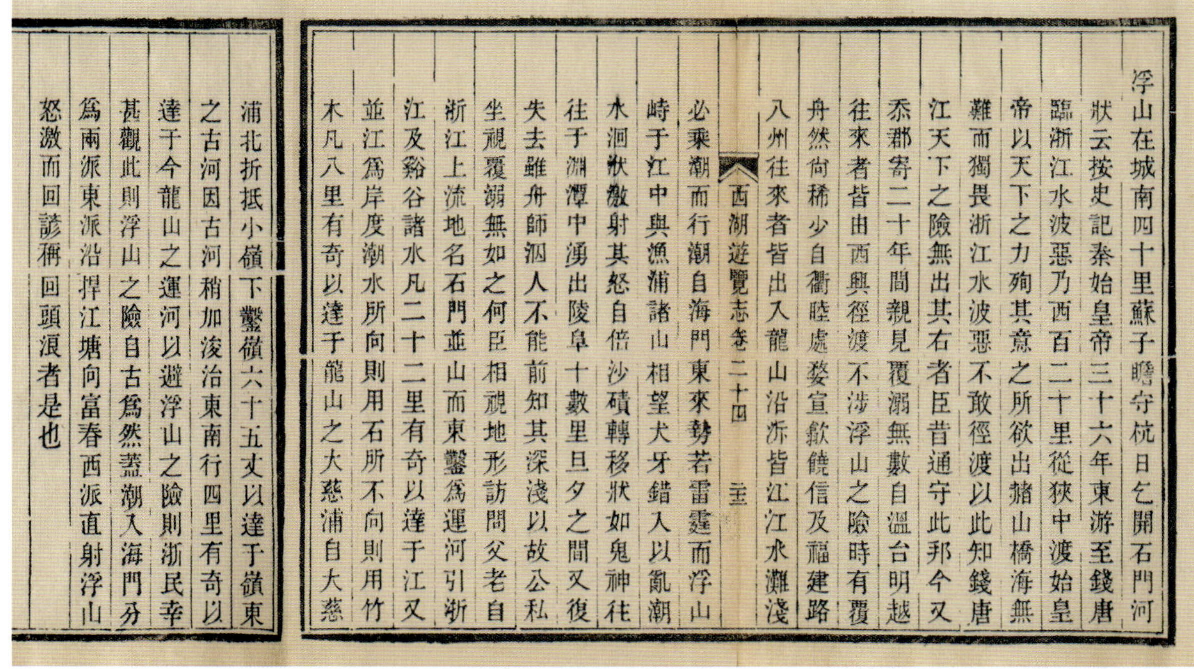

浮山在城南四十里蘇子瞻守杭日乞開石門河狀云按史記秦始皇帝三十六年東游至錢唐臨浙江水波惡乃西百二十里從狹中渡始皇帝以天下之力殉其意之所欲出赭山橋海無難而獨畏浙江水波惡不敢徑渡以此知錢唐江天下之險無出其右者臣昔通守此邦今又忝郡寄二十年間親見覆溺無數自溫台明越往來者皆由西興徑渡不涉浮山之險時有覆舟然尚稀少自衢睦處婺宣歙饒信及福建路八州往來者皆出入龍山沿泝皆江江水灘淺

西湖遊覽志卷二十四

必乘潮而行潮自海門東來勢若雷霆而浮山峙于江中與漁浦諸山相望犬牙錯入以亂潮水洄洑激射其怒自倍沙磧轉移狀如鬼神往往于淵潭中湧出陵阜十數里旦夕之間又復失去雖舟師泅人不能前知其深淺以故公私坐視覆溺無如之何臣相視地形訪問父老自浙江上流地名石門並山而東鑿爲運河引浙江及谿谷諸水凡二十二里有奇以達于江又並江爲岸度潮水所向則用石所不向則用竹木凡八里有奇以達于龍山之大慈浦自大慈浦北折抵小嶺下鑿嶺六十五丈以達于嶺東之古河因古河稍加浚治東南行四里有奇以達于今龍山之運河以避浮山之險則浙民幸甚觀此則浮山之險自古爲然蓋潮入海門分爲兩派東派沿捍江塘向富春西派直射浮山怒激而回諺稱回頭浪者是也

图2-2 《西湖游览志·苏子瞻（东坡）》之《乞开石门河状》

Fig. 2-2 “Impression on Shimen River” in the *Chronicles of West Lake Tour* written by Su Zizhan

苏东坡《乞开石门河状》呈朝廷后，并没有付诸实施，但却留下了他描绘的宋代浮山：

潮自海门东来，势若雷霆，而浮山峙于江中，与渔浦诸山相望，犬牙错入，以乱潮水，洄洑激射，其怒自倍，沙碛转移，状如鬼神。

宋代浮山成为钱塘潮涌上游的中流砥柱，以它的犬牙错入，使大潮“洄激洑射，其怒自倍”，而成为“回头浪”。文中的“龙山河”，即以今钱塘江闸口白塔处为入口，入凤山水门与杭城内河相通之运河。

苏东坡不会想到，他知杭800多年之后，浮山、定山成了清军与太平军的大战场。又过了五六年，外来百姓植茶、制茶，这里成为享誉神州的九曲红梅的原产地。

苏东坡的《乞开石门河状》很少有人研究，但其带给我们的历史信息还有很多，如“秦皇南渡，狭中渡浙”，杭州地方史学研究者人人皆知。

《越绝书》中的“水波恶”，究竟在何处，无人深究。《杭州城池暨西湖历史图说》作者认为，在秦望山眺望，“浙江水波恶，不敢径渡”。苏东坡《乞开石门河状》中明确其为城外四十里的浮山。而且秦始皇是在浮山“临浙江，水波恶，乃西百二十里，从狭中渡”。苏东坡为800多年前的杭州父母官，实地踏勘、走访父老，应可采信。苏东坡的诗文用词严谨，很多诗是考证前提下立意的，如他的诗多次提及陆羽《茶经》、品茶问泉。

二、《中国名茶》记载“九曲红梅始创于太平天国期间”

据庄晚芳、唐庆忠、唐力新、陈文怀、王家斌所著，浙江人民出版社1979年出版的《中国名茶》一书“九曲红梅”一文中载：

……九曲红梅已有百余年历史。在太平天国期间，当地几经兵火，居民减半。当时福建和温州平阳、绍兴、天台等地农民纷纷向浙北迁徙，最先有十三户贫苦农民上大坞山修建草舍，辟山种粮，伐林栽茶，以谋生计。这些南来的农民有制红茶的经验，所制红茶品质优异，为沪杭一带茶商所常识，好价收买。……于是九曲红梅闻名于市。

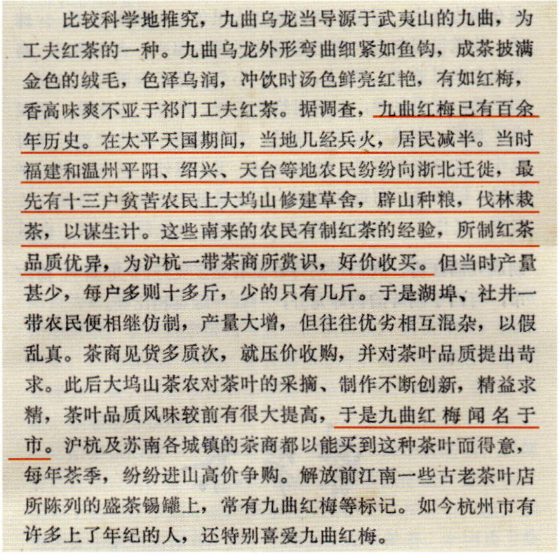

比较科学地推究，九曲乌龙当导源于武夷山的九曲，为工夫红茶的一种。九曲乌龙外形弯曲细紧如鱼钩，成茶披满金色的绒毛，色泽乌润，冲饮时汤色鲜亮红艳，有如红梅，香高味爽不亚于祁门工夫红茶。据调查，九曲红梅已有百余年历史。在太平天国期间，当地几经兵火，居民减半。当时福建和温州平阳、绍兴、天台等地农民纷纷向浙北迁徙，最先有十三户贫苦农民上大坞山修建草舍，辟山种粮，伐林栽茶，以谋生计。这些南来的农民有制红茶的经验，所制红茶品质优异，为沪杭一带茶商所赏识，好价收买。但当时产量甚少，每户多则十多斤，少的只有几斤。于是湖埠、社井一带农民便相继仿制，产量大增，但往往优劣相互混杂，以假乱真。茶商见货多质次，就压价收购，并对茶叶品质提出苛求。此后大坞山茶农对茶叶的采摘、制作不断创新，精益求精，茶叶品质风味较前有很大提高，于是九曲红梅闻名于市。沪杭及苏南各城镇的茶商都以能买到这种茶叶而得意，每年茶季，纷纷进山高价争购。解放前江南一些古老茶叶店所陈列的盛茶锡罐上，常有九曲红梅等标记。如今杭州市有许多上了年纪的人，还特别喜爱九曲红梅。

图2-3 《中国名茶》书影（左）

Fig. 2-3 The cover of *Chinese Famous Tea* (left)

图2-4 《中国名茶》对“九曲红梅始创于太平天国期间”的记载（右）

Fig. 2-4 *Chinese Famous Tea* recorded that Jiuqu Hongmei was created in the period of Taiping Heavenly Kingdom (right)

三、《杭州市供销合作社志·名茶简介·九曲红梅》

图2-5是1991年8月第一版《杭州市供销合作社志》书影。

《杭州市供销合作社志》第114—115页“名茶简介”之首为“西湖龙井”，其后有“九曲红梅”，写道：

九曲红梅

产于杭州市西南部的周浦乡湖埠一带，是久负盛名的工夫红茶珍品中的传统名茶之一。其外形卷曲成龙，叶小细嫩。色泽乌润，汤色红艳，滋味清鲜爽口，香气清如红梅，故称九曲红梅。

图2-5　1991年8月第一版《杭州市供销合作社志》书影

Fig. 2-5 *Hangzhou Supply and Marketing Cooperatives Society Records*, the first edition of the book published in August, 1991

《杭州市供销合作社志》对九曲红梅的记载中，有产地——杭州市西南部的周浦乡湖埠一带；有评价——是久负盛名的工夫红茶珍品中的传统名茶之一，“久负盛名”“传统名茶”，说明其历史久远；有九曲红梅的名称来历——称因其“香气清如红梅”，“故称九曲红梅”。

1986年第一版《浙江省供销合作社志》第182页附一“浙江名茶”写道：

1979年2月，省供销社特产公司继莫干山发展名茶生产专业会议之后，决定自1979年起有计划恢复与发展名茶生产。确定要恢复与发展的名茶有西湖龙井、九曲红梅……。对西湖龙井、旗枪（湘湖旗枪）、大方、九曲红梅等名茶，要求在原有基础上，进一步提高品质，扩大中档茶，压缩低档茶。

《浙江省供销合作社志》的先后两段记载，说明了几个史实。一是九曲红梅是1979年起有计划恢复和发展的名茶。二是省里特别点名九曲红梅和“西湖龙井、旗枪、大方”一起，是在原有基础上进一步提高品质的历史名茶。“在原有基础上”，说明1979年恢复与发展的九曲红梅，是延续历史，且是在原生产地、有基础的发展。但惜对九曲红梅的传统历史并未深究。三是因其“香气清如红梅”，故称九曲红梅，而并非源自福建“九曲”。

四、太平天国时期不可能创建老字号

《中国名茶》和《杭州市供销合作社志》对九曲红梅的记载是有差距的，差距在于九曲红梅的缘起。《中国名茶》中的一段记述，源自对当地茶农的调查，事出有因，但并不确切。而《杭州市供销合作社志》则着墨于其“卷曲成龙”“香气清如红梅”。苏轼诗中就写及“梅萼”，《杭州市供销合作社志》的记载应更确切。

改革开放后，因“文化大革命”而被迫更名或关停的老字号纷纷恢复。杭州许多老字号纷纷追溯肇创于何时。囿于太平军入浙、民国战乱、“文化大革命”对文献的销毁等各种原因，原始资料依据匮乏，许多肇创年代是“集体研究，决定上报”，如杭州笔墨业老字号邵芝岩笔庄、眼镜业老字号毛源昌眼镜店、化妆品业老字号孔凤春，因无真凭实据，肇创年代均为清同治元年，即1862年，其时，刚好正是太平军入浙，浙杭太平军与清军大战的年代。

2009年，杭州市规划局办公室主任顾志法因杭州市规划需要，要对老字号肇创年代“验明正身”，发现邵芝岩、毛源昌、孔凤春虽均肇创于太平军入杭的大战年代，但无确切依据，他走访了浙江省太平天国研究会会长、浙江省社科院研究员王兴福等专家，专家们一致认为，这些老字号不可能肇创于太平军入杭的大战年代。后本书作者之一赵大川（以下简称“笔者”）拿出了许多原始依据，实际上邵芝岩笔庄等老字号肇创年代是清道光年间，要早20余年。

五、九曲红梅原产地——太平军四年大战场

太平军自1860年3月3日入杭州至九曲红梅原产地起，到1864年3月31日弃余杭北走，四年间，在杭州及外围九曲红梅原产地八进八出，杭州城外现九曲红梅原产地浮山、定山及周边地区成为太平军与清军反复争夺的拉锯战区，当地人民遭受到旷古未遇之劫难。据浙江省社科院编《浙江省历代大事记》，清咸丰庚申年，即1860年3月3日，忠王李秀成率太平军六七千人占武康，败清按察使段光清于余杭。1860年4月至8月，英王陈玉成入余杭。8月6日，因安庆军事吃紧，陈玉成回援，退出余杭。11月21日，侍王李世贤斩清总兵刘季三、都司张顺等，进占余杭。12月7日前后，撤出余杭。清咸丰辛酉年，即1861年1月14日皖南太平军侍王李世贤部入浙江於潜、临安，逼占余杭，并占桐庐、新城、富阳。10月5日，忠王李秀成围攻衢州府。10月20日，占领余杭。12月29日，太平军邓光明、陈炳文占领杭州，清巡抚王有龄自尽。1863年9月7日，法人德克碑率常捷军1500人助清军攻富阳。9月20日，清浙省布政使蒋益澧合德克碑攻陷富阳。清知府康国器率兵进驻余杭，清军与太平军在余杭、杭州间厮杀激烈。11月26日，蒋益澧率兵攻余杭，为太平军所败。参将邓受福被斩。1864年2月3日，太平军朝将汪海洋在余杭林清堰败清道员杨昌浚等，击毙清副将余佩玉，参将张明远、刘质彬。3月31日，太平军康王汪海洋弃余杭北走，余杭为清军占领。此处文中所提及之“余杭”，也包括现域九曲红梅产地浮山、定山一带。

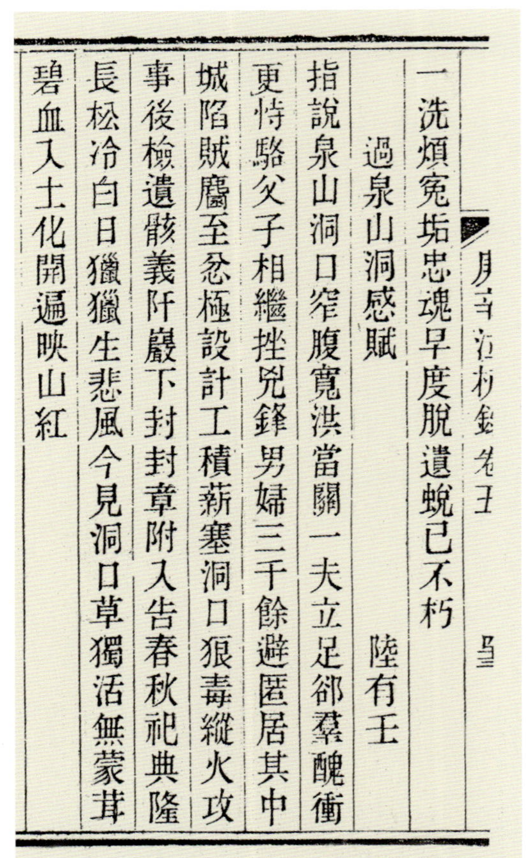
一洗煩冤垢忠魂早度脫遺蛻已不朽
過泉山洞感賦　陸有壬
指說泉山洞口窄腹寬洪當關一夫立足郤羣醜衝
更恃駱父子相繼挫兇鋒男婦三千餘避匿居其中
城陷賊麕至忿極設計工積薪塞洞口狠毒縱火攻
事後檢遺骸義阡巖下封封章附入告春秋祀典隆
長松冷白日獵獵生悲風今見洞口草獨活無蒙茸
碧血入土化開遍映山紅

图2-6　《庚辛泣杭录》之陆有壬《过泉山洞感赋》
Fig. 2-6 “Touched by the Quanshan Cave”, a poem in *Crying for Hangzhou through 1860 and 1861*, written by Lu Youren

《浙江省历代大事记》记载，1859年，太平军入浙前一年，浙江省人口为3039. 9万人；1866年，太平军撤出浙江两年后统计，仅为637. 8万人，为太平军入浙前的21%。1883年，太平军入浙后的第20年，浙江省人口为1160. 9万人。其时，不少人是从福建等地迁入的。民国

元年（1912），太平军入浙50年后，浙江省人口为2144万人。因民国战乱、日寇入侵，1934年浙江省人口为2033万人，1948年浙江省人口为2014.8万人，均少于民国元年。

钱塘丁氏刊行的《庚辛泣杭录》称，太平军入杭前，杭州城内包括余杭、仁和、钱塘有81万余人，太平军退出杭州时，仅剩19万人。

《庚辛泣杭录》还记载，太平军入杭时城外尸骨遍野，现域九曲红梅原产地的泉水洞，有乡民3000余人入洞躲避，被烟熏火燎，全部遇难，后营造一公墓。

杭人丁丙耗巨资，委派人千方百计收集寻觅太平军入杭时文澜阁散佚的《四库全书》，继而又请人抄录，现藏于浙江图书馆。他以数千字的篇幅在其《庚辛泣杭录》中记载了定山、浮山、天池寺、泉山洞等地太平军入杭之惨不忍睹的史实。

《庚辛泣杭录》卷五·四记载：

同治三年（1864），巡抚左公（左宗棠）收城乡暴骨数十万具，分葬大冢于岳王庙右里许，及净慈寺左数十亩地，缭以粉垣，两阡表以江干湖墅，则就近掩埋之。（《平浙纪略》）。

《庚辛泣杭录》卷五·十三记载：

> ……官绅兵民男妇人等，惨罹锋镝者数不胜计。其时，**自杭州府属之富阳县至省城一百余里，枯骨遍野。**经湘军官兵与士民捐资收埋暴骨六千四百二十五斤，即在钱塘县定北四图天池寺东首山场汇葬一大冢。又钱塘县安吉二图河埠白沙坞地方有泉山洞，咸丰十年（1860）秋，贼围省垣，该处居民尽避洞内，迨城陷后，有该处监生骆儒宗捐资募勇，扼险守御，与贼相持多日，嗣因众寡不敌，被贼将泉山洞用柴堵塞焚烧，洞内大小男妇约计三千余名口，同时毙命，惨祸尤烈。（图2-10）

《庚辛泣杭录》还记载：同治二年（1863）春，蒋益澧经官绅士民捐资收买骨殖，即在天池寺东和白沙坞泉山洞葬巨冢墓两处。附入祀典，建祠春秋致祭。嗣因祠宇孤立失修，移同善堂救生局至祠经管。（《光绪杭州府志》）

同善堂总董，即丁丙等绅士，由同善堂致祭建立祠宇。

同善堂救生局筹费造屋还有不少轶事。其中有：

（天池寺）响堂三间中设神位，理应静肃，栖止殊形亵渎，……且墙壁作障，不能望江，……

……就祠门之二椽平廊接出三椽，左右墙壁嵌以总槅以便瞭望……

图2-7 《泉山洞义烈墓图》

Fig. 2-7 *The Painting of the Tombs of the Loyalists in Quanshan Cave*

图2-8　蝙蝠洞（在天池寺旁）明信片

Fig. 2-8 The postcard of Bat Cave beside the Tianchi Temple

图2-9　《天池寺义烈墓图》

Fig. 2-9 *The Painting of the Tombs of the Loyalists in Tianchi Temple*

……同善堂掩埋局……一律保护，以安忠骸。……出示谕禁，视罹难同胞如活人，还考虑到能看到生前曾经朝乡相望的钱塘江。为此示仰。

《庚辛泣杭录》中还有不少文人对天池寺、泉山洞义烈墓祠感慨的诗作。有刘焜《天池寺义冢》二首，黄学渊《寓天池寺秋祀毕感而成咏》等。陆有壬之《过泉山洞感赋》曰：

> 指说泉山洞，口窄腹宽洪。当关一夫立，足却群丑冲。更恃骆父子，相继挫凶锋。男妇三千余，避匿居其中。城陷贼麇至，忿极设计工。积薪塞洞口，狠毒纵火攻。事后检遗骸，义阡岩下封。封章附入告，春秋祀典隆。长松冷白日，猎猎生悲风。今见洞口草，独活无蒙茸。碧血入土化，开遍映山红。

刘焜《泉山洞义冢》说明中描绘了定山泉山洞之惨状：

> 旋染恶气而生，遂无问津者。事闻于官，令以丸泥封之。后，有无赖数人，利其财物，秉炬而入，见洞内遗骸

或坐，或倚，或两人、三五人相抱，持冠履面目悉如生，时举手拨之，遂为飞灰。

《庚辛泣杭录》记载的“富阳县至省城一百余里枯骨遍野”及白沙坞泉山洞“大小男妇约计三千余名口，同时毙命，惨祸尤烈”的史实，说明太平天国入杭期间九曲红梅原产地的定山、浮山一带是惨烈的大战场，不可能创建老字号，应是同治二年（1863）至同治五年（1866）太平军撤出浙杭后，湘军官兵、浙杭绅商士民募资收拾白骨建造义烈墓，其后因人烟稀少，外来人口逐渐来杭而发展形成的。

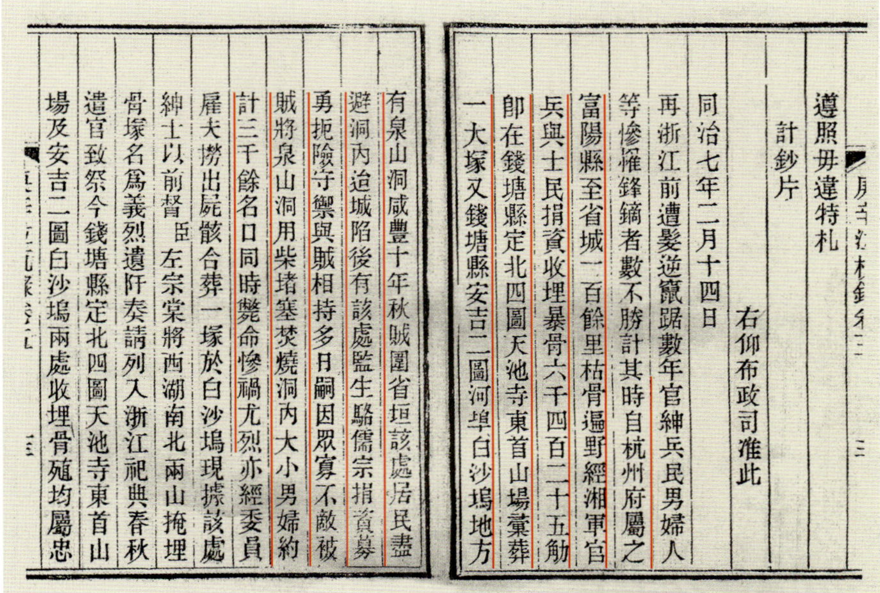

遵照毋違特札

計鈔片

右仰布政司准此

同治七年二月十四日

再浙江前遭髮逆竄踞數年官紳兵民男婦人等慘罹鋒鏑者數不勝計其時自杭州府屬之富陽縣至省城一百餘里枯骨遍野經湘軍官兵與士民捐資收埋暴骨六千四百二十五觔即在錢塘縣定北四圖天池寺東首山場彙葬一大塚又錢塘縣安吉二圖河埠白沙塢地方有泉山洞咸豐十年秋賊圍省垣該處居民盡避洞內迨城陷後有該處監生駱儒宗捐資募勇扼險守禦與賊相持多日嗣因眾寡不敵被賊將泉山洞用柴堵塞焚燒洞內大小男婦約計三千餘名口同時斃命慘禍尤烈亦經委員雇夫撈出屍骸合葬一塚於白沙塢現據該處紳士以前督臣左宗棠將西湖南北兩山掩埋骨塚名爲義烈遺阡奏請列入浙江祀典春秋遣官致祭今錢塘縣定北四圖天池寺東首山場及安吉二圖白沙塢兩處收埋骨殖均屬忠

图2-10　《庚辛泣杭录》卷五·十三对太平军入杭，定山、浮山一带大战场的记载

Fig. 2-10 The recorded scene of Taiping Army arriving in Hangzhou and the battle in Dingshan Mountain and Fushan Mountain in Volume V • Chapter XIII in *Crying for Hangzhou Through 1860 and 1861*

图2-11　2013年4月拍摄的冯赞玉在泉山洞

Fig. 2-11 Photo of Feng Zanyu in front of Spring Hole (taken in Apr. 2013)

笔者藏有许多杭州、余杭家谱，几乎所有咸丰以后续修的余杭宗谱（家谱），都记述了太平军入杭，家族离散、家谱散佚的往事，成为太平军在杭州、余杭战事的佐证。

要研究九曲红梅，肇创年代至关重要。九曲红梅作为省级“非遗”项目，将来还可能申请国家级“非遗”项目；作为历史名茶，其年代的久远，代表了打造品牌的艰辛，体现了历来人们认可的程度；年代的久远，也表明了九曲红梅作为杭州的金名片，其“金”的成色。但久远历史，必须确凿，此处多一点笔墨篇幅，非常必要。

太平军入杭的许多史实，由于上述的种种原因，大多数已湮没在历史长河中。史海钩沉，深度发掘杭州、余杭周边地区的家谱、宗谱的第一手资料，亦可推断出九曲红梅肇创之年代。

六、《禹航张氏宗谱·莲芬公事实》记载的太平军入杭

2009年，中央电视台第10套频道《探索·发现》栏目播放了山东枣庄煤矿发现一座从未开启的库房，该库房里面存放着许多历经百年的山东中兴煤矿股票，其中有民国大总统徐世昌、东北大军阀张作霖、1936年12月西安事变著名将领张学良持有的股票，该新闻因而轰动一时。

图2-12 中兴煤矿董事长张莲芬

Fig. 2-12 Zhang Lianfen, the Chairman of Zhongxin Coal Mine

中兴煤矿早就闻名。20世纪20年代北洋军阀时期，山东大军阀张宗昌缺少军费，于是派了两个师包围中兴煤矿，限三天交30万银圆。三天期限一到，他拿到了20万银圆。

1923年出版的一部大8开《最近之五十年（1872—1922申报馆五十周年纪念）》，刊登了胡适等名家撰写的《申报》自1872年创刊以来的中国种种大事。其中，实业大家仅有清廷特授光禄大夫、民国中兴煤矿董事长余杭张莲芬一人。

山东枣庄煤矿知道张莲芬是余杭人，曾多次派人来杭州余杭区政协、地方志办公室询问张莲芬其人其事，因无资料，很难答询。

百忍堂《禹航张氏宗谱·莲芬公事实》，以近2000字揭开了尘封百年鲜为人知的张莲芬的一生：

莲芬张公，余杭东区人也，字毓蕖。其人秉性聪颖，赋体强壮，智略过人。九岁时，发匪（太平军）陷余杭，公祖母强（张）太夫人及公母孙太夫人相继殉节。

公父文澜公挈公兄辅臣并公（莲芬）出走，中道离散。公（莲芬）转徙至吴会合肥。周武壮公驻兵无锡，于广众中见公，特加赏识，询及家世，雅意收育，延师课读，抚爱等于诸子。

图2-13 《禹航张氏宗谱·光禄大夫燮义公遗像》

Fig. 2-13 The Deadee of Zhang Lianfen in the *Genealogy of Zhang Family in Yuhang*

迨东南肃清，公父访知踪迹，携公兄来会于合肥。感武壮公于公有再生恩，仍命随侍以故。公（莲芬）终武壮公之身，常侍戎幕，佐理营务，兼办河工赈务，布画井井。武壮公即世，刚敏公接充其军，仍以营务见委。公悉赞助上下协和，至今盛军旧部每言及……（周武壮逝世后，其子周子昂）代呈当道奏请（莲芬）归宗，（莲芬）仍持武壮公三年丧毕，始以道员分发直隶（河北）。盖自清同治癸亥（1863）受武壮公抚育，迄清光绪戊子（1888），历时二十有五年。……

莲芬以道员分发直隶入京都数年，后充任天津营务

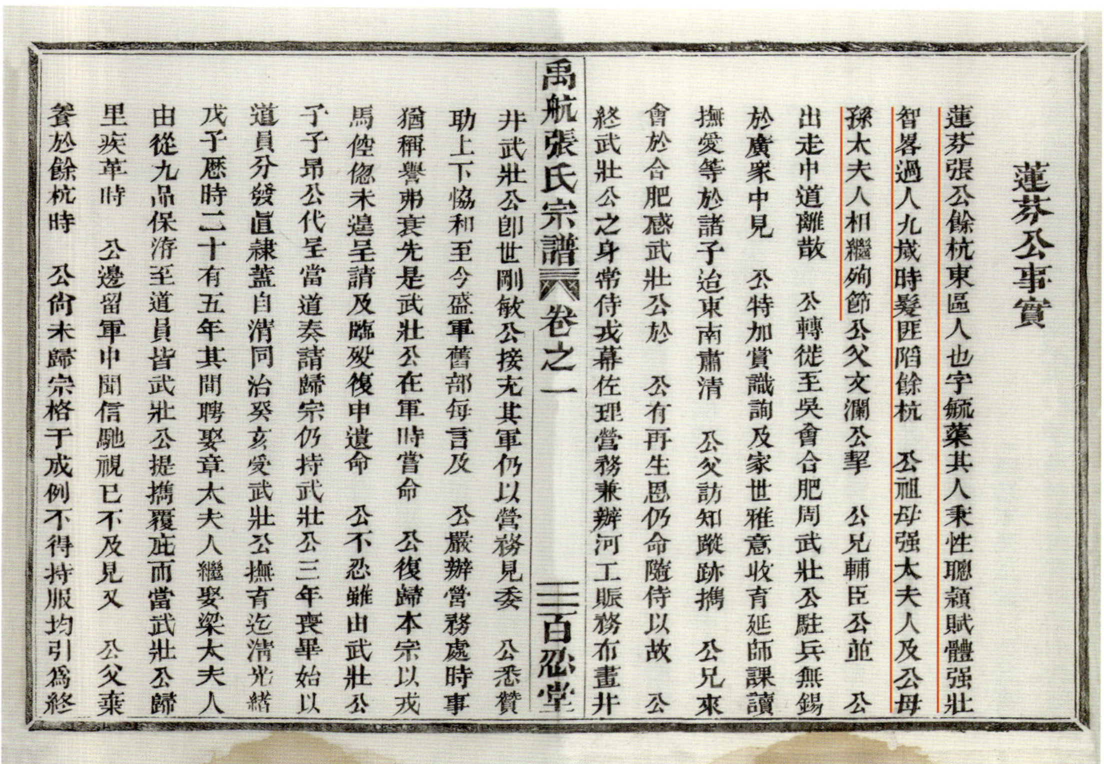

蓮芬公事實

蓮芬張公餘杭東區人也字毓藻其人秉性聰穎賦體强壯
智畧過人九歲時髮匪陷餘杭　公祖母强太夫人及公母
孫太夫人相繼殉節公父文瀾公挈　公兄輔臣公並　公
出走中道離散　公轉徙至吳會合肥周武壯公駐兵無錫
於廣眾中見　公特加賞識詢及家世雅意收育延師課讀
撫愛等於諸子迨東南肅清　公父訪知蹤跡攜　公兄來
會於合肥感武壯公於　公有再生恩仍命隨侍以故　公
終武壯公之身常侍戎幕佐理營務兼辦河工賑務布畫井

禹航張氏宗譜　卷之一　三　百忍堂

井武壯公卽世剛敏公接充其軍仍以營務見委　公悉贊
勷上下協和至今盛軍舊部每言及　公嚴辦營務處時事
猶稱譽弗衰先是武壯公在軍時嘗命　公復歸本宗以戎
馬倥傯未遑呈請及臨殁復申遺命　公不忍離由武壯公
子子昂公代呈當道奏請歸宗仍持武壯公三年喪畢始以
道員分發直隸蓋自清同治癸亥受武壯公撫育迄清光緒
戊子歷時二十有五年其間聘娶章太夫人繼娶梁太夫人
由從九品保洊至道員皆武壯公提攜覆庇而當武壯公歸
里疾革時　公適留軍中聞信馳視已不及見又　公父棄
養於餘杭時　公尚未歸宗格于成例不得持服均引爲終

图2-14　《禹航张氏宗谱·莲芬公事实》

Fig. 2-14 "The Story of Zhang Lianfen" in the *Genealogy of Zhang Family in Yuhang*

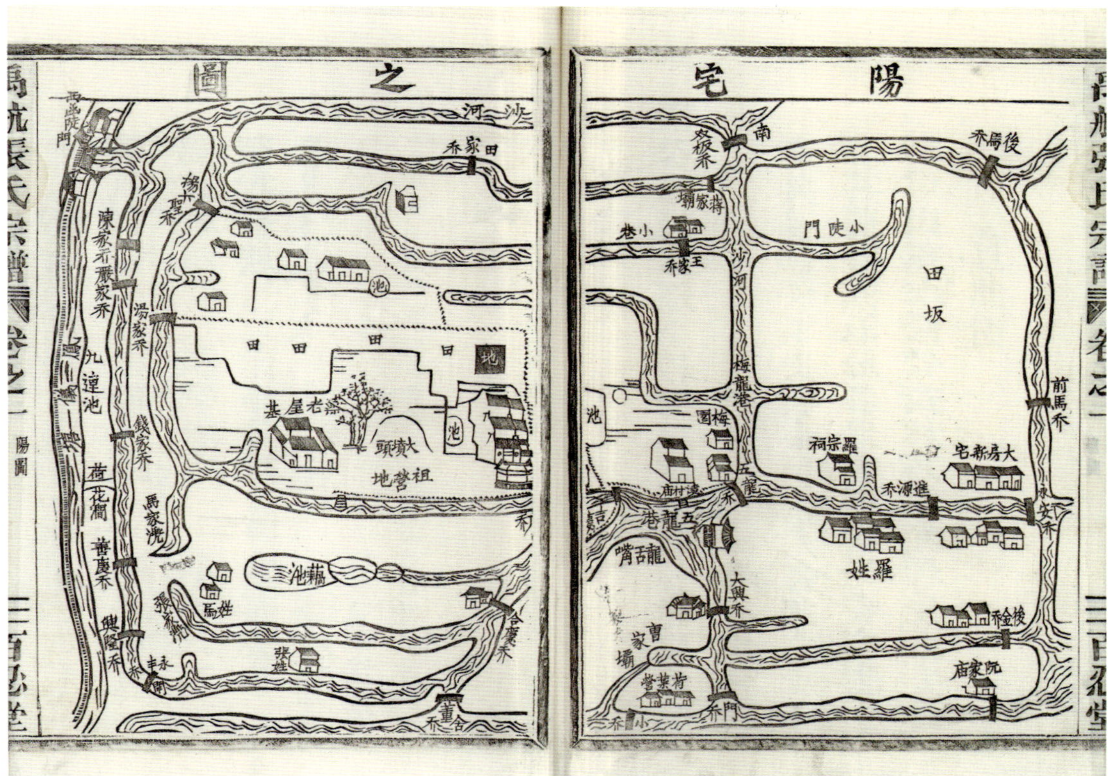

图2-15　《禹航张氏宗谱·阳宅之图》

Fig. 2-15 "The View of Mansion House" in the *Genealogy of Zhang Family in Yuhang*

处差，旋奉令统带各军驻防威海，时军中将佐，多旧隶周武壮麾下。莲芬申明约束，全军辑和。直隶总督李鸿章遂委其办永定河上游石堤大工，莲芬督工三载，自经始，以告成，出入款项巨万，丝毫无滥，费省而工坚。由是，与荷寿春相国、孙文正公暨廖仲山侍郎成为知遇。仁和人王文韶为直隶总督时，亦深器莲芬，奏署通永道篆。历充津榆铁路总办、甘军粮台、保定练饷会办等职务。庚子之变，奉饬剿办“拳匪”，解散胁从。时匪势蔓延，莲芬困守涞水县城，日夕警备，相持数月，保全城池。奉旨简放永定河道，尚未到任，又调署天津道。

张莲芬九岁时，因太平军入杭，与家人流离失散，因遇高人，方在太平军平后，读书识字，至军中历练，官至光禄大夫。直隶总督李鸿章委派他修永定河，“督工三载……费省而工坚，……仁和人王文韶为直隶总督时，亦深器莲芬，奏署通永道篆。历充津榆铁路总办”。民国时张莲芬是山东盐运使，他创建的著名的山东枣庄中兴煤矿，即故事中铁道游击队大战日伪军的地方。1923年《最近之五十年（1872—1922申报馆五十周年纪念）》书中，他被推为唯一的实业大家。这样一位近代中国的名人，因无资料竟被尘封上百年。2013年8月26日，张莲芬的玄孙女张先鸿女士，在网上得知笔者对张莲芬的研究，欣喜万分，与笔者联系，称她们家人也少知张莲芬其人其事。因此，要揭开九曲红梅肇创年代，杭州九曲红梅原产地周边地区的家谱、宗谱依据十分重要。

七、余杭家谱记载太平军入杭“人口十亡八九，室庐百存一二”，五年后才逐渐恢复的史实

图2–16是《余杭王氏宗谱·石盂村大青坞坟墓记》，文中写道：

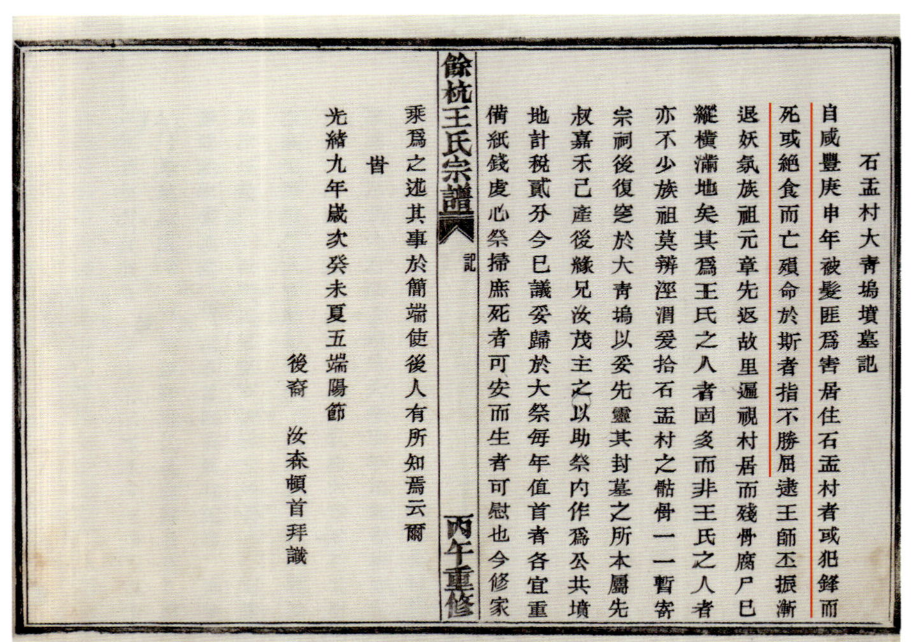
餘杭王氏宗譜 記 丙午重修

石盂村大青塢墳墓記

自咸豐庚申年被髮匪爲害居住石盂村者或犯鋒而死或絕食而亡殞命於斯者指不勝屈逮王師丕振漸退妖氛族祖元章先返故里遍視村居而殘骨腐尸已縱橫滿地矣其爲王氏之人者固多而非王氏之人者亦不少族祖莫辨涇渭爰拾石盂村之骸骨一一暫寄宗祠後復窆於大青塢以妥先靈其封墓之所本屬先叔嘉禾己產後緣兄汝茂主之以助祭內作爲叒共墳地計稅貳分今已議妥歸於大祭每年值首者各宜重備紙錢虔心祭掃庶死者可安而生者可慰也今修家乘爲之述其事於簡端使後人有所知焉云爾

旹

光緒九年歲次癸未夏五端陽節

後裔 汝泰頓首拜識

图2–16　丙午（1906）重修《余杭王氏宗谱·石盂村大青坞坟墓记》

Fig. 2-16 “On the Daqingwu Tomb in Shiyu Village” in the *Genealogy of Wang Family in Yuhang* (1906)

自咸丰庚申年，被发匪为害，居住石盂村者，或犯锋而死，或绝食而亡，殒命于斯者，指不胜屈。逮王师丕振，渐退妖氛，族祖元章先返故里。遍视村居，而残骨腐尸已纵横满地矣。其为王氏之人者固多，而非王氏之人者亦不少。族祖莫辨泾渭，爰拾石盂村之骼骨一一暂寄宗祠后，复窆于大青坞，以妥先灵。

图2-17是《余杭王氏宗谱·元焌公传》。元焌公淡泊名利，举止端方，姿仪秀伟，近世所罕有。咸丰之季粤寇窜浙，公家十余口或殉难，或被掳，骨肉一门风流云散。所幸公孙甫山被掳脱归，仅延一线。《余杭王氏宗谱·甫山公既张太孺人合传》则记述了元焌公甫山，太平军入余杭其时方16岁，被掳数年，以计脱，后娶妻生子。不料，甫山又英年早逝，其妻教子有方，能克礼亲心，芸窗努力，不数年为余邑名士。图2-18是《余杭王氏宗谱·汝玹公传》，写道：

余杭石盂坑王氏向称盛族，盖祖德绵长，宗支繁衍由来旧矣。……自粤逆扰余，民生涂炭，北乡当皖省往来之冲道，故被匪害尤烈，人口十亡八九，室庐百存一二。

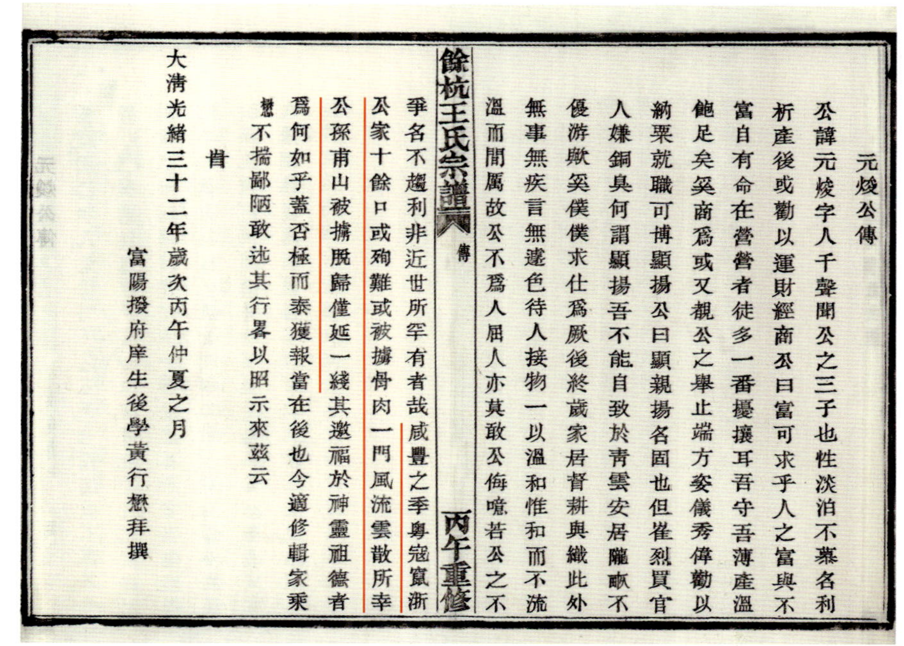

元焌公傳

公諱元焌字八千聲開公之三子也性淡泊不慕名利祈産後或勸以運財經商公曰富可求乎人之富與不富自有命在營營者徒多一番擾攘耳吾守吾薄產溫飽足矣奚商爲或又勸公之舉止端方姿儀秀偉勸以納粟就職可博顯揚公曰顯親揚名固也但雀烈買官人嫌銅臭何謂顯揚吾不能自致於青雲安居隴畝不優游歟奚僕僕求仕爲厥後終歲家居督耕與織此外無事無疾言無遽色待人接物一以溫和惟和而不流溫而間厲故公不爲人屈人亦莫敢公侮噫若公之不

餘杭王氏宗譜 傳 丙午重修

爭名不趨利非近世所罕有者哉咸豐之季粤寇竄浙公家十餘口或殉難或被擄骨肉一門風流雲散所幸公孫甫山被擄脫歸僅延一綫其邀福於神靈祖德者爲何如乎蓋否極而泰獲報當在後也今適修輯家乘愧不揣鄙陋敢述其行略以昭示來茲云

旹

大清光緒三十二年歲次丙午仲夏之月

富陽撥府庠生後學黃行懋拜撰

图2-17 《余杭王氏宗谱·元焌公传》

Fig. 2-17 “The Story of Mr. Yuanjun” in the *Genealogy of Wang Family in Yuhang*

笔者旧藏有十余部余杭家谱，均是改革开放后，四乡农民携来杭州收藏品市场，“收藏家”不屑一顾，笔者却不顾虫蛀、尘埃，如获至宝，耗有限财力购之。这些家谱记载了一段太平军入杭的史实，即“人口十亡八九，室庐百存一二”。因此，浙江省太平天国研究会王兴福会长论断非常正确，太平军入杭时不可能有老字号肇创。杭州及周边地区“人口十亡八九”，许多地方五六年后还是白骨一片，人烟稀少，外地人逐渐迁入杭州及周边地区，应是太平军退杭后的五六年，即1870年左右。

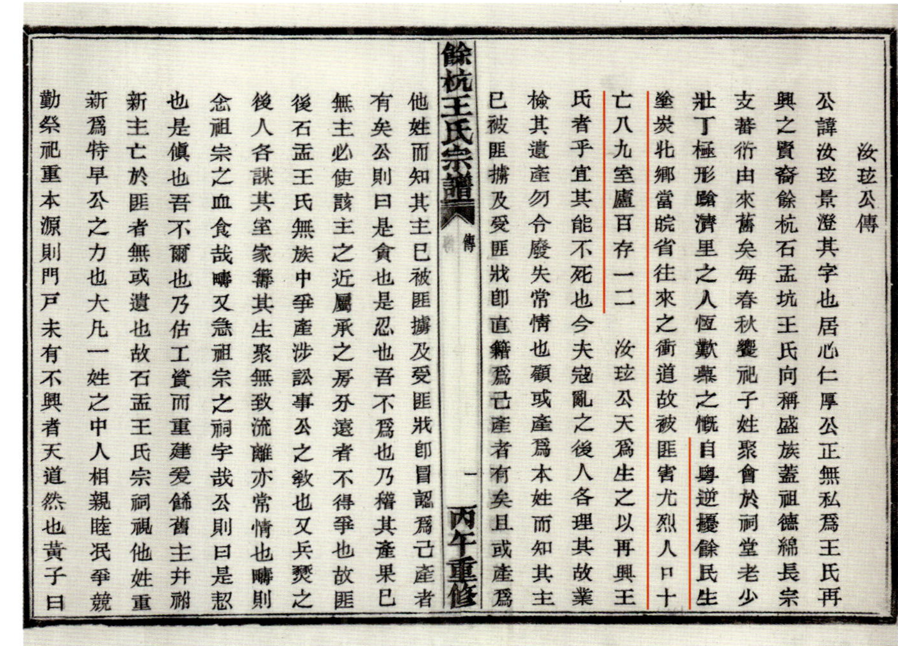

汝玹公傳

公諱汝玹景澄其字也居心仁厚公正無私爲王氏再興之賢裔餘杭石盂坑王氏向稱盛族蓋祖德綿長宗支蕃衍由來舊矣每春秋饗祀子姓聚會於祠堂老少壯丁極形蹌濟里之人恆歎羨之慨自粵逆擾餘民生塗炭北鄉當皖省往來之衝道故被匪害尤烈人口十亡八九室廬百存一二 汝玹公天爲生之以再興王氏者乎宜其能不死也今夫寇亂之後人各理其故業檢其遺產勿令廢失常情也顧或產爲本姓而知其主已被匪擄及受匪戕即直籍爲己產者有矣且或產爲

餘杭王氏宗譜 傳 一 丙午重修

他姓而知其主已被匪擄及受匪戕卽冒認爲己產者有矣公則曰是貪也是忍也吾不爲也乃稽其產果已無主必使該主之近屬承之房分遠者不得爭也故匪後石盂王氏無族中爭產涉訟事公之教也又兵燹之後人各謀其室家籌其生聚無致流離亦常情也噫則忽祖宗之血食哉噫又急祖宗之祠宇哉公則曰是恝也是慎也吾不爾也乃估工資而重建爰餙舊主并祔新主亡於匪者無或遺也故石盂王氏宗祠視他姓重新爲特早公之力也大凡一姓之中人相親睦泯爭競勤祭祀重本源則門戶未有不興者天道然也黃子曰

图2-18 《余杭王氏宗谱·汝玹公传》

Fig. 2-18 “The Story of Mr. Ruxuan” in the *Genealogy of Wang Family in Yuhang*

八、太平军离杭五年后，福建乌龙茶区人逐渐迁入现域九曲红梅原产地

根据《中国名茶》调查，认为太平天国时期，福建人迁徙至大坞山，传入福建制红茶技术。根据笔者在余杭的调查，这一观点应是可信的。

笔者拥有众多的晚清、民国时期余杭家谱，知晓了不少鲜为人知的太平天国入余杭“人口十亡八九，室庐百存一二”的史实，也走访调查询问过不少当地人“祖先从何处来”，他们几乎均非当地人。迄今为止，竟未问到一位确认祖先是余杭的当地人。2011年夏，余杭区茶研会组织赴福建安溪考察茶事，笔者有幸参加，同行有余杭著名茶史研究者、余杭区径山镇文化站站长陈宏先生，他是发现并拥有民国余杭学者孙绍祖《晚窗余韵钞略》的人，这是现尚存唯一一部证实陆羽在余杭著《茶经》的著作。陈宏先生在考察安溪茶区时，非常感慨地说，他的祖先即来自福建安溪。笔者因此偶然得以证实，太平军入杭“人口十亡八九，室庐百存一二”后，余杭人祖先从福建茶区迁徙入杭。

综上所述，可知历史名茶九曲红梅肇创于太平军离杭五六年后，即清同治后期，1870年左右。

需要指出的是，杭州龙井绿茶、九曲红梅与福建乌龙茶，完全是三种不同类型的茶叶。龙井茶是不发酵的绿茶，九曲红梅是完全发酵的红茶，而乌龙茶则是有特殊天然浓郁香味的半发酵茶。

九曲红梅既然有源自福建乌龙茶之说，那么乌龙茶又源自何处？这也是我们感兴趣的。

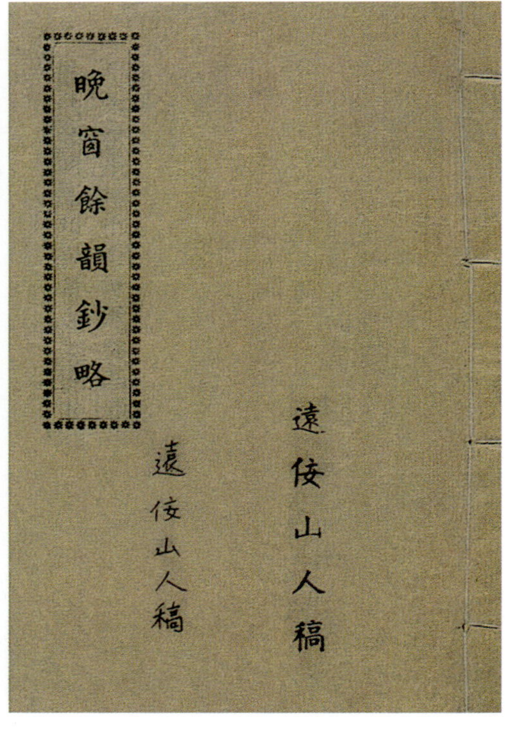

图2-19　余杭区径山镇文化站站长陈宏及其所藏《晚窗余韵钞略》书影

Fig. 2-19 Chen Hong, the Cultural Station Director of Jingshan Town (Yuhang District, Hangzhou) with his collection—an ancient book named *Wan Chuang Yu Yun Chao Lue*

九、乌龙茶源自黄山松罗茶

福建人民出版社1993年10月出版发行的由黄贤庚编著的《佳茗飘香·乌龙祖地》，考证了乌龙茶之缘起（引《中国茶文化经典》第335页），有一说，曰：

> 尔后，崇安令招黄山僧来制松罗茶（此茶约起于明隆庆年间，1567—1572年）。它较散茶香高味浓，遂仿之。松罗茶与散茶存异之处明代闻龙《茶笺》载：“炒时须一人从傍（旁）扇之，以祛热气，否则色、香、味俱减。”“炒起出铛时，置大瓷盘中，仍须急扇，令热气稍退。以手重揉之，再散入铛，文火炒干入焙。”（见《中国茶文化经典》335页）。

按《佳茗飘香·乌龙祖地》所载，福建乌龙茶有一说是源自明代黄山僧。其实，笔者认为杭州九曲红梅的创制、营销，频频在中外节会获奖，是由杭州的茶庄打出品牌的。杭州茶庄的许多老板是安徽人，他们思路活络，以市场为导向，既自己精制龙井绿茶，也加工精制九曲红梅，他们从举世闻名的祁门红茶汲取精华，因地制宜，创制出同样遐迩闻名的“九曲红茶”。这才是太平军入杭后九曲红梅创制的真实历史原貌。

图2-20　黄贤庚编著《佳茗飘香》书影

Fig. 2-20 *Nice Tea, Nice Fragrance,* compiled by Huang Xiangeng

渊源追溯

乌龙茶的制做工艺为何会起源于武夷山呢？过去很少人去探究其所以然。笔者认为，当是从散茶及松罗茶制做工艺演化而来的。我们知道，无论是最早的唐代“请雷而摘，拜水而和”的武夷“晚甘侯”，还是元代四曲皇家御茶园制做的武夷贡品“石乳”，均为蒸青团茶或饼茶。由于团、饼茶不能保持茶叶的自然风味，且制做、饮用程序繁冗，既不能满足世人品饮的要求，又影响茶叶发展。因此，明洪武年间，朝廷颁令罢龙团，改制散茶。此当是最早的绿茶，其制做工艺较之团、饼茶有了大简化，只要经过杀青——揉捻——干燥。茶青采摘细嫩尖小，不经萎凋，主要工序在杀青，即将茶叶放入红锅热炒，用以蒸发水份，破坏酶的活性，产生香气。虽然保持茶叶自然真味，但缺乏熟香浓醇。

尔后，崇安令招黄山僧来制松罗茶（此茶约起于明隆庆年间，1567～1572年）它较散茶香高味浓，遂仿之。松罗茶与散茶存异之处明代闻龙《茶笺》载：“炒时须一人从傍扇之，以祛热气，否则色、香、味俱减”。“炒起出铛时，置大瓷盘中，仍须急扇，令热气稍退。以手重揉之，再散入铛，文火炒干入焙”。（见《中国茶文化经典》335页）。

松罗制法是个大进步。但由于缺于萎凋、做青，叶片内含物没有适度转化，无法使香气、滋味发展。“经旬月则赤紫如故”（清·周亮工语）。时人想出了在揉捻之前在茶青上下功夫，即进行做青，目的使茶青叶片部分发酵，后炒焙之。时间约在十八世纪初。这是经过至少上百年的摸索和实验，才得以成功的。

关于乌龙茶的制法形成还流传着一个有趣的故事。传

13

图2-21　《佳茗飘香·乌龙祖地》对乌龙茶源自黄山僧制松罗茶的记载

Fig. 2-21 Recorded origin of oolong tea from monks-made songluo tea, the origin of oolong tea in *Nice Tea, Nice Fragrance*

十、清光绪七年（1881）《定乡杂著》记载定山、浮山植茶品茗

清光绪七年（1881）钱塘人胡敬的《定乡杂著》记载了定山、浮山如诗如画的采茶图：“定山之麓，负山结庐，山若屏幛（障）。定山高数百丈，自踵至脊艺茶树殆遍，主人为予言，每岁春时，村中妇女携都篮、荷笠采茶山上，银钗丫髻唱采茶歌，山前后声相应。”一幅百年前钱江边、定山下，妇女携都篮、荷笠边唱茶歌，边采茶叶的九曲红梅风情画跃然纸上。

清代，定山、浮山有了名茶九曲红梅，品茗成风。《定乡杂著》中还有一首描绘佳泉茗茶的诗，曰：“怪底甘泉溢梦中，幽人茶癖过卢仝。铭成只恐山腾笑，一勺无多未是功。”还有说明：“定北乡古名洋井畈，畈有泉一穴，冬夏湛碧。一日培土三尺，泉亦随升，如古之趵突。有友人携岕茗与虎跑泉并煮，啜之较香味尤胜。”卢仝是唐代与茶圣陆羽齐名的茶叶大师，定北乡功山下有泉，烹茗饮之，胜过龙井茶虎跑水矣。此处的岕茗，可理解为当地的红茶。还有一首《定乡杂诗》：“新茶采向定浮巅，都冒龙泓未雨前。真伪世闻谁辨得？此中还有惠山泉。”也有说明：“定南北诸山，艺茶几遍，而浮山以石戴土，产尤甘美，乡人以充本山春矣。”清代龙坞、浮山（定山南北乡）的茶叶采摘、炒制、质量都已极佳，绿茶可直比本山龙井茶，红茶当也出名。

还有描述定乡茅庵啜茗的记述：“饶山麓渡一小石桥，入茅庵坐佛前蒲团上，有白秃沙弥捧茗瓯至，啜茗闲与主人道村中风景。”

130余年前，钱塘人胡敬的《定乡杂著》以杂文、古诗记载，证实至迟1881年，在现域九曲红梅原产地，植茶已是当地一大产业，饮茶品茗，禅茶一味已成乡风民俗。

图2-22　晚清定山、浮山茶园风光

Fig. 2-22 The tea garden on Dingshan Mountain and Fushan Mountain in the late Qing Dynasty

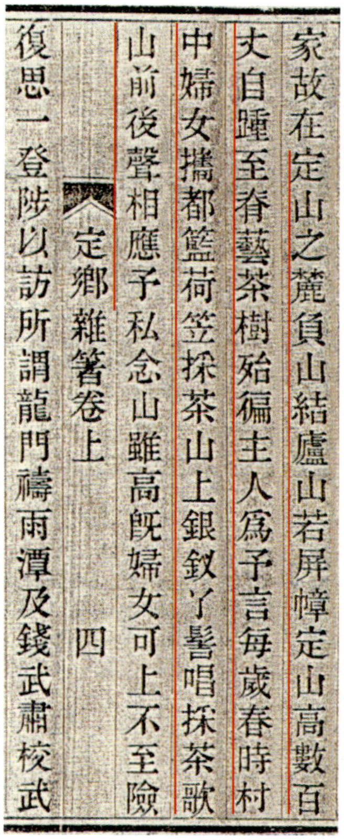

家故在定山之麓負山結廬山若屏幛定山高數百
丈自踵至春藝茶樹殆徧主人爲予言每歲春時村
中婦女攜都籃荷笠採茶山上銀釵丫髻唱採茶歌
山前後聲相應予私念山雖高旣婦女可上不至險
定鄉雜箸卷上　四
復思一登陟以訪所謂龍門禱雨潭及錢武肅校武

图2-23　清钱塘人胡敬《定乡杂著》

Fig. 2-23 The book *Things about Dingxiang Village* by Hu Jing, a Qiantang native in Qing Dynasty

图2-24　清手绘本《栽茶图》

Fig. 2-24 *Planting Tea,* a hand painting in Qing Dynasty

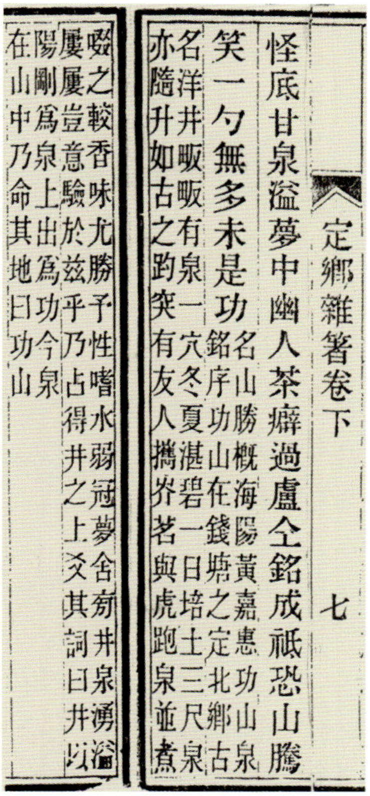

定鄉雜箸卷下　七
怪底甘泉溢夢中幽人茶癖過盧仝銘成祇恐山騰
笑一勺無多未是功名山勝概海陽黃嘉惠功山泉
銘序功山在錢塘之定北鄉古泉
名洋井畈畈有泉一穴冬夏湛碧一日培土三尺泉
亦隨升如古之趵突有友人攜芥茗與虎跑泉並煮
毀之較香味尤勝予性嗜水弱冠夢舍葪井泉湧溢
屢屢豈意驗於茲乎乃占得井之上爻其詞曰井以
陽剛爲泉上出爲功今泉
在山中乃命其地曰功山

图2-25　《定乡杂著·佳泉茗茶诗》

Fig. 2-25 The poem "Beautiful Spring and Nice Tea" in *Things about Dingxiang Village*

十一、结论

综合上述十点考证，现域九曲红梅应是太平军离杭约五六年后，即1870年左右，或再稍早，由福建乌龙茶区茶人迁入植种、制作。但在营销时，因杭城许多老字号茶庄的老板即为安徽籍，如翁隆盛茶庄、汪裕泰茶庄、方正大茶庄，又有安徽制茶高手帮助，遂于19世纪70年代逐渐形成中国名茶九曲红梅。

第三章　费城世博，首度亮相

一、李圭《环游地球新录》中的1876年费城世博会

1876年是美国建国100周年大庆，这一年在美国的独立纪念地费城所举办的世界博览会因此被命名为“美国独立百年展览”。在参加这届世博会的中国代表中，浙江海关文书李圭是由中国东海关税务司德璀琳推荐给总税务司赫德而被派赴美国的，他的主要任务就是“将会内情形并举行所闻见者详细记载，带回中国，以资印证”。

光绪四年（1878），李圭编著出版了《环游地球新录》一书，详尽地记述了1876年的美国费城世博会及其所闻所见，直隶总督李鸿章还为书作序。

美国费城以欧洲赛会为榜样举办了这一次的博览会，并诚邀各国携带本土的“宝物、古器、奇技、异材”前来参赛，希望借此促进各国之间的交流，加深友谊。应邀前来参加博览会的国家（地区），包括中国在内共有37个。

博览会的会场建在费城的西北角，占地约3500余亩，其中主要的陈列馆有5所：各物总院、机器院、绘画石刻院、耕种院、花果草木院；另有大小房屋150余处，包括了美国公家各物院、女工院、各式马车房、总理会务官公署、帮办公事房等。除此以外，博览会还专门建造了轮车铁路两条，长33华里，为前来参观的游客提供了方便。在参展的各个国家（地区）中，展品陈列占地最大的当数美国，约占十之五六，其次为英国，再次为法、德、俄、奥四国，占地最少的是智利和秘鲁。

1876年5月10日，博览会正式开幕，在历时半年之后，于1876年11月10日落下帷幕。开幕当天，约有13万余人前来参加这一盛会，当时的美国总统和巴西国王也出席了开幕仪式。开幕后，参观者络绎不绝，最多的时候一天达到了25万人。据统计，博览会平均每天参观人数多达6万。

作为37个参展国（地区）之一的中国，早在1851年的伦敦首届世界博览会上就亮相并有展品获奖，但那只是以私人名义参赛的。

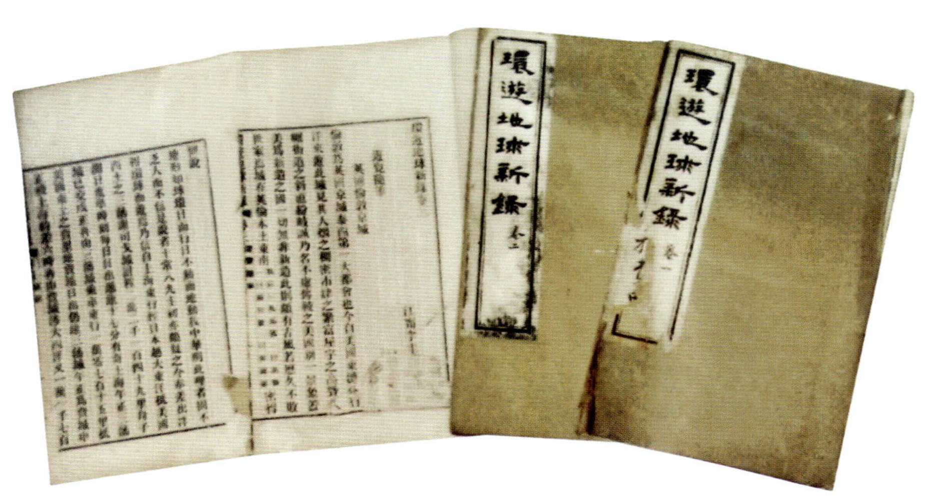

图3-1　《环游地球新录》书影

Fig. 3-1 *New Record around the World*

1876年，“美国创设百年大会，先经其国驻京公使照请总理各国事务衙门，咨行南北洋通商大臣转饬地方官，出示晓谕工商人等送物往会，并酌拨款项，札行总税务司赫德，援照奥国赛会例，选派海关税务人员办理”。被选派的海关人员有东海关税务司德璀琳、闽海关税务司杜德维，驻会管理者为粤海关税务司赫政、前津海关税务司吴秉文、潮海关税务司哈门德，并美国居华绅商鼐达等，另有帮办穆好士等数人协助。当时职司案牍十余年，与东海关税务司德璀琳有相知之雅的浙江海关文书李圭，也自始至终参加了博览会。所以说，1876年的美国费城世博会是第一次真正有中国人员参加的世界博览会。

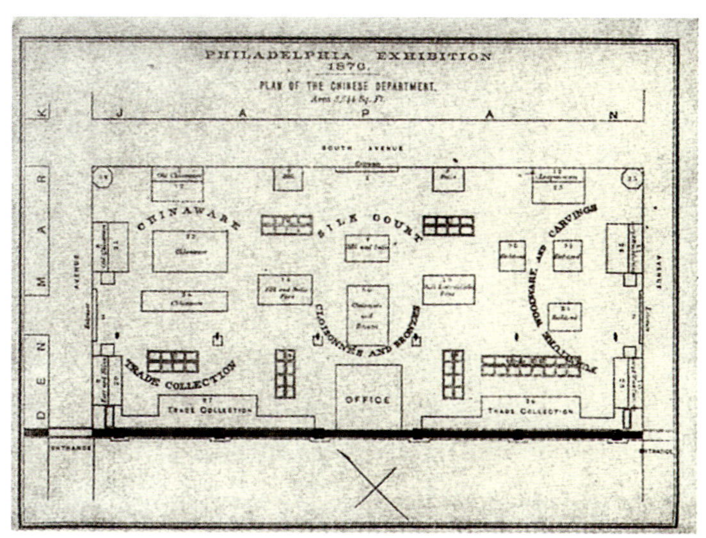

图3-2　1876年费城世博会上中国展区的平面图，总面积达800多平方米

Fig. 3-2 The ichnography of Chinese display area in the World Expo in Philadelphia in 1876 with an area of over 800 square meters

李圭在他的《环游地球新录》中对费城世博会做了详细的记述：中国赴会之物计七百二十箱，值银约二十万两，陈物之地，小于日本，颇不敷用。博览会上，中国展览所占地“仅八千正方尺”，但是通过精心得当的布置，仍然以浓郁的中华民

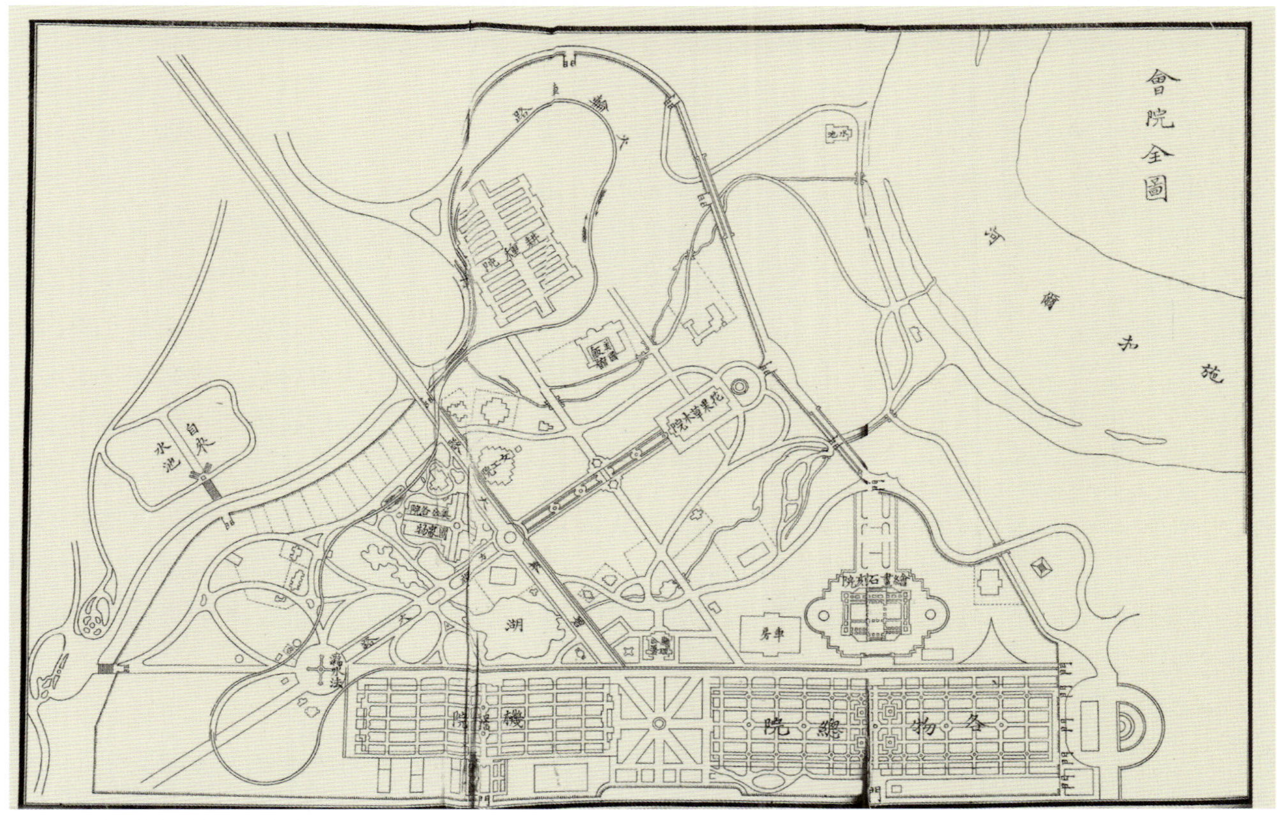

图3-3　《环游地球新录·会院全图》

Fig. 3-3 “The Map of Expo Location” in *New Record around the World*

序
光緒二年丙子美國剏設百年大會先經其國駐京公使照
請總理各國事務衙門咨行南北洋通商大臣轉飭地方官
出示曉諭工商人等送物往會并酌撥款項札行總稅務司
赫德援照奧國賽會例選派海關稅務人員辦理於是派委
在本國管理赴會事宜者爲東海關稅務司德璀琳閩海關
稅務司杜德維駐會管理者爲粵海關稅務司赫政前津海
關稅務司吳秉文潮海關稅務司哈捫德并美國居華紳商
鼐達等另有幫辦穆好士等數人分司其事圭不敏嘗承乏
浙海關案牘十有餘年得德君相知之雅非尋常比於是薦
由赫公派赴會所囑將會內情形并舉行所聞見者詳細記
載帶回中國以資印證其所以慎重周詳者無他亦欲敦交
誼廣人才冀收利　國利民之效也謹將會院規制情形善
法良器分別采擇記錄成篇名爲美會紀畧其遊歷美士各
都會及英法各國與夫自上海起程環地球一周仍回上海
所得之耳聞目見一切政治風俗并與西人言論所及者亦
皆詳爲記述分名爲遊覽隨筆東行日記而通名之曰環遊
地球新錄竊慚才識庸下未能克副薦委盛意殊有類於羊
公之鶴也已是編之成固鼐君洎諸稅務司偕行指點導遊
各處得其力頗多然而椎輪實大輅之始非德君何由環球
而遊以成是錄也夫因記緣起而并及焉
光緒三年歲在丁丑春二月下澣李圭識於甬江榷舍

图3-4　《环游地球新录·李圭序》，记载了李圭在宁波撰写清廷委派总税务司参与费城世博会的情况

Fig. 3-4 Foreword by Li Gui in *New Record around the World*, recording that Qing Government sent Inspector General of Customs to attend the World Expo in Philadelphia

中國赴會之物計七百二十箱值銀約二十萬兩陳物之地
小於日本頗不敷用此非會內與地不均蓋我　國原定僅
八千正方尺初不意來物若是之多也地居院之西門內左
爲智利秘魯右爲日本埃及土耳基對面爲義大利哪威嗹
嘓等國北向建木質大牌樓一座上面大書大清國三字橫
額曰物華天寶聯曰集十八省大觀天工可奪慶一百年盛
會友誼斯敦此爲德君囑圭所擬者兩旁有東西轅門上插
黃地青龍旗與官衙一式極形嚴肅進牌樓正中置橱櫃數
事高八九尺仿廟宇式亦以木製塗金彩四面嵌大塊玻瓈
儲各省綢緞雕牙玩物銀器及貴重之品左列武林胡觀察
景泰窰器右列粵省漆器繡貨鏡屏後列各式烏木椅榻再
後爲甯波雕木器海關經辦磁器及粵人何幹臣各種古玩
再後臨窗則爲公事房地方雖形挨擠而布置有法愈覺華
美可觀物件悉遵華式專爲手工製造無一借力機器卽陳
物之木架橱櫃以及桌椅鋪墊公事房之陳設字畫亦無一
外洋款式者悉爲他國遊覽官民目未經見無不讚歎其美
且云今而後知華人之心思靈敏甚有過於西人者矣南門
外平屋列各省絲茶六穀藥材亦皆海關經辦由總院分列
於此藥材不下七百種絲茶亦各種俱備洋人謂深得賽會
本意願以他物相易蓋皆爲有用之品可以增識見得實益
非若玩好僅圖悅目者也物產以絲茶磁器綢貨雕花器景
泰器在各國中推爲第一銅器漆器銀器籐竹器次之若玉
石器幾無過問者因憶從前法奧之會我　國雖亦送物比
賽而未獲貿易之益以無華人往也今則已得工商十餘人
逐日在會與西人相處深知其愛憎閱一二年後法國又興
大會則將來赴會者運貨必有把握非若前時之憑空揣擬
矣會內磁器早經售罄古玩綢緞以索值昂購者較鮮而西

图3-5　《环游地球新录》，对中国馆及茶叶的记载

Fig. 3-5 Recordation about the Chinese Pavilion and Chinese Tea in *New Record around the World*

族特色吸引了参观者的目光。北端建有一座木质大牌楼，上书“大清国”三字，并题有一副对联，联曰：“集十八省大观，天工可夺；庆一百年盛会，友谊斯敦。”横批为“物华天宝”。此联是宁波东海关税务司德璀琳嘱咐李圭所拟就。两旁有东西辕门，上插黄地青龙旗，犹如清朝官衙，极其严肃。牌楼正中置仿庙宇式橱柜数只高八九尺，木制涂金彩，四面嵌大块玻璃，储各省绸缎、雕牙玩物、银器及贵重之品。左列浙人胡光墉（即红顶商人胡雪岩）景泰窑品，右列广东漆器、绣货、镜屏。后列各式乌木椅榻，再后为宁波雕木器，海关经办瓷器，及广东人何干臣各种古玩。再后临窗则为公事房，地方虽拥挤，而因布置得法，愈觉华美可观。所有陈列物件悉遵华式，专为手工制造，无一借力机器。即使陈放物品的木架、橱柜，以及桌椅铺垫、公事房陈设字画，亦无一外款式者，悉为他国游览官员民众未曾见到过的，赞叹之余，都感知华人心思之灵敏。

南门外平屋，列各省丝、茶、六谷、药材，亦皆海关经办，由总院分列于此。药材不下七百种，丝、茶亦各种俱备。主办者认为如此安排非常符合赛会本意，与其他国家（地区）相比，都是有用之品。“可以增识见，得实益，非若玩好，仅图悦目者也。”费城博览会中，所展物产以丝茶、瓷器、绸货、雕花器、景泰器等在全国中推为第一。

二、费城世博会与李鸿章

清廷对1876年美国为庆祝建国100周年举办的费城世博会十分重视，这是中国首度在世博会上设展。应该讲，1840—1842年第一次鸦片战争和1860年第二次鸦片战争及英法联军火烧圆明园，给当权者极大的耻辱感，令他们充分意识到中国科技的落后。于是，有了1872年第一批幼童赴美留学，其中就有著名的“中国铁路之父”詹天佑。140多年前的这些举措应该是中国近代改革开放的尝试，这种尝试开始了中国的复兴之路。开启这座尝试大门的是1870年出任直隶总督兼任北洋通商大臣的李鸿章。

图3-6至图3-12是一组第一次鸦片战争时期的历史图片。100多年前的耻辱历

图3-9　林则徐（1785—1850）

Fig. 3-9 Lin Zexu (1785–1850)

图3-6　林则徐（虎门销烟图）

Fig. 3-6 Lin Zexu destroying the opium in Humen

图3-7　英军攻占舟山

Fig. 3-7 The British army attacking Zhoushan

图3-8　英国画家描绘的乍浦战役画作。1842年5月，英军进攻浙江乍浦，遭到清军坚决抵抗后，抬着尸体撤退

Fig. 3-8 The painting drawn by a British artist which described the situation about Zhapu battle. In May 1842, the British army was attacking Zhapu, Zhejiang Province. However, Qing army's resistance was so stubborn that they failed to occupy Zhapu, and finally retreated carrying the corpses.

图3-10　英军炮轰舟山渔船

Fig. 3-10 The British army attacking the fishing boats in Zhoushan

图3-11　《圆明园欧式宫殿残迹》书影

Fig. 3-11 The cover of *Ruins of Summer Palace*

图3-12　西门激战，英军入侵江浙腹地镇江西门

Fig. 3-12 Ximen Battle, in which the British army was invading Ximen, Zhenjiang (a central region of Jiangsu Province)

图3-13　圆明园欧式宫殿残迹（一）

Fig. 3-13 Ruins of Summer Palace (1)

史，震撼了当时的当权者，由于侵略事件亦发生在舟山（九曲红梅原产地附近），杭州的茶庄老板也像胡雪岩一样踊跃赴费城世博会参赛，希望国家富强。李圭《环游地球新录》中就有茶叶参展的记载。杭州茶庄以杭州龙井绿茶、九曲红梅经上海赴洋参赛，较之他省更为便捷。

图3-13至图3-23是一组圆明园旧影，来自笔者珍藏的由上海商务印书馆1933年出版发行的“上海美术专门学校丛书”《圆明园欧式宫殿残迹》，为1867年至1879年旅居天津任海关监督的德国人奥尔莱所摄。当时离圆明园焚毁尚不足十年，是迄今为止中外发表得最早、最精美的圆明园老照片。其时的当权者李鸿章等，以及一些有钱的茶庄老板可能看到过，圆明园焚毁的惨烈场面会震动他们的心灵，爱国心会促使他们参加费城世博会。

图3-14　圆明园欧式宫殿残迹（二）
Fig. 3-14 Ruins of Summer Palace (2)

图3-15　圆明园欧式宫殿残迹（三）
Fig. 3-15 Ruins of Summer Palace (3)

图3-16　圆明园欧式宫殿残迹（四）
Fig. 3-16 Ruins of Summer Palace (4)

图3-17　圆明园欧式宫殿残迹（五）
Fig. 3-17 Ruins of Summer Palace (5)

图3-18　圆明园欧式宫殿残迹（六）
Fig. 3-18 Ruins of Summer Palace (6)

图3-19　圆明园欧式宫殿残迹（七）
Fig. 3-19 Ruins of Summer Palace (7)

图3-20　圆明园欧式宫殿残迹（八）
Fig. 3-20 Ruins of Summer Palace (8)

图3-21　圆明园欧式宫殿残迹（九）
Fig. 3-21 Ruins of Summer Palace (9)

图3-22　圆明园欧式宫殿残迹（十）
Fig. 3-22 Ruins of Summer Palace (10)

图3-23　圆明园欧式宫殿残迹（十一）
Fig. 3-23 Ruins of Summer Palace (11)

图3-24至图3-30是一组李鸿章、赴美幼童、李鸿章与美国总统格兰特合影等旧影，这些照片均是1876年费城世博会的时代背景写照。

在赛会上，李圭亲眼看见了外国各种先进的科学技术和机器，并由此产生了诸多感触。在参观了机器院中的吸水器后，他“因思中国江河之水，涨落不时，旱涝互患。西北高原，种植每艰灌溉。讲水利者，尤以此为亟务。倘得因利乘便，仿而行之，亦经世一助也”。在了解到绞棉籽器每小时可绞出净棉花240磅到400磅之后，李圭觉得“产棉之乡，能家置一具，或数家、数十家合置一具，较之手挽脚践，诚大省工力”。而耕种院内的各类农田器具“应使于何地，用于何事，如何运

图3-24　1872年的李鸿章

Fig. 3-24 Li Hongzhang in 1872

图3-25　1872年第一批赴美留学的30名学生启程前在上海轮船招商总局前留影

Fig. 3-25 In 1872, 30 students were chosen as the first group of Chinese students to study in the USA. They took photos in front of Shanghai Investment Promotion Bureau before setting off.

图3-26　1879年6月，李鸿章在天津会见来访的美国前总统格兰特

Fig. 3-26 In June 1879, Li Hongzhang met with Grant, former President of the USA, in Tianjin.

图3-27　李鸿章访德时与德皇威廉二世合影

Fig. 3-27 Li Hongzhang visited Germany and took photos with Kaiser Wilhelm II.

动”皆非李圭所擅之事，但联想到“农田为中国首务”，文中提及国内地区燹后多有未垦之田，固是正需此器，“倘日后议垦西北旷土，尤必得购用，以代人力也”，李圭希望“能使国无旷土，人无游民，仓廪实，风教敦焉”。

1876年费城举办世博会时，有一百多位留美的中国少年正在哈佛学习。在教师刘其骏和翻译邝其照的带领下，他们不仅参观了博览会，也对其有自己的看法：“集大地之物，任人观览，增长识见；其新器善法，可仿而行之；又能联各国友谊，益处甚大。”这批中国最早的留学生是从1872年开始分四批由清政府派赴美国留学的。尽管由于当时保守势力的竭力反对与破坏，最终没能顺利完成学业，于1881年被强令回国，但他们中有不少人日后成了中国政界、军界、科技文化界的名人，在中国近代史上留下了难以磨灭的痕迹。其中为人熟知的就有中国铁路之父詹天佑、清政府外务部

图3-28　第一批（1872年）赴美留学的幼童詹天佑（左）与梁敦彦（右）在美国留影

Fig. 3-28 Zhan Tianyou (left) and Liang Dunyan (right) (taken in the USA). They were sent to the USA as the first group of overseas Chinese students in 1872.

图3-29　第三批（1874年）赴美留学的幼童梁如浩（左）与唐绍仪（右）在美国留影

Fig. 3-29 Liang Ruhao (left) and Tang Shaoyi (right) (taken in the USA). They were sent to the USA as the third group of overseas Chinese students in 1874.

图3-30　1879年，格兰特以美国卸任总统身份访问中国，5月24日上海《申报》印了一万张格兰特画像随报分送，以示欢迎

Fig. 3-30 Grant visited China as the former President of the USA in 1879. To welcome his arrival, the newspaper *Shen Bao* printed ten thousand of Grant's portraits as newspaper's gifts.

图3-31　在促成中国学生留美一事中起重要作用的容闳

Fig. 3-31 Rong Hong, a person who played an important role in promoting Chinese students to study in the USA.

图3-32 美国书籍插图“中国留学生在美留学情况”

Fig. 3-32 A figure in an American book showing the situation of Chinese students in the USA

图3-33 1873年第二批赴美留学的唐国安回国后担任了清华学校的第一任校长

Fig. 3-33 Tang Guo'an was chosen as one of the second group of overseas Chinese students to the USA in 1873. When he came back to China, he became the first principal of Tsinghua University.

图3-34 容闳

Fig 3-34 Rong Hong

尚书梁敦彦、民国政府首任国务总理唐绍仪、北洋大学校长蔡绍基、在英美流行的《唐诗英韵》一书的英文译者蔡廷干、北洋海军爱国将领沈寿昌等。李圭的《环游地球新录》阐述了从这些留学生身上显示出的西方教育先进性和优越性，即“不尚虚文，专务实效；是以课程简而严，教法详而挚，师弟间情洽如骨肉。尤善在默识心通，不尚诵读，则食而不化之患除；宁静舒畅，不尚拘束，则郁而不通之病去……且其不赏而劝，不努而惩，则又巧捷顽钝之弊亦无由以生”。这些使李圭相信派中国少年留美学习，其所学得之事完全可以取西方之长以补自身之短，而这些受过西方教育的少年“必体用皆备，而后可备国家器使”。

在促成中国学生留美一事中，要重点提及一位资产阶级改良主义者：留美监督兼驻美副使容闳。

容闳（1828—1912） 字纯甫，广东香山（今珠海）人。少时入澳门马礼逊学堂学习。道光二十七年（1847）赴美留学，先后入孟松学校、耶鲁大学学习，后入美国籍。1855年回国，先在香港英国殖民政府高等审判厅担任翻译，后在上海英商丝茶公司担任书记。1860年冬，到天京（今南京）向干王洪仁玕提出七项建议。1863年9月，受曾国藩委派，到上海筹办江南制造局，次年赴美国采购机器。1865年回国，以同知候补江苏。1868年向清政府条陈四事：组织合资汽船公司，选派留学生，开采矿产，禁止教会干涉人民词讼。1872年奉命率第一批留学生30人去美国留学，任留学生监督，兼任驻美副使。1898年戊戌政变发生后，曾函请英国传教士李提摩太营救梁启超，自己也避居上海租界。1900年在上海参加唐才常主持的张园会议，被推为会长。自立军失败后，被清政府通缉，逃往美国。1912年病故。著有《西学东渐记》等。《西学东渐记》中记述他曾作为丝茶公司代表在太平天国时期多次到浙江、安徽茶区考察和交易。

1876年的费城世界博览会，既让中国向世人展示了自己的风采，也使中国人走出国门亲身领略到了当时整个世界的科技文化发展水平，更让中国人了解到与中国传统思想完全不同的国外先进思想。在学习的同时，交流也进一步加深了，这次的世博会成了中美友好关系的一个历史见证。

三、杭州红茶（九曲红梅）在费城世博会首度亮相考

不少人对中国红茶在1876年费城世博会获奖持有疑问，中国红茶指的是什么地方的红茶？这则传闻与其时刚刚兴起的杭州九曲红梅又有什么关联？因此有了上面的标题和考证。

其一考，1876年美国费城世博会，西人喜红茶。李圭《环游地球新录》卷一“美国纪略”十、十一确实写道：

> 西人多有寄信中国托购者，茶叶一项，人皆嗜之，惟（唯）嫌绿茶掺杂过多。……

按这一段记载，西人已和中国人一样，人皆嗜茶，但嫌绿茶掺杂过多，反而喜好中国的红茶，所以后来英国红茶会风靡全球。

其二考，李圭《环游地球新录》提及两人，一为浙人（杭州）胡光墉，即红顶商人胡雪岩，另一人为广东人何干臣。杭州是中国参与费城世博会出力较多的城市，而红茶九曲红梅产于杭州。

图3–36是《环游地球新录》对“浙人胡光墉景泰窑器”的记载。

其三考，《环游地球新录》的著作者李圭是宁波浙海关的文书，东海关税务司德璀琳参与筹划中国参加费城世博会。在1876年、1878年《申报》对费城世博会赛会情况的报道和续记中，均有大量宁波商人或宁波商品赴赛，因此，邻近上海的宁波海关的红茶应是首选。如果1876年前九曲红梅已应市，九曲红梅应是海关税务司选择中国红茶参赛的首选。福建武夷红茶、安徽祁门红茶，因通信困难，山高路远，参赛比较困难，云南滇红则更不可能。

图3–38《申报·赴赛器物续记》就记载宁波友人来信，谓江北岸堆满赴赛器物。

其四考，上一章中已考证九曲红梅原产地定山、浮山一带，光绪七年（1881）已有采茶、制茶记载。品茗成风，饮茶成俗，其生产历史应还要早，大约1870年太平军入杭后的五六年应已诞生。因此，通过浙东运河运至宁波港，九曲红梅远渡重洋，亮相1876年美国费城世博会极有可能。

以上只是推断，应有更令人信服的实物或历史记载方可立论。

環遊地球新錄 卷一

人多有寄信中國託購者茶葉一項人皆嗜之惟嫌綠茶攙
雜過多出洋原箱較大由行發鋪零售不便未若改每磅（合中國十二兩）
一小匣合若干匣而爲一箱之爲善也綠斤做法不善
粗細相雜近爲洋人深惡倘使講求善法匀淨無僞則此項
貿易當亦日鉅一日廣各國設會之意原以昭友誼廣人才
其著重尤在擴充貿易四字而我華人多以無益視之亦由
華人出外甚鮮未得其就理耳不然洋人之心思精密人所
盡知豈肯以百千萬有用之資競作無益之舉哉惟我華人
能思西人所以舉是會之意理之所在而亟亟焉圖維之上

图3-35 《环游地球新录》对“西人多有寄信中国托购者，……惟嫌绿茶掺杂过多”的记载

Fig. 3-35 In *New Record Around the World*, there was a record that “many westerners had ever written letters to China to buy tea. However, they didn’t like the green tea with too many impurities in it”.

環遊地球新錄 卷一 九

儲各省綢緞雕牙玩物銀器及貴重之品左列武林胡觀察
景泰窯器右列粵省漆器繡貨鏡屏後列各式烏木椅榻再
後爲甯波雕木器海關經辦磁器及粵人何幹臣各種古玩
再後臨窗則爲公事房地方雖形挨擠而布置有法愈覺華
美可觀物件悉遵華式專爲手工製造無一借力機器即陳
物之木架櫥櫃以及桌椅鋪墊公事房之陳設字畫亦無一
外洋款式者悉爲他國遊覽官民目未經見無不讚歎其美
且云今而後知華人之心思靈敏甚有過於西人者矣南門
外平屋列各省絲茶六穀藥材亦皆海關經辦由總院分列

图3-36《环游地球新录》对“浙人胡光墉景泰窑器”的相关记载

Fig. 3-36 *New Record Around the World* recorded Hu Guangyong’s cloisonne artwork (Hu Guangyong, a native from Zhejiang Province).

第二頁

公濂等相見畢離不歡洽蓋在京各官本有與西官素未交接者茲緣去年九月廿八日奉旨後故中西各大官現得時相往來日後或更富親密也十一日京師各大官亦至諸國欽使處答拜然祗留名帖而已矣

美國賽會近聞 ○今歲爲美國百年大會中朝所寄去相賽諸物聞現在已具有規模傳得擺列在會中者屆時當可爲大觀也該院中所分與中國置物之處量約有八千八百四十四方尺合之中國房屋約在三十二間其置物處分定在該院之南與日本置物處相對所賽之物計有絲茶竹器藥材磁瓦器皿煤炭衣裳靴鞋棉花及花子顏料各色油漆扇子木耳米粟玻璃器用手鐲各種產草及草子夏布毛麻繩索涼席五金紙大黃皮內有牛庄之最貴重者糖水烟挂麪田器畫軸對聯天津泥塑之人物小像舟車各模樣雕刻象牙器及木器俱精雅工緻統共有五百廠貨物現已有二百廠發往舊金山接赴會院餘則隨後即連往也陳設諸物處之門面計有一百三十六尺寬內又分爲數小院鋪陳極其華麗其且院門之雕刻仿照寧波福州之著名會館者門口又建一牌坊漆工木工均極匠心屋隅處造一寶塔壯麗莊嚴計高十八尺屋之中則排列上等綢緞餘則吳觀察之古銅器故愈覺光艷奪目相傳值銀三萬也左右則磁器木器象牙器其後面則米炭等貨其雕花木器間係寧波宋君所寄去者各物俱陳於櫃室上面覆以碧色綢緞沿以花緞邊其柱上則懸以十八省時新之服所有磁器自九江來又有發藍物件係杭垣某錢莊主吳君郵去也統計以上諸物約值銀十萬云

图3-37 《美国赛会近闻》中有丝茶（1876）

Fig. 3-37 The newspaper *Shen Bao* reported silk and tea were among the exhibits displayed in the Philadelphia Expo in 1876.

赴賽器物續記 ○昨報錄中國各貨物已逐漸赴美京相賽茲又接寧波友人來信謂江北岸餘生雕花作現有木雕傀儡甚多其妝飾衣服形容舉止與生者無異或爲大官狀者則紅頂花翎朝服補褂或作軍妝者則鎧甲鮮明戈矛生色或作負販者則肩挑背負曲肖其人更或作婦人稚子以及諸色人等不一無不惟妙惟肖並聞欲著雕工漆匠成衣等司押運赴會尚有雕花嵌鑲眠床兩張人物花卉窮極奢麗巧奪天工傳得係西人所定購也

图3-38 《赴赛器物续记》（1878）

Fig. 3-38 The newspaper *Shen Bao* reported a piece of news about the objects for displaying in Philadelphia Expo in 1878.

第四章　中外博览，频频获奖

一、九曲红梅巴拿马赛会搭车获金奖

巴拿马赛会是民国肇建参与的第一个博览会，由农商总长张謇提出，大总统袁世凯对参会非常支持。北洋政府积极动员厂商参展，精心挑选展品，远渡重洋护送，并在异国建造馆舍，派大员莅临督察，笑迎观众参观，100多年前的许多书籍，以图片、文字一一详细记下其时盛况。

展会结束，商家最关心的当然是万里参展能否获奖。清末朝廷其时已颁发各种劝工兴业政策，工商有业绩，可得商勋，视同读书人中举，也有四品、五品、六品、七品商勋等级，红顶商人胡雪岩就是最好的例子。

1. 盛大的巴拿马赛会

1915年，美国开凿的巴拿马运河竣工。为庆祝巴拿马运河正式通航，美国在旧金山召开巴拿马世博会。北洋政府农商部设赛会局，清末南洋劝业会坐办陈琪为局长。农商部向各省征集出品，并选事业有成、有学识经验的实业人士组成游美团，同赴巴拿马赛会。考虑到与国外实业家交际，农商部挑选了一些有影响的实业，拍摄厂矿学校精美照片，并有中英文对照说明，集成一书，由上海商务印书馆印刷出版，名之曰《中国新事业之一斑》。是年4月某日即将成行前，农商总长张謇会见团员，曰："今东西两半球之以大共和国称者，必曰中美。以历史，以文化，可以互补。"历经百年，这本实业相册和这段话还有现实意义。

图4－1　农商总长张謇，他极力促成中国赴巴拿马参加赛会

Fig. 4-1 Zhang Jian, the minister of Agriculture and Business, made a great contribution to promoting China to participate in the Panama Expo.

这本相册虽是携往美国作为实业交流之用，但也代表了当时中国最著名的一些实业和制造业，以及当时中国最先进的生产和科技水准，许多国内外的展览会上可能还见不到的中国铁路、学校、工厂以及工厂的产品和照片，都有刊登。

《中国新事业之一斑》中有商务印书馆、张裕葡萄酒厂等著名企业老照片，其中还有一幅杭州拱宸桥杭一棉前身"杭州鼎新纱厂"的老照片。

1915年巴拿马世界博览会于2月20日开幕，12月4日闭幕，历时280余天，有31个国家（地区）参展，可谓规模空前，展品丰富，应有尽有，“大如近世机器之沿革，电气之应用，以及教育、农业、转运、博艺、卫生、经济之各种成绩；小如各项适于日用之制造”，多达百万余件，无怪乎有“文物之大全，人工之通鉴”之称。厚厚的《我国参与巴拿马太平洋万国博览会纪实》以及诸多的巴拿马赛会相关图片、文字详尽完整地记录下中国着力参与巴拿马赛会的经过。

图4-2　1915年《中国新事业之一斑》

Fig. 4-2 *China's New Industrial Enterprises* (Published in 1915)

当时，中华民国政府成立不久，百废待兴，因此给予了巴拿马世博会高度的重视和热情，一面派员筹备政府馆的建造事宜，一面着手展品的收集工作。

图4-3　杭州鼎新纱厂

Fig. 4-3 Hangzhou Dingxin Cotton Mill

早在1912年3月接到美国政府“招请预会之通知书”时，民国政府就马上派遣了陈锦涛、王景春两人前往美国会场，负责选定政府馆的建筑地址。当年10月24日，陈锦涛、王景春到达旧金山会场，择基2万余平方英尺，举行了政府馆奠基礼，美国政府派遣陆军鸣礼炮21响，同时升五色旗，并举行阅兵式以示祝贺。1914年，农商部派黄慕德、束曰璐，率工人赴美建政府馆，约耗资9万余元。

1914年3月9日，中国政府馆正式开幕。当天，馆门前悬挂了中、美两国国旗，当地华侨商人纷纷歇业，到政府馆参加庆祝活动。午后2时，馆门大开，同时举行开幕式和欢迎式。参加者包括美国政府代表、加州州长代表、旧金山市市长、会场副总理等，出席人数约有几千人。飞机盘旋空中，陆军列队阶下，一边是中华会馆合唱队，一边是美国乐队，特来演奏我国国歌以表敬意。开幕式由副监督欧阳祺主持，来宾在正殿阶下的演说台发表演说，会场总理特将这一天命名为“中华日”。仪式完毕后，以会场的名义向来宾赠送铜牌一枚作为纪念。

图4- 4至图4-16是一组中国参加巴拿马赛会旧影。

中国政府馆位于加拿大馆东面，阿根廷馆西面。前面的大道正好与纽约市馆暨伊利那省（即今伊利诺州）馆相对，后距暹罗（今泰国）馆约百步。南北为长，东西为广，建筑北向，馆式以北京太和殿为蓝本，稍稍缩小。政府馆的结构大致如下：大殿位于最南面，循阶而上，进入内殿，设有

图4-4　筹备巴拿马赛会事务局开局纪念摄影

Fig. 4-4 The Bureau of Panama Expo Affairs was set up in particular. The photo was taken in the day of setting up.

图4-5　陈锦涛先生在会场看图

Fig. 4-5 Chen Jintao was checking the map in the expo.

图4-6　各省赛会委员第一次会议摄影

Fig. 4-6 The committee members from different provinces attended the first meeting.

图4-7　赛会局局长陈琪

Fig. 4-7 Chen Qi, the Supervisor of the Bureau of Panama Expo Affairs

图4-8　美国政府祝贺，会场树立五色旗

Fig. 4-8 The government of the USA extended their congratulations, and set the Five-color Flag

图4-9　中国政府馆之正门与塔

Fig. 4-9 The front door and the tower of Chinese Government Pavilion

图4-10　中国政府馆开幕合影之一

Fig. 4-10 One of the group photos taken on the opening day of Chinese Government Pavilion

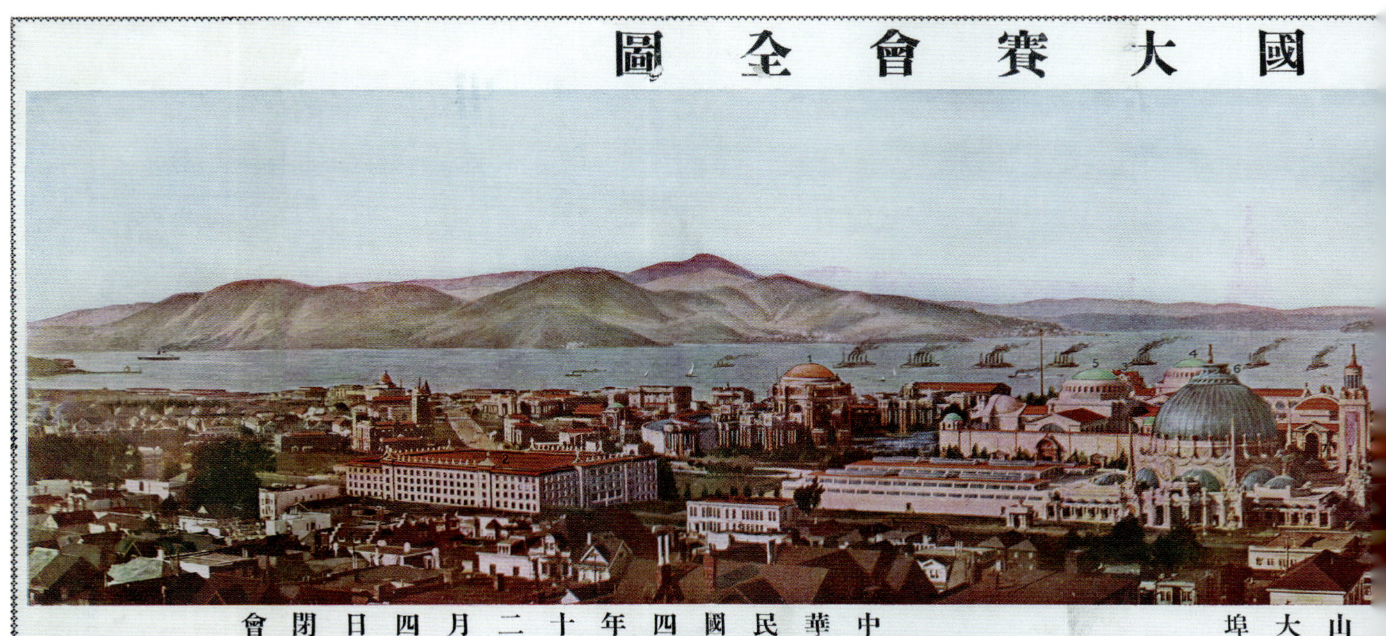

图4-11　《巴拿马太平洋万国大赛会全图》

Fig. 4-11 *Full View of Panama Pacific Universal Expo*

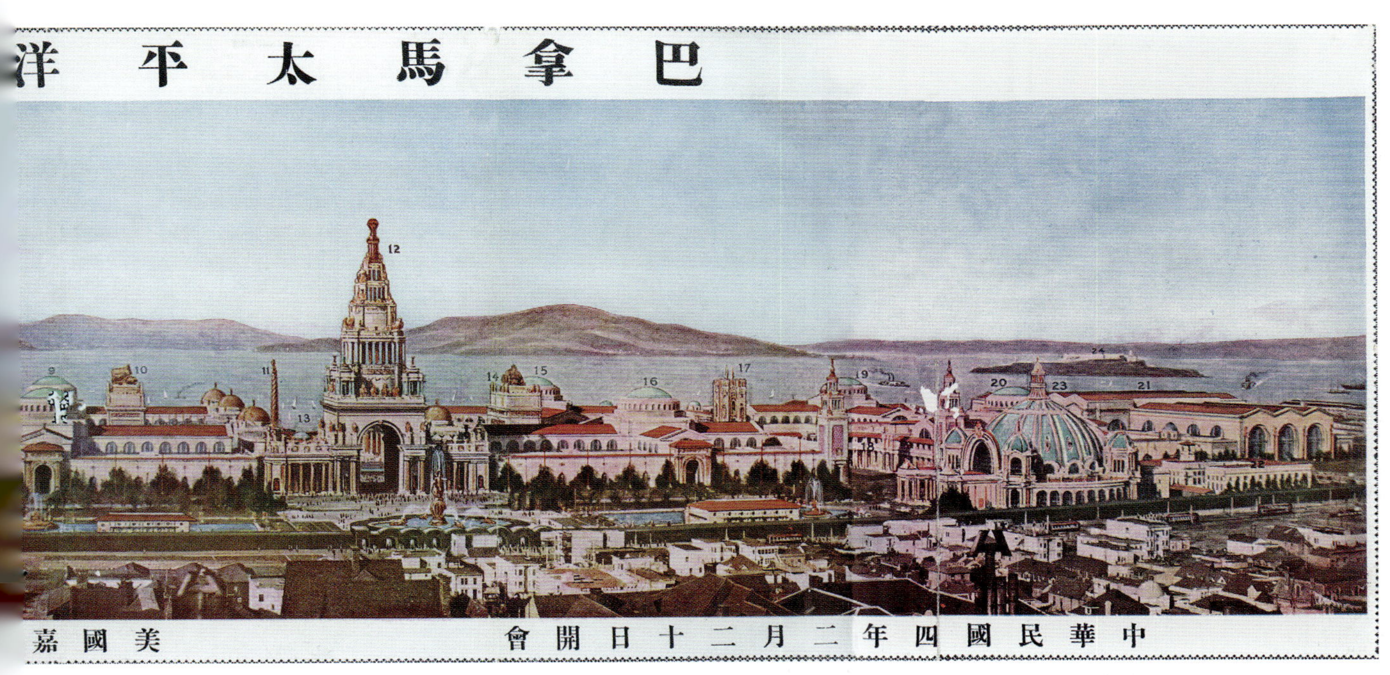
巴拿馬太平洋
中華民國四年二月二十日開會
美國嘉

图4-12　美国赛会总理欢迎中国代表团官员

Fig. 4-12 The prime minister of the Expo welcomed the officials of Chinese delegation.

图4-14　中国政府馆开幕合影之二

Fig. 4-14 Another group photo taken on the opening day of Chinese Government Pavilion

图4-13　中国馆牌楼

Fig. 4-13 The decorated archway of Chinese Government Pavilion

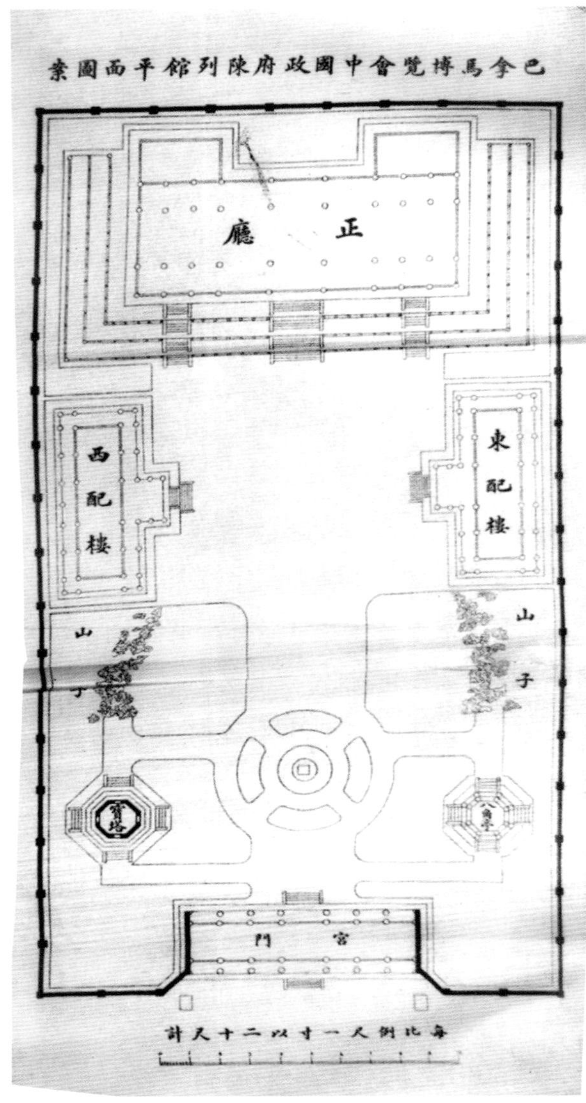

图4-15 《巴拿马博览会中国政府陈列馆平面图》

Fig. 4-15 *The Ichnography of Chinese Government Pavilion in Panama Expo*

图4-16 中国馆正殿

Fig. 4-16 The main hall of Chinese Government Pavilion

桌椅、绣屏、雕玩、字画。殿之左右，建有厢房各一，为办事室。殿前左右为两偏殿，陈列细工家具以及装饰物品。左殿楼上为监督办公室和会议室，右殿楼上为出品股的办事室。此外，东西还各有劝工房六楹，陈列中国特色商品供游客选购。劝工房外，右为六角亭，左为五层塔。正门为牌楼式，门侧两旁空地建有茶亭各一座，由商人集资开办，供游客休息小坐。政府馆周边三面围以矮垣，仿照万里长城，为雉堞式。殿前为水泥大道，间以方圆绿地几处，稍有花树点缀。整个馆殿涂以鲜艳黄色，远看似皇家禁地，有帝王气象，这在整个世博会场馆中是较为独特的设计。中华政府馆的建造集中了许多中式建筑的结构，较突出地反映了中国传统建筑的特色和审美情趣，在整个巴拿马世博会各场馆中有一定的典型性与观赏性。

2. 巴拿马赛会中国馆之农业馆

巴拿马赛会的中国农业馆以茶叶为大宗，烟叶次之。安徽、浙江、江苏、江西、广东、福建、湖南，皆有茶叶出品。直隶、吉林、奉天、安徽、江西、湖南、广东，皆有烟叶出品。此外，直隶还有米麦、杂粮、各种豆类、各种油、棉麻、羊毛出品。奉天、吉林，皆有木材。湖北省，有粮食、木材及麻。安徽省，有药材及麻。江西省，有木材。江苏省，有粮食、药材、肥料、毛羽及棉。浙江省，有粮食、丝茧。广东省，有木材。四川省，有各种油类及猪鬃。

农产品为中国大宗出产，农业馆也就成为主要的中国展区。大宗茶叶陈列品颇为壮观，浙江杭州龙井茶、安徽祁门红茶、湖南安化芙蓉山红茶，由山西宝聚公司监制，中华茶叶公司陈列，可谓煞费苦心。此外，徽州林茂昌茶号、福建厦门同芳里记茶庄、上海兴华贸易公司瑞昌茶栈、镇江德昌茶号、江西义宁改良茶叶公司、南京永大茶栈都有大宗出品，种类繁多，装潢各异，内有盒贮、罐贮、瓶贮、桶贮之别。

图4-17至图图4-22是一组巴拿马展会标有“中华民国”字样的中国展馆，以及巴拿马赛会中国展馆农业馆旧影。

图4-17 标有“中华民国”字样的中国馆

Fig. 4-17 The Chinese Government Pavilion titled “The Republic of China”

图4-18 农业馆中国陈列（一）

Fig. 4-18 Exhibition in the Chinese Agricultural Pavilion (1)

图4-19 农业馆中国陈列（二）

Fig. 4-19 Exhibition in the Chinese Agricultural Pavilion (2)

图4-20 农业馆中国陈列（三）

Fig. 4-20 Exhibition in the Chinese Agricultural Pavilion (3)

图4-21 农业馆中国陈列（四），有“浙江省立农”字样

Fig. 4-21 Exhibition related to Zhejiang Province in Chinese Agricultural Pavilion (4)

图4-22　农业馆中国陈列（五）
Fig. 4-22 Exhibition in the Chinese Agricultural Pavilion (5)

3. 口口相传，事出有因

1980年前后，笔者曾为西湖区双峰大队、灵隐大队、龙井大队、龙坞大队设计、安装茶叶喷灌设备。其时，就听茶农讲，九曲红梅曾在1915年巴拿马赛会获奖。2002年4月16日，余杭举办首届中国茶圣节，并成立"杭州陆羽与径山茶文化研究会"，著名茶史专家、浙江省农业厅研究员王家斌当选会长，笔者为副会长兼秘书长。嗣后，笔者为此事曾向王老询问有否看到真凭实据，他说，也仅是耳闻，并未见到。

4. 钱文选力争，巴拿马赛会皖、浙、赣、闽、湘、鄂、苏七省名茶共获超等大奖

（1）钱文选其人其事

钱文选（1874—1957），字士青，安徽广德县人。光绪二十四年（1898）入安徽省立求是学堂，二十九年（1903）被选送京师大学堂师范馆学习，旋改入译学馆攻读英语。光绪三十四年（1908）钱文选完成学业后，以七品京官任用。宣统元年（1909）任学部留学生襄校监试官，二年（1910）改任驻英留学生监督。在英期间，钱文选兼任伦敦万国人种大会和海牙万国修身大会的中

国代表，发表了题为《孔子道德为世界文化之祖》和《孔子伦理与万国修身之关系》的演说。辛亥革命期间，远在英国的钱文选以《驻英游学监督钱文选通告祖国乡老书》声援革命党人的义举（见图图4–25）。民国元年（1912），伦敦召开全英大学会议，钱文选应伦敦大学邀请以特别名誉会员身份出席会议。由于他的提议，英国在会上承认了中国北京大学。

民国4年（1915），钱文选奉调回国，先后任云南、河北、浙江、湖北、福建盐务稽核所所长，皖岸榷运局总局长，两浙盐运使等职。民国18年（1929），钱文选捐资600元在广德北乡双溪上建造木桥，又出资修筑广德至溧阳戴埠的松岭山道。民国19年（1930），他捐资千元在故乡创办士青小学，又捐款资助广德育婴堂。晚年将祖遗田产置为“士青义庄”。民国26年（1937），钱文选任杭州红十字会会长，兼浙江救济难民委员会常委。杭州沦陷前夕，他避居上海。日军多次威胁他回杭州任职，他凛然正气，严词拒绝，曾题诗明志：“乱离敢自托孤高，威武频加不屈挠。生命虽危置度外，任他巨浪与洪涛。”生平著有《美国制盐新法》《兽类饲盐利益及方法》以及《滇盐》《芦盐》《浙盐》《鄂盐》《闽盐》等盐志，还有《钱氏家乘》《钱武肃王功德史》《表忠小志》《诵芬堂文稿》《环球日记》《英制纲要》《游滇记事》《浙江名胜纪要》等，隐居上海时自编《士青全集》，民国37年（1948）修成《广德县志稿》。新中国成立后任杭州市政协委员。

图4–23　钱文选像
Fig. 4-23 Portrait of Qian Wenxuan

图4–24　钱文选著《表忠小志》书影
Fig. 4-24 A book written by Qian Wenxuan

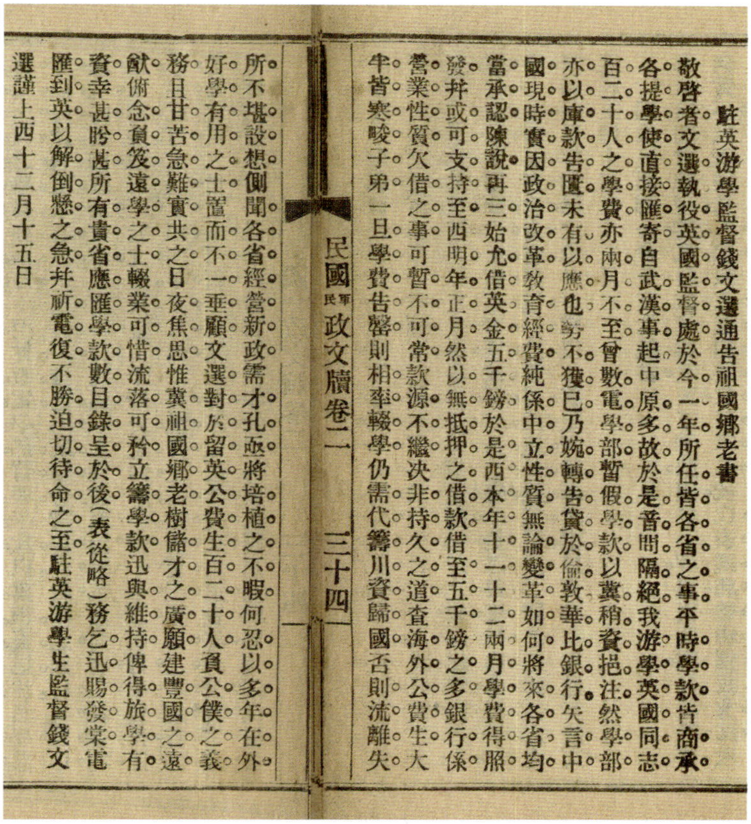

駐英游學監督錢文選通告祖國鄉老書

敬啓者文選執役英國監督處於今一年所任皆各省學款皆商承各提學使直接匯寄自武漢事起中原多故於是音問隔絕我游學英國同志百二十人之學費亦兩月不至曾數電學部暫假學款以冀稍資挹注然學部亦以庫款告匱未有以應也彷不獲已乃婉轉告貸於倫敦華比銀行矢言中國現時實因政治改革教育經費純係中立性質無論變革如何將來各省均當承認陳說再三始允借英金五千鎊於是西本年十一十二兩月學費得照發并或可支持至西明年正月然以無抵押之借款借至五千鎊之多銀行係營業性質欠借之事可暫不可常款源不繼決非持久之道查海外公費生大半皆寒畯子弟一旦學費告罄則相率輟學仍需代籌川資歸國否則流離失所不堪設想側聞各省經營新政需才孔亟將培植之不暇何忍以多年在外好學有用之士置而不一垂顧文選對於留英公費生百二十人負公僕之義務日甘苦急難實共之日夜焦思惟冀祖國鄉老樹儲才之廣願建豐國之遠猷俯念貧笈遠學之士輟業可惜流落可矜立籌學款迅與維持俾得旅學有資幸甚盼甚所有貴省應匯學款數目錄呈於後（表從略）務乞迅賜發棠電匯到英以解倒懸之急并祈電復不勝迫切待命之至駐英游學生監督錢文選謹上西十二月十五日

民國民軍政文牘卷二一　三十四

图4–25　《驻英游学监督钱文选通告祖国乡老书》
Fig. 4-25 “A Letter to Relatives in Hometown” by Qian Wenxuan

（2）据理力争，皖、浙、赣、闽、湘、鄂、苏七省名茶共获超等大奖

民国2年（1913），钱文选出任驻美国旧金山领事。民国4年（1915），在美国旧金山举办的巴拿马赛会上，他以中国监督处参议和安徽省代表身份及赛会国际审查委员的资格，为参赛的中国茶据理力争，终使中国皖、浙、赣、闽、湘、鄂、苏七省茶共获金牌大奖。是年（1915）7月，上海《神州日报》报道了中国茶叶获超等大奖的消息，赞扬钱文选"确以热忱之竞争，恢复国产之名誉，其成绩卓著"。

5. 三度赴沪，终获《神州日报》九曲红梅巴拿马赛会搭车获超等大奖证据

2009年，笔者编著出版《中国会展业图史》时，从民国刊物上获悉《神州日报》载钱文选力争，使七省名茶共获巴拿马赛会大奖的信息，并将其写入《中国会展业图史》。西湖区政协文史委主任唐建瑛也获此珍贵信息，再三告知笔者，此事对九曲红梅历史至关重要；祝永年、沈平夷诸领导亦嘱咐笔者务必拿到确凿之证据。于是，笔者三度赴沪，终获九曲红梅在巴拿马赛会获大奖之依据。

图4-26至图4-29是旅美记者汨生撰稿，1915年7月6日、7月7日、7月8日、8月22日《神州日报》刊登的《中日茶叶在巴拿马赛会争奖之交涉》新闻及通告，真切地记录下百年前以钱文选为首的中国赴美官员和日方代表斗智慧、斗谋略，全盘考虑，为七省名茶获大奖力争的惊心动魄的史实，再现了一场没有硝烟的国际赛会商战。今天包括九曲红梅在内的各省名茶受其恩泽，都应感恩前人，向前辈学习。

上述四版1915年《神州日报》真容如下。

其一，图4-26是1915年7月6日，阴历乙卯五月廿四，星期二，《神州日报（三）·内外要闻》，旅美记者汨生所撰《中日茶叶在巴拿马赛会争奖之交涉》一文，文章写道：

> 巴拿马赛会已于5月3日起审查各国赛品，办理得奖之事。先由赛会总局总会长摩亚君发出聘任书多件，分聘美国及各国著名有学识经验之人员，分别各国被聘人员之多少，以各国出品之多少定之。其审查有三部（步），如下，……
>
> 审查员章程规定，每百人中美国占50人，其余50人以各国出品多寡分定之。且每类（巴拿马赛会分别美术、工艺、教育、交通、矿产、农业、食品、制造、机器、园艺等馆。每一馆又分若干股，股中又分若干类）各选主席及副主席二席，美人必占其一。故此次审查员美国人数为多，主席亦多系美国人，美国人数既多，则会议取决之权多操自美国人之手。外国人欲得奖者，非先与美国审查员联络不可。
>
> 奖分数等，超等奖（Grand Prize）为最高之奖。每一类只能得一个超等奖。例如烟类只给一个超等奖（然可分烟叶、烟卷为二类，亦能分别得超等奖），合各国烟叶详细比较，以烟叶最好之国得之。其次，则为特等、金牌、银牌、铜牌、名誉奖等。此等奖牌发表当在数月之后。盖此次赛品之多，为从事赛会所专有，将来得奖者为数必多，慎发证书非一时所能议事也。查中国此次赛会为数亦不少，应得奖者，亦必甚多。今记中国审查员名如下：
>
> 陈承修，交通馆审查员；严智怡、欧阳祺，美术馆审查员；钱文选、章祖纯，农业、食品两馆审查员；夏昌炽、周泰瀛，文艺馆审查员；冯耀卿、何林一，工艺馆审查员；黄

宗发、杨永清、吴竟，教育馆审查员；欧阳祺、邝文光，矿务馆审查员。

……外人视审查员为最高尚之职务，各国多有出千金聘请著名之专家为审查员者。赛会总局对于此等审查员亦甚注重，凡美国人每人每日给五美元，作为车马费。其远道来者，更给以优厚之车费，有特别章程规定之。我国赛会监督既限于预算，不能多聘著名专家，且以迫于时期，复不能往中国聘任，只得取材于各部各省原派委员中选其素有专长，且精于英文者。多人转荐于总事务局，由彼选择，而后聘任，其中亦以有经验学识者为多。陈承修系农商部所派委员，留学外洋有年，原为工艺馆主任。夏昌炽为大学堂毕业生，交通部所派委员，原为交通馆主任。章祖纯系美国毕业生，农商部所派委员，原为农业、食品两馆主任。欧阳祺前为旧金山总领事，今亦为部派委员，系外交股股长，曾充圣路易赛会审查员。

钱领事文选，曾充海牙万国修身大会代表、伦敦万国人种大会代表、驻英留学生监督，现兼财政部盐务调查员，今由安徽巡按使特派为安徽赛会委员。钱君于海外情形极为熟悉，尤注意中国海外贸易。

我国出口货，向以绿茶为大宗，而华茶尤为美国所需要。但近年为日本茶所夺，故销数无多。查上年报告册，不过80余万元美元，已不及日本五分之一矣。查照赛会章程，每一类只能得一个超等奖，日本茶销数既旺，制造亦精，装潢尤极佳美。日本对于茶叶特聘专家伊藤氏经理其事，当审查茶叶时，伊藤即要求非得超等大奖不可，否则辞审查员之职。会议数次，伊藤始终坚持。一方以强硬手段对之，一方极力运动，不时邀请全体审查员宴会。当宴会时并有多数日本美女贿酒以媚客，并各赠送物品，此5月24日事也。闻伊藤并请赛会某监督，亦极力运动必欲夺得超等大奖，以压倒华茶，使此后华茶绝无销路而后已。伊藤充审查委员，本专注重茶叶，犹以为未足，并多派一翻译，名为传语，实则赞助审查之事。中国茶叶之审查，只有钱君一人，且兼审查农业、食品两馆，事极忙碌。此次第一部审查结果，中国茶叶凡经各省代表提选，送至海关试验处者，多得高奖。（先是总事务局以茶叶为赛品大宗，关系中国、日本、印度贸易竞争甚大，特聘任美国金山海关员亿图君充作茶叶审查专员。亿图君曾在中国办茶九年，后充海关茶叶试验员已20年，专审进口茶叶，故于茶叶情形极熟，可称为美国茶叶专家第一人。茶叶入手，立能指明为何种茶，且于色、香、味三者，皆能力加考求。）

当审查之先，钱君即报告陈监督预先通告各省代表，将各省茶叶择其极好者检送海关。以便审查员全体停会开验。各省代表有照办者，亦有不知何项茶叶为最佳，不能将上品检送者。凡检送之茶，得特等奖及金牌奖者甚多。钱君对于超等大奖牌争之尤力，绝不稍让日本。当审查员开议时，钱君畅言华茶出产之多，品质之美，全球销场之大。旁征博引，全体审查员均为之首旨。亦有主张不给日本以超等大奖牌者，会长恐因此起大交涉，遂暂搁议。**后有人建议茶可分为两类，中国、日本各给超等大奖牌一枚，于是此问题始能解决。**此非以我为争之故，华茶必为日人所胜，赛会之超等大奖牌必为日本所专有矣。此次各审查员所以赞助中国，使华茶不致失败者，固所以钱君争之甚力，亦美国人士尚能主持公道故也。

（三）中華民國四年七月六日 神州日報 乙卯年五月廿四日（星期二）

内外要聞

中日茶葉在巴拿馬賽會爭獎之交涉

旅美記者汨生

巴拿馬賽會已於五月三日起審查各國賽品辦理給獎之事先由賽會總局總會長摩亞君 Mr C C Moore 發出聘任書多件分聘美國及各國著名有學識經驗之人員分別各國發聘人員之多少以各國出品之多少定之其審查員分有三部如下

第一部（Group Jury）即第一級 人數最多手續最繁一切獎品多由第一級之審查員議定經全體審查員通過乃送交第二部

第二部（Department Jury）第二級 即清理第一部之事宜簽名蓋印雖間有更改第一部所議之獎然亦甚少（如有人以第一部所給之獎為不然者可以建議再行復查一次能否更改由第二部全體會議定之）經第二部審定後即將簽名之得獎案送交第三部

第三部（Superior Jury）即第三級 純為簽名之準無復更改之餘除重大問題外決不更改第二級所議之獎

審查員章程規定每百人中美國佔五十人其餘五十人以各國出品多寡分定之且每類（巴拿馬賽會分別美術文藝工藝教育交通鑛產農業食品製造機器園藝等館每一館又分若干股股中又分若干類）各選主席及副主席二席中美人必占其一故此次審查員美國人數為多主席亦多係美國人美國人數既多則會議取決之權多操自美國人之手外國人欲得獎者非先與美國審查員聯絡不可

獎分數等超等獎（Grand Prize）為最高之獎每一類只能得一个超等獎（例如煙類只給一个超等獎）（然可分煙葉煙捲為二類亦能分別得超等獎）合各國煙葉詳細比較以煙葉最好之國得之其次則為特等金牌銀牌銅牌名譽獎等此等獎牌發表當在數月之後蓋此次賽品之多為從來賽會所未有將來得獎者為數必多懷疑猶齊非一時所能蔵事也查中國此次賽會為數亦不少應得獎者亦必甚多今記中國審查員名如下

陳承修 交通館審查員
嚴智怡 歐陽祺 美術館審查員
錢文選 章祖純 農業食品兩館審查員
夏昌熾 周泰瀛 文藝館審查員
馮耀卿 何林一 工藝館審查員
黃宗發 楊永清 吳競 教育館審查員
歐陽祺 鄺文光 鑛務館審查員

各館審查員不僅審查本國之賽品並可審查他國之賽品此次審查員名為萬國審查員 "International Jury of awards" 往往以本國賽品而為他國人所審查者而己則另行審查他國之賽品彼此交相審查庶不致總重本國賽品所以防流弊也外人親審查員為最高尚之職務各國多有出千金聘請著名之專家為審查員者賽會總局對於此等審查員亦甚注重凡美國人每人每日給美金五元作為車馬費其自遠道來者更給以優厚之車費有特別章程規定之我國賽會監督既限於預算不能多聘著名專家且以迫於時期復不能往中國聘任只得取材於各部各省原派委員中選其深有專長且精于英文者多人轉商於總事務局由袁選擇而後聘任其中亦以有經驗學識者為多陳承修係農商部所派委員留學外洋有年原為工藝館主任夏昌熾為大學堂畢業生交通部所派委員錢為交通館主任章祖純係美國畢業生農商部所派委員原為農業食品兩館主任歐陽祺前為審金山總領事今亦為部派委員係外交股股長管充惡路易委會審查員兼館事文選曾充海牙萬國修身大會代表倫敦萬國人種大會代表駐英留學生監督現任財政部鹽務稽查員今由安徽巡按使特派為安徽賽會委員錢君於海外情形極為熟悉尤注意於中國海外貿易我國出口貨向以絲茶為大宗而華茶尤為美國所需要但近年為日本茶所奪故銷數無多 查上年報告冊不過八十餘萬元美金已不及日本五分之一 奕查照賽會章程每一類只能得一個超等獎日本茶銷數既旺製造亦精裝潢尤極合美日本對於茶葉特聘專家伊藤氏經理其事 當審查茶葉時 伊藤即要求非得超等大獎不可否則辭審查員之職 會議數次伊藤始終堅持一方以強硬手段對之一方極力運動不時邀請全體審查員宴會當宴會時並有多數日本美女侑酒以媚客並各贈送物品 此五月廿四日事也聞伊藤並請賽會某監督亦極力運動必欲奪得超等大獎牌以倒華茶使此後華茶絕無銷路而後已 伊藤光審查委員本專注重茶葉猶以為未足並多派一繙譯名為 語實則贊助審查之事中國茶葉之審查只有錢君一人且兼審查

图4-26 1915年7月6日《神州日报 · 中日茶叶在巴拿马赛会争奖之交涉》

Fig. 4-26 On July 6, 1915, the newspaper *Shenzhou Daily* reported the news "The Intense Competition between Chinese Tea and Japanese Tea for the Awards in Panama Expo".

1915年7月6日《神州日报》之《中日茶叶在巴拿马赛会争奖之交涉》，披露了一段民国茶史中，钱文选力争，七省名茶勇夺超等大奖的鲜为人知的史实。旅美记者汨生以他的写实笔法，一层一层剥开史实的外壳，其核心是钱文选以一人兼农业、食品两馆审查员，力战“要求非得超等大奖不可，否则辞审查员之职”的日本茶叶特聘专家伊藤，揭露“日本美女贿酒以媚客，并各赠送物品”“并多派一翻译，名为传语，实则赞助审查之事”之不正当手段。钱文选以一人兼两馆事与伊藤和翻译两人大战，极忙碌地看到“第一部（步）审查结果，中国茶叶凡经各省代表提选送至海关试验处者多得高奖”，其后，“当审查之先，钱君当即报告陈监督，预先通告各省代表，将各省茶叶择其极好者检送海关”“检送之茶得特等奖及金牌奖者甚多”，凸现中国争夺超等大奖牌过程中，“钱君对于超等大奖牌争之尤力，绝不稍让日本”。末尾一句“美国人士尚能主持公道”，也是中国七省名茶共获超等大奖的关键。在后面《神州日报》中，还有淋漓尽致的报道。

其二，图4-27是1915年7月7日，阴历乙卯五月廿五，星期三，《神州日报（三）（四）·内外要闻》刊登旅美记者汨生《中日茶叶在巴拿马赛会争奖之交涉（续）》。

这一篇报道，披露了七省名茶共获大奖之原委。钱文选深知中国各省茶叶的优势和外销情况，以及日本茶的优势，而中国茶叶出赛，并未组织统一机关的竞争态势。“钱君对于此事极为焦灼，遂与审查员等婉商，不以一省、一公司或一人为单位得以大奖”，提出**“而以中华民国字样为得奖之单位，请将茶叶大奖牌给予全国。将来大奖牌上即书“中华民国”（The Republic of China），存于农商部，以后各省茶叶出口，即可用超等大奖牌为招牌”**。这即是七省共获超等大奖牌之史源。这样，“较之一人一公司，一省得之为善。决议以出茶最美且多之各省享有之”。

文中还详述了推出七省名茶的理由：

> 查赛会章程，赛品中尤以关于商业上有竞争之必要者为前提。譬如云南普洱茶，在中国视为上品，但不行销于美国，并禁止，不准入口。如某省白毛茶，在中国每为上品。审查员以为商业竞争无关系，亦欲不给奖，其他凡未经制造者，亦视为无足轻重。盖不销于外洋，即无商业竞争之性质，无给奖之必要。

据亿图君言：

> 华茶行销于美国者，江西义宁茶、安徽祁门茶、福建乌龙茶为最合宜。见中国好茶进口者甚少，其进口者多为广东运来之下等茶，常用中国茶名义。美国一见中国茶字样，即不过问，故多趋购日本茶。广东茶偶得进口，亦只销售于唐人街之华人，西人则甚少购者。

因此，钱文选“趁此时机组织机关，转运上等茶叶至美，一面由中国禁止劣茶出口”“数年之后，庶可挽回全国茶叶之名誉”。

因此，巴拿马赛会上，“日本茶此次得特等奖不过四枚，金牌奖不及七枚，较中国为少，日人已有违言”。日本人不甘落败，又想出新花招，意图让当时被日本所侵占的地区也得一超等大奖，这样日本实际上就能获得两项超等大奖。

斗争几达白炽化，“彼（日本）既据此理由，请开特别会议，美人许之。审查员全体到场，农业馆之（馆）长司结（徒）司密君（前次到华劝我赴会之专员）亦列席，方讨论此事”。

《神州日报》以下记载，更为精彩：

> 钱君言毕，即拟就一请求书交由主席转交第二部（步）讨论。馆长司徒司密及审查

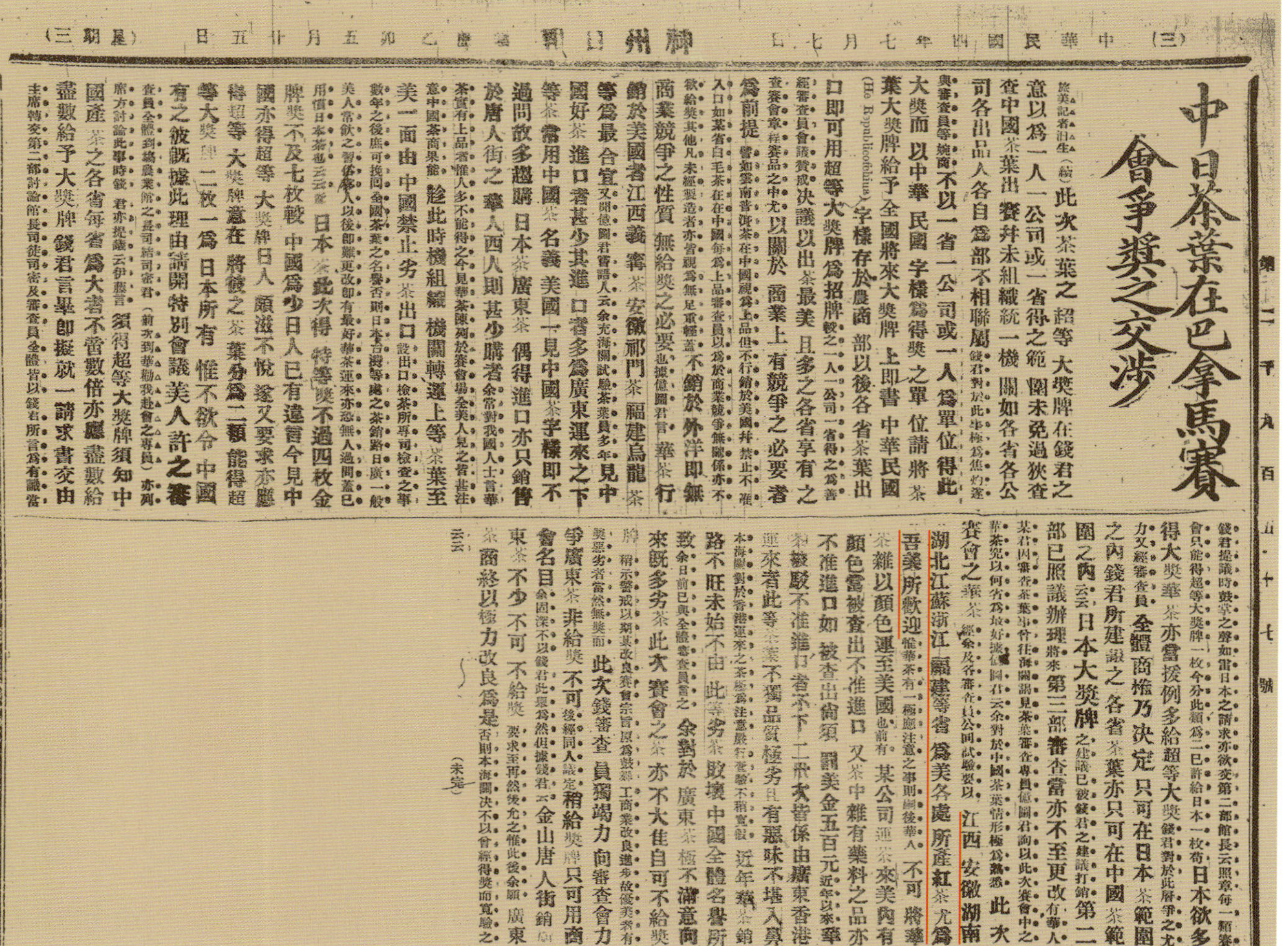
（三）中華民國四年七月七日　神州日報　乙卯五月廿五日　星期三（三）

第二千九百五十七號

中日茶葉在巴拿馬賽會爭獎之交涉

旅美記者汨生（續）此次茶葉之超等大獎牌在錢君之意以爲一人一公司或一省得之範圍未免過狹查中國茶葉出賽并未組織統一機關如各省各公司各出品人各自爲部不相聯屬錢君對於此事極爲焦灼蓋與審查員等婉商不以一省一公司或一人爲單位得此大獎而以中華民國字樣爲得獎之單位請將茶葉大獎牌給予全國將來大獎牌上即書中華民國(He Republicofchina)字樣存於農商部以後各省茶葉出口即可用超等大獎牌爲招牌較之一人一公司一省得之爲善經審查員會議贊成決議以出茶最美且多之各省享有之查賽會章程賽品之中尤以關於商業上有競爭之必要者爲前提譬如雲南普洱茶在中國視爲上品但不行銷於美國并禁止不准入口如某省白毛茶在中國每爲上品審查員以爲於商業競爭無關係亦不欲給奬其他凡未經製造者亦皆視爲無足重輕蓋不銷於外洋即無商業競爭之性質無給獎之必要也據億圖君言華茶行銷於美國者江西義寧茶安徽祁門茶福建烏龍茶等爲最合宜又聞億圖君嘗語人云余充海關試驗茶葉員多年見中國好茶進口者甚少其進口者多爲廣東運來之下等茶常用中國名義美國一見中國茶字樣即不過問故多趨購日本茶廣東茶偶得進口亦只銷售於唐人街之華人西人則甚少購者余常對我國人士言華茶實有上品者惟人多不能得之今見華茶陳列於賽會場全美人見之者甚注意中國茶商果能趁此時機組織機關轉運上等茶葉至美一面由中國禁止劣茶出口設出口檢茶所專司檢查之事數年之後庶可挽回全國茶葉之名譽否則日本台灣等處之茶銷路日廣一般美人常飲之習俗人以後即難更改即有最好華茶運來亦恐無人過問蓋已用慣日本茶也云云日本茶此次得特等獎不過四枚金牌獎不及七枚較中國爲少日人已有違言今見中國亦得超等大獎牌日人頗滋不悅遂又要求亦應得超等大獎牌意在將彼之茶葉分爲二類能得超等大獎牌二枚一爲日本所有惟不欲令中國有之彼既據此理由請開特別會議美人許之審查員全體到場農業館之長司緒司密君（前次到華勸我赴會之專員）亦列席方討論此事時錢君亦提議云伊爲言須得超等大獎牌須知中國產茶之各省每省爲大者不啻數倍亦應盡數給盡數給予大獎牌錢君言畢即擬就一請求書交由主席轉交第二部討論館長司徒司密及審查員全體皆以錢君所言爲有識當錢君提議時鼓掌之聲如雷日本之請求亦欲交第二部館長云照章每一類賽會只能給超等大獎牌一枚今分此類爲二已許給日本一枚苟日本欲多得大獎華茶亦當援例多給超等大獎錢君對於此層爭之尤力又經審查員全體商榷乃决定只可在日本茶範圍之內錢君所建議之各省茶葉亦只可在中國茶範圍之內云云日本大獎牌之建議已被錢君之建議打銷第二部已照議辦理將來第三部審查當亦不至更改有華人某君因審查茶葉事曾往海關謁見茶葉審查專員億圖君詢以此次賽會中之華茶究以何省爲最好據億圖君云余對於中國茶葉情形極爲熟悉此次賽會之華茶經余及各審查員公同試驗要以江西安徽湖南湖北江蘇浙江福建等省爲美各處所產紅茶尤爲吾美所歡迎惟華茶有一極應注意之事則嗣後華人不可將華茶雜以顏色運至美國也前有某公司運茶來美內有顏色當被查出不准進口又茶中雜有藥料之品亦不准進口如被查出倘須罰美金五百元近年以來華茶被駁不准進口者不下二千餘家皆係由廣東香港運來者此等茶葉不獨品質極劣且有惡味不堪入鼻本海關對於香港運來之茶極爲注意嚴行查驗不稍寬假近年華茶銷路不旺未始不由此等劣茶敗壞中國全體名譽所致余日前已與全體審查員言之余對於廣東茶極不滿意向來既多劣茶此次賽會之茶亦不大佳自可不給獎牌稍示警戒以期其改良賽會宗旨原爲鼓舞工商業改良進步故優美者有獎惡劣者當然無獎而此次錢審查員獨竭力向審查會力爭廣東茶非給獎不可後經同人議定稍給獎牌只可用商會名目余固深不以錢君此舉爲然但據錢君云金山唐人街銷廣東茶不少不可不給獎要求至再然後允之惟此後余願廣東茶商終以極力改良爲是否則本海關決不以曾經得獎而寬驗之云云

（未完）

图4-27　1915年7月7日，阴历乙卯五月廿五日，星期三《神州日报（三）·内外要闻》刊登，旅美记者汨生《中日茶叶在巴拿马赛会争奖之交涉（续）》

Fig. 4-27 “The Intense Competition between Chinese Tea and Japanese Tea for the Awards in Panama Expo (to be continued)”, reported by Chinese journalist Gusheng, in section 3 of *Shenzhou Daily*, on July 7, 1915 (May 25 in lunar calendar, Chinese Yimao year)

员，全体皆以钱君所言为有识，当钱君提议时，鼓掌之声如雷。日本之请求亦欲交第二部（步），馆长云：照章每一类，赛会只能给超等大奖牌一枚，今分此类为二，已许给日本一枚，苟日本欲多得大奖，华茶亦当援例多给超等大奖。钱君对于此层争之尤力，又经审查员全体商榷……日本大奖牌之建议已被钱君之建议打销（消）。

钱文选胸有成竹，以子之矛，攻子之盾，再次挫败日本阴谋。赛会还认为“第二部（步）已照议办理，将来第三部（步）审查当亦不至更改”。

《神州日报》上还刊登一则新闻，披露了到底何省何茶共得超等大奖章的史实：

有华人某君，因审查茶叶事曾往海关谒见专员亿图君，询以此次赛会中之华茶，以何省为最好。据亿图君云：余对于中国茶叶情形，极为熟悉，此次赛会之华茶，经余及各审查员公（共）同试验，要以**江西、安徽、湖南、湖北、江苏、浙江、福建等省为美。各处所产红茶尤为吾美所欢迎。**

这一段记载，明确江西、安徽、湖南、湖北、江苏、浙江、福建七省茶为美（佳），当也包括参赛的绿茶红茶，这也是后来各省茶庄如汪裕泰、翁隆盛、方正大纷纷打出巴拿马赛会获金奖的依据。此中还特别提及“各处所产红茶尤为吾美所欢迎”，此处也含“浙江红茶”，应是肇创于同光，即1870年左右，1876年美国费城赛会亮相的“杭州红茶”，即九曲红梅。

这篇报道也不遮丑，还特别提到茶叶染色、恶味，在以后的史料中都有写道，实应禁止也。

其三，图4–28是1915年7月8日，阴历乙卯五月廿六日，《神州日报（三）》之《中日茶叶在巴拿马赛会争奖之交涉》。这则新闻中，旅美记者汨生不仅着眼于获大奖，还极负责任地对中国茶在美无茶商经营，仅在上海一隅坐买坐卖，甚至中国茶到了美国“并非原封出售，或杂入印度茶，充印茶而售之，或杂入日本茶，充日本茶售之，中国茶叶之名义致无存”的现象，进行曝光，意欲唤醒中国茶商的“诚信”。嗣后，在美国留学、父亲是茶商大老板的唐季珊先生回上海创立“华茶公司”，苦心经营之下，到20世纪二三十年代公司已负盛名。其时，华茶公司在浙江杭州、安徽屯溪均建有茶厂。抗战初期，以茶叶易苏联战机等军火的谈判、实施，都是寿景伟、吴觉农、唐季珊三人负责的。直到抗战胜利后，据报刊所载还是寿景伟、吴觉农、唐季珊三人负责接洽、谈判、实施以陈茶归还苏联贷款。

唐季珊的女朋友，即20世纪30年代当红影星阮玲玉。1935年1月18日，杭州联华影院（今胜利剧院）开业，由阮玲玉、童星黎铿剪彩，轰动一时。是年3月8日，因“人言可畏”，阮玲玉自尽身亡，联华影院剪彩成了阮玲玉最后的亮相。这则是杭城与老茶人的另一段史话。

其四，图4–29是1915年8月22日，阴历乙卯七月十二，《神州日报（五）》之《赴美国巴拿马赛会监督处通告》，其中有：

> 我国物品共可得大奖章51枚，名誉优等奖约近60枚，金牌以下各奖共得1200左右。综其大要，各省农业均以特别物产得一大奖。茶叶得大奖者，凡七省。……

再次重申：茶叶得大奖者，凡七省，即江西、安徽、湖南、湖北、江苏、浙江、福建七省之红茶、绿茶。

1917年2月出版，1916年12月由赛会局局长陈琪作序的《中国参与巴拿马太平洋博览会纪实》一书，专门写及华茶赛品获奖最多，原文如下：

> 赛品获奖最多者，茶叶其首选也。中国为产茶最古之国，数世纪前已驰名欧洲，品质优美，自无待言。每年输入欧洲者，为额甚巨，于俄国销行尤广，数逾千万。惟（唯）中国商人素乏世界智识，种种商业组织多未完备。而日本及印度茶商在美积极进行大收广告之效用，于是华茶销路遂日形滞钝，加以奸商以染色及泡过茶叶混销，屡被海关驳回，华茶名誉遂至坠地。今幸巴拿马大博览会审查之结果，华茶获大奖七，获名誉优奖、金牌奖约四十，成绩之佳，无与伦比。

书中特别写到：

> 华茶品质优美，甲于全球。此次赴赛，华茶中有中央出品，有个人出品，即各茶商。对于此次与赛，咸甚热心，选择精详，装潢华丽，实足代表华茶之特色。经高级审查会议，决合给一大奖于中华全国之茶，其产茶著名之省亦各给大奖一枚，以示优异，当准给七省大奖为：江西、安徽、江苏、浙江、湖南、湖北、福建各省。

《中国参与巴拿马太平洋博览会纪实》与《神州日报》报道华茶获奖情况一致。

(三) 中華民國四年七月八日 神州日報 乙卯五月廿六日 (星期四)

中日茶葉在巴拿馬賽會爭獎之交涉

旅美記者汨生 (續)

查我國茶葉每年雖銷售於美國若干然 我無茶商在美經營 我國茶商僅在上海一隅坐買坐賣西商購買華茶運至美國並非以原封出售 或雜入印度 茶充 印茶而售之或 雜入日本茶 充日茶而售之中國 茶葉之名幾 致無存 上海各大茶商均有字號或公司名目試問 西商曾將中國某字號某公司名目之原封茶葉 出售 與西人否 故欲挽回華茶名譽及銷路應由上

图4-28　1915年7月8日，阴历乙卯五月廿六，《神州日报（三）》之《中日茶叶在马拿马赛会争奖之交涉》

Fig. 4-28 "The Intense Competition between Chinese Tea and Japanese Tea for the Awards in Panama Expo", reported by Chinese journalist Gusheng, in section 3 of *Shenzhou Daily*, on Thursday, July 8, 1915 (May 26 in lunar calendar, Chinese Yimao year)

（五）中華民國四年八月廿二日　神州日報　陰曆乙卯七月十二日（星期日）

來件

赴美國巴拿馬賽會監督處通告

蘇州

保護外人游歷

女校行將停辦

浙江

法政專門學校認可

知事記過者三十人

大批居民被擄

南通

講愛國

特設英算專修

和尚之酒色妙計

探員得賄被革

水警慘遭暗殺

湖北

禁長犯賭之連帶

法吏暗潮

山東

淄川飛蝗為災

图4-29　1915年8月22日，阴历乙卯七月十二，《神州日报（五）》之《赴美国巴拿马赛会监督处通告》

Fig. 4-29 "The Notice of Leaving for Panama Expo Supervision Department", reported by Chinese journalist Gusheng, in section 5 of *Shenzhou Daily,* on August 22, 1915 (July 12 in lunar calendar, Chinese Yimao year)

6. 杭州汪裕泰茶庄巴拿马赛会获大奖

钱文选在巴拿马赛会上斗智斗勇，再三力争，挫败日本，令中国皖、浙、赣、闽、湘、鄂、苏七省参赛茶叶共获超等大奖。其时都是茶庄携茶前来参赛的，既卖龙井茶，又卖九曲红梅（杭州红茶）的茶庄老字号很多，杭州汪裕泰、翁隆盛、方正大、亨大、乾泰皆有可能。但是真正有记载，能拿得出1915年巴拿马赛会奖牌及获奖证书的只有汪裕泰茶庄一家。

杭州汪裕泰茶庄在西湖雷峰塔白云庵东，也即今杭州西子宾馆所在地，昔日曾是一处精致美丽的园林别墅，为徽州茶商汪自新所有，故名汪

图4-30　杭州西湖汪庄（20世纪30年代）

Fig. 4-30 View of Wang's House, which was near the West Lake in Hangzhou (in the 1930s)

图4-31　汪庄内景（20世纪30年代）

Fig. 4-31 Inside of Wang's House (in the 1930s)

图4-32　汪庄牌坊

Fig. 4-32 Archway of Wang's House

图4-33　上海汪裕泰茶庄《茶经新解》书影

Fig. 4-33 *The New Interpretation of Tea Classics*, by Wang Yutai Tea Shop

图4-34　汪裕泰茶庄1915年巴拿马赛会获奖证书

Fig. 4-34 Certificate of the prize won by Wang Yutai Tea Shop in 1915 Panama Pacific Universal Exposition

庄。汪庄同时又是驰名中外的老字号茶庄汪裕泰经营西湖龙井绿茶和杭州红茶的地方。

汪裕泰号以其龙井绿茶、杭州红茶（九曲红梅）、黄山毛峰、祁门红茶参加各种中外赛会频频获奖。

图4-36至图4-38是三张1940年上海汪裕泰第三茶号发票，发票右上有“美国巴那（拿）马赛会得头等奖”字样。三枚发票售卖的都是红茶。其时，其他茶区均是国统区，唯杭州沦陷，因此，这些红茶肯定是“杭州红茶”，即九曲红梅。

图4-35　1915年巴拿马赛会奖牌

Fig. 4-35 Medal of 1915 Panama Pacific Universal Exposition

上海汪裕泰第三茶號發票

上海四馬路望平街口三〇四號

美國巴那馬賽會得頭等獎

台照

發奉

中華民國　年　月　日　經手人

WANG YUE TAI TEA CO.

304 FOOCHOW ROAD

图4-36　1940年7月21日上海汪裕泰第三茶号售红茶发票

Fig. 4-36 The black tea invoice from the No. 3 branch of Wang Yutai Tea Shop in Shanghai on July 21, 1940

上海汪裕泰第三茶號發票

上海四馬路望平街口三〇四號

美國巴那馬賽會得頭等獎

台照

發奉

中華民國　年　月　日　經手人

WANG YUE TAI TEA CO.

304 FOOCHOW ROAD

图4-37　1940年8月7日上海汪裕泰第三茶号售红茶发票

Fig. 4-37 The black tea invoice from the No. 3 branch of Wang Yutai Tea Shop in Shanghai on August 7, 1940

图4-38　1940年8月20日上海汪裕泰第三茶号售红茶发票

Fig. 4-38 The black tea invoice from the No. 3 branch of Wang Yutai Tea Shop in Shanghai on August 20, 1940

图4-39　上海望平路口，汪裕泰第三茶号，右侧“汪裕泰号红绿礼茶”

Fig. 4-39 No. 3 branch of Wang Yutai Tea Shop at the corner of Wangping Road, Shanghai, with “Wang Yutai Black Tea and Green Tea as Gift” written on the right side of the door

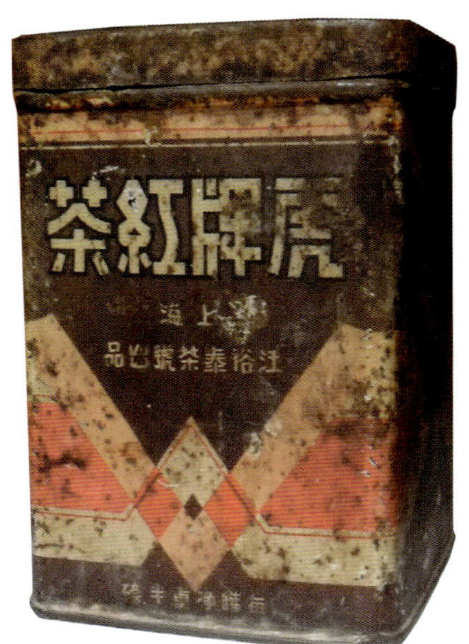

图4-40　汪裕泰茶庄虎牌红茶罐（韩一飞藏）

Fig. 4-40 A tea caddy of Tiger Brand black tea produced by Wang Yutai Tea Shop (collected by Han Yifei)

7. 1919年《浙江农言》记载的“本山红茶”

1919年《浙江农言》记载之“本山红茶”，1919年浙江商品陈列馆方正大茶庄陈列之“杭县红茶”，距1915年巴拿马赛会仅四年，有力地证明1915年夺得巴拿马赛会金牌中的“浙江名茶”是“杭州红茶”，即九曲红梅。

《浙江农言》是浙江省立甲种农业学校的校刊，以登载关于农业之言论，故名曰“农言”。1919年4月21日《浙江农言》第一期刊有校长周清《发刊辞》“自来民以食为天，故教伦必先教稼”，道出了民国初年视农业教育如同人民粮食一样重视。前面图4-21中“浙江省立农”的字样，应是浙江省立农校，说明1915年浙江省立农校曾携农产品参赛。

浙江省立甲种农业学校为浙江农业大学（1998年并入浙江大学）前身，历史久远，现梳理如下。

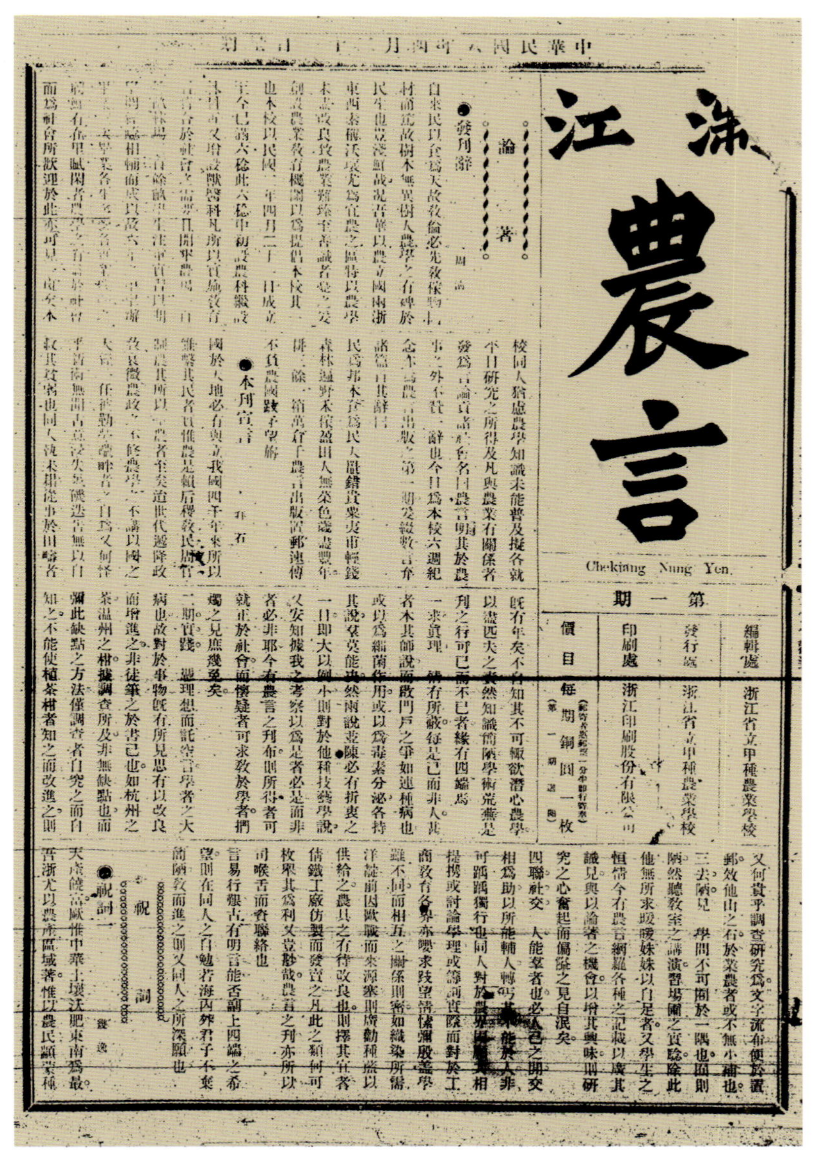

浙江農言

Chekiang Nung Yen.

第一期

編輯處　浙江省立甲種農業學校

發行處　浙江省立甲種農業學校

印刷處　浙江印刷股份有限公司

價目　每期銅圓一枚

論著

發刊辭

本刊宣言

祝詞

图4-41　1919年4月21日《浙江农言》第一期周清《发刊辞》

Fig. 4-41 Introduction written by Zhou Qing in the first issue of *Zhejiang Nongyan* (*Chekiang Nung Yen* at that time), April 21st, 1919

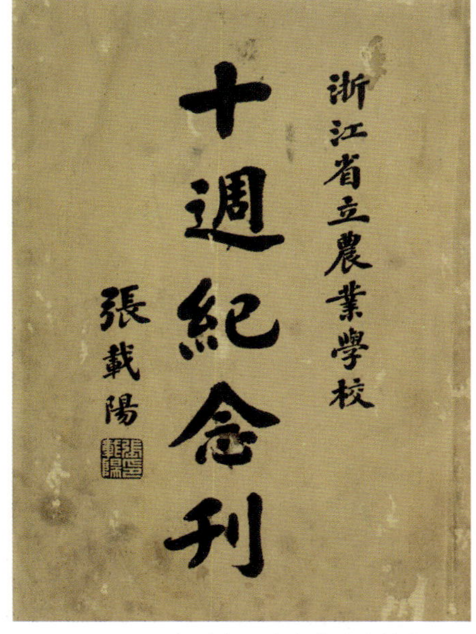

图4-42　1923年《浙江省立农业学校十周纪念刊》书影

Fig. 4-42 *Yearbook of the Tenth Anniversary Commemorative Issue of Zhejiang Provincial Agricultural School*, 1923

浙江官立农业教员养成所

据《浙江省立农业学校十周纪念刊》，清宣统二年（1910）初，浙江巡抚增韫奏请设立浙江高等农业学堂及浙江官立农业教员养成所。因高等农业学堂需款较多，一时难以实现，乃于同年9月成立浙江官立农业教员养成所，校址在杭州市马坡巷，当年招生100名。学生按照师范生待遇，一律免缴学费和膳费。

浙江官立农业教员养成所先由江苏崇明陆家鼐任所长，后由海盐任寿鹏代理所长一月，继由金华金兆棪任所长。因校舍不足，迁至横河桥南河下。宣统三年（1911）冬金兆棪辞职，委仁和姚汉章任所长。

公立浙江中等农业学校、浙江省立甲种农业学校、浙江公立农业专门学校

民国元年（1912），浙江官立农业教员养成所改名公立浙江中等农业学校，姚汉章辞职，教育司委嘉兴屠师韩继任，屠辞不就，改委黄岩叶芸代理。是年冬，农业教员养成所学生毕业。

民国元年（1912）7月，教育司沈钧儒委托奉化吴赇筹备浙江农业学校建筑事宜，并于民国2年（1913）1月，按教育部“实业学校令”，成立浙江省立甲种农业学校，由吴赇任校长。

1913年4月21日，学校规模扩大，校址迁到杭州笕桥新校舍，并添设森林科一班。7月，吴赇去职，安吉陈嵘任校长。

1915年，学校特设研究科一班，让原有农学、森林两科学生在校学习延长一年再毕业，以达到教育部要求甲种农业学校修业四年的要求。1915年7月，陈嵘辞职，江苏崇明黄勋任校长。1916年7月，黄勋辞职，绍兴周清为校长。1918年添设兽医科。1922年7月，周清辞职，余姚陆海望任校长。1922年12月，陆海望辞职，杭县高维魏任校长。1924年，浙江省议会议决定改组浙江省立甲种农业学校为浙江公立农业专门学校，办在建德的省立甲种森林学校并入，并搬迁到笕桥。

图4-43至图4-48是民国初年浙江省立农业学校的历任校长吴赇、陈嵘、黄勋、周清、陆海望、高维魏像。周清，即《浙江农言·发刊辞》撰稿人，时任浙江甲种农业学校校长。

图4-49至图4-56是一组农校旧影。

1924年至1927年，担任过浙江公立农业专门学校校长的还有许璇、钱天鹤、谭熙鸿。

1927年8月，该校改组为国立第三中山大学劳农学院。1929年1月改称国立浙江大学农学院，第一任院长为谭熙鸿。1937年7月，随浙大校本部“西迁”至贵州湄潭。

图4-43　吴赇像，吴于1912年7月至1913年7月任农校校长

Fig. 4-43 A photo of Wu Qiu, the president of Zhejiang Provincial Agricultural School from July 1912 to July 1913

图4-44　陈嵘像，陈于1913年7月至1915年7月任农校校长，是我国著名林业专家，新中国成立后为林业部林业科学研究所所长

Fig. 4-44 A photo of Chen Rong, a distinguished Chinese forestry expert who was the president of Zhejiang Provincial Agricultural School from July 1913 to July 1915, and Director of the Forestry Science Institute of China's Ministry of Forestry after 1949

图4-45　黄勋像，黄于1915年7月至1916年7月任农校校长

Fig. 4-45 A photo of Huang Xun, the president of Zhejiang Provincial Agricultural School from July 1915 to July 1916

图4-46 周清像，周于1916年7月至1922年7月任农校校长

Fig. 4-46 A photo of Zhou Qing, the president of Zhejiang Provincial Agricultural School from July 1916 to July 1922

图4-47 陆海望像，陆于1922年7月至1922年12月任农校校长

Fig. 4-47 A photo of Lu Haiwang, the president of Zhejiang Provincial Agricultural School from July 1922 to December 1922

图4-48 高维魏像，高于1922年12月至1924年任农校校长

Fig. 4-48 A photo of Gao Weiwei, the president of Zhejiang Provincial Agricultural School from December 1922 to 1924

图4-49 浙江省立农校全景

Fig. 4-49 The panorama of Zhejiang Provincial Agricultural School

1919年6月21日，《浙江农言》第三期刊登陆海望《论中国农业之沿革及趋势》一文，文中有：

> 四、研究化学之趋势……。5. 分析制造品含有成分，为精制畅销之预备。盖世界农业之进步，必由农产竞争而趋于技术。技术之精者，多借助于化学，农业化学之所以独成一科也。日本茶商，闻美国之禁酒，拟发展茶业于新大陆，请政府设茶叶化验室，研究种植制造，以扶助茶户，诚哉为切要之计，根本之图。以视我产茶大宗之中国，不第无茶叶化验室，以救济华茶之日下，并无独立之普通化验室，为实业发展之纲领，以羽翼其进步，为可慨耳。

陆海望曾于1922年7月至1922年12月任杭州甲种农业学校校长（见图4-47）。他的文章分析了农业化学对茶叶的技术改进，介绍了日本茶叶生产的技术进步，感叹于华茶之日下，是浙江省内从农技角度提及茶叶生产技术较早的文章，也证实早在20世纪20年代杭州农校就已着手研究茶叶科技。

图4-50　1923年浙江省立农校十周纪念石柱落成

Fig. 4-50 The stone pillar as a monument to the tenth anniversary of Zhejiang Provincial Agricultural School, 1923

图4-51　农校林场事务所之一

Fig. 4-51 The office of the forest farm of Zhejiang Provincial Agricultural School (1)

图4-52　农校植物病理研究所

Fig. 4-52 Plant Pathology Institute of Zhejiang Provincial Agricultural School

图4-53　农校学生合影

Fig. 4-53 Group photo of students of Zhejiang Provincial Agricultural School

图4-54　农校农产制造场

Fig. 4-54 Agricultural product manufacturer of Zhejiang Provincial Agricultural School

图4-55　农校校门
Fig. 4-55 The gate of Zhejiang Provincial Agricultural School

图4-56　农校农场事务所之二
Fig. 4-56 The office of the farm of Zhejiang Provincial Agricultural School (2)

1919年5月21日，《浙江农言》第二期第三版刊登有农学三年级学生童深海的调查报告《本山茶叶栽制法之调查》一文，文章开头写道：

> 已未（1919）夏，浙农校三年级生赴西湖龙井参观制茶，宿翁家山茶户翁麟根、翁麟益二君家，二君详述本山茶之祖传栽制法，由学生童深海笔记之，编者识。

起首一段表明文章来自调查，有人物、时间、地点，是由当地世居茶农翁麟根、翁麟益详述，学生童深海记载而得。

以下，童深海记述了本山茶的辟山、植苗、施肥、中耕除草、熏灼过程。他写道：

> 老茶势衰，产叶不多，乃于头茶采后，尽去枝叶，惟（唯）剩主干，离地寸许，复砍去之。用火略熏切面，以遏树液。至二茶时，侧枝渐生，返老至稚，斯时善加爱护，四年后方可采摘。

茶叶老树以熏灼法返老还童，其他文章少见。

而后还有三茶区别、采茶、采工，这些植茶、采茶之道，红绿茶并无区别。

1919年6月21日，《浙江农言》第三期继续刊登童深海《本山茶叶栽制法之调查（续）》，有制工和绿茶制法，即西湖龙井茶制法，还有“红茶制法”，即九曲红梅制法，原文如下：

> **红茶制法**：嫩叶手搓，老叶足踏，暴于日，覆以布。及色发红，即可撤布，直接受热，燥后筛之。细者已可，粗者尚须暴也。其贮于桶也，不使通气。倘发白花，再暴可耳。要之经火力而不发酵者，为绿茶；经日力而发酵者，为红茶。
>
> **获利**：以每亩计，丰者头茶五十元，二茶十元，三茶六七元。而三茶须视天时之旱否，过旱无收，亦常见也。

童深海的文章真正涉及杭州红茶制法，仅80余字，但这是首次见诸文字的杭州红茶（九曲红梅）栽制史实，距1915年九曲红梅巴拿马赛会获大奖仅四年而已。《神州日报》上记载的是“浙江红茶”，九曲红梅是浙江红茶的代表。但并无确凿出现“杭州红茶”（九曲红梅）四字。这一则记载，真切地说明至少1919年杭州龙井茶区核心地区翁家山已生产销售红茶。其时，九曲红梅的生产地已从浮山、定山扩大到整个龙井茶区。这则记载还有一层重要意义，它记载了浙杭的茶叶教育、茶叶科技历史。

中華民國八年五月二十一日星期三　（第三版）

一名鵶桕。日本曰南京櫨。學名Sapium Sebiferum, Roxb. 落葉喬木。高達數仞。葉似梨杏。夏月開細花。黃白色。秋末實熟。初青後黑。內藏種子三四顆。我國南方各省多產之。而尤以江浙為著。此樹可收子取油。獲利甚厚。他樹無勝此者。故吾浙農民每於田畔溪邊。必種數株。以作農業副產。此木材堅軟得宜。適於器具之製作。實可製蠟。又可榨油。滓可作肥料。殼可燃燒。且其下等材及小枝等。用為薪炭。火力尤強。葉可作皂色染料。查此種樹為我國特產。歐洲各國固罕有之。即日本亦未見發達。故無聯臘之斷論。今日工業發達之時代。油蠟等類需用日多。故造此等森林。誠吾國今日之要圖。而為林學者所急宜研究者也。爰述其造林及製油法如左。

甲、適地　種桕之地。凡高山大道。溪邊宅畔。無不相宜。而川阜圩堤。尤宜多植。蓋桕不畏水。即水淺二三尺。水退依然無恙。且因為深根性樹種。盤結砂土。能防水患。可保圩堤。惟養魚之池邊。不宜種植。蓋其葉落入水中。即變黑色。魚易致病。

乙、採集種子　其法於十月間。[illegible]子黑熟。便可採取。播種用者。採自三十年以上之母樹為佳。採時以月連枝條刈之。但宜刈其小枝。勿傷其大者。為要。其月之構造。以鐵及銅製成。長三四寸。廣半寸。刃向上。形如新月。以竹竿為柄。刈時向上鋒之。令切口平滑。刈下之子。曝之日中。則子自然脫落而出矣。

丙、栽培法　凡採集種子後。而不及時播種者。須連殼混砂。藏入布袋中。至翌春三月間取出。而播之於苗床。其種法。用撒播法。或條播法。皆可。床之大小。普通寬以三尺為率。長以苗圃之大小而定。苗床之間留一尺空地。便人行走。播後覆土深五六分之細土。面以足輕踏之。四週開溝。芽宜適時。苗床有無蟲害。且宜勤施水糞油[illegible]。當年苗長至一尺餘。秋後掘苗。剪根假植。暖地覆以草棚。翌年三月取而移植。如是滿二年生。高達三尺。即可植之於山地。但其較小者。須同前法更行移植一年。然後植之山地。以後俟其幹大如小酒杯。乃於春分前後行接木之法。此樹必須接。否則不結子。雖結亦不多。種植烏桕以春季為宜。培護得法。植後二十年。可達徑七寸。長二丈餘。自第十年採子起至十五年。可得七八斗。以後可得二石左右。至栽植之距離。宜疏。每間六尺或八尺平方面植一株。為宜。至植於田畔堤埂等處。尤須隔遠。可以一二丈距離植之。

丁、製油　烏桕有二種。曰葡萄桕。穗聚子大而稜厚。曰鷹爪桕。穗散子小而稜薄。採實製油。前種最佳。法以桕子曬乾。入臼中舂落外殼。白蠟層出之。然後作餅。下榨取油。如常法。是曰白油。色白如蠟。可以製燭。若稜少不滿一榨者。即作餅入他油[illegible]中。無榨之桕。下醬油類中。置一草帶於油內。候其完全凝固。白油凝附於草帶上。不[illegible]他油矣。其餘之黑子。用石磨粗磨碎。篩去殼。存在下核中之仁。復入磨。或碾細。蒸熱榨油。如常法。是曰清油。以之燃燈極明。

● 香蕈種植法　貝仕邦

（一）性狀　屬傘子菌類。帽菌族。蕈科。係死物寄生菌之一種。學名為Cortinellus Shiitake, Henn. 和名椎茸（シヒタケ）。種生於殼斗科植物之栗、櫧、柯、櫟、麻櫟等枯木之上。就中以生於柯樹者為佳。櫟次之。其子實體有菌傘、菌柄、菌褶之分。裹面多覆褶。而胞子即在其中。培養者取其胞子以行繁殖。無論新鮮及乾燥者。皆[illegible]。（二）地點　種植香蕈之地點。以庇陰之地為良。而山間溪谷。微透陽光之處。尤為適當。但培養地及其附近。須掃除清潔。蓋所以防雜菌之發生也。（三）種木　種木須在前年秋冬採伐。其直徑以三四寸至一尺者為適宜。蓋過小樹木。其皮甚薄。發生之蕈亦因之細小也。（四）種法　將前年伐採之木。截為四五尺長。於其上交互作半月形之劗口。將胞子播入。臥放架上。覆以柴草枝葉等。使保其濕度。遇溫度適宜時。則胞子不數晝夜。即可發芽。而成菌絲。此種植之一法也。若種木多時。皆以劗口播種。未免太費光陰。則可取已發生香蕈之木。混於種木之間。或嵌入種木之內。因胞子之飛散。亦能得與前法同等之效果。通常種植之季節。在三四月間。（五）發生　春季種植後。當年秋即可發生。但不過一部分。通例於種植之翌春。然後完全發生。（六）管理　管理手續殊為簡易。不過培養期間。勤為觀察。以防虫害及雜菌之發生而已。然天氣乾燥時。須隔數日灌水一次。使保濕度也。（七）採種　摘取已開如傘形之老蕈。陰乾碎之。勿使有絲毫濕氣。然後藏諸袋中。處以適當溫度。若逾攝氏五十度時。有失其發芽力之虞。是宜注意也。

● 調　查 ●

● 本山茶葉栽製法之調查　童深海

己未夏。浙農校三年級生赴西湖龍井參觀製茶。宿翁家山茶戶翁麟根翁麟益二君家。二君詳述本山茶之耕作栽製法。由學生童深海筆記之。編者識

開山　闢南向荒山。土質須擇砂性。山面斜者。築橫階以防土崩。平者無須。經營家每雇工[illegible]闢。每日工資三角。以一畝計。斜山六七旬。平山二旬。始得墾就。

播種　清明前後。善整地表。作直徑一尺之孔。每孔用籽四十粒。播成圓形。上覆鬆土。厚約三寸。手續周到。可活三十株。少則七八株。每畝播種量約二三斗。

植苗　春二月。秋八月。向售苗者購苗。擇其長約四寸。而經三載者植之。平列八株為一墩。株距一寸。植後。踏根邊之土。使之堅實。倘係斜山。則苗之尖端略使背山而向外。至每墩之距離。高山或瘠瘦平山為三平方尺。肥瘦之平山為四平方尺。

施肥　第一年。播種後時潤以水。稍久則施人糞尿。此時以水肥（九水一肥）為宜。第二年。施淡肥（半水半肥）。一二年間。苗尚幼稚。務宜勤加壅培。第三年。用濃肥。每擠施八墩。年中以二次為宜。至少每一次。八九二月。施肥之適期也。過此則肥料之[illegible]及發展。於翌春。第四年以後同此。運糞尿[illegible]高山不[illegible]執甚。故多以菜菁粕代之。每粕十兩可施一墩。

中耕除草　六月八月中耕二次。雜草初生。即宜鋤之。

燒灼　老茶勢[illegible]。[illegible]葉不多。乃於頭茶採後。盡去枝葉。惟剩主幹。離地寸許。復砍去之。用火略燒切面。以遏其液。至二茶時。側枝漸生。返老為稚。斯時善加愛護。四年後方可採摘。

三茶區別　清明至立夏間採者。曰頭茶。其芽係頭年所生。距此二十日復採者。曰二茶。繼二茶而採者。曰三茶。三者遲早不同。品亦隨之而有優劣。二三茶祇足敵其工本。而利益實在頭茶也。

採茶　播種後五年。植苗後四年。採期屆矣。倘茶叢未甚大。尚須待諸翌年。第一年採茶。以每畝計。頭茶所採者。可製旋槍十斤。二三茶則摘其腦面。留其下。使側枝叢生。以期來春之豐收。第二年以後。逐年增收。採至六七年。每畝之量。可製旋槍二十四斤。為最盛時期也。

採工　旋槍每兩六文。每人每日約採一斤。此後三日一減。至立夏左右。跌至每兩二文。不可再減。（未完）

图4-57　1919年5月21日《浙江农言》第二期童深海《本山茶叶栽制法之调查》

Fig. 4-57 "Investigation of Benshan Tea Cultivation and Processing Technology" by Tong Shenhai in the second issue of *Zhejiang Nongyan*, May 21, 1919

（一）　中華民國八年六月二十一日星期六

浙江農言

Chekiang Nung Yen.

第三期

編輯處	發行處	印刷處	價目
浙江省立甲種農業學校	浙江省立甲種農業學校	浙江印刷股份有限公司	每期銅圓一枚（郵寄者惠郵票一分半即行寄奉）

中華郵政特准掛號認為新聞紙類

論著

◎論中國農業之沿革及趨勢（三）　陸海望

益之國內非發展農業不足以拯貧困。證之國外。亦但視其舊日之工商政策而注意於農業。合世界以競爭。始則務求出產之增加。繼則加意於物品之精良。則中國農業之今所趨。如車之下坂。水之注壑。必有特別注重之□。□條呈而縷析之。

一、利用隙地之趨勢　農業之進步也。地價租稅因之而增。農民欲減其擔負。必使農場宅畔道路隄塘之類。俱無曠土。如植有用之陰性植物。黃連瑞香蘭草棕櫚等。以利用陰地溝畔。利用園圃宅地之曲徑矮屋。設瓜棚豆架葡萄果樹。有用荼桑楮穀……

……由近而遠。中國人煙稠密。交通便利之處。地價昂貴。租稅煩重。非產品加工。不能得利。而交通不便之地。農產品之運費大於物價。得不償失。一任終歲之荒蕪。計惟有精製產品。減少容積。如樟之製腦。木之製醋。穀類之製酒。甜菜之製糖。花卉之製精。果物蔬菜畜產之製罐頭。凡農林產物。一經製造。雖產地僻遠。而價格昇騰。即有餘利可圖焉。

三、利用產物之趨勢　廢物利用。價廉質美。有壓倒原產之傾向。德國之人造靛。係利用燒煤時所生之廢物。產量孔多。廣用於各國。致大青蓼藍之歐洲藍。絕跡於世界。而蓼藍製之泥藍。山藍製之藍靛。木藍製之印度藍。漸有衰退之現象。為歐戰前已然之事。實業進步。廢物利用之範圍日廣。使農產中無遺棄之原料。可斷言也。

四、研究化學之趨勢　化學之關於農業。舉其重要者。1.化驗土壤水質。為種植之選擇。2.化驗肥料。計植物養分之分配。3.檢查種子。謀產品之優良。4.分析原料品。含有成分。為改良應用之標準。5.分析製造品。含有成分。為精製□留之預備。蓋世界農業之□。□由□產競爭而趨於技術。技術之□者。多借力於化學。□□化學之□以獨成一科也。日本茶商。以美國之禁酒。擬發展茶業於新大陸。請政府設茶葉化驗室。研究種植製造。以扶助茶戶。誠哉為切要之計。根本之圖。以觀我產茶大宗之中國。不第無茶葉化驗室。以救濟華茶之日下。幷無獨立之普通化驗室。為實業發展之綱領。以羽翼其進步。為可慨耳。

五、農業組合之趨勢　我國農業之不振。以農民無團體組合為一大原因。然中國元代。曾有此制。結五十家。為社。擇社之年老而熟於農事者。為之長。以講農成績之優劣。為賞罰。救助社中之貧病者。營公同之事業。計公同之利益。其他分給種子。教訓漁牧等局之類。今日美法等國之農業組合。中國各處。窮鄉僻壤間。尚有遺跡之可考。惟開會結社。向為國家所禁。是以此制遂湮。自其利於農民者言之。1.低減息利。便經濟之借貸。2.公同購入種子肥料什物等。能得廉值。3.公同販賣產品。能得高價。4.公同營業。公同置器。個人力所不及者。合衆力以成之。擴生產之範圍。此農業之發達。必農村各種之組合。相互而行。美法等國已然之效。有如此者。

上述各條大勢所趨。一日千里。中國農業瞠乎其後。急有賴於在上之官吏。起提倡之熱誠。在下之學者。負研究之責任。以扶助農民。增進富力。充足原料。立工商發展之根基。否則未有農村貧弱。而附近之工商。能發達者。然我國貧困已極。如一家消長。然一盛二儉三奢四蕩五苦六極。極則富之轉機也。天道有循環。人事有往復。丁此極貧極困之時。黜人於中國農業前途。反抱樂觀焉。（完）

學藝

◎果樹園未闢前之注意　農學三年級　董深海

氣候　果木之性異。故栽植之地亦異。如梅不畏寒。愈冷愈發。榴不畏燠。愈暖愈繁。梨棗葡萄。最稱於燕齊。荔枝龍眼。獨榮於閩粵。就本省言。□山之楊梅。實大而核小。味甘而色濃。嘉興之檇李。外皮如胭脂。內肉如雪羽。他如東陽棗。義烏蔗。金塘梨。寰化李。與夫溫橘巖柑。檬梨廣栗。莫不以氣候適宜。得顯其實而榮其葉也。

土質　好砂質者。如栗蘋果橄欖等。好黏質者。如楓梓無花果。須具稍。等不擇土質者。如梨杏柿等。但稍忌黏質。審木性而定土質。則治園無難事矣。

土性　鹹性之土。植橄欖則燦落。果植柑橘則增甘味。是以溫台瀕海土地。惟見瓊璨之柑橘。從未見青翠之橄欖。土性之左右果木。有如是夫。

地勢　果木多宜於斜地。而以十五度之斜度為適。栗桃枇杷等。喜傾斜者也。李柿苹果等則否。

方向　向陽花木早逢春。故南面之山。宜栽果木。

運輸　交通不便之地。於果木銷售。殊多障礙。包裝之費也。運輸之費也。在在損農家經濟。且為日如久。則色澤褪。風味減。不得以奇貨居。又□有綠葡萄焉。大如棗。甘如蜜。洵無上妙品。特以交通不便。運輸為艱。農民以從有結綠不遇。入賈途棄而不事。綿延

图4-58　1919年6月21日《浙江农言》第三期陆海望关于农业化学与茶叶检验之论述

Fig. 4-58 Views of Agricultural Chemistry and Tea Inspection by Lu Haiwang in the third issue of *Zhejiang Nongyan*, June 21, 1919

(三)　中華民國八年六月二十一日星期六

△癡瘡果之炭疽病及硬化病　二病均於果實大如二十文銅錢時發生。一則漸變腐敗。一則漸成硬化。預防之法。可撒布石灰硫黃合劑。(薄梅〇、○度)一次。然後套以紙袋。

△桃縮葉病　此病乃因一種菌類寄生於葉。致成肥大不正之形。預防之法。於發芽時。撒布薄爾特液一次。適已發見縮葉。急宜採除。如任意留存枝上。則為次年之病原矣。

七•月份之•害蟲•驅•除•

△螟虫驅除　採卵捕蛾。拔取枯心之稻等各項。無論秧田本圃。均宜實力奉行。稍忽即成大害。農家宜互相督勵。方可剿滅於無形也。

△電光浮塵子　浮塵子之一種。翅上有白紋一條。故有此名。約在插秧後發生。被害之葉。初變黃。既變褐。終成灰色而枯。其繁殖極為迅速。故一經發見。勿待其多數繁殖。急宜以石油灌注之。

△黑色椿象　此蟲對於除蟲菊抵抗力甚弱。可敵滴下除虫菊浸出液一升二合。掃蟲落水。即死矣。又幼鴨喜食此蟲。田中宜時放之也。

△偽瓢蟲　成蟲幼蟲皆食茄子、馬鈴薯、番茄之葉。是為大害。本月中成蟲現於馬鈴薯。產卵於葉之裏面。可撒布加巴基或砒酸鉛之薄爾特液以殺之。又此蟲具有擬死性。驅蟲枝葉。即墜落於地。可利用此性而捕殺之。理亦宜勤採幼蟲。發生之時。可撒布除蟲菊石鹼水。或除蟲菊石油乳劑四十倍液。

△黃條蚤虫　成虫食十字科蔬菜等十字科植物之葉。幼蟲在土中食害植物之根。年發生七八次。自春至秋。其害無間。以夏季為最烈。植物發芽後。每隔數日。撒布除虫菊木灰於葉上。又成虫性活潑。跳躍甚速。擲清其伏而不動。可用重油搭見等塗布之物。置之於地上。驅蟲跳動。一經黏著。即可捕之死地矣。

△赤壁蝨　梅雨初晴。即見發生。凡果木庭樹茶桑等。無不被其害。石灰硫黃合劑。最為適用。大概以〇、三度乃至〇、五度之稀釋液。每隔四五日施用一次。甚為有效。但濃厚之液。有傷於綠葉。與其濃厚無寧稀薄。多多撒布。其效自著也。

七•月份之•病害•豫防•

△稻病預防之藥劑　年年發生稻熱病及胡麻葉枯病之處。可於發病期前。撒布三斗式砂糖薄爾特液以預防之。

△追肥與稻白葉枯病之關係　追肥期過遲。易發生此病。故對於施用時期。切宜注意。寧早勿遲。

△葱之病害預防　凡移植葱類。宜先將葱浸於三斗式砂糖薄爾特液。然後種之。可免赤銹病露菌病等害。

△菜豆等之白絹病　此病亦為一種菌類寄生作用。於地面相接之莖上。發生白色絲狀之菌絲。迴旋纏繞。終至寄主萎凋枯死。預防之法。於根際多置草木灰或石灰。已被害者燒棄之。

△南瓜白澁病　葉之表裏面呈撒布白粉之狀。久之葉遂枯死。自蔓長二尺之時起。每隔十日。撒布石灰硫黃合劑一次。可以完全預防之。

△菊之病害　菊病之著者。為葉枯病、黑斑病、黑銹病、白銹病等。預防之法。自莖長五六寸時起。每隔十日。撒布三斗式石灰薄爾特液。前後共三回。以後再撒布砂糖炭酸銅亞母尼亞液一二回。

調　查

●本山茶葉栽製法之調查(續)

農學三年級　童深海

製工　每人每日惟製旋捻三斤。蓋手續須輕緩。故時間必多費也。二三茶即可草草從事。製工省矣。

綠茶製法　旋捻　青葉三兩入鍋之時。宜用烈火。使之發蒸。此後火力須適中。強則焦裂。弱則發紅。而火勢尤不可偏。炒之至乾濕適中。離鍋散攤。不久。再入鍋火力宜更弱。切忌發聲。待燥即離鍋。篩之。區其粗細。細者已告成功。粗者未盡乾燥。重炒之。至燥為度。為美觀起見。不使損破。不使焦裂。光潔而扁平。纖尖而青嫩。此非熟習有素不為功也。製成後。包以紙。貯以缸。缸面緊蓋。缸底放石灰。灰量則大缸十斤。小缸五斤。

紅茶製法　春茶法同前。特手續較粗。放火力較猛烈耳。採至立夏以後。因茶葉粗大。炒乾為難。可先鋪之於筵面。以足踏之。碎後再炒。嫩葉手揉。老葉足踏。暴於日。覆以布。及色發紅。即可撒布。直接受熱。燥後篩之。細者已可。粗者尚須暴乾。貯於桶也。不使通氣。倘發白花。再暴可耳。要之。經火力而不釀酵者。為綠茶。經日力而釀酵者。為紅茶。

獲利　以每畝計。製茶頭茶五十元。二茶十元。三茶六七元。而三茶須視天時之旱否。過旱無收。亦常見也。(完)

●黃巖橘栽培法之調查(續)

陳敬民

苗床管理及施肥　待種子發芽一月後。即行第一次之施肥。(人糞尿)一二月後。又施肥一次。至陰歷六月間。氣溫過高。時須施淡肥一次。(與水同量)及至九月。又施肥一次。至十二月間。須搭棚於上。以防霜雪之害。則第一年之作業以終。至第二年驚蟄時。去其雜草。及清明前後。拔去不良之果苗。作第一次之移植。株間五寸。是為假植。假植後仍施肥一次。(同前)嗣後每月須施肥一次。至年終時。搭棚仍如前年。除草亦每月一回。及至第三年清明後。將苗拔起。根之周圍。須附有母土四五寸。翦去主根三分之一。作第二次之移植。(須另設苗圃)株間八寸。掘土深約七寸。寬亦如之。覆土後施肥一次。嗣後除草施肥。每月各一次。至九十月止。所有一切管理法。悉如前年。及至第五年清明節後。始可充為砧木。

(四)接木法　取去年八月間所生之新枝條。(業經接好發育長成之橘樹)充為接穗。取時須將全枝翦下。庶免漿液風乾。然後將育成之橙秧(即充為砧木者)於離地二寸許處。截去上部。於皮部及木質部間之形成層處。用接木刀自上切下。深可寸許。於是取接穗。切去上部之嫩部。將中部分為數段。(或二三段)每段留芽二個。削去下端作斜形。密切插入砧木。用麻縛之好。接處再用竹葉作弓。(即充角黍用者)套於接穗及砧木之外。以細麻索束縛之。隔一二月後漸將竹葉撕開。以便抽出枝條。

接木後管理法　接後管理之法。不外隨時注意外界情形。天氣過於乾燥時。須供給水分。接穗枯死時。則砧木由其發生新芽。來年仍可充為砧木。如接穗日漸生長。則砧木之新芽。務須除去。

(五)木圃定植　於未行定植前一年之冬間。須耕土細碎作畦。取田泥築成墩形。每墩之距離約一丈二尺。每畝計作墩四十餘個。至次年清明節後。將育成之果苗。移植於墩上。是謂定植。

(1)定植後之管理施肥除草　定植後自第一年至第四年中。每月除草施肥各一次。至九月為止。六月間天氣過熱時。於根部鋪以草木灰。以防蒸發太盛。以致土面呈龜裂之狀。至霜降後須於墩上培土。以防嚴寒。(最好以田泥充之)

图4-59　1919年6月21日《浙江农言》第三期童深海《本山茶叶栽制法之调查 · 红茶制法》

Fig. 4-59 The chapter of the Processing Method of Red Tea in "Investigation of Benshan Tea Cultivation and Processing Technology" by Tong Shenhai in the third issue of *Zhejiang Nongyan*, June 21, 1919

浙江省立甲种农业学校设农学、森林两科。招收高级中学毕业生的，一班为一年期的预科；招收初级中学毕业生的，一班为两年期的预科。本科修业年限为三年；学校同时附设高中农科，修业期限为五年。农学、森林两科中并无茶叶专业，也无资料显示浙江省立甲种农业学校曾研究茶叶科技。但陆海望的文章说明，浙农的老师非常关注茶业，因见日本茶叶化验室凭借分析化学研究茶叶并使之品质提高，故欲引进设备技术，提高华茶品质。童深海同学的文章则是首次以文字记载了农学系三年级学生对杭州本山茶中的红茶采制的调查。此文说明浙江省立甲种农业学校农学科是研究茶叶的。当代茶圣吴觉农恰好是“丙辰（1916）第一次农学研究科毕业生”，从侧面证实浙农农学科亦研究茶学。

图4-60　青年吴觉农

Fig. 4-60 Wu Juenong when he was young

当代茶圣吴觉农

吴觉农（1897—1989），浙江上虞人，著名农学家，我国现代茶叶的奠基人。他在上虞县小学毕业后，从1912年开始就读于笕桥浙江省立甲种农业学校，1916年以第一名的成绩毕业于该校农学研究科。并于1917年至1919年留校任助教。吴觉农的这一段经历，与一些书籍如上海市茶叶学会编《吴觉农年谱》有较大差距。按《浙江省立农业学校十周纪念刊》，吴觉农是1916年农学研究科毕业生第一名，研究科是在本科修业的基础上，再修一年，共4年。因此，吴觉农是1912年入学，原应1915年毕业，因又修业一年，成为1916年首届农学科毕业生。

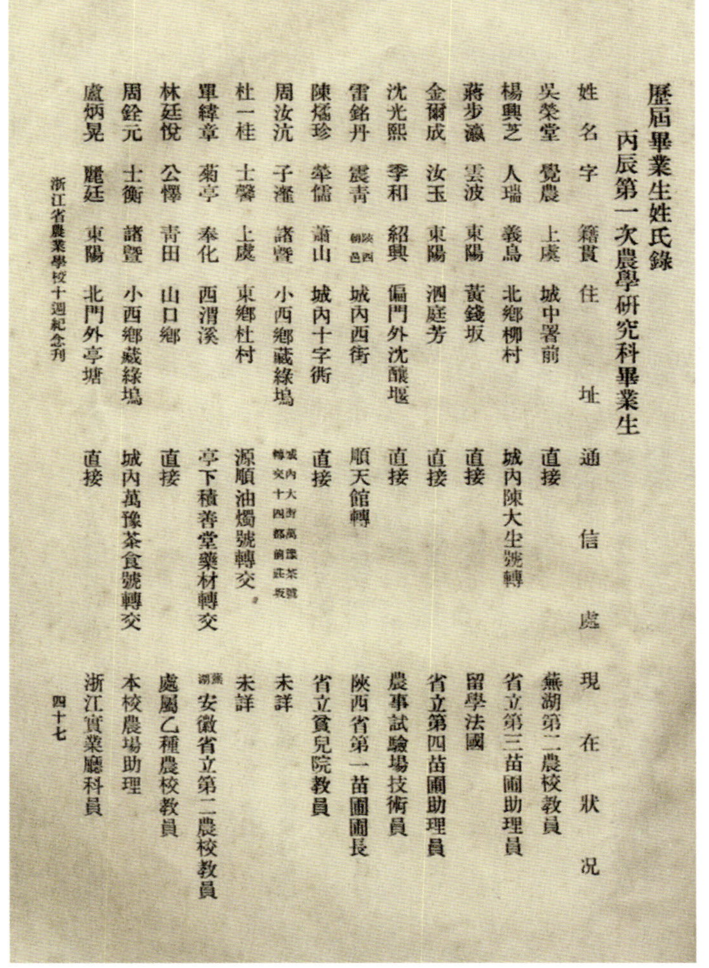

歷屆畢業生姓氏錄

丙辰第一次農學研究科畢業生

姓名	字	籍貫	住址	通信處	現在狀況
吳棨堂	覺農	上虞	城中署前	直接	蕪湖第二農校教員
楊興芝	人瑞	義烏	北鄉柳村	城內陳大生號轉	省立第三苗圃助理員
蔣步瀛	雲波	東陽	黃錢坂	直接	留學法國
金爾成	汝玉	東陽	泗庭芳	直接	省立第四苗圃助理員
沈光熙	季和	紹興	偏門外沈釀堰	直接	農事試驗場技術員
雷銘丹	震青	陝西朝邑	城內西街	順天館轉	陝西省第一苗圃圃長
陳燿珍	犖儒	蕭山	城內十字術	直接	省立貧兒院教員
周汝沆	子瀣	諸暨	小西鄉藏綠塢	城內大街萬豫茶號轉交十四都[illegible]莊坂	未詳
杜一桂	士馨	上虞	東鄉杜村	源順油燭號轉交	未詳
單緯章	菊亭	奉化	西渭溪	亭下積善堂藥材轉交	蕪湖安徽省立第二農校教員
林廷悅	公懌	青田	山口鄉	直接	處屬乙種農校教員
周銓元	士衡	諸暨	小西鄉藏綠塢	城內萬豫茶號轉交	本校農場助理
盧炳晃	麗廷	東陽	北門外亭塘	直接	浙江實業廳科員

浙江省農業學校十週紀念刊　四十七

图4-61　《浙江省立农业学校十周纪念刊》记载之“丙辰第一次农学研究科毕业生”，吴觉农为第一名

Fig. 4-61 List of the “First Batch of Agricultural Graduate Students who graduated in the year of Bingchen (1916)” published in *Yearbook of the Tenth Anniversary Commemorative Issue of Zhejiang Provincial Agricultural School*, in which Wu Juenong got the first place

我国茶叶历史悠久，茶叶是主要出口的农产品之一。为学习先进科学，振兴茶业，吴觉农1919年考取了由浙江省教育厅

招收的公费留学生，赴日本农林水产省茶叶试验场实习，后又留学英国一年。他立志为振兴祖国的农业而奋斗，故更名“觉农”。

吴觉农学成回国后，长期领导茶叶出口检验工作，并先后在江西修水、安徽祁门、浙江嵊州三地建立茶叶改良场，在开创初期兼任场长。在他的推动下，湘、鄂、闽、滇、川、黔、粤等省相继成立了茶叶改良试验场（所），对茶叶改进事业起了很大的推动作用。抗日战争期间，吴觉农以贸易委员会专员兼香港富华公司副总经理的身份，组织华茶出口。1938—1939年间，华茶外销跃居我国出口农产品的第一位，为抗战换回大量飞机、枪炮等战略物资，支援抗战，功不可没。1941年，吴觉农和一群茶叶技术人员在福建武夷山麓首创了茶叶研究所，并任所长，为发展我国茶叶事业做出了卓越贡献。

1949年秋，吴觉农到北京参加了全国政协第一次会议，中华人民共和国成立后，他被任命为中央人民政府政务院农业部副部长。同年11月，农业部、贸易部联合提出关于成立中国茶业公司的报告，很快由中央财经委签署同意。这是新中国成立后的第一个进出口公司，吴觉农兼任茶业公司总经理。

8. 浙江农校临平山植茶、制茶

图4-42是1923年浙江省省长张载阳题字《浙江省立农业学校十周纪念刊》书影。图4-62是1925年《浙江公立农业专门学校一览》书影。这两本书中写及的浙江省农业学校前身是清宣统二年（1910）夏浙江巡抚增韫奏请设立于杭城马坡巷的浙江官立农业教员养成所。因校舍不敷，迁横河桥南河下。中华民国成立后，民国元年（1912）浙江官立农业教员养成所改名公立浙江中等农业学校。民国2年，新校舍落成，全校迁至笕桥时为4月21日，故定是日为校庆纪念日。

《浙江省立农业学校十周纪念刊》载：

民国二年（1913）春，……并开垦临平山演习林林场300亩。七年（1918）春，……

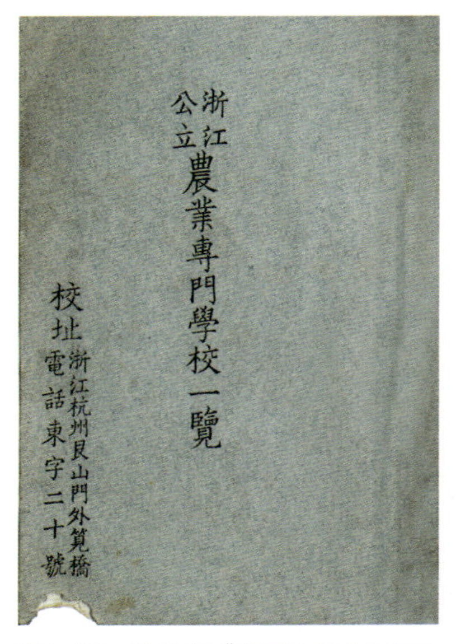

图4-62　1925年《浙江公立农业专门学校一览》书影

Fig. 4-62 *A Glance of Zhejiang Public Agricultural Specialized School*, 1925

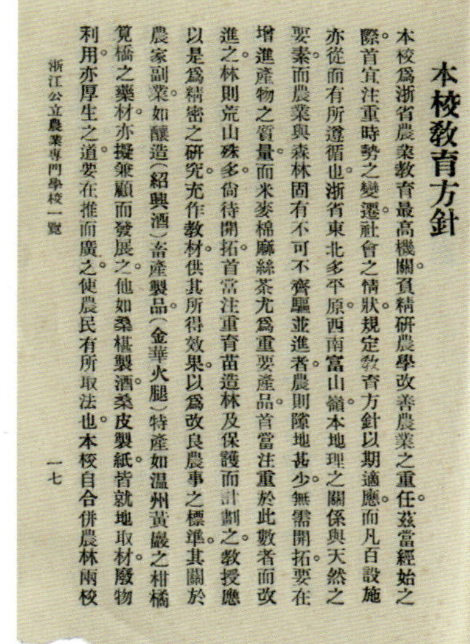

本校教育方針

本校爲浙省農業教育最高機關。負精研農學改善農業之重任。茲當經始之際。首宜注重時勢之變遷。社會之情狀。規定教育方針。以期適應。而凡百設施亦從而有所遵循也。浙省東北多平原。西南富山嶺。本地理之關係與天然之要素。而農業與森林固有不可不齊驅並進者。農則隙地甚少。無需開拓。要在增進產物之質量。而米麥棉麻絲茶尤爲重要產品。首當注重於此數者而改進之。林則荒山殊多。尚待開拓。首當注重育苗造林及保護而計劃之。教授應以是爲精密之研究。充作教材。供其所得效果。以爲改良農事之標準。其關於農家副業。如釀造（紹興酒）畜產製品（金華火腿）特產如溫州黃巖之柑橘筧橋之藥材。亦擬兼顧而發展之。他如桑椹製酒。桑皮製紙。皆就地取材。廢物利用。亦厚生之道。要在推而廣之。使農民有所取法也。本校自合併農林兩校

浙江公立農業專門學校一覽　一七

图4-63　《浙江公立农业专门学校一览·本校教育方针》

Fig. 4-63 The chapter of “School Educational Policy” in *A Glance of Zhejiang Public Agricultural Specialized School*

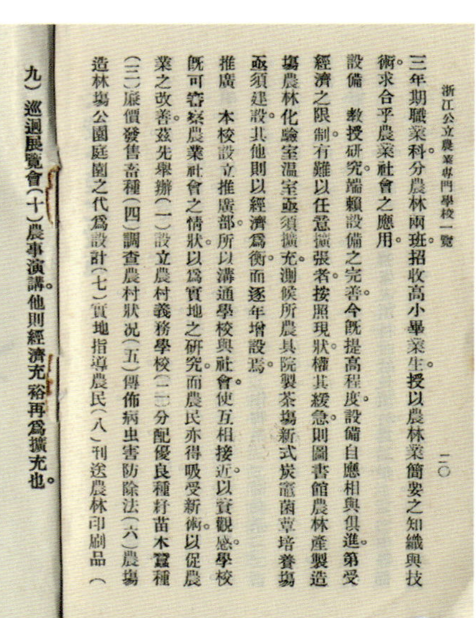

浙江公立農業專門學校一覽　一〇

三年期職業科。分農林兩班。招收高小畢業生。授以農林業簡要之知識與技術。求合乎農業社會之應用。

設備　教授研究。端賴設備之完善。今既提高程度。設備自應相與俱進。第受經濟之限制。有難以任意擴張者。按照現狀。權其緩急。則圖書館農林產製造場農林化驗室溫室亟須擴充。測候所農具院製茶場新式炭窯菌蕈培養場亟須建設。其他則以經濟爲衡。而逐年增設焉。

推廣　本校設立推廣部。所以溝通學校與社會。使互相接近。以資觀感。學校既可資察農業社會之情狀。以爲實地之研究。而農民亦得吸受新術。以促農業之改善。茲先舉辦（一）設立農村義務學校（二）分配優良種籽苗木蠶種（三）廉價發售畜種（四）調查農村狀況（五）傳佈病虫害防除法（六）農場造林場公園庭園之代爲設計（七）實地指導農民（八）刊送農林印刷品（九）巡迴展覽會（十）農事演講。他則經濟充裕。再爲擴充也。

图4-64　《浙江公立农业专门学校一览·设备》中“制茶场”

Fig. 4-64 The chapter of “School Devices” in *A Glance of Zhejiang Public Agricultural Specialized School* that mentioned tea processing factory

并推广临平山演习林至1500亩……

《浙江公立农业专门学校一览·本校教育方针》载：

本校为浙省农业教育最高机关，负精研农学、改善农业之重任。……要在增进产物之质量，而米麦棉麻丝茶尤为重要产品，首当注重于此数者而改进之……

《浙江公立农业专门学校一览·设备》又载：

设备：教授研究，端赖设备之完善。今既提高程度，设备自应相与俱进，第受经济之限制，有难以任意扩张者，按照现状，权其缓急，……测候所、农具院、制茶场，……

按上述两册书中的记载和书中的照片，我们可以得知，1918年前，浙江农业学校在临平山开垦有1500亩演习林，即今实习农场。演习林中有各种作物，主要为各种林木，桃、李、枇杷、桑树及茶树。笕桥农校中有农产制造厂，其中有制茶厂。还有农艺化学研究室，用以通过测试提高茶叶品质。还有植物病理研究室，通过病理化验，研究包括茶叶在内的植物病害。

图4-63至图4-67是浙江农校上述两册书中的记载和百年老照片，证实百年前的临平山曾是浙江农校的实习林场，也种植有茶叶，这些茶叶还送到笕桥农校农产制造厂的制茶厂，由老师教授学生以先进技术制茶，并进行科学测试，提高茶叶品质。

图4-65　临平山演习林（其一）

Fig. 4-65 A photo of Linping Mountain experiment plot

图4-66　临平山演习林（其二），有茶树

Fig. 4-66 A photo of Linping Mountain experiment plot with tea plants

图4-67　农艺化学研究室

Fig. 4-67 A photo of Agricultural Chemistry Laboratory

9. 1919年浙江商品陈列馆陈列有“杭县红茶”

清代杭城与今天相比，最大的区别莫过于城中筑城。顺治七年（1650），“增筑满洲驻防营于城西北隅，周十里，凡五门”，又于“乾隆年间修”，置水门七。因内驻八旗军及其家眷，故杭人称“旗下营”。辛亥革命后，“旗下营”被拆，规划改建成新市场。有识之士深感处于列强竞争之中，当思救亡之策、致富之术，以振兴实业为当务之急，而展示现代工农业文明、通商惠工的商品陈列馆是激励国货奋起直追的不二选择。1916年省议会通过《建筑陈列馆案》，指定新市场适中地点建筑陈列馆，其地点也即今解放路百货公司。随即遣人赴国内外，调查陈列馆章则图样，籍资借镜；招标兴建，征求国货品物，规定章则，积极筹备。第一次世界大战刚结束，1919年8月1日，浙江商品陈列馆正式成立，阮性宜为馆长。附设劝工场也于同年9月25日开幕。厅长和社会贤达程振钧、马寅

图4-68 劝工场内景
Fig. 4-68 The interior of Quangongchang (a department store)

图4-69 浙江商品陈列馆
Fig. 4-69 Zhejiang Province Commercial Exhibition Hall

图4-70 浙江商品陈列馆外景
Fig. 4-70 Outside Zhejiang Province Commercial Exhibition Hall

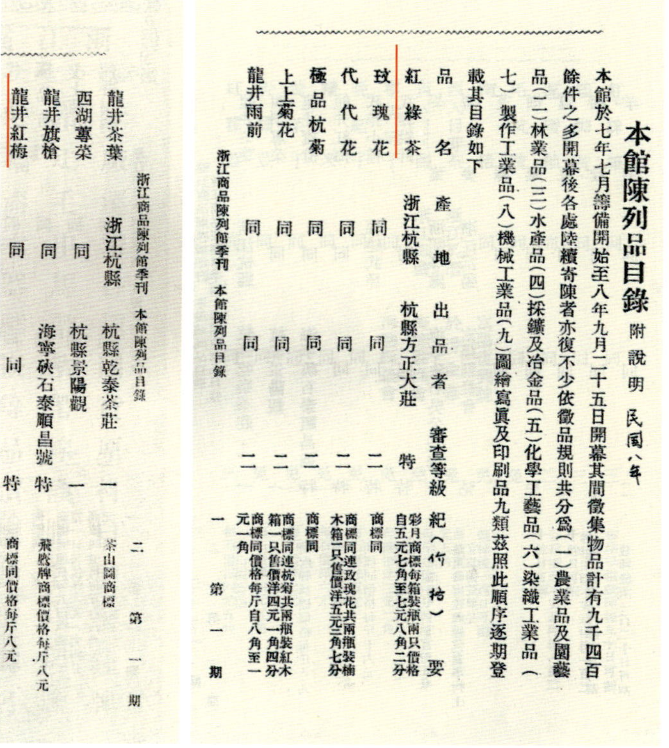
本館陳列品目錄 附說明 民國八年

本館於七年七月籌備開始至八年九月二十五日開幕其間徵集物品計有九千四百餘件之多開幕後各處陸續寄陳者亦復不少依徵品規則共分爲(一)農業品及園藝品(二)林業品(三)水產品(四)採鑛及冶金品(五)化學工藝品(六)染織工業品(七)製作工業品(八)機械工業品(九)圖繪寫眞及印刷品九類茲照此順序逐期登載其目錄如下

品名	產地	出品者	審查等級	紀要
紅綠茶	浙江杭縣	杭縣方正大莊	特	彩月商標每箱裝瓶兩只價格自五元七角至七元八角二分
玫瑰花	同	同	二	商標同
代代花	同	同	二	商標同連玫瑰花共兩瓶裝楠木箱一只售價洋五元三角七分
極品杭菊	同	同	二	商標同
上上菊花	同	同	二	商標同連杭菊共兩瓶裝紅木箱一只售價洋四元一角四分
龍井雨前	同	同	二	商標同價格每斤自八角至一元一角
龍井茶葉	浙江杭縣	杭縣乾泰茶莊	一	茶山圖商標
西湖蓴菜	同	杭縣景陽觀	一	
龍井旗槍	同	海寧硤石泰順昌號	特	飛鷹牌商標價格每斤八元
龍井紅梅	同	同	特	商標同價格每斤八元

浙江商品陳列館季刊 本館陳列品目錄 一 第一期

浙江商品陳列館季刊 本館陳列品目錄 二 第一期

图4-71 1919年《浙江商品陈列馆季刊》刊登杭县方正大茶庄陈列有杭县出品红绿茶，红茶即湖埠九曲红梅
Fig. 4-71 A list of the displays in Hang County Fangzhengda Tea Shop was published in *Zhejiang Province Commercial Exhibition Hall Quarterly*, 1919, including black tea (Jiuqu Hongmei produced in Hubu) and green tea produced in Hang County.

初、陈屺怀、寿毅成等纷纷前来道贺。成立之初，准拨基地仅九亩多，而延龄路（现延安路）两边大厦又为督军署屯兵武库，通衢繁市，店铺不多，在众商家的请求下，东西两面空地陆续被扩充为商场，遂成杭城濒临西湖之闹市。

浙江商品陈列馆馆长阮性宜在《浙省实业前途计划书》中言“在乡言乡，条陈吾浙实业”，一为蚕丝，二为茶业，提出茶业要改良装置（包装），设立制茶传习所，提倡国人信仰华茶，与今倡导“茶为国饮，杭为茶都”颇有异曲同工之处。

《浙江商品陈列馆季刊·本馆陈列品目录》列有农业品及园艺品、林业品等九类陈列品，陈列品中首为杭县方正大茶庄“彩月”商标的龙井雨前、极品杭菊、**红绿茶**；以及杭县乾泰茶庄“茶山图”商标龙井茶叶；海宁硖石泰顺昌号“飞鹰牌”商标龙井旗枪、**龙井红梅**，还有福建武夷茶、於潜西天目芽茶，海盐、长兴、武康、孝丰、镇海、定海、诸暨、黄岩、仙居、温岭、金华、义乌、武义、江山、松阳的云雾茶和红茶；温州平阳怡新春号和泰顺的白茶、绿茶、红茶，缙云的越峰茶；以上种种，不能一一照录。

我们非常关注的是，1919年的《浙江商品陈列馆季刊·本馆陈列品目录》中赫然有“杭县红茶”，其产地明确标出“浙江杭县”，而且是杭州的老字号茶庄方正大茶庄陈列的。其后的海宁硖石泰顺昌号“飞鹰牌”商标，“龙井红梅”产地也是“浙江杭县”，首次出现有杭州地方特色的地名“龙井”，也出现九曲红梅之“红梅”，“红梅”，即红茶。其时，距1915年“九曲红茶”在巴拿马赛会搭车获金奖仅四年。

10. 日伪时期日本洋行大量收购杭州茶叶

自1937年12月24日杭州陷落，至1945年8月15日日本天皇宣布无条件投降，杭州沦于敌手近八年。抗战八年间，杭州周边许多茶园为日军占领。虽然山河破碎，但是许多沦陷区甚至伪满洲国的敌占区人民仍需要茶叶。日本人强征杭州四乡红茶、绿茶，千方百计购入国统区被视为战略物资的皖赣茶，遂安、淳安茶叶，甚至利用浙江省国货陈列馆房屋，成立白木贸易场，设立大丸洋行茶叶收买所，开设白木茶室……那是一段不堪回首、鲜为人知的杭城日伪茶业史，但却为抗战期间杭州继续生产九曲红梅提供了旁证。

图4-72是1941年日伪政权控制的《杭州新报》上刊登的“大丸洋行”“白木贸易场”“白木茶室”广告，证实了那段耻辱的历史。图4-73至图4-76是一组日伪时期杭城茶业的广告及白木公司证章。

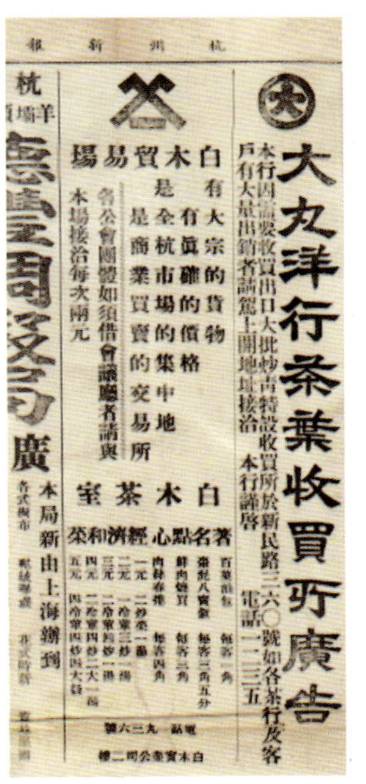

图4-72　1941年《杭州新报》刊登日本大丸洋行、白木贸易场、白木茶室广告

Fig. 4-72 Advertisements of Japan Daimaru Firm, Japan Shiraki Exchange Society and Japan Shiraki Tea Room on *Hangzhou New Newspaper*, 1941

图4-73　浙江茶业银行广告（1941《杭州新报》）

Fig. 4-73 Advertisement of Zhejiang Tea Bank on *Hangzhou New Newspaper*, 1941

图4-74　1943年7月8日浙江茶业银行杭州总行开幕典礼纪念
Fig. 4-74 A group photo taken on the opening ceremony of Hangzhou Head Office of Zhejiang Tea Bank, July 8th,1943

图4-75　浙江茶业银行同人乙酉（1945）春集合影
Fig. 4-75 A group photo taken on the spring meeting of Zhejiang Tea Bank fraternity, 1945

图4-76　白木公司证章
Fig. 4-76 A badge of Japan Shiraki Company

11. 观点与结论

1915年巴拿马赛会距今已百年，囿于民国战乱，以及“文化大革命”对文献资料、实物档案的损毁，要以真凭实据确凿考证九曲红梅在1915年巴拿马赛会获大奖难度极大。要将“口口相传，事出有因”变成白纸黑字和领导专家可以信服的历史，确非易事，我们只能从多个角度，多个旁证分析来佐证九曲红梅确实在1915年巴拿马赛会获得了大奖。

旁证其一，巴拿马赛会记载农业馆确有浙江茶叶参展，甚至有“浙江省立农校”参加。

旁证其二，杭州名人、吴越王钱镠后裔钱文选1913年任驻美国旧金山领事。1915年在旧金山巴拿马赛会上，他“为参赛的中国茶与日本茶谁得大奖问题，据理力争，由此，中国皖、浙、赣、闽、湘、鄂、苏七省茶共获超等大奖”。1915年7月，上海《神州日报》报道茶叶获奖消息，“7省茶均获金牌大奖”，是一集体超等大奖。如九曲红梅或“杭州红梅”“龙井红茶”只要参赛，应也共获金牌大奖。

旁证其三，昔日杭州净慈寺北雷峰塔边，西子湖畔有一杭州著名老字号茶庄——汪裕泰。汪庄的汪裕泰茶庄是上海汪裕泰六个分号的总部所在地。上海汪裕泰茶庄《茶经新解》中列有汪裕泰1915年巴拿马太平洋国际展览会获奖证书和1915年巴拿马赛会奖牌。红茶亦是汪裕泰茶庄的产品之一。

旁证其四，汪裕泰茶号长期营销“龙井红茶”（九曲红梅），图4-36至图4-38是三枚1940年汪裕泰售卖红茶的发票。其时，其他茶区均为国统区，只有杭州红茶区掌控在日伪政权手中，因此，即使发票是1940年的，但汪裕泰卖的“杭州红茶”即九曲红梅长期售卖，1915年巴拿马赛会也应带去。

旁证其五，1919年浙江省立甲种农业学校《浙江农言》记载有“本山红茶”，也即九曲红梅。

旁证其六，1919年的浙江商品陈列馆陈列品目录赫然有杭州老字号茶庄方正大陈列之“杭县红茶”。方正大账册亦载有九曲红梅。邻近的海宁硖石泰顺昌号茶庄“龙井红梅”，也即九曲红梅。其时，距离1915年巴拿马赛会仅四年，可以推断，比方正大茶庄更有名的汪裕泰茶庄，1919年前亦已营销九曲红梅。

根据以上旁证，我们可以认定，1915年七省共获巴拿马赛会集体超等大奖，因汪裕泰茶庄等老字号茶庄将“杭州红茶”（九曲红梅）一起送去赴会参展，因此，也获超等大奖。也就是讲，汪裕泰茶号巴拿马超等大奖奖状、奖章中也有九曲红梅的一份。

以这样的旁证，得出这样的结论，是否牵强附会有待专家评说，但后面的强有力的确凿证据，将使这一结论得到支持。

二、1926年美国费城世博会，九曲红梅获甲等大奖

1. 1926年美国费城世博会

1926年在美国费城举办的世界博览会，其意义不仅仅在于它是各国间各行各业的一次国际性的展览盛会。1926年7月4日恰逢美利坚合众国独立150周年的纪念日，美国借此机会在费城举办世界博览会，就是想以这种举世同庆的方式来为自己国家独立150周年鸣响纪念的礼炮。

当时，正式参加费城博览会的国家（地区）有中国、日本、西班牙、波斯、古巴、捷克斯洛伐克、阿根廷、智利、海地等9国，非正式参加的有英国、法国、德国、丹麦、匈牙利、埃及、印度、瑞典、罗马尼亚、突尼斯等11国。

按照原定的陈列分部办法，参展赛品应当分为美术、教育、社会经济、普泛艺术、制造及各项工业、机械、运输、农业、牲畜、园艺、矿冶11大部，其中又分156个总类、760个分类。依此计划，博览会所需的场馆至少要有7~8个，但是由于经费困难，这次博览会总共只开设了5馆，第一馆全部为美国本土工商业；第二馆为外国工艺制造及其他，其中也包含了少量的美国各州的农特产品；第三馆为儿童教育、科学教育、公益事业、慈善机构的展示，除了美国本身以外，参加者仅中国和日本；第四馆大部分为美国近代油画雕刻等艺术品的展示，其他为外国的美术陈列；第五馆则是美国联邦政府各机关事业和机器工业厂家的展览。

费城曾是美国的第四大城市。《独立宣言》在这里起草和通过，美利坚合众国的宪法草案在这里签署，贝茜·罗斯设计并在这里升起了合众国国旗，华盛顿以总统的身份在这里度过了许多时

图4-77　北京侨务院高等顾问邓祖荫为特派赴美费城世博会总代表兼驻美侨务调查专员

Fig. 4-77 A photo of Deng Zuyin, senior advisor of Beijing Overseas Chinese Affairs Office, who served as head of the Chinese delegation to attend Philadelphia Expo and overseas Chinese affairs commissioner in the United States

图4-78　赴美参加费城世博会的画家杨令弗女士在费城车站留影

Fig. 4-78 A photo of Painter Yang Lingfu in the Philadelphia Station, who came to the United States to attend Philadelphia Expo

光。特殊的历史地位使费城成了这一次具有特殊意义的世界博览会的举办地，而经费则由宾夕法尼亚州政府及美国联邦政府共同承担。当时的美国实力雄厚、国库充盈，因此人们预计本届博览会必将规模宏大，包罗万象，反应热烈。但由于当地两个财团因地产纠纷闹上法庭，博览会亦大受影响。

在参加此次博览会的国家（地区）中，除东道主美国之外，当数中国与日本为参展之大国。我国以生丝、茶叶、江浙绸缎、江西瓷器、福州漆器、手工刺绣及翡翠等为主，向世人展现了别具一格的中华民族特色。而在现代工商业方面，我国也有印刷工艺、化妆品、革制品、电器、铜钢制品等展品的参与，并在各个奖项的角逐中取得了不俗的成绩。

当时的中国正处于内争不断、战乱频繁的年代，当局已经自身难顾，根本无暇关心和发展社会生产力。在这种极其不稳定的政治局面下，“民困财尽，天灾兵祸”“工商仅延残喘”，各行各业莫说发展，就连保持原有的水平都相当困难。但却“以旧邦文物与赛重洋，略示一斑，以当全豹”“赛会得奖，实赖祖宗先人之荫庇，非我今日之德能”。

恽震《费城赛会观感录·奖章奖凭》写道：

> 例如茶叶一宗，出品人多至二十七家，若分为二十七家竞奖，则至多一二家得金牌奖，大奖决（绝）无希望，于中国茶业前途绝无补益。若用中国茶业全体名义，则得大奖后，茶业公会得其奖章，凡参预（与）之出品人各得一奖凭，其上印有各该出品人之

名称，既增国光，复资激劝，于计最得。或谓二十七家中，未必皆有受大奖之资格，若此混同给奖，何以示其公允，曰：二十七家既到国际赛会，即足以代表中国茶业，若有资格不合，在国内审查时，早应剔除，不宜于国际赛会中再行分别，自暴其弱。如日本在赛会中，只用一茶业公会名义，私人无由阑入，始为国际赛会正规，吾国办法，只是权宜之计，故如某门类中只有两三出品人，而其出品优劣迥殊者，仍为分别竞奖，以免鱼目混珠之失。

恽震关于“奖章奖凭”的一段话，为我们诠释了费城赛会中国27家茶庄获大奖的原委。另行参赛最多得一二家金牌奖，大奖绝无希望，于茶庄、于中国茶叶前途都没有好处。最终中国茶庄合力抱团，战胜日本，夺得大奖，这中间有浙江的方正大、翁隆盛、大成、乾泰、亨大、仁泰、德兴祥、茂记、万泰元、万康元，共10家茶庄。浙江茶庄占到全国茶庄的37%。恽震又写道：“既到国际赛会，即足以代表中国茶业，若有资格不合，在国内审查时，早应剔除，不宜于国际赛会中再行分别，自暴其弱。”说明国内审查严格，参赛茶庄均是择优参赛，绝无滥竽充数者。以中国茶业全体名义参赛，最终获集体大奖，这个决定是正确的，结果也是圆满的。

恽震“奖章奖凭”的记载，也证实了11年前美国巴拿马赛会中国七省茶叶获集体大奖的史实。

图4–79至4–84是一组从1927年10月恽震《费城赛会观感录》中摘录的图片和文字。

图4–79　美国费城博览会会场会景

Fig. 4-79 A bird's-eye view of the Exhibition Hall of Philadelphia Expo

图4–80　美国费城博览会中国馆之会景

Fig. 4-80 The Chinese Pavilion in Philadelphia Expo

图4–81　美国费城博览会美国联邦政府陈列所

Fig. 4-81 The show rooms of the federal government of the United States in Philadelphia Expo

中國茶

在中國陳列中、犖犖大端、生絲以外、當推茶葉、絲居右首、茶則居左、遙遙相對、近五年來、絲占對美輸出百分之三十二、茶僅百分之二、絲茶自古並稱、今茶在美國市場、竟爲印日二國所排擠、至無立足餘地、其故有三、第一、中國交通阻塞、兵匪爲厲、茶園不但不能推廣、反日見廢弛、故產量不多、新法亦難採用、第二、華茶種類太多、牌號尤雜、對外信用不佳、第三、日本印度茶之廣告費、動輒百萬、競爭極劇、吾國茶商無此魄力材幹、故成落伍、以上三端、關係最大、然中國茶之在世界、自有其不可侮之地位、即今在美銷行極廣之英國茶、亦攙用華茶、以求適口、美國男女老幼、無人不知華茶之佳、顧市場上華茶竟無從購買、日後吾國茶商、果能結合絕大資本、一面加闢茶園、求其量多而質一致、定價低廉、立名簡易、一面在美國各處、爲大規模之廣告宣傳、與分銷店訂立合同、以華茶之早已深入人心、美國分銷店之靈通便利、再加茶葉入口、不收關稅、華茶之可以恢復舊有市場、殆無問題、此次陳列、江西安徽浙江福建江蘇五省之茶皆備、惜無組織、遂致龐雜、然游客

費城賽會觀感錄　四

之來、動詢中國茶者、日必數十起、鼓吹有力、繼起無人、惜哉、

图4-82　《费城博览会观感录·中国茶》

Fig. 4-82 The chapter of "Chinese Tea" in *Observation of Philadelphia Expo*

費城賽會觀感錄　二十

絲茶固有公會矣、然非全國之組織、而爲地方之組織、其他各業、未必皆有組織、即有亦不管事、調查統計、更無論矣、此眞可爲痛哭者也、委員等製說明書、或可搜討、或祇估計、時日迫促、材料枯窘、原無組織者爲之假設、已有組織者爲之概稱、既不能遠背乎事實、又當爲古國留體統、竭三日之力、歸併三百出品人以爲六十餘競獎者、不可謂非苦心矣、

獎章獎憑

例如茶葉一宗、出品人多至二十七家、若分爲二十七家競獎、則至多一二家得金牌獎、大獎決無希望、於中國茶業前途、絕無補益、若用中國茶業全體名義、則得大獎後、茶業公會得其獎章、凡參預之出品人各得一獎憑、其上印有各該出品人之名稱、既增國光、復資激勸、於計最得、或謂二十七家中、未必皆有受大獎之資格、若此混同給獎、何以示其公允、曰二十七家、既到國際賽會、即足以代表中國茶業、若有資格不合、在國內審查時、早應剔除、不宜於國際賽會中再行分別、自暴其弱、如日本在賽會中、祇用一茶業公會名義、私人無由闌入、始爲國際賽會正規、吾國辦法、祇是權宜之計、故如某門類中、祇有兩三出品人、而其出品優劣迥殊者、仍爲分別競獎、以免魚目混珠之失、

图4-83　《费城赛会观感录·奖章奖凭》

Fig. 4-83 The chapter of "Medals and Certificates" in *Observation of Philadelphia Expo*

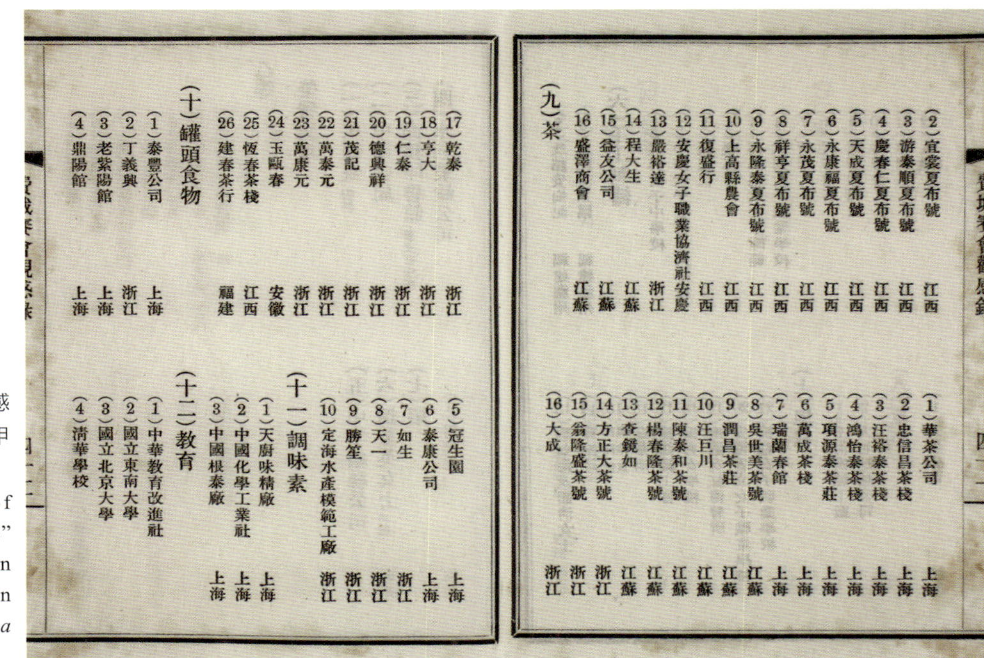

(2)宜裳夏布號　江西
(3)游泰順夏布號　江西
(4)慶春仁夏布號　江西
(5)天成夏布號　江西
(6)永康福夏布號　江西
(7)永茂夏布號　江西
(8)祥亨夏布號　江西
(9)永隆泰夏布號　江西
(10)上高縣農會　江西
(11)復盛行　江西
(12)安慶女子職業協濟社安慶
(13)嚴裕達　浙江
(14)程大生　江蘇
(15)益友公司　江蘇
(16)盛澤商會　江蘇

(九)茶

(1)華茶公司　上海
(2)忠信昌茶棧　上海
(3)汪裕泰茶棧　上海
(4)鴻怡泰茶棧　上海
(5)項源泰茶莊　上海
(6)萬成茶棧　上海
(7)瑞蘭春館　上海
(8)吳世美茶號　江蘇
(9)潤昌茶莊　江蘇
(10)汪巨川　江蘇
(11)陳泰和茶號　江蘇
(12)楊春隆茶號　江蘇
(13)查鏡如　江蘇
(14)方正大茶號　浙江
(15)翁隆盛茶號　浙江
(16)大成　浙江
(17)乾泰　浙江
(18)亨大　浙江
(19)仁泰　浙江
(20)德興祥　浙江
(21)茂記　浙江
(22)萬泰元　浙江
(23)萬康元　浙江
(24)玉甌春　安徽
(25)恆春茶棧　江西
(26)建春茶行　福建

(十)罐頭食物

(1)泰豐公司　上海
(2)丁義興　浙江
(3)老紫陽館　上海
(4)鼎陽館　上海
(5)冠生園　上海
(6)泰康公司　上海
(7)如生　浙江
(8)天一　浙江
(9)勝笙　浙江
(10)定海水產模範工廠　浙江

(十一)調味素

(1)天廚味精廠　上海
(2)中國化學工業社　上海
(3)中國根泰廠　上海

(十二)教育

(1)中華教育改進社
(2)國立東南大學
(3)國立北京大學
(4)清華學校

图4-84　《费城赛会观感录·中国赴赛得奖题名录·甲等（大奖）·（九）茶》

Fig. 4-84 The chapter of "Chinese Recipients of Prizes" listed the names of tea that won the grand prize in Grade A in *Observation of Philadelphia Expo.*

2. 杭州方正大、翁隆盛、大成、乾泰、亨大、茂记六家茶庄1926年费城世博会获甲等大奖

据1927年恽震《费城赛会观感录·中国赴赛得奖题名录·甲等（大奖）·（九）茶》，其中有：

（14）方正大茶号　浙江
（15）翁隆盛茶号　浙江
（16）大成　浙江
（17）乾泰　浙江
（18）亨大　浙江
（21）茂记　浙江

这六家茶号均为杭州老字号茶庄。

据1937年《杭州市公司行号年刊》载，杭州茶漆业共119家，其中上述1926年费城世博会得甲等大奖的六家杭州老字号茶庄当时的行号、经理、地址、电话如下：

方正大，方舜琴，羊坝头一二号，一七四七；
翁隆盛，凌岷甫，清河坊六〇号，一一一〇；
成大，吴光鉴，警署街四五号；
乾泰，杨伯棠，天乌山二号；
亨大，周生昌，陈列馆楼上；
茂记，陈延龄，仙林桥直街六〇号，二一一九。

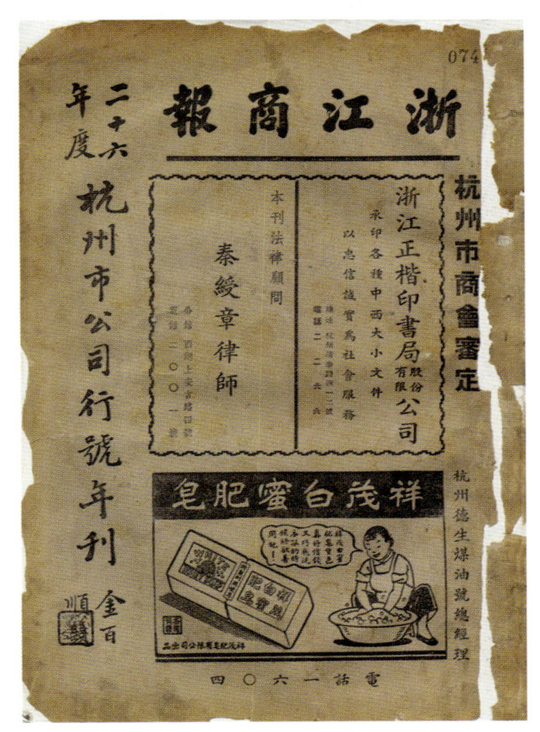

图4-85　1937年《杭州市公司行号年刊》书影

Fig. 4-85 *Yearbook of Hangzhou Company*, 1937

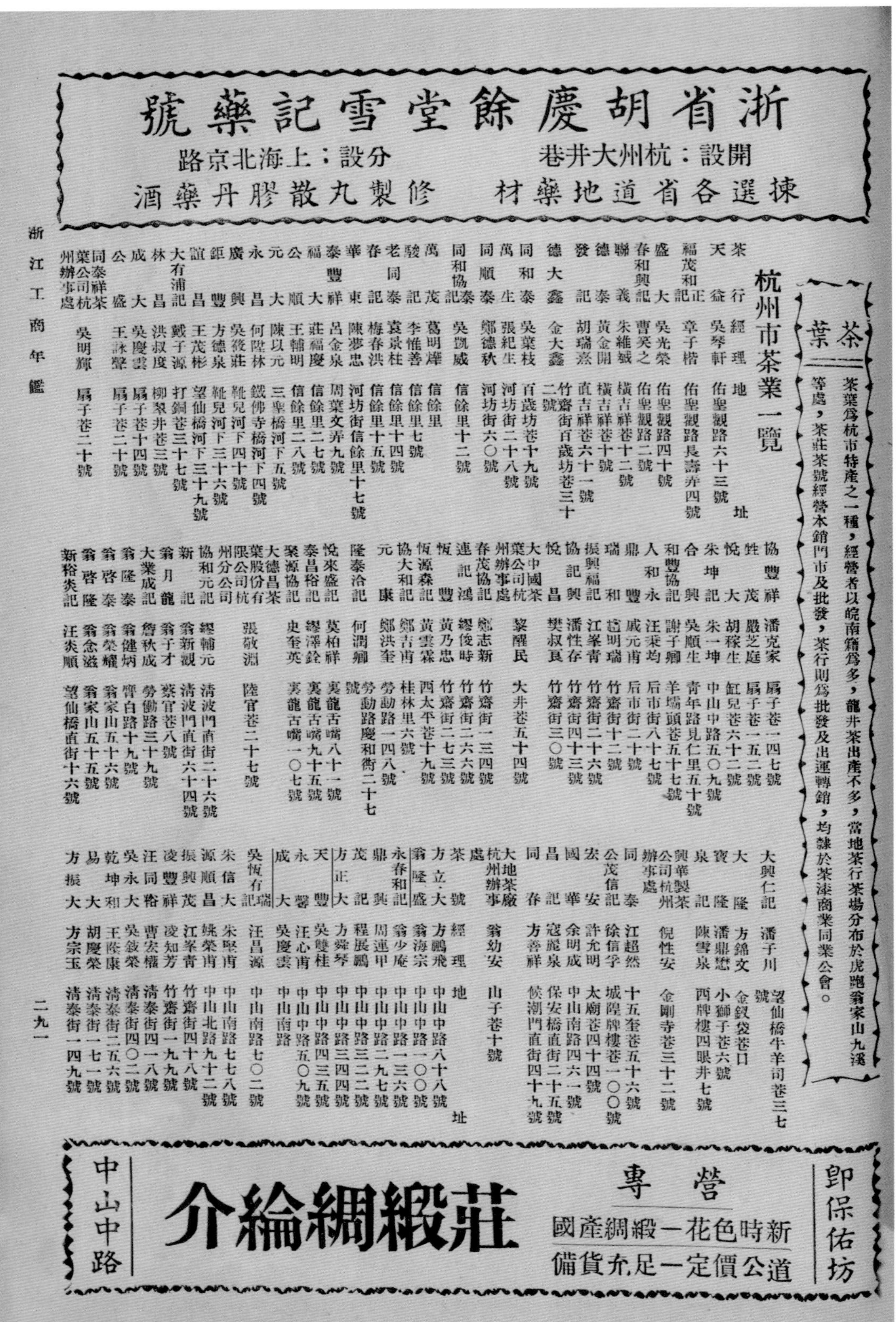

浙江工商年鑑

浙省胡慶餘堂雪記藥號

開設：杭州大井巷　分設：上海北京路

揀選各省道地藥材　修製丸散膠丹藥酒

茶葉

茶葉爲杭市特產之一種，經營者以皖南籍爲多，龍井茶出產不多，當地茶行茶場分布於虎跑翁家山九溪等處，茶莊茶號經營本銷門市及批發，茶行則爲批發及出運轉銷，均隸於茶漆商業同業公會。

杭州市茶業一覽

茶行	經理	地址
天益	吳琴軒	佑聖觀路六十三號
福茂和正記	章子楷	佑聖觀路長壽弄四號
盛大	吳光榮	佑聖觀路四十號
春和興記	曹芙之	佑聖觀路二號
聯義	朱維棫	橫吉祥巷十二號
德泰	黃金開	橫吉祥巷十號
發記	胡瑞燾	直吉祥巷六十一號
德大鑫	金大鑫	竹齋街百歲坊巷三十二號
同和泰	吳葉枝	百歲坊巷十九號
萬生	張紀生	河坊街二十八號
同順泰	鄭德秋	河坊街六〇號
同和協泰記	吳凱威	信餘里十二號
萬茂	葛明燁	信餘里
駿記	李惟善	信餘里七號
老同泰	袁景柱	信餘里十四號
春記	梅春洪	信餘里十五號
華東	陳夢忠	河坊街信餘里十七號
泰豐祥	呂金泉	周葉文弄九號
福大	莊福慶	信餘里二七號
公順	王輔明	信餘里二八號
元大	陳以元	三聖橋河下五號
永昌	何陞林	鐵佛寺橋河下四號
廣興	吳後莊	糀兒河下四十號
鉅豐	方德泉	糀兒河下三十六號
誼昌	王茂彬	望仙橋河下三十九號
大有浦記	戴子源	打銅巷三十七號
林昌	洪叔度	柳翠井巷三號
成大	吳慶雲	扇子巷十四號
公盛	王詠璧	扇子巷二十號
同泰祥茶葉公司杭州辦事處	吳明輝	扇子巷二十號
協豐祥	潘克家	扇子巷一四七號
姓茂	嚴芝庭	扇子巷一五二號
悅大	胡稼生	缸兒巷六十二號
朱坤記	朱一坤	中山中路五〇九號
合興	吳順生	青年路見仁里五五十號
和豐協記	謝子卿	羊壩頭巷五十七號
人和永	汪秉均	后市街八十七號
鼎豐	戚元甫	后市街二十號
瑞和	趙明瑞	竹齋街十二號
振興福記	江峯青	竹齋街二十六號
協記興	潘性存	竹齋街四十三號
悅昌	樊叔真	竹齋街三〇號
大中國茶葉公司杭州辦事處	黎醒民	大井巷五十四號
春茂協記	鄭志新	竹齋街一三四號
連記鴻	繆俊時	竹齋街二六六號
恆豐	黃乃忠	竹齋街二七三號
恆源森記	黃雲霖	西太平巷十九號
協大和記	鄭吉甫	桂林里六號
元康	鄭洪奎	勞動路一四八號
隆泰洽記	何潤卿	勞動路慶和街二十七號
悅來盛記	莫柏祥	裏龍舌嘴八十一號
泰昌裕記	繆澤銓	裏龍舌嘴九十五號
聚源協記	史奎英	裏龍舌嘴一〇七號
大德昌茶葉股份有限公司杭州分公司	張敬淵	陸官巷二十七號
協和元記	繆輔元	清波門直街二十六號
新記	翁新觀	清波門直街六十四號
翁月龍	翁子才	蔡官巷八號
大業成記	詹秋成	勞働路三十九號
翁隆泰	翁健炳	膺白路十九號
翁啓泰	翁榮耀	翁家山五十六號
翁啓隆	翁念滋	翁家山五十五號
新裕炎記	汪炎順	望仙橋直街十六號
大興仁記	潘子川	望仙橋牛羊司巷三七號
大隆	方錦文	金釵袋巷口
寶隆	潘鼎懋	小獅子巷六號
泉記	陳雪泉	西牌樓四眼井七號
興華製茶公司杭州辦事處	倪性安	金剛寺巷三十二號
同泰	江超然	十五奎巷五十六號
公茂信記	徐信孚	城隍牌樓巷一〇〇號
宏安	許允明	太廟巷四十四號
國華	余明成	中山南路四六一號
昌記	寇麗泉	保安橋直街二十五號
同春	方善祥	候潮門直街四十九號
大地茶廠杭州辦事處	翁幼安	山子巷十號

茶號	經理	地址
方立大	方鵬飛	中山中路八十八號
翁隆盛	翁海宗	中山中路一〇〇號
永春和記	翁少庵	中山中路一三六號
鼎興	周運甲	中山中路二九七號
茂記	程展鵬	中山中路三二二號
方正大	方舜琴	中山中路三四四號
天豐	吳雙桂	中山中路四三五號
永馨	汪心甫	中山中路五〇九號
成大	吳慶雲	中山南路
吳恆有瑞記	汪昌源	中山南路七〇二號
朱信大	朱堅甫	中山南路七七八號
源順昌	姚榮甫	中山北路九十二號
振興茂	江峯青	竹齋街四十八號
凌豐祥	凌知芳	竹齋街一九九號
汪同裕	曹宏權	清泰街四一八號
吳永大	吳敘榮	清泰街四〇二號
乾坤和	王陸康	清泰街二五六號
易大	胡慶榮	清泰街一七一號
方振大	方宗玉	清泰街一四九號

二九一

介綸綢緞莊

中山中路　即保佑坊

專營　國產綢緞一花色時新　備貨充足一定價公道

图4-86　1946年《浙江工商年鉴》载杭州老字号茶庄翁隆盛、方正大、成大等茶号行名、经理、地址、电话

Fig. 4-86 *Zhejiang Industrial and Commercial Yearbook*, published in 1946, carrying the company names, managers, addresses and phone numbers of some time-honored tea shops in Hangzhou, like Wenglongsheng Tea Shop, Fangzhengda Tea Shop and Chengda Tea Shop

3. 中国老字号茶庄翁隆盛1926年美国费城世博会获甲等大奖，畅销九曲红梅

图4–88是硕大精美的翁隆盛茶叶罐，两面以狮球商标和小瀛洲入画，狮球商标下有说明：

本号开设浙杭，自雍正七年（1729）创始迄今两百余载，中外驰名。拣选狮峰龙井、莲心旗枪、极品名茶，法制藏沽，色味俱佳，咸称迈众。并赴外省采办……祁门乌龙、**九曲寿眉**、六安香片、洞庭碧螺、云南普洱、双窨珠兰、三薰茉莉、黄白菊花、玫瑰玳玳……。装潢雅致，馈礼攸宜，照山发兑，定价划一。如蒙惠成，请认明清河坊大马路本号，招牌狮球商标，庶不致误，外埠函购，原班回件。

说明中有我们关注的“九曲寿眉”，这说明民国时期，曾在1926年费城世博会上获甲等大奖的杭州著名的翁隆盛茶庄旺销“九曲寿眉”。创于雍正年间的杭州翁隆盛茶庄，是杭州乃至全国最古老的茶庄之一。店设杭州清河坊，1933年时有店员52人，是当时杭州人数最多的茶庄。

图4–87是1929年《杭州西湖博览会游览指南》中的翁隆盛茶庄广告。广告上方为茶庄名，中为翁隆盛自建五层洋房图，正中墙面为商号狮球商标图。两侧广告词：“本号开设浙杭，创自雍正，迄今二百余载，自建五层洋房。拣选狮峰龙井、莲心旗枪、武夷红梅、六安香片、洞庭碧螺、云南普洱、双窨珠兰、三薰茉莉、黄白菊花、玫瑰玳玳，门售批发定价划一。如蒙赐顾，请认明狮球商标，庶不致误。”说明翁隆盛创自雍正年间，是一家主营龙井茶并兼营全国名茶的老字号茶庄。

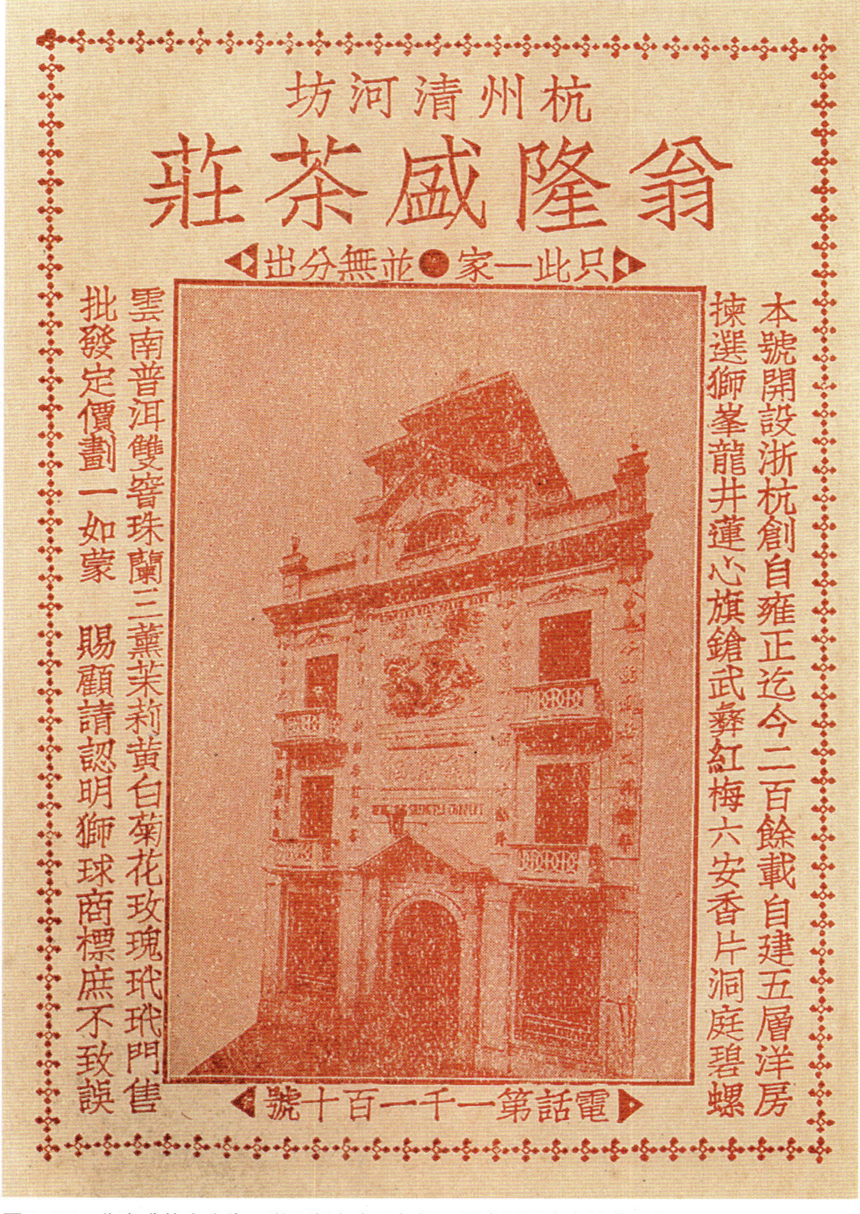

图4–87　翁隆盛茶庄广告，说明创自雍正年间，是中国最古老的茶号之一

Fig. 4-87 An advertisement of Wenglongsheng Tea Shop, indicating that it was one of China’s oldest tea shops, founded during the Yongzheng period of Qing Dynasty

图4-89是圆筒形翁隆盛茶叶罐，以骆驼入画，罐体说明中第四行起首有“九曲寿眉”，提及将“九曲寿眉”销往内蒙古、新疆等地。

图4-91是翁隆盛茶号广告图，图中广告词为“二百余年茶业领袖”，广告上推销的茶叶，一为“狮峰龙井”，绿茶至尊也；二为“九曲乌龙”，即杭州红茶（九曲红梅）。

图4-88　浙杭翁隆盛茶叶罐。标明注册“狮球商标”，“只此一家，并无支店”，说明中有“采办……九曲寿眉”字样

Fig. 4-88 A tea caddy of Wenglongsheng Tea Shop, with the registered trademark of “a lion and a ball” and the statement of “the one and only store” and “procuring Jiuqu Shoumei”

图4-89　翁隆盛茶号茶叶罐。以骆驼入画，也有将“九曲寿眉”茶销往内蒙古一带的说明

Fig. 4-89 A tea caddy of Wenglongsheng Tea Shop patterned with camels, with the statement of selling Jiuqu Shoumei to Inner Mongolia and vicinity

图4-90　圆形翁隆盛茶号茶叶罐

Fig. 4-90 A cylindrical tea caddy of Wenglongsheng Tea Shop

图4-91　翁隆盛茶号的广告图

Fig. 4-91 An advertisement of Wenglongsheng Tea Shop

图4-92　1926年美国费城博览会甲等大奖状

Fig. 4-92 A certificate of the Grand Prize in Grade A in Philadelphia Expo 1926

“翁隆盛老号”广告包装纸

图4-93是一张残缺的“翁隆盛老号”包装纸，正中是上为梯形，下为长方形的高21. 5厘米、宽13. 5厘米的“翁隆盛老号”广告，梯形自右至左为“翁隆盛老号”五字。长方形广告右下角残缺，少了19字，但仍不失为中国老字号茶庄存世最早的实物凭证，带给我们许多弥足珍贵的信息。

残缺的“翁隆盛老号”广告包装纸，传递给我们许多“杭为茶都”的宝贵信息。广告词起首写有“本铺向开浙杭梅东巷口百”11字，为我们揭示了翁隆盛于雍正七年（1729）最早开设在现下城区梅东高桥边的梅东巷口。

图4-94是历经百年、斑驳陆离的一只翁隆盛茶号铁皮茶罐，茶罐高14厘米，宽12. 5厘米，厚6厘米。顶盖为抽板式，现仅存铁皮。四面粘贴广告包装纸与其后印铁茶罐迥然不同。其正面上端依稀可辨为“翁隆盛茶号”五字。下面直排11行广告词，大部分可一一辨认，文如下：

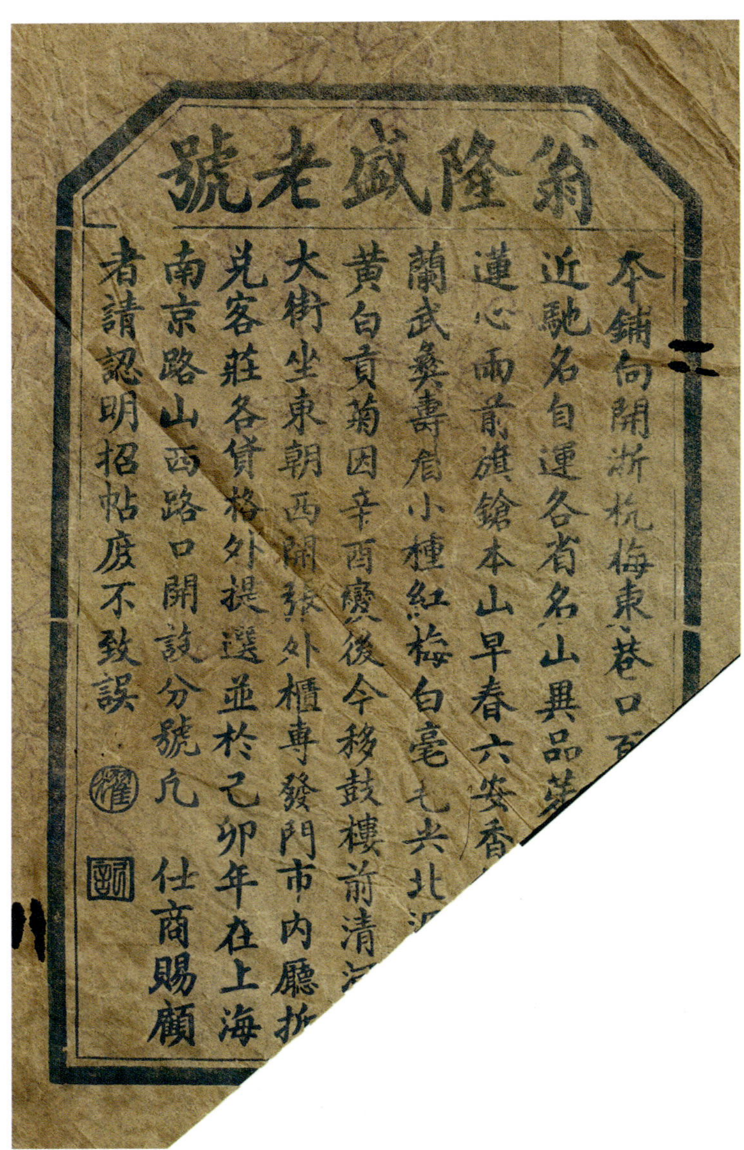

图4-93　“翁隆盛老号”广告包装纸

Fig. 4-93 A wrapping of Wenglongsheng Tea Shop with an advertisement on it

本号开张二百余年，向在梅东巷口，自辛酉变后，移设鼓楼内清河坊大街，坐东朝西开面。自运各省名茶，拣选龙井莲心、雨前芽茶、六安香片、双窨珠兰、武夷白毫、洞庭碧螺、云南普洱各种异品名茶，黄白贡菊、西湖藕粉、黄山葛粉，照山发兑，请各界赐顾，认明本号招贴，庶不致误。

背面为“龙井采茶图”，图中有龙井茶亭、松树、姑娘采茶、茶农担茶等画面。两侧其一为图，已模糊不清；另一侧直排五行字，分别为：

卢仝韵事、陆羽遗风知茶……；山毓秀、得日月之精华，诚……；奉客之嘉仪，赏谓玉壶春者……；能明目而沁心，解□醒而……，饮益智，而□怀诚，□产之奇……

字虽残缺不全，大致可知其意：品茗之道源自唐代卢仝、陆羽，佳茶采自峻山毓秀，得日月之精华。茶为奉客嘉仪，能明目沁心，解酒醒，而益智，翁隆盛名茶产自各省名山。

这只历经百年的粘贴广告包装纸的铁皮茶罐，其广告词中称“本号开张

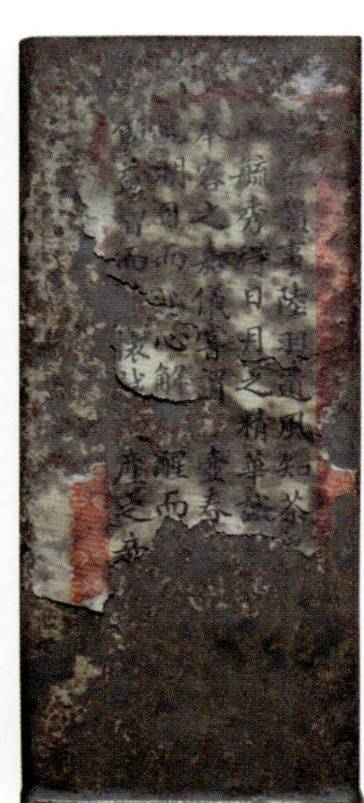

图4-94　20世纪初刚迁至清河坊大街的翁隆盛茶庄茶叶罐

Fig. 4-94 A tea caddy of Wenglongsheng Tea shop when it had just moved to Hefang Street in the 1910s

二百余年，向在梅东巷口，自辛酉变后，移设鼓楼内清河坊大街，坐东朝西开面”。这段说明其是刚迁至现还尚存的五层楼翁隆盛茶庄遗址后不久而制作的。广告词中并未提及1928年所建的五层高楼，因此这只是早期包装的铁皮茶罐，应是20世纪初翁隆盛刚迁至清河坊大街的产品。

图4-95是清光绪十八年（1892）《浙江省城图》（局部），图中北端有“梅东高桥”，梅东高桥东有梅东巷，太平军入浙杭前那里坐落着翁隆盛老号茶庄，梅东高桥下是中河支流，循中河南行过平安桥、西桥、登云桥、仙林桥、盐桥、油车桥、丰乐桥、新宫桥、望仙桥、通江桥、黑桥，出凤山水门，过龙山河可通钱塘江。梅东高桥下的内河西拐出武林水门，直通十里拱墅，过拱宸桥与京杭大运河相连。因此，广告词下面写道：“自运各省名山异品芽茶……莲心、雨前旗枪、本山早春、六安香片、武夷寿眉、小种、红梅、白毫毛尖、……黄白贡菊。”翁隆盛老号地处梅东高桥，东为贡院，南为下城城区，不仅内销方便，而且通过杭城纵横相贯的水道，连接钱塘江、京杭大运河，进货、出品十分便利。广告词中的“小种”“红梅”，也出现在翁隆盛的茶叶罐上及方正大账册上，其实均是九曲红梅，而“雨前旗枪”“本山早春”，即龙井茶。

广告词下面一段话极具史料价值：“辛酉变后，今移鼓楼前清河（坊）大街，坐东朝西开张，外柜专发门市，内厅折兑客庄，各货格外提选。”

“辛酉变后”之“辛酉”，即咸丰十一年（1861），“辛酉变”指的是太平军入浙“人口伤亡十之八九，室庐百存一二”，浙杭损失惨重。

太平军出浙后的5~10年，翁隆盛老号移至鼓楼前清河坊大街。现在翁隆盛茶庄五层洋房还屹立在河坊街上，据清河坊御街石碑记载建于1925年。

广告词最后一段，写道：“并于己卯年（1939）在上海南京路山西路口开设分号，凡仕商赐顾者，请认明招帖，庶不致误。”这一段广告词说明上海分号开设于1939年。

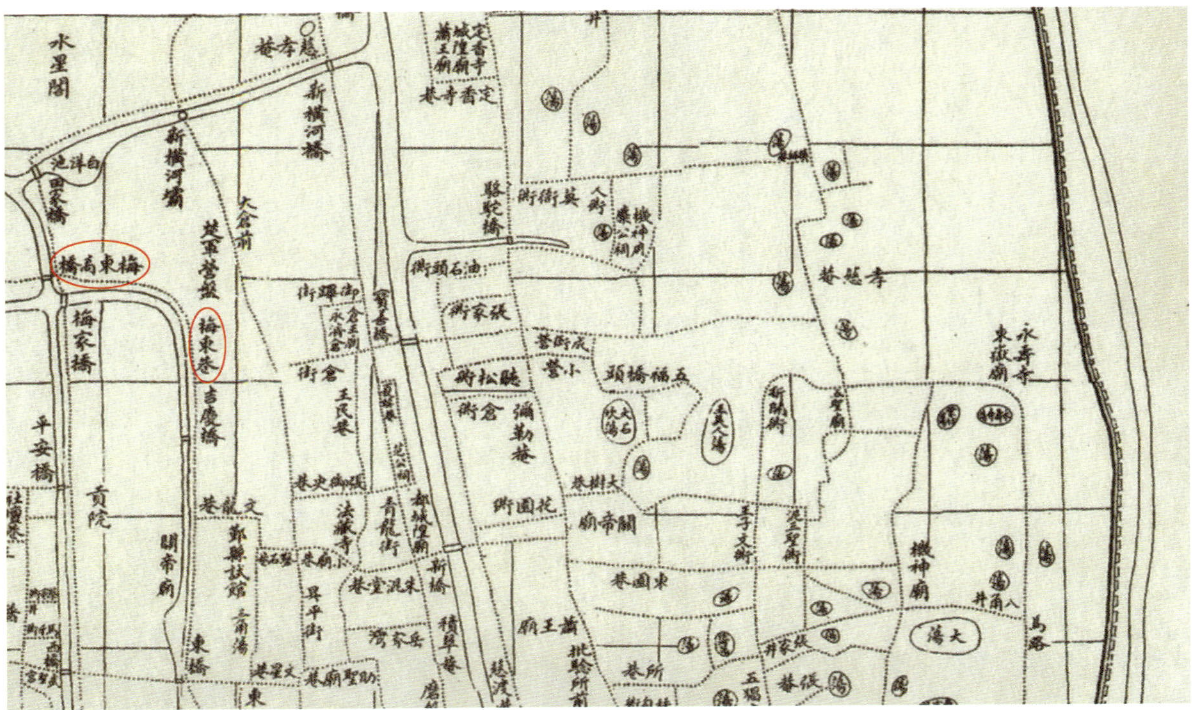

图4-95　清光绪十八年（1892）《浙江省城图》（局部）北端有“梅东高桥”“梅东巷”

Fig. 4-95 Part of the “Map of Capital City of Zhejiang Province”, drawn in 1892, on the north of which “Meidonggao Bridge” and “Meidong Lane” are designated

图4-96　杭州清河坊御街中山南路62号翁隆盛茶庄

Fig. 4-96 Wenglongsheng Tea Shop at No. 62 South Zhongshan Road, Qinghefang, Hangzhou

图4-97　南宋御街特色建筑“翁隆盛茶庄旧址”，说明清河坊的遗址是1925年建造的

Fig. 4-97 The sign of the remains of Wenglongsheng Tea shop as a special feature building in Southern Song Imperial Street, which states the shop in Qinghefang Street was built in 1925

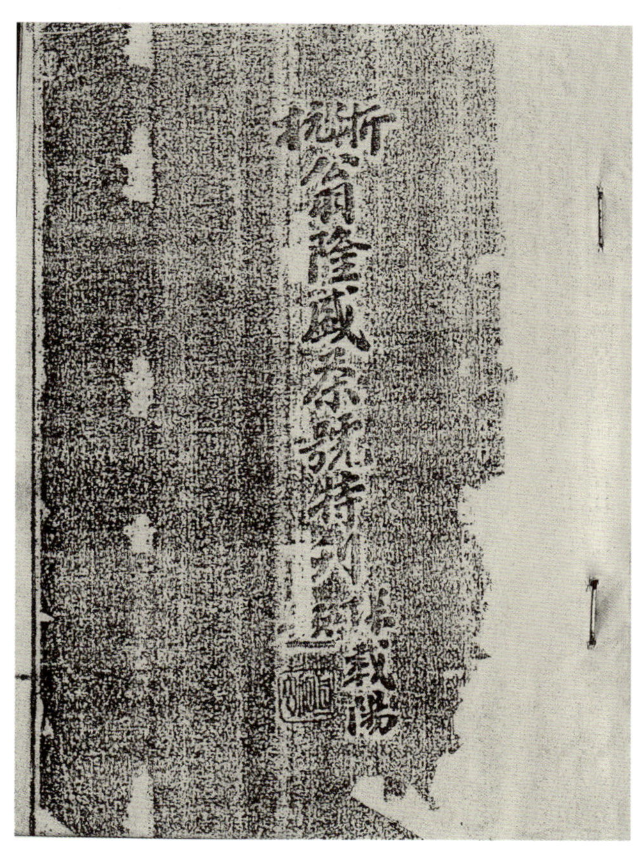

图4-98　《浙杭翁隆盛茶号特刊》书影

Fig. 4-98 *Hangzhou Wenglongsheng Tea Shop Special Issue*

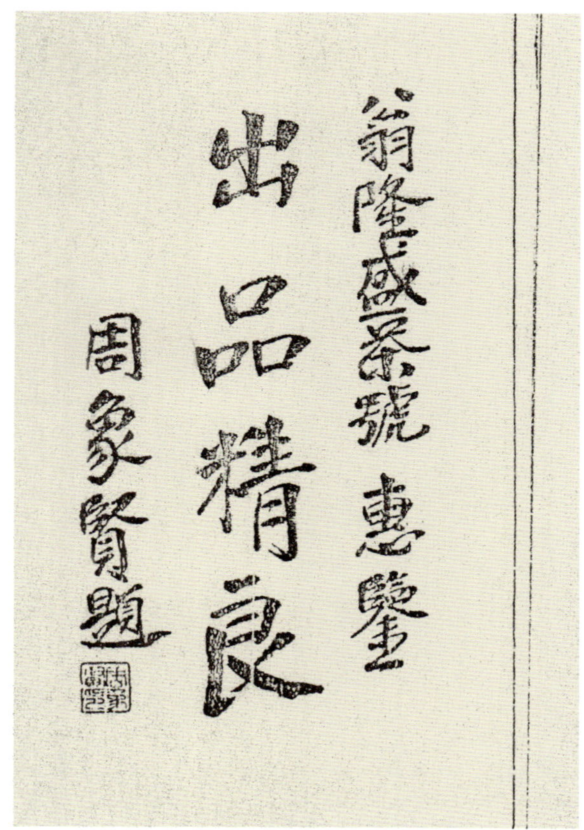

图4-99　时任杭州市市长周象贤题字"翁隆盛茶号惠鉴出品精良"

Fig. 4-99 An inscription "To Wenglongsheng Tea Shop: Sophisticated Products" written by Zhou Xiangxian, mayor of Hangzhou at that time

《浙杭翁隆盛茶号特刊》之九曲红梅

赵天相先生是一位资深茶人，十余年前曾赠送笔者一册《浙杭翁隆盛茶号特刊》复印版本。此刊为32开本，封面由1922—1924年任浙江省省长的张载阳先生题字。扉页有当时杭州市市长周象贤题"翁隆盛茶号惠鉴出品精良"，另有社会名流徐青甫（曾任浙江省代主席）、王芗泉题词。

《浙杭翁隆盛茶号特刊》之核心内容为"浙江省杭州市翁隆盛茶号为中外市场冒牌充斥敬告各界书"，内中有：

> 世风日下，人心不古，混珠射影，狡计百出，竟有影戳敝号之牌号，如以"龙"为"隆"，以"顺"谐"盛"，并将二三四帮之茶，冒充为头帮珍品发售者，比比皆是，非但外省时有发生，即本县区域亦间有之。

冒充张小泉剪刀品牌的史话，比比皆是；杭城茶庄的冒牌，浙杭翁隆盛则是首例。

《浙杭翁隆盛茶号特刊》具有史料价值的有两点：一是，其时已打出"狮球"商标，并"自民国二十二年（1933）起，于木箱内之铁胆盖上，加轧机印注册狮球商标，以资识别，采办诸君，务祈仔细辨明，当不致重蹈故辙也"；二是，再三重申"敝号创始于清雍正七年（1729），至今已历二百余载"。

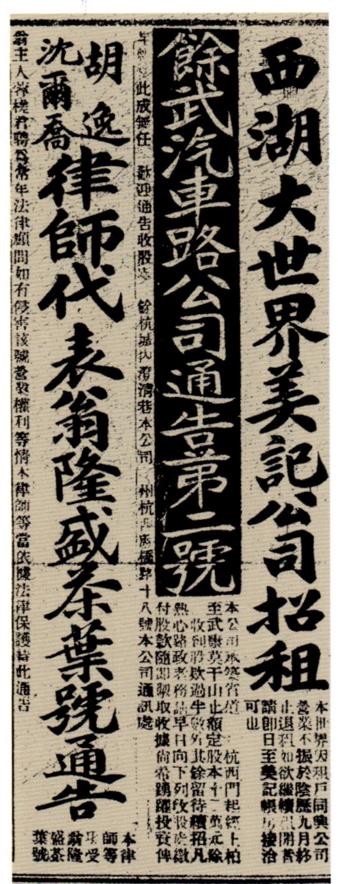
西湖大世界美記公司招租

餘武汽車路公司通告第二號

胡逸 沈爾喬 律師代表翁隆盛茶葉號通告

图4-101　1924年《浙江商报》翁隆盛茶号聘请胡逸、沈尔乔两位律师通告

Fig. 4-101 A notice announcing that Wenglongsheng Tea shop employed two lawyers called Hu Yi and Shen Erqiao was published on *Zhejiang Commercial News*, 1924.

图4-102　翁隆盛茶号茶叶罐之“广告词”

Fig. 4-102 A tea caddy of Wenglongsheng Tea Shop with an advertisement on it

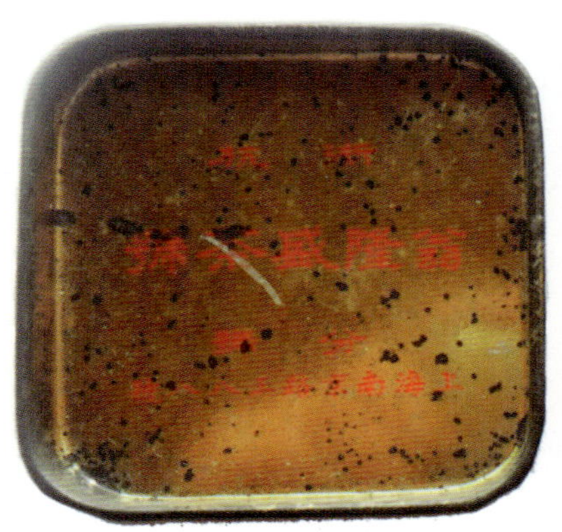

图4-100　翁隆盛茶号茶罐顶盖“注册狮球商标”

Fig. 4-100 A lid of a tea caddy of Wenglongsheng Tea Shop with the registered trademark of “a lion and a ball”

图4-101是1924年《浙江商报》刊登翁隆盛茶号聘请胡逸、沈尔乔两位律师的通告，为杭城茶号唯一的一例，从一个侧面证实“混珠射影，狡计百出，竟有影戤敝号之牌号”，冒充翁隆盛茶号的品牌盛行。

图4-102是翁隆盛茶号茶叶罐之广告词，中有“创始于清雍正七年，今历时已二百余载，素以‘三前摘翠’为标帜（识）”之语。《浙杭翁隆盛茶号特刊》有：“‘三前摘翠’为标帜（识）——三前云者：春前、明前、雨前是也。及时选摘，精为焙制，然后始行问市，可谓与市上所售之‘真龙井’‘龙井’等自炫之虚名，不可同日而语也。”

图4-103是《浙杭翁隆盛茶号特刊》中所载《翁隆盛茶号邮件部价目表》，其中首为“狮峰龙井茶类”，次为“各省红茶类”，除去祁门红茶由安徽出品、武夷红茶由福建出品，杭州本土出品标出狮峰、龙井、狮字、龙字、旗红等字样者，均是翁隆盛茶号以浮山九曲红梅潮红加工之自产精制九曲红梅。计有狮峰乌龙，每斤价洋三元二角；龙井乌龙，每斤价洋二元五角六分；狮字九曲，每斤价洋一元六角；龙字九曲，每斤价洋一元二角；旗红君眉，每斤价洋八角；旗红寿眉，每斤价洋六角四分；旗红小种，每斤价洋五角六分。共计七种。

图4-104是《浙杭翁隆盛茶号特刊》封底“民国十七年（1928）十二月本号重建五层大楼落成留影”，是现还尚存的翁隆盛茶号落成于1929年6月6日西湖博览会开幕前的1928年12月，并开始运营的确凿文字依据。

图4-105是中国茶叶博物馆《浙省翁隆盛茶号价目表》。前言中有“因辛酉变后，于甲子重创，今移鼓楼前清河坊大街”，指的是1861年，太平军入杭，到同治甲子年，即同治三年（1864）翁隆盛重创于原地下城梅东巷。这一段话，也给九曲红梅始创应为太平军离浙杭后，即1865—1870年，提供了依据。《价目表》中之红茶类有上上乌龙、上上九曲、上九曲、九曲、君眉、寿眉、小种、红梅、利武，应均为杭州本土九曲红梅原产地出品，翁隆盛茶号再精制的九曲红梅。

1939年《杭州新报》刊登有翁隆盛茶号聘请沈尔乔律师的通告。通告内容主要告诫不怀好意的茶庄，不要违反《商标法》，以“龙”替“隆”，“顺”代“盛”，以谐音冒充翁隆盛茶庄品牌，这又是一场没有硝烟的杭州茶业

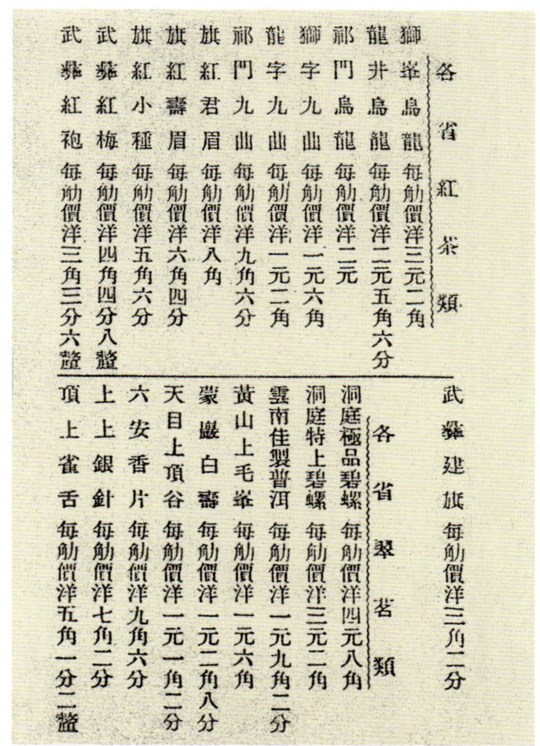

各省紅茶類

獅峯烏龍 每觔價洋三元二角
龍井烏龍 每觔價洋二元五角六分
祁門烏龍 每觔價洋二元
獅字九曲 每觔價洋一元六角
龍字九曲 每觔價洋一元二角
祁門九曲 每觔價洋九角六分
旗紅君眉 每觔價洋八角
旗紅壽眉 每觔價洋六角四分
旗紅小種 每觔價洋五角六分
武彝紅梅 每觔價洋四角四分八釐
武彝紅袍 每觔價洋三角三分六釐
武彝建旗 每觔價洋三角二分

各省翠茗類

洞庭極品碧螺 每觔價洋四元八角
洞庭特上碧螺 每觔價洋三元二角
雲南佳製普洱 每觔價洋一元九角二分
黃山上毛峯 每觔價洋一元六角
蒙巖白壽 每觔價洋一元二角八分
天目上頂谷 每觔價洋一元一角二分
六安香片 每觔價洋九角六分
上上銀針 每觔價洋七角二分
頂上雀舌 每觔價洋五角一分二釐

图4-103 《浙杭翁隆盛茶号特刊·各省红茶类》之九曲红梅

Fig. 4-103 The chapter of black tea produced in different provinces, in *Hangzhou Wenglongsheng Tea Shop Special Issue,* mentioned “Jiuqu Hongmei”

图4-104 《浙杭翁隆盛茶号特刊》之“民国十七年十二月本号重建五层大楼落成留影”

Fig. 4-104 The group photo taken in December 1928 on the inauguration of the reconstructed five-storey building of Wenglongsheng Tea Shop, published in *Hangzhou Wenglongsheng Tea shop Special Issue*

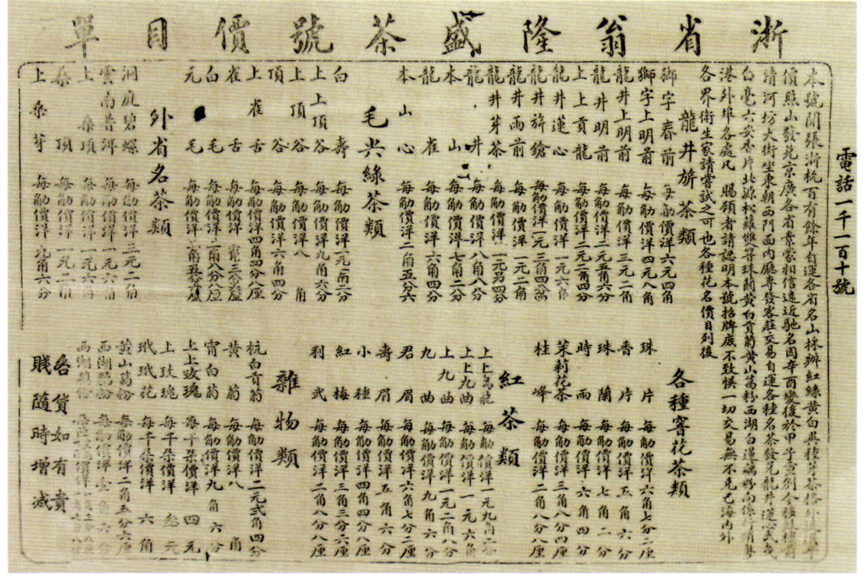

浙省翁隆盛茶號價目單

電話一千一百十號

龍井旂茶類

毛尖綠茶類

外省名茶類

各種窨花茶類

紅茶類

雜物類

图4-105 《浙省翁隆盛茶号价目表》（中国茶叶博物馆藏）

Fig. 4-105 “A Price List of Products Sold in Wenglongsheng Tea Shop in Zhejiang” (collected by China Tea Museum)

商标战。杭州商标战由来已久，最著名的是张小泉剪刀号商标战，到了最后，大井巷成了张小泉剪刀号一条街。假冒商标时间长了，也成了老字号。直至20世纪90年代，上海张小泉居然与杭州张小泉打起商标战。但茶庄聘律师，公告不许冒牌，浙杭翁隆盛是第一家。这也从一个侧面反映出翁隆盛作为中国最古老茶庄之一的历史之悠久，金牌老字号金的成色之高。

4. 1926年美国费城博览会获甲等大奖的杭州亨大茶庄

“茶为国饮，杭为茶都”，杭州有实力的老字号太多太多，亨大茶庄也是其中之一。大量的实物资料表明，古老的亨大茶庄也看好杭州红茶。

图4–107是杭州亨大茶庄获奖广告。图4–108是亨大茶庄1926年美国费城世博会奖状。图4–109和图4–110是亨大茶庄中英文对照外销茶罐和1946年售杭州红茶发票。

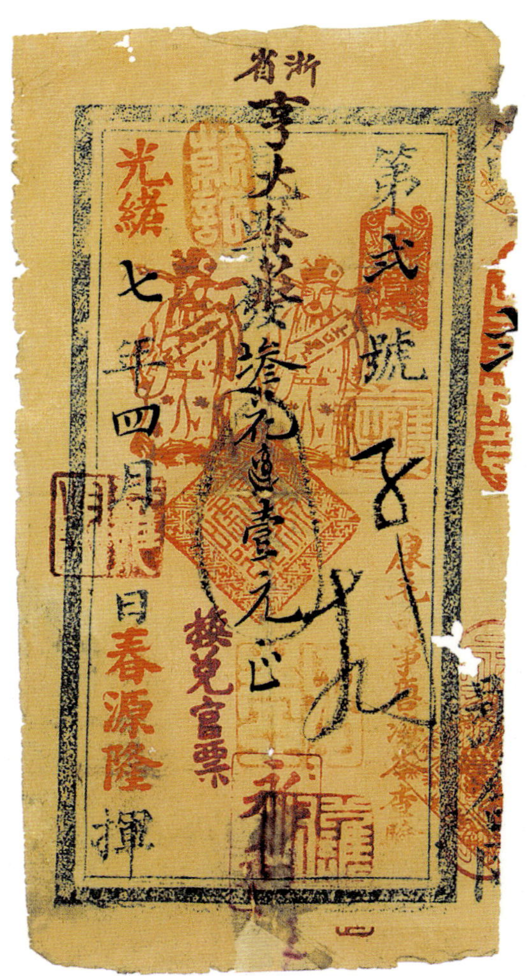

图4–106　光绪七年（1881），春源隆钱庄为浙省亨大茶庄开具的钱庄票

Fig. 4-106 A draft of Chunyuanlong Local Bank drawn on Hangzhou Hengda Tea Shop in 1881

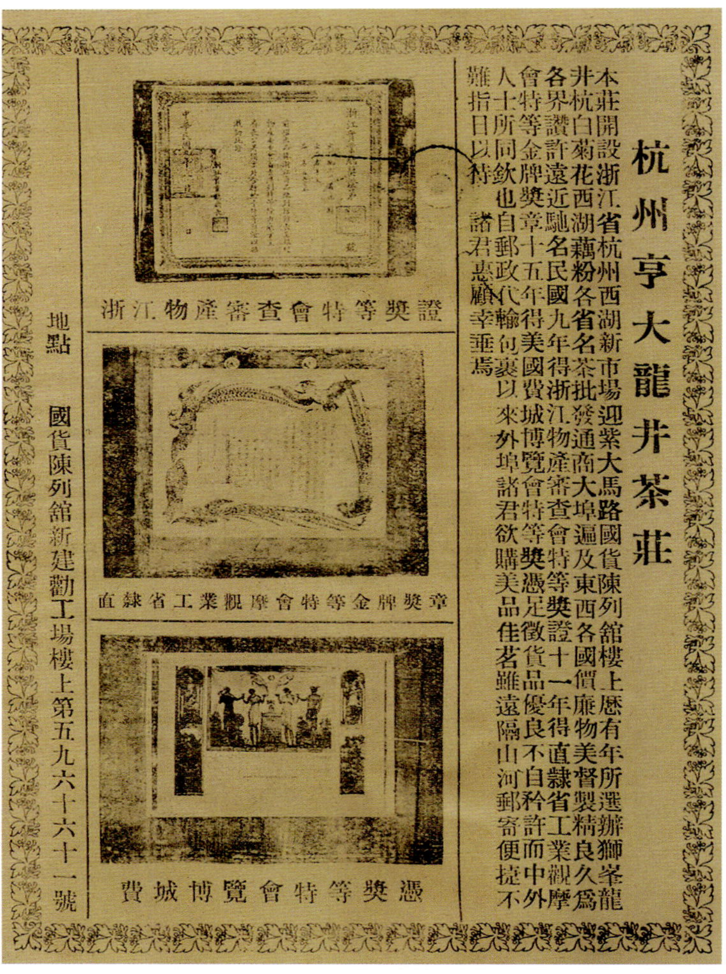

图4–107　杭州亨大龙井茶庄广告，曾获费城博览会特等奖凭

Fig. 4-107 An advertisement of Hangzhou Hengda Longjing Tea Shop, showing a certificate of the special prize its products won in Philadelphia Expo

图4-108　1926年美国费城世博会奖状

Fig. 4-108 A certificate of gold medal of Philadelphia Expo 1926

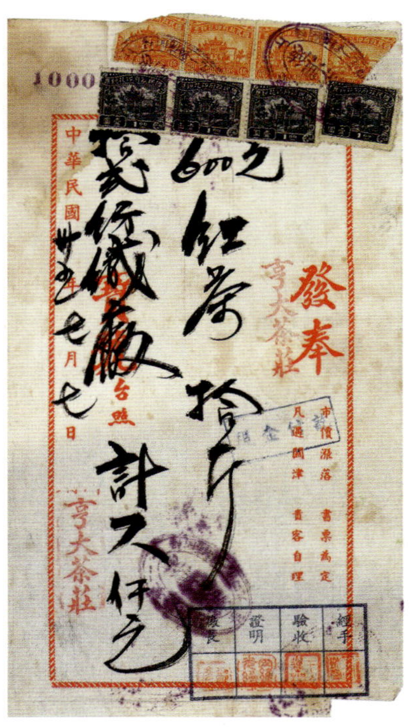

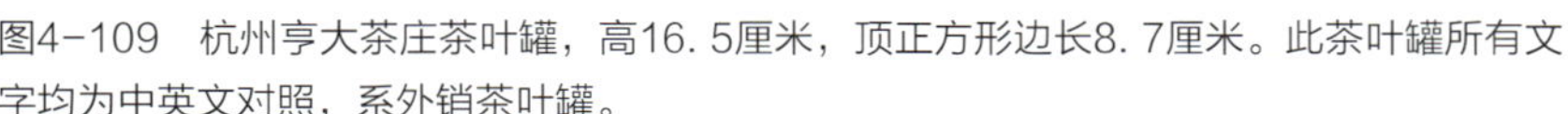

图4-109　杭州亨大茶庄茶叶罐，高16. 5厘米，顶正方形边长8. 7厘米。此茶叶罐所有文字均为中英文对照，系外销茶叶罐。

Fig. 4-109 A tea caddy of Hangzhou Hengda Tea Shop (8. 7cm long, 8. 7cm wide and 16. 5cm high), with text in both Chinese and English for the convenience of foreign sale

图4-110　1946年杭州亨大茶庄售杭州红茶发票

Fig. 4-110 An invoice of Hangzhou Hengda Tea Shop made for black tea in 1946

三、1928年上海工商部中华国货展览会，杭州红茶（九曲红梅）获三项优等奖

1927年至1937年，是民国时期相对平和的十年。即使在这段时期，中华腹地也不时受到日寇挑衅，甚至凌辱侵略。“提倡国货，风靡一时。”厘清展览会含义，颁布《全国举办物品展览会通则》后，1928年的上海工商部中华国货展览会成为近代中国会展业真正步入制度化、轨道化的第一个博览会。

1. 1928年“五三”济南惨案是激发中华国货展览会的导火索

1928年举办的上海工商部中华国货展览会和1929年的杭州西湖博览会，打出“挽回权利，抵制日货”的口号，其直接导火索即1928年“五三”济南惨案。

日本鲸吞我国，还可以追溯到更早。甲午战争后，1895年，台湾被日本侵占，辽东半岛更成为日俄两国争权夺利的场所。延至光绪三十年（1904），日俄终于在辽东半岛之旅顺大战。战争结束时，双方签订的《朴茨茅斯条约》竟将俄国从中国抢夺的权益，如旅顺、大连租借权，长春至旅顺间的铁路，一并转让于日本，种种百年耻辱，令国人今天读来依旧寒心。

辛亥革命推翻清政府建立中华民国后，日本对中国的侵略更是变本加厉。1914年，第一次世界大战爆发，日本于当年11月7日借口对德宣战，出兵占领了德国在山东的租借地——胶州湾与青岛，并进一步占领胶济铁路及沿线矿产，直至济南。1915年1月18日，更向中国政府提出亡国的“二十一条”要求。日本一面警告袁世凯不准泄露；一面向中国山东和东三省大举出兵，以武力威胁，虽遭全国人民极力反对，但袁世凯竟于5月9日忍辱承诺。

图4-111 《中央画报半月刊·五三惨案专号》书影
Fig. 4-111 May 3rd Massacre Special Issue of *Central Pictorial Semimonthly*

1919年8月，一战结束，中国和日本同以胜利国的身份出席巴黎和会。中国和日本为山东主权大起争辩，因日本在事前已与列强达成默契，山东问题遂成悬案，中国代表不欢而散，退出和会。后在美国发起下，在华盛顿形成一个《九国公约》，订立了一个《中日解决山东悬案条约》二十八条。1922年11月，中国终于收回山东，这是中国近代史上一件大事。翌年12月，中国国会决议宣布“二十一条”无效，并两次照会日本，后日本虽复文拒绝，但法律上已是取消了。

1926年，国民革命军继续北伐，义军所指，势如破竹。日本帝国主义眼看一股新生力量将威胁到其在华利益，多方破坏和阻碍北伐。以保护侨民为理由，日本向山东大举进兵，日军遍布济南、青岛和胶济铁路沿线，妄图阻碍革命军通过济南北上。1928年5月1日，革命军攻克济南。5月3日发生“济南惨案”，大批日军包围我驻山东交涉公署，将外交处主任兼山东特派交涉员蔡公时及其随行人员一并掳去，割去耳鼻，用无比残忍的手段加以杀戮。嗣后，日军对济南的中国军民大肆残杀，据世界红十字会济南分会查明：死亡6123人，伤1700余

人，财产损失2957万元。从此，日军遂视济南一带为其占领区域。直至1929年3月28日，日本以北洋军阀政府寿终正寝、不愿与国民政府关系恶化为由，撤兵了事。

图4–111是1928年出版的《中央画报半月刊·五三惨案专号》，图4–112至图4–116是从《五三惨案专号》中摘录的一组“五三惨案”旧影。1928年的“五三惨案”引起了中国有识之士的义愤，学生罢课，商人罢市，挽回权利，抵制日货，形成了波澜壮阔的“国货运动”。1928年上海工商部中华国货展览会、1929年杭州西湖博览会都由此而来。民国时期的国货展览会，都打着“抵制日货，挽回利权”

图4–112 蔡公时一家

Fig. 4-112 Cai Gongshi and his family

图4–113 “济南惨案”中被日军杀害的国民政府山东特派外交交涉员蔡公时

Fig. 4-113 A photo of Cai Gongshi, the special commissioner for foreign affairs of the National Government of China, who was killed by the Japanese forces in May 3rd Massacre

图4–114 提出“欲征服世界，必先征服中国”的田中义一

Fig. 4-114 Tanaka Yoshihito, who introduced the idea that “conquering China is the first step of conquering the whole world”

图4–115 “五三”惨案被日军炮轰的济南西门

Fig. 4-115 The west gate of Jinan after the bombardment by the Japanese forces in May 3rd Massacre

图4–116 日寇残杀蔡公时图画

Fig. 4-116 The scene of Japanese soldiers killing Cai Gongshi

的印记。图4-117是1928年《图画时报》刊登的一幅杭州医院附设助产学校女生在湖滨演讲的照片。

日本首相田中义一有臭名昭著的《田中奏折》，曰："欲征服中国，必须先征服满蒙；欲征服世界，必先征服中国。"日本蓄意侵略我东北，由来已久。

图4-118至图4-120是一组1928年《图画时报》刊登的"五九"纪念日照片，杭州市民为纪念反对袁世凯1915年5月9日接受日本帝国主义提出的卖国屈辱的"二十一条"要求，自发开会追悼济南惨案死难同胞。

图4-117 "五三"惨案后杭州医院附设助产学校女生在湖滨演讲

Fig. 4-117 A photo of female students from Midwifery School Attached to Hangzhou Hospital giving a speech beside the West Lake after the May 3rd Massacre

图4-118 杭州追悼死难同胞大会

Fig. 4-118 The scene of a memorial meeting held in Hangzhou for the loss of the countrymen in May 3rd Massacre

图4-119 参加大会的女生们

Fig. 4-119 Female students attending the memorial meeting

图4-120 市民们在聆听演说

Fig. 4-120 Citizens listening to the speech

图4-121 劝业女学教员和学生参加国货展览会开幕典礼摄影（1928年11月1日）

Fig. 4-121 A group photo of teachers and students from Quanye Girls' School in the opening ceremony of Exhibition of National Products, Novermber 1st,1928

2. 盛大的工商部中华国货展览会

经各方周密准备，工商部中华国货展览会于1928年11月1日在上海市新普育堂正式开幕，到1928年12月31日闭幕，因适逢元旦，“为酬答各方热望起见”，又延展三日，于1929年1月3日正式结束，历时64天。

会场分东西两院，东院二楼、三楼为陈列部，楼下东首亦如之。楼下北首则为议事、办公、会客等室，南首平屋陈列机器，靠近大门则为售票处。庭中有喷水池，庭隅有竹亭，庭之周围遍栽花木，复绕以竹栏长廊。西院二楼、三楼与东院同，唯三楼两首一带有卫生、研究、编辑等室，以及各职员之宿舍。楼下西首为售品部，南为消防处及饮食店，靠近大门则为赠品处。庭中有音乐亭、焰火架、儿童游戏场、篮球场，踢毽竞赛于此。介于东西两院之间，屋顶高悬国旗者，大礼堂也，其楼上前面为上海特别市政府陈列场，后面为福建省特别陈列所，楼下则为游艺场，戏剧、跳舞及一切杂要表演之地。

图4-122　工商部《中华国货展览会纪念册》书影（1929年5月商务印书馆代印）

Fig. 4-122 *Souvenir Pictures of Exhibition of National Products*, compiled by the Ministry of Industry, Commerce and Labour (printed by the Commercial Press in May, 1929)

工商部中华国货展览会的开幕之日，盛况空前，中外来宾和赴会参观者共6万余人，可谓“人山人海，车行蜿蜒”。国民政府主席蒋介石及其他党政要人亲莅会场，到会者有国民政府各部院会、各省政府、各市政府、各总商会、军警工商教育各界及各出品人代表和外国驻沪领事与巨商。

开幕会先由孔祥熙致开幕词，他阐明了国货展览会的唯一主旨是“提倡国货”。提倡国货有三大目的：发扬国民爱国精神，发展国民生计，提高我国在国际贸易上的地位。他进一步讲清了展览的真义与好处：“展是开展，就

是公开；览是观览，就是参观；简单地说，就是公开地参观。”它有三个好处：“从比较而起竞争”“以奖励而为宣扬”“由研究而至改进”。最后号召人们趁此国展会，“为国家增气，为国货增光”。随后依次是上海市市长张定璠致欢迎词，上海进德女中唱会歌，赵晋卿报告该会筹备情形并提出了此次展览会的希望：“工厂方面，因展览比较而得以切磋琢磨，为改良工作的预备；商界方面，因某种外货可以用某种国货来代替而改变方针之计；民众方面，因展览而得充分认识国货，以为购买之张本。”蒋介石及中央党部代表蔡元培、吴稚晖致训词，马相伯、冯少山致颂词，最后是沪商领袖虞洽卿致答谢词。

开幕仪式结束后，各来宾又到会场各处参观，对展品赞叹不已。当晚，程砚秋等著名京剧表演艺术家还表演了《花园赠金》等节目。

中华国货展览会吸引了众多参观者前往观展，会场是“肩摩踵接”“异常踊跃”“拥挤繁盛日如一日”。据《申报》报道，开幕之日，中外来宾1万多人，观者5万余，第一周到会者就有30多万；11月18日创一高峰，达10万人；平均每天有2万多人，总数逾130万。除当时中国的最高官员国民政府主席蒋介石亲莅会场外，商界有上海总商会的风云人物王介安、王晓籁和大实业家穆藕初及一些商人团体出席。学界则主要包括如胡适、马相伯、陶行知一类的社会名流和学校师生，国展会的操办者对学校相当重视，认为学生是提倡、发展国货的“土壤细流”，专门要求学校组团参观，并在时间与门票上给予方便和优惠，因此，“（学校）均各熙来攘往”。

展览会对展品采取混合陈列制。出品多的省市，如河北、北平、天津、江西、湖南、湖北、福建、上海、广东、浙江，采取分区陈列，把他们各自的出品分别归入一室进行陈列。出品少的省份，则将出品综合后按出品性质进行分类陈列。此外，还有专门陈列方式，对大厂家、出品较多及有国际贸易关系的大宗货物，专辟一室进行陈列，如华茶公司、中华水泥公司、南洋兄弟烟草公司、中华书局、商务印书馆、开滦矿务局、新新公司、先施公司、永安公司、申新纱厂、江南造纸厂、丝业、瓷

图4－123　工商部部长孔祥熙博士

Fig. 4-123 A photo of Dr. Kung Hsiang-hsi, Minister for Industry, Commerce and Labour

图4－124　主席委员虞洽卿

Fig. 4-124 A photo of Yu Qiaqing, leader of Shanghai Businessmen

图4－125　总干事寿景伟博士，曾任中国茶业公司董事长

Fig. 4-125 Director General Dr. Shou Jingwei, who was the chairman of China Tea Company

图4-126 展览会门前观众如鲫

Fig. 4-126 The crowd in front of the gate of Exhibition of National Products

图4-127 开幕日入场之宾客

Fig. 4-127 Guests entering the field on the opening day

图4-128 工商部部长孔祥熙偕夫人宋霭龄及各国来宾入场

Fig. 4-128 Minister for Industry, Commerce and Labour Dr. Kung Hsiang-hsi, his wife Soong Ai-ling and foreign guests entering the field

图4-129 未行开门礼前之丝带

Fig. 4-129 The ribbon before the opening ceremony

图4-130 国货展览会礼堂屋顶之孙中山像

Fig. 4-130 The photo of Sun Yat-sen on the roof of the Hall of the Exhibition of National Products

图4-131 开门礼观众入场，左侧执扇者为褚民谊，其右持帽者为上海总商会长王晓籁

Fig. 4-131 Zhu Minyi (the man with a fan on the left) and Wang Xiaolai, chairman of Shanghai Chamber of Commerce (the man with a hat in his hand at the right of Zhu Minyi) entering the field

器、苏绣、湘绣，等等。这一类陈列的展室最多，达46个，占了所有展室的二分之一。

中华国货展览会还成立了审查委员会，对所有出品进行审查。经过近一月的审查，以出品人为单位，共评出2182个奖项。其中，132个90分以上者为特等，发金色银质奖章；657个80分以上者为优等，发彩色银质奖章；883个70分以上者为一等，发银色银质奖章；452个60分以上者为二等，发古铜色铜质奖章；还有58个因其出品人有其他出品获奖而不再给奖。

图4-132　开幕礼中的蒋介石和孔祥熙

Fig. 4-132 A photo of Chiang Kai-shek and Kung Hsiang-hsi on the opening ceremony

图4-133　陈列室外部之一

Fig. 4-133 The exterior of the exhibition hall

图4-134　蒋介石和宋美龄入场

Fig. 4-134 Chiang Kai-shek and Soong May-ling entering the field

图4-135　宋子文夫人陪同宋老太太参观

Fig. 4-135 Soong Tse-ven's wife and his mother visiting the exhibition

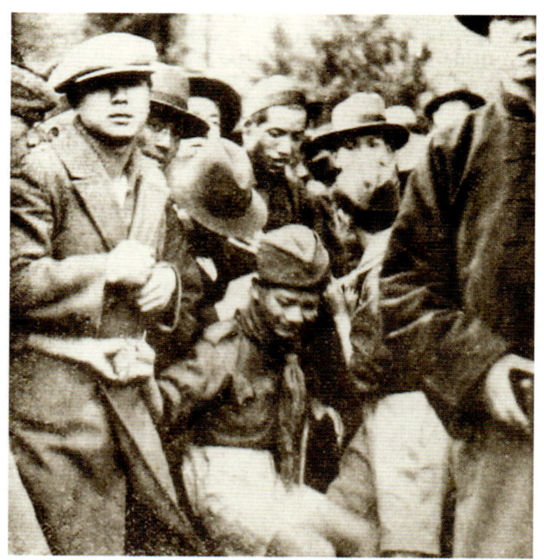

图4-136　童子军维持秩序

Fig. 4-136 The scouts in charge of keeping order

3. 吴觉农《对于茶叶之审查意见》对杭州红茶（九曲红梅）评价极高，杭州红茶（九曲红梅）获三项优等奖

工商部中华国货展览会对各种送展物品审查非常规范严谨，不能一一细述。茶叶为我国一大出口，中华国货展览会还以诸多表格诠释华茶出口情况。我们探究九曲红梅获奖，这里仅就茶叶审查做一剖析。茶叶审查由著名茶叶专家，新中国成立后任农业部副部长兼中茶公司总经理，被当代茶学界誉为当代茶圣的吴觉农先生负责。

1928年，吴觉农31岁，刚从日本专修茶叶回国不久，应上海特别市社会局局长潘公展的邀请筹备上海市市立园林试验场，任场长。其间，他也应邀参与工商部中华国货展览会，评议审查全国各地送展的各种中华名茶，《工商部中华国货展览会实录》（以下简称《实录》）第二编第18页《中华国货展览会委员录》中有“审查委员吴觉农”：“职务：审查委员；姓名：吴觉农；别号：觉农；籍贯：上虞；住址：上海特别市社会局；通讯处：同上。”其后隔一行还有在许多文献上见到的中华农学会陈方济，以及萧山蚕桑专家朱新予。

《实录》第三编第256页，《审查委员会委员录》之“吴觉农”更为详细：“姓名：吴觉农；住址：上海西门林荫路大通里三号；学历：浙江省立农业专门学校毕业，留学日本研究制茶四年以上；经历：曾任安徽芜湖第二农校、浙江省立农专教员，上海振华机器制茶公司经理；现职：上海特别市市立园林场场长，上海市社会局技士兼科员，上虞茶业公司经理。”

此两条记载证实吴觉农当时以茶学专家身份曾为送展的茶叶等国货产品鉴定审查，还为国展会写有专论《华茶贸易的现况及其将来》。

展览会所有程序规则非常规范详尽，参展产品审查制定有《出品审查规则》，附有“审查表”，聘诸多专家为审查委员，成立有审查委员会，推徐善祥为审查委员会主席委员。《实录》

图4-137　茶叶陈列室

Fig. 4-137 Exhibition hall of tea

縣別	出品商號及廠家	出品名目	等第	備考
杭縣	杭州市立貧民工廠	木器 籐器 屏條 屏風等 福漆 陶器花瓶	一等 優等	
	西湖美術織造廠	絲織風景照像圖畫等	一等	
	都錦生絲織廠	絲織風景 領帶 襯衫	優等	
	袁震和綢廠	絲織風景 綾緞綢旗袍馬甲等	優等 特等	
	方裕和	火腿 橄欖 蜜棗 南棗	優等	
	大東陽火腿公司	火腿	一等	
	正大火腿行徐有松	火腿	一等	
	邵芝岩筆墨莊	筆	特等	
	養花軒	中國及救國漿糊	一等	
	武林造紙廠	紙板	優等	
	惟和醬園	衛生醬油 五香豆豉 米醋（五加皮酒不另獎）	一等 優等	
	萬隆	衛生火腿	一等	
	亨大茶莊	菊花桑牙（烏龍 紅茶 龍井 不另獎）	優等	
	大成茶莊	玫瑰茶葉 龍井不另獎	優等	
	方正大茶號	菊花玫瑰花 龍井 頂上烏龍	優等 一等	
	戴恆泰 戴朙台	麵醬 醬酒豆豉	二等	
	工藝實驗社	藕粉	優等	
	日新皮件廠	皮件（皮鞋 一等）	優等	
	永春茶莊	獅峯龍井 上上烏龍（紅茶不另獎）	優等	

工商部中華國貨展覽會實錄　第三編　五十一

图4-138　《工商部中华国货展览会实录》第三编第51页之浙江杭县获奖表，其中有以“红茶”获优等奖的亨大、永春茶庄。

Fig. 4-138 Hengda Tea Shop and Yongchun Tea Shop, Excellence Award winners for their black tea included in the list of the award winning products produced in Hang County in *Records of Exhibition of National Products by the Ministry of Industry, Commerce and Labour,* Chapter 3, Page 51

图4-139　1928年上海《工商部中华国货展览会实录》书影

Fig. 4-139 *Records of Exhibition of National Products* by the Ministry of Industry, Commerce and Labour, 1928

图4-140　20世纪30年代的吴觉农

Fig. 4-140 A photo of Wu Juenong in the 1930s

第三编第九页记载有《审查委员会成立大会会议记录》，到会有审查委员52位，其中也包括吴觉农及上海出口商品检验局局长、蔡元培之子、兽医专家蔡无忌，另有4人列席，其中有后为中国茶业公司董事长的寿景伟。《实录》第三编之第二节“审查工作之分配”记载有审查委员内部分工：“三、分类担任办法……（六）韩奇、陈方济、吴觉农三君任第一类农产品及棉麻种子之委员；四、如别组有须本组会同审查时可担任之委员如下：第五组陈方济、吴觉农。”故吴觉农除主持茶叶审查外，还参与第五组米麦的审查，第五组第三次组务会议就有“吴觉农参加讨论决议事项”的记载，而且《实录》书中之《对于米麦之审查意见》也是由吴觉农署名撰写的。

茶叶为我国出口之大宗，国货展览会还专门拍摄有茶叶陈列旧影。从宣统二年（1910）的南洋劝业会、武汉劝业会，到1928年的中华国货展览会，展会开办过无数次，大型的也不下十来次，但茶叶陈列有照片提供且传世至今的，仅上海中华国货展览会。《实录》第三编第103页记载有吴觉农作为茶叶审查首席专家署名撰写的《对于茶叶之审查意见》。《意见》全文1100余字，称所列送展有各省茶叶207种，首为计分审查评等之结果：特等九十分以上者，三种；优等八十分以上者，十八种；……次按审查方法“先行审查外形，次将等量茶叶以等量开水冲泡，经过一定时间后，先察看水色，次品别香气，再次辨尝滋味，以定其品质优劣。有装潢者，则察看其装潢。尤以茶为对外及国内一般人常用之品，除品质优劣特别注意外，对于价格之低廉与否，亦为审查时之重要项

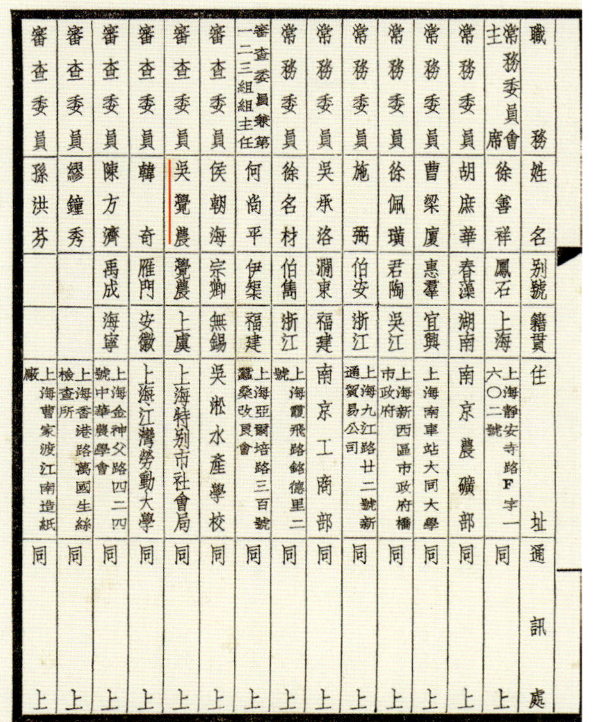

職務	姓名	別號	籍貫	住址	通訊處
常務委員會主席	徐[illegible]祥	鳳石	上海	上海靜安寺路F字一六〇二號	同上
常務委員	胡庶華	春藻	湖南	南京農礦部	同上
常務委員	曹梁廈	惠羣	宜興	上海南車站大同大學	同上
常務委員	徐佩璜	君陶	吳江	上海新西區市政府橋市政府	同上
常務委員	施[illegible]	伯安	浙江	上海九江路廿二號新通貿易公司	同上
常務委員	吳承洛	澗東	福建	南京工商部	同上
常務委員	徐名材	伯雋	浙江	上海霞飛路銘德里二號	同上
審查委員兼第一二三組組主任	何尚平	伊渠	福建	上海亞爾培路三百號蠶桑改良會	同上
審查委員	侯朝海	宗獅	無錫	吳淞水產學校	同上
審查委員	吳覺農	覺農	上虞	上海特別市社會局	同上
審查委員	韓奇	雁門	安徽	上海江灣勞動大學	同上
審查委員	陳方濟	禹成	海寧	上海金神父路四二四號中華農學會	同上
審查委員	繆鐘秀			上海香港路萬國生絲檢查所	同上
審查委員	孫洪芬			上海曹家渡江南造紙廠	同上

图4-141　《中华国货展览会委员录》之“吴觉农”

Fig. 4-141 The name of Wu Juenong listed in “Members of Committee of Exhibition of National Products”

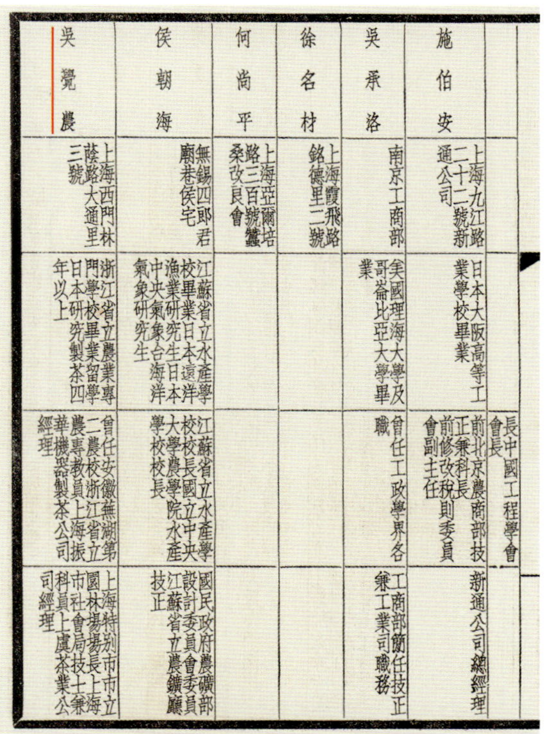

姓名	住址	學歷	經歷	現職
施伯安	上海九江路二十二號新通公司	日本大阪高等工業學校畢業	前北京農商部技正兼科長 前修改稅則委員會副主任	新通公司總經理
吳承洛	南京工商部	美國理海大學及哥崙比亞大學畢業	曾任工政學界各職	工商部簡任技正兼工業司職務
徐名材	上海霞飛路銘德里二號			
何尚平	上海亞爾培路三百號蠶桑改良會			
侯朝海	無錫四郎君廟巷侯宅	江蘇省立水產學校畢業日本遠洋漁業研究生日本中央氣象台海洋氣象研究生	江蘇省立水產學校校長國立中央大學農學院水產學校校長	國民政府農礦部設計委員會委員江蘇省立農鑛廳技正
吳覺農	上海西門林蔭路大通里三號	浙江省立農業專門學校畢業留學日本研究製茶四年以上	曾任安徽蕪湖第二農校浙江省立農專教員上海振華機器製茶公司經理	上海特別市市立園林場場長上海市社會局技士兼科員上虞茶業公司經理

图4-142　《审查委员会委员录》之“吴觉农”

Fig. 4-142 The name of Wu Juenong listed in “Members of Review Committee”

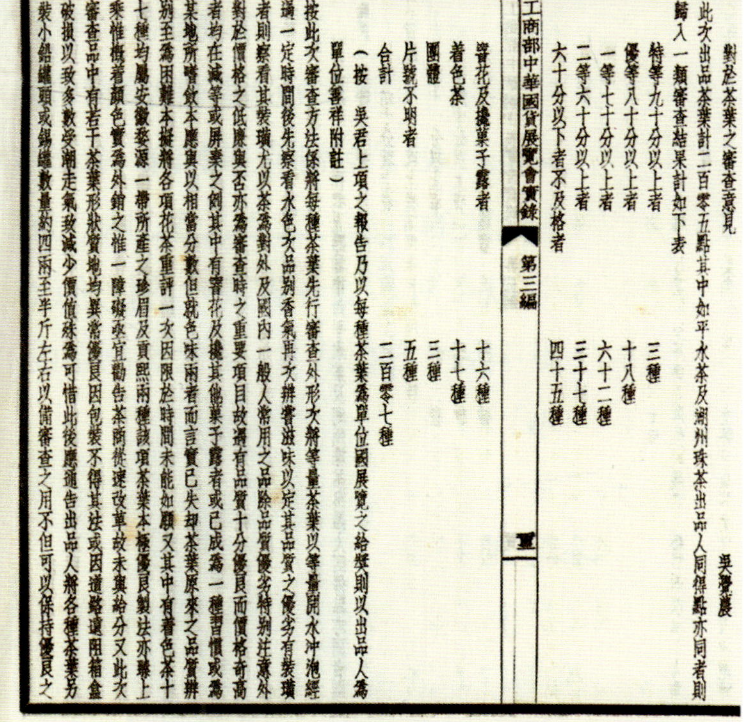

工商部中華國貨展覽會實錄　第三編

對於茶葉之審查意見　吳覺農

此次出品茶葉計二百零五點其中如平水茶及湖州珠茶出品人同樣點亦同者則歸入一類審查結果計如下表

特等九十分以上者	三種
優等八十分以上者	十八種
一等七十分以上者	六十二種
二等六十分以上者	三十七種
六十分以下者不及格者	四十五種
窨花及[illegible]葉子露者	十六種
着色茶	十七種
團體	三種
片數不明者	五種
合計	二百零七種

（按　吳君上項之報告乃以每種茶葉為單位國展覽之給獎則以出品人為單位審祥附註）

按此次審查方法係將每種茶葉先行審查外形次將等量茶葉以等量開水沖泡經過一定時間後先察看水色次品別香氣再次辨嘗滋味以定其品質之優劣有裝璜者則察看其裝璜尤以茶為對外及國內一般人常用之品除品質優劣特別注意外對於價格之低廉與否亦為審查時之重要項目故將有品質十分優良而價格奇高者均在減等或屏棄之列其中有窨花及擻其他葉子露者或已成為一種習慣或為某地所嗜飲本應與以相當分數但就色味兩者而言實已失却茶葉原來之品質辨別至為困難本擬將各項花茶重評一次因限於時間未能如願又其中有着色茶十七種均屬安徽婺源一帶所產之珍眉及貢熙兩種該項茶葉本極優良製法亦臻上乘惟着顏色實為外銷之惟一障礙亟宜勸告茶商從速改革故未與給分又此次審查品中有若干茶葉形狀質地均異常優良因包裝不得其法或因遠道運輸箱盒破損以致多數受潮走氣致減少價值殊為可惜此後應通告出品人將各種茶葉另裝小錫罐頭或錫罐數量約四兩至半斤左右以備審查之用不但可以保持優良之

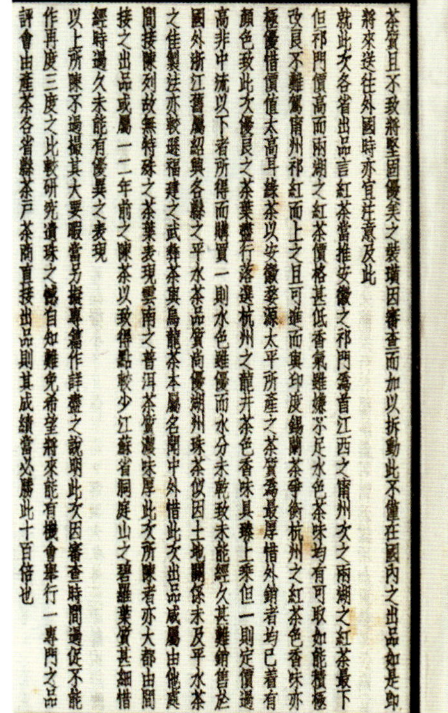

茶質且不致將堅固優美之裝璜因審查而加以折動此不僅在國內之出品如是即將來送往外國時亦宜注意及此

就此次各省出品言紅茶當推安徽之祁門為首江西之寧州次之兩湖之紅茶最下但祁門價高而兩湖之紅茶價格甚低香氣雖嫌不足水色茶味均有可取如能積極改良不難駕寧州祁紅而上之且可進而與印度錫蘭茶爭衡杭州之紅茶色香味亦極優惜價值太高耳綠茶以安徽婺源太平所產之茶質為最厚惜外銷者均已着有顏色致此次優良之茶葉盡行落選杭州之龍井茶色香味具臻上乘但一則定價過高非中流以下者所得而購買一則水色雖優而水分未乾致未能經久其難銷售於國外浙江舊屬紹興各縣之平水茶品質尚優湖州珠茶似因土地關係未及平水茶之佳製法亦較遜福建之武彝茶與烏龍茶本屬名聞中外惜此次出品咸屬由他處間接陳列故無特殊之茶葉表現雲南之普洱茶質濃味厚此次所陳者亦大都由間接之出品咸屬一二年前之陳茶以致得點較少江蘇省洞庭山之碧蘿葉質甚細惜經時過久未能有優異之表現

以上所陳不過揭其大要暇當另擬專篇作詳盡之說明此次因審查時間過促不能作再度三度之比較研究遺珠之憾自知難免希望將來能有機會舉行一專門之品評會由產茶各省縣茶戶茶商直接出品則其成績當必勝此十百倍也

图4-143　《工商部中华国货展览会实录》中吴觉农《对于茶叶之审查意见》一文对杭州红茶的评价

Fig. 4-143 Evaluation of Hangzhou Black Tea by Wu Juenong in the “Review Opinions of Tea” in *Records of Exhibition of National Products*

图4-144 全体职员合影
Fig. 4-144 A photo of all staff members

图4-145 常务委员：左起孙海堂、朱谋先、徐静臣。朱谋先即西湖博览会丝绸馆馆长朱光焘
Fig. 4-145 Members of the standing committee: from left to right Sun Haitang, Zhu Mouxian, Xu Jingchen. Zhu Mouxian was the curator of the silk museum in the West Lake Expo.

图4-146 常务委员潘公展
Fig. 4-146 Pan Gongzhan, a member of the standing committee

图4-147　委员会顾问参事合影

Fig. 4-147 A photo of advisers to the committee

目。故遇有品质十分优良，而价格奇高者，均在减等或摒弃之例”。

华茶应面向国内外一般人，虽品质十分优良，如价格奇高，也要减等或摒弃。这种独到评分，应该说在今天也很有指导意义。

接下去，吴觉农对各省参展的名茶还有具体评价：

> 就此次各省出品言，红茶当推安徽之祁门为首，江西之宁州次之，两湖之红茶最下。但祁门价高，而两湖之红茶价格甚低，香气虽嫌不足，水色茶味均有可取，如能积极改良，不难驾宁州、杭红而上之，且可进而与印度、锡兰茶争衡。**杭州之红茶，色、香、味亦极优，惜价格太高耳。**绿茶以安徽婺源、太平所产之茶质为最厚，惜外销者均已着有颜

工商部中華國貨展覽會實錄 第三編

出品人	出品	等級
益泰信記	鋼器	一等
永亮曬圖紙廠	曬圖紙	優等
用中振記廠	草帽 呢帽	優等
德和電機絲織廠	襪	優等
昇記	盛澤各種綢	優等
松鶴軒	陶器	優等
西湖茶葉公司	西湖龍井 紅茶	一等
光華工廠	複寫紙	一等
華興草帽公司	草帽	優等
新昌號	劉山石雕刻品	特等
毛義興蜂蜜號	蜂蜜（檬寅松香不另奬）	優等
紙業公所 附	連史	一等
義友工藝社	漿糊	優等
裕興順號	篆笋	優等
藝林堂	圖畫色	優等
大華製革股份有限公司	湖綠底皮 皮標本	優等
同興隆	珠子參 熊胆	一等
中國兄弟工業社	化粧品	一等
呂光記	辣醬油	二等
德川源號	麝香	二等

图4-148 《工商部中华国货展览会》第三编第40页之上海“西湖茶叶公司·西湖龙井红茶”获一等奖。

Fig. 4-148 *Records of Exhibition of National Products*, Chapter 3, Page 40: The West Lake Longjing black tea made by West Lake Tea Company in Shanghai won the first prize.

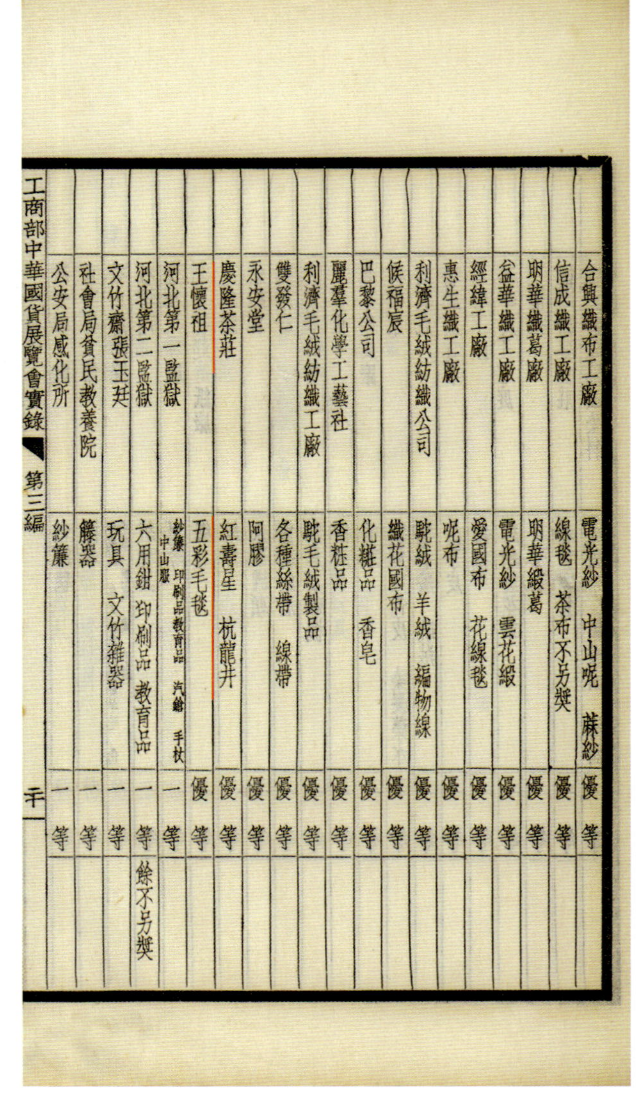

工商部中華國貨展覽會實錄 第三編

出品人	出品	等級	
合興織布工廠	電光紗 中山呢 蔴紗	優等	
信成織工廠	線毯 茶布不另奬	優等	
明華織葛廠	明華緞葛	優等	
益華織工廠	電光紗 雲花緞	優等	
經緯工廠	愛國布 花線毯	優等	
惠生織工廠	呢布	優等	
利濟毛絨紡織公司	駝絨 羊絨 編物線	優等	
侯福宸	織花國布	優等	
巴黎公司	化粧品 香皂	優等	
麗華化學工藝社	香粧品	優等	
利濟毛絨紡織工廠	駝毛絨製品	優等	
雙發仁	各種絲帶 線帶	優等	
永安堂	阿膠	優等	
慶隆茶莊	紅壽星 杭龍井	優等	
王懷祖	五彩毛毯	優等	
河北第一監獄	紗蓆 中山服 印刷品 教育品 汽爐 手杖	一等	
河北第二監獄	大用鉗 印刷品 教育品	一等	餘不另奬
文竹齋張玉琪	玩具 文竹雜器	一等	
社會局貧民教養院	籐器	一等	
公安局感化所	紗蔴	一等	

图4-149 《工商部中华国货展览会》第三编第20页之北平“庆隆茶庄红寿星、杭龙井”获优等奖。

Fig. 4-149 *Records of Exhibition of National Products*, Chapter 3, Page 20: The Hangzhou Longjing and the Hongshouxing made by Qinglong Tea Shop in Peking won the good quality prize.

图4-162　西湖博览会会歌

Fig. 4-162 The official song of the West Lake Expo

图4-163　西湖博览会会徽

Fig. 4-163 The emblem of the West Lake Expo

图4-164　西湖博览会会旗

Fig. 4-164 The flag of the West Lake Expo

图4-165　西湖博览会招贴画

Fig. 4-165 The poster of the West Lake Expo

图4-166　农业馆筹备处参事暨职员，前排中为1912年浙江省立甲种农业学校校长吴财

Fig. 4-166 The counsellors and personnel in the preparatory office of the Agricultural Museum. The man in the middle of the front seat is Wu Qiu, the president of Zhejiang Provincial Agricultural School in 1912.

图4-167　办公处

Fig. 4-167 The office

图4-168　进口大门

Fig. 4-168 The entrance

图4-169　出口大门

Fig. 4-169 The exit

图4-170　农业馆（一）

Fig. 4-170 The Agricultural Museum (1)

图4-171　农业馆（二）

Fig. 4-171 The Agricultural Museum (2)

图4-172　农业馆（三）

Fig. 4-172 The Agricultural Museum (3)

图4-173　农业馆（四）

Fig. 4-173 The Agricultural Museum (4)

图4-174 农业馆陈列品（一）

Fig. 4-174 The exhibits in the Agricultural Museum (1)

图4-175 农业馆陈列品（二）

Fig. 4-175 The exhibits in the Agricultural Museum (2)

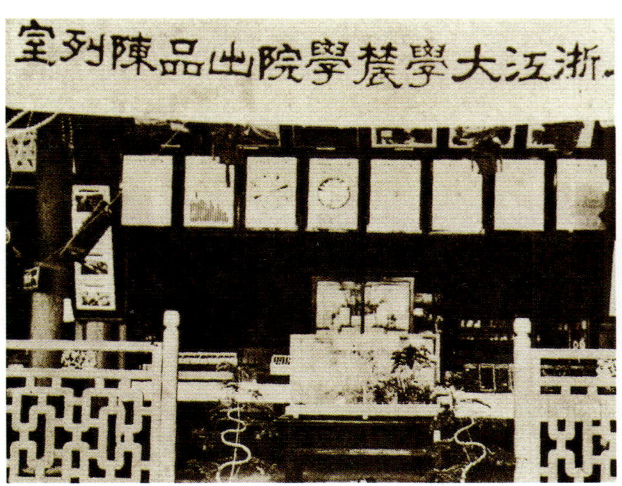

图4-176 浙江大学农学院陈列室

Fig. 4-176 The showroom of the School of Agriculture, Zhejiang University

图4-177 茶叶出品陈列室

Fig. 4-177 The tea product showroom

图4-178 农民茶馆

Fig. 4-178 The tea house for farmers

图4-179 农业社会部

Fig. 4-179 The Ministry of Agriculture and Society

图4-180　农业馆全体同人合影

Fig. 4-180 Photo of all staff of the Agricultural Museum

图4-181　农业馆出品研究会研究委员合影

Fig. 4-181 Photo of all staff of the Product Research Association of the Agricultural Museum

2. 杭州红茶（九曲红梅）荣获两项特等奖

（1）西湖博览会章则

杭州西湖博览会从筹备到结束，在筹备委员会主席程振钧的组织、实施、督察下极其规范，足见其“识度之远，智虑之周，治事之勤，持躬之洁”。

杭州西湖博览会留下来的《西湖博览会总报告书》《西湖博览会丝绸馆特刊》《西湖博览会纪念册》《西湖博览会风景》《西湖博览会指南》《西湖博览会日刊》等，叠在一起足有一米多高，还有那各式各样的门券、出品奖章、各馆证章、感谢奖章。我们可以想见从1928年到1930年年底近三年间，伴随着西湖博览会总部新新饭店彻夜不灭的灯光，程振钧和他的同事们在审定方案，在伏案疾书，在细品出品，在审视报告……杭州西湖博览会是前人留给我们杭州、浙江，乃至中国的一笔丰厚的文化遗产。

没有规矩，不成方圆。《西湖博览会总报告书》共有六册，其中有一册专门为《章程汇编》，收集从筹备到结束的六十余种章程，使得庞大、复杂，又是临时召集、征募来的人员，管理博览会的样样件件事情都有章可查、有据可循。137天的展期，超过1000万人次来自全国各地的观众，人人满意，确实不易。

在这一米多高的各种西湖博览会文献中，深度挖掘，沙里淘金，逐渐显现出“杭州红茶”（九曲红梅）获取特等奖的端倪和过程。

按《西湖博览会总报告书·章程汇编》所列章程先后，我们逐一论之。

其一，《西湖博览会各馆的办事细则》第26条：“各馆所出品研究委员会或审查委员会开会时，应由陈列课将出品送会研究或审查。”

按此条规定，所有出品，包括杭州红茶（九曲红梅），均是在“出品研究委员会或审查委员会开会时”，由陈列课将出品送会研究或审查，仔细查验，集体讨论，一一打分，方可获奖。

其二，《西湖博览会征集出品细则》第一条：“本会征集出品以国货为限，出品人以有中华民国国籍者为限。”

按此条规定，有很多外地茶庄在杭州设厂开店，以外地茶庄名义生产杭州红茶（九曲红梅），参展评奖也是理所当然了。甚至有新加坡、爪哇（现印尼）客商，只要持中华民国国籍也可参展。

每种出品还有《西湖博览会出品说明书》，列有14项：①品名，英文译名；②商标；③出产地（省、县地名）与最大出产地；④出产额，包括各地年产额，每年产额；⑤制造地（省、县地名）与最大制造地；⑥制造额，包括各地制造额，每年共制总额；⑦发售处；⑧价格，包括现时价、最高价、最低价；⑨销场，包括最大销场与每年销数，出口数；⑩用途，包括单独用途与配合用途；⑪包装法，长、宽、高、径；⑫重量，包括每件重，皮重，净重；⑬转运，陆运由___经___至杭州，水运由___经___至杭州，运费；⑭捐税，内地，出口。最后还有营业牌号，出品人姓名、住址，中华民国___年___月___日。

图4–182是西湖博览会出品收据，并非出品说明书，也有品名、商标、数量、单价、共价、出品人姓名、营业牌号、营业地址、给据日期九项。这张出品收据为桐庐永福昌茶庄。而且参展的是红茶，可惜未获奖。

其三，《西湖博览会陈列品研究委员会章程》共20条，详细规定对陈列品研究的程序和方法。

其四，《修正西湖博览会出品审查委员会审查规则》共13条，其第五条为：出品分为特等、优等、一等、二等四个等级，由西湖博览会分别给予奖状、奖章。六十分以下者，不给奖。

迄今为止，笔者研究西湖博览会20余年，见到过奖状，但只见有出品章，未见奖章，包括杭州笔墨老字号邵芝岩笔墨庄第五代传人邵惠霖女士拥有的十余件奖状、奖章中，也未见西湖博览会奖章。

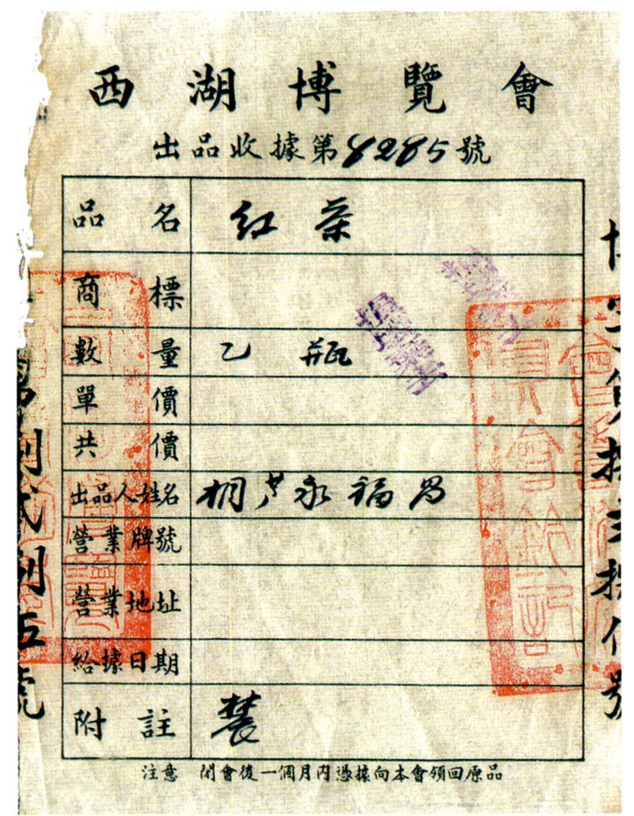

西湖博覽會

出品收據第8285號

品名	红茶
商標	
數量	乙瓶
單價	
共價	
出品人姓名	桐庐永福昌
營業牌號	
營業地址	
給據日期	
附註	裝

注意　閉會後一個月內憑據向本會領回原品

图4-182　西湖博览会出品收据

Fig. 4-182 Receipt of the West Lake Expo

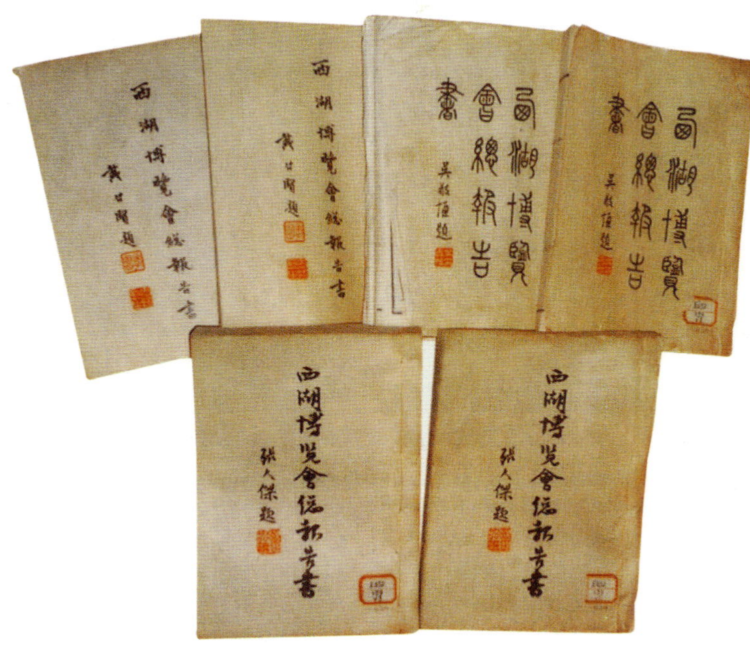

图4-183　《西湖博览会总报告书》书影

Fig. 4-183 A copy of the *Report of the West Lake Expo*

《审查规则》还规定了审查委员对自己出品不得参与审查的回避原则，以及保密条款。

《章程汇编》中还列有与茶相关的《游艺场所招商承包售茶规则》《游艺场所取缔茶役小贩办法》，这也是“茶为国饮，杭为茶都”的一种历史记录，偌大的西湖博览会到处要饮茶，但又要清洁卫生，确保疫病无法传染。

（2）吴觉农是评议“杭州红茶”（九曲红梅）的评议委员

以上所列是章程规则，《西湖博览会总报告书》有《西湖博览会评议部委员录》，共计368名委员，茶叶专家吴觉农、方君强及汪裕泰老板汪自新赫然在列。由此，我们可以确定包括“杭州红茶”（九曲红梅）在内的所有茶叶，均是吴觉农、方君强等人评议获奖的。

《西湖博览会总报告书》还列有《西湖博览会陈列品研究委员会各部委员姓名录》，其“农业品研究部”中，主任委员谭熙鸿（西湖博览会农业馆馆长、时任浙江大学农学院院长）及吴觉农夫人陈宣昭均在列。

陈宣昭亦是日本留学生，专攻蚕桑，对茶叶也相当精通。由此，我们了解到茶叶获奖的一些规则和过程。

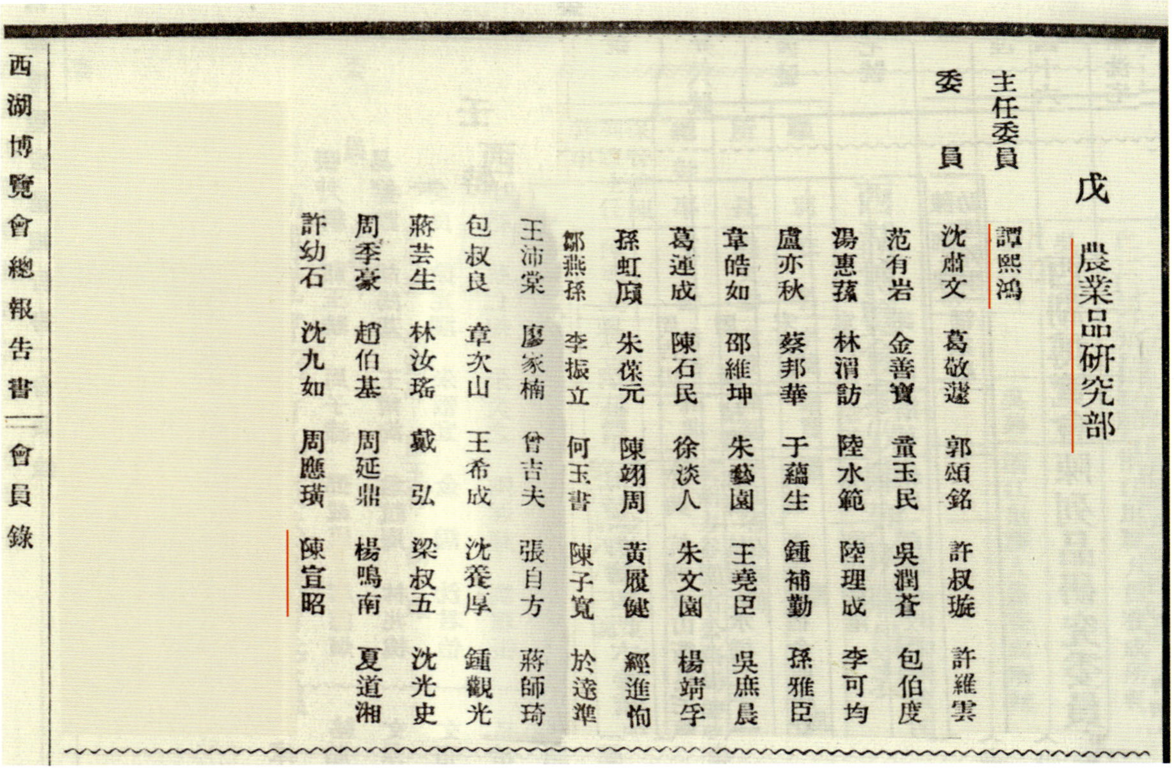

戊 農業品研究部

主任委員 譚熙鴻

委員 沈肅文 葛敬遴 郭頌銘 許叔璇 許維雲
范有岩 金善寶 童玉民 吳潤蒼 包伯度
湯惠蓀 林渭訪 陸水範 陸理成 李可均
盧亦秋 蔡邦華 于蘊生 鍾補勤 孫雅臣
章皓如 邵維坤 朱藝園 王堯臣 吳庶晨
葛運成 陳石民 徐淡人 朱文園 楊靖孚
孫虹廎 朱葆元 陳翊周 黃履健 經進恂
鄒燕孫 李振立 何玉書 陳子寬 於達準
王沛棠 廖家楠 曾吉夫 張自方 蔣師琦
包叔良 章次山 王希成 沈養厚 鍾觀光
蔣芸生 林汝瑤 戴弘 梁叔五 沈光史
周季豪 趙伯基 周延鼎 楊鳴南 夏道湘
許幼石 沈九如 周應璜 陳宣昭

西湖博覽會總報告書——會員錄

图4-184 《西湖博览会陈列品研究委员会各部委员姓名录 · 戊、农业品研究部》，中有吴觉农夫人陈宣昭

Fig. 4-184 The name list of the exhibit research council members, with Chen Xuanzhao (Wu Juenong’s wife) in it

（3）杭县永春、乾泰茶庄杭州红茶（九曲红梅）荣获两项西湖博览会特等奖

图4-187是《西湖博览会总报告书·出品给奖一览·特等奖》第111页，其中有杭县永春茶庄红茶，以及乾泰茶庄红茶。

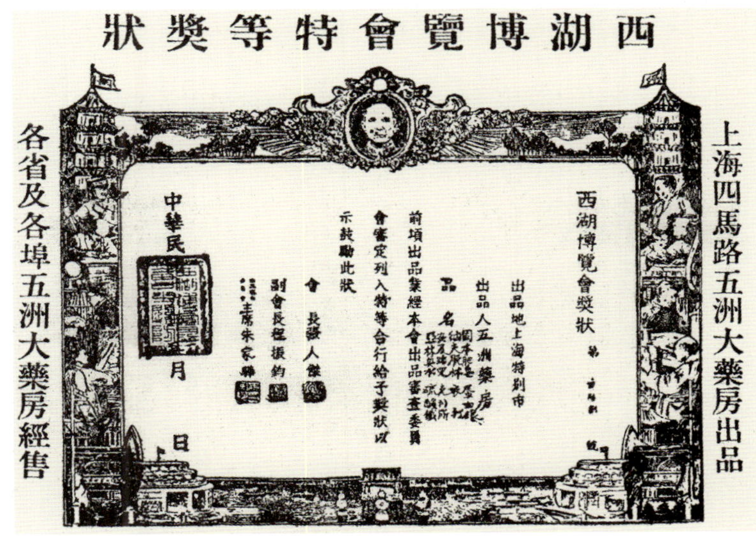
西湖博覽會特等獎狀
上海四馬路五洲大藥房出品
各省及各埠五洲大藥房經售
西湖博覽會獎狀 第 號
出品地上海特別市
出品人五洲藥房
品名
前項出品業經本會出品審查委員會審定列入特等合行給予獎狀以示鼓勵此狀
會長張人傑
副會長程振鈞
主席朱家驊
中華民國 年 月 日

图4-185 西湖博览会特等奖奖状
Fig. 4-185 The Grand Prize Diploma of the West Lake Expo

永春茶庄和乾泰茶庄之“红茶”，当然是“杭州红茶”，即九曲红梅。《西湖博览会总报告书》第111页，也成为九曲红梅在西湖博览会荣获两项特等奖的依据。

永春茶庄的“杭州红茶”（九曲红梅），在1928年上海工商部中华国货展览会上曾获得过优等奖，本次更上一层楼，获得最高级的特等奖。

乾泰茶庄亦是杭州著名老字号茶庄，民国12年（1923）商务印书馆出版、徐珂编纂的《西湖游览指南》上还刊有“杭州乾泰茶庄”之广告，中

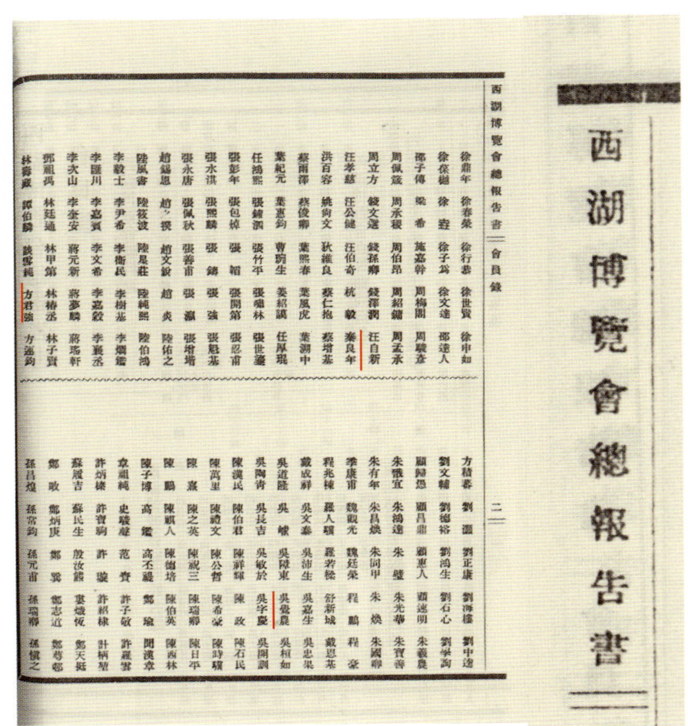
西湖博覽會總報告書——會員錄

徐鼎年 徐春榮 徐行恭 徐世賢 徐申如
徐葆樾 徐 [illegible] 徐子爲 徐文達 邵達人
邵子傳 欒 希 施嘉幹 周梅閣 周駿彥
周佩箴 周承褀 周伯昂 周紹鏞 周孟承
周立方 錢文選 錢孫卿 錢澤潤 汪自新
汪孝慈 汪公健 汪伯奇 杭 毅 秦良年
洪百容 姚徇文 狄維良 蔡仁抱 蔡增基
蔡雨澤 蔡俊卿 葉熙春 葉風虎 葉湖中
葉紀元 葉惠鈞 曹駒生 姜紹謨 任厚琨
任鴻熙 張鍾潤 張竹平 張嘯林 張世鎏
張彭年 張包焯 張 韜 張開第 張忍甫
張水淇 張熙麟 張 鑄 張 強 張魁基
張永唐 張佩秋 張善甫 張 瀛 張增墉
趙錫恩 趙々撰 趙文鉞 趙 炎 陸佑之
陸鳳書 陸筱波 陸是莊 陸純熙 陸伯鴻
李毅士 李尹希 李衡民 李樹基 李[illegible]
李匯川 李嘉賓 李文希 李嘉穀 李襄丞
李次山 李奎安 蔣元新 蔣夢麟 蔣瑤軒
鄧祖禹 林廷通 林甲第 林椿丞 林子賢
林壽彝 譚伯麟 談雪純 方君強 方滌鈞

方積蕃 劉 灝 劉正康 劉海樓 劉中達
劉文輔 劉德裕 劉鴻生 劉石心 劉學詢
顧歸愚 顧昌鼎 顧惠人 顧述明 朱義農
朱懷宜 朱鴻達 朱 璧 朱光燾 朱寶善
朱有年 朱昌煥 朱同甲 朱 煥 朱國卿
季康甫 魏觀光 魏廷榮 程 鵬 程 豪
程兆棟 羅人驥 羅者棪 舒新城 戴恩基
戴成祥 吳文泰 吳沛生 吳嘉生 吳忠杲
吳道隆 吳 蛟 吳障東 吳覺農 吳桓如
吳陶青 吳長吉 吳敏於 吳宇農 吳開訓
陳漢民 陳伯君 陳祥輝 陳 政 陳石民
陳萬里 陳續文 陳公哲 陳希濂 陳時暐
陳 嘉 陳之英 陳視三 陳瑞卿 陳日平
陳 鵬 陳願人 陳幽培 陳伯英 陳西林
陳子博 高 鑑 高丕鑑 鄭 瑜 聞漢章
章祖純 史岐嵐 范 賚 許子敏 許羅繫
許炳堃 許寶駒 許 璇 許紹棣 計枘簞
蘇履吉 蘇民生 殷汝驪 婁鐵俠 鄔天挺
鄭 畋 鄭炳庚 鄭 巽 鄭志道 鄭苕郁
孫昌煌 孫常鈞 孫元甫 孫瑞卿 孫愼之

二

图4-186 《西湖博览会评议部委员录》中之吴觉农、方君强、汪自新
Fig. 4-186 "The Name List of Judging Panel of the West Lake Expo", with Wu Juenong, Fang Junqiang and Wang Zixin in it

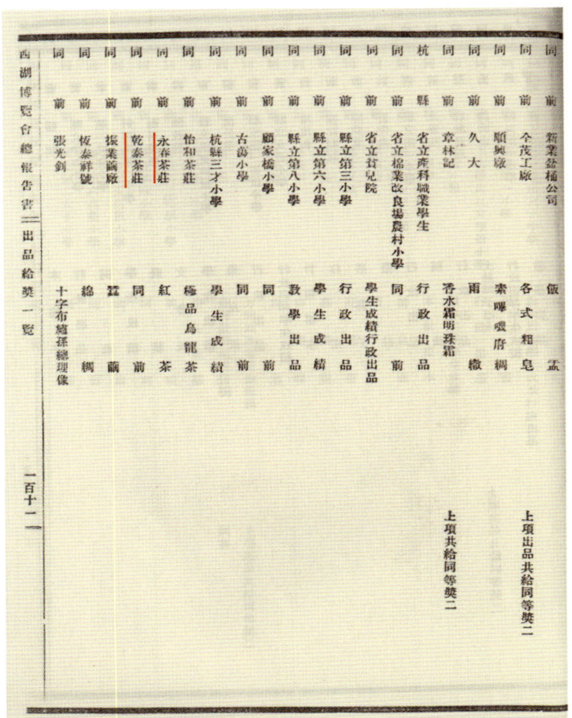
西湖博覽會總報告書——出品給獎一覽

同前	新業套桶公司	飯盂
同前	全茂工廠	各式粗皂
同前	順興廠	素嗶嘰府綢
同前	久大	雨織
同前	章林記	香水霜明珠霜
杭縣	省立產科職業學生	行政出品
同前	省立棉業改良場農村小學	同前
同前	省立貧兒院	學生成績行政出品
同前	縣立第三小學	行政出品
同前	縣立第六小學	學生成績
同前	縣立第八小學	教學出品
同前	顧家橋小學	同前
同前	古蕩小學	同前
同前	杭縣三才小學	學生成績
同前	怡和茶莊	極品烏龍茶
同前	永春茶莊	紅茶
同前	乾泰茶莊	同前
同前	振業繭廠	蠶繭
同前	佐泰祥號	綿綢
同前	張光劍	十字布繡孫總理像

上項出品共給同等獎二

上項共給同等獎二

一百十一

图4-187 《西湖博览会总报告书·出品给奖一览》第111页“永春茶庄红茶，乾泰茶庄红茶荣获特等奖”
Fig. 4-187 "Awards Catalogue" in the *Report of the West Lake Expo*, page 111, in which the black tea of Yongchun Tea Shop and the black tea of Qiantai Tea Shop won the Grand Prize

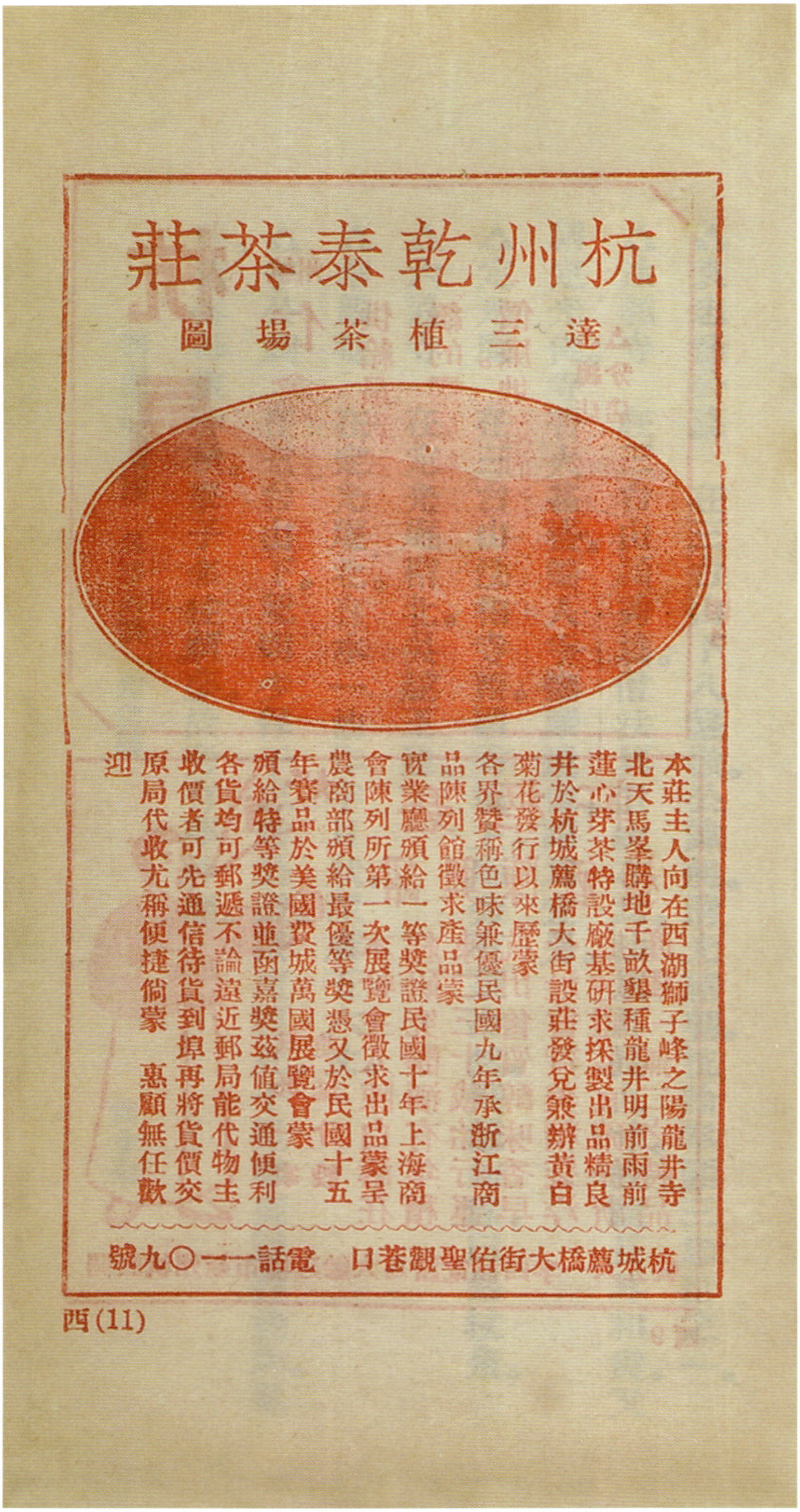

杭州乾泰茶莊

達三植茶場圖

本莊主人向在西湖獅子峰之陽龍井寺北天馬峯購地千畝墾種龍井明前雨前蓮心芽茶特設廠基研求採製出品精良井於杭城薦橋大街設莊發兑兼辦黃白菊花發行以來歷蒙各界贊稱色味兼優民國九年承浙江商品陳列館徵求產品蒙實業廳頒給一等獎證民國十年上海商會陳列所第一次展覽會徵求出品蒙呈農商部頒給最優等獎憑又於民國十五年賽品於美國費城萬國展覽會蒙頒給特等獎證並函嘉獎茲値交通便利各貨均可郵遞不論遠近郵局能代物主收價者可先通信待貨到埠再將貨價交原局代收尤稱便捷倘蒙　惠顧無任歡迎

杭城薦橋大街佑聖觀巷口　電話一一〇九號

西(11)

图4-188　1923年商务印书馆《西湖游览指南》中杭州乾泰茶庄广告

Fig. 4-188 *The West Lake Travel Guide* with an advertisement of Qiantai Tea Shop in Hangzhou, published in 1933 by the Commercial Press

图4-189　西湖博览会出品奖章

Fig. 4-189 The medal of the West Lake Expo product

图4-190　西湖博览会感谢章

Fig. 4-190 The thank-you medal of the West Lake Expo

有："本庄主人向在西湖狮子峰之阳，龙井寺北天马峰购地千亩垦种龙井、明前、雨前、莲心、芽茶，特设厂基，研求采制，出品精良"，证实乾泰茶庄在龙井茶区购得龙井寺一带千亩地，生产龙井绿茶和"杭州红茶"（九曲红梅）。广告中写及乾泰茶庄1920年曾获浙江商品陈列馆一等奖证，1921年获上海商会陈列所最优等奖凭，1926年获美国费城万国展览会特等奖证。茶叶质地好，制法精湛，因此1929年西湖博览会上，乾泰茶庄之"杭州红茶"（九曲红梅）获特等奖，实至名归。

（4）吴觉农荣获"西湖博览会感谢章"

《西湖博览会总报告书·章程汇编》第60页刊有"西湖博览会感谢章赠予规则"，其中有：

第一条　西湖博览会为对于办理本会事宜出力人员表示名誉酬劳起见，特制感谢章，依本规则举行赠予。

当代茶圣吴觉农因评议包括"杭州红茶"（九曲红梅）在内之贡献，荣获"西湖博览会感谢章"。

"规则"第三条有：

征集之物品有特别之价值，得本会特等奖在一种以上者。

按此条，永春、乾泰茶庄因"杭州红茶"（九曲红梅）获特等奖，还各得"西湖博览会感谢章"一枚。

此外还有对国际贸易，"抵制外货，挽回利权"获奖多者，也颁给"西湖博览会感谢章"。

图4-192是《西湖博览会总报告书·赠予感谢章人员一览》，其中有为评议茶叶做出贡献的当代茶圣吴觉农和茶叶专家方君强。

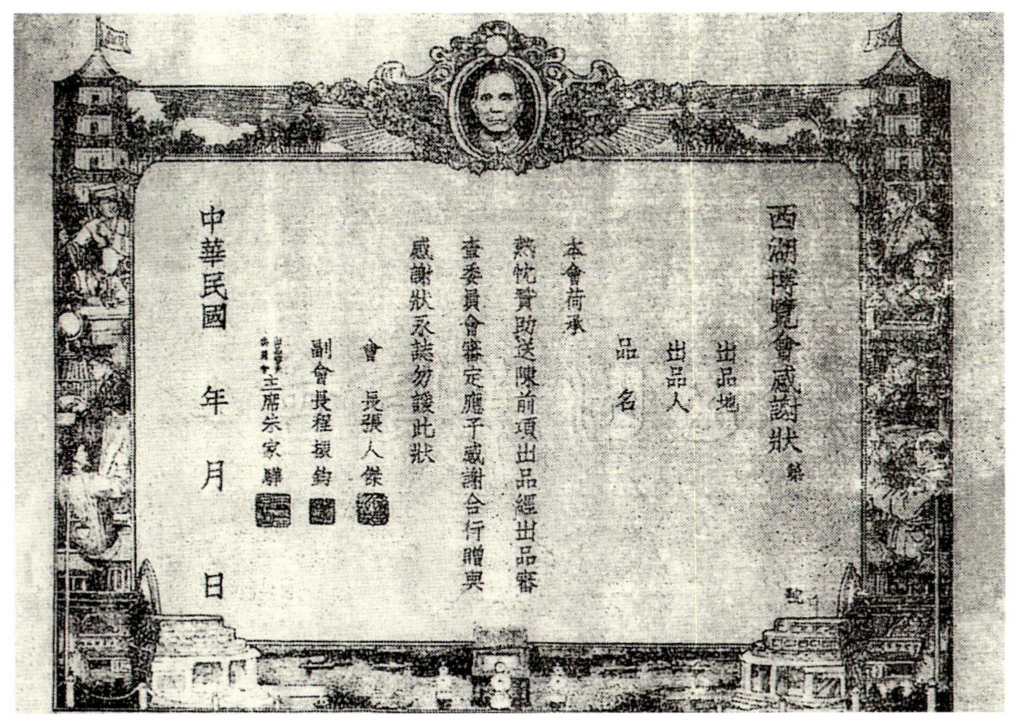

西湖博覽會感謝狀　第　號
出品地
出品人
品名
本會荷承
熱忱贊助送陳前項出品經出品審
查委員會審定應予感謝合行贈與
感謝狀永誌勿諼此狀
會長張人傑
副會長程振鈞
主席朱家驊
中華民國　年　月　日

图4-191　西湖博览会感谢状

Fig. 4-191 The thank-you diploma of the West Lake Expo

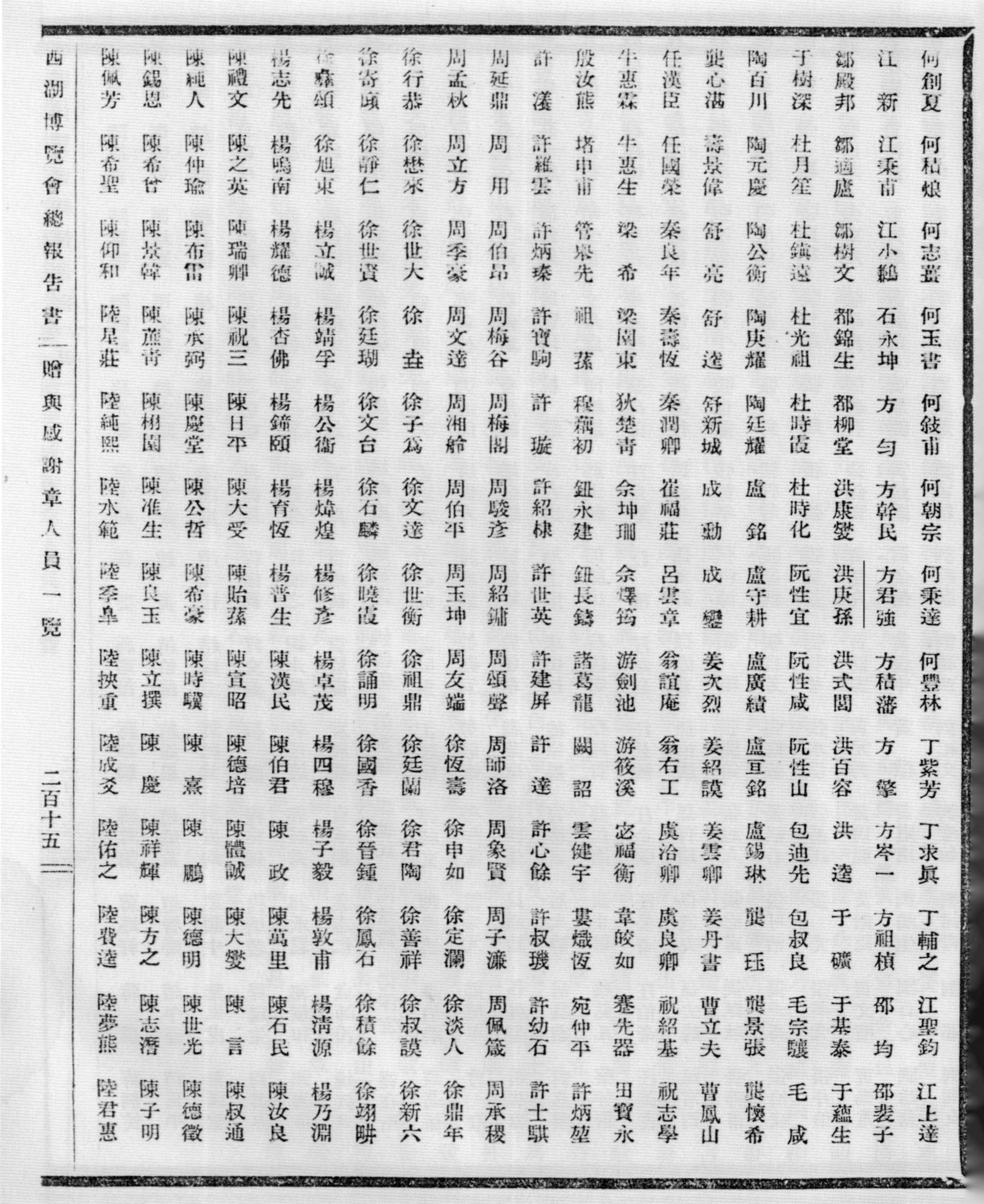

何創夏 何桔娘 何志蜚 何玉書 何紱甫 何朝宗 何秉達 何豐林 丁紫芳 丁求眞 丁輔之 江聖鈞 江上達
江新 江秉甫 江小鶴 石永坤 方匀 方幹民 方君強 方積藩 方肇 方岑一 方祖楨 邵均 邵裴子
鄒殿邦 鄒適廬 鄒樹文 都錦生 都柳堂 洪康燮 洪庚孫 洪式閎 洪百容 洪逵 于磧 于基泰 于蘊生
于樹深 杜月笙 杜鎮遠 杜光祖 杜時霞 杜時化 阮性宜 阮性咸 阮性山 包迪先 包叔良 毛宗驤 毛咸
陶百川 陶元慶 陶公衡 陶庚耀 陶廷耀 盧銘 盧守耕 盧廣績 盧亘銘 盧錫琳 龔珏 龔景張 龔懷希
龔心滿 壽景偉 舒亮 舒達 舒新城 成勳 成燮 姜次烈 姜紹謨 姜雲卿 姜丹書 曹立夫 曹鳳山
任漢臣 任國榮 秦良年 秦壽恆 秦潤卿 崔福莊 呂雲章 翁誼庵 翁右工 虞洽卿 虞良卿 祝紹基 祝志學
牛惠霖 牛惠生 梁希 梁園東 狄楚青 余坤珊 余鐸筠 游劍池 游筱溪 宓福衡 韋畯如 蹇先器 田寶永
殷汝熊 堵申甫 管擧先 祖蓀 稽藕初 鈕永建 鈕長鑄 諸葛龍 闕詔 雲健宇 婁熾恆 宛仲平 許炳堃
許漾 許羅雲 許炳臻 許寶駒 許璇 許紹棣 許世英 許建屏 許達 許心餘 許叔璣 許幼石 許士騏
周延鼎 周用 周伯昂 周梅谷 周梅閣 周駿彥 周紹鏞 周頌聲 周師洛 周象賢 周子濂 周佩箴 周承稷
周孟秋 周立方 周季豪 周文達 周湘舲 周伯平 周玉坤 周友端 徐恆壽 徐申如 徐定瀾 徐淡人 徐鼎年
徐行恭 徐懋棠 徐世大 徐垚 徐子爲 徐文達 徐世衡 徐祖鼎 徐廷闌 徐君陶 徐善祥 徐叔謨 徐新六
徐寄廎 徐靜仁 徐世賢 徐廷瑚 徐文台 徐石麟 徐曉霞 徐誦明 徐國香 徐晉鍾 徐鳳石 徐積餘 徐翊畊
徐燊頌 徐旭東 楊立誠 楊靖孚 楊公衡 楊煒煌 楊修彥 楊卓茂 楊四穆 楊子毅 楊敦甫 楊清源 楊乃淵
楊志先 楊鳴南 楊耀德 楊杏佛 楊鏑頤 楊育恆 楊晉生 陳漢民 陳伯君 陳政 陳萬里 陳石民 陳汝良
陳禮文 陳之英 陳瑞卿 陳祝三 陳日平 陳大受 陳貽蓀 陳宜昭 陳德培 陳體誠 陳大燮 陳言 陳叔通
陳純人 陳仲瑜 陳布雷 陳承弼 陳慶堂 陳公哲 陳希豪 陳時驥 陳熹 陳鵬 陳德明 陳世光 陳德徵
陳錫恩 陳希曾 陳景韓 陳蔗青 陳樹園 陳準生 陳良玉 陳立撰 陳慶 陳祥輝 陳方之 陳志潛 陳子明
陳佩芳 陳希聖 陳仰和 陸星莊 陸純熙 陸水範 陸季臯 陸挾重 陸成炎 陸佑之 陸費逵 陸夢熊 陸君惠

西湖博覽會總報告書 贈與感謝章人員一覽 二百十五

图4-192 《西湖博览会总报告书·赠予感谢章人员一览》，其中有茶叶专家吴觉农、方君强

Fig. 4-192 "The Thank-you Medal Recipients Catalogue" in the *Report of the West Lake Expo*, with Wu Juenong and Fang Junqiang in it

西湖博覽會總報告書　其二　二百十四

袁桂森　姚筍文　姚仲軒　彭　川　夏蔚如　夏筱芳　夏玉峯　章棨陽　湯傳圻　章次山　章瑞齡　章祖德　章緯煥

董德成　盧亦秋　鍾子漁　孟祿久　孟國鍾　鍾觀光　鍾悟求　鍾　起　鍾補勤　韓培中　韓碧嵐　瞿夔龍　譚雲純

羅若楔　羅人驥　羅郁銘　羅　威　鮑文耀　鮑天祿　曹吉如　曹耀亭　曹琍生　任原琨　鄧祖禹　唐壽民　蕭鈺麟

蕭之鈞　范和笙　任鴻熙　崔之熙　崔明三　呂葆元　曾憲玖　范季美　傅恭弼　翁之循　蘇履吉　樓兆綿　華寶炎

華重本　凌　翔　凌折山　柴載元　柴雅生　狄維良　邱炳生　邱省三　經進愉　經潤石　龐景祁　熊錫疇　史駿聲

繆德海　應伯城　滕致祥　廖家楠　查步庭　浦賢元　屠　沅　卞白眉　廖玉符　諸鯤化　樊迪民　田祈原　柯頌廷

瞿藕漁　萬　甯　房品章　齊白石　戎光前　古桐生　牟　蓮　宦連芳　容顯麟　桓淡如　樂振葆　衛　渤　裴雲卿

奚尊銜　裘塘林　鄔志豪　烏惠南　靳少亭　于世驤　竹　虛　邊繼周　桂道可　柳善培　梅　恍　卓鏞詩　歐陽駒

賀雪航　焦　瀛　商稅來　喬世德　黎希賢　朱光燾　朱義農　朱職宜　朱耀庭　朱其煇　朱　璧　朱光華　朱有年

朱昌煥　朱藝園　朱文淵　朱章貴　朱昊飛　朱慧生　朱炎之　朱鴻逵　朱　偉　朱鼓揚　朱其清　朱文閬　朱葆元

朱家驊　朱颺庭　朱應鵬　朱三俠　王文熙　王靜遠　王八麟　王月芝　王祖耀　王錫榮　王競白　王承志　王璧華

王孝穎　王鯤徙　王之楨　王一亭　王彬彥　王尹衡　王兆昌　王邦遠　王鴻典　王　儉　王鴻德　王　佶　王吉民

王聲濤　王鈞豪　王爾淘　王維藩　王永山　王延松　王楚樵　王鏡清　王維英　王雲五　王沛棠　王介安　王　棟

王祖雍　吳文泰　吳　球　吳沛生　吳嘉生　吳琢之　吳忠果　吳道隆　吳陶青　吳長吉　吳敏於　吳字慶　吳壽全

吳潤蒼　吳祥鳳　吳　勣　吳鐘偉　吳　健　吳開先　吳伯匡　吳藹齋　吳湘帆　吳東邁　吳幼潛　吳庶晨　吳鴻照

吳疊農　吳恆如　吳郁周　吳研因　吳憲奎　吳坦安　吳　立　吳之屏　吳　鼎　吳承洛　李毅士　李熙謀　李尹希

李襄臣　李奎安　李超英　李恢伯　李壽桓　李子栽　李木公　李文卿　李超士　李振立　李子瑶　李辛陽　李衛民

李樹基　李拔可　李　澄　李智白　李　棫　李朴園　李鼎士　李谷香　沈天強　沈維楨　沈鴻池　沈肅文　沈聯芳

沈君怡　沈士遠　沈澤春　沈祖壽　沈百英　沈三多　沈爾昌　沈發厚　沈佩珍　沈瑞麟　沈研禪　林甲第　林風眠

林廷通　林椿丞　林熊祥　林黎叔　林疊辰　林顯揚　林汝瑤　林文錚　林兆槐　林敬修　林康侯　何崇傑　何　雲

第五章　书籍图片，记载清楚

囿于种种历史原因，如此闻名辉煌的中国名茶，在相当长的一段时间里竟仅仅是口口相传，无文字记录，无图片、照片展示，茶界人士对其几乎处于失忆状态。深度挖掘杭州历史文化积淀，抹去百年尘封，中国历史名茶九曲红梅显露出她昔日风采——不仅中外博览会上频频获奖，还有许多历史文献和图片清楚地记载着她的名称、种植以及制作。

一、清《农学报》记载的红茶

红茶到底盛行于何时？九曲红梅到底创于何时？这两个问题是本书要深究的。图5-1是光绪二十四年（1898）上海发行的《农学报》第47册书影。当代茶圣吴觉农的同乡人，祖籍浙江上虞的国学大师罗振玉1896年在上海创立“农学社”，同时创办《农学报》，推广先进的农业科学技术。

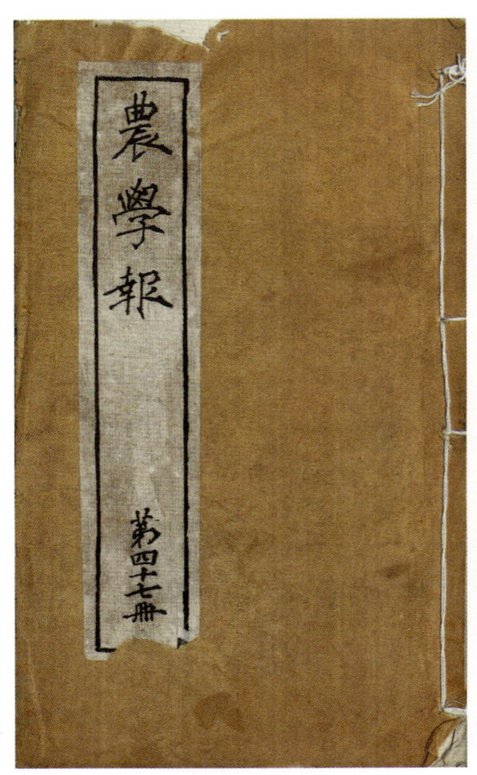

图5-1　1898年《农学报》第47册书影

Fig. 5-1 A copy of the 47th volume of the *Journal of Agriculture*, 1898

图5-2　创办《农学报》的国学大师罗振玉（左）与国学大师王国维（右）

Fig. 5-2 Luo Zhenyu (left), the founder of the *Journal of Agriculture*, and Wang Guowei (right), a master of national literature

图5-3是第47册《农学报·第二十六章论茶》，“论茶”中不仅写到茶的种植、施肥、采摘、加工，其中特别提及“茶有绿茶、红茶，因制法而异，栽培方法，则无差也”。说明至少在19世纪末邻近上海的江浙一带已有红茶制造，并写入罗振玉的《农学报》中。

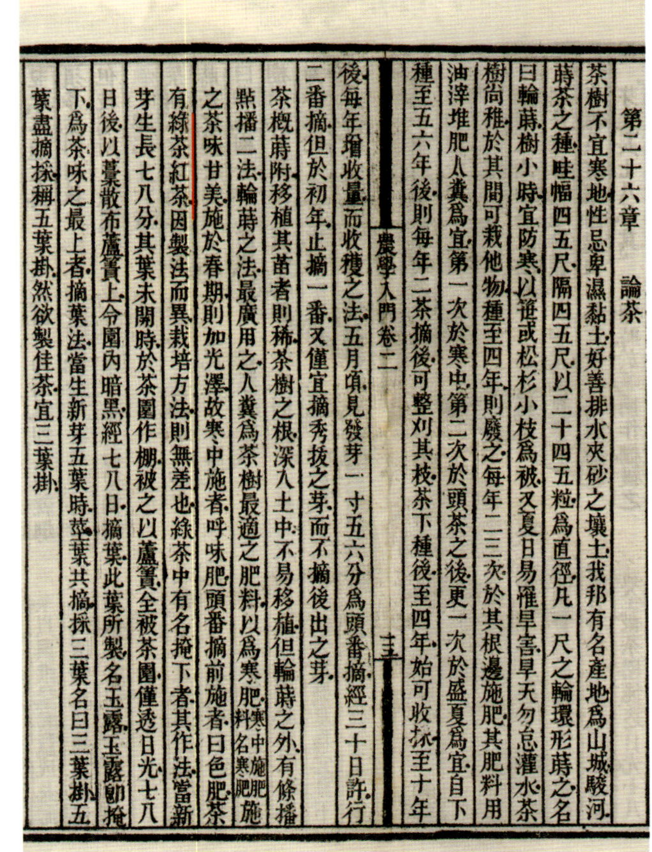
第二十六章　論茶

茶樹不宜寒地性忌卑濕黏土好善排水夾砂之壤土我邦有名產地爲山城駿河蒔茶之種畦幅四五尺隔四五尺以二十四五粒爲直徑凡一尺之輪環形蒔之名曰輪蒔樹小時宜防寒以蘆或松杉小枝爲被又夏日易罹旱害旱天勿怠灌水茶樹尚稚於其間可栽他物種至四年則廢之每年二三次於其根邊施肥其肥料用油滓堆肥人糞爲宜第一次於寒中第二次於頭茶之後更一次於盛夏爲宜自下種至五六年後則每年二茶摘後可整刈其枝茶下種後至四年始可收採至十年後每年增收量而收穫之法五月頃見發芽一寸五六分爲頭番摘經三十日許行二番摘但於初年止摘一番又僅宜摘秀拔之芽而不摘後出之芽

茶槪蒔附移植其苗者則稀茶樹之根深入土中不易移植但輪蒔之外有條播點播二法輪蒔之法最廣用之人糞爲茶樹最適之肥料以爲寒肥（寒中施肥料名寒肥）施之茶味甘美施於春期則加光澤故寒中施者呼味肥頭番摘前施者曰色肥茶有綠茶紅茶因製法而異栽培方法則無差也綠茶中有名掩下者其作法當新芽生長七八分其葉未開時於茶園作棚被之以蘆簣全被茶園僅透日光七八日後以蒿散布蘆簣上令園內暗黑經七八日摘葉此葉所製名玉露玉露即掩下爲茶味之最上者摘葉法當生新芽五葉時莖葉共摘採三葉名曰三葉掛五葉盡摘採稱五葉掛然欲製佳茶宜三葉掛

農學入門卷二

图5-3　《农学报·第二十六章论茶》记载的红茶

Fig. 5-3 Passage about black tea in the *Journal of Agriculture*, Chapter 26: Tea

二、1923年徐珂《可言》记载的九种杭州红茶（九曲红梅）

1923年冬，距1915年杭州红茶（九曲红梅）在巴拿马世博会夺得金牌大奖仅仅八年，继《浙江农言》后，著名的报人、杭州人徐珂就在他的《可言》中清楚地记载了杭州红茶的九种名称，也即九种“九曲红梅”的名称。这一记载给1915年巴拿马世博会上的“浙江红茶”（即“杭州红茶”）也就是九曲红梅，提供了确凿的历史依据。

1. 徐珂其人其事

徐珂（1869—1928），原名昌，字仲可，浙江杭县（今杭州市）人。光绪己丑（1889）恩科举人，官至内阁中书。但他在学习传统文化之外，颇关注新学，1895年赴京参加会试时，曾参加过梁启超发起的呼吁变法的“公车上书”活动。其间，为了维持生活，在袁世凯天津小站练兵时，曾充当其幕僚，为将士讲解古书诗赋，但终因思想不合而离去。

1901年他到了上海，与蔡元培、张元济相交。因他长于文笔，又熟悉官方文书，喜欢收集邸报，便担任了《外交报》的编辑。据汪家熔先生的资料，《外交报》的成员有董理张元济、撰述蔡元培、编辑徐珂、译西文报温宗饶，均由创始股东分任。《外交报》到1910年，共办了十年，在社会上有一定影响。徐珂曾是柳亚子、高旭等人1909年首创的爱国文化团体“南社”的成员。

后来他随《外交报》成员一起成为商务印书馆编译所的职员，接着成为《东方杂志》的编辑。

1911年，杜亚泉接任《东方杂志》主编，对刊物进行了改革，杂志有了很大的改变和发展。徐珂接管了“杂纂部”，在编译所担任杂纂部部长。他曾全力编撰《清稗类抄》，同时在他领导下编辑出版有《上海指南》《日用须知》《醒世文柬指南》《通俗新尺牍》等书籍。

据老报人说，“徐仲可身材矮小，极度近视，看书写字必须戴着眼镜与实物（指书本）接触在一起，才能看见。但他为人非常风趣，清末他极力提倡妇女天足，即以‘天苏阁’名其书斋。他喜填词，与宁乡程子大等互相唱和，作品时见于当时的《小说月报》”。“徐待人接物，和蔼可亲，对同事相当关心，每年春节照例在自己家中备办‘春酒’，邀请本部同人欢聚，这是别的部从来没有过的。”

徐珂编撰的《清稗类抄》是一部前人笔记集，全书48册，分时令、地理、外交、风俗、工艺、文学等92类，约13500余条。录自数百种清人笔记，并参考报章记载而成。范围广泛，检查便利，颇为实用。

2. 徐珂《可言》之九种杭州红茶（九曲红梅）

图5-4是浙江图书馆藏徐珂《天苏阁丛刊》书影。该书纵26. 5厘米，横15. 2厘米。封面左侧有“天苏阁丛刊二集，杭县徐氏印行，凡六册”的文字，“天苏阁”，为徐珂极力提倡女子天足，自撰的自家藏书楼也。右侧下有“杭县徐仲可君捐，民国十三年六月藏”。封面上方列有《天苏阁丛刊二集》中的丛书：《五藩梼乘》《内阁小志》《可言》《五刑考略》《秀水董氏五世诗钞》《高云乡遗稿》《复盦觅句图题咏》《小自立斋文》《真如室诗》《纯飞馆词续》。《可言》是其中的一种。

图5-6是清末进士、民国著名教育家、国学大师蔡元培先生为徐珂《天苏阁丛刊二集》所作序的末尾部分，有“癸亥中华民国十二年（1923）冬绍兴蔡元培孑民序”的字样，由此可知，徐珂《可言》至迟1923年冬已面世。蔡元培落款左下侧有“中华书局聚珍仿宋部代印，翻印必究”，列出了印刷单位。徐珂是一位资深报人、编辑，也是一位杂家，因此，蔡元培在序的末尾对杂学家、对《天苏阁丛刊二集》作此评论：

有立说者，昔之所谓杂学也。有辨（辩）证者，昔之所谓杂考也。有议论而兼撰述者，昔之所谓杂说也。有旁究物理、胪陈纤琐者，昔之所谓杂品也。萃而为一书，凡十四卷，可三十余万言，大观也。予既快先睹，因述其概略，以告当世。至其散文诗词之所诣，则知之者类能言之，兹不赘。

这一段话应该既是对杂著、杂学的论述，也是对徐珂一生著述的概言。

徐珂先生正因为是杂家、报人，以他多年观察社会的灵敏嗅觉，捕捉新闻的视野广度，为我们记载下了1923年杭州茶叶的九红十绿，《可言》

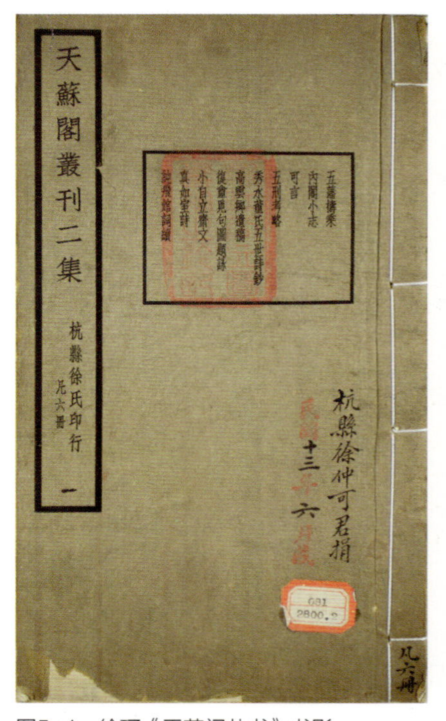

图5-4 徐珂《天苏阁丛书》书影

Fig. 5-4 A copy of *Tiansuge Series* by Xu Ke

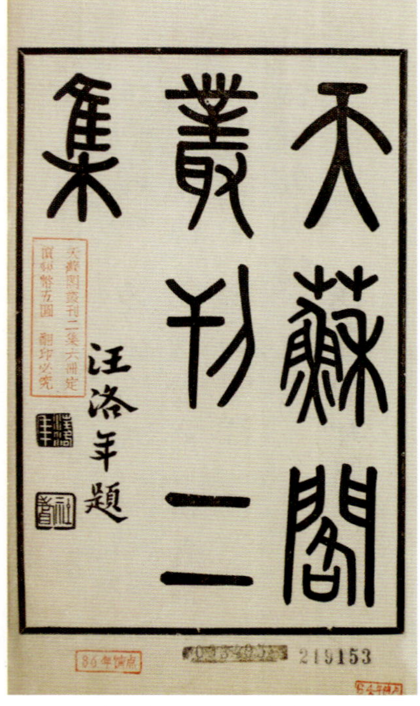

图5-5 《天苏阁丛刊二集》扉页

Fig. 5-5 The title page of the second book of the *Tiansuge Series*

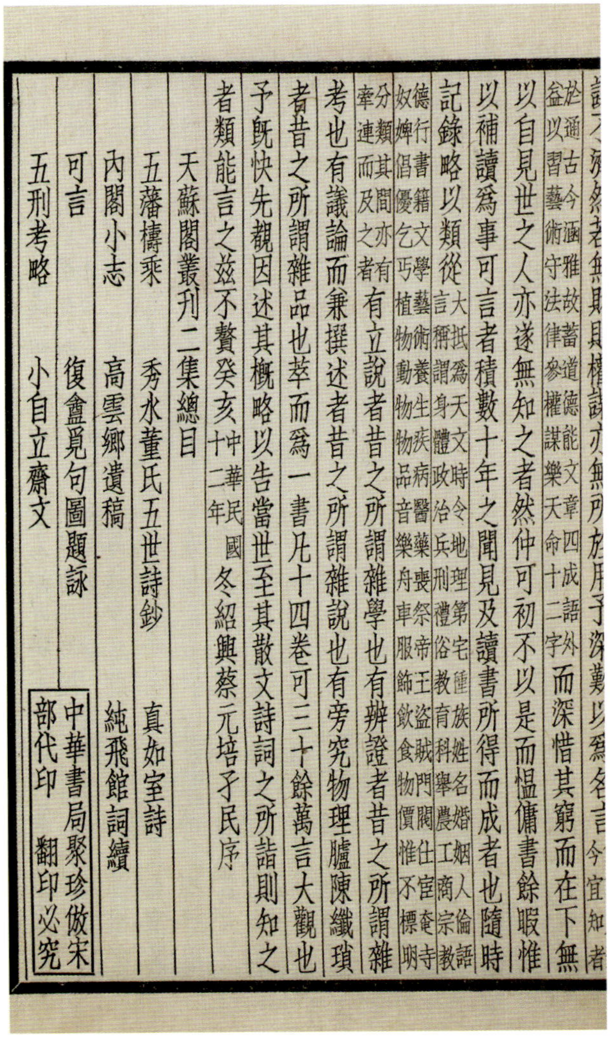

图5-6　《天苏阁丛书》之蔡元培所作之序

Fig. 5-6 Preface written by Cai Yuanpei in *Tiansuge Series*

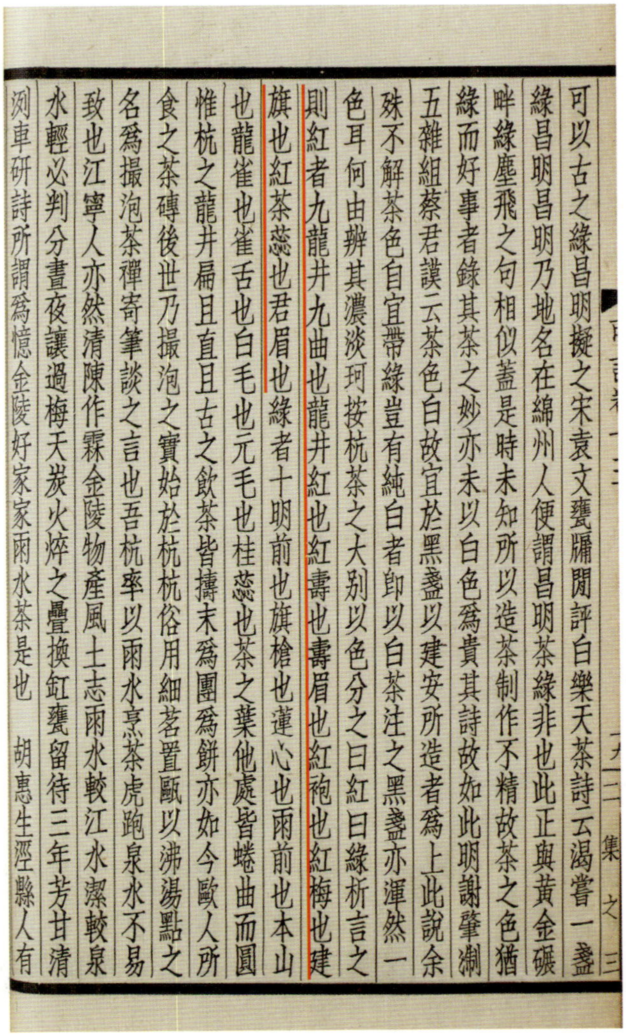

图5-7　《可言》之“九种杭州红茶”

Fig. 5-7 Passage about “nine kinds of black tea in Hangzhou” in *Ke Yan*

卷十三第19页写道：

> 珂按杭茶之大别，以色分之，曰红、曰绿。析言之，则红者九：龙井九曲也、龙井红也、红寿也、寿眉也、红袍也、红梅也、建旗也、红茶蕊也、君眉也；绿者十：明前也、旗枪也、莲心也、雨前也、本山也、龙雀也、雀舌也、白毛也、元毛也、桂蕊也。茶之叶，他处皆蜷曲而圆，惟（唯）杭之龙井扁且直。

徐珂《可言》中的九种杭州红茶（九曲红梅）在1929年《工商半月刊》和其后的方正大账册中都在列。而十种龙井绿茶也是在观察细微、调查确凿下方能写得出的。

3. 徐珂是一位茶业大家

徐珂视野广阔，作为江南人、杭州人，他终生嗜茶，对茶业的方方面面研究精深，这也从一个侧面证明1923年徐珂记述下的九种杭州红茶（九曲红梅）在20世纪20年代已非常盛行。九曲红梅作为历史名茶，在20世纪20年代早已流行于沪杭并被有识之士认可。

惡不食臭惡不食失飪不食不時不食祭肉出三日不食　滬多壟
沙市鬻之熟食品非置玻璃廚中者雖不風車過時塵沙蔽空即著
於熟食品矣必積兩之後乃可購食不然則黴菌之入人腹者不可
勝數沽酒市脯孔子不食亦畏黴生物如虎狼也　蠅之傳布疫癘
以其腹其足黏有病菌集於食物之上則食物入人腹而疾作然以
是語人無信之者而蠅之趨集厠所則皆知之但言蠅足有糞沾於
食物若是則皆畏食糞而以滅蠅爲急務矣爲中人以下說法宜從
淺近處着想此其一也亦權衡之一也
歐美日本人之會食也食物皆人各一器我國不然爲世詬病以口
津附著食物疾病易傳染也歐美人尤竊笑之然彼之接吻不尤易
於傳染疾病耶
綠茶之濃汁飲之味微苦恆失眠蓋茶素單仁之作用也純粹之茶
素味微苦色如白絹呈細綫狀性極毒茶中含量甚少故不甚爲害
轉有興奮之作用單仁爲使茶有澀味之成分茶素單仁皆能溶解
於溫水若以茶素入素湯則多量之單仁即出味至澀不能入口故
烹茶宜以攝氏五十度至六十度之水爲宜優等之葉必甚嫩茶素
單仁之含量較多若以紅茶與綠茶較茶素之含量略相類惟單仁
較少則以紅茶發酵時有若干化爲赤色素也　茶之消食吾國人

图5-8　《可言》之“绿茶与红茶”

Fig. 5-8 Passage about “green tea and black tea” in *Ke Yan*

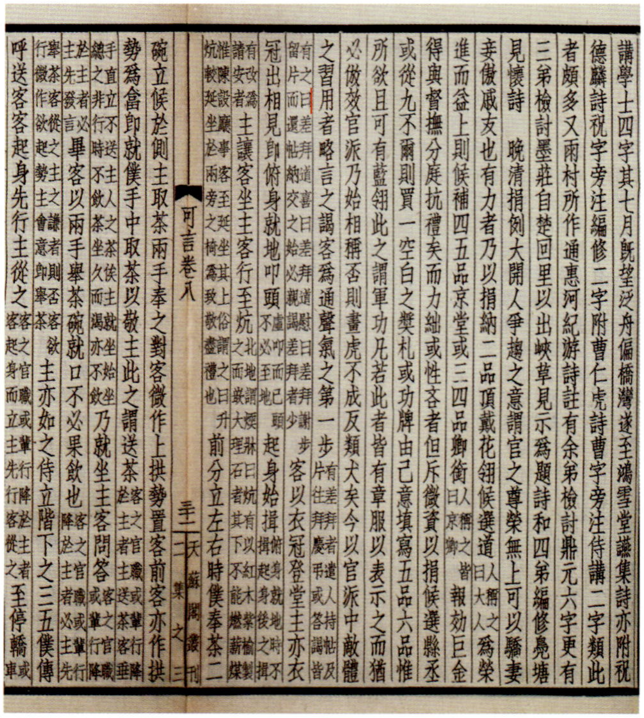

图5-9　《可言》之“奉茶”

Fig. 5-9 Passage about “tea serving” in *Ke Yan*

下面依次节录一些徐珂笔下鲜为人知的茶业往事，对我们深度发掘茶文化遗存也是一种借鉴。

《可言》卷三第30页，徐珂写道：

> 沪之茶坊有聚集各业之人者，曰“茶会”，即南宋之市头也。灌圃耐得翁《都城纪胜》茶坊，有一等专是诸行借工卖伎人会聚行老处，谓之“市头”。而今有所谓茶会者，与此异，为通常之酬酢，世皆谓其效法。

徐珂认为上海茶坊源自南宋“市头”。

徐珂对绿茶和红茶因不同的制作方法致使其内部成分发生变化，从而产生不同的功能也有研究。《可言》卷六第11页，徐珂写道：

> 绿茶之浓汁，饮之味微苦，恒失眠，盖茶素、单仁之作用也。纯粹之茶素味微苦，色如白绢，呈细线状，性极毒，茶中含量甚少，故不甚为害，转有兴奋之作用。单仁为使茶有涩味之成分，茶素单仁皆能溶解于温水，若以茶素入素汤，则多量之单仁即出，味至涩，不能入口，故烹茶宜以摄氏五十度至六十度之水为宜。优等之叶必甚嫩，茶素、单仁之含量较多。若以红茶与绿茶较，茶素之含量略相类，惟（唯）单仁较少。则以红茶发酵时，有若干化为赤色素也。

徐珂的这段话，也代表了90多年前在当时科技条件下，人们对红茶、绿茶不同功能的看法。

当今茶艺、茶道盛行，龙井茶、乌龙茶均有所谓“凤凰三点头”，遍问识者，均不知来处。旧时客来主迎，奉茶待客是最常见的礼仪，但到底是如何程式，一般人很少知晓，徐珂《可言》卷八第31页则有详细阐述：

谒客为通声气之第一步。有差拜者遣人持帖及片往拜，庆吊或答谒皆有之，曰“差拜道喜”，曰“差拜道慰”，曰“差拜谢步”，留片而还帖，纳交之始必亲谒，差拜者少。客以衣冠登堂，主亦衣冠出，相见即俯身就地叩头。虚叩而已，头不必至地。起身始揖。俯身就地时不揖，起身后之揖，有改为请安者。主让客坐，主客行至炕。北地谓“暖床”，曰：炕有以红木紫榆制之而嵌大理石者，其下不能燃薪煤，惟（唯）陈设厅事。客至延坐其上，俗谓之曰“升炕”，较延坐于两旁之椅为致敬尽礼也。前分立左右时，仆奉茶二碗，立候于侧。主取茶，两手奉之，对客微作上拱势，置客前；客亦作拱势，为答。即就仆手中取茶以敬主，此之谓“送茶”。客之官职或辈行降主者，主送茶，客垂手直立，不送主人之茶，俟主就坐始坐。总之，非行时，不饮茶；坐久而渴，亦不饮。乃就坐，主客问答。客之官职或辈行降于主者，必主先发言。毕，客以两手举茶碗就口，不必果饮也。客之官职或辈行降于主者，必主先举茶，客从之。主之谦者则否，客欲行，微作欲起势，主会意即举茶。主亦如之，侍立阶下之三五仆，传呼送客，客起身先行，主从之。客之官职或辈行降于主者，客起身而立，主先行，客从之。

这一段对20世纪初有身份官宦商贾的敬茶礼仪，记述详细，且极重视官职、辈行，他处鲜有记载。

徐珂《可言》卷十二第八页有：“茗粥，《茶录》：吴人采茶煮之，谓之‘茗粥’。”江浙一带以新茶煮粥由来已久。《可言》卷十二第九页，还记载了一般平民家的茶烟礼仪：

客至饷，以茶烟有加礼。则留食点心，以酒佐之。然不数见客就坐，先进烟，水烟旱烟也，今则有雪茄烟、纸卷烟者。次进茶而已，古乃有以茶、瓜并进者。明聂大年《小景》诗云：客来随意具茶瓜。

徐珂《可言》中涉及茶俗、茶史者少说数万字，其对陆羽《茶经》也研究精深，还诠释了古代饮茶方法，这些因与本书无关，不能一一评说。《可言》卷十三第14页有一段话，曰：“茶为人人所饮，而嗜酒者，亦饮茶。醉至甚必以茶解醒。”这几句话，则道出了“茶为国饮”，历来如此。

三、1926年《浙江商报》之本埠红茶

民国15年（1926）3月20日《浙江商报》第一张第三版《本省要闻》载“浙省出洋茶额总数”：

乙丑年（1925）共十三万五千担。本省所产之茶叶，运输欧美各国者，实为他省冠。去岁之畅销，尤为光复后十四年来第一次之盛销。故本城经办客岁出洋之茶商，无不利市三倍。兹将乙丑年浙省输出之总数，调查如左。上江（指钱塘江上游淳、遂、安徽茶）及西湖所产之绿茶，共计输出运往外洋者十三万担。台属及本

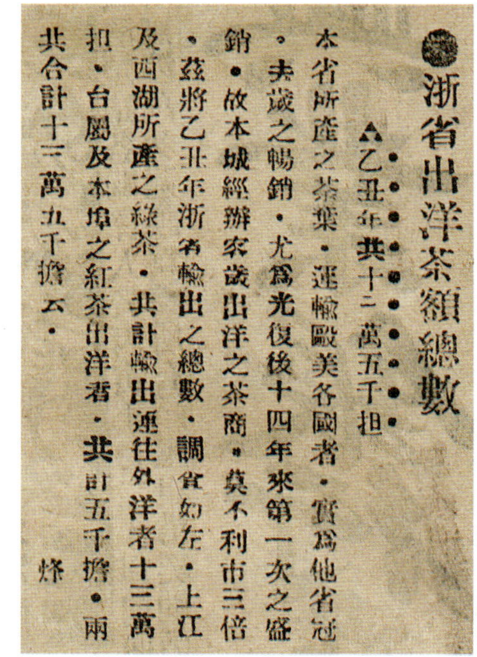

浙省出洋茶額總數

△乙丑年共十三萬五千担

本省所產之茶葉．運輸歐美各國者．實爲他省冠．去歲之暢銷．尤爲光復後十四年來第一次之盛銷．故本城經辦客歲出洋之茶商．莫不利市三倍．茲將乙丑年浙省輸出之總數．調査如左．上江及西湖所產之綠茶．共計輸出運往外洋者十三萬担．台屬及本埠之紅茶出洋者．共計五千擔．兩共合計十三萬五千擔云．

烽

图5-10　1926年《浙江商报 · 本埠红茶》

Fig. 5-10 *Zhejiang Commercial Daily*, local black tea, 1926

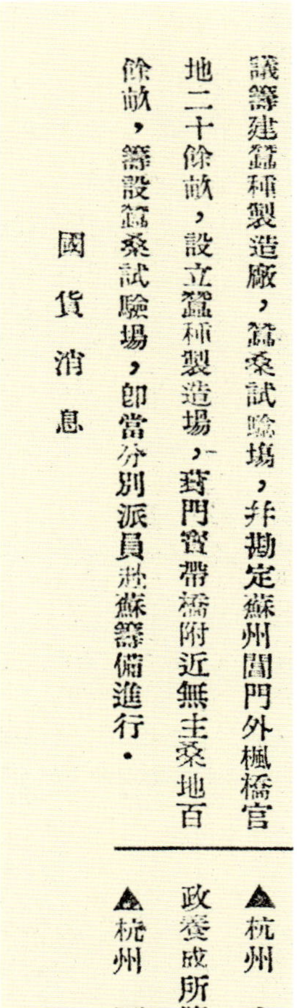

議籌建蠶種製造廠，蠶桑試驗場，并勘定蘇州閶門外楓橋官地二十餘畝，設立蠶種製造場，葑門寶帶橋附近無主桑地百餘畝，籌設蠶桑試驗場，即當分別派員赴蘇籌備進行。

國貨消息

▲杭州 中國經濟學會在杭舉行年會，該會吳覺農君，在財政養成所演講「中國茶業問題」對華茶改進，頗多發揮。

▲杭州 西湖博覽會分設八館 業經省府會議通過，並由程建

五

图5-11 《纪念特刊》报道吴觉农来杭演讲

Fig. 5-11 News Report in *Commemorative Edition* about Wu Juenong's speech in Hangzhou

埠之红茶出洋者，共计五千担，两共合计十三万五千担。

“台属及本埠之红茶”，“台属”，即临海、温州一带红茶，而“本埠之红茶”，即九曲红梅，两项合计有五千担出洋。

四、1928年《浙江省国货陈列馆增建劝工场新屋落成纪念特刊》之九曲红梅

1919年建成的浙江商品陈列馆，于1928年再次增建，并更名为“浙江省国货陈列馆”。

1928年，日军将我外交处主任蔡公时等17人挖眼割鼻，残忍杀死，制造了“五三”济南惨案，震惊全国，引发波澜壮阔的“抵制日货，挽回利权”国货运动。浙江省国货陈列馆增建的劝工场新屋，正是在这种形势下开幕的。

1928年12月出版的《浙江省国货陈列馆增建劝工场新屋落成纪念特刊》（以下简称《纪念特刊》）一书，前有浙江省政府主席张静江“挽回利权”，建设厅厅长程振钧“发扬国光”，以及经济学家马寅初、杭州市市长陈恺怀等政要题词。浙江省国货陈列馆与上海工商部中华国货展览会同时开幕，其实也就是著名的杭州西湖博览会先声。

《纪念特刊》记录有开幕期间吴觉农先生莅杭，其间参加中国经济学会杭州年会，在财政厅养成所演讲《中国茶业问题》，对华茶改进颇多发挥，其中也有杭州红茶。《红茶特刊》也有多处九曲红梅的记载。

《纪念特刊·国货调查·（一）华茶概略及最近三年出洋状况》中有：

> 民国十五年（1926）红茶类，……温州、杭州、湖州共八万三千箱，扯五十斤（即每箱五十斤），共四万一千五百担。
>
> 民国十六年（1927）红茶类，……温州、杭州、湖州三万三千箱，扯五十斤，共一万六千五百担。
>
> 民国十七年（1928）红茶类，……温州、杭州、湖州共五万箱，扯五十斤，共二万五千担。

《纪念特刊·本馆最近征集国货一览·农产制造类·饮料门》有：

> 品名：极上乌龙；件数：一件；出品者：方正大。
>
> 品名：龙井红茶；件数：一大瓶；出品者：亨大。

《纪念特刊·本馆劝工场各商店经售国货出品及其价目一览表》中有：

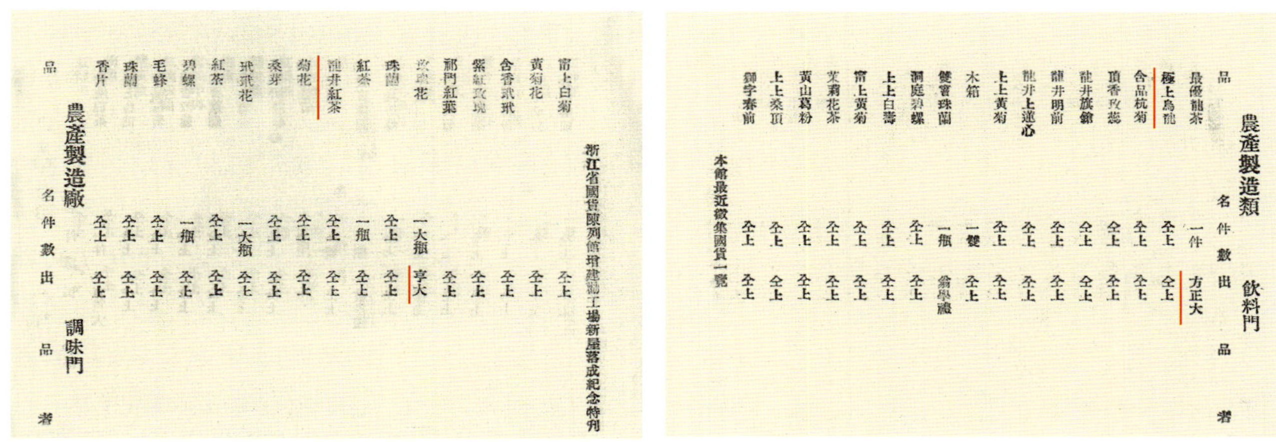

本館最近徵集國貨一覽

農產製造類　飲料門

品名	件數	出品者
最優龍茶	一件	方正大
極上烏龍	仝上	仝上
合品杭菊	仝上	仝上
頂香玫蕊	仝上	仝上
龍井旗鎗	仝上	仝上
龍井明前	仝上	仝上
龍井上蓮心	仝上	仝上
上上黃菊	仝上	仝上
木箱	一雙	仝上
雙窨珠蘭	一瓶	翁學禮
洞庭碧螺	仝上	仝上
上上白壽	仝上	仝上
常上黃菊	仝上	仝上
茉莉花茶	仝上	仝上
黃山葛粉	仝上	仝上
上上桑頂	仝上	仝上
獅字春前	仝上	仝上

浙江省國貨陳列館增建勸工場新屋落成紀念特刊

品名	件數	出品者
常上白菊		仝上
黃菊花		仝上
含香玳玳		仝上
紫紅玫瑰		仝上
祁門紅葉		仝上
玫瑰花	一大瓶	亨大
珠蘭	仝上	仝上
紅茶	一瓶	仝上
龍井紅茶	仝上	仝上
菊花	仝上	仝上
桑芽	仝上	仝上
玳玳花	一大瓶	仝上
紅茶	仝上	仝上
碧螺	一瓶	仝上
毛峰	仝上	仝上
珠蘭	仝上	仝上
香片	仝上	仝上

農產製造廠　調味門

品名　件數　出品者

图5-12　《纪念特刊·农产制造类·饮料门》，有方正大极上乌龙和亨大龙井红茶

Fig. 5-12 Fangzhengda Oolong Tea and Hengda Longjing Black Tea in “Agricaltural Products and Manufactures” of *Commemorative Editon*

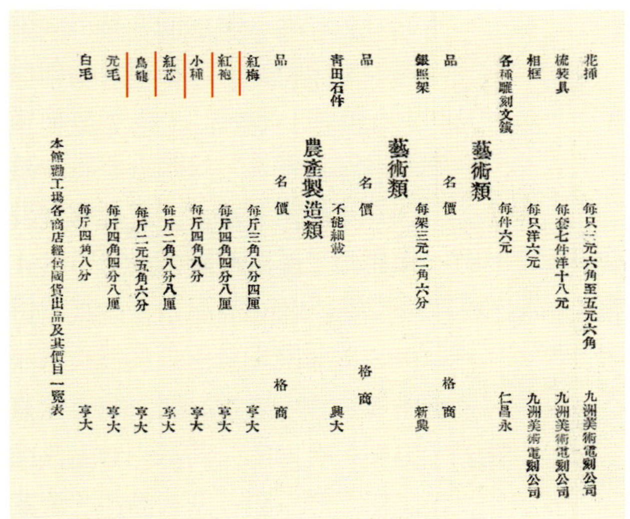

品名	價格	商
花插	每只三元六角至五元六角	九洲美術電刻公司
梳裝具	每套七件洋十八元	九洲美術電刻公司
相框	每只洋六元	九洲美術電刻公司
各種雕刻文鎮	每件六元	仁昌永

藝術類

品名	價格	商
銀照架	每架三元二角六分	新興

藝術類

品名	價格	商
青田石件	不能細載	興大

農產製造類

品名	價格	商
紅梅	每斤三角八分四厘	亨大
紅袍	每斤四角四分八厘	亨大
小種	每斤四角八分	亨大
紅芯	每斤二角八分八厘	亨大
烏龍	每斤二元五角六分	亨大
元毛	每斤四角四分八厘	亨大
白毛	每斤四角八分	亨大

本館勸工場各商店經售國貨出品及其價目一覽表

图5-13　《纪念特刊·方正大五种九曲红梅价格》

Fig. 5-13 Prices of five kinds of Fangzhengda Jiuqu Hongmei in *Commemorative Edition*

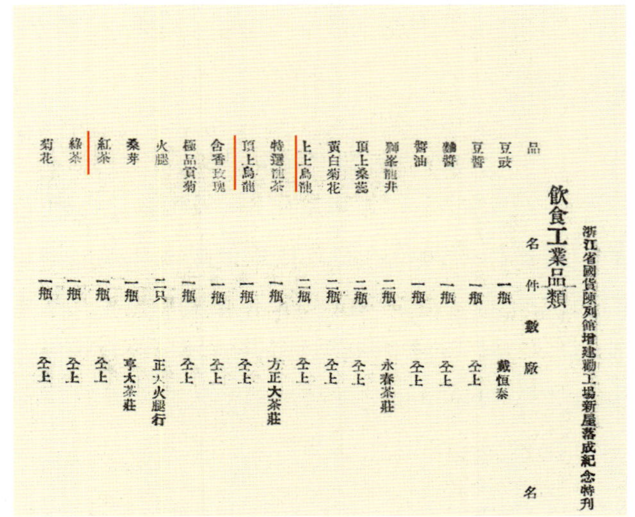

浙江省國貨陳列館增建勸工場新屋落成紀念特刊

飲食工業品類

品名	件數	廠名
豆豉	一瓶	戴恒泰
豆醬	一瓶	仝上
麵醬	一瓶	仝上
醬油	一瓶	仝上
獅峯龍井	二瓶	永春茶莊
頂上桑蕊	二瓶	仝上
黃白菊花	二瓶	仝上
上上烏龍	二瓶	仝上
特選龍茶	一瓶	方正大茶莊
頂上烏龍	一瓶	仝上
合香玫瑰	一瓶	仝上
極品貢菊	一瓶	仝上
火腿	二只	正大火腿行
桑芽	一瓶	亨大茶莊
紅茶	一瓶	仝上
綠茶	一瓶	仝上
菊花	一瓶	仝上

图5-14　《纪念特刊·展览品》之永春、方正大、亨大九曲红梅

Fig. 5-14 Jiuqu Hongmei of Yongchun, Fangzhengda and Hengda Tea Shops in “Exhibits” of *Commemorative Edition*

表5-1　《纪念特刊》之九曲红梅价目表

品名	价格	商号
红梅	每斤三角八分四厘	亨大
红袍	每斤四角四分八厘	亨大
小种	每斤四角八分	亨大
红芯	每斤二角八分八厘	亨大
乌龙	每斤二元五角六分	亨大

此处展示的亨大茶号红梅、红袍、小种、红芯、乌龙五种红茶，均为杭州九曲红梅。

《纪念特刊·中华国货展览会浙江省出品目录书》应是选送上海工商部中华国货展览会展览出品，其中饮食工业品类有：

表5-2 《纪念特刊》之九曲红梅出品目录

品名	件数	厂名
上上乌龙	二瓶	永春茶庄
顶上乌龙	一瓶	方正大茶庄
红茶	一瓶	亨大茶庄

此三种红茶，也为杭州九曲红梅。

五、1929年《工商半月刊·杭州茶业状况·红茶》记载杭州红茶（九曲红梅）有十五种牌号

1. 杭州红茶（九曲红梅）的十五种牌号

图5-15是1929年7月1日《工商半月刊》第一卷第十三号书影，刊登有《杭州茶业状况》一文，内中有产区、绿茶，第三部分为当时杭州的红茶，也即九曲红梅，其各种名称和价值（格）如下：

表5-3 九曲红梅的牌号及其价值

名称	价值	名称	价值
顶上乌龙	每斤洋三元二角	最优乌龙（或称最优红寿）	每斤洋二元二角四分
九曲上红袍	每斤洋一元九角二分	九曲红袍（或称极品红寿）	每斤洋一元六角
九曲红寿（或称九曲岩毫）	每斤洋一元一角二分	上君眉（或称小种）	每斤洋五角六分
大红袍（或称九曲上红寿）	每斤洋九角六分	君眉	每斤洋四角八分
上红梅	每斤洋四角四分八厘	红梅	每斤洋三角八分四厘

《工商半月刊·杭州茶业状况》的这一段记载，应是首次梳理，在权威刊物有文字记载的“杭州红茶”（九曲红梅），竟有十五种名称（牌号）：顶上乌龙、最优乌龙（或称最优红寿）、九曲上红袍、九曲红袍（或称极品红寿）、九曲红寿（或称九曲岩毫）、上君眉（或称小种）、大红袍（或称九曲上红寿）、君眉、上红梅、红梅。

这些“杭州红茶”（九曲红梅）的名称（牌号）和价格，在下一章方正大的账册中都可以看到，这里的“乌龙”“红袍”“小种”，原系福建乌龙茶名种，但此处都并非福建乌龙茶，而成了“杭州红茶”的代名词，而“九曲”“红梅”则是杭州九曲红梅特有的。

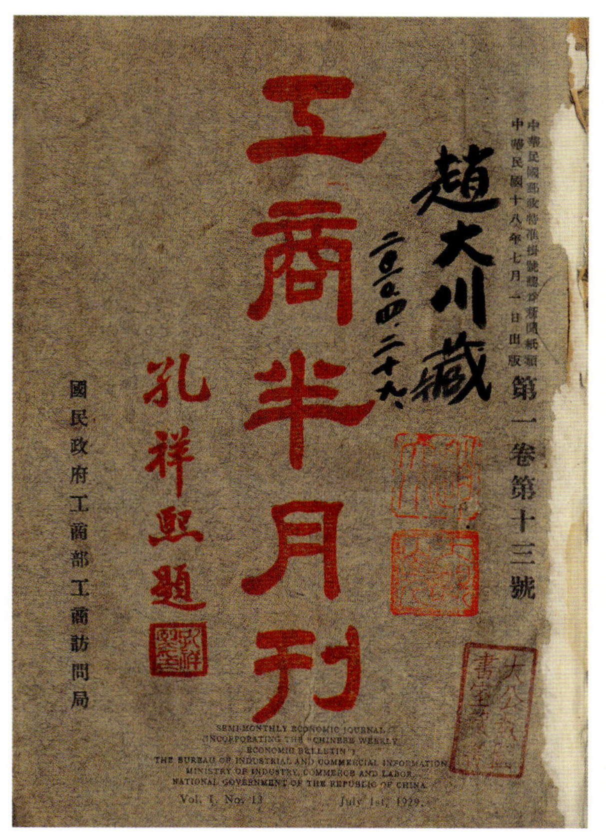

图5-15　1929年7月1日《工商半月刊》第一卷第十三号书影

Fig. 5-15 A copy of *Industry and Commerce Semimonthly*, volume 1, issue 13 , July 1, 1929

工商半月刊　二〇

名稱	價値	名稱	價値
頂上烏龍	每觔洋三元二角	最優烏龍（或稱最優紅壽）	每觔洋二元二角四分
九曲上紅袍	每觔洋一元九角二分	九曲紅袍（或稱極品紅壽）	每觔洋一元六角
九曲紅壽（或稱九曲巖毫）	每觔洋一元一角二分	上君眉（或稱小種）	每觔洋五角六分
大紅袍（或稱九曲上紅壽）	每觔洋九角六分	君眉	每觔四角八分
上紅梅	每觔洋四角四分八厘	紅梅	每觔洋三角八分四厘

▲採摘

我國種茶不過農人之一種副業。罕有大規模之經營。而植茶之地。尤多七零八落。凡培植、採摘、烘焙諸事。皆農夫及其家人任之。未有採用機器或科學方法者。且茶株多嫌太密。缺乏營養致茶枝不易發展。而修剪之事。往往無人顧及。至採茶之時。不問樹之年齡幾何。任意折採。惟求多獲。因之茶樹既乏休養。元氣大傷。

杭州採茶。分爲三期。俗稱頭茶、二茶、三茶。凡立夏前所採者。屬於頭茶。立夏後所採者。爲二茶。自霉天至伏天所採之茶。名爲三茶。頭茶葉小而嫩。氣味濃郁。品質最優。二茶葉雖較大。然質地柔軟。尚不失爲上品。三茶品質較次。葉厚而大。茶於立春後發芽。至淸明始可採摘。採茶之職。多以女工任之。但以不明植物生理。致年齡未及二歲之茶樹。亦有向之採葉者。故結果遂致一蹶不振。

图5-16　《工商半月刊·杭州茶业状况·红茶》

Fig. 5-16 “Black Tea” in *Industry and Commerce Semimonthly*

2. 采摘

《工商半月刊·杭州茶业状况·红茶》写道：

我国种茶，不过农人之一种副业，罕有大规模之经营。而植茶之地，尤多七零八落，凡培植、采摘、烘焙诸事，皆农夫及其家人任之。未有采用机器或科学方法者，且茶株多嫌太密，缺乏营养致茶枝不易发展。而修剪之事，往往无人顾及，至采茶之时，不问树之年龄几何，任意折采，惟（唯）求多获。因之茶树既乏休养，元气大伤。

杭州采茶，分为三期：俗称头茶、二茶、三茶。凡立夏前所采者，属于头茶。立夏后所采者，为二茶。自霉天至伏天所采之茶，名为三茶。头茶叶小而嫩，气味浓郁，品质最优。二茶叶虽较大，然质地柔软，尚不失为上品。三茶品质较次，叶厚而大。茶于立春后发芽，至清明始可采摘，采茶之职，多以女工任之。但以不明植物生理，致年龄未及二岁之茶树，亦有向之采叶者，故结果遂致一蹶不振。

3. 制法

《工商半月刊·杭州茶业状况·红茶》首次以文字记载下其时已有60余年历史的“杭州红茶”（九曲红梅）的制法。以下为节选：

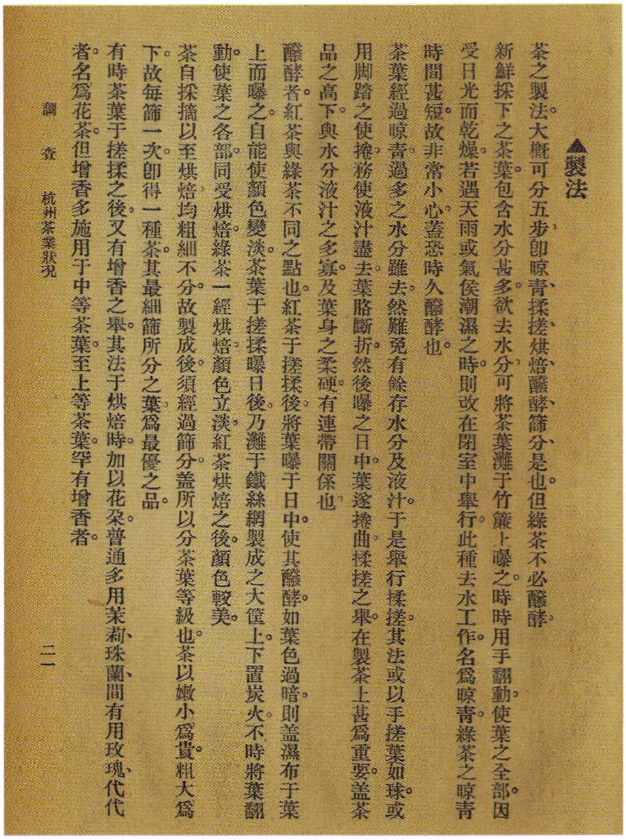

▲製法

茶之製法。大槪可分五步，即晾青、揉搓、烘焙、醱酵、篩分、是也。但綠茶不必醱酵、
新鮮採下之茶葉。包含水分甚多。欲去水分、可將茶葉攤于竹簾上曝之。時時用手翻動。使葉之全部。因受日光而乾燥。若遇天雨或氣侯潮濕之時。則改在閉室中舉行。此種去水工作。名爲晾青。綠茶之晾青時間甚短。故非常小心。蓋恐時久醱酵也。

茶葉經過晾青。過多之水分雖去。然難免有餘存水分及液汁。于是舉行揉搓。其法或以手搓葉如球。或用脚踏之使捲。務使液汁盡去。葉略斷折。然後曝之日中。葉遂捲曲、揉搓之舉。在製茶上甚爲重要。蓋茶品之高下。與水分液汁之多寡。及葉身之柔硬。有連帶關係也。

醱酵者。紅茶與綠茶不同之點也。紅茶于搓揉後。將葉曝于日中。使其醱酵。如葉色過暗。則盖濕布于葉上而曝之。自能使顏色變淡。茶葉于搓揉曝日後。乃攤于鐵絲網製成之大筐上。下置炭火。不時將葉翻動。使葉之各部。同受烘焙。綠茶一經烘焙。顏色立淡。紅茶烘焙之後。顏色較美。

茶自採摘以至烘焙。均粗細不分。故製成後。須經過篩分。盖所以分茶葉等級也。茶以嫩小爲貴。粗大爲下。故每篩一次。即得一種茶。其最細篩所分之葉。爲最優之品。

有時茶葉于搓揉之後。又有增香之舉。其法于烘焙時。加以花朵。普通多用茉莉、珠蘭、間有用玫瑰、代代者。名爲花茶。但增香多施用于中等茶葉。至上等茶葉。罕有增香者。

調　查　杭州茶業狀况　二一

图5-17　《工商半月刊》之“杭州红茶制法”
Fig. 5-17 Processing Methods of Hangzhou Black Tea in *Industry and Commerce Semimonthly*

茶之制法，大概可分五步，即晾青、揉搓、烘焙、发酵、筛分是也，但绿茶不必发酵。

新鲜采下之茶叶，包含水分甚多，欲去水分，可将茶叶摊于竹簾上曝之，时时用手翻动，使叶之全部因受日光而干燥。若遇天雨或气候潮湿之时，则改在闭室中举行。此种去水工作，名为晾青。……

茶叶经过晾青，过多之水分虽去，然难免有余存水分及液汁，于是举行揉搓。其法或以手搓叶如球，或用脚踏之使卷，务使液汁尽去。叶胳断折，然后曝之日中，叶遂卷曲。揉搓之举，在制茶上甚为重要，盖茶品之高下，与水分液汁之多寡，及叶身之柔硬，有连带关系也。

发酵者，红茶与绿茶不同之点也。红茶于搓揉后，将叶曝于日中，使其发酵。如叶色过暗，则盖湿布于叶上而曝之，自能使颜色变淡。茶叶于搓揉曝日后，乃摊于铁丝网制成之大筐上，下置炭火，不时将叶翻动，使叶之各部，同受烘焙。……红茶烘焙之后，颜色较美。

茶自采摘以至烘焙，均粗细不分，故制成后，须经过筛分，盖所以分茶叶等级也。茶以嫩小为贵，粗大为下，故每筛一次，即得一种茶。其最细筛所分之叶，为最优之品。

…………

茶铺在进货后，招用大批女工，将各种茶叶仔细拣选，重编等级。故虽同属一种茶，品质较优。

4. 装包

杭州茶叶之运往外埠者，皆以木箱装运，木箱内复置铅胆密封。木箱共分大、中、小三种。大箱160斤，中箱100斤，小箱60斤。门装销售者，分装纸包及小洋铁罐，装潢颇佳。或方或圆，大者可盛茶叶1斤，中者8两，小者4两，携带方便。

5. 销路与茶庄

浙省茶叶之输出外国者，多由杭、甬、瓯三处运至上海，罕有直接装运出口者。查杭州本处茶叶产量，不过14000担，各地茶叶汇集杭州者，约50000担。其中在本地销售者，约计四分之一；运往各省者，约占四分之三。杭州城乡茶叶行九家，年销茶叶45000担以上。茶叶铺五十余家，年销17000担。每年茶行茶铺之贸易总值，约在320万元左右。平均市价，每斤自大洋三角至大洋八元不等。

表5-4　杭州茶叶行及茶铺

行名	籍贯	所在地址	行名	籍贯	所在地址	行名	籍贯	所在地址
全泰昌	安徽	候潮门外	莊源润	宁波	候潮门外	公顺	宁波	候潮门外
保泰	安徽	候潮门外	同泰	杭县	候潮门外	裕泰	安徽	候潮门外
源记	绍兴	候潮门外	隆记	绍兴	候潮门外	永大	安徽	候潮门外
方正大	安徽	羊坝头	方福泰	安徽	联桥大街	翁隆盛	杭县	清河坊
吴恒有	杭县	鼓楼前	鼎兴	杭县	保佑坊	永春	杭县	清河坊
大成	安徽	清河坊	吴兴大	安徽	菜市桥	吴元大	安徽	望江门街
方仁大	安徽	仁和路	德茂	杭县	湖墅	德长	安徽	湖墅

据《工商半月刊》记载，杭州茶业，以徽帮势力最强。相关记载在其他书籍中更详尽，这也证实本书对九曲红梅源起受徽茶之祁门红茶影响的论断。至于每家茶行贸易状况，则相去甚远。茶行中之公顺、全泰昌，茶铺中之方正大、翁隆盛、方福泰，每年贸易总值皆在三四十万元以上。其余茶铺之营业，则数万、数千元不等。闻亦有南货或糖食铺子而兼售茶叶者，然交易甚微。

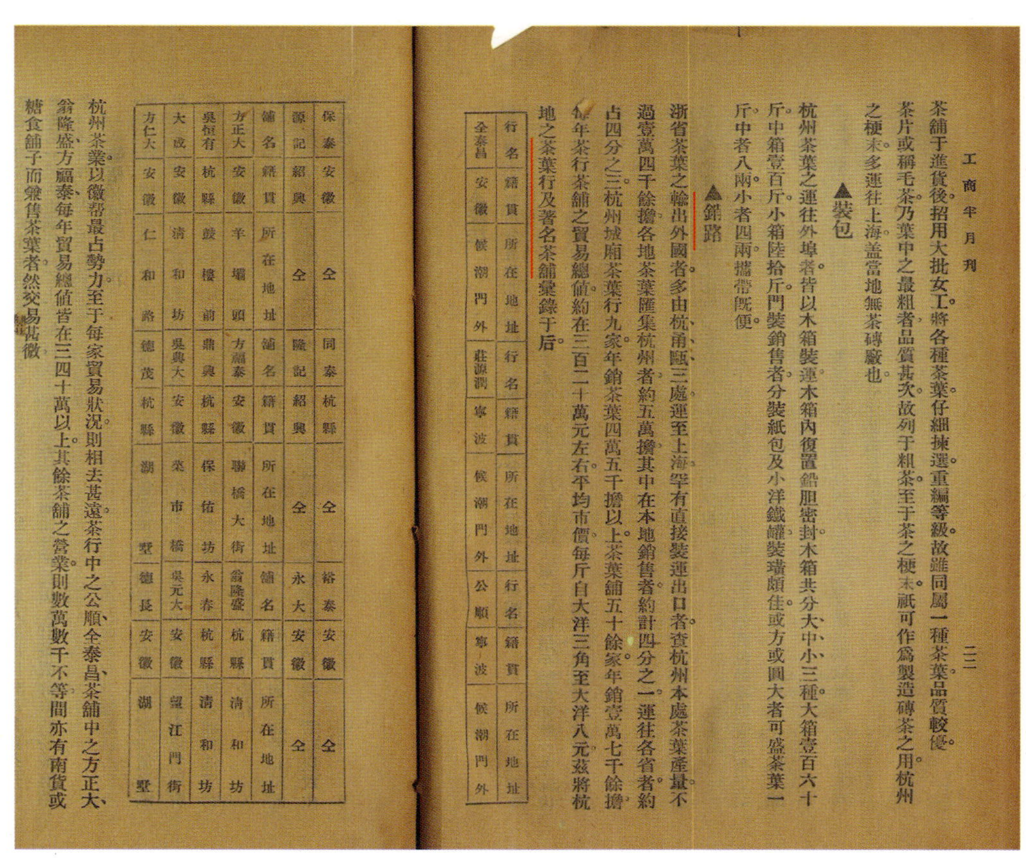

工商半月刊　二二

茶舖于進貨後。招用大批女工。將各種茶葉。仔細揀選。重編等級。故雖同屬一種茶葉。品質較優。茶片或稱毛茶。乃葉中之最粗者。品質甚次。故列于粗茶。至于茶之梗末。祇可作爲製造磚茶之用。杭州之梗末。多運往上海。蓋當地無茶磚廠也。

▲裝包

杭州茶葉之運往外埠者。皆以木箱裝運。木箱內復置鉛胆。密封木箱。共分大、中、小三種。大箱壹百六十斤。中箱壹百斤。小箱陸拾斤。門裝銷售者。分裝紙包及小洋鐵罐。裝璜頗佳。或方或圓。大者可盛茶葉一斤。中者八兩。小者四兩。攜帶既便。

▲銷路

浙省茶葉之輸出外國者。多由杭、甬、甌、三處。運至上海。罕有直接裝運出口者。查杭州本處茶葉產量。不過壹萬四千餘擔。各地茶葉匯集杭州者。約五萬擔。其中在本地銷售者。約計四分之一。運往各省者。約占四分之三。杭州城廂茶葉行九家。年銷茶葉四萬五千擔以上。茶葉舖五十餘家。年銷壹萬七千餘擔。每年茶行茶舖之貿易總值。約在三百二十萬元左右。平均市價。每斤自大洋三角至大洋八元。茲將杭地之茶葉行及著名茶舖。彙錄于后。

行名	籍貫	所在地址	行名	籍貫	所在地址	行名	籍貫	所在地址
全泰昌	安徽	候潮門外	莊源潤	寧波	候潮門外	公順	寧波	候潮門外
保泰	安徽	仝	同泰	杭縣	仝	裕泰	安徽	仝
源記	紹興	仝	隆記	紹興	仝	永大	安徽	仝
舖名	籍貫	所在地址	舖名	籍貫	所在地址	舖名	籍貫	所在地址
方正大	安徽	羊壩頭	方贏泰	安徽	聯橋大街	翁隆盛	杭縣	清和坊
吳恒有	杭縣	鼓樓前	鼎興	杭縣	保佑坊	永春	杭縣	清和坊
大成	安徽	清和坊	吳興大	安徽	菜市橋	吳元大	安徽	望江門街
方仁大	安徽	仁和路	德茂	杭縣	湖墅	德長	安徽	湖墅

杭州茶業。以徽帮最占勢力。至于每家貿易狀況。則相去甚遠。茶行中之公順、全泰昌、茶舖中之方正大、翁隆盛、方贏泰、每年貿易總值皆在三四十萬以上。其餘茶舖之營業。則數萬數千不等。間亦有南貨或糖食舖子而兼售茶葉者。然交易甚微

图5-18　《工商半月刊·杭州茶业状况·杭州茶叶行及茶铺》

Fig. 5-18 "Tea Shops in Hangzhou" in *Industry and Commerce Semimonthly*

图5-19 1930年《杭州市县经济调查报告书》书影

Fig. 5-19 A copy of the *Survey of Local Economy in Hangzhou*,1930

六、1930年《杭州市县经济调查报告书》之杭州红茶

1930年铁道部财务司调查科查编《杭州市县经济调查报告书·特产篇》有“杭县农产一览表”，其中：红茶，十八年（1929）全年产量1200担，总值32000元，普通每斤27元。

七、1930年12月吴觉农校阅《浙江省杭湖两区茶业概况》之杭州红茶

图5-21是中华民国19年（1930）12月浙江省政府农矿处印行，俞海清编著，吴觉农校阅，杭州正则印书馆印刷的《浙江省杭湖两区茶业概况》书影。

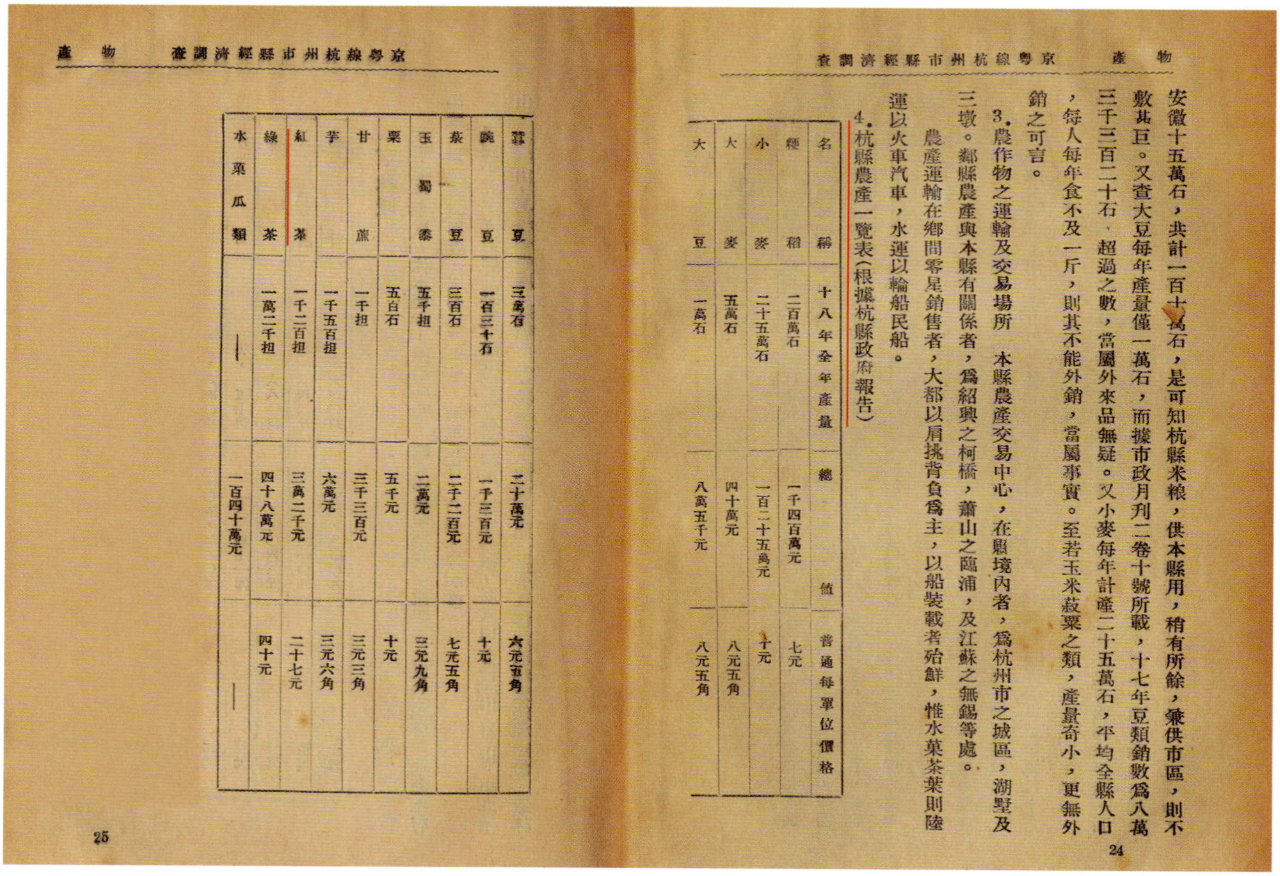

京粵線杭州市縣經濟調查　物產

安徽十五萬石，共計一百十萬石，是可知杭縣米粮，供本縣用，稍有所餘，兼供市區，則不敷甚巨。又查大豆每年產量僅一萬石，而據市政月刊二卷十號所載，十七年豆類銷數爲八萬三千三百二十石，超過之數，當屬外來品無疑。又小麥每年計產二十五萬石，平均全縣人口，每人每年食不及一斤，則其不能外銷，當屬事實。至若玉米菽粟之類，產量奇小，更無外銷之可言。

3.農作物之運輸及交易場所　本縣農產交易中心，在縣境內者，爲杭州市之城區，湖墅及三墩。鄰縣農產與本縣有關係者，爲紹興之柯橋，蕭山之臨浦，及江蘇之無錫等處。

農產運輸在鄉間零星銷售者，大都以肩挑背負爲主，以船裝載者殆鮮，惟水菓茶葉則陸運以火車汽車，水運以輪船民船。

4.杭縣農產一覽表（根據杭縣政府報告）

名稱	十八年全年產量	總值	普通每單位價格
粳稻	二百萬石	一千四百萬元	七元
小麥	二十五萬石	一百二十五萬元	十元
大麥	五萬石	四十萬元	八元五角
大豆	一萬石	八萬五千元	八元五角
蠶豆	三萬石	二十萬元	六元五角
晚豆	一百三十石	一千三百元	十元
蔡豆	三百石	二千二百元	七元五角
玉蜀黍	五千担	二萬元	三元九角
粟	五百石	五千元	十元
甘蔗	一千担	三千三百元	三元三角
芋	一千五百担	六萬元	三元六角
紅茶	一千二百担	三萬二千元	二十七元
綠茶	一萬二千担	四十八萬元	四十元
水菓瓜類	—	一百四十萬元	—

24　25

图5-20 《杭州市县经济调查报告书·杭县农产一览表》

Fig. 5-20 “List of Agricultural Products” in Hangzhou in *Survey of Local Economy in Hangzhou*

1929年杭州西湖博览会期间及其后，吴觉农被借调到浙江省农矿处工作，帮助农矿处科员俞海清完成各产茶区域实地调查。俞海清于当年10月29日奉令出发，跑遍杭州狮、龙、云、虎诸山，及杭属留下、四乡等处，继而赴余杭、临安、於潜、昌化、孝丰、安吉、长兴、吴兴、武康等县各产茶地区，及贩卖市场分别调查，于12月17日返杭，整理所有材料，经吴觉农校阅后，写作出版此书。

现将该书中有关红茶部分录于本书。

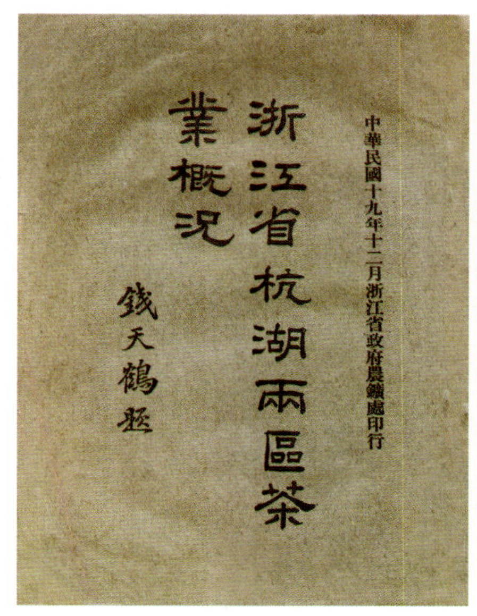

浙江省杭湖兩區茶業概況

錢天鶴題

中華民國十九年十二月浙江省政府農鑛處印行

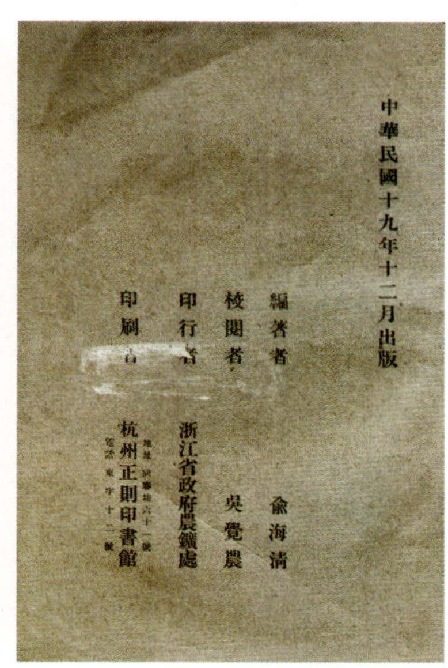

中華民國十九年十二月出版

編著者 俞海清

校閱者 吳覺農

印行者 浙江省政府農鑛處

印刷者 杭州正則印書館

图5-21 1930年12月俞海清编著，吴觉农校阅，《浙江省杭湖两区茶业概况》书影

Fig. 5-21 A copy of *Overview of Tea Industry in Hangzhou and Huzhou*, compiled by Yu Haiqing, revised by Wu Juenong in December 1930

表5-5 1930年杭州市各县产茶统计表

产茶量（担）

县别	产茶面积(亩)	红茶	绿茶	合计	茶叶价值(元)
杭州市	2000		637	937	191000
杭县	12000	1000	11000	12000	700000
余杭	72348	11940	27860	39800	1900000
临安	13500	810	7290	8100	340000
於潜	28400		2000	2000	83000
昌化	2920		850	850	25250

俞海清还专门赴各产区现场调查。杭县产茶区有西区、南区，所谓南区，即现域“九曲红茶”原产地浮山、定山。余杭则在南区、西区、北区，即今留下、闲林、径山一带。

俞海清先生调查详尽，对各县产区专茶园垦植费用，每亩茶园每年收支，每亩鲜叶量及工数、肥量，一一调查，将数据列表；用肥有人粪尿、茶饼、烧土灰、桐饼，用量也一一列入。头茶，以及二、三茶用工数，用工工资也详加记载。每处茶区每担干茶制造费用，包括干茶价值、原料价值、制造工资、柴炭、杂费，盈亏也清楚列出。

该书第四章为各县茶业分论，第一节杭州市，其中提及红茶的制造，原文如下：

将鲜叶薄摊匾内，置日光下晾之，约径五分至十分钟时，嫩叶用手揉，老叶以足踏，揉至出汗，并稍呈红色时，盛于匾内，以布盖之，使其发酵。及至变为红色，取出再揉，至卷缩成条，晒燥，以筛筛之，其粗者则略捏碎，如不即时出售，亦以纸包之，如绿茶入灰缸贮藏之。

书中载有杭州市茶业贸易概况，也写及红茶：

茶行交易……，所用之秤，旗枪为天平秤（十六两为一斤），红茶粗茶则以二十一两六钱为一斤。茶行之资本较厚者，每于茶市以前，或秋冬之交，农民经济困难之时，亦可放款；但该负债之茶户，所有茶叶，必须在放款之茶行所出售，所欠之款在茶价内扣还，其利息为月利二分以上。

……

税捐方面，统捐为每担二元余，海关每担关银一两，塘工捐每担四角。如由邮局寄者，则由邮局包税，抽邮包税，每担二元余。以上各税捐，多则茶行代纳，所有费用概由茶客担任。沿途厘金，则由客自则。

这一段茶业贸易其他书中少见述及，特别是红茶、绿茶所用之秤不同。税捐统捐，塘工捐，居然还有“邮包税”。

俞海清还对杭州茶行进行调查，中有：

表5-6　杭州茶行信息（部分）

行号	行主姓名	资本额(元)	售茶数量（斤）	销售价(元)	地址
永大	王炎村	2000	28000	280000	候潮门外104号
同春	吴达甫	8000	14400	80000	候潮门外101号
全泰昌	方冠三	5000	5440	81600	候潮门外69号
公顺	翁震镳	5000	8800	158400	江干135号

公顺茶行是向浮山、定山采办九曲红梅，再贩卖给方正大、翁隆盛等茶叶店的主要供应户。

还有“杭州茶叶店一览表”，已确认售卖九曲红梅的茶叶店列表如下：

表5-7　售卖九曲红梅的茶叶店

行号	地址	行号	地址
大成	清河坊大街	翁隆盛	清河坊大街
方正大	羊坝头大街	亨大	陈列馆上工字
吴元大	望江门直街	永春和记	太平坊
乾泰	艮山门外河岸上		

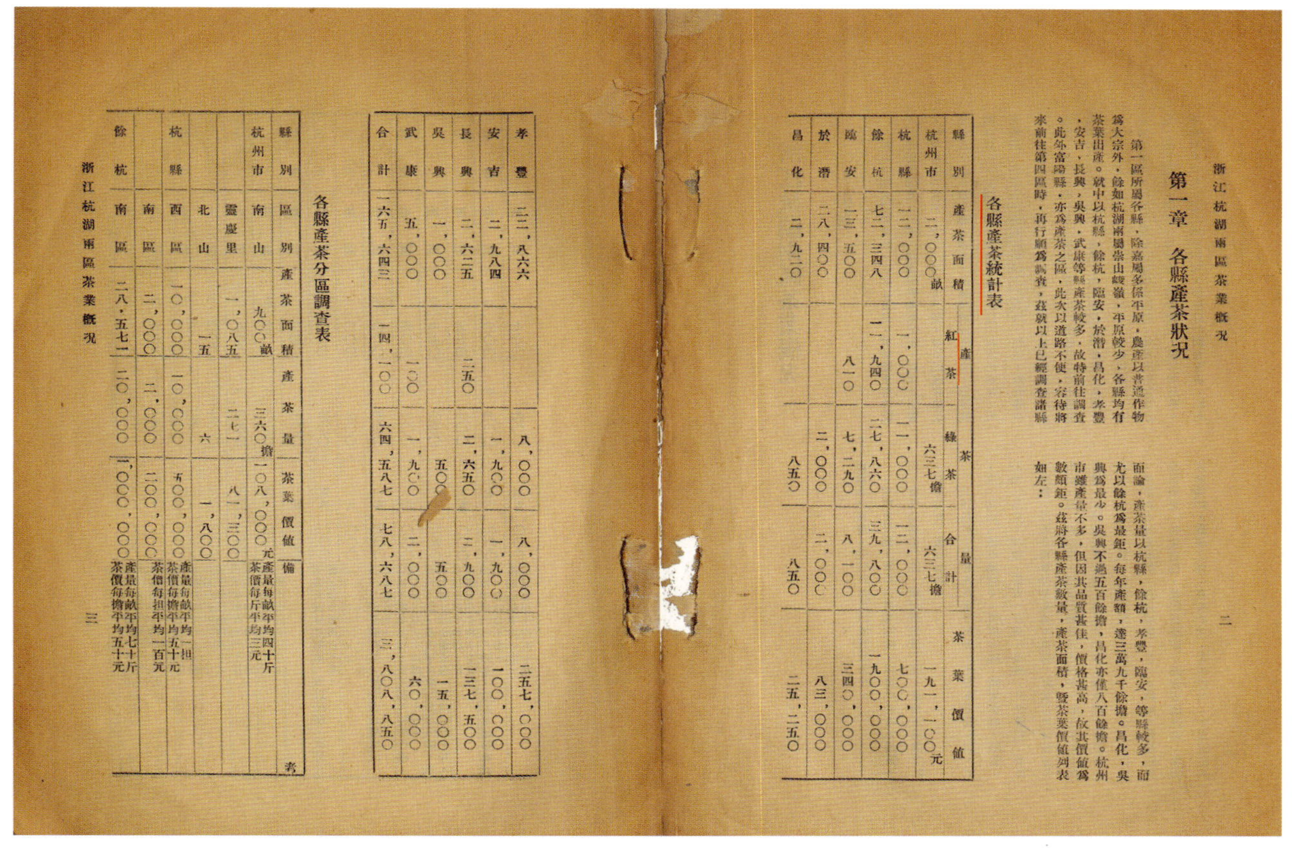

浙江杭湖兩區茶業概況

第一章　各縣產茶狀況

第一區所屬各縣，除嘉屬多係平原，農產以普通作物為大宗外，餘如杭湖兩屬崇山峻嶺，平原較少，各縣均有茶葉出產。就中以杭縣，餘杭，臨安，於潛，昌化，孝豐，安吉，長興，吳興，武康等縣產茶較多，故特前往調查。此外富陽縣，亦為產茶之區，此次以道路不便，容待將來前往第四區時，再行順為調查，茲就以上已經調查諸縣而論，產茶量以杭縣，餘杭，孝豐，臨安，等縣較多，而尤以餘杭為最鉅。每年產額，達三萬九千餘擔。昌化，吳興為最少。吳興不過五百餘擔，昌化亦僅八百餘擔。杭州市雖產量不多，但因其品質甚佳，價格甚高，故其價值為數頗鉅。茲將各縣產茶數量，產茶面積，暨茶葉價值列表如左：

各縣產茶統計表

縣別	產茶面積	產茶量 紅茶	綠茶	合計	茶葉價值
杭州市	二，〇〇〇畝		六三七擔	六三七擔	一九一，一〇〇元
杭縣	一二，〇〇〇	一，〇〇〇	一一，〇〇〇	一二，〇〇〇	七〇〇，〇〇〇
餘杭	七二，三四八	一一，九四〇	二七，八六〇	三九，八〇〇	一九〇〇，〇〇〇
臨安	一三，五〇〇	八一〇	七，二九〇	八，一〇〇	三四〇，〇〇〇
於潛	二八，四〇〇		二，〇〇〇	二，〇〇〇	八三，〇〇〇
昌化	二，九二〇		八五〇	八五〇	二五，二五〇
孝豐	二二，八六六		八，〇〇〇	八，〇〇〇	二五七，〇〇〇
安吉	二，九八四		一，九〇〇	一，九〇〇	一〇〇，〇〇〇
長興	二，六二五	二五〇	二，六五〇	二，九〇〇	一三七，五〇〇
吳興	一，〇〇〇		五〇〇	五〇〇	一五，〇〇〇
武康	五，〇〇〇	一〇〇	一，九〇〇	二，〇〇〇	六〇，〇〇〇
合計	一六五，六四三	一四，一〇〇	六四，五八七	七八，六八七	三，八〇八，八五〇

二

各縣產茶分區調查表

縣別	區別	產茶面積	產茶量	茶葉價值	備考
杭州市	南山	九〇〇畝	三六〇擔	一〇八，〇〇〇元	產量每畝平均四十斤 茶價每斤平均三元
	靈慶里	一，〇八五	二七一	八一，三〇〇	
	北山	一五	六	一，八〇〇	
杭縣	西區	一〇，〇〇〇	一〇，〇〇〇	五〇〇，〇〇〇	產量每畝平均一担 茶價每擔平均五十元
	南區	二，〇〇〇	二，〇〇〇	二〇〇，〇〇〇	茶價每担平均一百元
餘杭	南區	二八，五七一	二〇，〇〇〇	一，〇〇〇，〇〇〇	產量每畝平均七十斤 茶價每擔平均五十元

浙江杭湖兩區茶業概況　三

图5-22　《浙江省杭湖两区茶业概况·各县产茶统计表》

Fig. 5-22 "Statistics of Tea Production within Counties" in *Overview of Tea Industry in Hangzhou and Huzhou*

书中第二节杭县也写及红茶的制造，以及留下镇茶业贸易状况。

> 1930年留下镇是杭县茶叶交易最大市镇，有协利、源茂、万茂、马礼懋、松茂、恒丰、元大、升和祥、瑞兴、天元、同茂等11家茶行，均向杭县县政府领短期执照，于4月间开始营业，及至茶市结束时，即行停业。其营业性质，代客买卖，佣金向山客及茶客各抽百分之三。……销路以上海、苏州、杭州为大宗，山东（济南）、哈尔滨等处，销数较少。

据此，杭县的1000担红茶也应通过11家茶行，销向上海、苏州、杭州，少量销往山东（济南）、哈尔滨。

书中第三节余杭县，写道："红茶制法，亦与龙井同"，还提及闲林埠茶业贸易状况：

> 其时，闲林埠有裕和、恒森、衡大、甡茂、甡源、裕昌六家茶行。……该埠所售茶叶，以绿茶为大宗，红茶百分之二十。
>
> 该埠设有余东统捐分局，所有茶叶，当起运时，须至该局报捐，每担二元一角六分（附加在内）。
>
> 包装袋或篓。篓每件80斤，袋每件20斤至150斤。篓之价值，每个五六角，袋则六七角。

该书还写道：临安县的红茶制造与余杭同。

这本1930年出版的《浙江省杭湖两区茶业概况》以实地调查表明，20世纪30年代初，杭州红茶（九曲红梅）产区固定，栽培、制造技术成熟，贸易业已形成规模。

八、1931年《中国茶业问题》之杭州乌龙茶

图5-23是1931年8月出版，赵烈编著，沈骏声发行，大东书局印刷的《中国茶业问题》书影。《中国茶业问题》第七章“我国茶之产地及其产额”，第六节“浙江”，写道：

茶为浙江出产品之大宗，每年获利颇多，据旧农商部三次统计，以绿茶为最多，年约291482担，红茶次之，88629担，茶末1365担，茶芽7889担，合计389365担。而据中国第三回年鉴，则产额为834040担，茶园面积119304亩，相差竟至倍余，究何数为精确，未敢断定，姑并存之。省内产额以旧绍兴府属八县为最多，每年全省产额值四百八九十万元，多销于国内。……

这一段记述中，旧农商部为1912年至1927年北洋政府时期管理农、工、商的中央机构。其时军阀混战，交通不便，政令不畅，数据难以精确，但即使以相差竟至倍余的低者，红茶也有88629担。

第六节在叙述浙江全省后，记述了平水茶区的绍兴茶业。次述杭州：

杭州茶者，出产于杭州、湖州、金华、严州各府茶之总名也，包含乌龙茶及绿茶。湖州为薛锦乌龙茶之产地，以太湖流域出产为最多，其山茶则多运往杭州城外墅野再制。依旧农商部之报告，民国四年（1915）该地产额为37420余担，值银221.7万余元。金华、严州所产之茶多绿茶，销售于本国。严州产品质较劣，价格亦低，产额约35720余担。

……杭州及湖州之茶，由水路运集于墅野以再制之。

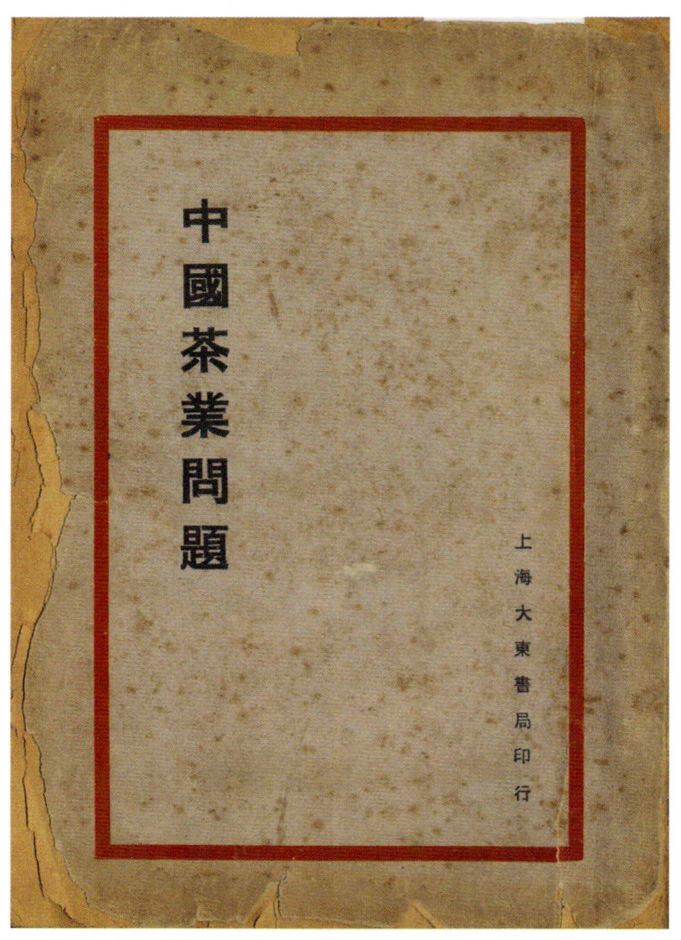

图5-23　《中国茶业问题》书影
Fig. 5-23 A copy of *Problems of Tea Industry in China*

这一段记载，明确杭州茶者，为出产于杭州、湖州、金华、严州各府茶之总名也，包含乌龙茶及绿茶。湖州为薛锦乌龙茶之产地，以太湖流域出产为多。

后面的记载中，金华、严州生产绿茶，因此，生产乌龙茶者，仅杭州和湖州。“湖州为薛锦乌龙茶之产地”，则乌龙茶应是杭州所产，此处乌龙茶是红茶的代名词，如起首一段所述，“红茶次之，88629担”。

按上面的记载和分析，我们可以得出民国4年（1915）杭州已有乌龙茶生产，也即九曲红梅。由此，也可以解释1929年《工商半月刊》中“杭州红茶”，多次出现“乌龙”字眼，而且与“九曲”“红寿”交替使用之历史原因了。

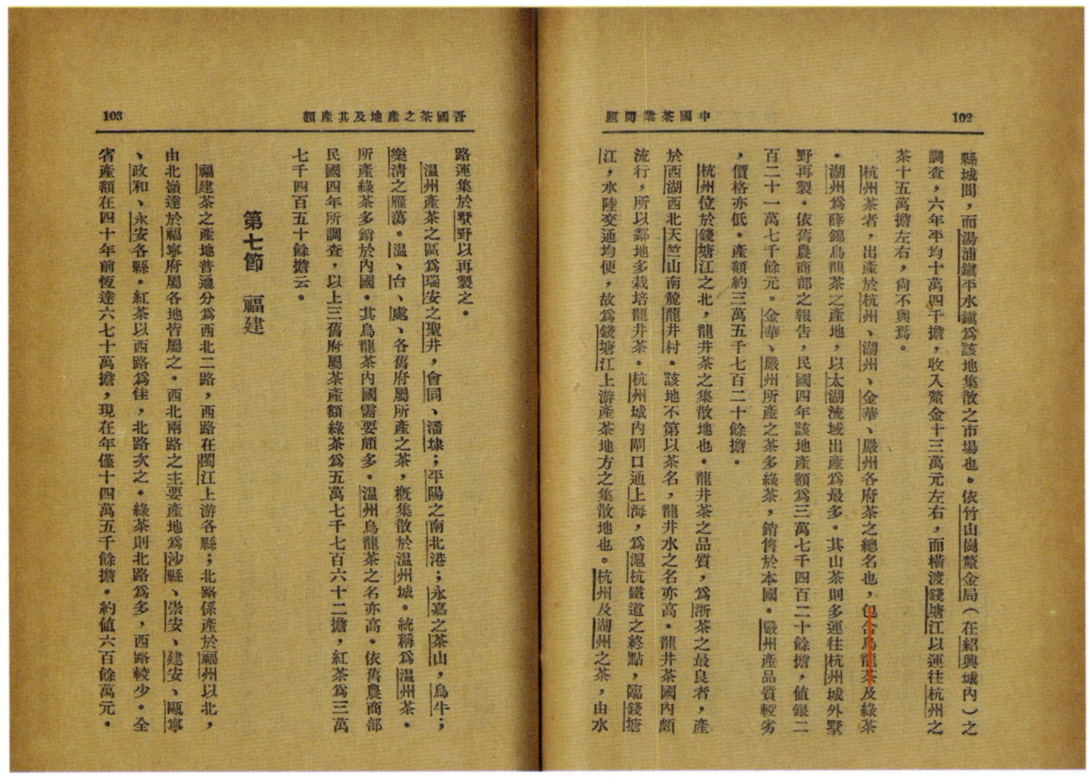

中國茶業問題　102

縣城間，而湯浦鎮平水鎮爲該地集散之市場也。依竹山閩釐金局（在紹興城內）之調查，六年平均十萬四千擔，收入釐金十三萬元左右，而橫渡錢塘江以運往杭州之茶十五萬擔左右，尚不與焉。

杭州茶者，出產於杭州、湖州、金華、嚴州各府茶之總名也，包含烏龍茶及綠茶。湖州爲辟錦烏龍茶之產地，以太湖流域出產爲最多。其山茶則多運往杭州城外墅野再製。依舊農商部之報告，民國四年該地產額爲三萬七千四百二十餘擔，值銀二百二十一萬七千餘元。金華、嚴州所產之茶多綠茶，銷售於本國。嚴州產品質較劣，價格亦低。產額約三萬五千七百二十餘擔。

杭州位於錢塘江之北，龍井茶之集散地也。龍井茶之品質，爲浙茶之最良者，產於西湖西北天竺山南麓龍井村。該地不第以茶名，龍井水之名亦高。龍井茶國內頗流行，所以鄰地多栽培龍井茶。杭州城內閘口通上海，爲滬杭鐵道之終點，臨錢塘江，水陸交通均便，故爲錢塘江上游產茶地方之集散地也。杭州及湖州之茶，由水

103　吾國茶之產地及其產額

路運集於墅野以再製之。

溫州產茶之區爲瑞安之聖井，會同、潘埭；平陽之南北港；永嘉之茶山，烏牛；樂清之雁蕩。溫、台、處、各舊府屬所產之茶，概集散於溫州城。統稱爲溫州茶。所產綠茶多銷於內國。其烏龍茶內國需要頗多。溫州烏龍茶之名亦高。依舊農商部民國四年所調查，以上三舊府屬茶產額綠茶爲五萬七千七百六十二擔，紅茶爲三萬七千四百五十餘擔云。

第七節　福建

福建茶之產地普通分爲西北二路，西路在閩江上游各縣；北路係產於福州以北，由北嶺達於福寧府屬各地皆屬之。西北兩路之主要產地爲沙縣、崇安、建安、甌寧、政和、永安各縣。紅茶以西路爲佳，北路次之。綠茶則北路爲多，西路較少。全省產額在四十年前恆達六七十萬擔，現在年僅十四萬五千餘擔。約值六百餘萬元。

图5-24　《中国茶业问题》对“杭州乌龙”的记载

Fig. 5-24 Passage about Hangzhou oolong tea in the *Problems of Tea Industry in China*

九、1935年《东方杂志》之龙井红茶

1.《西湖龙井茶业概况》

1935年4月1日《东方杂志》第32卷第7号上，何伯雄著《西湖龙井茶业概况》一文，对龙井茶的产地、产量、栽培、炒制、茶场和茶市，茶价成本与销运，乃至龙井茶的改良都有详尽细致的调查。图5-25和图5-26是1935年4月1日《东方杂志》第32卷第7号封面和该期刊登之何伯雄《西湖龙井茶业概况》一文。

文中特别讲到了龙井红茶的制法，详细介绍了龙井红茶的凋萎、搓揉、发酵、干燥、筛拣、包装过程。

何伯雄在《西湖龙井茶业概况》一文中详细地将狮、龙、云、虎各个龙井产茶区的地点、茶地、面积、年产量、年产值一一列出。其时，龙井茶区共有茶地面积2970亩，年产量1188担，年产值223200元，文中并没有区分茶区种植的是绿茶，还是红茶。

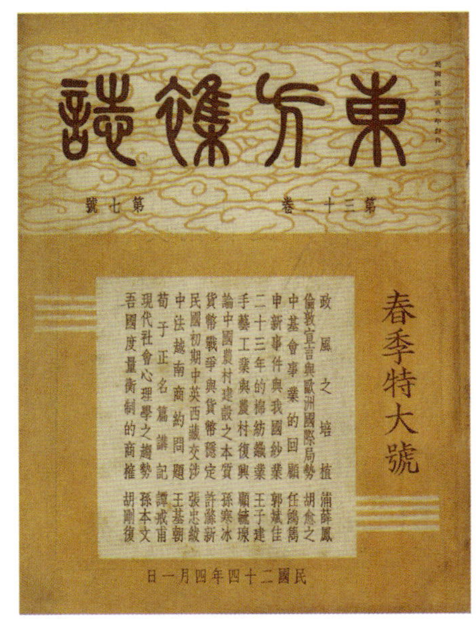

图5-25　1935年4月1日《东方杂志》第32卷第7号书影

Fig. 5-25 A copy of *Orient Magazine*, Volume 32, Issue 7, April 1, 1935

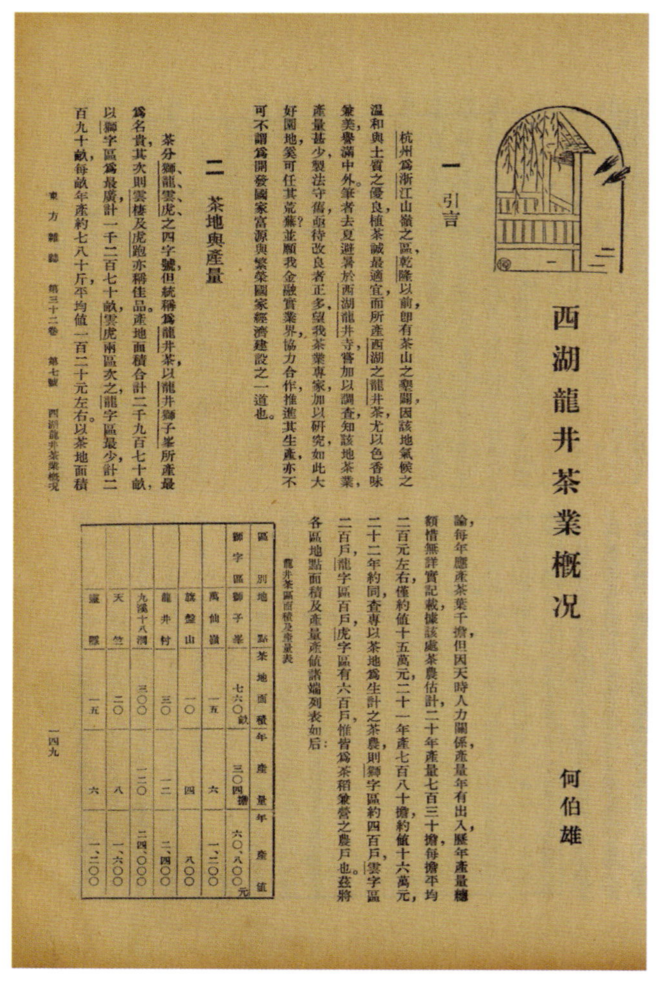

西湖龍井茶業概況

何伯雄

一 引言

杭州爲浙江山嶺之區，乾隆以前，卽有茶山之舉闢，因該地氣候之溫和與土質之優良，植茶誠最適宜，而所產西湖之龍井茶，尤以色香味兼美，譽滿中外。筆者去夏避暑於西湖龍井寺，嘗加以調查，知該地茶業，產量甚少，製法守舊，亟待改良者正多，望我茶業專家，加以研究，如此大好園地，奚可任其荒蕪？並願我金融實業界，協力合作，推進其生產，亦不可不謂爲開發國家富源與繁榮國家經濟建設之一道也。

二 茶地與產量

茶分獅、龍、雲、虎之四字號，但統稱爲龍井茶，以龍井獅子峯所產最爲名貴，其次則雲棲及虎跑亦稱佳品。產地面積合計二千九百七十畝，以獅字區爲最廣，計一千二百七十畝，雲虎兩區次之，龍字區最少，計二百九十畝，每畝年產約七八十斤，平均值一百二十元左右。以茶地面積論，每年應產茶葉千擔，但因天時人力關係，產量年有出入，歷年產量總額惜無詳實記載，據該處茶農估計，二十年產量七百三十擔，每擔平均二百元左右，僅約值十五萬元，二十一年產七百八十擔，約值十六萬元，二十二年約同，查專以茶地爲生計之茶農，則獅字區約四百戶，雲字區二百戶，龍字區百戶，虎字區有六百戶，惟皆爲茶稻兼營之農戶也。茲將各區地點面積及產量產值諸端列表如后：

龍井茶區面積及產量表

區別	地點	茶地面積	年產量	年產值
獅字區	獅子峯	七六〇畝	三〇四擔	六〇、八〇〇元
	萬仙嶺	一五	六	一、二〇〇
	旗盤山	一〇	四	八〇〇
	龍井村	三〇	一二	二、四〇〇
	九溪十八澗	三〇〇	一二〇	二四、〇〇〇
	天竺	二〇	八	一、六〇〇
	靈隱	一五	六	一、二〇〇

東方雜誌 第三十二卷 第七號 西湖龍井茶業概況 一四九

图5-26 何伯雄《西湖龙井茶业概况》（1935年《东方杂志》）
Fig. 5-26 “The Industry Overview of the West Lake Longjing Tea” by He Boxiong, in *Orient Magazine*, 1935

接下去，何伯雄有一段话：

观前表所示，西湖真龙井茶之产量，年仅千担余，而杭州市内各茶庄门市全年销出总额需三万担左右，内除一小部分祁门及宁州红茶外，余均称龙井。此巨量之龙井茶，从何而来？盖显系收买上泗乡及留下等处茶叶，冒充龙井，借地出售，因杭州市附近各处所产之茶，其采摘制法皆与龙井茶同也。

何伯雄文中的上泗乡，应包括定山、浮山及九溪十八涧等九曲红梅产地。

2. 龙井红茶制作

我们特别关注何伯雄文中有关“龙井红茶”的记述，原文如下：

……红茶制法则大致可分：

凋萎　鲜叶采集后，匀摊竹匾中，于日光下充分晾干，时间之长短，须视阳光之强弱而定，大多两三小时左右，其形萎凋后，即施搓揉。

搓揉　绿茶司火者，须有相当经验；然红茶之搓揉者，尤须小心翼翼，格外留意。细茶用手搓揉，粗茶则用脚踏，适度与否，则全凭经验，宜注意叶之色泽，因搓揉与色泽关系最大，使其水分将尽，色未变黑，即须撮去发酵。

发酵　将竹匾内揉过之茶叶，盛于竹篓中，篓口用布兜覆之，再置于强度阳光中，使其发酵，直至汁尽而叶色变红色后，再匀摊于竹匾内透凉。

干燥　发酵后应即解块，再行干燥，晴天置于日光中晒之，雨天施用火力。

筛拣　俟茶叶重炒干燥后，即行撮出筛去茶末，摊置匾上，使其散热。经过一夜，热气散尽，即可拣剔包装。

包装　茶之包装，亦须留意。已包装之茶，不宜随意随地堆置，必须贮藏于灰缸（用石灰垫于缸底），使不至受潮，以防色香味之变化。

3. 龙井红茶旧影

图5-27至图5-30是1935年4月1日《东方杂志》第32卷第7期刊登之龙井茶老照片，分别为采茶、搓揉、焙炒、拣剔，这四道工序对红绿茶是一样的。

图5-27　采茶
Fig. 5-27 Tea harvesting

图5-29　焙炒茶
Fig. 5-29 Tea baking

图5-28　搓揉茶
Fig. 5-28 Tea rubbing

图5-30　拣剔茶
Fig. 5-30 Tea stalk-sorting

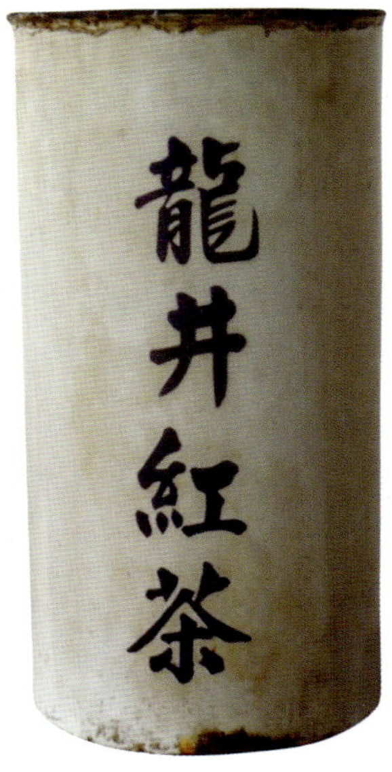

图5-31　龙井红茶搪瓷缸
Fig. 5-31 Longjing Black Tea enamel cylinder

十、1937年《东南日报》之“杭县上泗乡茶产概况”

图5-32是1937年6月5日《东南日报·经济新闻版》之“杭县上泗乡茶产情况”，1937年《东南日报》的文章，刚好补充了《东方杂志》上泗乡的红茶产制和运输状况。文章写道：

杭县上泗乡，为茶叶产地，而浮山、良户二处，又为茶叶集散地，现有茶行共计二十五家，较著名者，每家营业资本多则八万余元，少则三万余元。其内部制造营业组织，分炒茶、删茶、装茶、搬夫、司账、秤手（一名看货主人），等等。

茶叶制法　茶叶总名称为浮旗茶（一名龙井茶），绿茶产量较多，故制造红茶者甚少。红茶制法，先将采得之新芽，曝于阳光之下，令其萎卷，然后纳于布袋，用脚搓踏。待至发酵时，再晒日光中干燥，或用炉烘焙，即成红茶。……

文中杭县上泗乡浮山、良户二处，民国杭县地图皆有标出，均为九曲红梅原产地。而红茶制法，即九曲红梅制法也。文中的“删茶”，即为拣工。

运销状况　茶行工人待遇、炒茶工资，以斤数计算，每斤五厘。删茶工资，每月十元。装茶工资，每月十五元。搬夫工资（临时雇用），以日论工，做二工可得一元。司账工资，每月三十元至八十元。秤手工资，每月四十元至一百二十元不等。

茶商大多为外埠茶商，以上海、天津、四川、山东、东北等处较多，但本地数量甚少。买卖手续，茶农将毛茶售于茶贩，再由茶贩运售于茶行，当地毛茶买卖一律通过市秤作标准。茶箱均运销上海、镇江、南京、丹阳、天津、北平、扬州、广西、四川、山东、哈尔滨等地。茶叶每担运费，因道路之远近不同，每担运费由六元至八元不等。

这一段记载，详述了浮山、良户茶行的工资状况，及其茶叶运销至全国各地的历史，其中有龙井绿茶，也有九曲红梅。

最后一段“实验改良”，写道：

本区所产茶叶为农村重要副产之一，惜制法守旧，不知改良，其价不能增高。近年由浙江省立民教实验民教馆浮山分馆，已指定一部分农民改良，故今年虽天雨，茶叶较去年减少四分之一，而售价较去年增多，每斤平均四角。

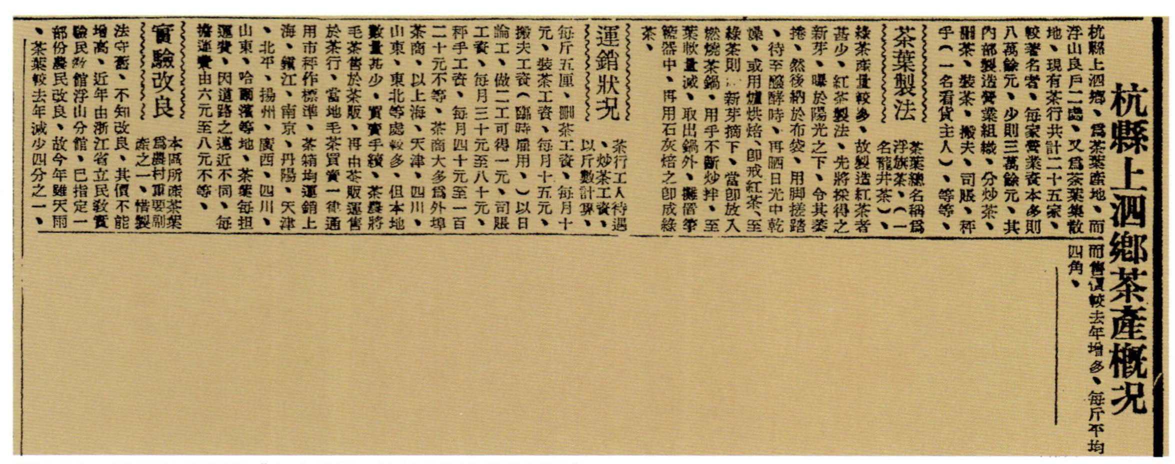

杭縣上泗鄉茶產概況

杭縣上泗鄉、爲茶葉產地、而浮山良戶二處、又爲茶葉集散地、現有茶行共計二十五家、較著名者、每家營業資本多則八萬餘元、少則三萬餘元、其內部製造營業組織、分炒茶、刪茶、裝茶、搬夫、司賬、秤手（一名看貨主人）、等等、

茶葉製法

茶葉總名稱爲浮旗茶、（一名龍井茶）、綠茶產量較多、故製造紅茶者甚少、紅茶製法、先將採得之新芽、曝於陽光之下、令其萎捲、然後納於布袋、用脚搓踏、待至醱酵時、再晒日光中乾燥、或用爐烘焙、即成紅茶、至綠茶則新芽摘下、當即放入燃燒茶鍋、用手不斷炒拌、至葉軟量減、取出鍋外、攤置篋器中、再用石灰焙之即成綠茶、

運銷狀況

茶行工人待遇、炒茶工資、以斤數計算、每斤五厘、刪茶工資、每月十元、裝茶工資、每月十五元、搬夫工資（臨時雇用、）以日論工、做二工可得一元、司賬工資、每月三十元至八十元、秤手工資、每月四十元至一百二十元不等、茶商、以上海、天津、四川、山東、東北等處較多、但本地數量甚少、買賣手續、茶農將毛茶售於茶販、再由茶販運售於茶行、當地毛茶買賣一律通用市秤作標準、茶箱均運銷上海、鎮江、南京、丹陽、天津、北平、揚州、廣西、四川、山東、哈爾濱等地、茶葉每担運費、因道路之遠近不同、每擔運費由六元至八元不等、

實驗改良

本區所產茶葉爲農村重要副產之一、惜製法守舊、不知改良、其價不能增高、近年由浙江省立民教實驗民教館浮山分館、已指定一部份農民改良、故今年雖天雨、茶葉較去年減少四分之一、而售價較去年增多、每斤平均四角、

图5-32　1937年6月5日《东南日报·杭县上泗乡茶产概况》

Fig. 5-32 “Overview of Tea Industry in Hangzhou Shangsi Township” in *Southeast Daily,* June 5, 1937

最后一段记载说明，1937年在九曲红梅原产地浮山，有民教实验民教馆浮山分馆指导茶农改良茶叶采制，以致售价提高。

十一、《文华》和《良友》画报刊登的龙井红茶老照片

由于中国近代战乱频繁，动荡不断，许多有价值的资料遭到焚毁。迄今为止，有关民国时期茶业的老照片披露甚微，笔者费时十余载，耗重金多方寻觅，沙里淘金，史海钩沉，获得不少有价值的杭州茶业文化遗存。在数千本的民国老画报中，终于寻觅到一些采茶老照片。说来也奇，涉及其他产地茶业的照片少有发现，仅有杭州茶业，这也说明杭州茶业名气之大。

图5–33至图5–34是1930年第14期《文华》封面和该期画报中刊登的龙井茶旧影。

图5–37至图5–43是1931年《良友》画报封面和《良友》画报中刊登的采茶、炒茶、火门筛、称茶、炒茶的炉灶、拣茶、做红茶、贮藏茶叶旧影，基本上涵盖了龙井茶的整个制作和贮藏过程。

其中采茶、拣茶、炒茶、贮藏等工序，红茶和绿茶是一样的。

十二、1934年《杭州民国日报画报》之晒制红茶旧影

1934年6月2日《杭州民国日报画报》第35期题为“采茶与饲蚕”，有“采茶”和“饲蚕”照片各五张，“采茶”照片图片说明分别为：“九溪十八涧采茶女”“采茶者”“九溪十八涧之茶摊”“晒制红茶”“采茶工具”，另有一幅“九溪十八涧茶园”照片。这一组的六张照片，题材是采茶、茶摊、茶园，还提供了一张非常珍贵的有时间（1934年）、有地点（九溪十八涧）的“晒制红茶”旧影。按以上的书籍记载和这一组照片，我们可以得出，20世纪30年代，“杭州红茶”（九

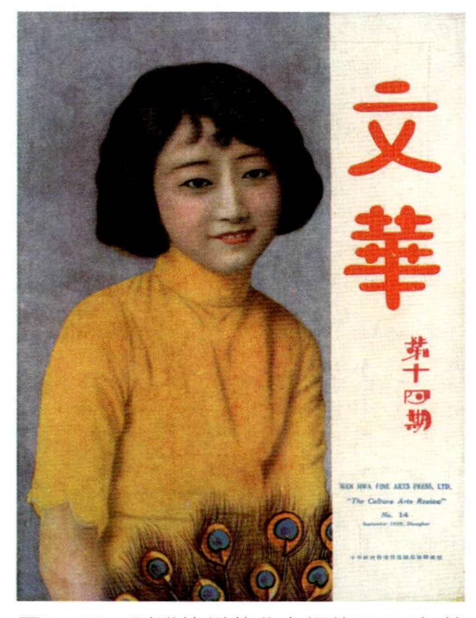

图5–33　刊登杭州茶业专辑的1930年第14期《文华》画报封面

Fig. 5-33　The cover of *Wen-hua*, issue 14, 1930, with pages about tea industry in Hangzhou

图5–34　采茶（20世纪30年代）

Fig. 5-34　Tea picking (in the 1930s)

图5-35　摩登采茶女（1929年）

Fig. 5-35　The modern tea-picking girls (in 1929)

图5-36　采茶童（20世纪30年代）

Fig. 5-36　A tea-picking boy (in the 1930s)

图5-37　《良友杂志》封面

Fig. 5-37　The cover of *The Young Companion*

图5-38　称茶。每天中午和傍晚，茶行两次上山将采摘茶叶过秤（20世纪30年代）

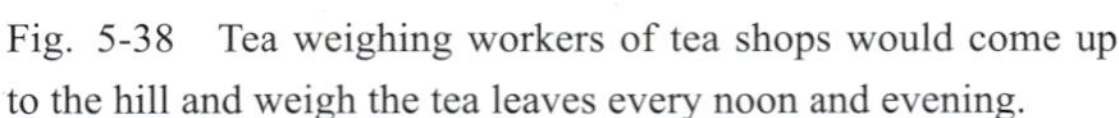

Fig. 5-38　Tea weighing workers of tea shops would come up to the hill and weigh the tea leaves every noon and evening.

图5-39　拣茶，将枝梗拣去（20世纪30年代）

Fig. 5-39　Tea stalk-sorting (in the 1930s)

图5-40　采龙井茶（20世纪30年代）

Fig. 5-40　Longjing Tea picking (in the 1930s)

图5-41　火门筛，茶炒好后，趁热筛，称之为“火门筛”（20世纪30年代）

Fig. 5-41 Hot tea screening, screening the tea while it's still hot (in the 1930s)

图5-42　制红茶，杭州茶庄也做红茶，经过发酵后的红茶，放在日光下曝晒，到七八成干，再烘干，茶叶烘焙时时常翻动（20世纪30年代）

Fig. 5-42 Black tea processing (Black tea was also made in tea shops of Hangzhou. After fermentation, the tea was exposed to sunlight until it's 70%—80% dry, then baked. The tea should be flicked while baking.) (in the 1930s)

图5-43　贮藏龙井茶的石灰坛（20世纪30年代）

Fig. 5-43 Jars with lime used to store tea (in the 1930s)

曲红梅），已经从定山、浮山原产地逐渐扩大到整个龙井茶区，包括前述在狮峰之阳的乾泰茶庄，以及九溪十八涧一带的茶园。以下这一组的六张照片，非常巧合的是，全部是在九溪十八涧拍摄的，至少在记者心目中，其时，“杭州红茶”（九曲红梅）在九溪十八涧是最兴旺的。“九曲”由来说众多，其中有一说源自九溪也有了出处。见图5-44至图5-50。

中華民國二十三年六月二日
第三十五號
每逢星期六出版
隨報附送不另取資

杭州民國日報畫報

採茶與飼蠶

↓採茶者

(樊迪民)

图5-44　1934年6月2日《杭州民国日报画报》

Fig. 5-44 *Pictorial of Hangzhou Daily*, June 2, 1934

图5-45 九溪十八涧采茶女（1934年）
Fig. 5-45 Tea-picking girls in Nine Creeks and Eighteen Gullies (in 1934)

图5-46 采茶者（1934年）
Fig. 5-46 Tea-picking man (in 1934)

图5-47 九溪十八涧之茶摊（1934年）
Fig. 5-47 Tea stall in Nine Creeks and Eighteen Gullies (in 1934)

图5-48 九溪十八涧茶园（1934年）
Fig. 5-48 Tea plantation in Nine Creeks and Eighteen Gullies (in 1934)

图5-49 晒制红茶（1934年）
Fig. 5-49 Sun-curing black tea (in 1934)

图5-50 采茶工具（小篮采细茶，大篮采粗茶，畚箕堆存茶叶，竹匾晾晒茶叶）
Fig. 5-50 Tools for tea picking (the small basket for picking delicate tea leaves, the big basket for picking coarse tea leaves, the dustpan for stacking tea, and the bamboo plaque for drying tea)

十三、浙省老字号茶庄吴元大之杭州红茶广告

图5-53是彩色的“浙省吴元大名茶佳菊发行中外”广告，画的正中是民国时期西湖风情画。画的右侧绘有1929年建造的西湖博览会桥，画的左侧已没有了1924年倒塌的雷峰塔，因此，这幅画应是1929年以后画的，这幅广告应该是相对平和的20世纪30年代的。

广告的右侧为“茶菊略叙”，文如下：

吾浙素号产茶之区，虎林（杭州）一城湖山竞秀，灵气所钟，所产特异。如西湖附近之龙井、虎跑、狮子峰、五云山产茶最为上品。采茶时节，届春社寒食者，谓之“明前”；在清明谷雨者，谓之“雨前”。翠色匀碧，汁味清甘，香气馥郁，能备以上三者，方为佳茗，此指绿茶而言也。谷雨以后，叶瓣舒放，香味浓厚，及时采取，精为焙制，合天晴人工之妙，而为红茶，提神解渴，功能弥多。遐稽陆氏新经自得雪浪雷芽之妙。尝谓“一壶春雷雨，两脉清风洗”。……

图5-51　农商部注册浙省吴元大茶庄“多子商标”广告画，标为“农商部”，应是20世纪20年代北洋政府时期印制的

Fig. 5-51 The poster about the “Many Sons Trademark” of Wuyuanda Tea Shop registered in the Ministry of Agriculture and Commerce, printed during the period of the Northern Warlords Regime in the 1920s

20世纪30年代的“浙省吴元大名茶佳菊发行中外”广告画之“茶菊略叙”，首先介绍了龙井茶产区范围，以及驰名中外的龙井明前茶和雨前茶必须是清明、雨前采摘的春茶，以及翠色匀碧，味清甘香，香气馥郁的色、香、味三标准。下面一段“**谷雨以后，叶瓣舒放，**香味浓厚，及时采取，**精为焙制，合天晴人工之妙，而为红茶”**则为我们提供了以下史实：

一是，20世纪30年代，杭州老字号茶庄在谷雨以后，采摘龙井茶区叶瓣舒放、香味浓厚的茶叶，利用天晴发酵、晒干，精为焙制，制作红茶，这也即是投入市场销售的九曲红梅。

二是，谷雨之前，乍晴乍雨，无“天晴人工之妙”，适宜制作龙井绿茶，

图5-52　杭州吴元大茶庄“多子商标”茶叶罐

Fig. 5-52 The tea caddy of Wuyuanda Tea House with the “Many Sons Trademark”

人工炒制，价格好；而谷雨后方为“杭州红茶”的采摘制作旺季。

三是，杭州红茶“提神解渴，功用弥多”，“一壶春雷雨，两脉清风洗”。爱好杭州红茶（九曲红茶）的人群当也不少。

四是，吴元大广告证实，杭州红茶（九曲红茶）与西湖龙井是同一茶区不同时段采摘制作的两种茶叶，既考虑红茶天晴可晒，又考虑增加品种，增加效益。因是谷雨后的茶叶，故普遍九曲红梅、“红梅”较西湖龙井价格低，又能“提神解渴”，而不适合细细品茗，较适合一般品茗人群。

1931年《杭州市经济调查·商业篇·茶庄》中记载：

庄号：吴元大；地址：望江门直街；经理姓名：吴某；籍贯：安徽；开设年月：光绪八年（1882）；组合性质：独资。

1937年《杭州市公司行号年刊》中：

公司行号：吴元大；经理：凌志廉；地址：望江门直街四号。

杭州吴元大茶庄是创建于光绪八年（1882）的老字号茶庄。其时，刚好是九曲红梅从肇创到发展之际。其老板是安徽人，安徽祁门盛产祁门红茶，引进技术，精制红茶，也在常理。

这幅杭州老字号茶庄做的广告，再一次说明九曲红梅在肇创后的精制、发展受到安徽红茶的影响。

彩色“浙省吴元大名茶佳菊发行中外”背面，即《浙杭吴元大茶庄分销价目表》，其“红茶玫窨品”中可以明确是“杭州红茶”（九曲红梅）的有：最优小种、上上小种、上上乌龙、上九曲、九曲、上红寿眉、上红君眉、红君眉、上红寿、红梅上建旗、建旗、建旗芯等共计14种。

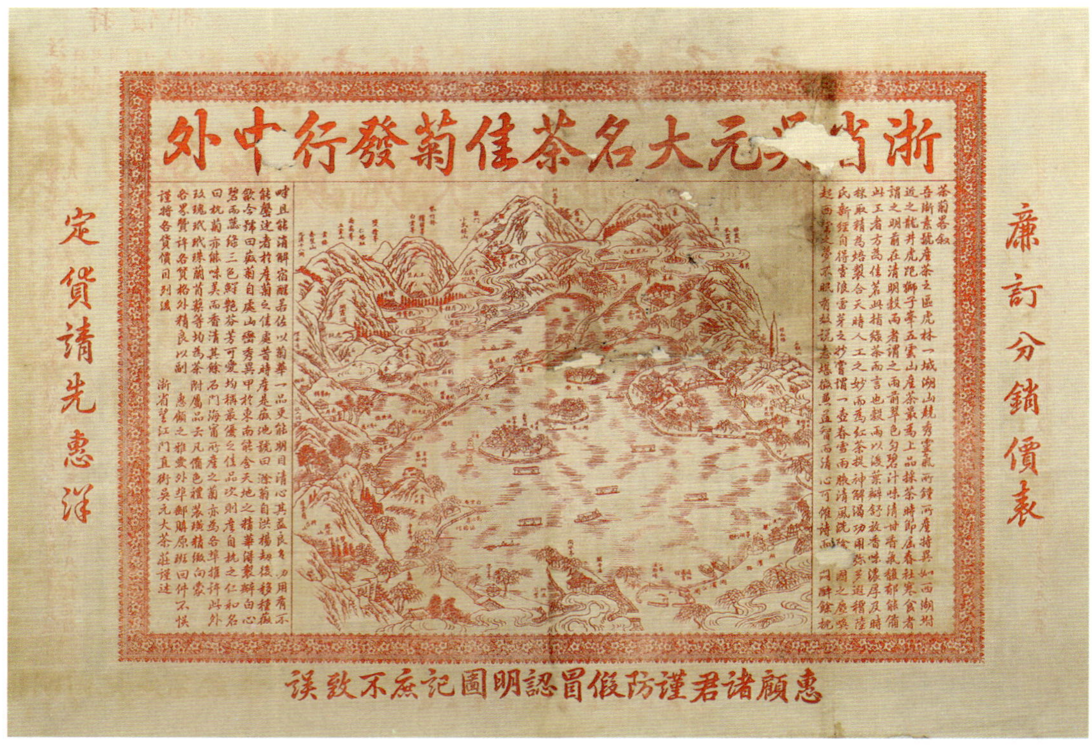

图5-53　“浙省吴元大名茶佳菊发行中外”广告，提及“杭州红茶”

Fig. 5-53 The advertisement of the “beautiful chrysanthemum tea made by Wuyuanda Tea Shop sold globally”, mentioning Hangzhou black tea

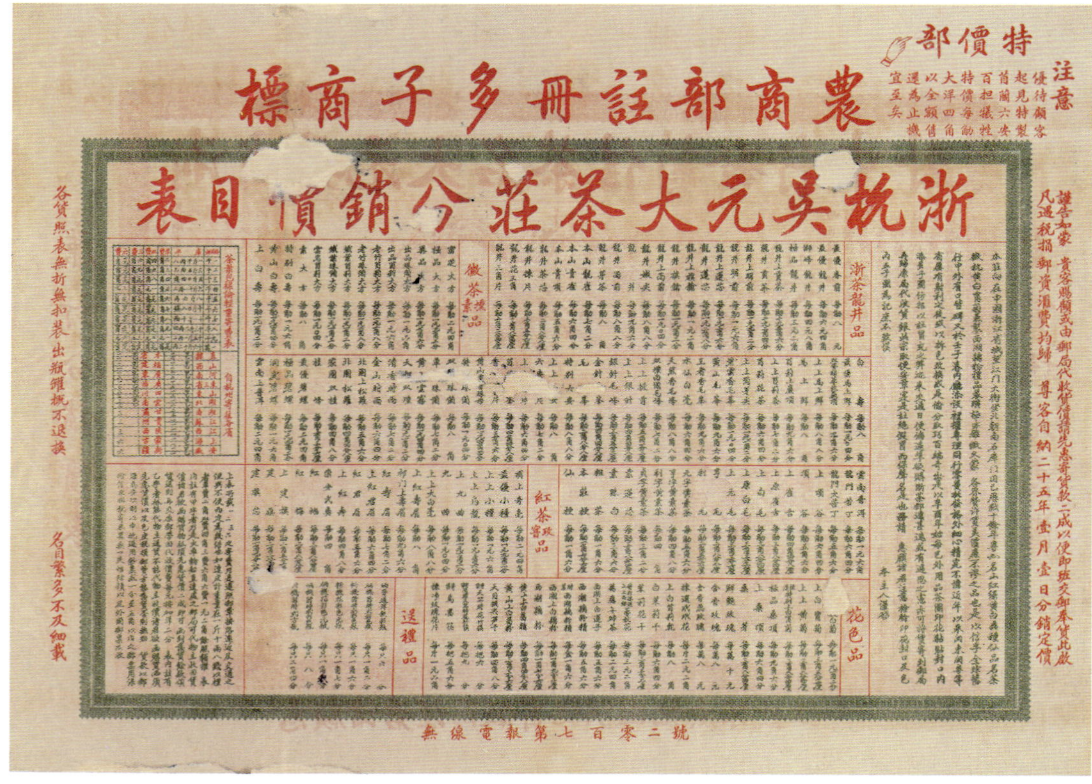

图5-54　《浙杭吴元大茶庄分销价目表》

Fig. 5-54 “The Distribution Price List of Wuyuanda Tea Shop in Hangzhou, Zhejiang Province”

十四、1948年《浙江经济·浙江茶业专号（下）》之杭州红茶

1948年7月31日出版的《浙江经济》第5卷第1册《浙江茶业专号（下）》载章特英（杭州市茶业同业公会理事长）《杭州茶行概略》一文，其中有“杭州市每年积散毛茶总估计表”，如下：

表5-8　杭州市每年积散毛茶总估计表（单位：担）

品名	产地约额	运杭销售	由杭转口
大方	10000	15000	5000
毛茶	100000	70000	30000
中次龙井	20000	20000	
狮峰梅坞	300	6000	240
炒青	80000	20000	60000
红茶	30000	25000	5000
粗绿茶	10000	10000	

其时，皖南产地产红茶22000担，运杭销售200担，由杭转口1800担。福建产地产红茶约额3000担，运杭销售2000担，由杭转口1000担。杭州本地红茶产地约额达到30000担，运杭销售25000担，由杭转口5000担。1948年杭州本地产红茶占大多数。

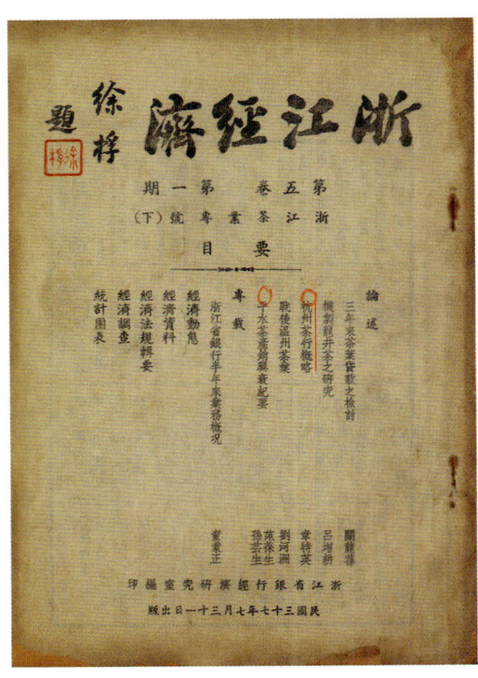

浙江經濟

徐桴題

第五卷　第一期

浙江茶業專號（下）

要目

論述

三年來茶葉貸款之檢討

龍井茶之研究　呂增耕

杭州茶行概略　章特英

戰後溫州茶業　劉河洲

孫芸生

專載

浙江省銀行半年來業務概況

經濟動態

經濟資料

經濟法規輯要

經濟調查

統計圖表

浙江省銀行經濟研究室編印

民國三十七年七月三十一日出版

图5-55　1948年《浙江经济·浙江茶业专号（下）》书影（左）

Fig. 5-55 A copy of *Zhejiang Economy*, Special Issue of Zhejiang Tea Industry, Volume II (left)

图5-56　1947年4月国泰影片公司出品的电影《忆江南》中，周璇扮演的采茶女在杭州龙井茶区的剧照（右）

Fig. 5-56 The still of a tea-picking girl played by Zhou Xuan in the Longjing Tea Area, from the movie *Dreaming of the South* produced by Guotai Film Company in April 1947 (right)

杭州茶行概略

章特英

茶爲我國出口之特產，素負盛譽于世界各國，勝利後，國人注意茶葉之外銷，政府亦曾獎勵出口，維護茶業，我杭茶商，風起雲湧，組織茶行。滬地茶商亦接踵來杭，設廠製茶，以圖發展。考杭市爲浙皖贛閩茶葉集散總樞紐，在戰前約有茶行十餘家，勝利後實增至七八十家。內容組織，多甚簡陋，間有規模稍大者。然自三十五年度受高利之重剝，茶行雖曾奔走呼籲，終不得沾潤政府之貸款。表面雖渡過難關，實在是虛贏實虧。兼之捐稅重疊，運銷維艱，正式茶商，營業不易，倒閉甚夥，三十年度僅存六十餘家。而地下茶商，蒸蒸日盛，引渡游資，搜購甕存，大都茶汛旺期，乘正式茶商資金週轉困難之際，殺價收買，內以開支撙節，外則隱蔽捐稅不繳。至秋冬時期，市上茶葉缺乏，該般業外茶商，故意趁機操縱市面，以致刺激茶價飛騰，實際茶農茶行何從沾利。

關於杭市每年集散茶葉數量，總在貳拾餘萬担之譜。除以杭產龍井及皖南產之毛峯大方銷華南華北外，其餘均由滬上茶廠及本市茶廠採辦，改製外銷茶。外界不明眞相，以爲茶行買賣均爲內銷茶葉，實屬淆惑聽聞。竊觀政府每年茶貸，置我茶行于不顧，眞可謂治標不治本。蓋實際上茶行雖領不到貸款，反而在茶汛時懷顧茶農之困難，伸手施以援助，儘可能範圍貸款給茶農，以作採工及購買柴米炭等資金，使其能夠開擷。而身本資金，本屬不裕，除仰給行莊區區透支外，大部靠高利率週轉。如此茶葉成本，自隨增高。今年政府洞悉茶農茶務之窮困，停徵茶葉貨物稅，以利產銷。然年來遍地烽火，產茶地區除一部份外，其餘均有匪患。茶商裹足不前，縱然設法通過不安全地區，他省尙須繳納縣府征收之特產捐等項，値此生活高騰之秋，茶商處境如此，以致營業清淡，終鮮問津，茶價慘跌。現稅局又迭催扣行商一時所得稅，凡我茶界，瞻望前徑，莫不痛心疾首。希望賢明當局，關切杭州茶行之重要，實是外銷茶之倉庫，勿分軒輊改造環境，減輕雜稅，組織押透倉庫及貸款，則秋冬茶銷不致操縱於業外商人，而平衡市面。如此則貨高價廉，方能推動海外市場。我杭茶行業之盛衰，有關國茶產銷之興替，如政府能加以指導，然後可步入正軌，與世界市場競爭，換取外匯，而裕國庫，國家幸甚，茶商幸甚。

（附杭州市每年積散毛茶總估計表）

杭州市每年積散毛茶總估計表（單位：担）

區別	品名	產地約額	運杭銷售	由杭轉口
皖南	大方	30,000	15,000	5,000
	烘青	105,000	75,000	30,000
	毛峯	2,000	15,000	500
	祁紅	2,000	200	1,800
	炒青	25,000	15,000	10,000
浙江	大方	10,000	10,000	
	毛茶	100,000	70,000	30,000
	中次龍井	20,000	20,000	
	獅峯梅塢	300	6,000	240
	炒青	80,000	20,000	60,000
	紅茶	30,000	25,000	5,000
贛	粗綠茶	10,000	10,000	
	紅茶	20,000	15,000	5,000
閩	炒青	5,000	2,000	2,000
	紅茶	3,000	2,000	1,000
	烘青	1,000	500	500
共計		34,300,300	26,100,280	15,100,040

附註　一：製成洋莊箱茶不在此內

二：本表係三十六年度杭州市茶行業同業公會調查所得數目

戰後温州茶業

劉河洲

茶葉是浙省的特產，在抗戰初起時，財政部貿易委員會實行統制收購，掃除洋行和申棧的種種剝削，保證「商一農三」的合理利潤，給浙茶帶來了活躍的機會。給戰時吐納口的溫州帶來了市面的繁榮，可惜好景不常，跟着海口給敵人封鎖，又帶來了浙茶窒息的厄運。勝利以後物價不斷地飛漲，加重了茶葉的生產成本，政府沒有大量的貸款，沒有打開外銷的出路，茶葉更顯得分外地不景氣。和蠶絲、桐油、棉花這幾種特產比較起來，實在大大地落後了。

溫州是浙省三大外銷區之一，他有得天獨厚的天賦環境，採茶獨早，採茶的期間也比較長，頭茶自清明至立夏，二茶自芒種至小暑，三茶自大暑至立秋，紅茶和綠茶都有製造，經過省農業改進所多年來的指導改良，紅茶的外表，和祁紅沒有什麼分別，和祁紅拚堆賣出去，減輕了祁紅的成本，溫紅的銷路可以跟祁紅的發展而活躍起來。過去大家都重視茶葉在技術上的改良，認爲是擴展外銷的惟一手段，現在却要反過來注意牠的出路！如果出路沒有把握，那末茶農要維持他們的生活，原有的茶園沒法保持下去，茶商也不願意投資在沒有保障的茶業上面，戰後的溫州茶業面臨了一個極嚴重極危險的局面。

图5-57　《浙江经济 · 浙江茶业专号（下）》章特英“杭州茶行概略”

Fig. 5-57 “Tea-Corporation Compendium of Hangzhou” by Zhang Teying in *Economy of Zhejiang*:Special Issue of Zhejiang Tea Industry,Volume Ⅱ

十五、1935年《中华画报》之天津元兴茶庄“西湖旗红”广告

图5-60是1935年《中华画报》刊登的天津元兴茶庄“西湖旗红”广告。图中行人在冰天雪地之天津以“西湖旗红”品茗暖胃。天津元兴茶庄是与天津正德茶庄齐名的天津老字号大茶庄。元兴茶庄卖的九曲红梅称为“西湖旗红”，是九曲红梅的又一种别名。“西湖旗红”与“西湖龙井”一样，打出了西湖名号。

图5-58　天津元兴茶庄“花篮”商标茶罐（一）

Fig. 5-58 “Flower basket” trademark tea caddy of Yuanxing Tea Shop in Tianjin (1)

图5-59　天津元兴茶庄“花篮”商标茶罐（二）

Fig. 5-59 “Flower basket” trademark tea caddy of Yuanxing Tea Shop in Tianjin (2)

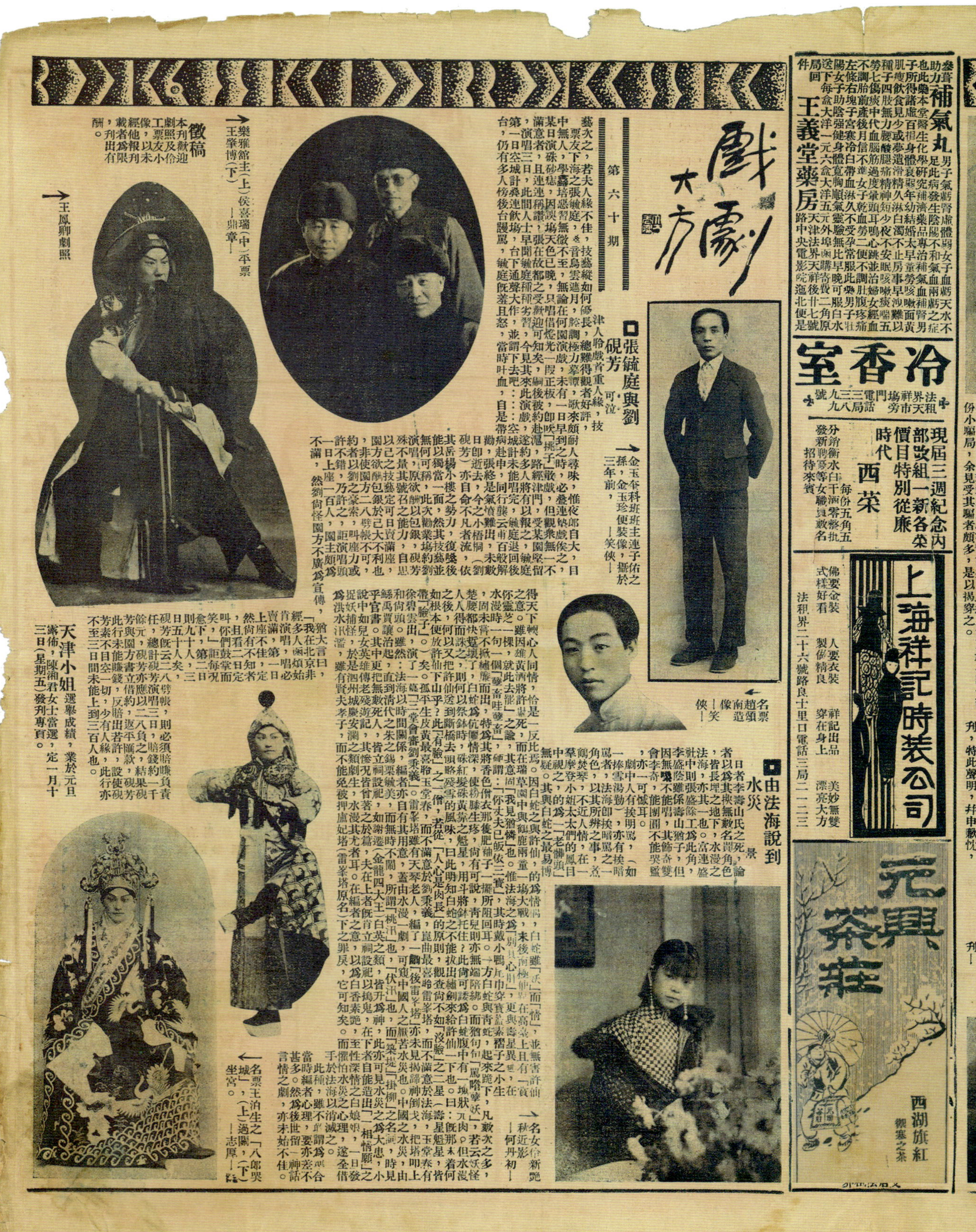

戲劇大方

第六十期

徵稿

本刊歡迎戲劇照片，及以票友為限，以未出版者為限。

樂雅館主（上）侯喜瑞（中）王平章（下）——鼎章——

王鳳卿劇照

□張銘庭與劉硯芳 可泣

金玉科班班主連子佑之孫金玉珍便裝像，攝於三年前。——笑俠——

名票趙南頌造像——笑俠——

□由法海說到水災 景論

名女伶新艷秋近影——何丹初——

天津小姐選舉成績，業於元旦露佈，陳湘君女士當選，定一月十三日（星期五）發刊專頁。

名票王泊生之「八郎哭城」，（上）過關，（下）坐宮。——志厚——

图5-61　天津元兴茶庄“西湖旗红”广告（上图）

Fig. 5-61 Advertisement of “West Lake Qihong” of Yuanxin Tea Shop (figure above)

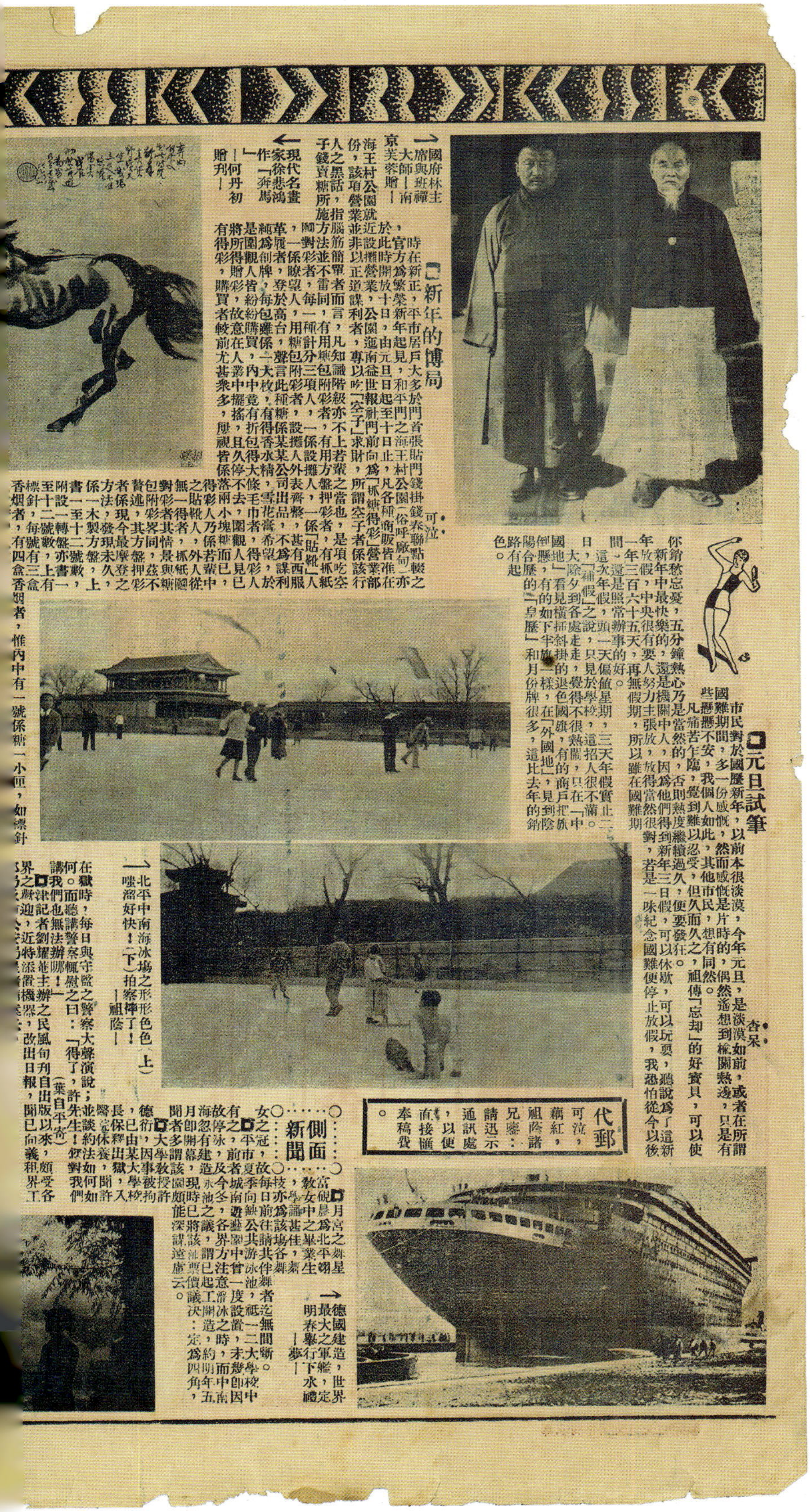

图5-60　1935年《中华画报》中有元兴茶庄“西湖旗红”广告（左图）

Fig. 5-60 Advertisement of “West Lake Qihong” of Yuanxing Tea Shop in *China Pictorial*, 1935 (left-hand figure)

十六、1948年《东南日报》之《红茶颂》和《饮红茶的三部曲》

1948年，《东南日报·东南风》先于4月14日刊登散文《红茶颂》，接着于4月26日又刊登散文《饮红茶的三部曲》，赞颂品饮红茶的美妙，介绍品饮红茶之艺术，在沪杭一带的报刊上可谓绝无仅有，说明20世纪40年代在九曲红梅引领品饮红茶的时尚之下，杭城已有了不少崇尚红茶的人群。

1948年4月14日的《东南日报·东南风》，刊登章从艺先生的《红茶颂》，文如下：

拿着红茶当作饮料，已是我日常生活中的习惯中的一种了。十年来除掉偶然的例外，从无间断。

我嗜好红茶，其实也说不出红茶的妙处所在。自问并非是贾府中的妙玉一般人物，所以对于喝茶一道，毫无心得。

我只是固执地喜欢喝红茶，有时，在胃酸并不过多的情形下，兼亦添些儿白糖。

红茶加牛奶是外国人的喝法，再加鸡蛋则近乎“装洋吃相”了。大概外国人是喜欢“混”的，喝“混合酒”就是一个例子。我们中国人却喜欢“清”，“一杯清茶一支烟”，使我们体味到一种静的妙趣。

我之喜欢红茶，也很简单，只在它的味道。记得有一次喝锡罐装的“大红袍”，那一股味道，至今还留在记忆中。

说到绿茶，龙井的“明前”和黄山的“双窨”，都不很坏，可惜茶叶放少了嫌味淡，放多了又嫌苦而涩。那不叫喝茶，简直是喝药。

在诗的兴趣上说，我喜欢陶渊明和华茨华斯；在戏剧的兴趣上说，我喜欢夏衍的含蓄，而不喜欢曹禺的过事雕琢。喝茶，我也谢绝对胃病不很适宜的绿茶，而喜欢那发出深沉的颜色的浓红茶。

老年人说：“红茶可以暖胃”，我多少相信此间的真实性。假如拿人来作个比喻，那么，红茶是厚道的君子，绿茶却相同于利薄的小人。

至于提神醒脑的功用，我以为，红茶并不比咖啡差得多。在家里煮一杯咖啡，或找个礼拜天上咖啡馆去坐个把钟头，那当然别有情趣也是一种享受，可是，在我们，这不是一种超过了经济能力的浪费吗？喝红茶就不同了，一两红茶至多一万元，就我个人的消耗量言，至少可以受用

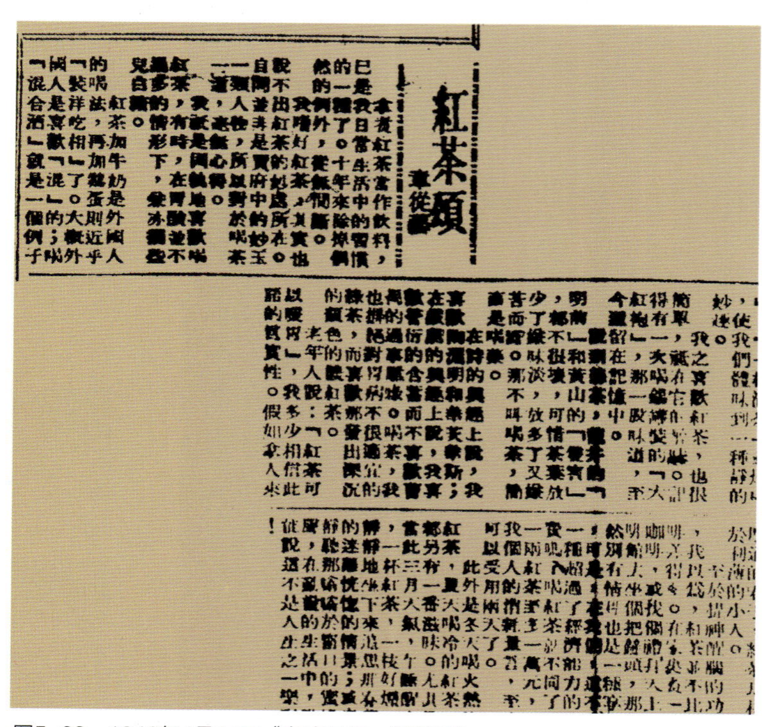
紅茶頌
章從藝

图5-62　1948年4月14日《东南日报·红茶颂》
Fig. 5-62 “An Ode to Black Tea” in *Southeast Daily,* April 14,1948

两天了。

此外是冬天喝火热的红茶，夏天喝冷的红茶，都另有一番滋味，尤其是当此三月天气，午睡醒来，一杯红茶，一支好烟，静静地坐下来追思那春梦的迷离恍惚的情景，或者静听那嗡嗡于窗口的蜜蜂声，在混乱的生活中，怎能说这不是人生一乐呢！

见诸报端，以“红茶颂”为题的文章，这可能是首篇。

章从艺先生嗜好红茶已有十年，从未间断。他知晓《红楼梦》懂茶道的妙玉，写田园诗的晋代诗人陶渊明，外国诗人华茨华斯；他喝过“明前龙井”“黄山双窨”等上佳绿茶，也常上咖啡馆或在自家居屋喝咖啡，而且知道红茶加牛奶、再加鸡蛋的外国人喝茶方式。从他的姓名“章从艺”，以及他喜欢“一杯红茶一支烟”的生活，居住在能一人追思梦境、可静听窗口嗡嗡蜜蜂声的别墅中，可以推测，章从艺先生应该是一位文人，而且是一位有生活情趣的文人。

《红茶颂》是一篇流畅的散文，它刊登在影响东南诸省的《东南日报》上，给我们揭示了许多弥足珍贵的历史信息。其一，他喜欢喝红茶，而他嗜好喝红茶的起因，是因为他喝了锡罐装的“大红袍”红茶，而且这篇文章写于1948年4月14日。根据1929年《工商半月刊·杭州茶业状况》的十种红茶及五种副牌号，其中有“大红袍”（或称“九曲上红寿”），因此，他喝的是杭州本地产的“大红袍”红茶，也称“九曲上红寿”，而并非福建半发酵的“大红袍”。而且福建“大红袍”的品饮方式、味道与杭州红茶“大红袍”也完全两样。况且四月份，福建的茶也很难运到杭州。因此，是杭州红茶（九曲红梅）使他嗜好红茶，写出了《红茶颂》。其二，章从艺的《红茶颂》道出了至今大家公认的红茶好处，即暖胃、提神醒脑。至于他贬低绿茶，则是各人嗜好不同而已。其三，章从艺先生常花一万元（约为当今一元）买一两红茶，喝两天。以老秤一斤十六两，一个月也只要消费一斤红茶，可谓适当。应该是当地的九曲红梅，才能满足他的嗜好。有些报道称20世纪40年代末，龙井茶区红茶产量几乎是绿茶的两倍，有这么多嗜好红茶的人群应是可信的。

隔了仅仅几天，还是春茶上市时节，1948年4月26日《东南日报·东南风》，又刊登夕生《饮红茶的三部曲》，可谓是绝妙的九曲红梅品饮艺术。文如下：

读本刊四月十四日章从艺君的《红茶颂》，笔者酷嗜红茶，不觉心痒，愿将饮红茶的三部曲，简略写出，供诸同好。

饮红茶的第一步为“想”，用脑去想。正当你神志沉迷，意兴阑珊，有气无力的时候，你用一撮红茶，放进茶杯里，然后用正滚得暴跳的沸水冲进。在这俄顷，茶叶尚未浸透，茶汁更未出来，可是雾气香气，却已缭绕在你的周围。一杯在手，热辣辣的，温暖暖的，精神为之一振，于是你得利用这最有价值的一二分钟，尽量的（地）运用思考，或回忆刚才饮茶的风味，或想像（象）红茶入口的愉快情形。此时口津泉涌，神志已清，于是便进入第二步了。

第二步是“看”，用眼睛去看。你看，当茶叶被滚水湿透，茶汁慢慢浸出来的时候，只见滚水由清变黄，由黄变红。而一朵朵的茶叶，游移而下，宛如朵朵金花，在太空飘荡；而体态轻盈，又如仙女下凡。逐渐的（地），逐渐的（地），朵朵金花，均入杯底，于是，杯里所呈现的，却是一片金红色的世界，晶莹洁净，无出其右。对于这种境界，必能饱你眼福，助长文思。

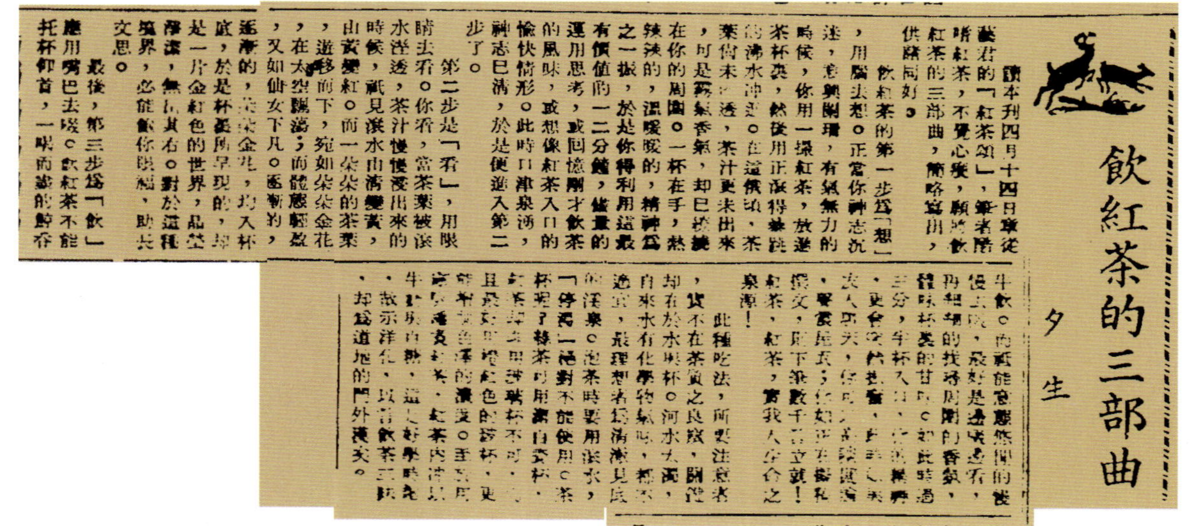

飲紅茶的三部曲

夕生

讀本刊四月十四日章從藝君的「紅茶頌」，筆者酷嗜紅茶，不覺心癢，願將飲紅茶的三部曲，簡略寫出，供諸同好。

飲紅茶的第一步為「想」，用腦去想。正當你神志沉迷，意興闌珊，有氣無力的時候，你用一撮紅茶，放進茶杯裏，然後用正滾得雀躍的沸水沖之。在這[illegible]頃，茶葉尚未透，茶汁更未出來，可是霧氣香氣，卻已撲鼻，在你的周圍。一杯在手，熱辣辣的，溫暖暖的，精神為之一振，於是你得利用這最有價值的一二分鐘，盡量的運用思考，或回憶剛才飲茶的風味，或想像紅茶入口的愉快情形。此時口津泉湧，神志已清，於是便進入第二步了。

第二步是「看」，用眼睛去看。你看，當茶葉被滾水浸透，茶汁慢慢浸出來的時候，祇見滾水由清變黃，由黃變紅。而一朵朵的茶葉，游移而下，宛如朵朵金花，在太空飄蕩；而體態輕盈，又如仙女下凡。逐漸的[illegible]金光，均入杯底，於是杯裏所呈現的，是一片金紅色的世界，晶瑩淨潔，無出其右。對於這種境界，必能飽你眼福，助長文思。

最後，第三步為「飲」，應用嘴巴去啜。飲紅茶不能托杯仰首，一喝而盡的鯨吞牛飲。而祇能意態悠閒的慢慢去啜，最好是邊啜邊看，再細細的找尋周圍的香氛，體味杯裏的甘味。如此時過三分，半杯入口，你的精神，更會突然振奮，此時如與友人聊天，你可以高談闊論，聲震屋瓦；你如正在撰稿撰文，則下筆數千言立就！紅茶，紅茶，實我人生命之泉源！

此種吃法，所要注意者，實不在茶質之良窳，關鍵卻在於水與杯。河水太濁，自來水有化學物氣味，都不適宜，最理想者為清潔見底的溪泉。泡茶時要用滾水，「停滯」絕對不能使用。茶杯呢？綠茶可用潔白瓷杯，紅茶卻非用玻璃杯不可，而且最好用橙紅色的玻璃杯，更能增加色澤的濃度。至於用咖啡罐煮紅茶，紅茶內沖以牛奶與白糖，這是好學時髦，故示洋化，以言飲茶三昧，卻為道地的門外漢矣。

图5-63　1948年4月26日《东南日报·饮红茶的三部曲》

Fig. 5- 63 “The Trilogy of Drinking Black Tea” in *Southeast Daily,* April 26, 1948

最后，第三步为“饮”，应用嘴巴去啜。饮红茶不能托杯仰首，一喝而尽的（地）鲸吞牛饮。而只能意态悠闲的（地）慢慢去啜。最好是边啜边看，再细细的（地）找寻周围的香氛，体味杯里的甘味。如此时过三分，半杯入口，你的精神，更会突然振奋，此时如与友人聊天，你可以高谈阔论，声震屋瓦；你如正在撰稿撰文，则下笔数千言立就！红茶，红茶，实我人生命之泉源！

此种吃法，所要注意者，实不在茶质之良窳，关键却在于水与杯。河水太浊，自来水有化学物气味，都不适宜，最理想者为清洁见底的溪泉。泡茶时要用滚水，“停滞”绝对不能使用。茶杯呢？绿茶可用洁白瓷杯，红茶却非用玻璃杯不可，而且最好用橙红色的玻（璃）杯，更能增加色泽的浓度。至于用咖啡罐煮红茶，红茶内冲以牛奶与白糖，这是好学时髦，故示洋化，以言饮茶三昧，却为道地的门外汉矣。

品饮红茶，或与友人聊天，高谈阔论，声震屋瓦，或下笔数千言立就的夕生先生同样是资深文人。在章从艺先生的《红茶颂》刊登后，不到两周，在《东南日报·东南风》，夕生先生以他细致的体味，写出了《饮红茶的三部曲》。夕生笔下的“想”，使人一见到沸水中橙红色的九曲红梅，雾气香气缭绕弥漫，就会从神志沉迷，转而精神一振。他的第二步“看”，茶汤由清变黄，由黄变红，一朵朵的茶叶，游移而下，犹如体态轻盈的仙女下凡。在玻璃杯的金红色世界中，享受到红茶的眼福，能够助长文思，提升艺术的想象力。慢慢地品饮、会友、撰文，红茶特别助力，他那“红茶，红茶，实我人生命之泉源”，可谓将品饮红茶视为生命，将红茶功能推向极致。

杭州文人喝红茶，而且章从艺的《红茶颂》、夕生的《饮红茶的三部曲》发表于九曲红梅上市的阳春四月，其文章中所颂扬、描绘、体味的应该是杭州的九曲红梅，而不是其他产地的红茶，如安徽的祁红、福建的闽红、云南的滇红，因为根据当时的交通条件，阳春四月新红茶上市时节，祁红、闽红、滇红都不能运抵杭州应市。报刊当然要有歌颂当地红茶的文章，斗茶，也斗文也。1948年的《东南日报》两篇颂扬红茶的文章，又为九曲红梅大大助力。

十七、《重修浙江通志稿》记载的九曲红梅

《浙江通志》纂修于雍正乾隆年间，一直沿用300余年。民国初年沈曾植有“续通志”工作，但其事未成。抗日战争时期的1943年，在浙江松阳成立了浙江省通志馆，由余绍宋任馆长，至1949年停办，纂成《重修浙江通志稿》若干册。这部稿子，虽然没有完成，但内容丰富，特别是补充完善了许多晚清、民国时期的史料。浙江图书馆于1983年6月完成誊录《重修浙江通志稿》，并影印出版。余绍宋编《重修浙江通志稿·物产·茶叶》中写道：

> ……本省所产之茶，大半为绿茶，红茶甚少。
>
> …………
>
> 本省产红茶之地，仅有杭市、杭县、余姚、临安、长兴、武康、镇海、绍兴、诸暨、兰溪、永康、汤溪、开化、淳安、桐庐、寿昌、瑞安、平阳、泰顺、松阳、庆元等二十一县，绿茶则各县有之。

按此记载，杭市、杭县民国期间一直生产红茶，即九曲红梅。文中还写及龙井红茶（九曲红梅）的制造：

> 龙井茶之制造，因绿茶、红茶而异。绿茶之制造，先将当天采得之茶叶薄散于竹筐上，使水分干燥，然后入小锅，用文火徐徐拌炒，使茶叶渐成扁平，俟茶叶水份（分）蒸发已尽，即成绿茶。制红茶之手续较繁，用前法使鲜叶水分干后，然后置锅内用人工使茶叶变成条状，再取出放入竹制团篮中使其发酵，最后用无烟栗炭火焙干（热度不得超过九十五度），于是即成红叶。

这一段记载，是人工制造龙井红绿茶的全部过程。因杭州茶季多雨，如果自然晒干，天公不作美，会使茶叶霉变，故需用无烟栗炭焙干。

《重修浙江通志稿》还刊登有杭州市狮、龙、云、虎十五种龙井绿茶的品别和价格，另有杭州红茶（九曲红梅）七种品别和价格。

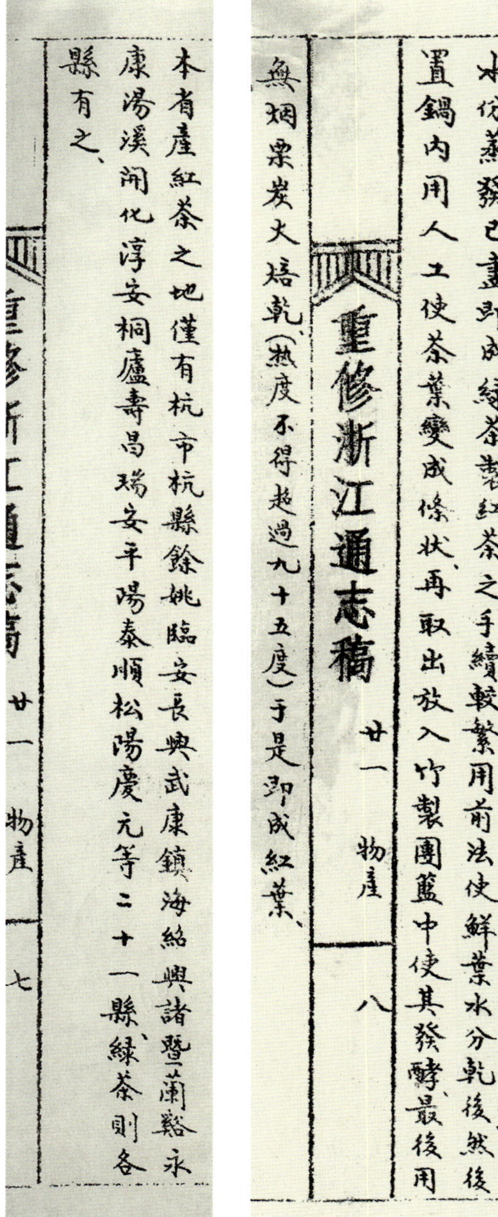

本省產紅茶之地僅有杭市杭縣餘姚臨安長興武康鎮海紹興諸暨蘭谿永康湯溪開化淳安桐廬壽昌瑞安平陽泰順松陽慶元等二十一縣綠茶則各縣有之、

重修浙江通志稿　廿一　物產　七

龍井茶之製造、因綠茶紅茶而異綠茶之製造先將當天採得之茶葉薄散于竹筐上使水分乾燥、然後入小鍋用文火徐徐拌炒使茶葉漸成扁平、俟茶葉水份蒸發已盡、即成綠茶、製紅茶之手續較繁用前法使鮮葉水分乾後、然後置鍋內用人工使茶葉變成條狀、再取出放入竹製團籃中使其發酵、最後用無烟栗炭火焙乾、(熱度不得超過九十五度)于是即成紅葉、

重修浙江通志稿　廿一　物產　八

图5-64 《重修浙江通志稿·浙江红茶产地》
Fig. 5-64 “Origin of Zhejiang Black Tea” in the *Rebuilt Annal Draft of Zhejiang*

图5-65 《重修浙江通志稿·龙井绿红茶制造》
Fig. 5-65 “Processing of Longjin Green and Black Tea” in the *Rebuilt Annal Draft of Zhejiang*

表5-9　杭州红茶（九曲红梅）品别、每斤价格

红茶品别	每斤价格
上乌龙	三元二角
乌龙	二元二角四分
上九曲	一元九角二分
九曲	一元六角
红寿眉	九角六分
上君眉	八角
君眉	六角四分

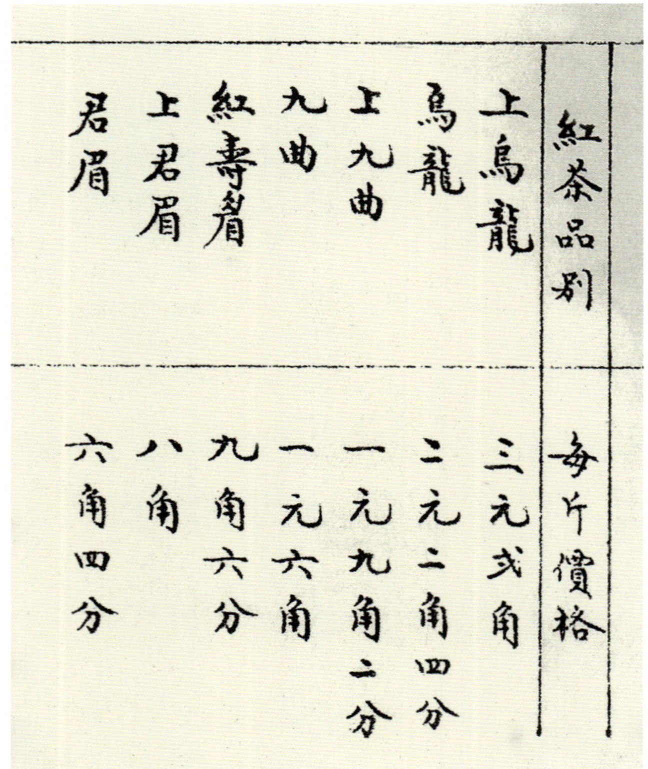

紅茶品別	每斤價格
上烏龍	三元弍角
烏龍	二元二角四分
上九曲	一元九角二分
九曲	一元六角
紅壽眉	九角六分
上君眉	八角
君眉	六角四分

图5-66　龙井红茶（九曲红梅）之品别、价格

Fig. 5-66 The products and prices of Longjing Black Tea (Jiuqu Hongmei)

十八、连横《茗谈》之江南红茶（九曲红梅）

1. 连横其人其事

连横，字武公，号雅堂，又号剑花。1878年2月17日出生于福建龙海，其先祖连南夫是著名的抗金英雄。连横是著名的历史学家，著有《台湾通史》《台湾语典》《台湾诗乘》《剑花室诗集》，同时也是著名诗人。连横一生中最重要的贡献是于1914年至1918年，寓居台南完成36卷的《台湾通史》。

连横的一生生活在山河破碎、家乡沦丧的时代，但他却时刻不忘他的祖国。

1894年，甲午中日战争爆发。这一年连横16岁，清廷割让台湾的惨痛国耻震撼着连横年轻的心灵。

1902年，连横24岁，赴福建参加科举。他先去厦门，以银钱捐得监生功名，取得应考资格；再到福州应乡试，但不第。1905年，27岁的他再一次离开台湾，在厦门创办《福建日日新闻》。1906年，连横回到台湾，改版《台湾日报》为《台南新报》。1908年，30岁的连横举家迁台中，开始了他的《台湾通史》写作工程。1912年，他假道日本再度赴神州江南旅游，先抵上海，翌日抵杭，再游南京等地。1913年，连横到达北京，参加华侨选举国会议员，不中。同年秋天，又转奉天、吉林，入新吉林报社工作。1914年春，连横再度来到北京，“因得尽阅所藏有关台湾建省档案，而尽收台湾通史”（其子连震东语）。

1914年，连横恢复中国国籍。1919年连横移居台北，受雇于华南银行发起人林熊征，帮助处理华侨股东往返文牍。1923年，连横与夫人一起同游日本。1924年2月，连横46岁，在台北创立发行汉语古典杂志《台湾诗荟》，一直到1926年赴杭州西湖养病停刊止，共发行22期。

图5-67　连横（1878—1936）

Fig. 5- 67 Lian Heng (1878–1936)

图5-68　连横全家福（摄于1912年赴大陆前）

Fig. 5-68 Family Photo of Lian Heng (taken before departure to China Mainland in 1912)

连横与沈鸿杰之女沈璈育有三女一男，其子连震东即现中国国民党荣誉主席连战之父。

图5-68是连横全家福，摄于1912年赴大陆，首次莅杭州西湖前。图中右起：次女春台、连横先生、夫人及三女秋汉、长女夏甸、子震东。

2. 连横与杭州

连横于1912年春首次莅杭州，揽胜山水、赋诗品茗、凭吊怀古、禅房用馔、策马登山、俯视钱江、感慨万千，“不啻天上神仙也”。

为了却“他日移家湖上住，青山青史各千年”的夙愿，1926年春至1927年春，连横再度挈妻携子在杭州西湖玛瑙寺居一年，撰有《宁南诗草》，录诗265首。

《连雅堂先生全集·年谱》记载下了连横在杭州的往事。

连横非常关注祖国大陆。1912年2月12日，清帝溥仪退位，先生特祭告郑成功。3月，他远游祖国大陆，3月底4月初来到杭州。《大陆游记·卷一》写道：

> 至沪之翌日，先生为一揽西湖山水之胜，乘沪杭铁路往。薄暮至清泰门，宿于逆旅。越早，赁舟游湖。未几至雷峰塔，岌岌欲坠，乃回舟游三潭。潭中荷叶如钱，青浮水面。其上有退省庵，石刻画梅，铁干槎枒。买茗啜饮，循竹径而出。随至湖心亭，系舟柳下，拾石登之。凭栏而望，景绝幽净，远山如屏，青翠可掬。先生以为：“使得读书其间，时携美人闲眺，诵柳屯田‘晓风残月’之句，不啻天上神仙也。”日午解缆，刺船至岳王坟，王祠东畔也。出祠，循白堤行至楼外楼憩焉。其右为小曲园，园旁某祠，革命先烈徐锡麟之柩厝焉，继至秋风亭拜秋瑾墓（先生后有秋风亭吊镜湖女侠诗，收入《大陆诗草》）。又凭吊苏小墓（先生后有苏小墓诗，收入《大陆诗草》）、于谦墓，随至孤山瞻拜，又至放鹤亭品茗，亭下即冯小青之墓。先生购《冯小青墓碑记》拓本数纸，以备分赠乡友。小青墓荒废甚，先生有“苟重来，当以百金新之”之愿。（先生后有孤山诗，收入《大陆诗草》。）归途，过陆宣公祠，时已薄暮，略一临眺，随至天竺寺。入禅房用馔，毕，略谈风景，遂假榻焉。翌晨，宿雨已霁，振衣出门，游飞来峰、灵隐寺、刘庄等。先生平居尝自念：“他日苟至西湖，当以百诗酬西子。”至是闲游两日，各处流连，竟不能得一诗。盖先生自谦，恐以俚词鄙句唐突夷光也。遂循苏堤而返。

连横在杭数日，访南宋遗址，吊钱王霸迹，揽石幽情，追念兴废。闻吴山胜景，策马登之，至于绝顶，俯视钱江滔滔，感慨万千。

据《连雅堂先生全集·年谱》，中华民国15年丙寅（1926），连横49岁。

> 春，先生携内眷内渡，居西湖，盖先生素有“他日移家湖上住，青山青史各千年”（见《西湖游龙以书报少云并系以诗》）之夙愿。（据《家传·年表》则作：“夏，移居杭州西湖。”）
>
> 七月暑假，先生子震东自日抵杭省亲，朝夕侍先生，优游于六桥、天竺间，每至一处，先生必为说明其沿革。（见《家传》）
>
> 八月，先生于西湖之玛瑙山庄撰《宁南诗草·自序》，……其后，先生复将丁卯至癸酉间所为诗编入此集，合共二百六十有五首。

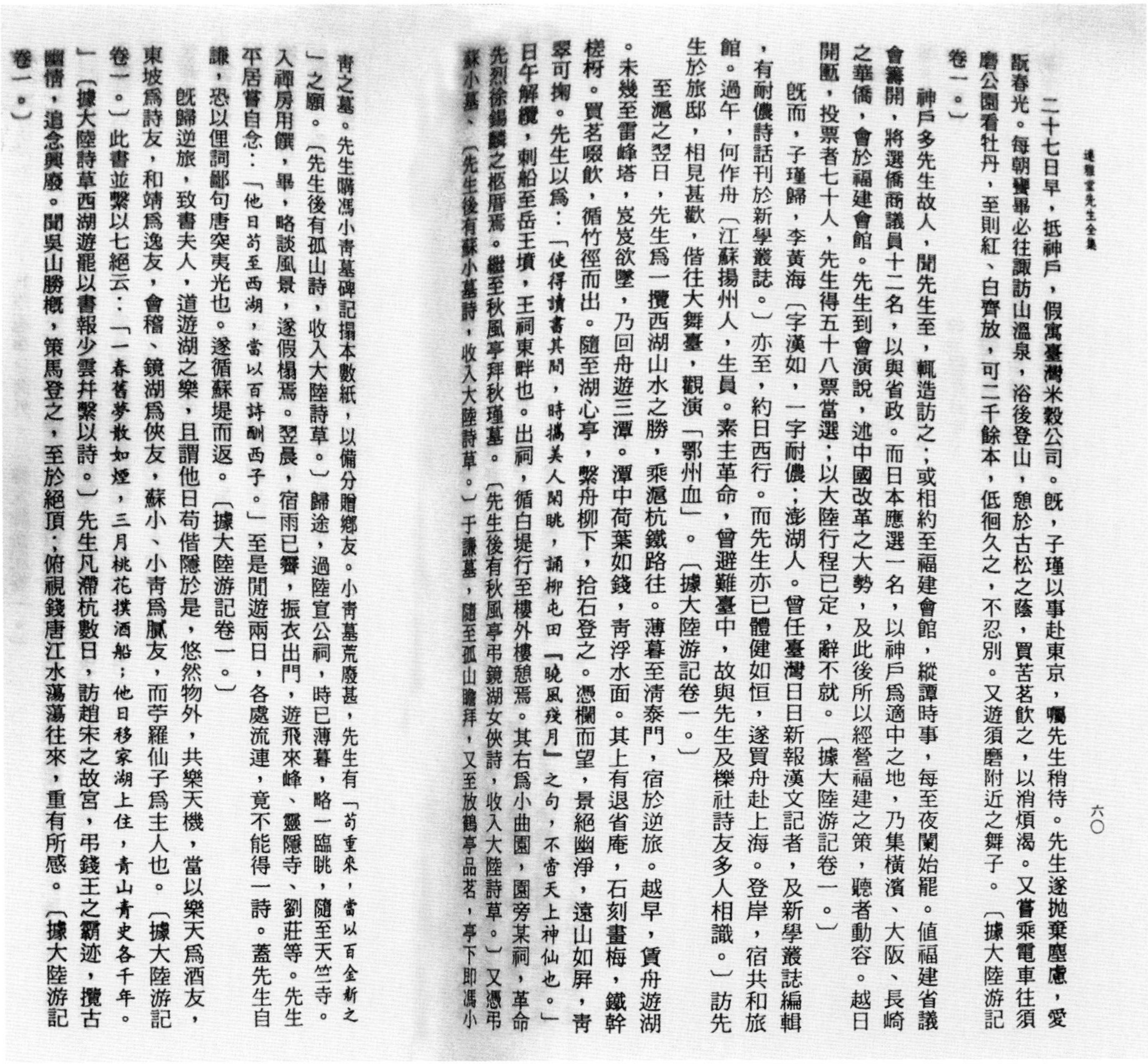

連雅堂先生全集　六〇

二十七日早，抵神戶，假寓臺灣米穀公司。既，子瑾以事赴東京，囑先生稍待。先生遂拋棄塵慮，愛翫春光。每朝饔畢必往諏訪山溫泉，浴後登山，憩於古松之蔭，買苦茗飲之，以消煩渴。又嘗乘電車往須磨公園看牡丹，至則紅、白齊放，可二千餘本，低徊久之，不忍別。又遊須磨附近之舞子。〔據大陸游記卷一。〕

神戶多先生故人，聞先生至，輒造訪之；或相約至福建會館，縱譚時事，每至夜闌始罷。值福建省議會籌開，將選僑商議員十二名，以與省政。而日本應選一名，以神戶爲適中之地，乃集橫濱、大阪、長崎之華僑，會於福建會館。先生到會演說，述中國改革之大勢，及此後所以經營福建之策，聽者動容。越日開匭，投票者七十人，先生得五十八票當選；以大陸行程已定，辭不就。〔據大陸游記卷一。〕

既而，子瑾歸，李黃海〔字漢如，一字耐儂；澎湖人。曾任臺灣日日新報漢文記者，及新學叢誌編輯，有耐儂詩話刊於新學叢誌。〕亦至，約日西行。而先生亦已體健如恒，遂買舟赴上海。登岸，宿共和旅館。過午，何作舟〔江蘇揚州人，生員。素主革命，曾避難臺中，故與先生及櫟社詩友多人相識。〕訪先生於旅邸，相見甚歡，偕往大舞臺，觀演「鄂州血」。〔據大陸游記卷一。〕

至滬之翌日，先生爲一攬西湖山水之勝，乘滬杭鐵路往。薄暮至清泰門，宿於逆旅。越早，賃舟遊湖。未幾至雷峰塔，岌岌欲墜，乃回舟遊三潭。潭中荷葉如錢，青浮水面。其上有退省庵，石刻畫梅，鐵幹槎枒。買茗啜飲，循竹徑而出。隨至湖心亭，繫舟柳下，拾石登之。憑欄而望，景絕幽淨，遠山如屏，青翠可掬。先生以爲：「使得讀書其間，時攜美人閑眺，誦柳屯田『曉風殘月』之句，不啻天上神仙也。」日午解纜，刺船至岳王墳，王祠東畔也。出祠，循白堤行至樓外樓憩焉。其右爲小曲園，園旁某祠，革命先烈徐錫麟之柩厝焉。繼至秋風亭拜秋瑾墓。〔先生後有秋風亭弔鏡湖女俠詩，收入大陸詩草。〕又憑弔蘇小墓、〔先生後有蘇小墓詩，收入大陸詩草。〕于謙墓，隨至孤山瞻拜，又至放鶴亭品茗，亭下即馮小青之墓。先生購馮小青墓碑記搨本數紙，以備分贈鄉友。小青墓荒廢甚，先生有「苟重來，當以百金新之」之願。〔先生後有孤山詩，收入大陸詩草。〕歸途，過陸宣公祠，時已薄暮，略一臨眺，隨至天竺寺。入禪房用饌，畢，略談風景，遂假榻焉。翌晨，宿雨已霽，振衣出門，遊飛來峰、靈隱寺、劉莊等。先生平居嘗自念：「他日苟至西湖，當以百詩酬西子。」至是閒遊兩日，各處流連，竟不能得一詩。蓋先生自謙，恐以俚詞鄙句唐突夷光也。遂循蘇堤而返。〔據大陸游記卷一。〕

既歸逆旅，致書夫人，道遊湖之樂，且謂他日苟借隱於是，悠然物外，共樂天機，當以樂天爲酒友，東坡爲詩友，和靖爲逸友，會稽、鏡湖爲俠友，蘇小、小青爲膩友，而苧羅仙子爲主人也。〔據大陸游記卷一。〕此書並繫以七絕云：「一春舊夢散如煙，三月桃花撲酒船；他日移家湖上住，青山青史各千年。」〔據大陸詩草西湖遊罷以書報少雲并繫以詩。〕先生凡滯杭數日，訪趙宋之故宮，弔錢王之霸迹，攬古幽情，追念興廢。聞吳山勝概，策馬登之，至於絕頂，俯視錢唐江水蕩蕩往來，重有所感。〔據大陸游記卷一。〕

图5-69 《连雅堂先生全集·揽西湖山水之胜》

Fig. 5-69 "The Wonderful Landscape of West Lake" in *Complete Works of Mr. Lian Yatang*

据《家传·年表》，中华民国16年丁卯（1927），先生49岁。春，北伐军兴，江南扰攘，先生乃挈家重返台北。

据此，连横1926年、1927年间，在杭州西湖玛瑙山庄居一年。

3. 连横与章太炎、徐珂

连横为诗人、史学家，更是爱国者，他熟读典籍古诗，了解各地名胜典故。在杭州西湖这一年，他每到一处，都要为其子震东讲解沿革，传承中华文化也。

连横遍访祖国大陆各地，结交下许多革命志士。文史大师、杭人章太炎及徐珂是其中非常重要的两位。

据《连雅堂先生全集》，1914年袁世凯将章太炎软禁于北京钱粮胡同。连横"……每往请益，先生（章太炎）据案高谈，如瓶泻水，滔滔不绝"。（据《太炎诗录跋》）据记载，连横是太炎软禁时相晤不几人中的一位。

其时，清史馆开于北京东华门内，馆长赵乐巽广延海内通儒，负任撰述。连横亦应聘为名誉协修，入馆供事，得尽阅馆中有关台湾省、福建省档案，且录存沈葆桢、林拱枢、袁保恒、左宗棠等之奏疏，后均成为《台湾通史》之珍贵资料。另又就近求教太炎大师，也是机缘也。

《雅堂先生集外集》有“太炎诗录跋”，连横写道：

太炎先生，当代大儒，少读其文，心怀私淑，而诗绝少，为录十有二首以饷（飨）读者。……遨游燕京，曾谒先生于府邸。时袁氏专国，碁间正人。幽诸龙树寺中，复移钱粮胡同。不佞每往请益，先生据案高谈，如瓶泻水，滔滔不绝。其后将归，乃以幅求书，先生则书其诗曰：“衰墙茸屋小于巢，胡地平居渐二毛；松柏岂容生部娄，年年重九不登高。”呜呼，愿先生善保玉体，俾寿而康，以发扬文运，此则不佞之所祷也。海云千里，无任依依。（雅堂识）

连横的自述，证实了上面的叙述，还增添了“袁氏专国，碁间正人”时，连横不畏流言蜚语前往请教太炎，囹圄间，太炎还赠诗连横，也是一段文坛佳话。

另一位杭州人，商务印书馆著名报人徐珂与连横也交往颇深。徐珂其人，作为杂著、茶史专家在本章第二部分“1923年徐珂《可言》记载的九种杭州红茶（九曲红梅）”中已介绍得很清楚。殊不知，《连雅堂先生全集·年谱》之中，有大量篇幅表明，连横与徐珂交往颇深。文中写及：

中华民国十四年乙丑（1925），先生四十八岁。

一月十二日，徐珂自上海复书先生云：“远隔重洋，相思相望。比奉手教，垂注殷拳，感荷，感荷！就念起居万福，著作千秋，欣慰无量！《台湾诗荟》均已拜领；又承以大著《台湾通史》见惠，尤纫盛意。俟寄到后，展读一过，当作一书后文以谢！并乞先将数十年来历史示知，以便彼时握管，如何？先生亦许我乎！高吹万住金山县属之张堰，如寄书去，可说因弟而知彼也。”（此书载《台湾诗荟》第十八号）先生遂亲赠高燮（即吹万）以《台湾诗荟》第十二号。

连横曾赠徐珂其《台湾通史》，徐珂精心拜读，并介绍住金山县之高吹万（高燮）。连横先在《台湾诗荟》中介绍了徐珂，此《台湾诗荟》应是刊登徐珂的首次。

当年四月，

徐珂读竟《台湾通史》，为撰书后，誉为烦省适中，钜细毕举，无漏无蔓，且盛称先生才学伟矣，其识乃尤伟，知民为邦本，非民同国曷以立？故于民生之丰盛，民德之隆污，详言之：视昔之修史徒重兵、刑、礼，崇都何以耶？（此文载《台湾诗荟》第二十一号）。

徐珂学识广博，研史精深，从“钜细毕举，无漏无蔓”可知，他对《台湾通史》评价极高。

民国13年（1924）11月出版的《台湾诗荟》第10号之“仲可笔记按语”，云：

仲可先生（按：仲可姓徐，名珂）为杭州名孝廉，学问流传，著述宏多，尤湛词兴，直入宋人之室；现客沪上，吟咏自误。顷由洪君弃生转示所作数十哄，因等诗荟，以饷（飨）同人。（雅堂识）

民国14年（1925）4月的《台湾诗荟》第16号“仲可诗录按语”，云：

仲可先生之词既登诗荟，近更以诗远寄，读而大喜。仲可久寓沪渎，著述自甘，古道

照人，见于字里。文章性命，梦寐可通。千里神交，何殊把臂？爰刊志上，以志景行。（雅堂）

“古道照人，见于字里。文章性命，梦寐可通。千里神交，何殊把臂？”连横拜读徐珂的文章，可谓入木三分。“文章性命，梦寐可通，千里神交”之友不多矣。

民国14年（1925）8月，《台湾诗荟》第20号第三次刊登“仲可笔记按语”，云：

仲可先生诗词既登诗荟，今又以笔记寄我。仲可现寓沪渎，著作甚多，其印行者有《天苏阁丛刊》《大受堂丛刊》，传播艺林。而此系近作，因为登出，以饷（飨）读者。（雅堂）

这一则“按语”对本书至关重要，文中提及之《天苏阁丛刊》其二集（见图5-4）即刊登有徐珂《可言》，中有九种杭州红茶（九曲红梅）。据此，连横在1926年春到杭州来之前，已知晓杭州十种绿茶、九种红茶（九曲红梅）。

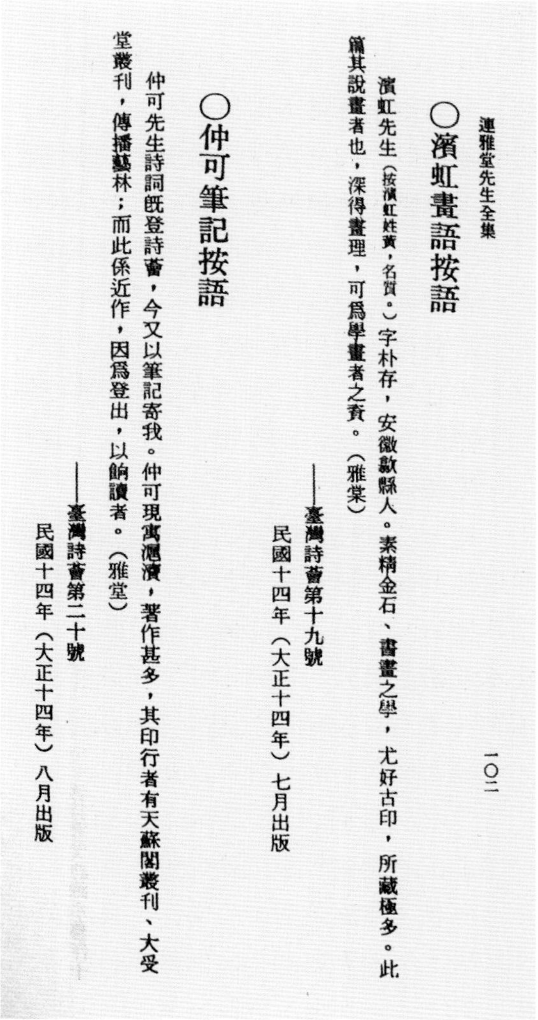

连雅堂先生全集　一〇二

〇濱虹畫語按語

濱虹先生（按濱虹姓黃，名質。）字朴存，安徽歙縣人。素精金石、書畫之學，尤好古印，所藏極多。此篇其說畫者也，深得畫理，可爲學畫者之責。（雅棠）

——臺灣詩薈第十九號

民國十四年（大正十四年）七月出版

〇仲可筆記按語

仲可先生詩詞既登詩薈，今又以筆記寄我。仲可現寓滬瀆，著作甚多，其印行者有天蘇閣叢刊、大受堂叢刊，傳播藝林；而此係近作，因爲登出，以餉讀者。（雅堂）

——臺灣詩薈第二十號

民國十四年（大正十四年）八月出版

图5-70 《连雅堂先生全集·仲可笔记按语》之“天苏阁丛刊”

Fig. 5- 70 *The Tiansuge Series* mentioned in“ Notes and Comments of Zhongke” of *Complete Works of Mr. Lian Yatang*

4. 连横《茗谈》之江南名茶九曲红梅

连横还是一位茶史专家，他的《雅堂先生文集》第107页有《茗谈》文章，云：

台人品茶，与中土异，而与漳、泉、潮相同；盖台多三州人，故嗜好相似。

茗必武夷，壶必孟臣，杯必若深，三者为品茶之要，非此不足自豪，且不足待客。

武夷之茗，厥种数十，各以岩名。上者每斤一二十金，中亦五六金。三州之人嗜之。他处之茶，不可饮也。

新茶清而无骨，旧茶浓而少芬，必新旧合拌，色味得宜，嗅之而香，啜之而甘，虽历数时，芳留齿颊，方为上品。

茶之芳香，出于自然，薰之以花，便失本色。北京为仕宦荟萃地，饮馔之精，为世所重，而不知品茶。茶之佳者，且点以玫瑰、茉莉，非知味也。

北京饮茶，红绿俱用，皆不及武夷之美；盖红茶过浓，绿茶太清，不足入品。然北人食麦饫羊，非大壶巨盏，不足以消其渴。

江南饮茶，亦用红绿。龙井之芽，雨前之秀，匪适饮用。即陆羽《茶经》，亦不合我辈品法。

安溪之茶曰“铁观音”，亦称上品，然性较寒冷，不可常饮。若合武夷茶泡之，可提其味。

乌龙为北台名产，味极清芬，色又浓郁，巨壶大盏，和以白糖，可以祛暑，可以消积，而不可以入品。

本书刊登的连横《茗谈》，只是前面一部分，后面还有一部分谈的是茶具，因与本书无关，没有刊录。前一部分文章，言及台人品茶，武夷之茗，北京饮茶，江南饮茶……可谓绿茶、红茶、乌龙茶一一谈到；不发酵的绿茶、全发酵的红茶、半发酵的乌龙茶全都论及。纵观连横的人生，长居台中、台北，但北京、厦门、沈阳、上海、南京、杭州，大半个中国全都到过，而且1912年、1926年先后到过杭州两次，居住一年多，所以在祖国大陆杭州建立“连横纪念馆”确有道理。连横《茗谈》中有这么一段：

江南饮茶，亦用红绿。龙井之芽，雨前之秀，匪适饮用。即陆羽《茶经》，亦不合我辈品法。

这一段论述，谈的是江南饮茶。连横到过的江南地方有上海、南京、杭州，此三处，只有杭州是著名茶区，而且连横在杭州居住一年多。接下去的“亦用红绿。龙井之芽，雨前之秀”之语，表明连横1926年至1927年居住在杭州的一年多间，品饮的不仅有大名鼎鼎的龙井绿茶，还有用“龙井之芽、雨前之秀”制造出的九曲红梅。1925年 8 月《台湾诗荟》第20号，署名雅堂的“仲可笔记按语”清楚写及徐珂送给连横《天苏阁丛刊》，连横应也读过其中徐珂所著之《可言》。《可言》之“十绿九红”，也非常符合连横“江南之茶，亦用红绿”之说。

当时的江南，指的是浙江、江苏、上海。江南一带，没有其他地方产红茶，只有杭州的九曲红梅。杭州老字号翁隆盛、方正大、茂记、亨大等茶庄不仅在杭州将九曲红梅售于来往客户，还营销上海、南京、苏州，进而售往大江南北、长城内外。连横笔下的江南红绿茶，当指西湖龙井、九曲红梅。他游览西湖，处处品茗，既品西湖龙井绿茶，又饮“龙井之芽、雨前之秀”制作的九曲红梅。

接下去的“即陆羽《茶经》，亦不合我辈品法”，说明连横熟读中华典籍，知晓陆羽《茶经》。20世经20年代，茶客品谈龙井绿茶、九曲红梅、乌龙茶，与陆羽著《茶经》的唐代仅一种龙凤团茶（或散茶），要“灼之，碾之，磨之，罗之”的品法已大大不同。连横文中，也写及武夷、北京红绿俱用，但未提及陆羽《茶经》，只有谈江南饮茶，并谈及龙井之芽时方谈到陆羽《茶经》。也就是说谈杭州时，才提到陆羽《茶经》。

无独有偶，连横文章中还两次写及陆羽《茶经》。连横《剑花室诗集》第145页有《茶》22首。第一首云：“山水之间见性灵，平生爱好是《茶经》。众中陆羽今何在，把臂同来辨渭泾。”连横22首茶诗中，第一首写的就是陆羽《茶经》，此外也写及苏轼的《试院煎茶》，应也知晓苏轼的《安平泉》等言及陆羽在余杭著《茶经》的诗作。1926年连横第二次到杭州时，已完成了毕生最辉煌的36卷《台湾通史》。饱读群书撰写史书的连横，来到杭州闲居一年多，应读过编撰出版不久的宣统《杭州府志》，他不一定读过《余杭县志》，但从《杭州府志》中“陆羽”和“陆羽泉”条目，当也知晓陆羽在余杭双溪著《茶经》，所以文章中方有此等排布与记载，这是又一“茶为国饮，杭为茶都”之佐证。

第六章　营销全国，享誉神州

一种商品的优劣，最终要由市场来检验。百年老字号杭州方正大茶庄的百年账册，龙井寺销九曲红梅的广告，绍兴大善寺越来昌茶漆号销九曲红梅的广告，民国《东南日报》《浙江日报》《杭州新报》，还有东北、山东、江苏老字号茶庄营销九曲红梅的广告，以精美的彩色图画、清晰的文字记载向人们诉说着九曲红梅昔日的辉煌。

一、杭州方正大茶庄《批发》账册记录的九曲红梅营销全国

1931年《杭州市经济调查》载，方正大茶庄，地址羊坝头，经理方仲鳌，开设年份1912年，有店员32人，是仅次于翁隆盛茶庄的杭城第二大茶庄；1937年《杭州市公司行号年刊》载，方正大茶庄，地址在杭州羊坝头12号，经理方舜琴，电话1748；1946年《浙江工商年鉴》载，方正大茶号经理方舜琴，地址中山中路344号。1929年《杭州西湖博览会指南》刊登方正大茶叶庄广告，称其时已开设数十年。

1. 闯荡世界的杭州茶庄——方正大

图6-2是1929年《杭州西湖博览会指南》中方正大茶叶庄的广告，广告上为“方正大茶叶庄”大字，中有图，图中上为蓝天白云，下是方正大茶庄位于羊坝头大街拐角的四层洋楼。洋楼正面墙

图6-1　方正大茶庄茶叶罐，高大洋楼是其品牌（左）
Fig. 6-1 Tea caddy of Fangzhengda Tea Shop, with tall building as its brand image (left)

图6-2　杭州方正大茶庄广告图（右）
Fig. 6-2 Advertisement of Fazhengda Tea Shop in Hangzhou (right)

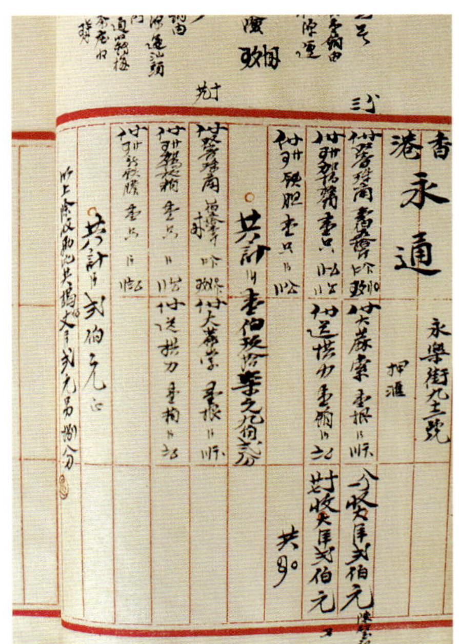

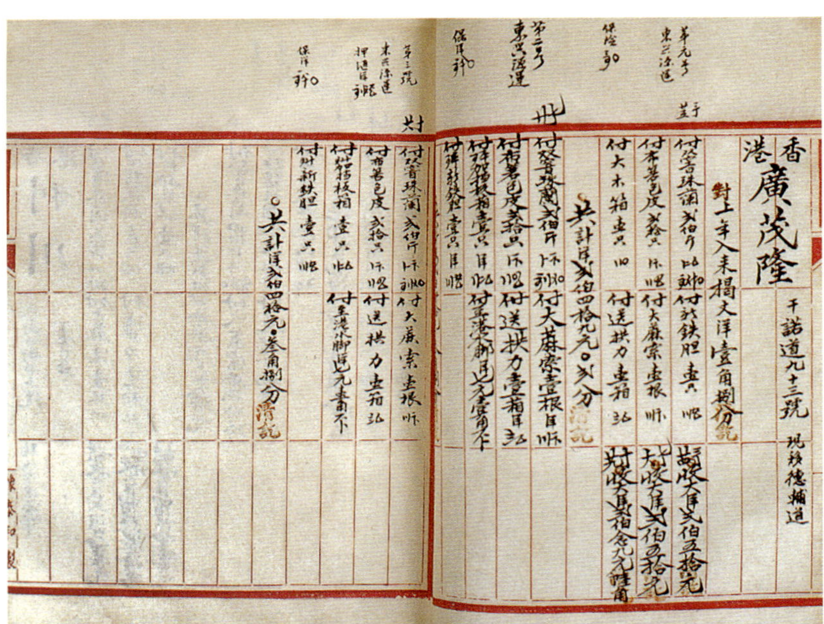

图6-3　方正大茶庄“客庄号总”中对香港永通、香港广茂隆的销售记载

Fig. 6-3 Records of sales to Hong Kong Yongtong and Guangmaolong Shops in “Customers Statistics” of Fangzhengda Tea Shop

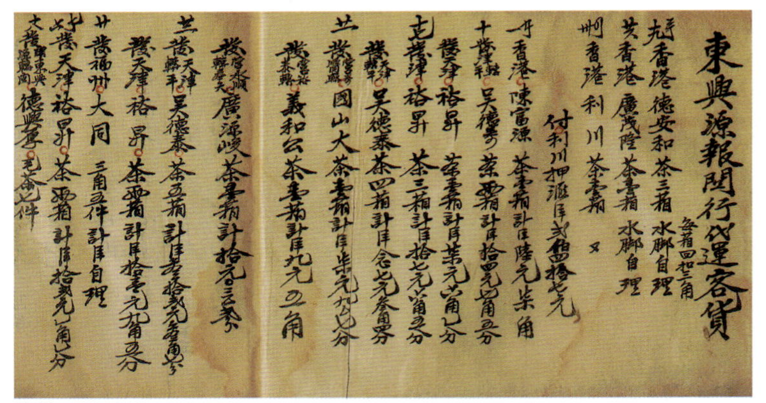

图6-4　杭州方正大茶庄账册“东兴源报关行代运客货”，记载销给香港德安和、香港广茂隆、香港利川、香港陈富源茶庄及销给天津、福州等地杭州茶叶

Fig. 6-4 A record of trade with Hong Kong De'anhe, Hong Kong Guangmaolong, Hong Kong Lichuan, Hong Kong Chenfuyuan Tea House and trade with Tianjin, Fuzhou etc. in “Dongxingyuan Customs Broker for Passenger and Cargo Forwarding” in the account books of Fangzhengda Tea Shop

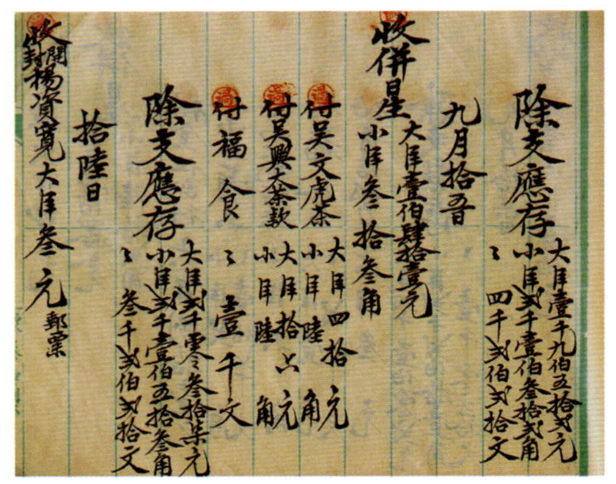

图6-5　杭州方正大茶庄账册，记载“付吴文虎茶”字样，吴文虎是香港巨商

Fig. 6-5 The account books of Fangzhengda Tea Shop, recording “Pay for Wuwenhu Tea Shop” , owned by a great businessman in Hong Kong

上除“方正大”三个大字外，还有醒目的“大鹏商标”。两侧为广告词：“本庄开设数十年，专办狮峰龙井茶叶……装潢雅致，罐听箱匣，式样时新……”方正大茶庄创建于民国元年（1912），以经营高档龙井茶、旗枪为主，店主方舜琴为人温文尔雅，平易近人，得到同业推崇。

图6-6是浙省方正大茶庄广告纸，近正方形，边长为43厘米。该广告黄纸、绿图、红字，上为醒目的红字“浙省方正大茶庄”，下椭圆形中为“大鹏商标”图，两侧有葡萄和松鼠花饰，椭圆形上为茶庄地址和经营范围，下为“龙井茶叶说明书”：

茶之产区在浙江西湖之南凤篁岭（凤凰岭）北峰，称狮子，井以龙名。惟（唯）西湖山水清秀，甲于全球，产生于峰峦环抱之间，得天独厚，香味芬芳。矧茶类中，可洵推巨

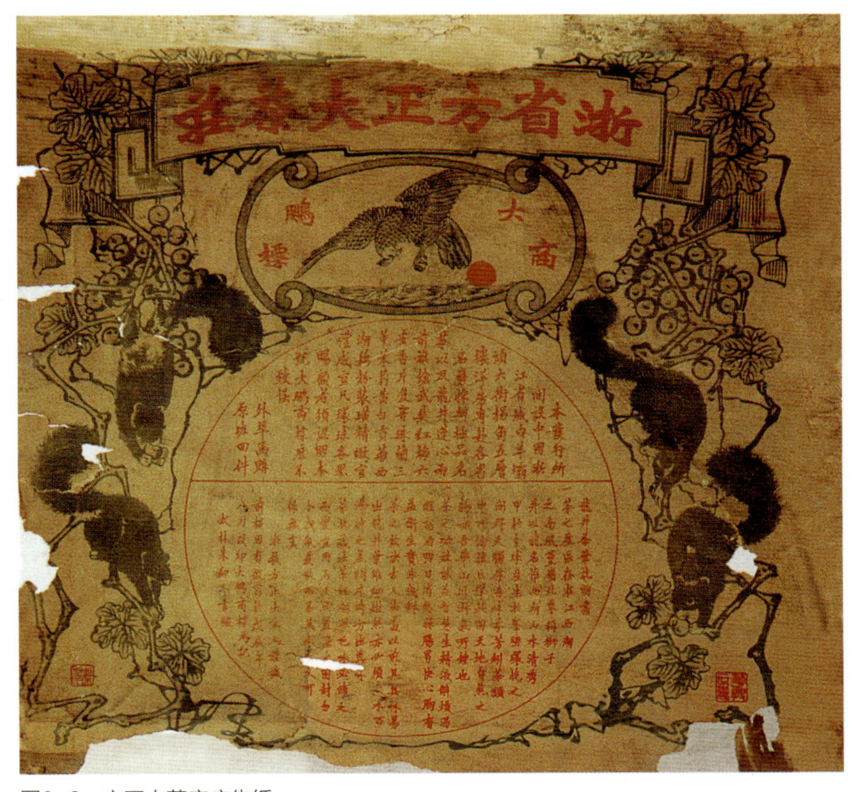

图6-6　方正大茶庄广告纸
Fig. 6-6 Advertisement of Fangzhengda Tea Shop

壁。此固天地自然之物，亦吾华山川灵气所钟也。

茶之功效。能益智慧，生精（津）液，能烦渴，醒宿酒。明目消愁，涤肠胃，快心胸。有益卫生，实非浅鲜。

茶之饮诀。古人法，当以煎，其真味易出，龙井叶虽细嫩，然亦必须烹水百沸，冲之盖闷片时，方出真味。

茶收藏法。茶经潮湿，色味必随之而变。宜用石灰共置罐中，固封，勿令泄气。夏秋两易其灰，经久可保无虞。

浙杭方正大主人谨识。

前招因有假冒，于戊辰年八月改印大鹏商标为记。武林朱幼亭书。

方正大茶庄之“龙井茶叶说明书”充满对中华国粹龙井茶的钟爱，其“茶之饮诀”中，“必须烹水百沸，冲之盖闷片时，方出真味”，与如今不加盖，茶客观看玻璃茶杯中茶叶随沸水上下翻滚的品法略有不同，却注释了清代宫廷画中乾隆、嘉庆的品龙井茶图。其茶收藏法和现今杭城民间收藏龙井茶的方法一模一样，但见诸文字可能是较早的。其末尾还有“戊辰年八月改印大鹏商标”，戊辰年即1928年，正是1929年西湖博览会前夕。

图6–7是仅存大半张的《浙省方正大龙井茶庄价目表》，残页上端仅有“井茶庄价目表”六字，价目表左上角有“浙江省实业厅奖证”，仔细辨认出品单位有“方正大”三字，因此该价目表应为《浙省方正大龙井茶庄价目表》。我们关心的是，价目表的右上角注明了销售的红茶：

上龙井红茶（价目已残，无）；上寿眉，每斤洋（残，无）；寿眉，每斤洋九角六分；君眉，每斤洋六角七分二分（正文如此）；红寿，每斤洋五角六分。

图6–8是20世纪30年代浙省方正大茶庄老板方舜琴致其在安徽的夫人吴氏的家信。信上字迹圆润，写的是收到萝卜、棉鞋等琐事，但情意绵绵。信中有“昨已向家父接洽”之语，说明当时其父亲还健在。信中还有“三四日即去粤地”之句，其时，方正大茶庄在广州还开有方正大粤庄。我们关注的是信封背面右侧第一行下有“龙井红绿茶叶”字样，说明20世纪30年代初，方正大茶庄已向全国多地旺销“龙井红茶”，且将其写在信封上，广告意识极强。此信还给我们了却了一段公案，即方冠三是否为方舜琴之父，信中方正大茶庄业务的主事者是方舜琴，其父姓名无考，但并非所传方冠三先生。据1931年《杭州市经济调查》，方冠三为全泰昌茶号经理，全泰昌创设于1928年，有

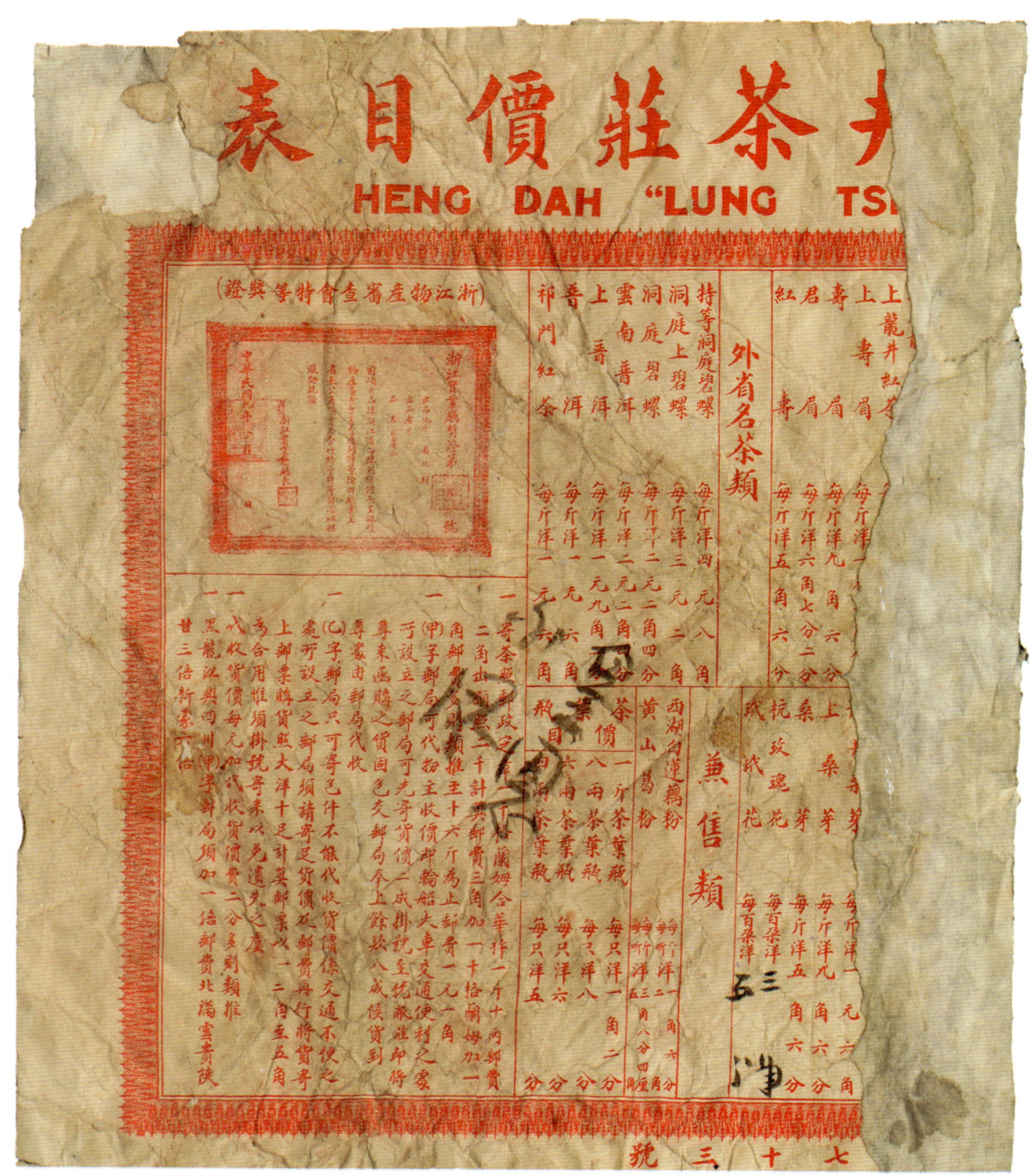

图6-7　《浙省方正大龙井茶庄价目表》

Fig. 6-7 "Price List of Fangzhengda Tea Shop's Longjing Tea in Zhejiang Province"

店员18人，地址候潮门外。1937年《杭州市公司行号年刊》载，全泰昌茶庄老板仍是方冠三，而方正大老板已是方舜琴。1946年《浙江工商年鉴》中，方正大茶庄老板还是方舜琴，而全泰昌茶庄未载，因此也无方冠三其人。根据图6-8的方正大信函和杭州三本民国地方志记载，我们可以认定方冠三从未当过方正大老板。

图6-10是中国杭州方正大茶庄龙井名茶外销茶箱，茶箱高18厘米，长26. 5厘米，宽14. 5厘米，上有铜提手，非常精致。此茶箱装着金贵的龙井绿茶、九曲红梅，远渡重洋，在外数十载，今日重归故里，弥足珍贵。根据一些画报上的照片，这种仿红木外销箱中一般以玻璃瓶盛放高档茶叶，内以锦缎、棉花衬垫，非常美观。

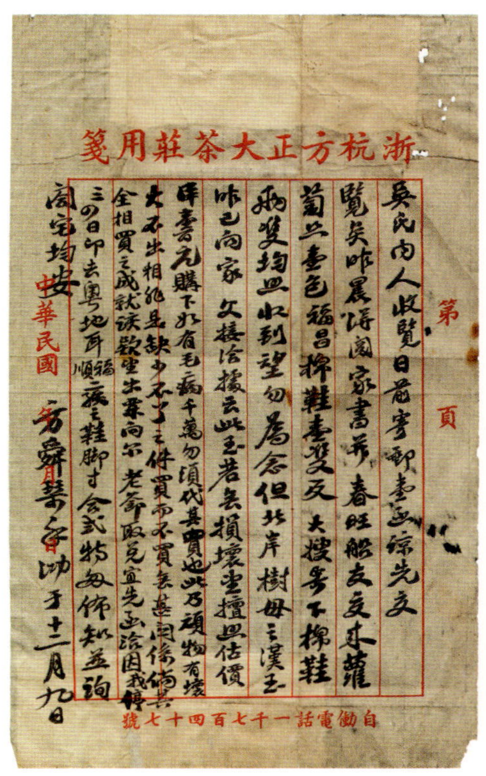
浙杭方正大茶莊用箋

第　頁

自働電話一千七百四十七號

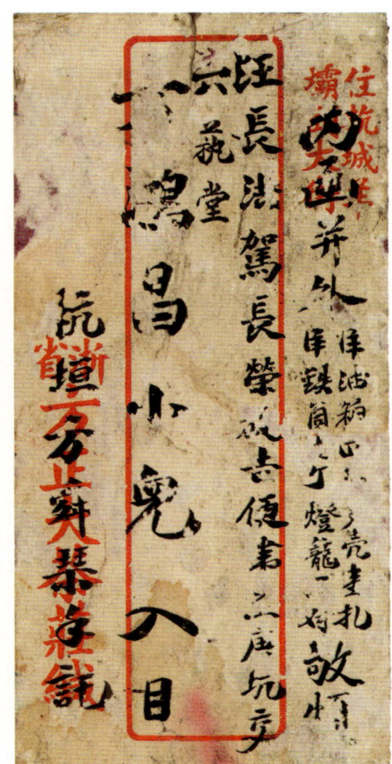

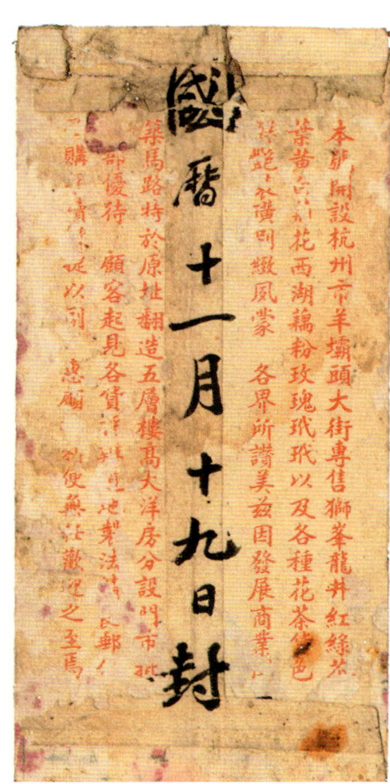
國曆十一月十九日封

图6-8　方正大老板方舜琴亲笔信函及信封，信封背面广告语有“龙井红绿茶叶”字样

Fig. 6-8 Handwritten letters and envelopes of Fang Shunqin, the owner of Fangzhengda Tea shop, and the slogan on the back of the envelope with the wording “Longjin black and green tea”

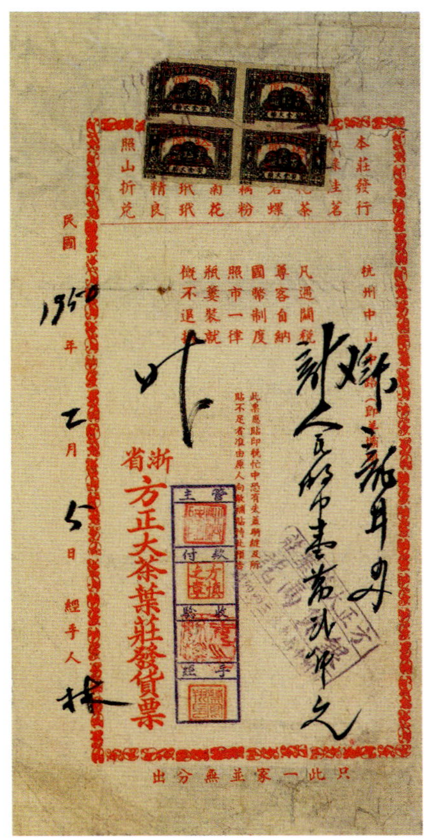
浙省方正大茶葉莊發貨票

本莊發行

只此一家並無分出

图6-9　1950年浙江省方正大茶叶庄售龙井茶发票，上有“本庄发行红绿佳茗”的广告语

Fig. 6-9 The Longjin Tea invoice of Fangzhengda Tea Shop in Zhejiang Province,1950, with the slogan of “grand black and green tea issued by our house”

图6-10　中国杭州方正大茶庄龙井名茶外销茶箱，高18厘米，长26. 5厘米，宽14. 5厘米，上有铜提手

Fig. 6-10 Famous Longjing Tea box of Fangzhengda Tea Shop in Hangzhou, 18cm in height , 26. 5cm in length , 14. 5cm in width, with copper handle

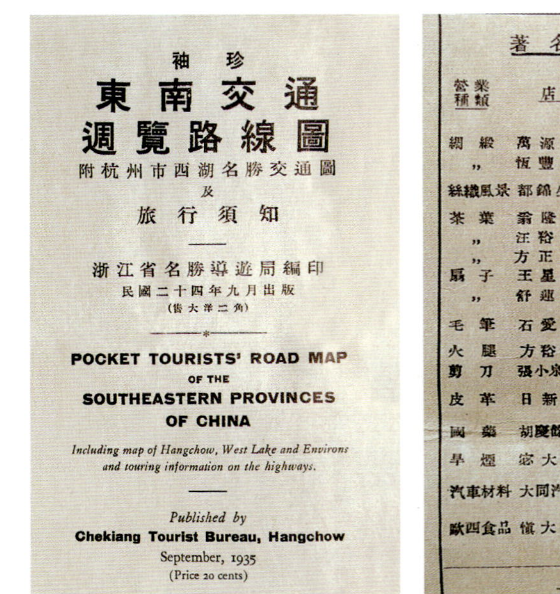

著名特產商店 SHOPPING GUIDE

營業種類	店名	地址	Business Classification	Name of the Shop	Address of the Shop
綢緞	萬源綢莊	保佑坊112號	Silks	Wan Yuan Silk Co.	112 Pao Yu Fang
„	恆豐綢莊	清河坊8號	„	Hêng Foong Silk Co.	8 Ching Ho Fang
絲織風景	都錦生絲織廠	花市路69號	Silk Pictures	Tu Chin Sheng Silk Factory	69 Hua Shih Road
茶葉	翁隆盛茶莊	清河坊60號	Tea	Wêng Lung Shêng Tea Co.	60 Ching Ho Fang
„	汪裕泰茶莊	雷峯塔脚下8號汪莊內	„	Wang Yu Tai Tea Co.	Wang's Villa
„	方正大茶莊	羊壩頭14號	„	Fang Chêng Ta Tea Co.	14 Yang Pa Tou
扇子	王星記扇莊	太平坊28號	Fan	Wang Sing Kee Fan Shop	28 Tai Ping Fang
„	舒蓮記扇莊	太平坊40號	„	Shu Lien Kee Fan Shop	40 Tai Ping Fang
毛筆	石愛文筆莊	壽安路21號	Chinese Pen	Shih Ai Wen Pen Shop	21 Shou An Road
火腿	方裕和南貨號	清河坊64號	Ham	Fang Yu Ho Provision Store	64 Ching Ho Fang
剪刀	張小泉近記剪號	大井巷54號	Scissors	Chang Hsiao Chuan (Chin Kee)	54 Ta Ching Yang
皮革	日新皮件廠	迎紫路國貨陳列館	Leather Goods	Jih Sing Leather Goods Co.	Native Goods Bazaar, Ying Tzu Road
國藥	胡慶餘堂雪記藥號	大井巷98號	Chinese Medicine	Hu Ching Yu [illegible]g (Sieh Kee)	[illegible]a Ching Yang
旱煙	宓大昌煙號	扇子巷13號	Chinese Tobacco	Mi Ta Chong [illegible]obacco Store	3 Shan Tsu Yang
汽車材料	大同汽車材料商號	吳山路132號	Auto Supplies	Universal Auto Supply Co.	132 Wu Shan Road
歐西食品	慎大食品分號	延齡路148號	Provision Store	Shun Dah & Co.	148 Yen Ling Road

高等旅館 HOTELS

图6-11　1935年9月，浙江省名胜导游局编印之《袖珍东南交通周览路线图》中有杭州翁隆盛、汪裕泰、方正大三大茶庄的中英文介绍
Fig. 6-11 *Pocket Tourists' Road Map of the Southeastern Provinces of China,* pubished by *Zhejiang Tourist Bureau,* both in Chinese and English with introduction of Wenglongsheng, Wangyutai, Fangzhengda tea shops, Hangzhou Top Three tea shops in September, 1935

民国时期，杭州茶庄林立，生意兴隆，而最大的是翁隆盛、汪裕泰、方正大、方福泰、方立大这几家。图6-11是民国24年（1935）9月，由浙江省名胜导游局编印的《袖珍东南交通周览路线图》。民国就有浙江和杭州的名胜导游局，说明“游在杭州”由来已久。此图有杭州特产商店的中英文介绍，茶叶一栏为翁隆盛、汪裕泰、方正大。民国时杭州和西湖地图众多，由浙江省名胜导游局编印、专门有特产商店介绍的则颇为鲜见。这幅图也是民国时期就非常注重把浙江杭州的名胜和物产，特别是九曲红梅推向全国、推向世界的实证。

2. 方正大茶庄《批发》账册记录的九曲红梅营销全国

世居杭州湖滨吴山路的章胜贤立志挖掘杭州历史文化沉淀，他历20年时间，拍摄杭州街巷市井风貌照片逾万张。一个偶然的机会，章胜贤获得杭州老字号方正大茶庄部分老账册，数次追寻，总计为77册。2003年年底，市场再次惊现方正大茶庄老账册26册，为收藏家韩一飞先生所获。

这103册杭州方正大的老账册，最早为1929年，最迟为1936年，正是民国杭州茶业鼎盛时期。账册中，有客庄号总、行号货源、钱庄总清等每年账册，以及本号、客庄信稿、货汇、合价、福食、浮庄、子茶花户等分类账册。这些老账册记载着方正大茶庄与含港、澳在内的全国千余家茶号以及环球的业务往来，记录了方正大茶庄对杭州数百家茶行、茶农的茶叶收购业务，是杭州老字号茶庄闯荡世界的真实写照。

方正大茶庄的103册账册中有近30册的《批发》和其他账册，一桩桩、一笔笔的白纸黑字记录，是方正大茶庄销向全国各地九曲红梅的实录。

图6-14是杭州著名收藏家韩一飞先生和他珍藏的26册方正大账册。这26册方正大账册中有8册是《批发》账册，时间跨度从民国21年（1932）至民国25年（1936），正是民国时期相对平和的十

图6-12　章胜贤珍藏的部分杭州方正大茶号账册

Fig. 6-12 Part of the account books of Fangzhengda Tea Shop collected by Zhang Shengxian

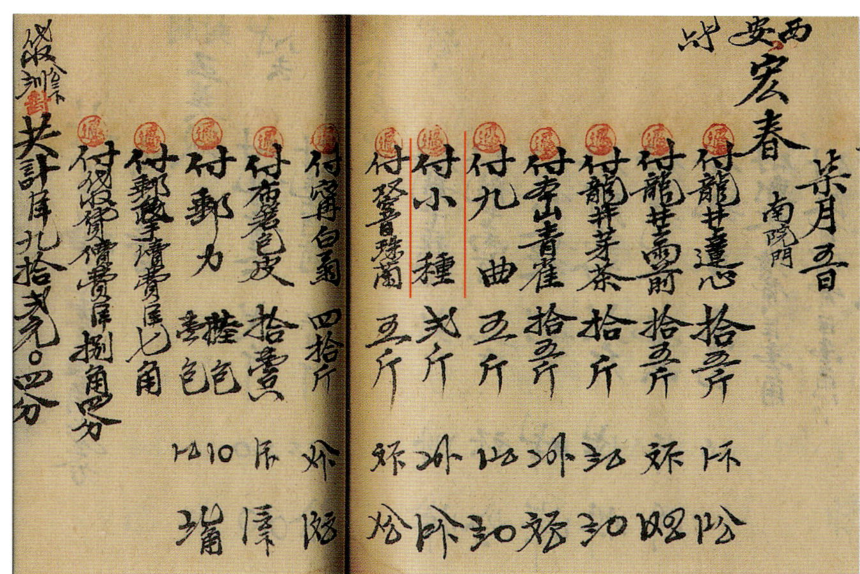

图6-13　章胜贤珍藏杭州方正大茶庄中记载销给西安宏泰号“九曲”“小种”茶叶，即不同牌号的九曲红梅

Fig. 6-13 Account books of Fangzhengda Tea Shop collected by Zhang Shengxian recorded “Jiuqu”, “Xiaozhong” tea that was sold to Xi’an Hongtai Tea Shop, which means different marks of “Jiuqu Hongmei”.

图6-14　杭州著名收藏家韩一飞和他珍藏的26册方正大茶庄账册（2012年12月）

Fig. 6-14 Famous Hangzhou collector Han Yifei and his collection of 26 copies of Fangzhengda Tea Shop account books (December 2012)

年。其时，中国通讯、交通基本畅通，1929年《工商半月刊·杭州茶业状况·红茶》记载杭州九曲红梅的15种牌号，在方正大《批发》账册中几乎全部都有。

表6-1　韩一飞珍藏方正大茶号《批发》账册销售九曲红梅汇总表

序号	年份	日期	客户	茶叶牌号	数量（斤）
1	1932年	2月21日	北平（今北京）中国茶栈	上乌龙 乌龙 九曲 上红寿眉	二斤 三斤 十斤 十斤
2	1932年	2月21日	北平（今北京）吴恒瑞	九曲	十五斤
3	1932年	2月25日	（河南省）许州（今许昌）费子津	九曲	一斤
4	1932年	3月4日	（山东省）青岛瑞鹤祥	上九曲 上红寿眉	十斤 二十斤
5	1932年	3月9日	（辽宁省）辽阳燕春	上乌龙 乌龙	一斤 二斤
6	1932年	3月17日	（河南省）灵宝永兴长	上红寿眉 上君眉	一斤 二斤
7	1932年	3月18日	辽宁广源峻	上乌龙 乌龙 九曲 上君眉	二十斤 三十斤 五十斤 八十斤
8	1932年	3月19日	（山东省）威海义和恒	上九曲 九曲 上君眉	二斤 三斤 十斤
9	1932年	3月23日	（山东省）滕县聚泰广	上红寿眉	二斤
10	1932年	3月31日	（河南省）卫辉（今新乡）富顺兴	君眉	一斤
11	1932年	4月12日	（广东省）松口泰生	小种	五斤
12	1932年	4月16日	（吉林省）安东天太恒	九曲 上君眉 君眉	十八斤 三十斤 三十斤
13	1932年	4月21日	北平（今北京）紫罗兰	九曲 上红寿眉 小种	三斤 三斤 五斤
14	1932年	4月22日	（辽宁省）辽阳燕春	上乌龙 乌龙	二斤 四斤
15	1932年	4月25日	北平（今北京）恒通	上红寿眉 上君眉	十斤 十斤

续表

序号	年份	日期	客户	茶叶牌号	数量（斤）
16	1932年	5月8日	（辽宁省）奉天（今沈阳）广源峻	上乌龙 乌龙 九曲	十斤 二十斤 三十斤
17	1932年	5月19日	（江苏省）邳县合泰	上红红眉寿眉	一斤
18	1932年	5月21日	（山东省）青岛瑞鹤祥	九曲	二十斤
19	1933年	3月12日	（山东省）台庄三益祥	红梅	四斤
20	1933年	3月18日	（河南省）灵宝华英	红梅	五斤
21	1933年	3月22日	（辽宁省）奉天（今沈阳）广源峻	上乌龙 乌龙 九曲	二十斤 二十斤 二十斤
22	1933年	3月24日	（山东省）台庄义丰恒	红梅	四斤
23	1933年	3月24日	（河南省）郑州福忠	上乌龙	五斤
24	1933年	4月12日	北平（今北京）恒通	九曲 上红寿眉 上君眉	五斤 十斤 十五斤
25	1933年	11月7日	（河南省）驻马店永和	上红寿眉	二斤
26	1933年	11月9日	辽宁广源峻	上乌龙 乌龙 九曲	二十斤 三十斤 三十五斤
27	1933年	11月9日	（浙江省）金华升泰裕	红梅	一百零三斤
28	1933年	11月26日	（河南省）怀庆义合	上君眉	二斤
29	1933年	11月27日	（江苏省）淮安德泰	上红寿眉	二斤
30	1933年	11月27日	（河南省）洛阳买秀亭	上红袍	一斤十二两
31	1933年	11月30日	（山东省）滕县怡馥斋	上红寿眉 红梅	五斤 五斤
32	1933年	12月23日	北平（今北京）汪元昌	乌龙 九曲 君眉	一斤 一斤 一斤
33	1933年	12月31日	北平（今北京）德茂	上乌龙 乌龙 九曲	二斤 三斤 五斤
34	1935年	3月4日	（浙江省）金华升泰裕	君眉	十斤

续表

序号	年份	日期	客户	茶叶牌号	数量（斤）
35	1935年	3月12日	（江苏省）沛县邮局	上九曲	半斤
36	1935年	3月31日	（山东省）滕县官桥信诚	红梅	一斤
37	1935年	4月4日	北平（今北京）汪元昌	九曲 上君眉 君眉	二斤 三斤 五斤
38	1935年	4月6日	（山东省）台庄协兴东	红梅	半斤
39	1935年	4月9日	北平（今北京）德茂（东四牌楼北）	乌龙 九曲	三斤 七斤
40	1935年	4月9日	（山东省）滕县大坞义泉	上红梅	二斤
41	1935年	7月22日	（山东省）台庄义丰恒	上红梅	四斤
42	1935年	7月24日	（安徽省）宿州永城（今河南省内）岐泰	君眉	二斤
43	1935年	7月30日	（安徽省）临淮关中国银行	君眉	四斤
44	1935年	8月4日	（广东省）梅县李祥丰	君眉	三斤
45	1935年	8月6日	（江苏省）南京大东阳火腿公司	九曲 上君眉 君眉	四斤 四斤 四斤
46	1935年	8月7日	北平（今北京）恒通	上君眉 君眉 小种 红袍	五斤 五斤 五斤 五斤
47	1935年	8月14日	（江苏省）新浦德康	小种	五斤
48	1935年	8月16日	（江苏省）徐州大生厚	上红寿梅	一斤
49	1935年	8月26日	沪杭铁路管理局	顶上乌龙 上红寿眉 君眉 乌龙	一斤 十斤 四斤 二斤
50	1935年	9月4日	（江苏省）昆山营业税征收局林绥程	九曲	半斤
51	1935年	9月16日	（河南省）新乡钱春普	红梅	二斤
52	1935年	9月16日	沪杭铁路局	乌龙	四斤

续表

序号	年份	日期	客户	茶叶牌号	数量（斤）
53	1935年	9月16日	（浙江省）金华仁泰	君眉	五斤
54	1935年	9月27日	（浙江省）金华升泰裕	君眉	十斤
55	1935年	9月27日	（安徽省）临淮关中国银行	君眉	五斤半
56	1935年	10月13日	（河南省）博爱魏新民	小种	二斤
57	1935年	10月15日	（江苏省）新浦中央银行转三阳港放盐处	小种	三斤
58	1935年	10月17日	（甘肃省）天水丰庆厚	上君眉	五斤
59	1935年	10月22日	（江苏省）新浦德康	小种 红袍	二十斤 二十斤半
60	1935年	10月29日	（安徽省）亳州耿礼斋	上红寿眉 红梅	一斤 一斤
61	1935年	11月12日	（山东省）大坞义泉	上红梅	二斤
62	1935年	11月12日	（山东省）滕县信昌隆	上君眉 上红梅	二斤 二斤
63	1935年	11月24日	（山东省）台庄三益祥	红袍	二斤
64	1935年	12月3日	北平（今北京）恒通	九曲 上红寿眉 上君眉 君眉	五斤 五斤 十斤 十斤
65	1935年	12月7日	（河南省）洛阳买杏苑	小种	二斤
66	1935年	12月10日	（广东省）梅县李祥丰	上君眉 君眉	二斤 二斤
67	1935年	12月11日	（浙江省）丽水许长泰	君眉	四斤
68	1936年	1月9日	北平（今北京）汪元昌	九曲 上君眉 君眉	五斤 十五斤 二十斤
69	1936年	5月12日	（江西省）赣州乾元生	九曲	一斤
70	1936年	5月14日	（辽宁省）奉天（今沈阳）广源峻	上乌龙 乌龙	十斤 十斤
71	1936年	5月22日	（山东省）滕县馥记	小种 上红梅	二斤 八斤

续表

序号	年份	日期	客户	茶叶牌号	数量（斤）
72	1936年	5月24日	（江苏省）板浦衡记	上九曲 九曲 君眉 上红袍	一斤 一斤 二斤 一斤
73	1936年	5月31日	（河南省）洛阳福聚恒	小种	二斤
74	1936年	5月31日	（浙江省）丽水许长泰	君眉	三斤
75	1936年	6月2日	（浙江省）金华升泰裕	九曲	五斤
76	1936年	6月3日	（河南省）归德大昌	上红寿眉 上君眉 小种	一斤 一斤 一斤
77	1936年	6月7日	北平（今北京）汪元昌	九曲 上君眉 君眉	二斤 十斤 八斤
78	1936年	6月15日	（安徽省）亳州耿礼斋	上君眉	一斤

1931年方正大茶号《客庄汇总》之九曲红梅

蚌埠新源号，地址西二马路，有付红寿眉、君眉、九曲，加包皮邮力，共计洋三十一元。

滕县泰源，付上红寿眉十斤，加包皮邮力，共计洋十三元九角，收大洋十三元九角。

滕县碧玉春池，付雨前二十斤，上红寿眉一斤，花茶二斤，加包皮邮力，共计洋三十四元，收大洋三十四元。

台庄裕升祥，地址东西大街，付珠兰、茶茶、本梗、红梅，加包皮邮力，共计洋四十四元八角，收大洋二十元九分。

（山东省）临城吉祥，地址北门：

（1）付芽茶、顶白、红梅，加包皮邮力，共计洋四十三元九角八分，收大洋四十二元七分。

（2）付旗枪、芽茶、红梅、顶白，加包皮邮力，共计洋三十四元七角，收大洋十九元四角八分。

（3）付顶白十斤、红梅二十斤，加包皮邮力，共计洋十七元五角八分，收大洋十六元八角八分。

（4）付顶白十斤、红梅十斤、建旗十斤，加包皮邮力，共计洋拾七元七角四分。

（山东省）威海义和恒，地址东门外大桥：

（1）付上莲心十斤、莲心十斤、上君眉十斤，加包皮邮力，共计洋三十六元八角四分，收大洋三十五元一角六分；

（2）付上莲心十斤、莲心十斤、上君眉十斤，加包皮邮力，共计洋三十六元八角四分，收大洋三十五元一角六分。

（3）付龙井雨前十斤、龙井芽茶十斤、上君眉十斤，加包皮邮力，共计洋三十二元七角六分，收大洋三十一元二角八分。

（4）付雨前十斤、芽茶十斤、上君眉十斤，加包皮邮力，共计洋三十二元，收大洋三十一元二角八分。

青岛春和祥：

（1）付上九曲、红寿眉、玫瑰铁箱一只，加包皮邮力，共计洋三十元四角九分，收大洋三十元四角九分。

（2）付贡茶、上九曲、上红寿眉，加包皮邮力，共计洋七十五元二角八分，收大洋七十五元二角八分。

（3）付上九曲贰十斤、上红寿眉贰十斤，加包皮邮力，共计洋六十八元七角四分，收大洋一百六十二元五角八分。

（4）付上九曲二十斤、上红寿眉二十斤，加包皮邮力，共计洋七十元八分，收大洋一百八十七元四角三分。

（5）付上莲心、芽茶、雨前、上九曲、上红寿眉，加包皮邮力，共计洋二百六十六元，收大洋二百十一元七角八分。

章胜贤和韩一飞共拥有方正大1929年至1936年七年间原始老账册103本。笔者手中掌握的近30册的账册中，有11册与方正大营销全国业务有关，其他是一些内部事务，银行钱账往来。这11册账本，笔者逐页逐行仔细阅读，经过梳理、分类，可以得出以下数据：

一是方正大之“杭州红茶”（九曲红梅）营销省份和客户往来笔数：

北平（今北京）13笔，河南14笔，山东20笔，辽宁7笔，吉林1笔，江苏10笔，浙江9笔，安徽8笔，广东2笔，甘肃1笔，江西1笔，陕西1笔。

二是营销“杭州红茶”（九曲红梅）不同品种的次数：

顶上乌龙1次，上乌龙10次，乌龙13次；上九曲11次，九曲25次；上红寿眉20次，红寿眉1次；上君眉22次，君眉22次；上红梅5次，红梅14次；上红袍2次，红袍3次；上红寿眉1次，上红寿1次；小种12次。

从以上两组数据的统计看，方正大部分老账册的记载表明，七年间方正大营销中国12省市，涵盖了中国的大部分地区，可谓“营销全国”。“杭州红茶”（九曲红梅）的10个品种一个不落全部都有，而且衍生出6个近似品种的“杭州红茶”（九曲红梅），共有16个牌号。与1929年《工商半月刊·杭州茶业状况·红茶》之15种牌号比对，仅是略有差异，几乎全部重合，毕竟一边是国家权威杂志，一边是一老字号茶庄，尽管旧时做事严谨，略有差异，也在情理之中。

由此，民国时期国家级商业刊物白纸黑字记载的“杭州红茶”（九曲红梅）的历史和牌号，在部分杭州老茶庄的营销账本笔笔营业账上得到了印证。

章胜贤和韩一飞两位先生拥有的这103本账册，比较完整地保存了民国时期相对平和十年间的杭州茶业历史。这些账本不仅是生动、鲜活地解读九曲红梅的依据，在对杭州茶庄内部管理和杭州茶业同业公会、杭州金融业等的研究上都极具史料价值。为了使更多的专家可以从这些老账本中研究九曲红梅往日的辉煌，我们将方正大账册中凡涉及九曲红梅历史的部分，清晰扫描刊于本书。这许多业务全是以邮递方式，从杭州发送各省的。随着抗战的爆发，1937年后，方正大和其他杭州老茶庄都中止了这些业务。

图6-15至图6-91是韩一飞先生收藏的1931年至1936年杭州老茶庄方正大账册中有关营销“杭州红茶”（九曲红梅）的账目。方正大茶庄是杭州著名老茶庄之一，其他一些茶庄也做同样的批发买卖。购入“杭州红茶”（九曲红梅）或杭州龙井茶的外省、本省茶庄，还在杭州茶庄购买大量的茶叶罐，再在本地包装，销往本地，这也展现了杭州作为著名茶叶转运枢纽的历史，也兴旺了杭州的茶箱业、茶罐制造业、运输业、保险业、转运业等。

图6-81，1932年4月16日吉林安东天太恒购九曲18斤，上君眉30斤，君眉30斤，在当时来看，也是大笔买卖了。安东现称丹东，过鸭绿江即朝鲜。安东向方正大购买的九曲红梅，其实很可能是销往朝鲜的。

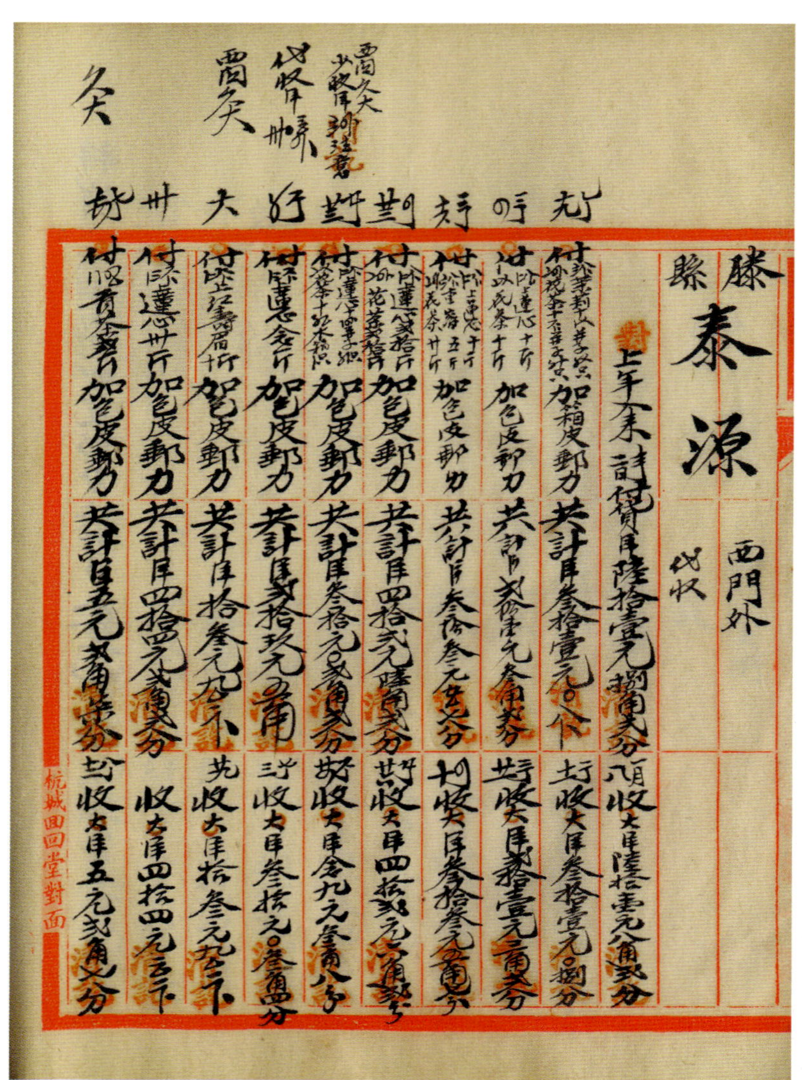
滕縣
泰源
西門外
杭城田回堂對面

图6-15　1931年山东滕县泰源购“杭州红茶”（九曲红梅）往来账目（韩一飞提供）

Fig. 6-15 Current accounts of Taiyuan Tea Shop in Teng County, Shandong Province purchasing Hangzhou Black Tea (Jiuqu Hongmei) in 1931 (provided by Han Yifei)

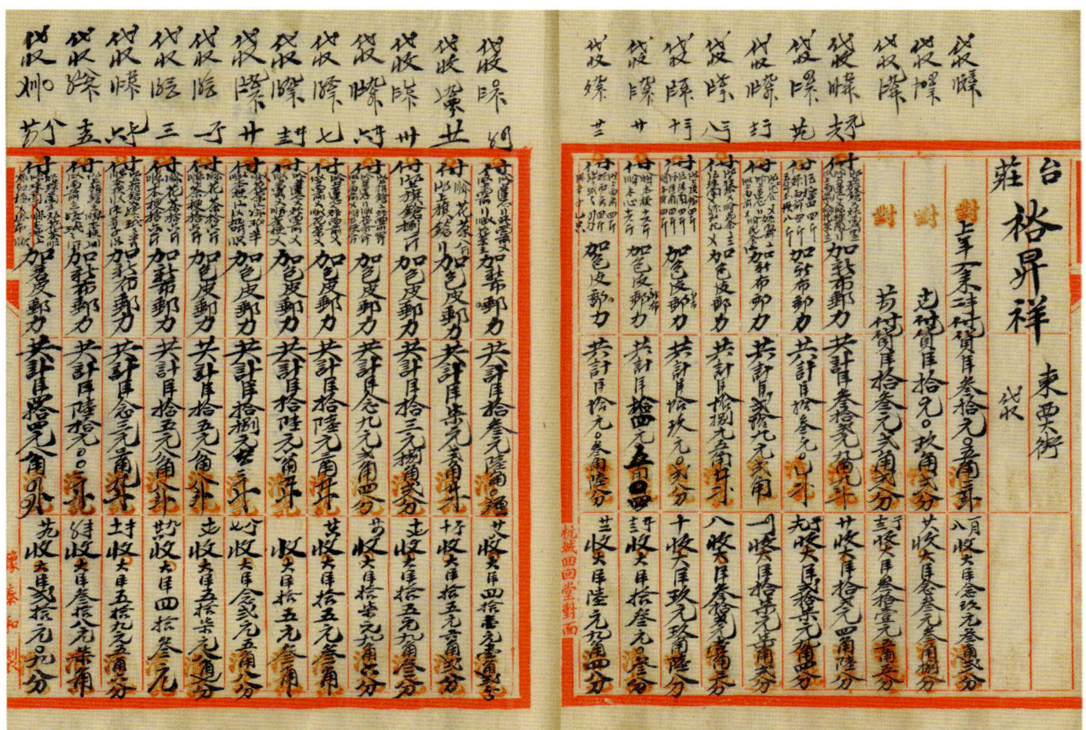

图6-16 1931年山东台庄裕升祥购“杭州红茶”（九曲红梅）往来账目（韩一飞提供）

Fig. 6-16 Current accounts of Yushengxiang Tea Shop in Taizhuang, Shandong Province purchasing Hangzhou Black Tea (Jiuqu Hongmei) in 1931 (provided by Han Yifei)

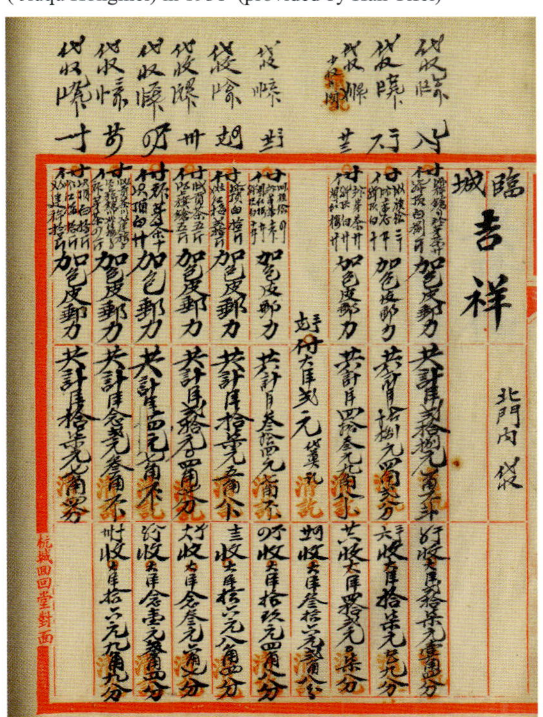

图6-17 1931年山东临城吉祥购“杭州红茶”（九曲红梅）往来账目（韩一飞提供）

Fig. 6-17 Current accounts of Jixiang Tea Shop in Lincheng, Shandong Province purchasing Hangzhou Black Tea (Jiuqu Hongmei) in 1931 (provided by Han Yifei)

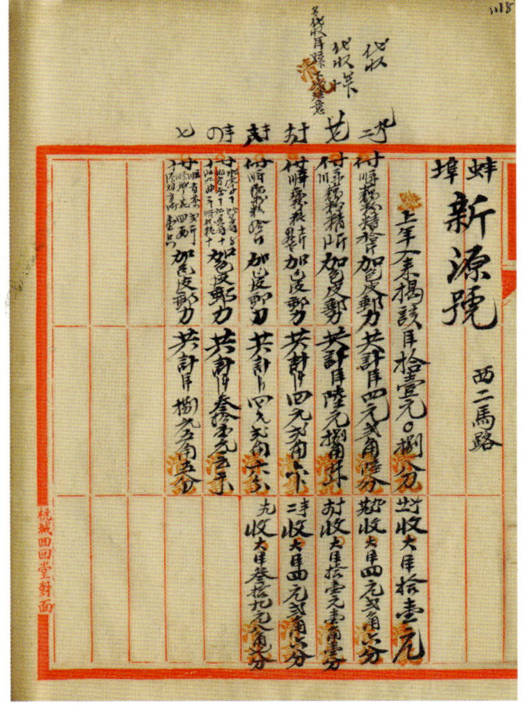

图6-18 1931年安徽蚌埠新源号购“杭州红茶”（九曲红梅）往来账目（韩一飞提供）

Fig. 6-18 Current accounts of Xinyuan Tea Shop in Bengbu, Anhui Province purchasing Hangzhou Black Tea (Jiuqu Hongmei) in 1931 (provided by Han Yifei)

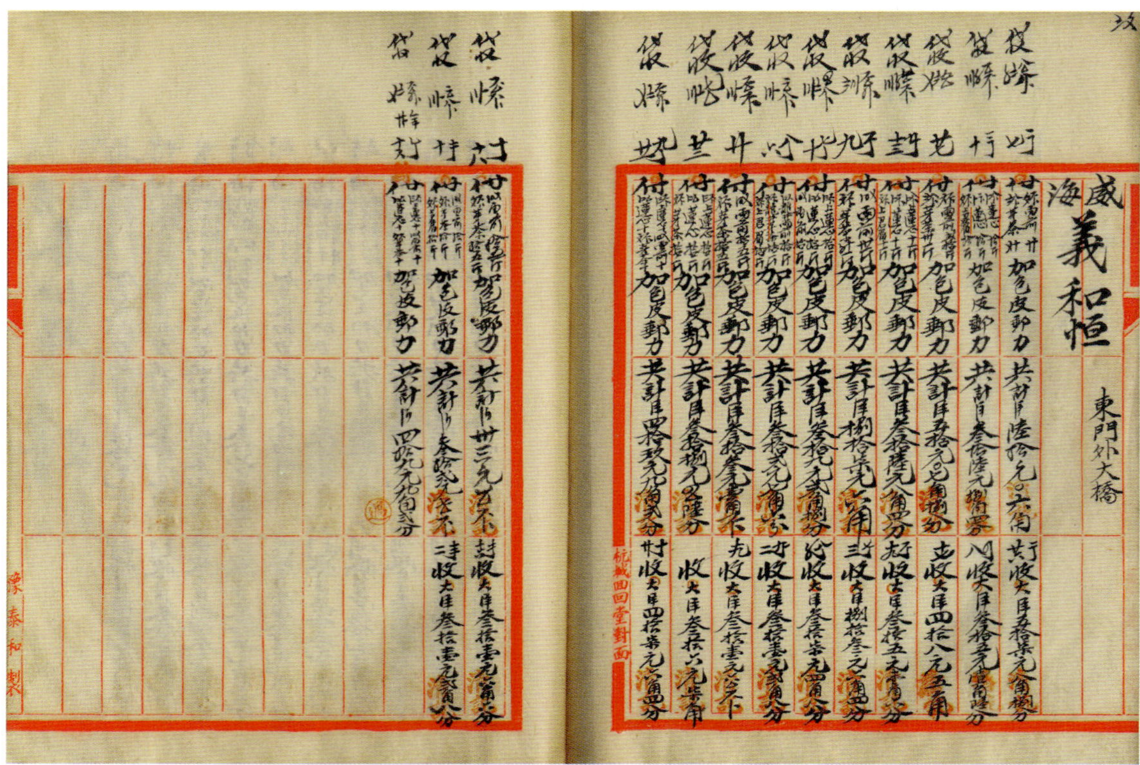
威海 義和恒
東門外大橋
杭威四回堂封面
蒙泰和製

图6-19 1931年山东威海义和恒购“杭州红茶”（九曲红梅）往来账目（韩一飞提供）

Fig. 6-19 Current accounts of Yiheheng Tea Shop in Weihai, Shandong Province purchasing Hangzhou Black Tea (Jiuqu Hongmei) in 1931 (provided by Han Yifei)

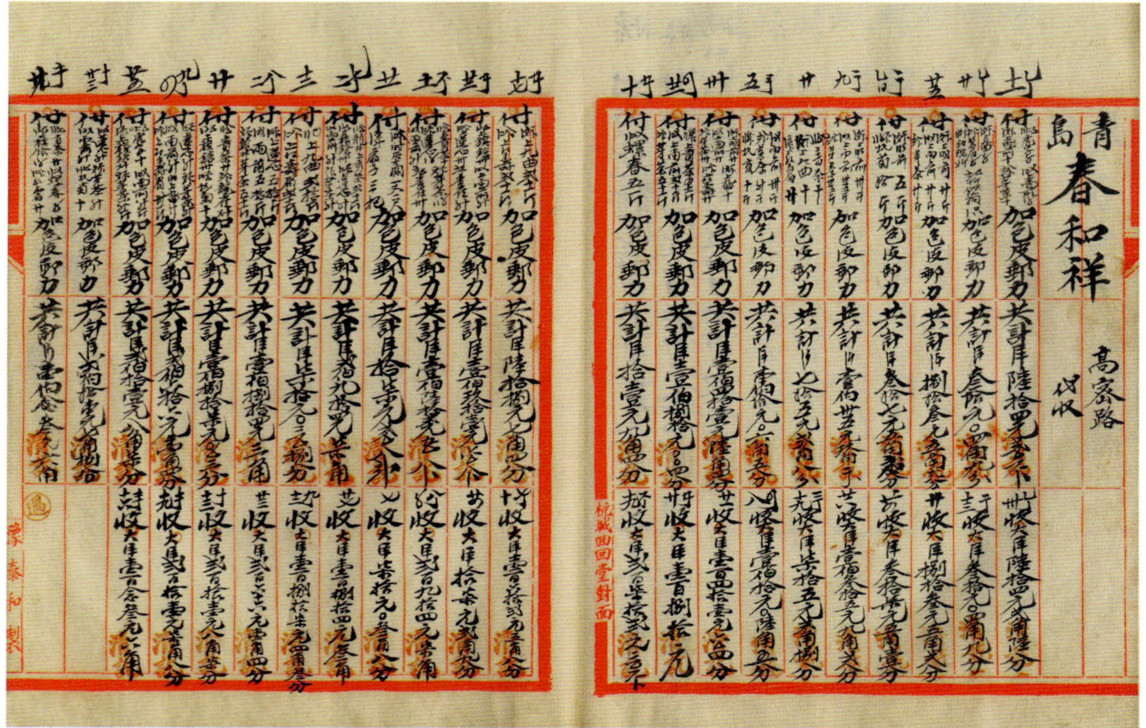
青島 春和祥
高密路
杭威四回堂封面
蒙泰和製

图6-20 1931年山东青岛春和祥购“杭州红茶”（九曲红梅）往来账目（韩一飞提供）

Fig. 6-20 Current accounts of Chunhexiang Tea Shop in Qingdao, Shandong Province purchasing Hangzhou Black Tea (Jiuqu Hongmei) in 1931 (provided by Han Yifei)

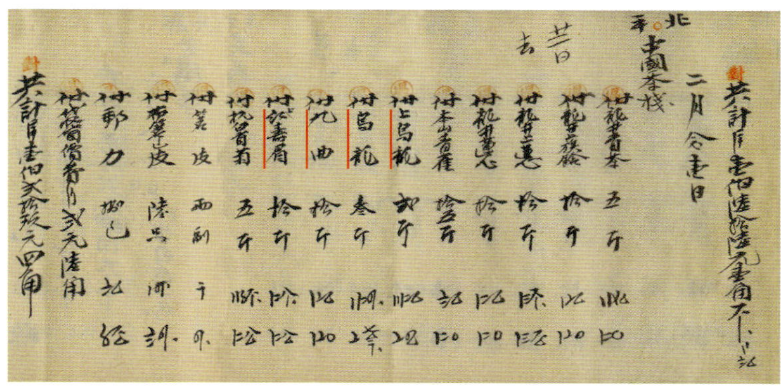

图6-21　1932年2月21日北平（今北京）中国茶栈购"杭州红茶"（九曲红梅）往来账目（韩一飞提供）

Fig. 6-21 Current accounts of China Tea Shop in Peking purchasing Hangzhou Black Tea (Jiuqu Hongmei) on Feburary 21, 1932 (provided by Han Yifei)

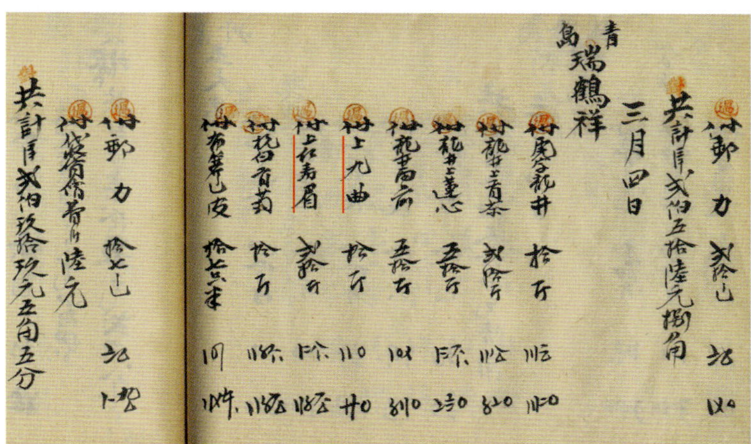

图6-22　1932年3月4日山东青岛瑞鹤祥购"杭州红茶"（九曲红梅）往来账目（韩一飞提供）

Fig. 6-22 Current accounts of Ruihexiang Tea Shop in Qingdao, Shandong Province purchasing Hangzhou Black Tea (Jiuqu Hongmei) on March 4, 1932 (provided by Han Yifei)

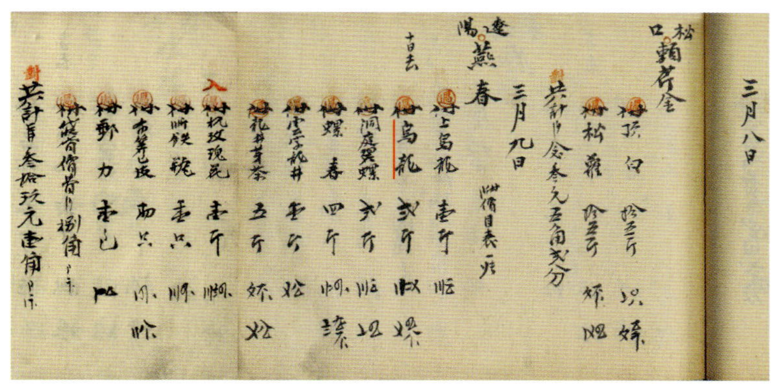

图6-23　1932年3月9日辽宁辽阳燕春购"杭州红茶"（九曲红梅）往来账目（韩一飞提供）

Fig. 6-23 Current accounts of Yanchun Tea Shop in Liaoyang, Liaoning Province purchasing Hangzhou Black Tea (Jiuqu Hongmei) on March 9, 1932 (provided by Han Yifei)

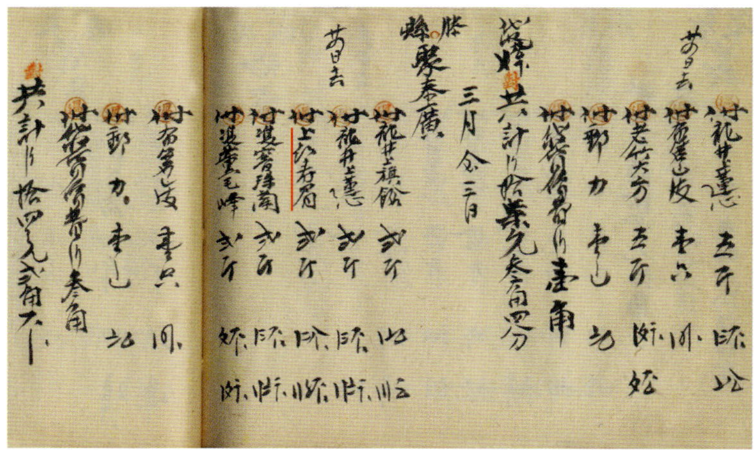

图6-24　1932年3月23日山东滕县聚泰广购"杭州红茶"（九曲红梅）往来账目（韩一飞提供）

Fig. 6-24 Current accounts of Jutaiguang Tea Shop in Teng County, Shandong Province purchasing Hangzhou Black Tea (Jiuqu Hongmei) on March 23, 1932 (provided by Han Yifei)

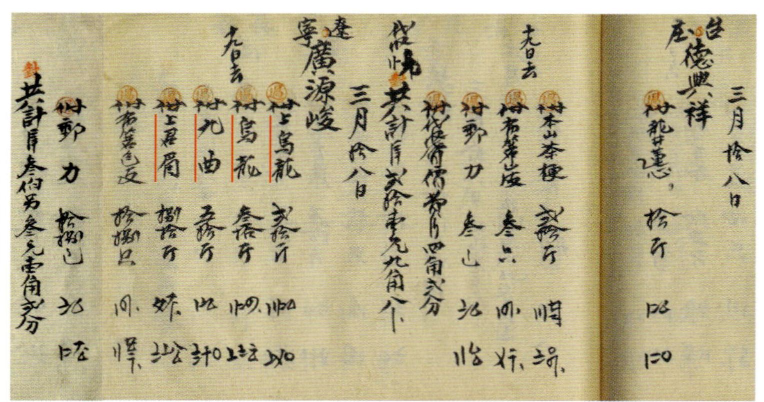

图6-25　1932年3月18日辽宁广源峻购“杭州红茶”（九曲红梅）往来账目（韩一飞提供）

Fig. 6-25 Current accounts of Guangyuanjun Tea Shop in Liaoning Province purchasing Hangzhou Black Tea (Jiuqu Hongmei) on March 18, 1932 (provided by Han Yifei)

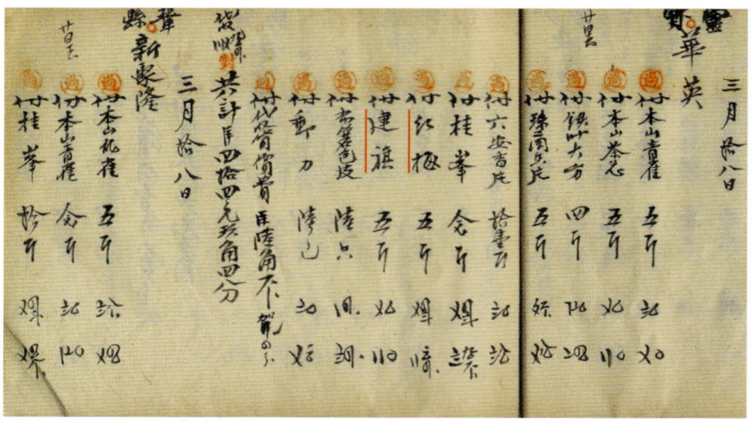

图6-26　1933年3月18日河南灵宝华英购“杭州红茶”（九曲红梅）往来账目（韩一飞提供）

Fig. 6-26 Current accounts of Huaying Tea Shop in Lingbao, Henan Province purchasing Hangzhou Black Tea (Jiuqu Hongmei) on March 18, 1933 (provided by Han Yifei)

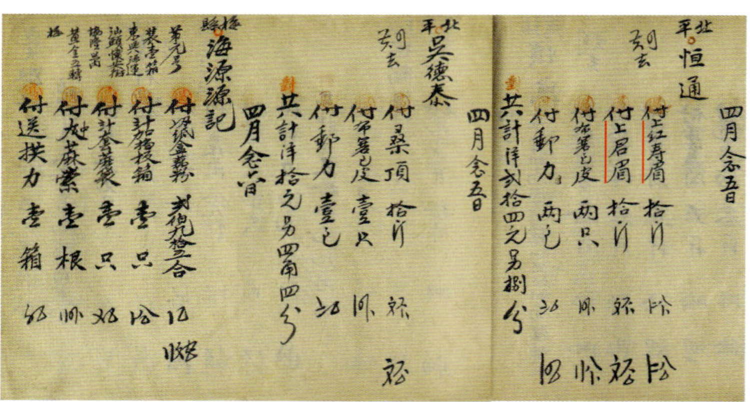

图6-27　1932年4月25日北平（今北京）恒通购“杭州红茶”（九曲红梅）往来账目（韩一飞提供）

Fig. 6-27 Current accounts of Hengtong Tea Shop in Peking purchasing Hangzhou Black Tea (Jiuqu Hongmei) on April 25, 1932 (provided by Han Yifei)

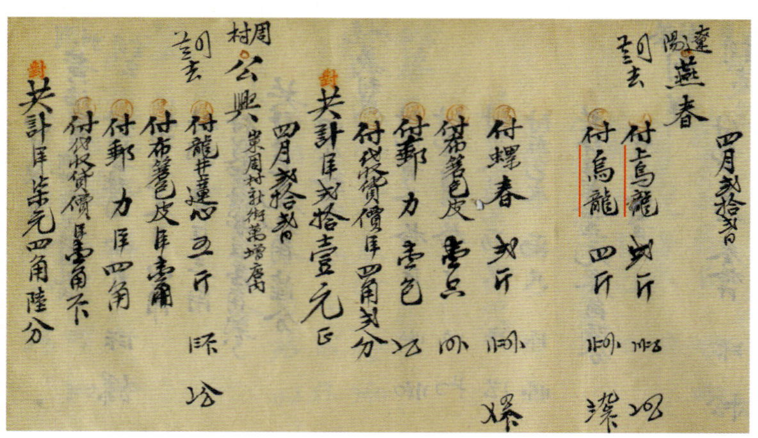

图6-28　1932年4月22日辽宁辽阳燕春购“杭州红茶”（九曲红梅）往来账目（韩一飞提供）

Fig. 6-28 Current accounts of Yanchun Tea Shop in Liaoning Province purchasing Hangzhou Black Tea (Jiuqu Hongmei) on April 22, in 1932 (provided by Han Yifei)

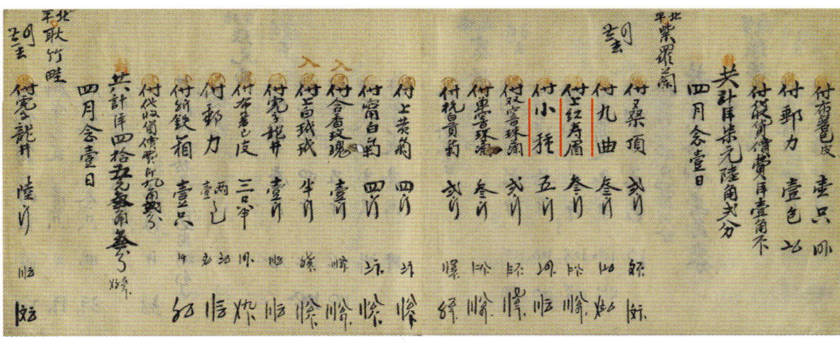

图6-29　1932年4月21日北平（今北京）紫罗兰购“杭州红茶”（九曲红梅）往来账目（韩一飞提供）

Fig. 6-29 Current accounts of Ziluolan Tea Shop in Peking purchasing Hangzhou Black Tea (Jiuqu Hongmei) on April 21, 1932 (provided by Han Yifei)

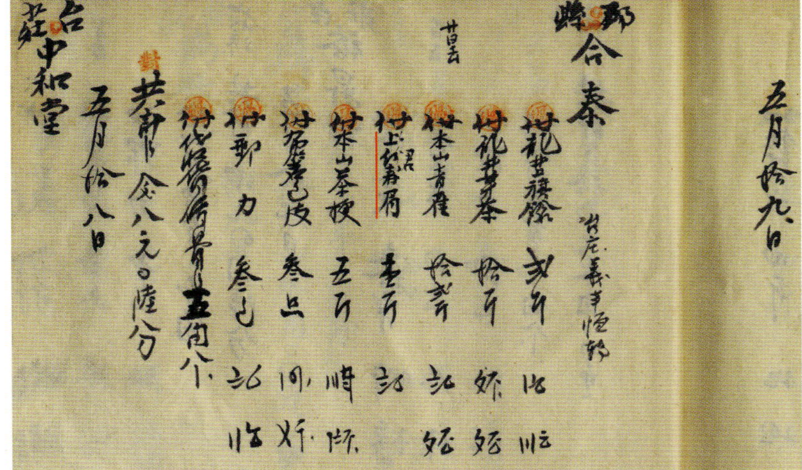

图6-30　1932年5月19日江苏邳县合泰购“杭州红茶”（九曲红梅）往来账目（韩一飞提供）

Fig. 6-30 Current accounts of Hetai Tea Shop in Pi County, Jiangsu Province purchasing Hangzhou Black Tea (Jiuqu Hongmei) on May 19, 1932 (provided by Han Yifei)

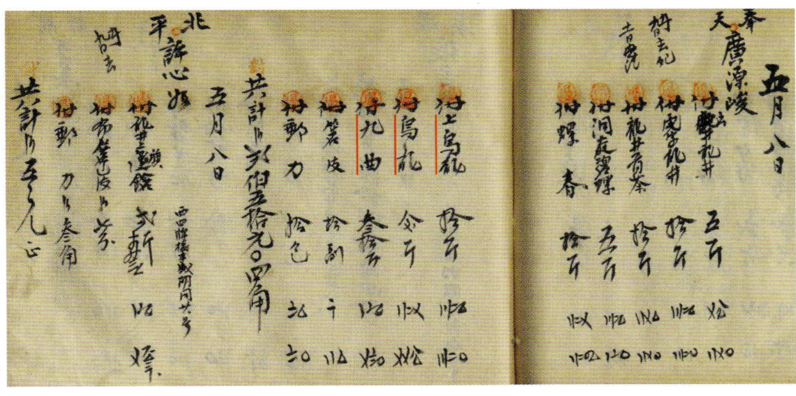

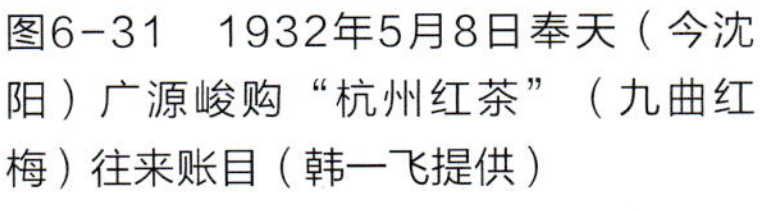

图6-31　1932年5月8日奉天（今沈阳）广源峻购“杭州红茶”（九曲红梅）往来账目（韩一飞提供）

Fig. 6-31 Current accounts of Guangyuanjun Tea Shop in Fengtian (now Shenyang) purchasing Hangzhou Black Tea (Jiuqu Hongmei) on May 8, 1932 (provided by Han Yifei)

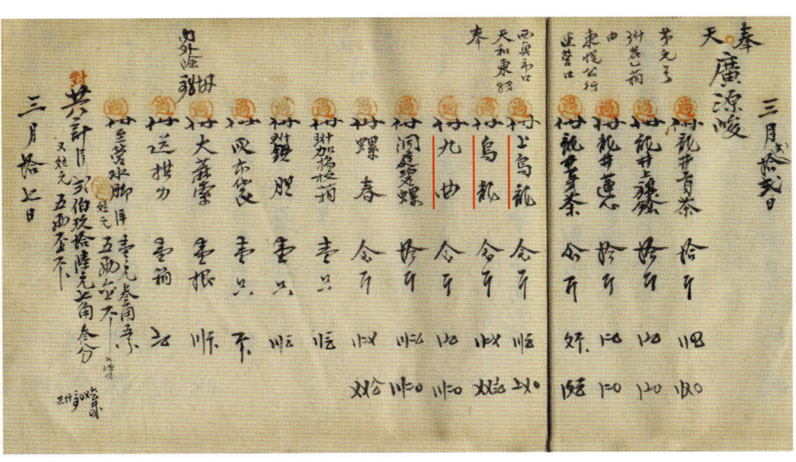

图6-32　1933年3月22日奉天（今沈阳）广源峻购“杭州红茶”（九曲红梅）往来账目（韩一飞提供）

Fig. 6-32 Current accounts of Guangyuanjun Tea Shop in Fengtian (now Shenyang) purchasing Hangzhou Black Tea (Jiuqu Hongmei) on March 22, 1933 (provided by Han Yifei)

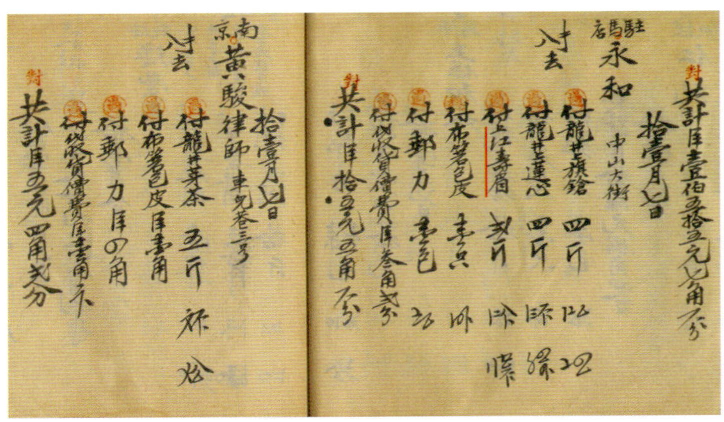

图6-33　1933年11月7日河南驻马店永和购“杭州红茶”（九曲红梅）往来账目（韩一飞提供）

Fig. 6-33 Current accounts of Yonghe Tea Shop in Zhumadian, Henan Province purchasing Hangzhou Black Tea (Jiuqu Hongmei) on November 7, 1933 (provided by Han Yifei)

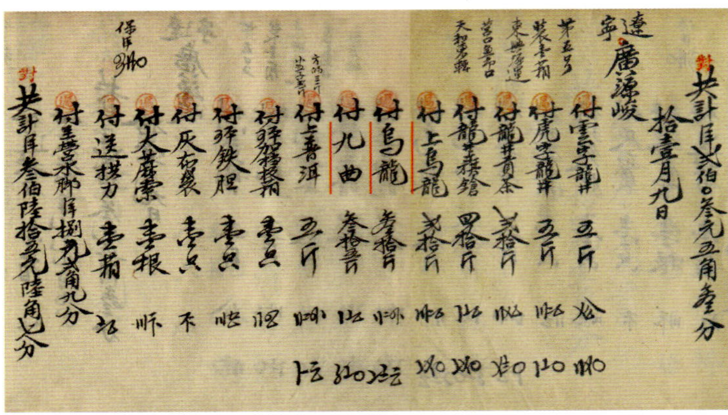

图6-34　1933年11月9日辽宁广源峻购“杭州红茶”（九曲红梅）往来账目（韩一飞提供）

Fig. 6-34 Current accounts of Guangyuanjun Tea Shop in Liaoning Province purchasing Hangzhou Black Tea (Jiuqu Hongmei) on November 9, 1933 (provided by Han Yifei)

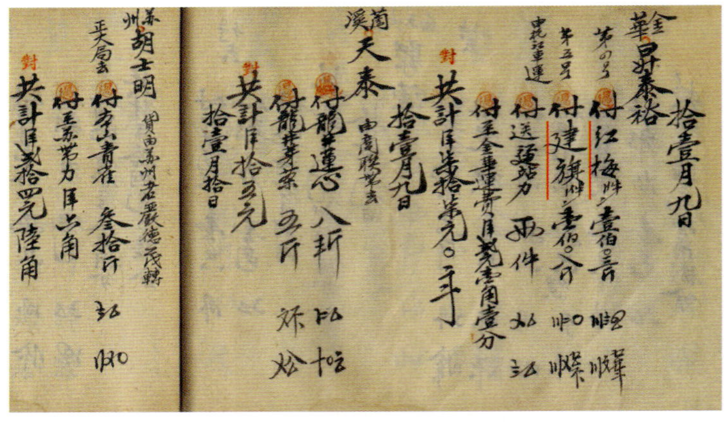

图6-35　1933年11月9日浙江金华升泰裕购“杭州红茶”（九曲红梅）往来账目（韩一飞提供）

Fig. 6-35 Current accounts of Shengtaiyu Tea Shop in Jinhua, Zhejiang Province purchasing Hangzhou Black Tea (Jiuqu Hongmei) on November 9, 1933 (provided by Han Yifei)

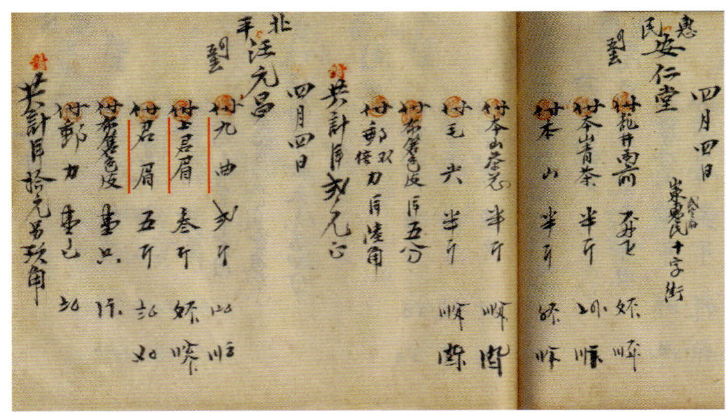

图6-36　1935年4月4日北平（今北京）汪元昌购“杭州红茶”（九曲红梅）往来账目（韩一飞提供）

Fig. 6-36 Current accounts of Wangyuanchang Tea Shop in Peking purchasing Hangzhou Black Tea (Jiuqu Hongmei) on April 4, 1935 (provided by Han Yifei)

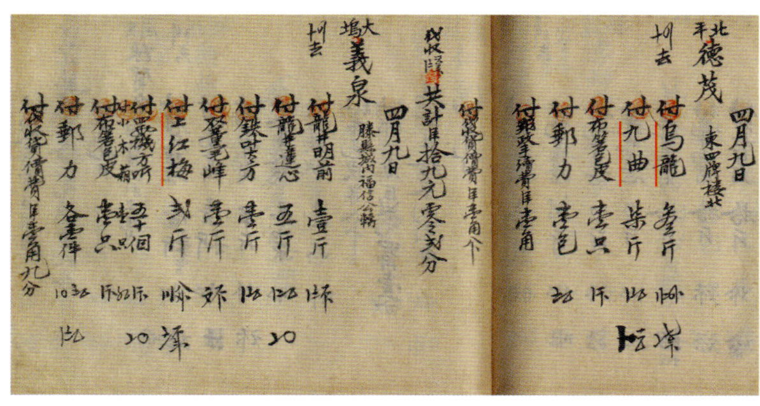

图6-37　1935年4月9日北平（今北京）德茂，大坞义泉购“杭州红茶”（九曲红梅）往来账目（韩一飞提供）

Fig. 6-37 Current accounts of Demao Tea Shop in Peking, Yiquan Tea Shop in Dawu purchasing Hangzhou Black Tea (Jiuqu Hongmei) on April 9, 1935 (provided by Han Yifei)

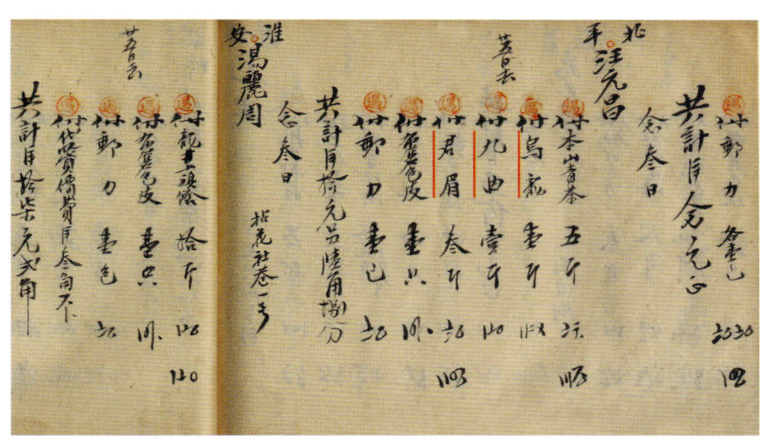

图6-38　1933年12月23日北平汪元昌购“杭州红茶”（九曲红梅）往来账目（韩一飞提供）

Fig. 6-38 Current accounts of Wangyuanchang Tea Shop in Peking purchasing Hangzhou Black Tea (Jiuqu Hongmei) on December 23, 1933 (provided by Han Yifei)

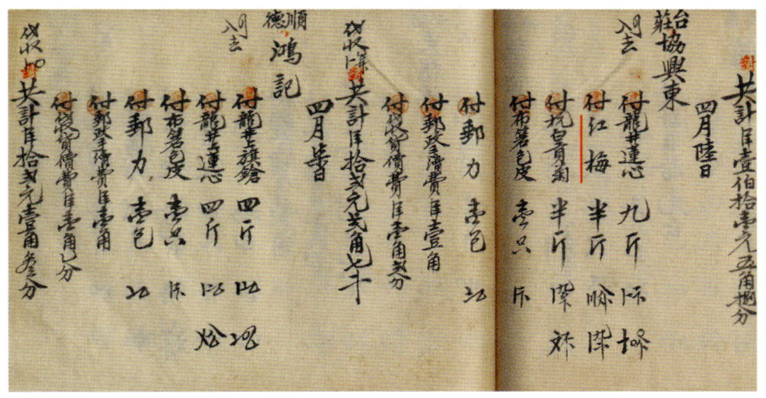

图6-39　1935年4月6日山东台庄协兴东购“杭州红茶”（九曲红梅）往来账目（韩一飞提供）

Fig. 6-39 Current accounts of Xiexingdong Tea Shop in Taizhuang, Shandong Province purchasing Hangzhou Black Tea (Jiuqu Hongmei) on April 6, 1935 (provided by Han Yifei)

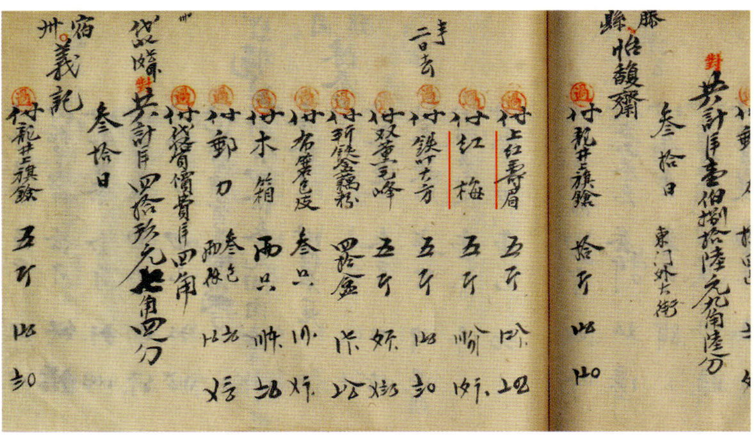

图6-40　1933年11月30日山东滕县怡馥斋购“杭州红茶”（九曲红梅）往来账目（韩一飞提供）

Fig. 6-40 Current accounts of Yifuzhai Tea Shop in Teng County, Shandong Province purchasing Hangzhou Black Tea (Jiuqu Hongmei) on November 30, 1933 (provided by Han Yifei)

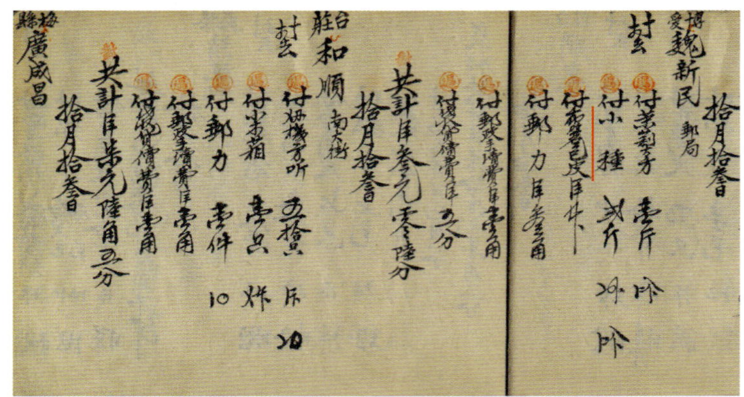

图6-41　1935年10月13日河南博爱魏新民购“杭州红茶”（九曲红梅）往来账目（韩一飞提供）

Fig. 6-41 Current accounts of Weixinmin Tea Shop in Bo’ai, Henan Province purchasing Hangzhou Black Tea (Jiuqu Hongmei) on October 13, 1935 (provided by Han Yifei)

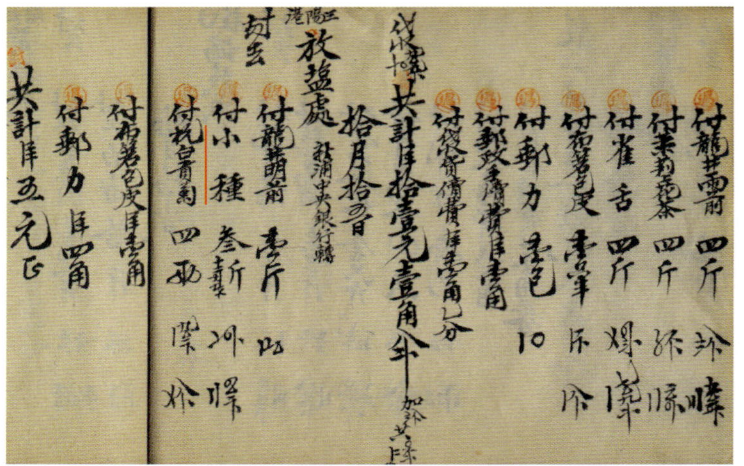

图6-42　1935年10月15日江苏新浦三阳港放盐处购“杭州红茶”（九曲红梅）往来账目（韩一飞提供）

Fig. 6-42 Current accounts of Sanyanggang Salt Station in Xinpu salt station in Xinpu, Jiangsu Province purchasing Hangzhou Black Tea (Jiuqu Hongmei) on October 15, 1935 (provided by Han Yifei)

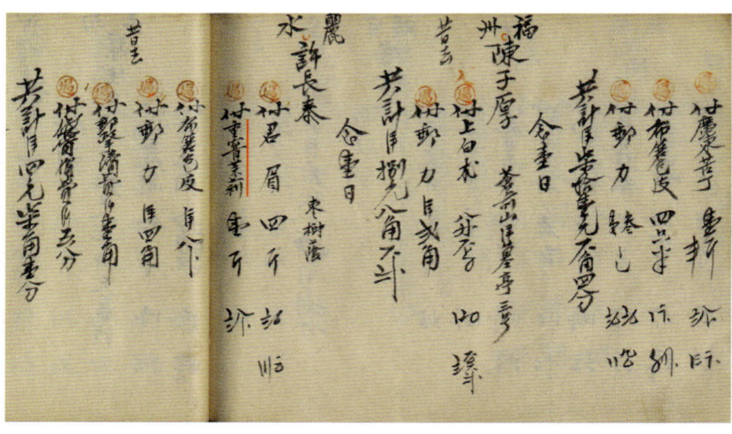

图6-43　1935年12月11日浙江丽水许长泰购“杭州红茶”（九曲红梅）往来账目（韩一飞提供）

Fig. 6-43 Current accounts of Xuchangtai Tea Shop in Lishui, Zhejiang Province purchasing Hangzhou Black Tea (Jiuqu Hongmei) on December 11, 1935 (provided by Han Yifei)

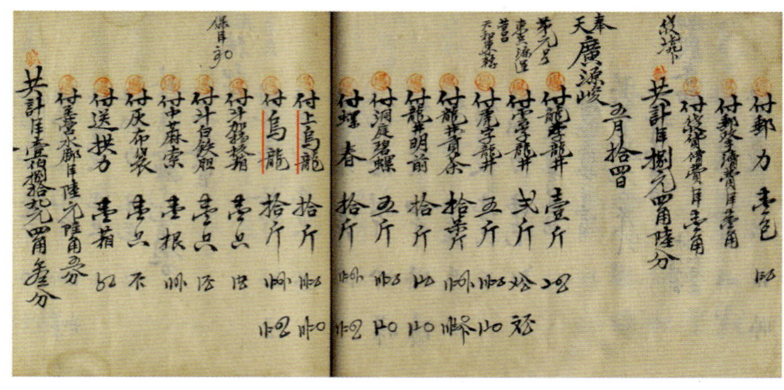

图6-44　1936年5月14日奉天（今沈阳）广源峻购“杭州红茶”（九曲红梅）往来账目（韩一飞提供）

Fig. 6-44 Current accounts of Guangyuanjun Tea Shop in Fengtian (now Shenyang) purchasing Hangzhou Black Tea (Jiuqu Hongmei) on May 14, 1936 (provided by Han Yifei)

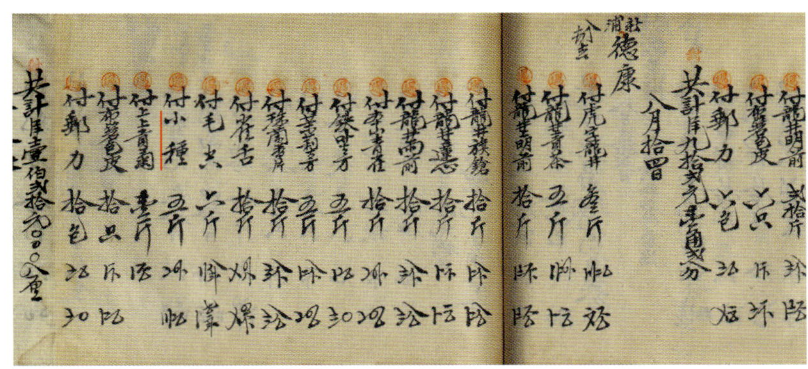

图6-45　1935年8月14日江苏新浦德康购“杭州红茶”（九曲红梅）往来账目（韩一飞提供）

Fig. 6-45 Current accounts of Dekang Tea Shop in Xinpu, Jiangsu Province purchasing Hangzhou Black Tea (Jiuqu Hongmei) on August 14, 1935 (provided by Han Yifei)

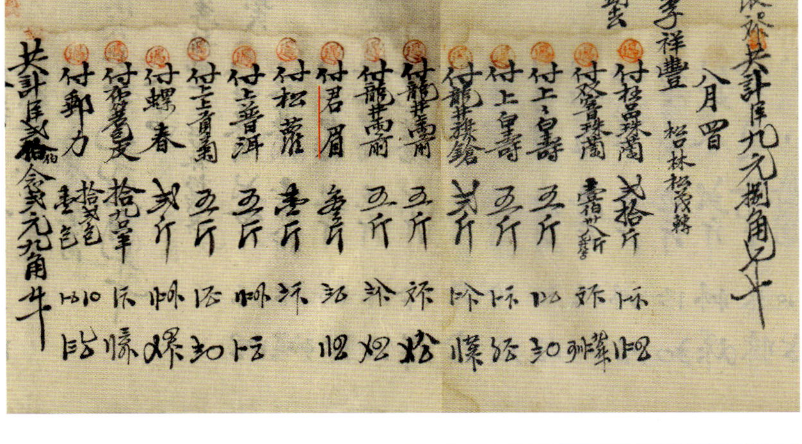

图6-46　1935年8月4日广东梅县李祥丰购“杭州红茶”（九曲红梅）往来账目（韩一飞提供）

Fig. 6-46 Current accounts of Lixiangfeng Tea Shop in Mei county, Guangdong Province purchasing Hangzhou Black Tea (Jiuqu Hongmei) on August 4, 1935 (provided by Han Yifei)

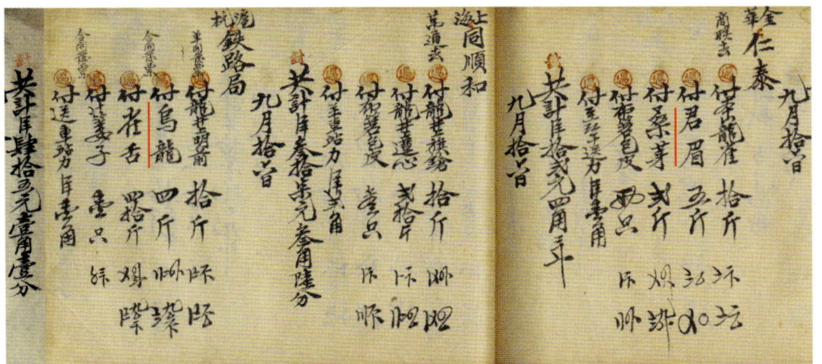

图6-47　1935年9月16日浙江金华仁泰、沪杭铁路局购“杭州红茶”（九曲红梅）往来账目（韩一飞提供）

Fig. 6-47 Current accounts of Rentai Tea Shop in Jinhua, Zhejiang Province, and Shanghai-Hangzhou Railway Station purchasing Hangzhou Black Tea (Jiuqu Hongmei) on September 16, 1935 (provided by Han Yifei)

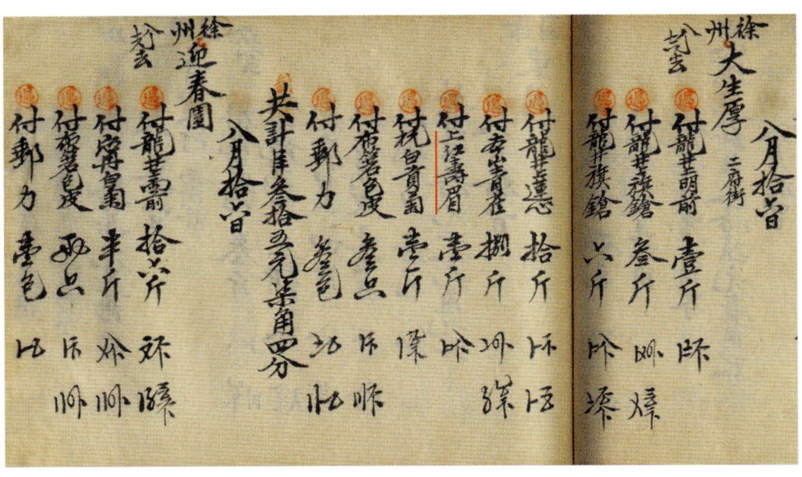

图6-48　1935年8月16日江苏徐州大生厚购“杭州红茶”（九曲红梅）往来账目（韩一飞提供）

Fig. 6-48 Current accounts of Dashenghou Tea Shop in Xuzhou, Jiangsu Province purchasing Hangzhou Black Tea (Jiuqu Hongmei) on August 16, 1935 (provided by Han Yifei)

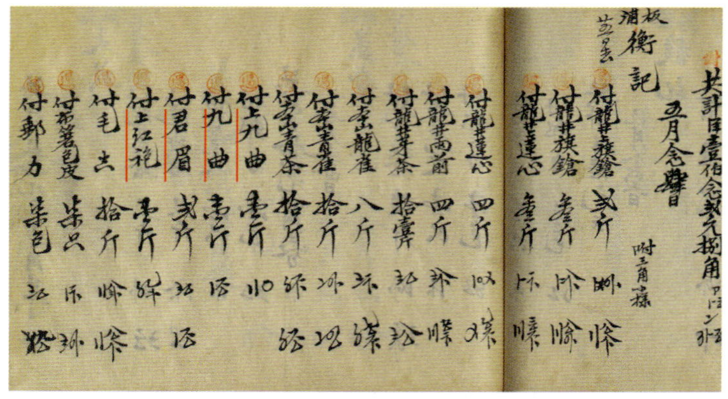

图6-49　1936年5月24日江苏板浦衡记购“杭州红茶”（九曲红梅）往来账目（韩一飞提供）

Fig. 6-49 Current accounts of Hengji Tea Shop in Banpu, Jiangsu Province purchasing Hangzhou Black Tea (Jiuqu Hongmei) on May 24, 1936 (provided by Han Yifei)

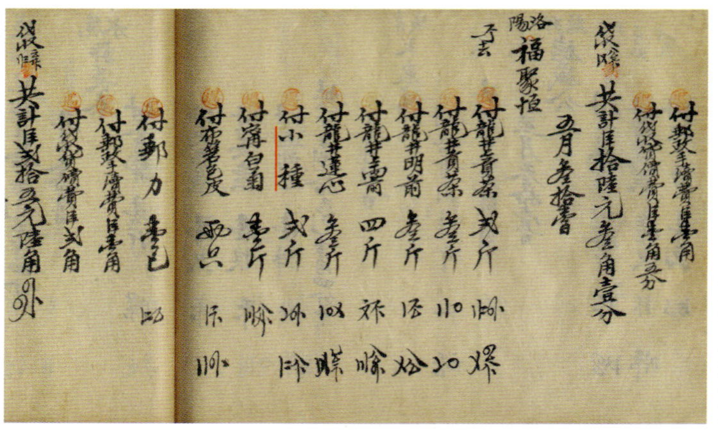

图6-50　1936年5月31日河南洛阳福聚恒购“杭州红茶”（九曲红梅）往来账目（韩一飞提供）

Fig. 6-50 Current accounts of Fujuheng Tea Shop in Luoyang, Henan Province purchasing Hangzhou Black Tea (Jiuqu Hongmei) on May 31, 1936 (provided by Han Yifei)

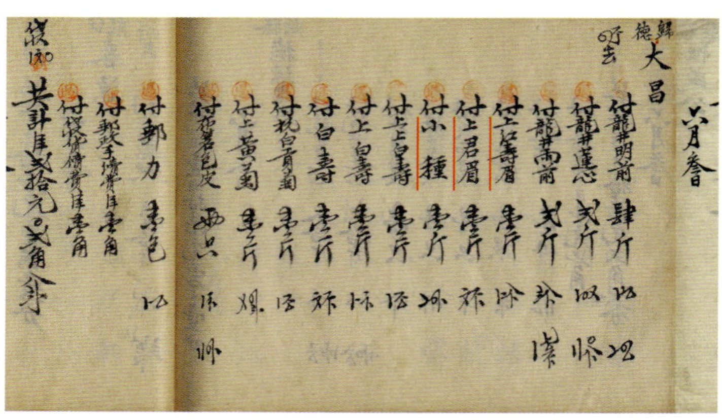

图6-51　1936年6月3日河南归德大昌购“杭州红茶”（九曲红梅）往来账目（韩一飞提供）

Fig. 6-51 Current accounts of Dachang Tea Shop in Guide, Henan Province purchasing Hangzhou Black Tea (Jiuqu Hongmei) on June 3, 1936 (provided by Han Yifei)

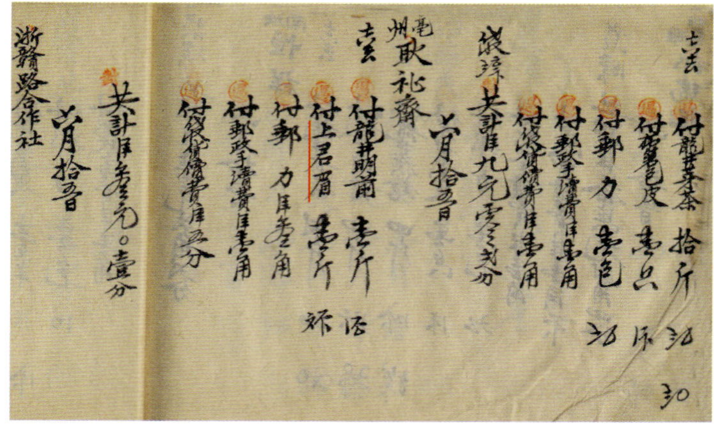

图6-52　1936年6月15日安徽亳州耿礼斋购“杭州红茶”（九曲红梅）往来账目（韩一飞提供）

Fig. 6-52 Current accounts of Genglizhai Tea Shop in Bozhou, Anhui Province purchasing Hangzhou Black Tea (Jiuqu Hongmei) on June 15, 1936 (provided by Han Yifei)

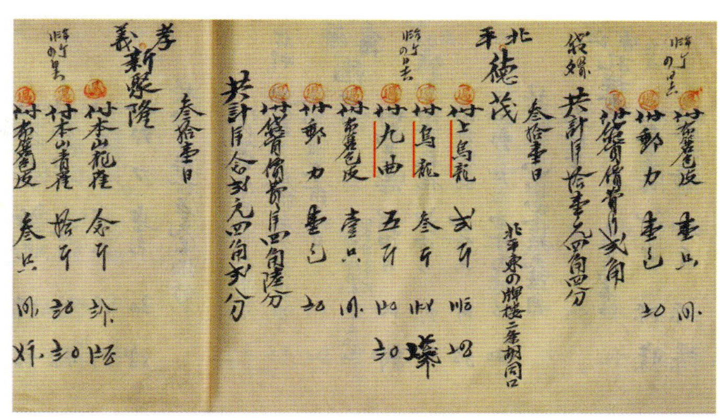

图6-53　1933年12月31日北平（今北京）德茂购“杭州红茶”（九曲红梅）往来账目（韩一飞提供）

Fig. 6-53 Current accounts of Demao Tea Shop in Peking purchasing Hangzhou Black Tea (Jiuqu Hongmei) on December 31, 1933 (provided by Han Yifei)

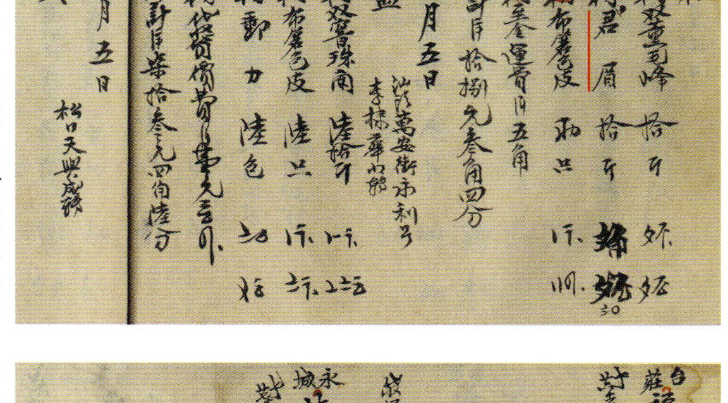

图6-54　1935年3月4日浙江金华升泰裕购“杭州红茶”（九曲红梅）往来账目（韩一飞提供）

Fig. 6-54 Current accounts of Shengtaiyu Tea Shop in Jinhua, Zhejiang Province purchasing Hangzhou Black Tea (Jiuqu Hongmei) on March 4, 1934 (provided by Han Yifei)

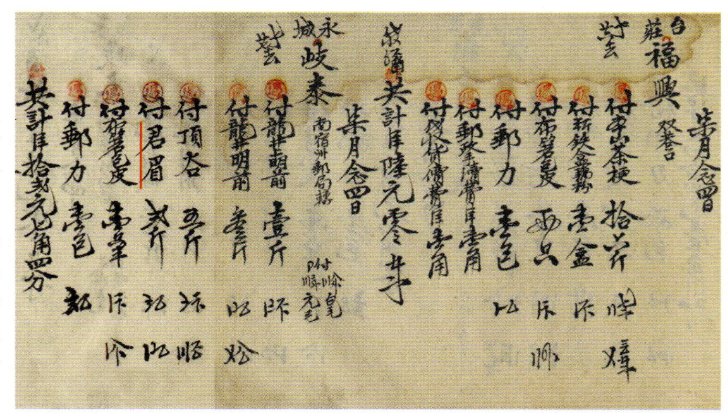

图6-55　1935年7月24日安徽宿州永城（今河南省内）岐泰购“杭州红茶”（九曲红梅）往来账目（韩一飞提供）

Fig. 6-55 Current accounts of Qitai Tea Shop in Yongcheng County, Anhui Province (now Henan Province) purchasing Hangzhou Black Tea (Jiuqu Hongmei) on July 24, 1935 (provided by Han Yifei)

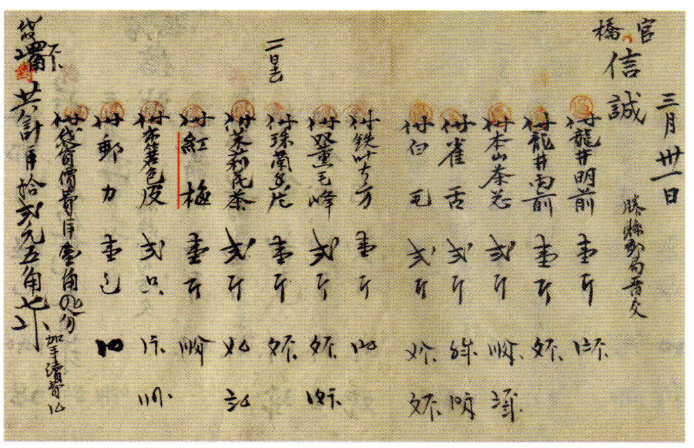

图6-56　1935年3月31日山东滕县官桥信诚购“杭州红茶”（九曲红梅）往来账目（韩一飞提供）

Fig. 6-56 Current accounts of Xincheng Tea Shop in Teng County, Shandong Province purchasing Hangzhou Black Tea (Jiuqu Hongmei) on March 31, 1935 (provided by Han Yifei)

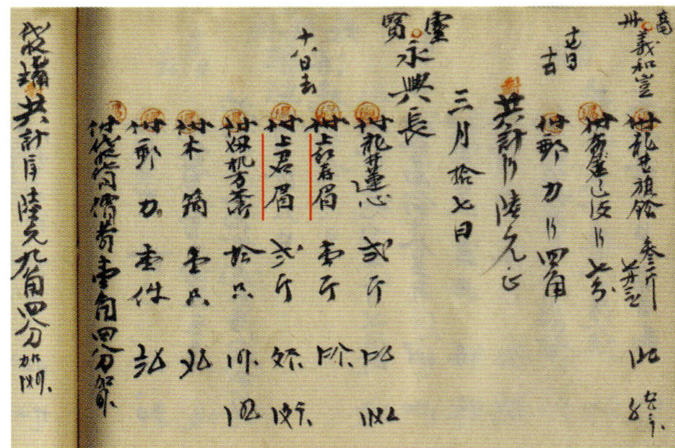

图6-57　1932年3月17日河南灵宝永兴长购“杭州红茶”（九曲红梅）往来账目（韩一飞提供）

Fig. 6-57 Current accounts of Yongxingchang Tea Shop in Lingbao, Henan Province purchasing Hangzhou Black Tea (Jiuqu Hongmei) on March 17, 1932 (provided by Han Yifei)

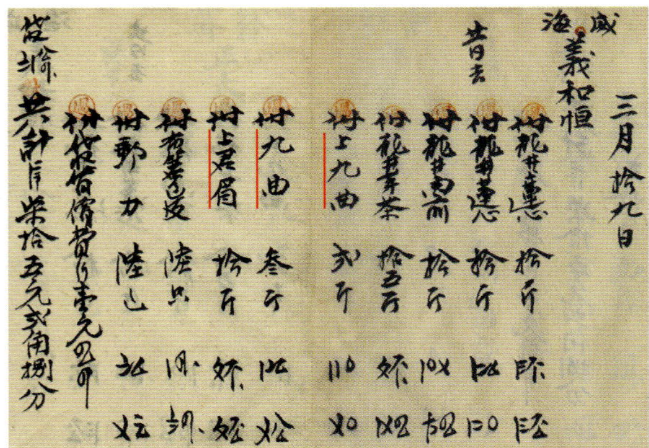

图6-58　1932年3月19日山东威海义和恒购“杭州红茶”（九曲红梅）往来账目（韩一飞提供）

Fig. 6-58 Current accounts of Yiheheng Tea Shop in Weihai, Shandong Province purchasing Hangzhou Black Tea (Jiuqu Hongmei) on March 19, 1932 (provided by Han Yifei)

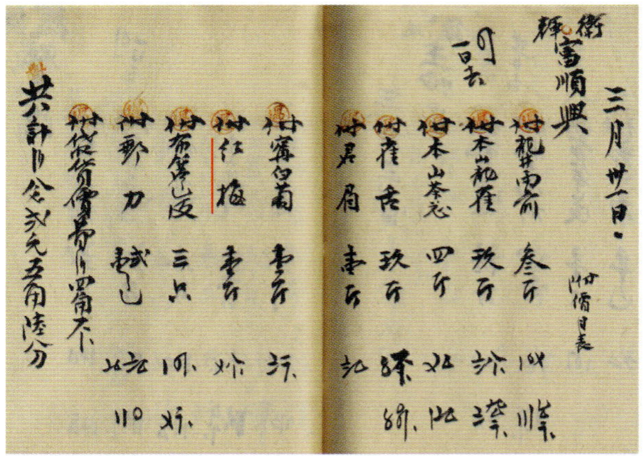

图6-59　1932年3月31日河南新乡卫辉富顺兴购“杭州红茶”（九曲红梅）往来账目（韩一飞提供）

Fig. 6-59 Current accounts of Fushunxing Tea Shop in Weihui, Xinxiang, Henan Province purchasing Hangzhou Black Tea (Jiuqu Hongmei) on March 31, 1932 (provided by Han Yifei)

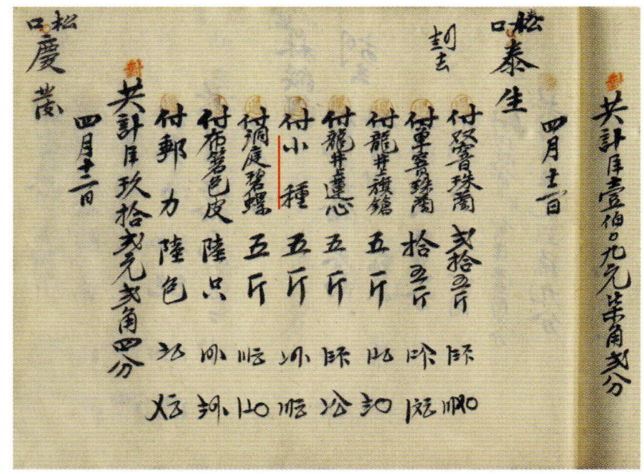

图6-60　1932年4月12日广东松口泰生购“杭州红茶”（九曲红梅）往来账目（韩一飞提供）

Fig. 6-60 Current accounts of Taisheng Tea Shop in Songkou, Guangdong Province purchasing Hangzhou Black Tea (Jiuqu Hongmei) on April 12, 1932 (provided by Han Yifei)

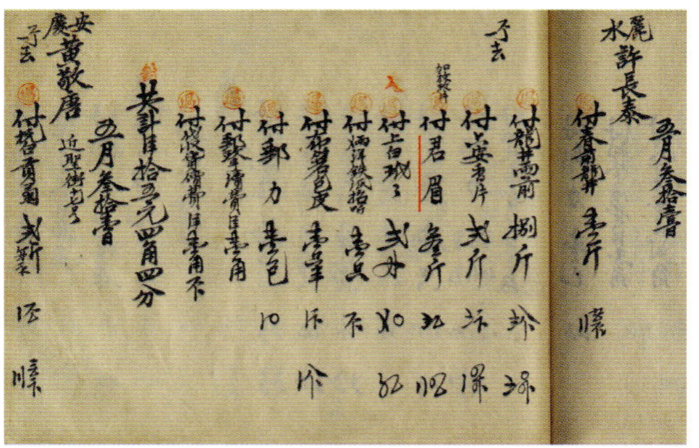

图6-61　1936年5月31日浙江丽水许长泰购“杭州红茶”（九曲红梅）往来账目（韩一飞提供）

Fig. 6-61 Current accounts of Xuchangtai Tea Shop in Lishui, Zhejiang Province purchasing Hangzhou Black Tea (Jiuqu Hongmei) on May 31, 1936 (provided by Han Yifei)

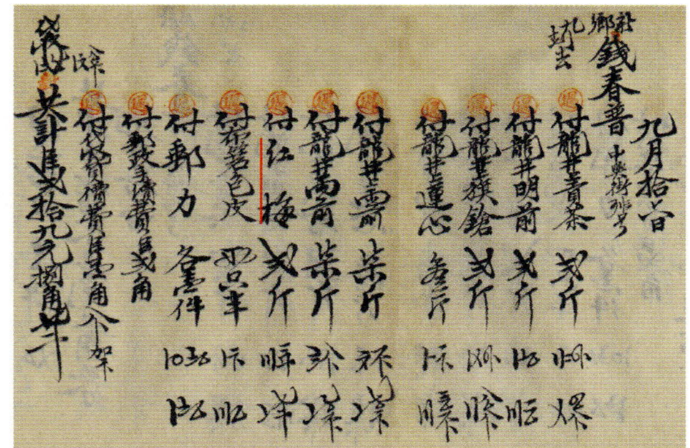

图6-62　1935年9月16日河南新乡钱春普购“杭州红茶”（九曲红梅）往来账目（韩一飞提供）

Fig. 6-62 Current accounts of Qianchunpu Tea Shop in Xinxiang, Henan Province purchasing Hangzhou Black Tea (Jiuqu Hongmei) on September 16, 1935 (provided by Han Yifei)

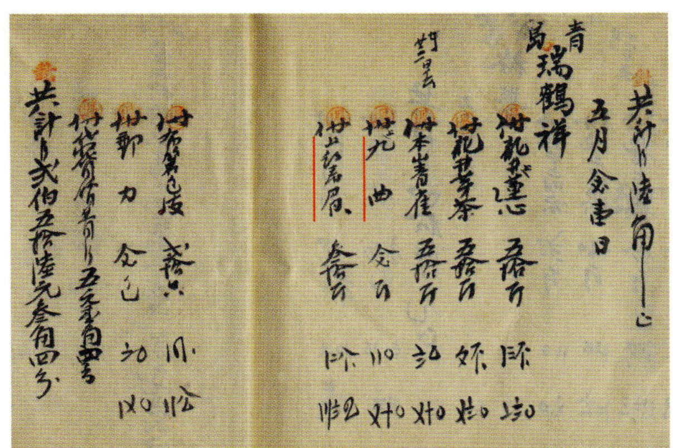

图6-63　1932年5月21日山东青岛瑞鹤祥购“杭州红茶”（九曲红梅）往来账目（韩一飞提供）

Fig. 6-63 Current accounts of Ruihexiang Tea Shop in Qingdao, Shandong Province purchasing Hangzhou Black Tea (Jiuqu Hongmei) on May 21, 1932 (provided by Han Yifei)

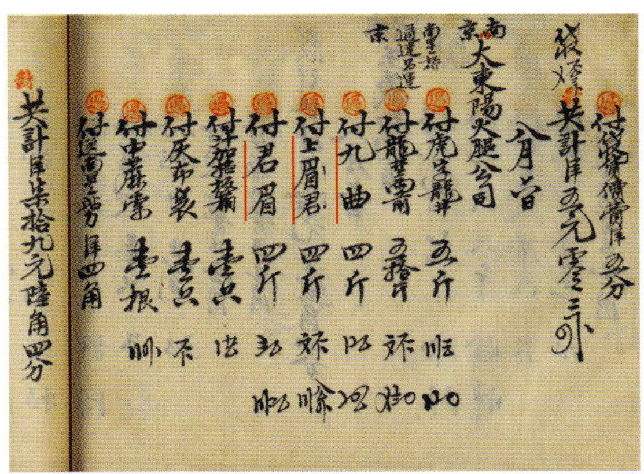

图6-64　1935年8月6日江苏南京大东阳火腿公司购“杭州红茶”（九曲红梅）往来账目（韩一飞提供）

Fig. 6-64 Current accounts of Dadongyang Ham Company in Nanjing, Jiangsu Province purchasing Hangzhou Black Tea (Jiuqu Hongmei) on August 6, 1935 (provided by Han Yifei)

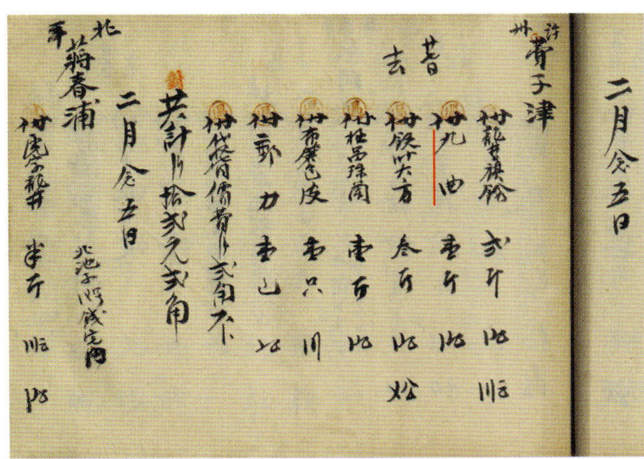

图6-65　1932年2月25日河南许州费子津购“杭州红茶”（九曲红梅）往来账目（韩一飞提供）

Fig. 6-65 Current accounts of Feizijin Tea Shop in Xuzhou, Henan Province purchasing Hangzhou Black Tea (Jiuqu Hongmei) on February 25, 1936 (provided by Han Yifei)

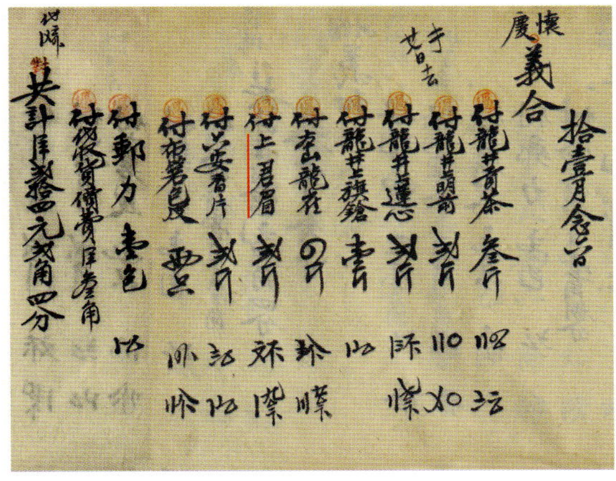

图6-66　1933年11月26日河南怀庆义合购“杭州红茶”（九曲红梅）往来账目（韩一飞提供）

Fig. 6-66 Current accounts of Yihe Tea Shop in Huaiqing, Henan Province purchasing Hangzhou Black Tea (Jiuqu Hongmei) on November 26, 1933 (provided by Han Yifei)

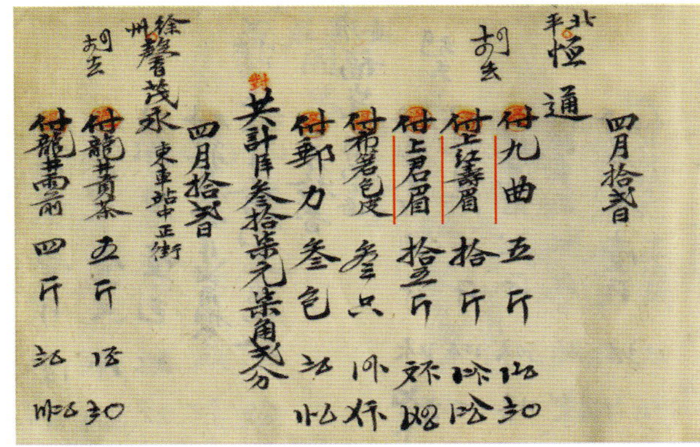

图6-67　1933年4月12日北平（今北京）恒通购“杭州红茶”（九曲红梅）往来账目（韩一飞提供）

Fig. 6-67 Current accounts of Hengtong Tea Shop in Peking purchasing Hangzhou Black Tea (Jiuqu Hongmei) on April 12, 1933 (provided by Han Yifei)

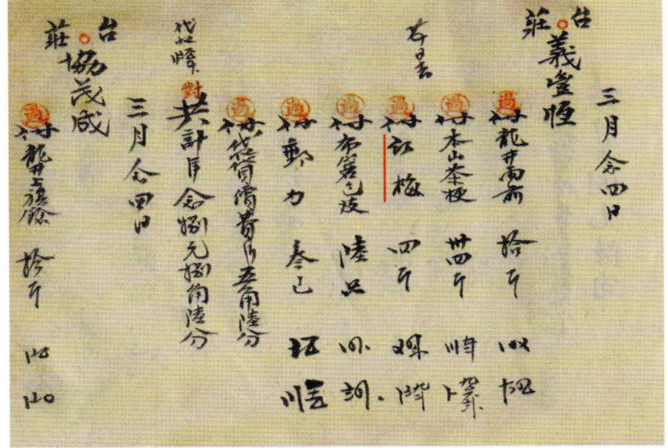

图6-68　1933年3月24日山东台庄义丰恒购“杭州红茶”（九曲红梅）往来账目（韩一飞提供）

Fig. 6-68 Current accounts of Yifengheng Tea Shop in Taizhuang, Shandong Province purchasing Hangzhou Black Tea (Jiuqu Hongmei) on March 24, 1933 (provided by Han Yifei)

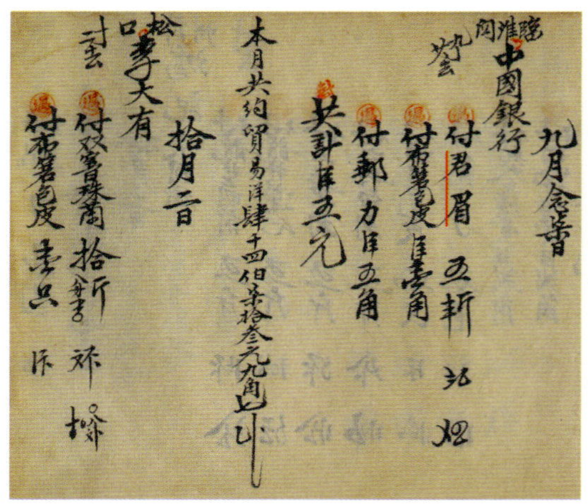

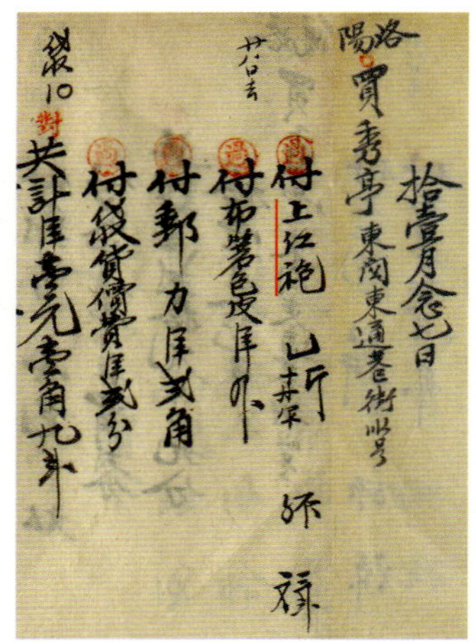

图6-69 1935年9月27日安徽临淮关中国银行购“杭州红茶”（九曲红梅）往来账目（韩一飞提供）（左）

Fig. 6-69 Current accounts of Bank of China in Linhuai, Anhui Province purchasing Hangzhou Black Tea (Jiuqu Hongmei) on September 27, 1935 (provided by Han Yifei)

图6-70 1933年11月27日河南洛阳买秀亭购“杭州红茶”（九曲红梅）往来账目（韩一飞提供）（右）

Fig. 6-70 Current accounts of Maixiuting Tea Shop in Luoyang, Henan Province purchasing Hangzhou Black Tea (Jiuqu Hongmei) on November 27, 1933 (provided by Han Yifei)

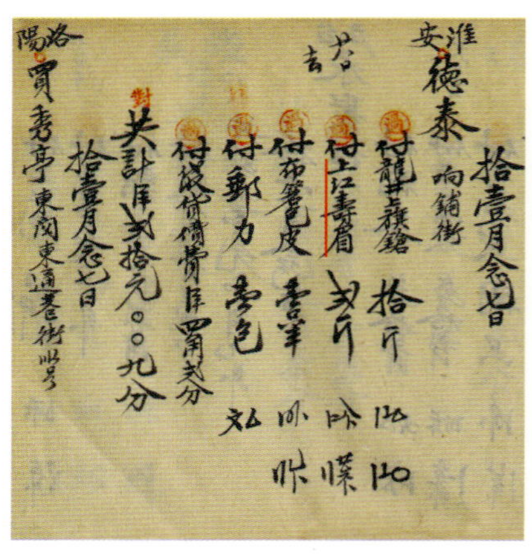

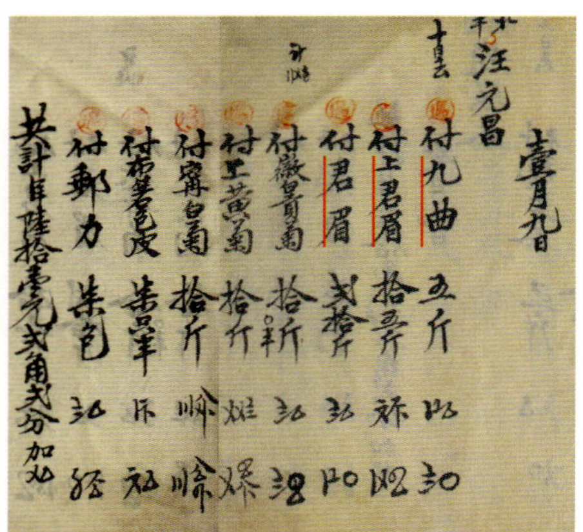

图6-71 1933年11月27日江苏淮安德泰购“杭州红茶”（九曲红梅）往来账目（韩一飞提供）（左）

Fig. 6-71 Current accounts of Detai Tea Shop in Huai'an, Jiangsu Province purchasing Hangzhou Black Tea (Jiuqu Hongmei) on November 27, 1933 (provided by Han Yifei) (left)

图6-72 1936年1月9日北平（今北京）汪元昌购“杭州红茶”（九曲红梅）往来账目（韩一飞提供）（右）

Fig. 6-72 Current accounts of Wangyuanchang Tea Shop in Peking purchasing Hangzhou Black Tea (Jiuqu Hongmei) on January 9, 1936 (provided by Han Yifei) (right)

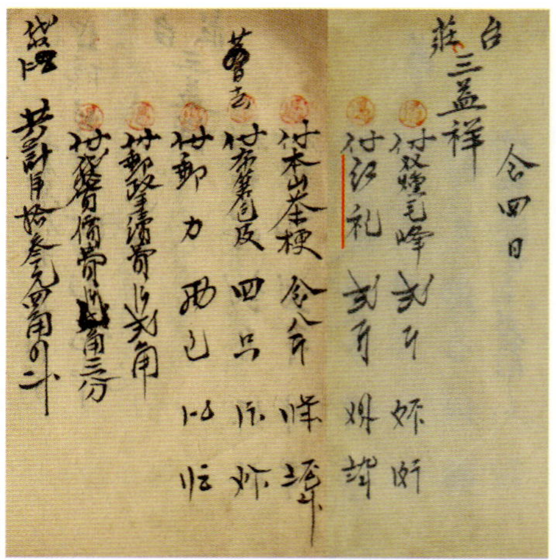

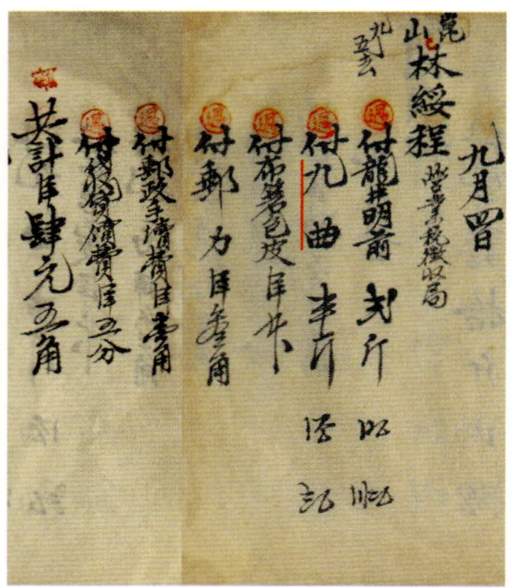

图6-73 1935年11月24日山东台庄三益祥购“杭州红茶”（九曲红梅）往来账目（韩一飞提供）（左）

Fig. 6-73 Current accounts of Sanyixiang Tea Shop in Taizhuang, Shandong Province purchasing Hangzhou Black Tea (Jiuqu Hongmei) on November 24, 1935 (provided by Han Yifei) (left)

图6-74 1935年9月4日江苏昆山林绥程购“杭州红茶”（九曲红梅）往来账目（韩一飞提供）（右）

Fig. 6-74 Current accounts of Linsuicheng Tea Shop in Kunshan, Jiangsu Province purchasing Hangzhou Black Tea (Jiuqu Hongmei) on September 4, 1935 (provided by Han Yifei) (right)

图6-75　1935年7月22日山东台庄义丰恒购“杭州红茶”（九曲红梅）往来账目（韩一飞提供）（左）

Fig. 6-75 Current accounts of Yifengheng Tea Shop in Taizhuang, Shandong Province purchasing Hangzhou Black Tea (Jiuqu Hongmei) on July 22, 1935 (provided by Han Yifei) (left)

图6-76　1935年8月26日沪杭铁路管理局购“杭州红茶”（九曲红梅）往来账目（韩一飞提供）（右）

Fig. 6-76 Current accounts of Shanghai-Hangzhou Railway Administration purchasing Hangzhou Black Tea (Jiuqu Hongmei) on October 26, 1935 (provided by Han Yifei) (right)

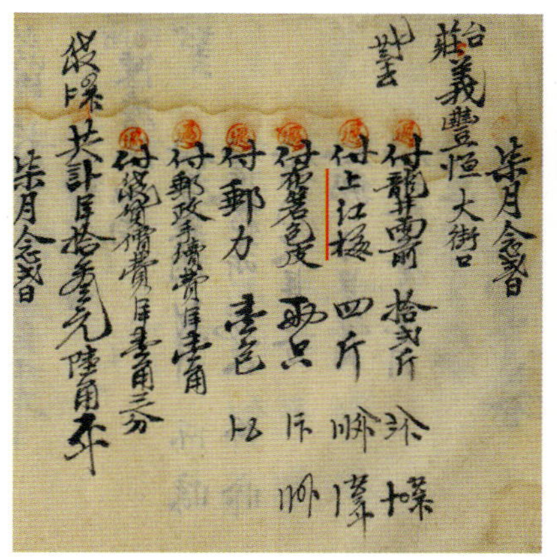

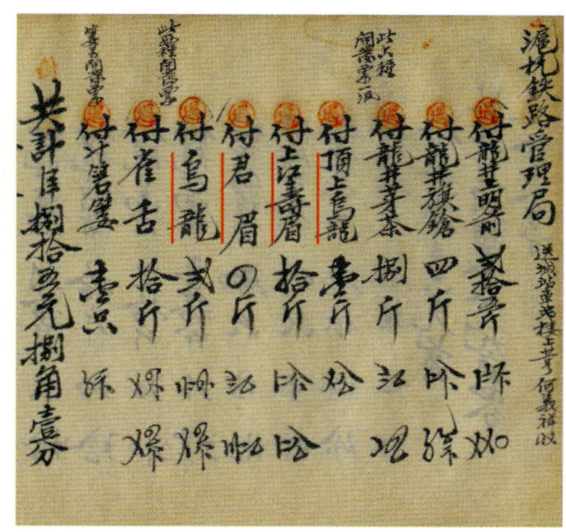

图6-77　1935年9月16日浙江金华升泰裕购“杭州红茶”（九曲红梅）往来账目（韩一飞提供）（左）

Fig. 6-77 Current accounts of Shengtaiyu Tea Shop in Jinhua, Zhejiang Province purchasing Hangzhou Black Tea (Jiuqu Hongmei) on September 16, 1935 (provided by Han Yifei) (left)

图6-78　1936年6月2日浙江金华升泰裕购“杭州红茶”（九曲红梅）往来账目（韩一飞提供）（右）

Fig. 6-78 Current accounts of Shengtaiyu Tea Shop in Jinhua, Zhejiang Province purchasing Hangzhou Black Tea (Jiuqu Hongmei) on June 2, 1936 (provided by Han Yifei) (right)

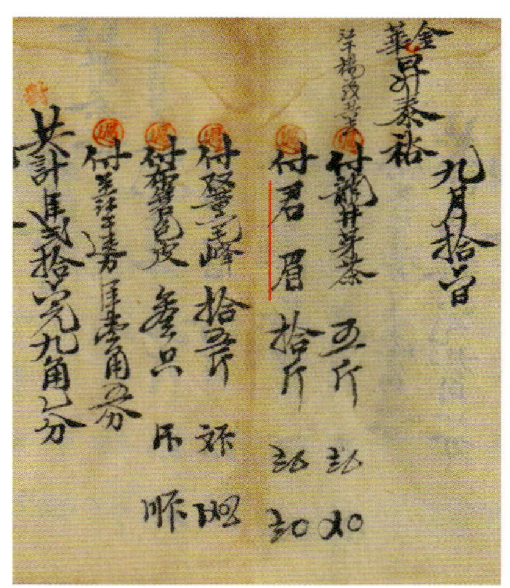

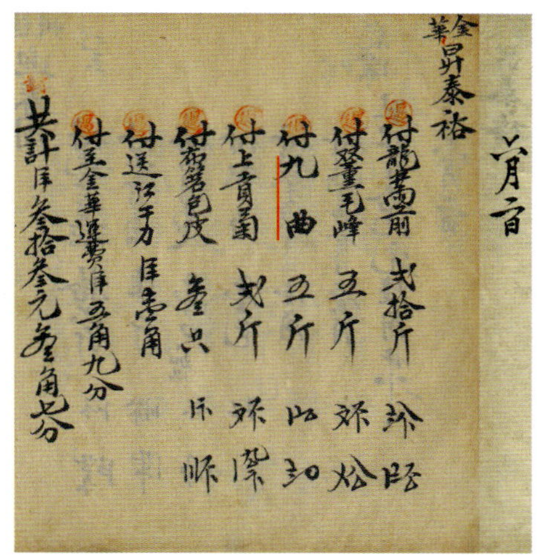

图6-79　1933年3月12日山东台庄三益祥购“杭州红茶”（九曲红梅）往来账目（韩一飞提供）（左）

Fig. 6-79 Current accounts of Sanyixiang Tea Shop in Taizhuang, Shandong Province purchasing Hangzhou Black Tea (Jiuqu Hongmei) on March 12, 1933 (provided by Han Yifei) (left)

图6-80　1935年8月7日北平（今北京）恒通购“杭州红茶”（九曲红梅）往来账目（韩一飞提供）（右）

Fig. 6-80 Current accounts of Hengtong Tea Shop in Peking purchasing Hangzhou Black Tea (Jiuqu Hongmei) on August 7, 1935 (provided by Han Yifei) (right)

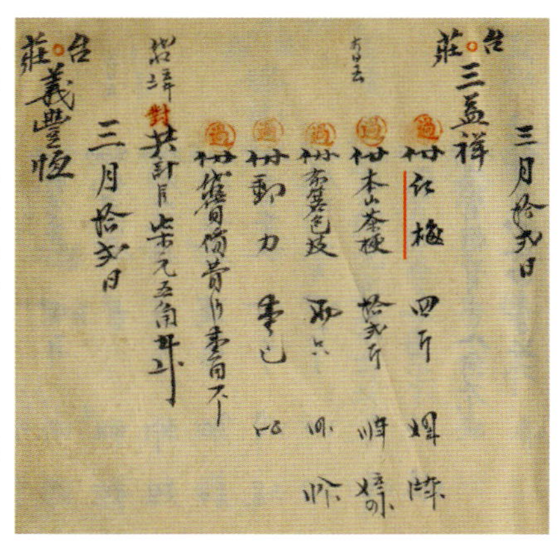

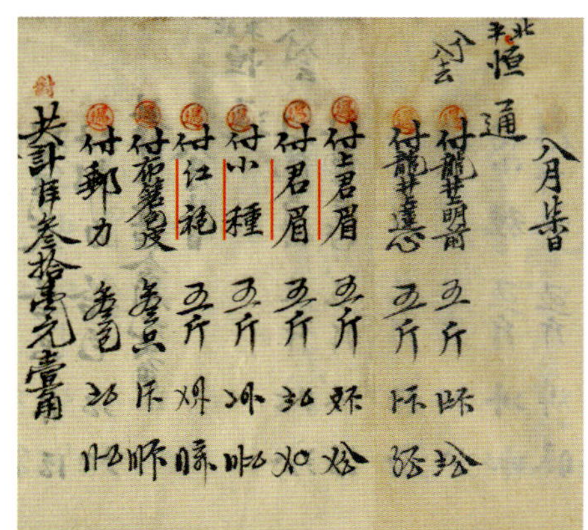

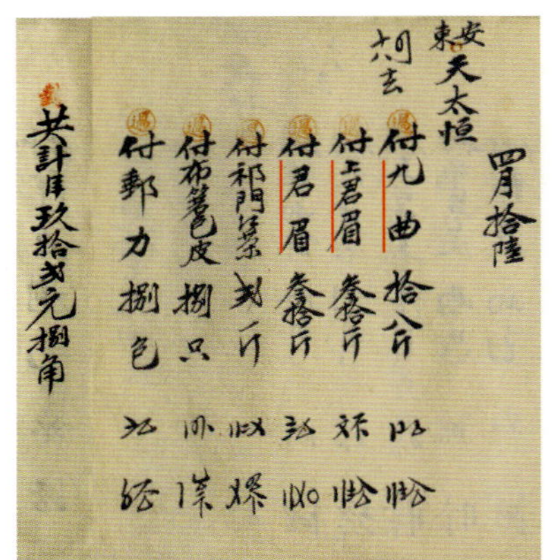

图6-81 1932年4月16日吉林安东天太恒购“杭州红茶”（九曲红梅）往来账目（韩一飞提供），此账目中，杭州九曲红梅与祁门红茶分得很清楚

Fig. 6-81 Current accounts of Tiantaiheng Tea Shop in Andong, Jilin Province purchasing Hangzhou Black Tea (Jiuqu Hongmei) on April 16, 1932 (provided by Han Yifei)

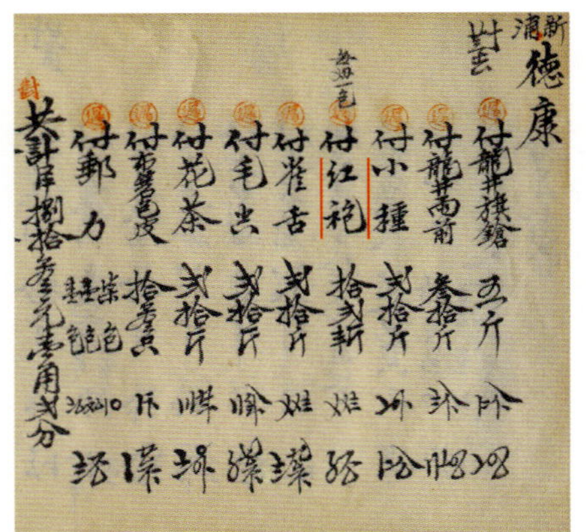

图6-82 1935年10月22日江苏新浦德康购“杭州红茶”（九曲红梅）往来账目（韩一飞提供）

Fig. 6-82 Current accounts of Dekang Tea Shop in Xinpu, Jiangsu Province purchasing Hangzhou Black Tea (Jiuqu Hongmei) on October 22, 1935 (provided by Han Yifei)

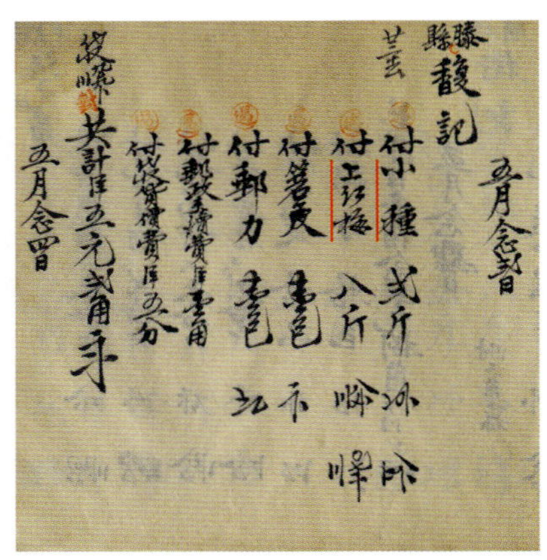

图6-83 1936年5月22日山东滕县馥记购“杭州红茶”（九曲红梅）往来账目（韩一飞提供）

Fig. 6-83 Current accounts of Fuji Tea Shop in Teng County, Shandong Province purchasing Hangzhou Black Tea (Jiuqu Hongmei) on May 22, 1936 (provided by Han Yifei)

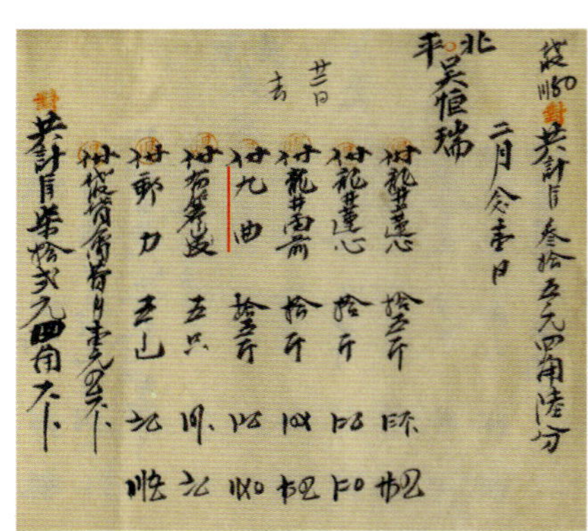

图6-84 1932年2月21日北平（今北京）吴恒瑞购“杭州红茶”（九曲红梅）往来账目（韩一飞提供）

Fig. 6-84 Current accounts of Wuhengrui Tea Shop in Peking purchasing Hangzhou Black Tea (Jiuqu Hongmei) on February 21, 1932 (provided by Han Yifei)

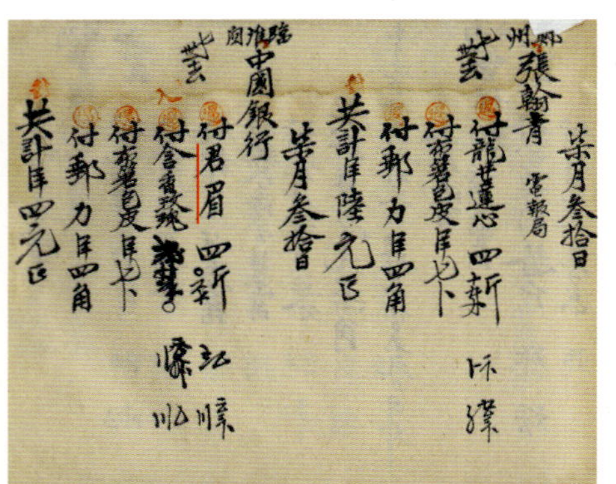

图6-85 1935年7月30日安徽临淮关中国银行购“杭州红茶”（九曲红梅）往来账目（韩一飞提供）

Fig. 6-85 Current accounts of Bank of China in Linhuaiguan, Anhui Province purchasing Hangzhou Black Tea (Jiuqu Hongmei) on July 30, 1935 (provided by Han Yifei)

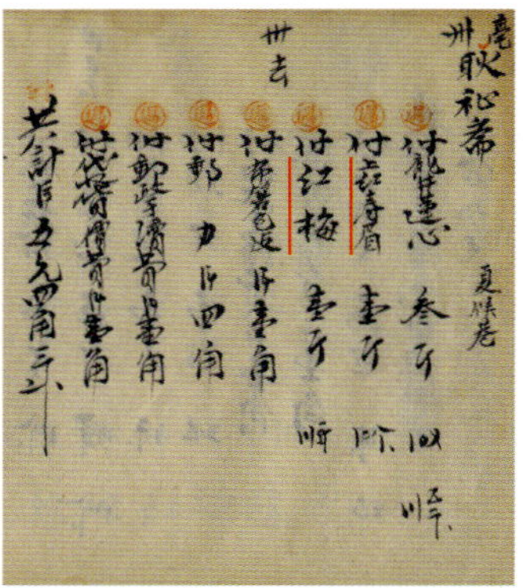

图6-86 1935年10月29日安徽亳州耿礼斋购“杭州红茶”（九曲红梅）往来账目（韩一飞提供）

Fig. 6-86 Current accounts of Genglizhai Tea Shop in Bozhou, Anhui Province purchasing Hangzhou Black Tea (Jiuqu Hongmei) on October 29, 1935 (provided by Han Yifei)

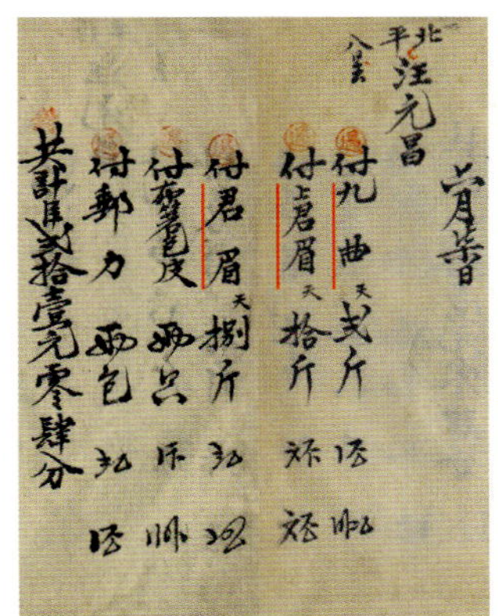

图6-87　1936年6月7日北平（今北京）汪元昌购“杭州红茶”（九曲红梅）往来账目（韩一飞提供）

Fig. 6-87 Current accounts of Wangyuanchang Tea Shop in Peking purchasing Hangzhou Black Tea (Jiuqu Hongmei) on June 7, 1936 (provided by Han Yifei)

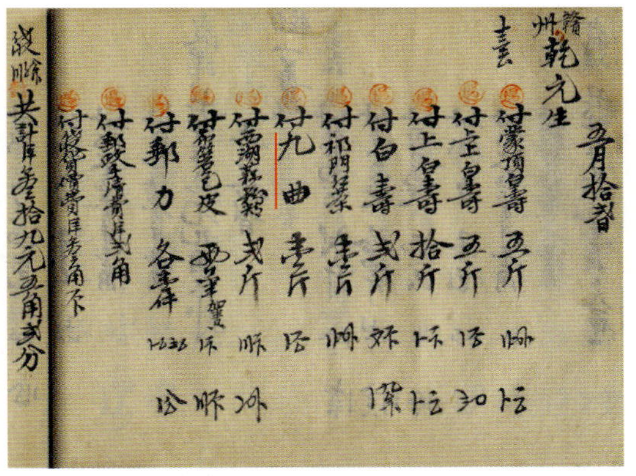

图6-88　1936年5月12日江西赣州乾元生购“杭州红茶”（九曲红梅）往来账目（韩一飞提供），此账目中“九曲”，右有“祁门红茶”，江西客户既购九曲红梅，又购安徽的祁门红茶

Fig. 6-88 Current accounts of Qianyuansheng Tea Shop in Ganzhou, Jiangxi Province purchasing Hangzhou Black Tea (Jiuqu Hongmei) on May 12, 1936 (provided by Han Yifei)

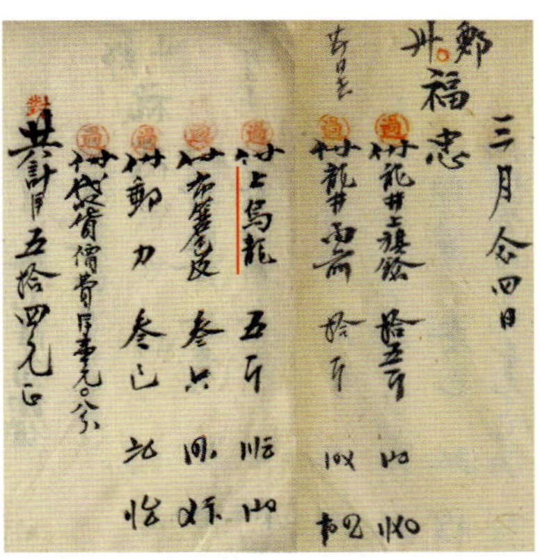

图6-89　1933年3月24日河南郑州福忠购“杭州红茶”（九曲红梅）往来账目（韩一飞提供）

Fig. 6-89 Current accounts of Fuzhong Tea Shop in Zhengzhou, Henan Province purchasing Hangzhou Black Tea (Jiuqu Hongmei) on March 24, 1933 (provided by Han Yifei)

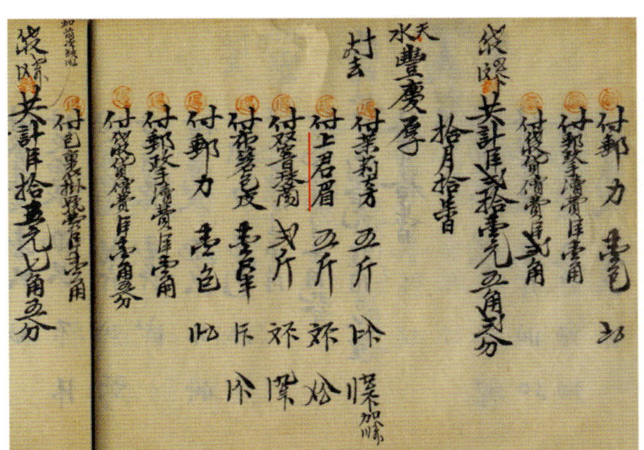

图6-90　1935年10月17日甘肃天水丰庆厚购“杭州红茶”（九曲红梅）往来账目（韩一飞提供）

Fig. 6-90 Current accounts of Fengqinghou Tea Shop in Tianshui, Gansu Province purchasing Hangzhou Black Tea (Jiuqu Hongmei) on October 17, 1935 (provided by Han Yifei)

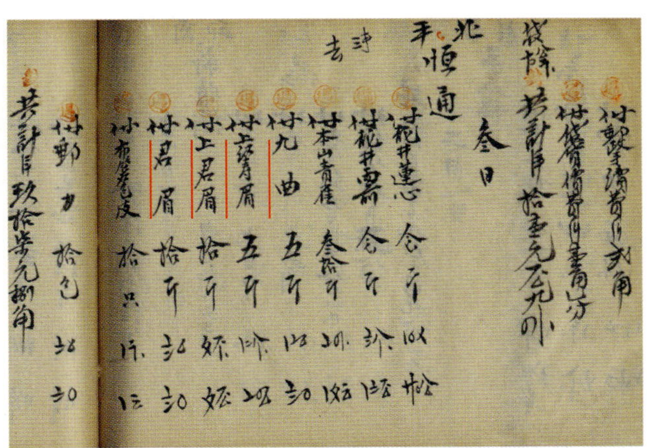

图6-91　1935年12月3日北平（今北京）恒通购“杭州红茶”（九曲红梅）往来账目（韩一飞提供）

Fig. 6-91 Current accounts of Hengtong Tea Shop in Peking purchasing Hangzhou Black Tea (Jiuqu Hongmei) on December 3, 1935 (provided by Han Yifei)

3. 对1929年《工商半月刊》所列杭州红茶（九曲红梅）十五种牌号名称的再探究

由于民国时期战乱不断，加上日寇入侵、“文化大革命”先后对文献资料的损毁，人们对九曲红梅几乎处于失忆状态。如果没有对九曲红梅历史文化积淀的深度挖掘，拿出如此众多确凿的九曲红梅史料、图片，就连拥有者、研究者也无法确认九曲红梅的前世今生。

历史考证，犹如法官办案，认定的是证据：仅一个证据，孤证也；多个证据，形成了“证据链”，断案方令人信服，对处于被遗忘状态的九曲红梅更是如此。

1929年《工商半月刊》在“杭州茶业状况·红茶”中列有十种名称，加上括号中的第二种牌号名称，共有15种名称。一般而言，其立题是《杭州茶业状况》，当然是指杭州的红茶。方正大茶号《批发》账册上显示有16种，书本和账本相差无几。

这一节，从另外几个角度通过史料展示证实，杭州方正大茶庄向全国营销的16个不同牌号的九曲红梅确系杭州红茶。证据就是图6-92至图6-95展示的四枚民国8年（1919）杭州公顺茶行从浮山购入初制红茶的纳税凭证，以及方正大茶庄向公顺茶行购茶的账册记载。

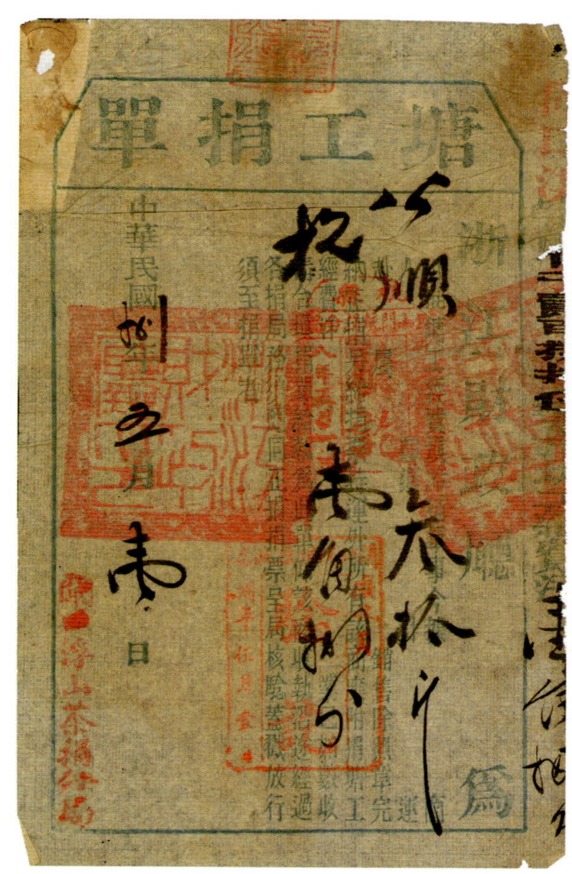

塘工捐單

图6-92　1919年5月1日闸口浮山茶捐分局颁给杭州公顺茶行茶叶三十斤，纳塘工捐一角八分之《塘工捐单》

Fig. 6-92 This is the Seawall Tax Receipt awarded to Hangzhou Gongshun Tea Shop by the Fushan Tea Revenue Branch on May 1, 1995, for the tea shop paid seawall taxes of one dime and eight cents for 15 kilos of tea.

图6-93　1919年5月1日闸口浮山茶捐分局颁给杭州公顺茶行茶叶三十斤，纳统捐三角九分《统捐执照》

Fig. 6-93 This is the General Tax License, awarded to Hangzhou Gongshun Tea Shop by the Fushan Tea Revenue Branch on May 1, 1995, for the tea shop paid general tax of three dimes and eight cents for 15 kilos of tea.

其一，是两组四枚民国8年（1919），杭州公顺茶行在现域九曲红梅原产地浮山买茶的税务凭证。

第一组两枚纳税凭证，第一枚为《塘工捐单》，是在茶叶买卖中抽取税收，用以养护钱塘江大堤的专用税收凭证，时间是1919年5月1日；下角有长形起始税局"闸口浮山茶捐分局"的长方红印，另有二枚长方形红印："闸口统捐征收局，验讫""杭县凤山门统捐分局，八年五月一日验讫"，是运茶船只或陆路经中河在闸口和凤山门验讫后加盖的。此件《塘工捐单》是因杭州公顺茶行到浮山购三十斤茶叶，纳塘工捐一角八分而颁发的。另一枚为《统捐执照》，时间、起始税局、凤山门统捐分局三枚红色印鉴与上一枚相同，同样是公顺茶行，茶叶三十斤，因税种不同，捐洋为三角九分。

第二组，是公顺茶行同一天（1919年5月1日）在浮山购买茶叶的纳税凭证，唯一不同的是这一张为"四十斤"，塘工捐为"二角四分"，统捐为捐洋"五角二分"。

其二，杭州公顺茶行一直是杭州方正大茶庄初制红茶的供应店家。1929年《工商半月刊》刊登有"茶叶行及茶铺"情况。

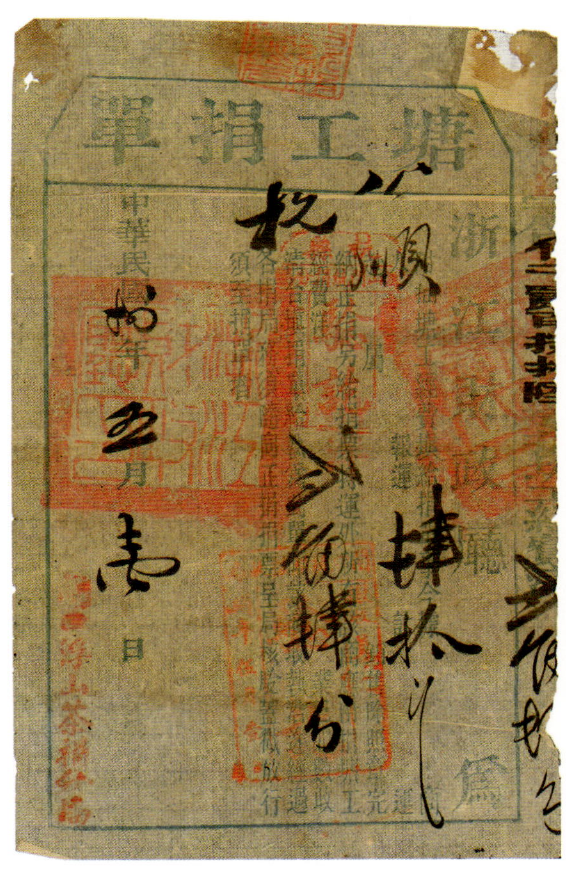

图6-94　1919年5月1日闸口浮山茶捐分局颁给杭州公顺茶行茶叶四十斤，纳税捐二角四分《塘工捐单》

Fig. 6-94 This is the Seawall Tax Receipt awarded to Hangzhou Gongshun Tea Shop by the Fushan Tea Revenue Branch on May 1, 1919, for the tea shop paid seawall taxes of two dimes and four cents for 20 kilos of tea.

图6-95　1919年5月1日闸口浮山茶捐分局颁给杭州公顺茶行茶叶四十斤，纳统捐五角二分《统捐执照》

Fig. 6-95 This is the General Tax License, awarded to Hangzhou Gongshun Tea Shop by the Fushan Tea Revenue Branch on May 1, 1919, for the tea shop paid general tax of five dimes and two cents for 20 kilos of tea.

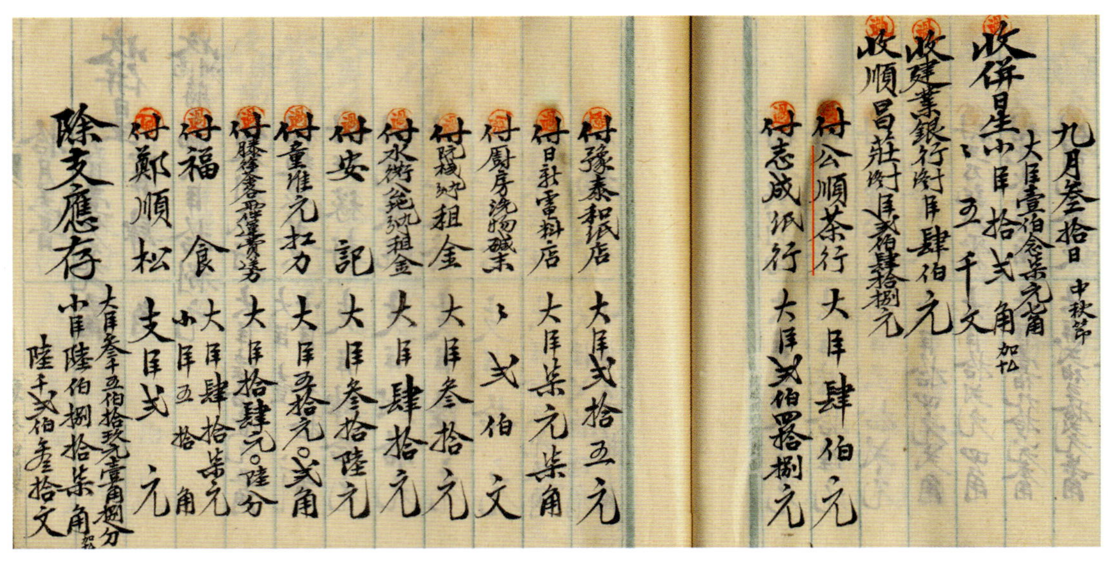

图6-96　方正大账册《客户往来》收支账中，公顺茶行售茶给方正大茶行的账目

Fig. 6-96 The income and expenditure account of Fangzhengda Tea Shop which recorded the payment to Gongshun Tea Shop

其中有茶叶行公顺，籍贯为宁波，所在地址为候潮门。还有茶铺方正大，籍贯为安徽，地址为羊坝头。见图5-14。

因此，四张纳税凭证的终点纳税站是“凤山门”。

图6-96是方正大账册《客户往来》收支账中，公顺茶行售茶给方正大茶行的账目。时间是1936年9月30日，中秋节，其中有“付公顺茶行大洋四百元”的文字，“付”字上加盖小圆章“过”。

以上四张纳税凭证和一页账册记载，虽然年代不同，但说明1919年公顺茶行将浮山红茶运至杭城给方正大茶行深加工，而方正大茶行通过公顺茶行购买浮山茶叶，精加工成诸多“九曲红茶”牌号的杭州红茶。

其三，我们应查清有没有可能有来自四乡或安徽、江西、福建的红茶冒充九曲红梅，通过久负盛名的方正大、翁隆盛、汪裕泰营销全国。

1931年经济调查委员会浙江调查组出版有一部《杭州市经济调查》，该书有近700页，其中“八、商业篇·饮食类·茶叶业”有各庄茶叶之来源：一为龙井茶，环西湖诸山所产者，……。二为四乡茶，产于富阳、桐庐、临安、余杭、留下、闲林埠、上柏等处，……。三为钱江上游及浦阳江各县所产之茶，产额颇巨，惟（唯）销于杭州者约值20万元。四为来自江西之红茶，此种最少。”

《杭州市经济调查》记载了外路茶的数量，所谓外路茶者，谓皖南之歙县、休宁、绩溪、黟县、婺源等县，及钱江上游旧严、衢、金、处之桐庐、建德、衢州、兰溪、金华、浦江等所产茶，有由茶户（又称山客）自出产地运至杭州售于茶商者，有由茶商（又称水客）直接至茶山采运至杭运销他处者。1931年运抵杭州的茶叶达37万担，再由杭州运出者计34. 4万担，总值1437万余元。其中主要是徽茶，约18万担，总值700万余元；次为赣东各县之赣茶，约值182万元；来自旧衢、严、金、处各县之浙东茶约10万担，价值400万元；另有由临安、余杭、武康及杭县之所谓四乡茶，约4万担，约值200万元。入杭的37万余担茶叶，约3万担就地销售于杭州各茶庄，其余的34万担中，有1.8万担再由各茶庄运至广东、香港及山东、（辽宁）营口。在杭州售于各茶庄运出者，为中等以上之茶，每斤价格约在0. 3~1元以上。由候潮门外茶行转运出境者，有装箱，装数重量约70~80斤。茶行所用之秤，每斤31. 6两，茶庄批发者每斤16两，门售前每斤14. 8两，至1931年均改为市秤。

钱江上游茶叶水运至杭城闸口后，出境有二路：水路经中河至拱埠，由内小汽船运至上海；陆路自闸口由火车运至上海，再由上海转运。1931年，由火车运出者为19. 1万担，由水转运出者为15. 4万担。茶行佣金抽取为2%，茶户抽取为5%。20世纪30年代中期以后为7%，向茶商抽取2%，茶户抽取为5%。闽茶运杭向不甚多，近年多由海道运沪，茶叶店虽有武夷等数种茶销卖，乃极少数，或由上海转入，每年不过20~30担。

《杭州市经济调查》的相关记载说明浮山之茶还不纳入四乡茶内，不进入龙井绿茶系列。“江西之红茶最少”“闽茶运杭向不甚多”，从反面证实打出“杭州红茶”（九曲红梅）各种牌号的红茶，不是福建乌龙茶，而是本地红茶。

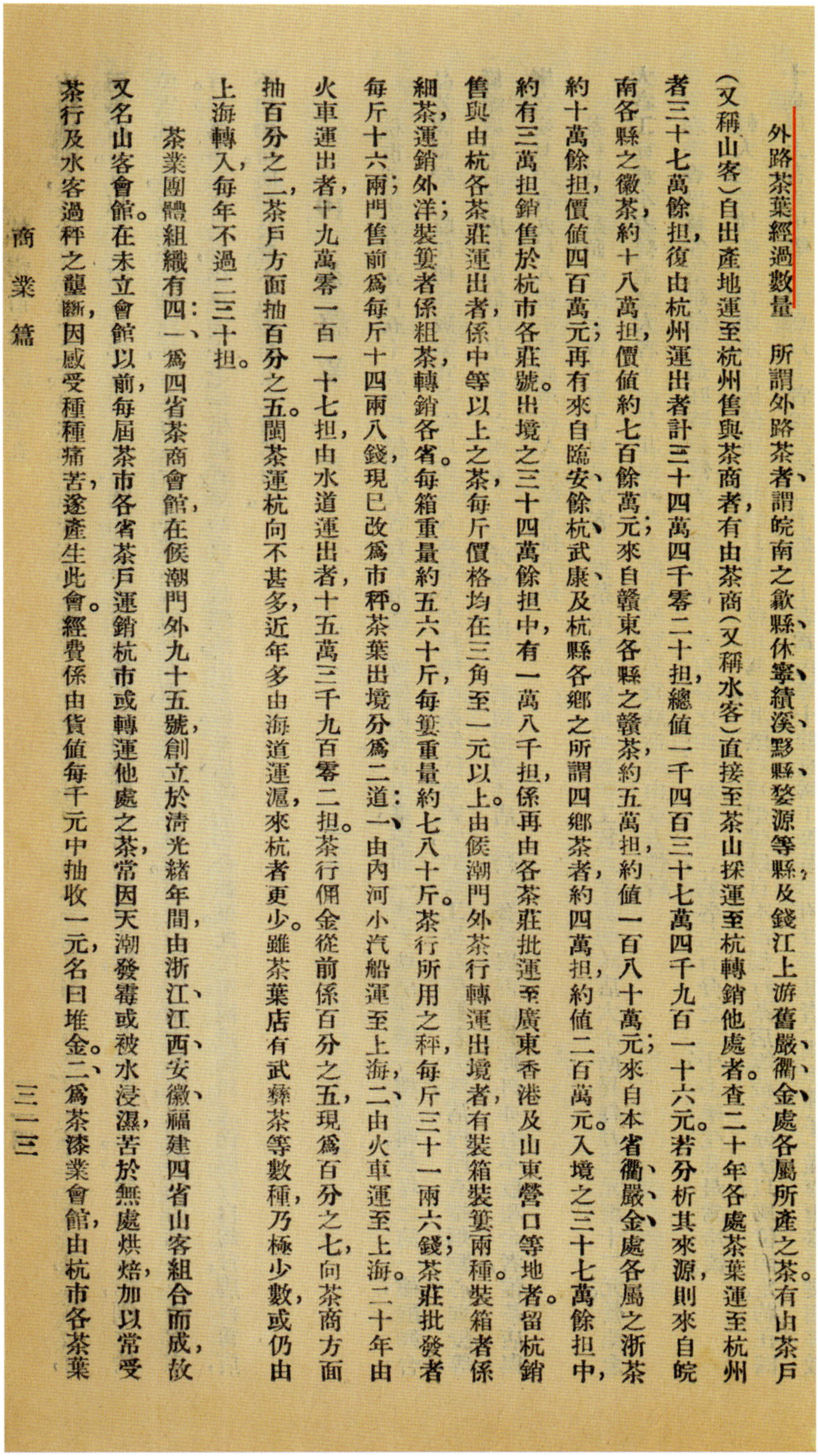

外路茶葉經過數量　所謂外路茶者，謂皖南之歙縣、休寧、績溪、黟縣、婺源等縣，及錢江上游舊嚴、衢、金、處各屬所產之茶。有由茶戶（又稱山客）自出產地運至杭州售與茶商者，有由茶商（又稱水客）直接至茶山採運至杭轉銷他處者。查二十年各處茶葉運至杭州者三十七萬餘担，復由杭州運出者計三十四萬四千零二十担，總值一千四百三十七萬四千九百一十六元。若分析其來源，則來自皖南各縣之徽茶約十八萬担，價值約七百餘萬元；來自贛東各縣之贛茶，約五萬担，約值一百八十萬元；來自本省衢、嚴、金、處各屬之浙茶約十萬餘担，價值四百萬元；再有來自臨安、餘杭、武康及杭縣各鄉之所謂四鄉茶者，約四萬担，約值二百萬元。入境之三十七萬餘担中，約有三萬担銷售於杭市各莊號。出境之三十四萬餘担中，有一萬八千担，係再由各茶莊批運至廣東香港及山東營口等地者。留杭銷售與由杭各茶莊運出者，係中等以上之茶，每斤價格均在三角至一元以上。由候潮門外茶行轉運出境者，有裝箱裝簍兩種。裝箱者係細茶，運銷外洋；裝簍者係粗茶，轉銷各省。每箱重量約五六十斤，每簍重量約七八十斤。茶行所用之秤，每斤三十一兩六錢；茶莊批發者每斤十六兩；門售前爲每斤十四兩八錢，現已改爲市秤。茶葉出境分爲二道：一、由內河小汽船運至上海，二、由火車運至上海。二十年由火車運出者十九萬零一百一十七担，由水道運出者，十五萬三千九百零二担。茶行佣金從前係百分之五，現爲百分之七，向茶商方面抽百分之二，茶戶方面抽百分之五。閩茶運杭向不甚多，近年多由海道運滬，來杭者更少。雖茶葉店有武彝茶等數種，乃極少數，或仍由上海轉入，每年不過二三十担。

茶業團體組織有四：一、爲四省茶商會館，在候潮門外九十五號，創立於清光緒年間，由浙江、江西、安徽、福建四省山客組合而成，故又名山客會館。在未立會館以前，每屆茶市各省茶戶運銷杭市或轉運他處之茶，常因天潮發霉或被水浸濕，苦於無處烘焙，加以常受茶行及水客過秤之壟斷，因感受種種痛苦，遂產生此會。經費係由貨值每千元中抽收一元，名曰堆金。二、爲茶漆業會館，由杭市各茶葉

商業篇　三一三

图6-97　《杭州市经济调查》对“外路茶经过杭州”的记述

Fig. 6-97 The description about “tea from other places transferred via Hangzhou” in *Hangzhou Economic Survey*

二、龙井寺也卖九曲红梅

晚清、民国时期有不少文人游记写道，遍游西湖，总不忘买杭州土产龙井茶，但假货颇多，就是龙井寺的龙井茶，也有伪货。说明民国时龙井寺卖西湖龙井茶，也是一大特色。20世纪30年代的杭州《市政月刊》上，居然还有一则“杭州西湖龙井寺自植真正道地芽茶”的广告：

本寺在西湖之南，凤篁岭（凤凰岭）上。古迹胜地、名驰中外，各界诸君来杭，游历本寺品茗，称赞其茶精良优美。其地在寺傍（旁）狮子峰上，四时浑厚温和，常得云雾清爽之气。广衍饯沃，而无混浊污秽之象。本寺悉心研究，垦植茶山百余亩，督制各种春前、明前、雨前，尚有与众不同之十八棵御茶。虽各茶互有分别，而其色香味三者，无不具备其特殊之性质，为能涤脏腑之郁闷，清胸襟之烦躁，平肝明目、解渴安神、除风去毒、清暑化痰，所以中外人士皆喜饮之。

本寺出品最佳者，用秘法制成，惜用（因）每年出品无多，设遇购者，目众而逢。缺货之时，只可待至来年，新茶登场再行供应。本寺为慎重起见，不愿以劣茶混充。尚祈光顾诸君价目特别从廉，幸垂察焉。

龙井寺宣传其寺院特有品牌——十八棵御茶，参与市场经济竞争意识非常鲜明，见图6–98。

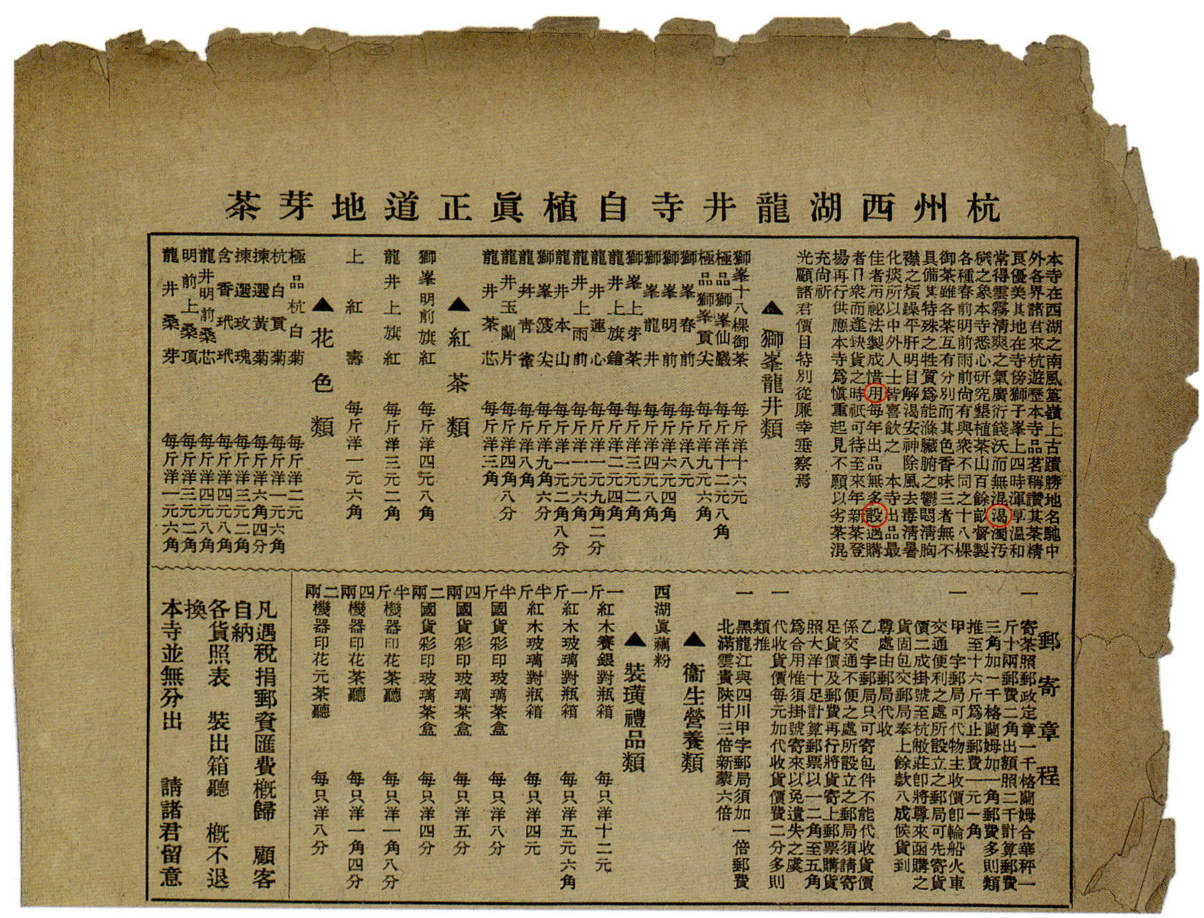

杭州西湖龍井寺自植眞正道地芽茶

本寺在西湖之南鳳篁嶺上古蹟勝地名馳中外各界諸君來杭遊歷本寺品茗稱讚其茶精良優美其地在寺傍獅子峯上四時渾厚溫和常得雲霧清爽之氣廣衍饒沃而無混渴濁污穢之象本寺悉心研究墾植茶山百餘畝督製各種春前明前雨前尚有與衆不同之十八棵御茶雖各茶互有分別而其色香味三者無不具備其特殊之性質爲能滌臟腑之鬱悶清胸襟之煩躁平肝明目解渴安神除風去毒清暑化痰所以中外人士皆喜飲之 本寺出品最佳者用秘法製成惜用每年出品無多設遇購者目衆而逢缺貨之時祇可待至來年新茶登場再行供應本寺爲愼重起見不願以劣茶混充尚祈
光顧諸君價目特別從廉幸垂察焉

▲獅峯龍井類

獅峯十八棵御茶	每斤洋十六元
極品獅峯仙巖	每斤洋十二元八角
極品獅峯貢尖	每斤洋九元六角
獅峯春前	每斤洋八元
獅峯明前	每斤洋六元四角
獅峯龍井	每斤洋四元八角
獅峯上芽茶	每斤洋三元二角
龍井上旗鎗	每斤洋二元四角
龍井蓮心	每斤洋一元九角二分
龍井上雨前	每斤洋一元六角
龍井本山	每斤洋一元二角八分
獅峯溲尖	每斤洋九角六分
龍井青雀	每斤洋八角
龍井玉蘭片	每斤洋四角八分
龍井茶芯	每斤洋三角

▲紅茶類

獅峯明前旗紅	每斤洋四元八角
龍井上旗紅	每斤洋三元二角
上紅壽	每斤洋一元六角

▲花色類

極品杭白菊	每斤洋二元
杭白貢菊	每斤洋一元六角
揀選黃菊	每斤洋六角四分
揀選玫瑰	每斤洋三元二角
含香玳玳	每斤洋四元八角
龍井明前桑芯	每斤洋四元八角
明前上桑頂	每斤洋三元二角
龍井桑芽	每斤洋一元六角

郵寄章程

一 寄茶照郵政定章一千格蘭姆合華秤一斤十兩郵費二角出額照二千計算郵費三角加一千格蘭姆加一角郵費多則類推至十六斤爲止郵費一元一角

一 甲字郵局可代物主收價卽輪船火車交通便利之處所設立之郵局可先寄貨價二成掛號至杭敝莊卽將尊來函購之貨固包交郵局奉上餘款八成候貨到尊處由郵局代收

乙字郵局只可寄包件不能代收貨價係交通不便之處所設立之郵局須請寄足貨價及郵費再行將貨寄上郵票購貨照大洋十足計算郵票以一二角至五角爲合用惟須掛號寄來以免遺失之虞

一 代收貨價每元加代收貨價費二分多則類推

一 黑龍江與四川甲字郵局須加一倍郵費北滿雲貴陝甘三倍新蒙六倍

▲衛生營養類

西湖眞藕粉

▲裝璜禮品類

一斤紅木賽銀對瓶箱	每只洋十二元
一斤紅木玻璃對瓶箱	每只洋五元六角
半斤紅木玻璃對瓶箱	每只洋四元
半斤國貨彩印玻璃茶盒	每只洋八分
四兩國貨彩印玻璃茶盒	每只洋五分
二兩國貨彩印玻璃茶盒	每只洋四分
半斤機器印花茶聽	每只洋一角八分
四兩機器印花茶聽	每只洋一角四分
二兩機器印花元茶聽	每只洋八分

凡遇稅捐郵資匯費概歸顧客自納

各貨照表裝出箱聽概不退換

本寺並無分出請諸君留意

图6–98 杭州西湖龙井寺自植龙井茶广告

Fig. 6-98 Advertisement of Longjing Tea cultivated by Hangzhou West Lake Longjing Temple

图6-99是1931年杭州天竺山南老龙井寿圣寺衲永畅重建大雄宝殿对单，是龙井寺募捐的实物。对单中的永畅正是1937年《杭州市公司行号年刊》中“龙井寺茶场”之负责人，即龙井寺住持和尚。图6-100至图6-103是一组龙井寺牌坊和龙井寺旧影。

龙井寺广告还分狮峰龙井类、红茶类、花色类、卫生营养类、装潢礼品类，分类明码标价，逐一介绍，如图6-98所示。其中的狮峰龙井类，每斤售价以大洋计，有狮峰十八棵御茶、极品狮峰仙岩等15个品种。

红茶类有狮峰明前旗红，每斤4元8角；龙井上旗红，每斤3元2角；上红寿，每斤1元6角，共三种。花色类则有黄白菊花、桑芯茶。装潢礼品类中，一斤红木赛银对瓶箱，每只12元；一斤红木玻璃对瓶箱，每只5元6角；还有国货彩印玻璃茶盒、机器印花茶听等。

按龙井寺的广告，一斤狮峰十八棵御茶以红木赛银对瓶箱包装，价值为28元，几乎为五六石高档大米价格。

我们展示龙井寺卖茶叶的广告，非常关注的是红茶类居然又有两种新牌号：狮峰明前旗红、龙井上旗红，加上前面已有的“上红寿”，龙井寺卖的九曲红梅共三种。

广告中还有“邮寄章程”，章程最后有：“黑龙江与四川甲字邮局须加一倍邮费，北满、云贵、陕甘三倍，新蒙六倍。”

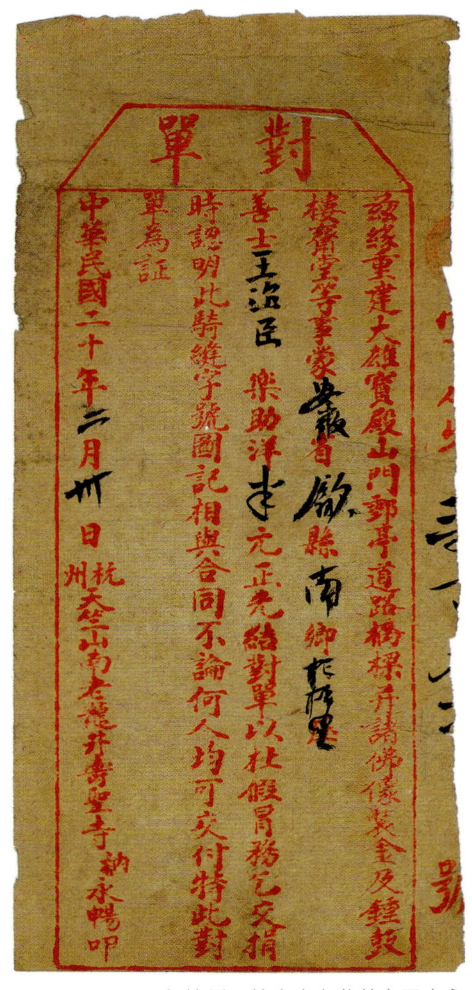
對單

茲緣重建大雄寶殿山門鄭亭道路橋樑并諸佛像裝金及鐘鼓
樓齋堂等事蒙安徽省歙縣南鄉[illegible]
善士王治臣　樂助洋[illegible]元正先給對單以杜假冒務乞交捐
時認明此騎縫字號圖記相與合同不論何人均可交付特此對
單為証
中華民國二十年二月卅日　杭州天竺山南老龍井壽聖寺　衲永暢叩

图6-99　1931年杭州天竺山南老龙井寿圣寺永畅重建大雄宝殿对单

Fig. 6-99 The statement of account for the rebuilding of the Grand Hall in the old Longjing Temple by the Abbot Mont Yongchang in Hangzhou Tianzhu Mountain

图6-100　龙井古刹牌坊

Fig. 6-100 The arch of the Longjing Temple

图6-101　龙井寺前留影（20世纪20年代）

Fig. 6-101 Taking a photo in front of the Longjing Temple (in the 1920s)

图6-102　龙井寺（20世纪初）
Fig. 6-102 Longjing Temple (in the 1910s)

图6-103　龙井寺（20世纪30年代）
Fig. 6-103 Longjing Temple (in the 1930s)

按龙井寺的卖茶“邮寄章程”，杭州的九曲红梅也有可能运销东北、内蒙古、四川等地。

应该特别指出的是，其时东三省已沦陷，成为日本傀儡溥仪的“满州国”，但仍割不断北方人品饮杭州龙井绿茶、九曲红梅的情怀。

三、杭州报端之九曲红梅

报刊上能长期刊登一种商品的行情，说明这种商品已形成批量和规模。图6-104至图6-111，是史海钩沉，挖掘出来的民国报刊上刊登的九曲红梅。按时间不同，以表格说明。

1. 1934年10月31日《东南日报》

中华民国23年（1934）10月31日（杭州）《东南日报·市价·红茶（三十日）》刊登有：

表6-2　1934年10月31日《东南日报》之红茶价格

茶叶牌号	价格
顶上乌龙	每斤三元二角
上上乌龙	每斤二元二角四分
乌龙	每斤一元九角二分
上上九曲	每斤一元六角
上上小种	每斤一元二角八分
上红寿眉	每斤一元一角二分
九曲	每斤九角六分
红寿眉	每斤八角九分六
君眉	每斤七角二分
红袍	每斤五角六分
上红袍	每斤五角六分
红梅	每斤四角四分四
建建旗	每斤三角八分八
上旗	每斤三角二分

以上共14个牌号，前12种在前面的“杭州红茶”（九曲红梅）中都有，后两种建建旗、上旗在方正大《批发》账册中也有售卖，应都是杭产红茶，即九曲红梅。

2. 1946年9月23日《浙江商报》

中华民国35年（1946）9月23日（杭州）《浙江商报·杭市商情·九月廿二日·茶叶（门价）》刊登有：

表6-3　1946年9月23日《浙江商报》之红茶价格

茶叶牌号	价格（元）
极品乌龙	24000
特上乌龙	16000
上上乌龙	8000
上九曲	4800
九曲	3200
君梅	2400
红梅	1600
建旗	960
武芽	480

3. 1946年9月28日《浙江日报》

中华民国35年（1946）9月28日（杭州）《浙江日报·杭市商情（三五年九月二十七日·茶叶）》刊登有：

表6-4　1946年9月28日《浙江日报》之红茶价格

茶叶牌号	价格（元）
极品乌龙	24000
顶上乌龙	128000
上上九曲	6400
君眉	2400
红梅	1600
建旗	960
武芽	480

尽管这三张杭州当地的报纸，《东南日报》《浙江商报》《浙江日报》其时间跨度有12年之久，但这三张报纸列出的九曲红梅的诸多牌号，延续1929年《工商半月刊》的记述，几乎没有什么变化，各种牌号之间的排列也一致，说明九曲红梅打造六七十年，已成为茶叶界公认的一种名牌。

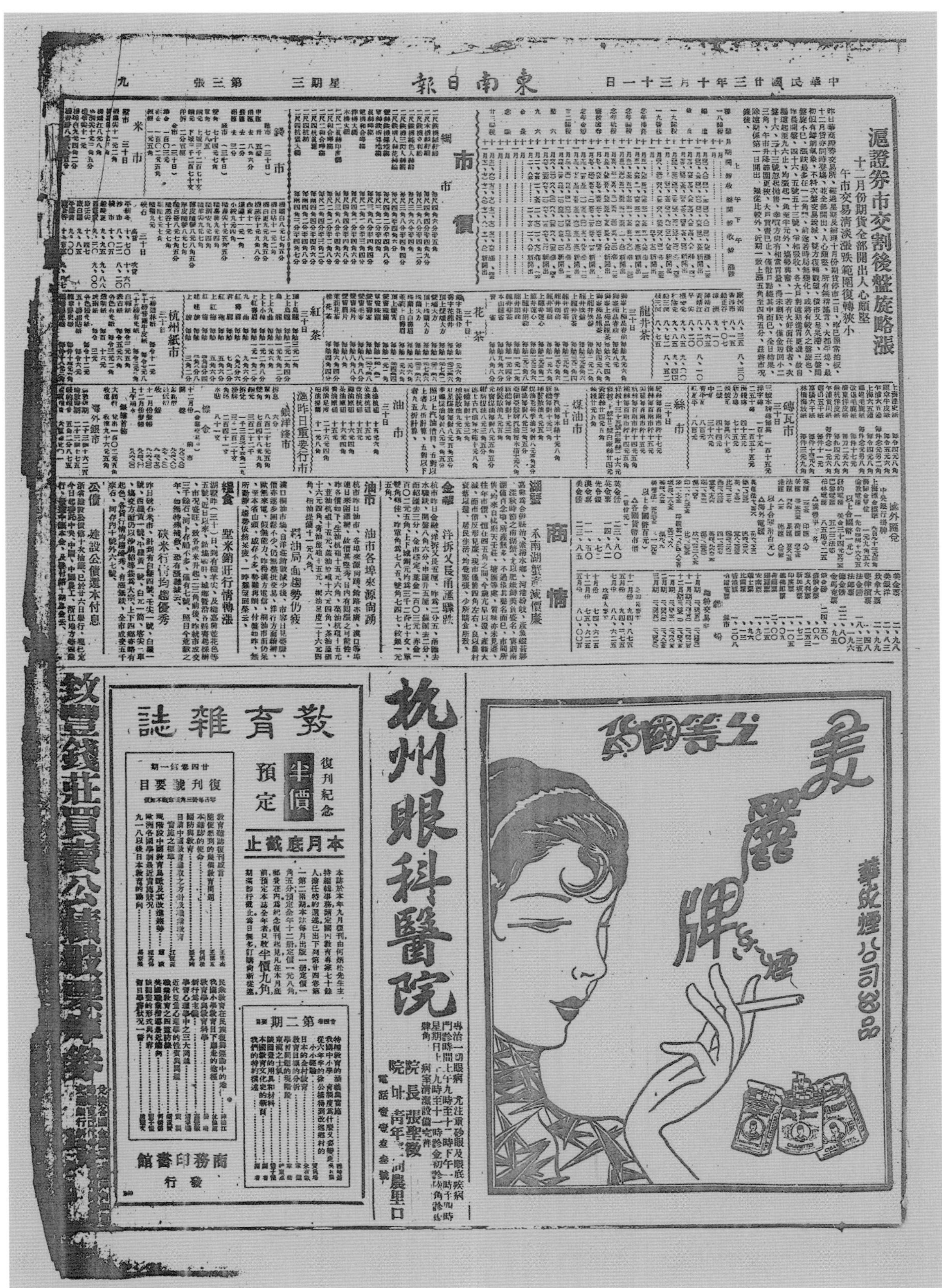

中華民國廿三年十月三十一日　東南日報　星期三　第三張　九

滬證券市交割後盤旋略漲

十二月份期貨全部開出人心穩堅

午市交易清淡漲跌範圍復轉狹小

市價

龍井茶

花茶

紅茶

杭州紙市

絲市

磚瓦市

煤油市

油市

滬昨日重要行市

錢洋錢市

海外銀市

國外匯兌

商情

湖鹽

金融　洋拆又長角逐驟跌

油市　油市各埠來源尚湧

糧食　墅米銷旺行情轉漲

公債

图6-104　1934年10月31日《东南日报・市价》之九曲红梅

Fig. 6-104 Jiuqu Hongmei reported by *Southeast Daily* on October 31, 1934

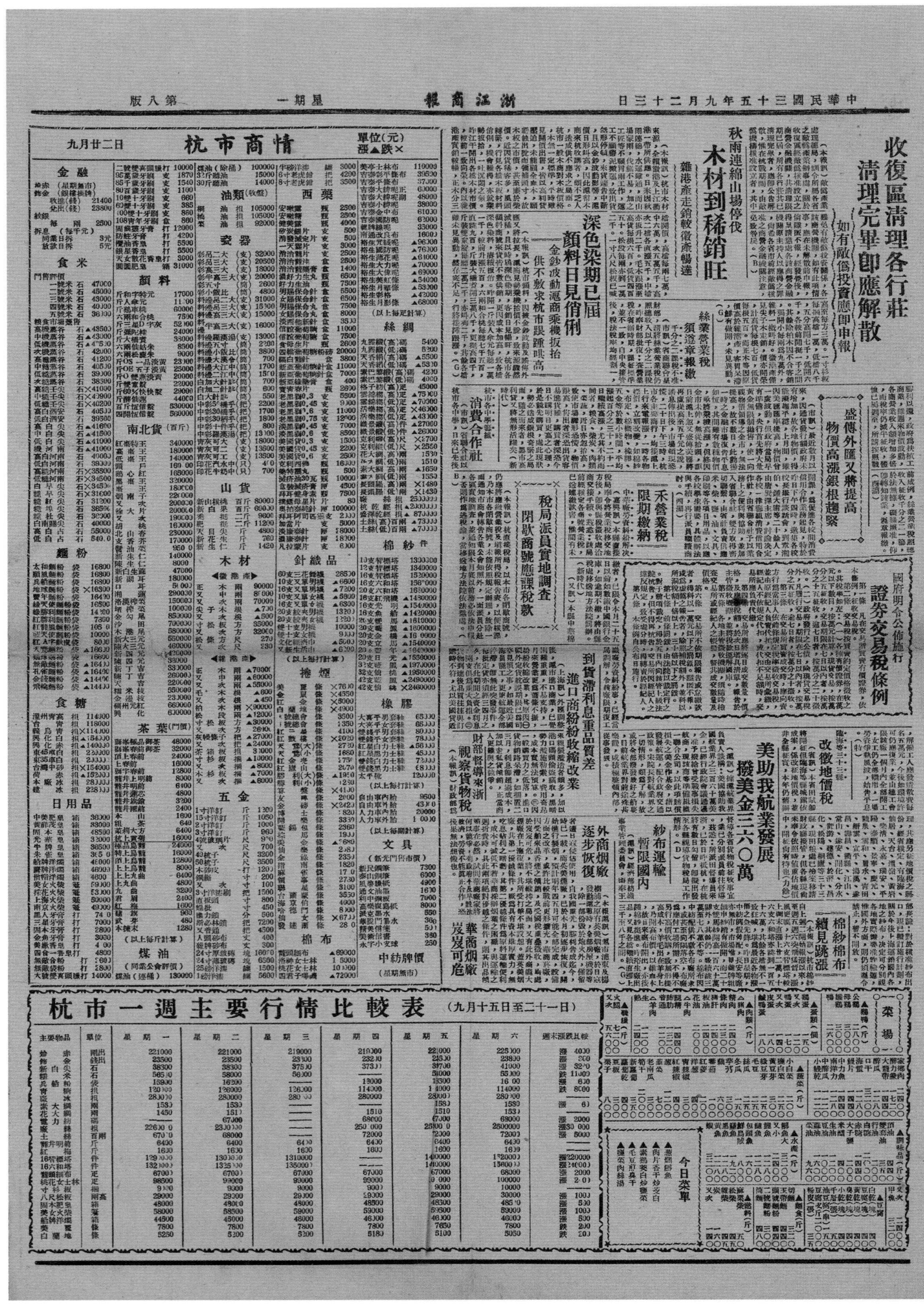

中華民國三十五年九月二十三日 浙江商報 星期一 第八版

杭市商情 九月二十日

收復區清理各行莊 清理完畢即應解散

如有敵僞投資應即申報

秋雨連綿山場停伐 木材到稀銷旺

深色染期已屆 顏料日見俏俐

盛傳外匯又將提高 物價高漲銀根趨緊

證券交易稅條例

美助我航業發展 撥美金三六〇萬

杭市一週主要行情比較表（九月十五日至二十一日）

图6-105　1946年9月23日《浙江商报·茶叶》之九曲红梅

Fig. 6-105 Jiuqu Hongmei reported by *Zhejiang Commercial Daily* on September 23, 1946

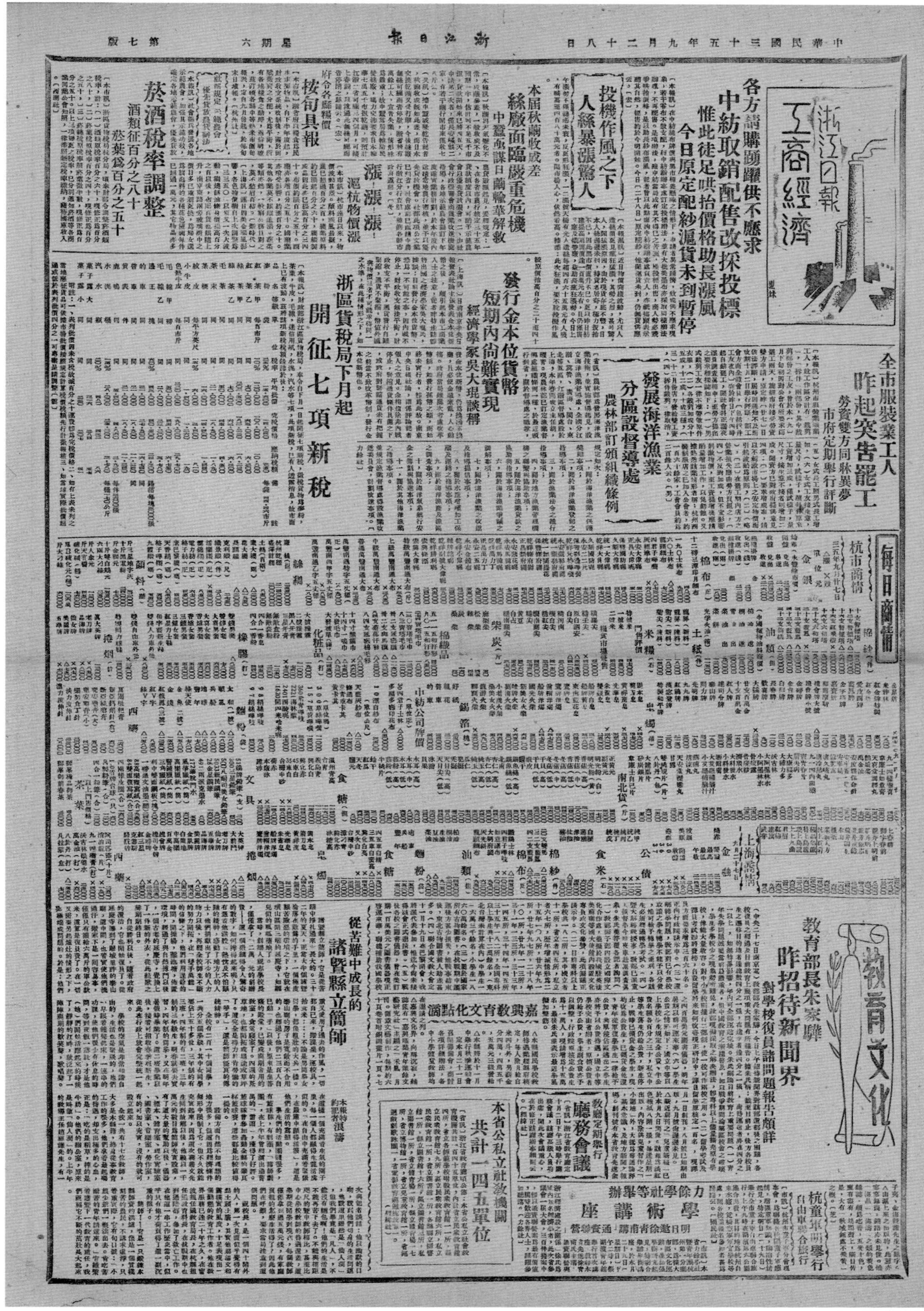

中華民國三十五年九月二十八日　星期六　浙江日報　第七版

浙江日報 工商經濟

各方請購踴躍供不應求
中紡取銷配售改採投標
惟此徒足哄抬價格助長漲風
今日原定配紗滬貨未到暫停

投機作風之下 人絲暴漲驚人

本屆秋繭收成差
絲廠面臨嚴重危機
中蠶准諜日繭輸華解救

按旬具報

於酒稅率調整
酒類征百分之八十
菸葉爲百分之五十

漲！漲！漲！
滬杭物價漲

發行金本位貨幣
短期內尚難實現
經濟學家吳大琨談稱

浙區貨稅局下月起
開征七項新稅

全市服裝業工人
昨起突告罷工
勞資雙方同咻異夢
市府定期舉行評斷

發展海洋漁業
分區設督導處
農林部訂頒組織條例

每日商情

杭市商情

上海商情

教育文化

教育部長朱家驊
昨招待新聞界
對學校復員諸問題報告頗詳

從苦難中成長的
諸暨縣立簡師

嘉興教育文化點滴

教廳定期舉行
廳務會議

本省公私立社教機關
共計一四五單位

力餘學社籌辦
學術講座

杭童軍明舉行
自由車聯合旅行

图6-106　1946年9月28日《浙江日报·茶叶》之九曲红梅

Fig. 6-106 Jiuqu Hongmei reported by *Zhejiang Daily* on September 28, 1946

四、日本侵略时期《杭州新报》刊登之九曲红梅

日本侵略时期，安徽的“祁门红茶”、福建的“闽红”均在国统区，茶叶作为可换取军火的战略物资，严禁出口。因此，杭州的红茶只能是浮山湖埠一带出产的道地九曲红梅。笔者在西湖区茶文化研究会大力支持下，耗时三月，在上海和杭州的图书馆中一张张地查阅、拍摄，在数千张报纸中，竟查阅到上百张《杭州新报》上刊登有九曲红梅的商情。

这上百张《杭州新报》上刊登的九曲红梅，多者有顶上乌龙、乌龙、上九曲、红寿眉、君眉、上小种、上红袍、上红梅8种品牌，少者则缺顶上乌龙、上九曲等上品，仅有6种、5种，甚至4种九曲红梅。笔者择其清晰者，将不同数量的《杭州新报》之九曲红梅刊于本书。

表6-5　1939年5月8日《杭州新报》之8种九曲红梅

茶叶品名	顶上乌龙	乌龙	上九曲	红寿眉	君眉	上小种	上红袍	上红梅
价格	四元八角	二元二角四	一元九角二	一元二角八	八角	六角四分	四角八分	三角八分

表6-6　1939年5月20日《杭州新报》之6种九曲红梅

茶叶品名	顶上乌龙	乌龙	上九曲	红寿眉	君眉	上小种
价格	四元八角	二元二角四分	一元九角二	一元二角八	八角	六角四分

表6-7　1939年5月27日《杭州新报》之5种九曲红梅

茶叶品名	顶上乌龙	乌龙	上九曲	红寿眉	上小种
价格	四元八角	二元二角四分	一元九角二	八角	六角四分

1938年5月21日《杭州新报》之九曲红梅商情下，同样还有“土桥部队物资交换所敬告”：收买茶叶等物资。

表6-8　1939年6月8日《杭州新报》之4种九曲红梅

茶叶品名	顶上乌龙	上九曲	红寿眉	上小种
价格	四元八角	一元九角二	八角	六角四分

此张《杭州新报》之九曲红梅商情下，有土桥部队物资交换所收买茶叶的“敬告”。

表6-9　1939年7月12日《杭州新报》之8种九曲红梅

茶叶品名	顶上乌龙	上乌龙	乌龙	顶上九曲	上九曲	九曲	上寿眉	寿眉
价格	三元二角	二元四角	一元九角二	一元八角	一元二角八	一元一角二	九角六分	八角

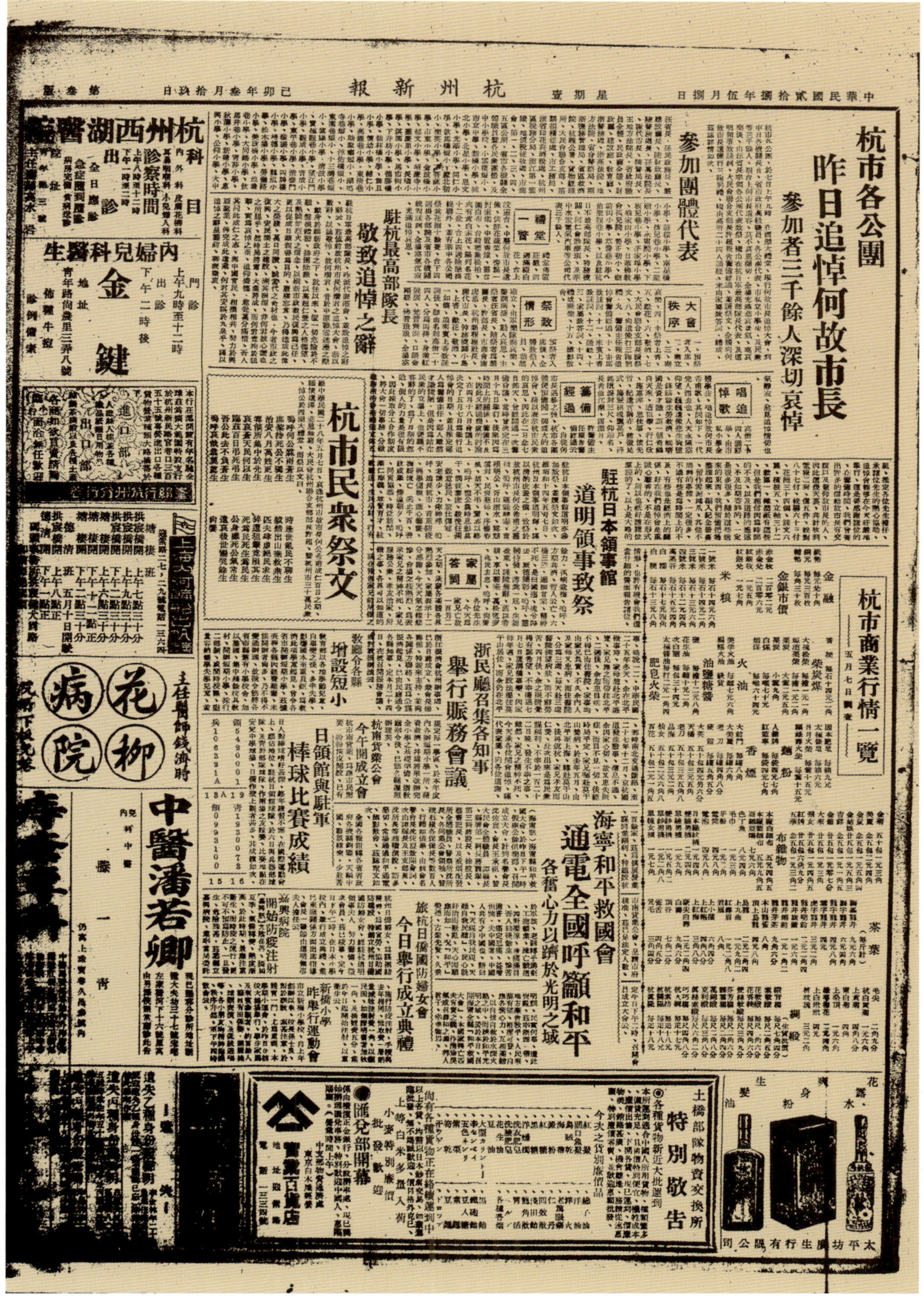

中華民國貳拾捌年伍月捌日　星期壹　杭州新報　己卯年叁月拾玖日　第叁版

杭市各公團昨日追悼何故市長

參加者三千餘人深切哀悼

參加團體代表

大會秩序

唱追悼歌

籌備經過

一種警覺

祭致情形

駐杭最高部隊長敬致追悼之辭

杭市民衆祭文

駐杭日本領事館道明領事致祭

杭市商業行情一覽

五月七日調查

金融

金銀市價

米糧

柴炭煤

火油

油鹽糖醬

肥皂火柴

浙民廳召集各知事舉行賑務會議

海寧和平救國會通電全國呼籲和平

各奮心力以躋於光明之域

杭市貨業公會今午開成立會

日領館與駐軍棒球比賽成績

教廳令各縣增設短小

旅杭日僑國防婦女會今日舉行成立典禮

新民小學昨舉行運動會

開始防疫注射

杭州西湖醫院

內婦兒科醫生金鍵

上海大酒店

花柳病院

中醫潘若卿

特別敬告

匯兌部開幕

杭州新報　8种九曲红梅

图6-107　1939年5月8日《杭州新报》8种九曲红梅

Fig. 6-107　Eight kinds of Jiuqu Hongmei reported by the *Hangzhou Newspaper* on May 8, 1939

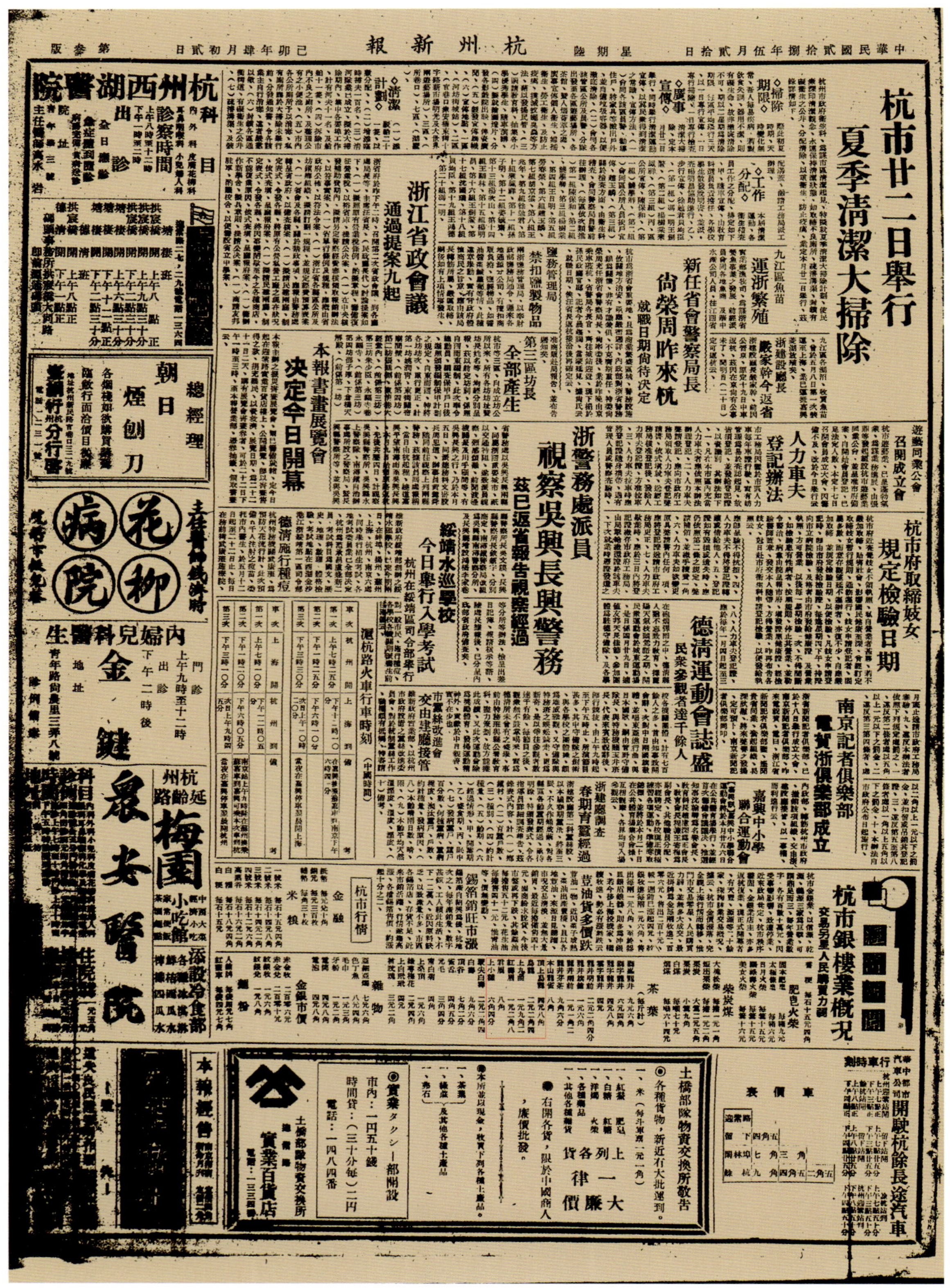

中華民國貳拾捌年伍月貳拾日 星期六 杭州新報 己卯年肆月初貳日 第參版

杭市廿二日舉行夏季清潔大掃除

九江區魚苗運浙繁殖

浙建設廳長嚴家幹今返省

新任省會警察局長尚榮周昨來杭 就職日期尚待決定

浙江省政會議通過提案九起

禁扣鹽製物品

第三區坊長全部產生

本報書畫展覽會決定今日開幕

遊藝同業公會召開成立會

人力車夫登記辦法

浙警務處派員視察吳興長興警務 茲已返省報告視察經過

綏靖水巡學校今日舉行入學考試

德清施行種痘

滬杭路火車行車時刻

杭市府取締妓女規定檢驗日期

德清運動會誌盛 民衆參觀者達千餘人

南京記者俱樂部電賀浙俱樂部成立

嘉興中小學聯合運動會

浙建廳調查春期育蠶經過

市黨部改進會交由建廳接管

杭市銀樓業概況

豆油貨多價跌

錫箔銷旺市漲

杭市行情

土橋部隊物資交換所敬告

杭市開駛杭餘長途汽車

實業タクシー部附設

杭州西湖醫院

朝日煙刨刀

花柳病院

內婦兒科醫生 金鍵

杭州延齡路 梅園

泉安醫院

图6-108 1939年5月20日《杭州新报》6种九曲红梅

Fig. 6-108 Six kinds of Jiuqu Hongmei reported by the *Hangzhou Newspaper* on May 20, 1939

中華民國貳拾捌年伍月貳拾柒日　星期伍　杭州新報　己卯年肆月初玖日　第叁版

日軍佈告誥誡民衆
勿爲黨軍謠言所惑
應信賴日軍共同清匪工作

浙江省政府籌備
慶祝週年紀念
並舉行政績展覽會

春期改良賽會
鮮繭登場

杭市厲行防疫注射
已注射十萬人
未經注射者不得領戶籍證

杭市使用戶籍證
公務員領證辦法

杭市災民生計困難
亟待賡辦救濟工作
市府提請撥發賑款充用

實部統計局計劃
管理家庭製絲
函浙建廳簽具意見

杭市府勸導米商
組糧食運銷合作社
非合作社股東不能成交營業

杭市大掃除運動
今日清潔檢查

浙財政廳擬定
省金庫組織章程

杭州西湖醫院

痛的救星　止痛靈

內婦兒科醫生　金鍵

新到　大麒麟牌　啤酒　紅星牌　汽水

總經理　朝日煙　剃刀

杭州西湖　環湖旅館

杭市行情

土橋部隊物資交換所敬告

御通知に代へて

图6-109　1939年5月27日《杭州新报》5种九曲红梅

Fig. 6-109 Five kinds of Jiuqu Hongmei reported by the *Hangzhou Newspaper* on May 27, 1939

中華民國貳拾捌年陸月捌日 星期四 杭州新報 己卯年肆月貳拾壹日 第叁版

杭憲兵隊及警務處 嚴禁民衆援助匪賊 如經查覺概予連坐處罪

浙省市政府紀念日 開演岷劇助興 下午在舊省府晚在明光

杭市府昨佈告 禁止市民夜行 各商店限八時半停業

小學聯運會 參加踴躍

杭縣教育行政概況 下學年計劃復興社會教育

市民總增 杭市民衆更形激增

浙警務處呈送各縣警務報告

杭大民會設置巡迴借閱書車

浙省治安益臻鞏固 積極推進復興工作 行政商業等均已次第恢復

紹酒同業公會成立大會展期

浙省特產物品 將在省市紀念日公開展覽

嘉興各業競相恢復 市況日見繁榮

嘉興大民會組會員合作社

經濟新聞

五金銷售沉寂

杭市行情

香蕈源源稀價漲

携李銷旺市俏

資助學生深造

取締廣告張貼

市工務局注意傾圮危牆

新到 大麒麟牌 啤酒 批 紅星牌 汽水 三原洋行

總經理 朝日煙刨刀 啃嘛水

花柳病院

痛的救星 止痛靈 專治一切 疼痛退熱

西湖 環湖旅館

土橋部隊物資交換所敬告

實業タクシー部開設 市内：一円五十錢 時間貸：（三十分毎）二円 電話：一四八四番

冰出賣 一、每小塊重四十五斤 一、每中塊重一百八十斤 一、每大塊重二百七十斤 有小型冰箱出租辦法及有冷藏室之設備 如欲租用請來接洽並希蒞臨參觀 倉島洋行 加茂川 地址延齡路第一五五號 電話一二五五號

遺失

图6–110　1939年6月8日《杭州新报》4种九曲红梅

Fig. 6-110 Four kinds of Jiuqu Hongmei reported by the *Hangzhou Newspaper* on June 8, 1939

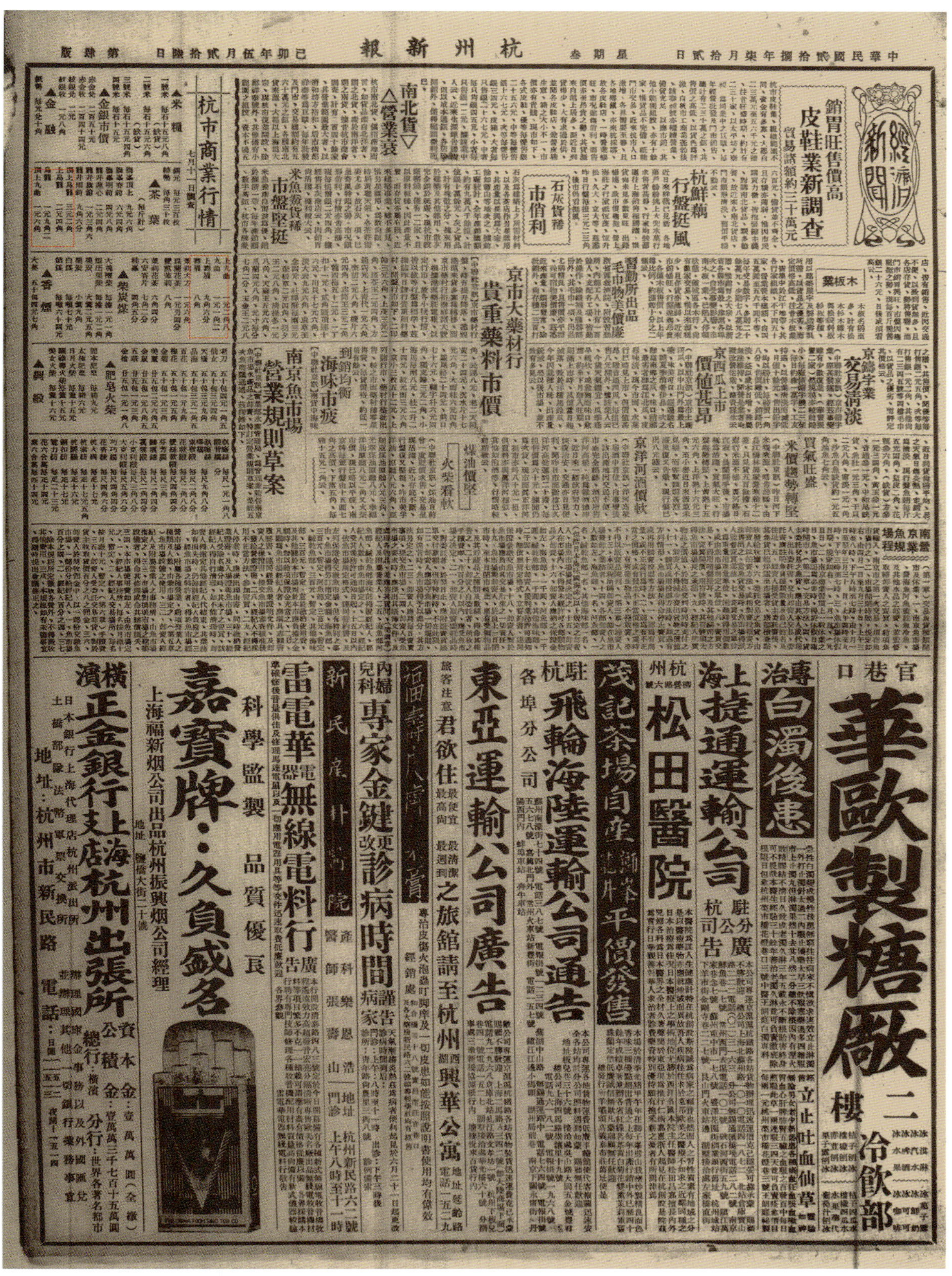

中華民國貳拾捌年柒月拾貳日 星期三 杭州新報 己卯年伍月貳拾陸日 第肆版

杭市商業行情

南北貨△營業衰

皮鞋業新調查 銷胃旺售價高

杭鮮藕行盤挺風

石灰貨稀市價利

米魚薮貨稀市盤堅挺

京市大藥材行 貴重藥料市價

南京魚市場營業規則草案

海味市疲

京西瓜上市價值甚昂

京洋河酒價軟

京錢業交易淸淡

買氣旺盛米價趨勢轉堅

煤油價堅 火柴看軟

習勤所出品毛巾物美價廉

官巷口 華歐製糖廠 二樓冷飲部

專治白濁後患 立止吐血仙草

上海捷通運輸公司 駐杭分公司廣告

杭州 松田醫院

茂記茶場自產獅峰旗槍平價發售

駐杭 飛輪海陸運輸公司通告 各埠分公司

東亞運輸公司廣告

旅客注意 君欲住最便宜最高尚最清潔最週到之旅館請至杭州西湖興華公寓

福壽牌八卦丹 不膏

內婦兒科專家金鍵更改診病時間謹告病家

新民產科醫院 醫師張壽山

雷電華電器無線電料行廣告

科學監製 品質優良 嘉寶牌·久負盛名 上海福新烟公司出品 杭州振興烟公司經理

橫濱正金銀行上海支店杭州出張所 地址：杭州市新民路

圖6-111 1939年7月12日《杭州新报》8种九曲红梅

Fig. 6-111 Eight kinds of Jiuqu Hongmei reported by the *Hangzhou Newspaper* on July 12, 1939

1939年9月20日开始，《杭州新报》上缺少“顶上乌龙”，仅存7种九曲红梅，直至1939年12月17日《杭州新报》刊登的九曲红梅均为7种。

上百张的《杭州新报》，不仅记录下日据时代杭州九曲红梅的一段真实历史，还有不少新闻报道，从侧面披露杭州九曲红梅的往事。

1939年5月1日，正当新茶应市之际，《杭州新报》刊登《翁隆盛失窃颇巨，红绿细茶五百包，侦缉队破获人赃俱在》的新闻，文如下：

> 清河坊大街，设有翁隆盛茶叶店，自恢复开幕后，选备货品优美，存货采办充足，市民购买畅旺，营业颇称发达。讵于日前鱼更三跃时，被一般莠民觊觎，施用铁器撬开熙春桥弄该店栈房，偷窃红绿细茶五百余包，及生漆衣箱等物，价值核数颇巨。经该号开具详细失单，报告该管侦缉队，请求严密查缉，以期水落石出。该队当派密探，四出侦查，已在上羊市街等处，先后捉获该窃贼裘阿元、周阿元、毛才奇、韩德茂、陈根甫、许阿毛等六七人，并在城站及竹椅子巷，抄获原赃若干，即将一干人证，经队研询一遍，再解送杭地法院检察处，经李检察官迭次传讯侦查属实，昨已按照刑事诉讼法第三百二十条窃盗罪，乃向刑庭提起公诉。闻日内即将公开定谳云。

这则新闻从一个角度说明，20世纪30年代末，杭城老字号茶庄翁隆盛在春茶刚应市的阳历五月初，就开始自办西湖红绿茶，而且数额颇巨，其红茶毫无疑问就是九曲红梅，因为其时，春茶刚应市，时间不允许翁隆盛在其他茶区采办；茶区仅有西湖茶区为日据，不可能有其他茶区供应红绿茶。

1939年8月4日《杭州新报》刊登的《茶商归途遇匪，身藏钞票被劫，报探破案，人赃并获》的新闻，则记载了居住在九曲红梅原产地上泗乡河（湖）埠的茶商被窃轶事。文如下：

> 杭县人周玉云，现住上泗乡河（湖）埠，一家多口，赖以生活。日前将茶叶数袋，运至城内价卖，得洋一百五十八元，密藏身畔而归。讵料行至四眼井地方，突遇手持凶器匪

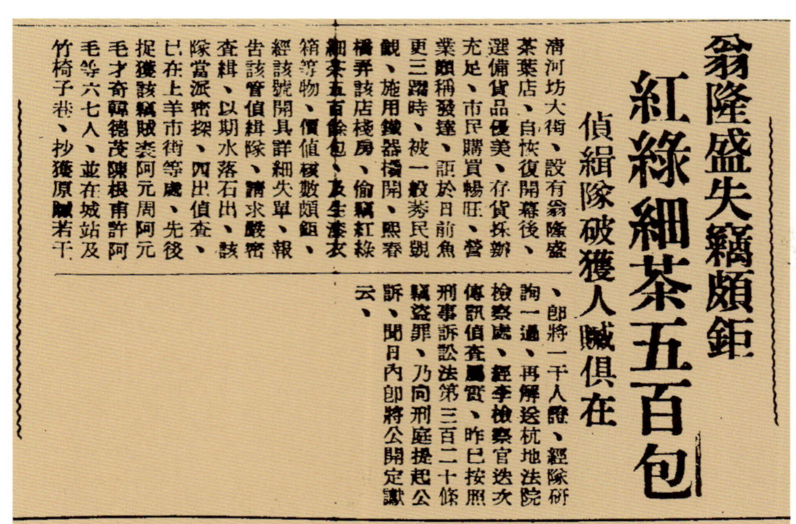

翁隆盛失竊頗鉅
紅綠細茶五百包
偵緝隊破獲人贓俱在

清河坊大街、設有翁隆盛茶葉店、自恢復開幕後、選備貨品優美、存貨採辦充足、市民購買暢旺、營業頗稱發達、詎於日前魚更三躍時、被一般莠民覬覦、施用鐵器撬開、熙春橋弄該店棧房、偷竊紅綠細茶五百餘包、及生漆衣箱等物、價值核數頗鉅、經該號開具詳細失單、報告該管偵緝隊、請求嚴密查緝、以期水落石出、該隊當派密探、四出偵查、已在上羊市街等處、先後捉獲該竊賊裘阿元周阿元毛才奇韓德茂陳根甫許阿毛等六七人、並在城站及竹椅子巷、抄獲原贓若干、卽將一干人證、經隊研詢一遍、再解送杭地法院檢察處、經李檢察官迭次傳訊偵查屬實、昨已按照刑事訴訟法第三百二十條竊盜罪、乃向刑庭提起公訴、聞日內卽將公開定讞云、

图6-112　1939年5月1日《杭州新报》刊登“翁隆盛失窃颇巨，红绿细茶五百包”的新闻

Fig. 6-112 The news published by the *Hangzhou Newspaper* that “Wenglongsheng had five hundred pockets of green tea and black tea stolen” on May 1, 1939

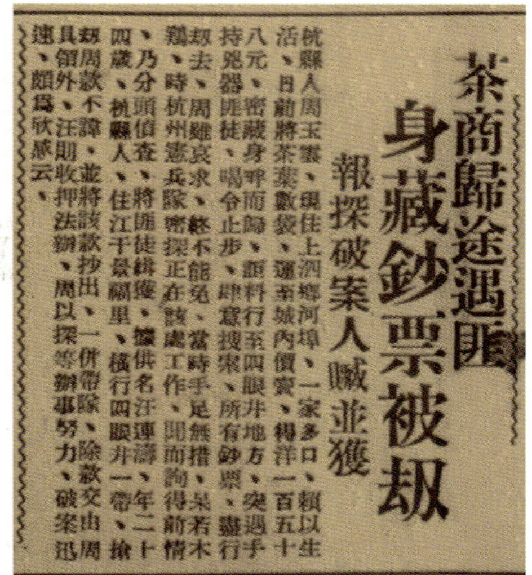

茶商歸途遇匪
身藏鈔票被刼
報探破案人贓並獲

杭縣人周玉雲、現住上泗鄉河埠、一家多口、賴以生活、日前將茶葉數袋、運至城內價賣、得洋一百五十八元、密藏身畔而歸、詎料行至四眼井地方、突遇手持兇器匪徒、喝令止步、肆意搜索、所有鈔票、盡行刼去、周雖哀求、終不能免、當時手足無措、呆若木雞、時杭州憲兵隊密探正在該處工作、聞而詢得前情、乃分頭偵查、將匪徒緝獲、據供名汪連濤、年二十四歲、杭縣人、住江干景福里、橫行四眼井一帶、搶刼周款、不諱、並將該款抄出、一併帶隊、除款交由周具領外、汪則收押法辦、周以探等辦事努力、破案迅速、頗爲欣感云、

图6-113　1939年8月4日《杭州新报》刊登九曲红梅原产地茶商被劫新闻

Fig. 6-113 The news published by the *Hangzhou Newspaper* that a merchant came from the origin of Jiuqu Hongmei were robbed on August 4, 1939

徒，喝令止步，肆意搜索，所有钞票，尽行窃去。周虽哀求，终不能免。当时手足无措，呆若木鸡，时杭州宪兵队密探正在该处工作，闻而询得前情。乃分头侦查，将匪徒缉获。据供名汪连涛，年二十四岁，杭县人，住江干景福里，横行四眼井一带，抢窃周款不讳。并将该款抄出，一并带队，除款交由周具领外，汪则收押法办。周以探等办事努力，破案迅速，颇为欣感云。

这则新闻的茶商杭县人周玉云，住在上泗乡河埠，“河”应为“湖”，即九曲红梅原产地的核心地区湖埠，采办的当然是九曲红梅，因为当时湖埠基本只生产九曲红梅。

五、全国各地热销九曲红梅

本章的标题是“营销全国，享誉神州”。部分的方正大《批发》账册，已勾勒出“营销全国”之景象。这一节以全国各地茶庄畅销九曲红梅，来诠释“享誉神州”。

1. 绍兴越来昌茶漆号——九曲红梅的专卖店

图6-114是20世纪30年代“绍兴大善寺前大马路越来昌茶漆号”广告包装纸。广告包装纸上为地址，中为大字“越来昌茶漆号”，两侧有广告词：

本号发兑西湖龙井、九曲红梅、珠兰茉莉、黄白贡菊及各省红绿名茶，……

按此广告词，绍兴越来昌茶漆号售卖西湖龙井、九曲红梅，放在首位，足见杭州西湖龙井、九曲红梅之影响。

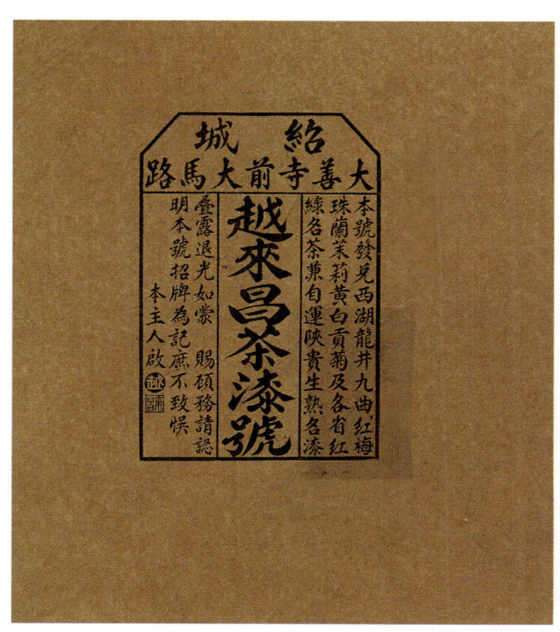

图6-114　绍兴大善寺前大马路越来昌茶漆号包装纸
Fig. 6-114 The wrapping paper of Yuelaichang Tea and Paint Shop at Dama Road before Dashan Temple in Shaoxing City

图6-115　绍兴城内大善禅寺（20世纪30年代）
Fig. 6-115 The Dashan Temple in Shaoxing City (in the 1930s)

2. 苏州老吴世美、老吴世兴茶号畅销九曲红梅

图1-1是苏州老吴世美茶号茶罐彩色广告包装纸。原大长34厘米，宽15. 2厘米，分为四段，两块小的版面为茶的功效和茶号信誉介绍，一块大的是松鹤延年图，不就是当今宣传的“茶与健康”吗？右侧起首一块大的版面，上为“老吴世美茶号”的行号名称，下为广告词：

> 本号向在姑苏阊门外上津桥堍石盘巷口，今开设上塘大街普安桥东首滩河场，上岸从南朝北门面。自往各山采办家园松萝、霍山银针、六安香片、九曲红梅、雨前龙井、洞庭碧螺，以及各种异品名茶，重窨珠兰茉莉，剔选精良加工拣制。考上古之成书，参卫生之新法，蒙给褒奖金章，谨以格外征求大加研究以副。
>
> 诸君尝鉴马荷蒙赐，须认明本号招牌，庶不致误。

图6-116是老吴世兴茶号“世兴”牌茶盒包装纸。这张茶盒包装纸上注明了地址：观前街东。应是老吴世美的一家新店，虽不如老吴世美茶号茶罐包装纸彩色美观，但广告词中英文对照，应在老吴世美茶号之后，其广告词推荐的名茶与上相差无几，九曲红梅改为了“九曲乌龙”。

左2的一块版面，有两面奖章图案，两侧为：“巴拿马太平洋万国博览会优等奖金牌”“江苏第一、第二次物品展览会均得一等奖章”。两块奖章的图案，应分别是巴拿马赛会优等金牌和江苏省物品展览会一等奖章。

图6-116　苏州老吴世兴茶盒广告包装纸，销卖九曲红梅，再一次证实九曲红梅搭车获巴拿马赛会金牌

Fig. 6-116 The wrapping paper about “Jiuqu Hongmei” of the Old Wushixing Tea shop in Suzhou, confirming that Jiuqu Hongmei won Panama Expo gold medal once again

展示老吴世美、老吴世兴这两张茶叶包装广告纸，对九曲红梅来讲至关重要：不仅证明苏州的老字号茶庄销售九曲红梅；细看两张茶叶广告纸，售卖名茶虽多，但红茶仅一种——九曲红梅，与西湖龙井相提并论。而且，两张茶叶包装纸均宣传荣获巴拿马优等金奖，指的是广告纸上该茶号售卖的这许多名茶，也包括九曲红梅，也从另一角度证实本书的论断：九曲红梅搭车获巴拿马赛会金牌，搭车中也包括共同荣获巴拿马金奖的苏州老吴世美、老吴世兴茶庄，因为奖项是以茶庄名茶申报的。

图6-117润昌茶号茶叶罐，高12厘米，长11厘米，宽6厘米。其正面上端为“苏州润昌茶号”；中为广告词，分两层，上层写有“本号开设苏州观前大街吉祥门口，坐南朝北，门面自往各山采办”，第10行有“九曲乌龙”字样，其中“曲”不甚清晰，“龙”已残缺，但仍可确定苏州润昌茶号与其他苏州茶庄一样，也营销九曲红梅（九曲乌龙）。

图6-117　苏州润昌茶号茶叶罐，广告词中有“九曲乌龙”字样

Fig. 6-117 The advertisement containing “Jiuqu Oolong” on the tea canister of Suzhou Runchang Tea Shop

图6-118　苏州市街（1934年），老吴世美、老吴世兴茶号销九曲红梅之地

Fig. 6-118 The place where Old Wushimei and Old Wushixing tea shops sold Jiuqu Hongmei on the street of Suzhou (in 1934)

图6-119　苏州茶馆。边听评弹，边喝九曲红梅，是苏州市民的享受

Fig. 6-119 Listening to ballad singing and drinking Jiuqu Hongmei were the popular form of recreational enjoyment to the Suzhou citizens in tea houses.

3. 天津正兴德茶庄俏卖九曲红梅

（1）天津茶业

天津城市发展较迟，由于大运河的漕运和随之而兴的海运，天津迅速成为我国北方的大型港口城市。由于有了大运河，杭州的九曲红梅、西湖龙井红绿茶醉遍北国茶人。1931年4月20日《北晨画报》四版有《女性茶博士》一文，文中写道：

> 天津法租界之春和戏院，规模宏丽，布置华美，中置十五六龄小女十数辈，苗条身材，临风绰约，灰布长袍，周身嵌白色滚边，胸前小口袋，白布缀成号数，短发蓬蓬，脚穿橡皮底鞋，活泼精神，笑容满面，周旋于观客座中，数之适合金钗十二。如客需饮，伊即送一玻璃杯之龙井茶至，杯套以钢线制之架，圈与杯大小同，上端反曲，用以挂在前排椅背上，稳当异常，俨如海轮上，防惊涛骇浪颠覆器皿者然。茶资极昂，只此一杯茶，定价大洋一角，按杯计标。客有善饮者喝至三四杯，或五六杯，或有同伴四五人者，即以一元给予之。

这段文字记述了天津人善饮西湖龙井茶的往事。虽然没有提及品饮九曲红梅，但天津全国顶级的正兴德等大茶庄不仅在杭州有茶厂，许多广告都还售卖九曲红梅。这些茶馆应也为顾客提供九曲红梅。

图6-120至图6-124是五幅旧时天津茶庄集中之闹市旧影。图6-123是一幅20世纪30年代天津老照片，图中有大幅“天成厚茶叶庄”广告。图6-125是天津天成厚茶庄茶叶罐。茶庄、茶行一多，就有行业组织，图6-126是非常美观的天津市茶业同业公会会员银质证章，弥足珍贵。

（2）天津正兴德茶庄与九曲红梅

在中国数以万计的老字号茶庄中，天津的正兴德茶庄是数一数二的有名大茶庄。它不仅以高大的洋房树起其形象，还在1932年天津的《中华画报》上，连续三期整版刊登宣传广告。鼎盛之时，正兴德茶庄不仅有多家分号，还有规模宏大、设备齐全先进的制茶厂、制罐部，在杭州、福州均设有制茶厂，其所有的包装广告上都有绿竹商标。可以说，天津正兴德茶庄是中华老字号的骄傲。

图6-120　天津（20世纪50年代）
Fig. 6-120 Tianjin (in the 1950s)

图6-121　天津市街，搬夫也喝茶（20世纪30年代）

Fig. 6-121 The hamals also drank tea on the Tianjin street (in the 1930s).

图6-122　天津闹市（1934年）

Fig. 6-122 Downtown Tianjin (in 1934)

图6-123　天津街市，有“天成厚茶叶庄”大幅广告，天成厚茶叶庄也销九曲红梅

Fig. 6-123 A big advertisement of Tianchenghou Tea Shop on the Tianjin Street, which also sold “Jiuqu Hongmei”

图6-124　天津闹市（20世纪30年代）

Fig. 6-124 Downtown Tianjin (in the 1930s)

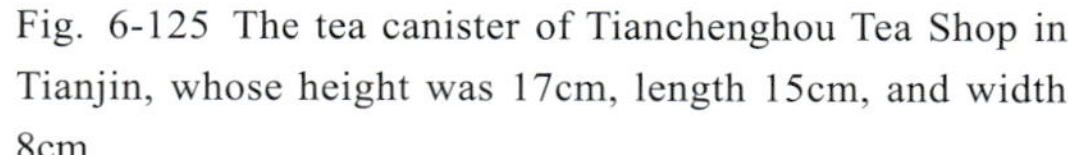

图6-125　天津天成厚茶庄茶叶罐。高17厘米，长15厘米，宽8厘米

Fig. 6-125 The tea canister of Tianchenghou Tea Shop in Tianjin, whose height was 17cm, length 15cm, and width 8cm

图6-126　天津市茶业同业公会会员证章

Fig. 6-126 The member badge of Tea Society in Tianjin

图6-127　天津正兴德茶庄广告

Fig. 6-127 Advertisement of Zhengxingde Tea Shop in Tianjin

图6-127至图6-132是六幅20世纪30年代天津正兴德茶庄的茶庄、制茶厂、制罐部，以及杭州天目山茶园旧影。

图6-134是正兴德茶庄的各种红绿茶价目表。右侧首为地址，第二行写道："左例红绿花素茶目，亲在皖浙名山采选加工三烘制窨，兹配装罐茶以便，赐购为荷。"说明这些红绿茶叶都是正兴德茶庄自己在安徽、浙江开厂精制，装罐出售的。茶目单首为"红茶类"，茶叶是皖浙所产，按不同的制法制成不同的红茶，每种红茶前面均冠有地名或特有茶名，如"福建""崇安"，代表福建红茶；"宁贡"，代表江西宁州；而"极品旗红""莲蕊红梅""桂窨奇种""旗枪""红梅"，则是杭州九曲红梅。

图6-128　天津正兴德茶庄旧影

Fig. 6-128 An old photo of Zhengxingde Tea Shop in Tianjin

图6-129　天津正兴德茶庄之成担茉莉运至制茶厂

Fig. 6-129 Jasmine transported to tea factories in Tianjin Zhengxingde Tea Shop

图6-130　天津正兴德茶庄制罐部

Fig. 6-130 The canning department of Zhengxingde Tea Shop in Tianjin

图6-131　天津正兴德茶庄制罐部合缝机工作情况

Fig. 6-131 The stitching machine working at canning department of Tianjin Zhengxingde Tea Shop

图6-132　天津正兴德茶庄在杭州天目山的茶园

Fig. 6-132 The tea garden on the Hangzhou Tianmu Mountain of Tianjin Zhengxingde Tea Shop

图6-133　天津正兴德茶庄广告

Fig. 6-133 Advertisement of Zhengxingde Tea Shop in Tianjin

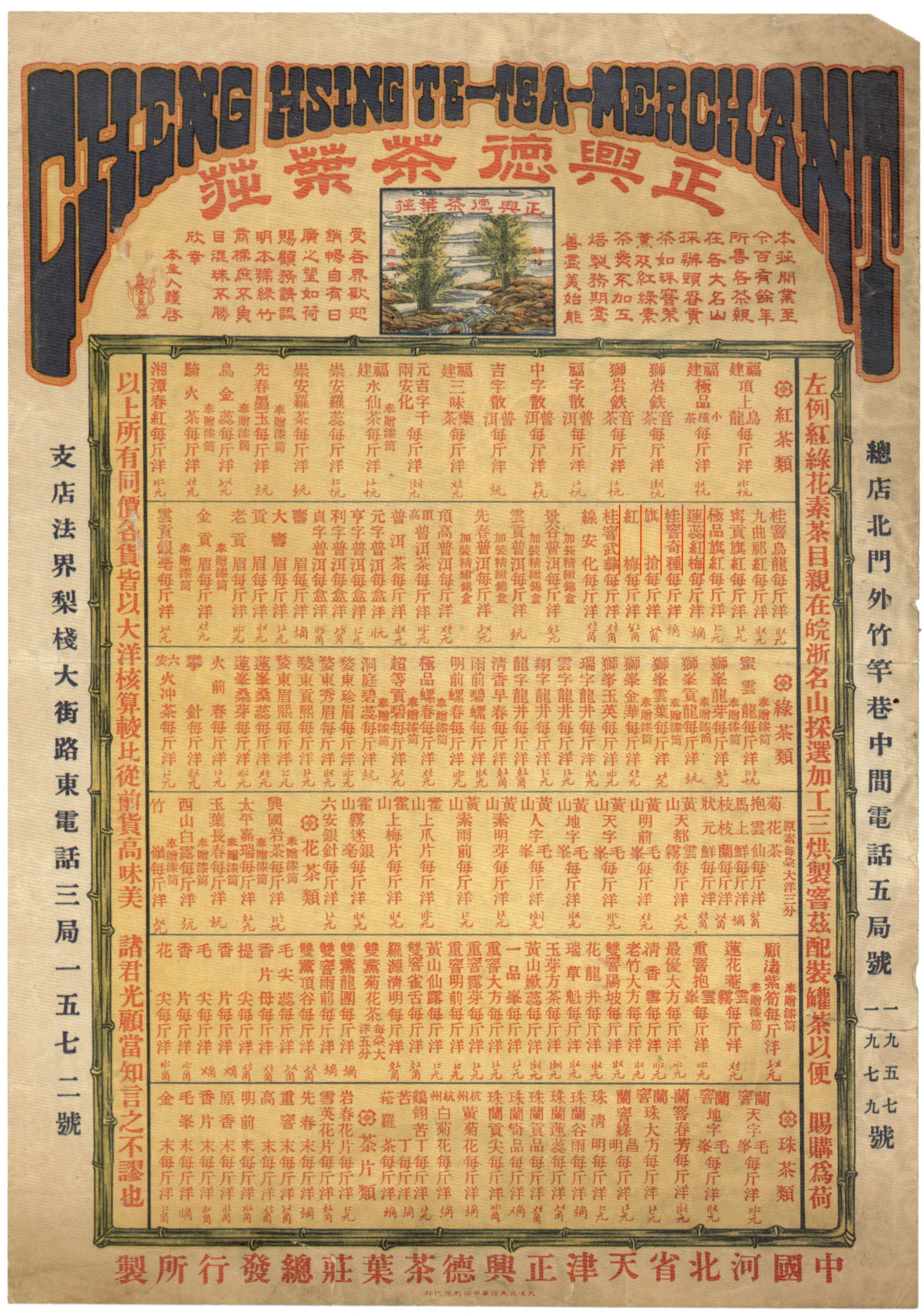

图6-134　天津正兴德茶庄茶叶价目表

Fig. 6-134 The tea price list of Tianjin Zhengxingde Tea Shop

图6-135　天津正兴德茶庄茶叶罐。上有“绿竹”商标

Fig. 6-135 The tea canister of Tianjin Zhengxingde Tea Shop, with the “green bamboo” logo

图6-136　天津正兴德茶庄茶叶罐，以大运河北端通州塔入画。寓意天津在大运河北端

Fig. 6-136 The tea canister of Tianjin Zhengxingde Tea Shop, with the Tongzhou Tower at the north end of the Grand Canal in the picture, indicating that Tianjin was at the north end of the Grand Canal

图6-137　天津正兴德茶庄茶叶罐。以杭州六和塔入画，鲜明“绿竹”商标下，有总号和第一、第二售品处地址、电话及保定、沧县支店地址。茶罐高16厘米，顶正方形边长9. 2厘米

Fig. 6-137 The tea canister of Tianjin Zhengxingde Tea Shop had the Liuhe Tower in the picture, and its height was 16cm, and its length and width were 9. 2cm. Under the bright “green bamboo” logo, there was the address, telephone number of parent shop, the first and second sale departments, and Baoding and Cang Country branch stores.

4. 山东烟台福增春茶庄、河北辛集镇润德成茶庄、河北张家口德馨玉茶庄热销九曲红梅

山东烟台福增春茶庄是福建人在烟台开设的，其在杭州候潮门外开设有制茶厂，自制狮峰龙井和九曲红旗。在它的广告上，茶叶罐上不仅鲜明打出九曲红梅名茶旗号，还以西湖风景入画，在热销九曲红梅“狮峰龙井”的同时，把西湖美景推向全国。

图1-3是烟台福增春茶庄广告，左侧有九曲红梅和狮峰龙井。

图1-2是烟台福增春茶庄茶叶价目表，第二行左侧有上上九曲红、九曲红梅，以及第三行右侧有寿星眉、老君眉，均为九曲红梅。

图1-3是河北辛集镇（现为辛集市）润德成泰记售九曲红梅广告，红茶中有九曲红梅。

图6-138是烟台芝罘仁记茶庄价目表，第三行“红茶部”有上上九曲、寿星眉，即杭州九曲红梅。

图6-140是河北张家口德馨玉茶庄茶叶罐，罐身广告中也有九曲红梅。

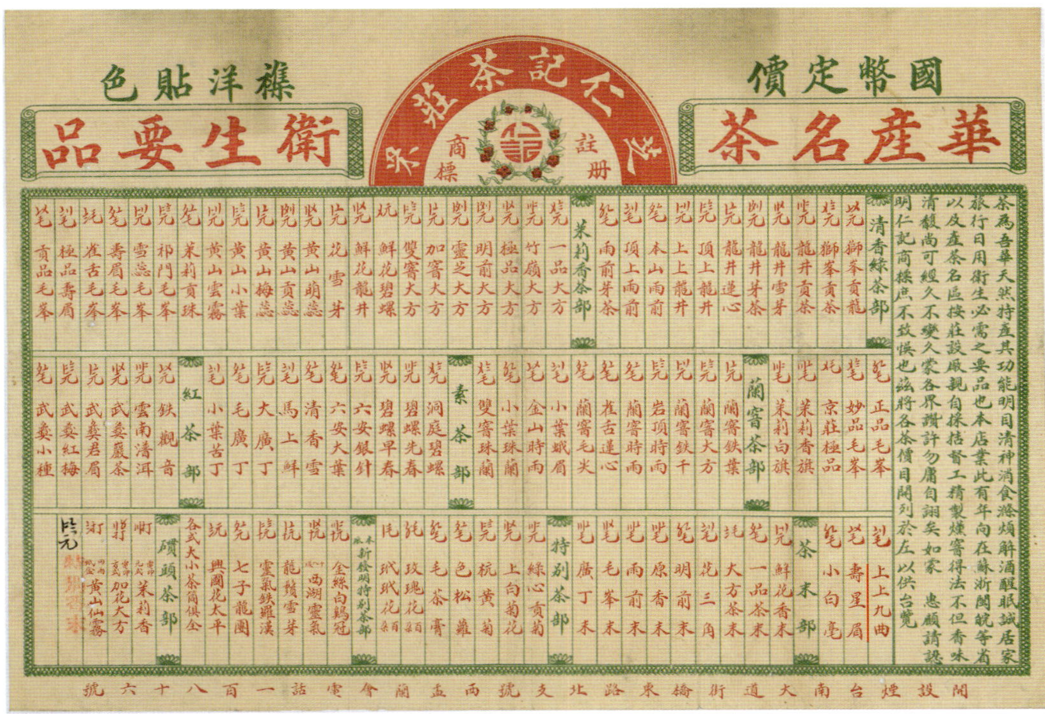

图6-138　山东烟台芝罘仁记茶庄价目之“上上九曲”

Fig. 6-138 The tea price list including “Jiuqu Hongmei” of Renji Tea Shop in Zhifu, Yantai, Shandong Province

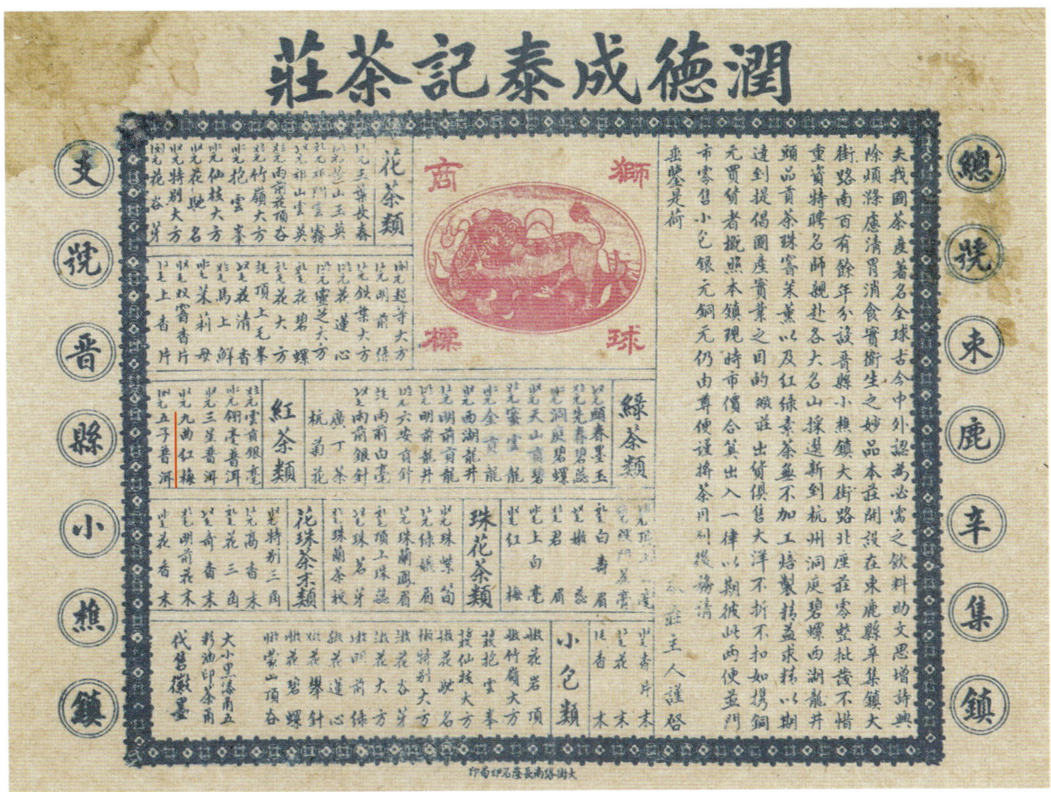

图6-139　河北辛集镇润德成泰记茶庄价目之九曲红梅（韩一飞提供）

Fig. 6-139 The tea price list including “Jiuqu Hongmei” of Rundecheng Tea Shop in Xinji Town, Hebei Province (provided by Han Yifei)

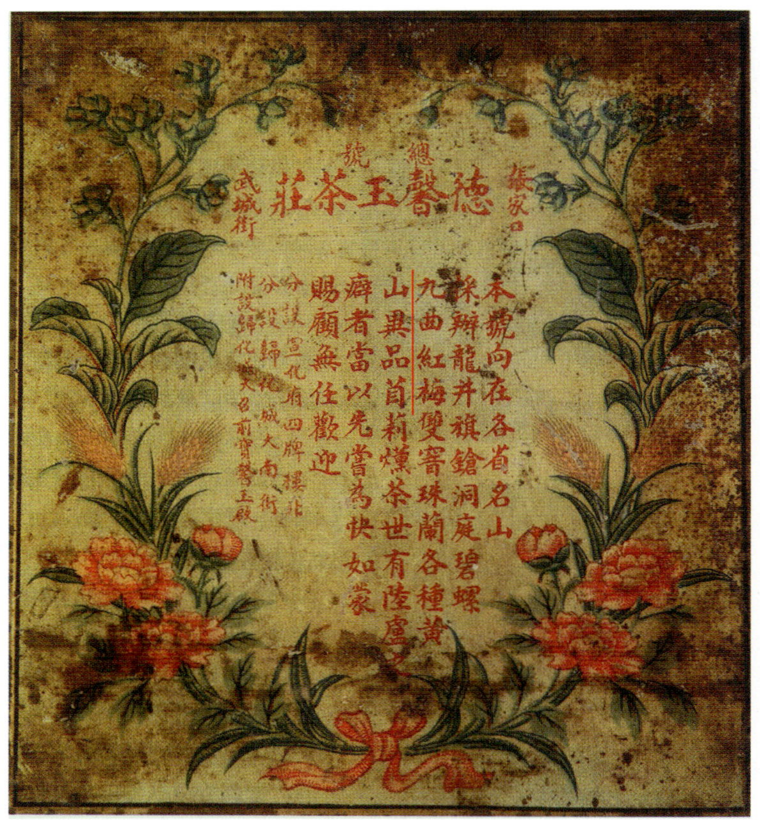

图6-140 张家口德馨玉茶庄茶叶罐（韩一飞提供），中有九曲红梅

Fig. 6-140 The tea canister of Zhangjiakou Dexinyu Tea Shop, with the “Jiuqu Hongmei” (provided by Han Yifei)

图6-141 福州、烟台福增春茶庄茶罐。以杭州三潭印月景色入画，茶罐高16. 5厘米，顶圆形直径10. 5厘米

Fig. 6-141 The tea canister of Fuzhou and Yantai Fuzengchun Tea Shop, with the Three Pools Mirroring the Moon as the pattern, which was 16. 5cm in height, with top circle 10. 5cm in diameter

图6-142 烟台（20世纪30年代）

Fig. 6-142 Yantai (in the 1930s)

图6-143 北方人也爱喝茶（20世纪30年代）

Fig. 6-143 The northerner enjoying drinking tea (in the 1930s)

图6-144　下天竺寺（20世纪20年代）
Fig. 6-144 The Lower Tianzhu Temple (in the 1920s)

图6-145　烟台南大道桥东路北口福增春茶庄“瑞叶呈春”商标茶罐。以杭州下天竺寺和美女品茗入画，茶罐高12. 7厘米，长11厘米，宽6厘米
Fig. 6-145 The tea canister of Fuzengchun Tea Shop at Yantai South Avenue, Qiaodong Road north exit, which had the Hangzhou Lower Tianzhu Temple and a beauty drinking tea in the picture, whose height was 12. 7cm, length 11cm and width 6cm

图6-146　山东烟台仁记茶庄“美女品茗”图茶罐

Fig. 6-146 The tea canister of Yantai Renji Tea Shop, with the theme of beauty drinking tea

图6-147　烟台福增春茶庄“瑞叶呈春”商标茶罐。以西湖美女入画，高15. 5厘米，15. 5厘米，宽6. 6厘米

Fig. 6-147 The tea canister with the theme of auspicious leaf showing spring of Yantai Fuzengchun Tea Shop, which had the West Lake beauty in the picture, whose height was 15. 5cm, length 15. 5cm and width 6. 6cm

5. 哈尔滨致昌东茶庄之九曲红梅“狮峰龙井”营销全国

图6–148是大幅哈尔滨“致昌东茶庄汇兑庄布露”广告。广告正中是民国时期著名的浙籍月份牌画家杭穉英精心绘制的摩登美女。左侧为各种汇兑茶叶，绿茶类有密云龙井、狮峰龙井、云中龙井、西湖龙井、明前龙井、雨前龙井、龙井茶，均为著名的杭州西湖龙井茶；红茶类有顶上乌龙、龙井红、老君眉、九曲红茶，即杭州红茶九曲红梅。

“哈尔滨致昌东茶庄汇兑庄布露”意思是致昌东茶庄可以通过汇兑款项给各茶庄，茶庄可以直接通过邮递方式在全国各地拿到名牌茶叶。“汇兑庄布露”下方列有全国各地地名86处，可见“西湖龙井、九曲红梅”异地也可通行天下矣。哈尔滨致昌东茶庄是真正意义上的中国北方神州茶叶大卖场，通过哈尔滨致昌东，南方的茶叶甚至可以进入俄罗斯、朝鲜。

哈尔滨的茶庄同样以各种西湖风景、西湖美女入画于茶叶广告、茶叶罐。西湖风景与西湖茗茶一样，是他们心之所向。

图6–149至图6–156是一组哈尔滨和青岛的茶庄以西湖风景和美女入画的茶叶罐，和相似的西湖风景旧影。

图6-148 哈尔滨致昌东茶庄汇兑庄布露，左侧红茶类中：顶上乌龙、龙井红、老君眉、九曲红茶即杭州红茶九曲红梅

Fig. 6-148 This is a list of tea that can be bought by remittance of Harbin Zhichangdong Tea Shop. In the left black tea varieties, there were Dingshang Oolong Tea, Longjing Black Tea, Laojunmei and Jiuqu Black Tea. Jiuqu Black Tea was Jiuqu Hongmei, namely Hangzhou Black Tea.

图6-149　花港观鱼

Fig. 6-149 Fish Viewing at the Flower Pond

图6-150　哈尔滨万泰糖庄茶食店茶罐柳浪闻莺图

Fig. 6-150 The tea canister of Wantai Candy Shop in Harbin, with the scenery of "Orioles Singing in the Willows" in the picture

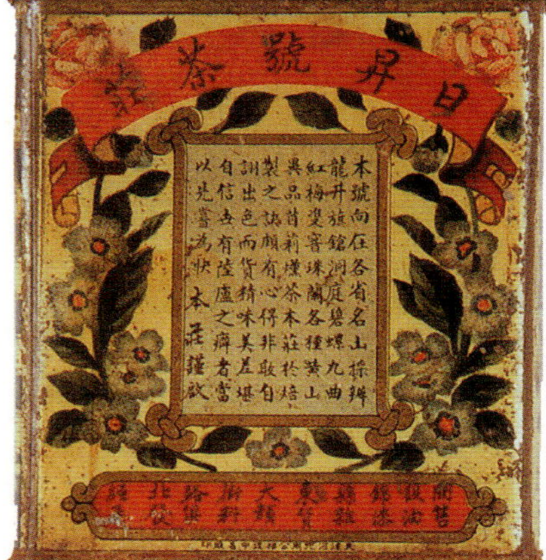

图6-151　东北锦县日升号茶庄茶叶罐，图中有“龙井旗枪、九曲红梅”字样

Fig. 6-151 The tea canister of Risheng Tea Shop in Jin County, which had the characters of "Longjing Qiqiang, Jiuqu Hongmei" in the picture

图6-152 哈尔滨天丰湧茶庄包装纸。以杭州“花港观鱼”“三潭印月”风景及西湖美女入画

Fig. 6-152 The wrapping paper of Tianfengyong Tea Shop, with the sceneries of “Fish Viewing at the Flower Pond” “Three Pools Mirroring the Moon” and a West Lake beauty in the picture

图6-153 柳浪闻莺（20世纪30年代）

Fig. 6-153 Orioles Singing in the Willows (in the 1930s)

图6-154 西湖鹅趣（20世纪20年代）

Fig. 6-154 The funny geese in the West Lake (in the 1920s)

图6-155　福茂春茶庄茶叶罐
Fig. 6-155 The tea canister of Fumaochun Tea Shop

图6-156　青岛泉祥茶庄西湖鹅趣图茶叶罐
Fig. 6-156 The tea canister of Quanxiang Tea Shop in Qingdao, with the scenery of the funny geese in the West Lake in the picture

六、1948年西湖茶区红茶产量高于绿茶

1983年杭州图书馆复印版本《杭州史地丛书》，录有1948年7月宁海干人俊纂《民国杭州市新志稿》卷十四“物产（一）·五、茶”：

表6-10　本市茶园面积及其产区概况

茶园面积（亩）	产区
2000	龙井

表6-11　本市茶叶产量（总产以干茶【毛茶】计）（单位：担）

红茶	绿茶	总计产量
459	115	574

表6-12　本市茶叶价格及价值概况（以担计算）

红茶价格（元）			绿茶价格（元）			价值（元）		
最高	最低	普通	最高	最低	普通	红茶	绿茶	共计
400	20	100	600	40	200	45900	23000	68900

从上表数字看，民国时期龙井茶区2000亩茶园，红茶产量居然是绿茶的四倍，虽然红茶价格略低于绿茶，但总价值仍为绿茶两倍。此红茶，九曲红梅也。绿茶，西湖龙井也。《民国杭州市新志稿·茶》中记载的红茶数量大于绿茶，也从一个侧面说明民国时期九曲红茶营销全国。

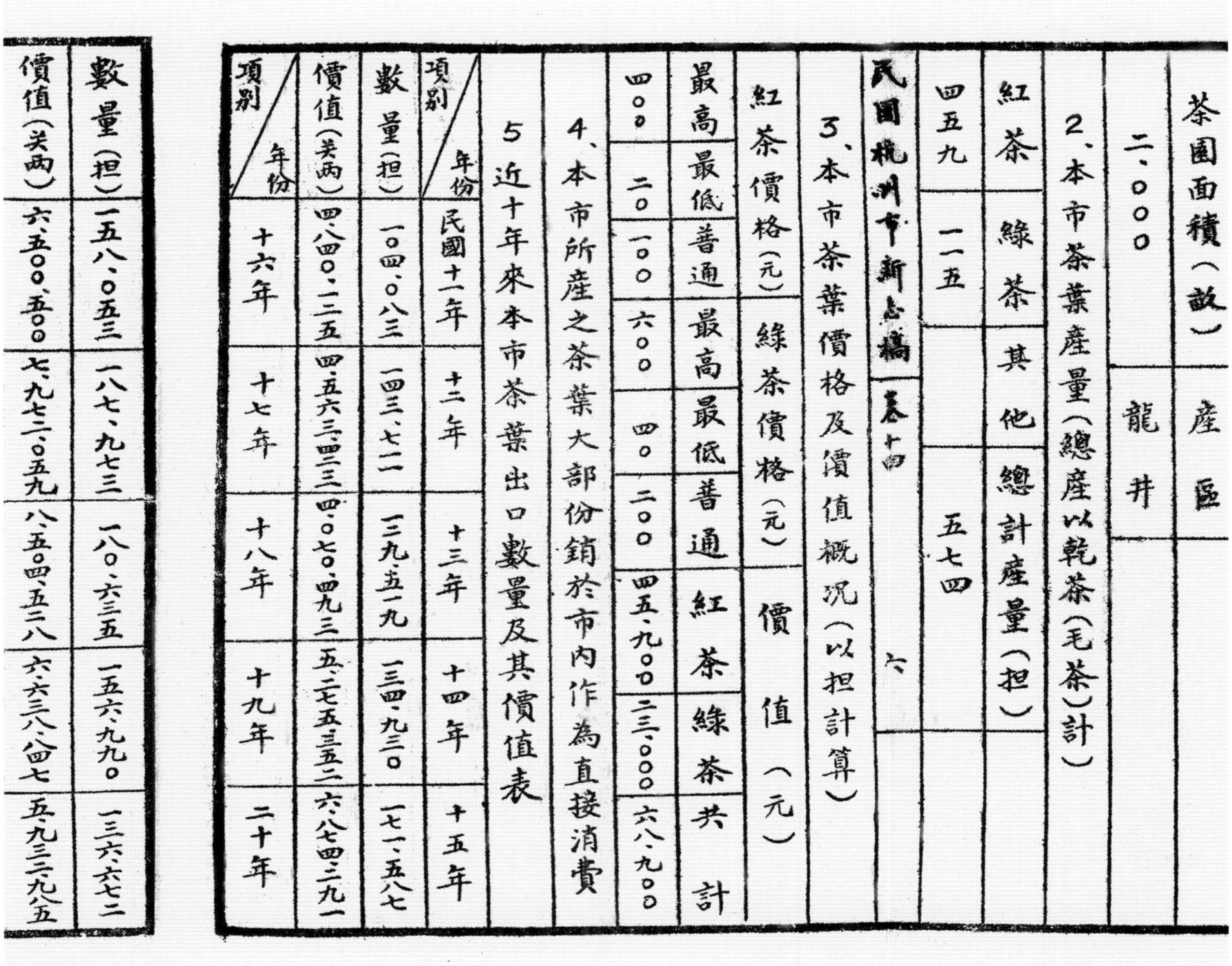

茶園面積（畝）	產區
二、〇〇〇	龍井

2、本市茶葉產量以乾茶（毛茶）計

紅茶	綠茶	其他	總計產量（担）
四五九	一一五		五七四

民國杭州市新志稿　卷十四　六

3、本市茶葉價格及價值概況（以担計算）

紅茶價格（元）			綠茶價格（元）			價值（元）		
最高	最低	普通	最高	最低	普通	紅茶	綠茶	共計
四〇〇	二〇	一〇〇	六〇〇	四〇	二〇〇	四五、九〇〇	二三、〇〇〇	六八、九〇〇

4、本市所產之茶葉大部份銷於市內作為直接消費

5 近十年來本市茶葉出口數量及其價值表

項別＼年份	數量（担）	價值（关两）
民國十一年	一〇四、〇八三	四、八四〇、二二五
十二年	一四三、七二一	四、五六三、四三三
十三年	一三九、五一九	四、〇七〇、四九三
十四年	一三四、九三〇	五、二七五、三五二
十五年	一七一、五八七	六、八七四、三九一
十六年	一五八、〇五三	六、五〇〇、五〇〇
十七年	一八七、九七三	七、九七二、〇五九
十八年	一八〇、六三五	八、五〇四、五三八
十九年	一五六、九九〇	六、六三八、八四七
二十年	一三六、六七二	五、九三三、九九五

图6-157　《民国杭州市新志稿》

Fig. 6-157 *The New Records of Hangzhou City in the Republican Period*

七、两张杭州老字号茶庄价目表

2013年10月，《九曲红梅图考》一书初步完竣，进入修饰阶段，但时有零星上佳素材发现，加以补充完善。其中，竟有笔者以前花费数十年心血都未寻觅到的宝贝。

1.《浙杭方正大茶庄价目表》

《浙杭方正大茶庄价目表》为彩色，纵35. 5厘米，横54厘米。《价目表》蓝色花饰上端有大字“浙杭方正大茶庄价目表”，两侧为红字“凡遇税捐邮资信力均归尊客自纳，进出概售大洋小洋照市”“本号电话六百六十四号，装出瓶篓概不退换”。蓝色花饰右侧有蓝色小字“本发行所开设中国浙江省城内羊坝头大街石库墙门内，坐东朝西，专向各省产茶名山采办各种红绿异品名茶，……”短短的两行字，至少传递给我们这样的信息：其一，印制这张价目表时的方正大茶庄是在羊坝头大街石库墙门里，应是1929年建造五层洋房前的事情；其二，“本发行所开设中国，……”其时的方正大茶庄虽开张十数年，已营销全国、运销欧美。所以，要打出“中国”牌地址。我们最关心的是在“龙井品”下有“红茶品”：

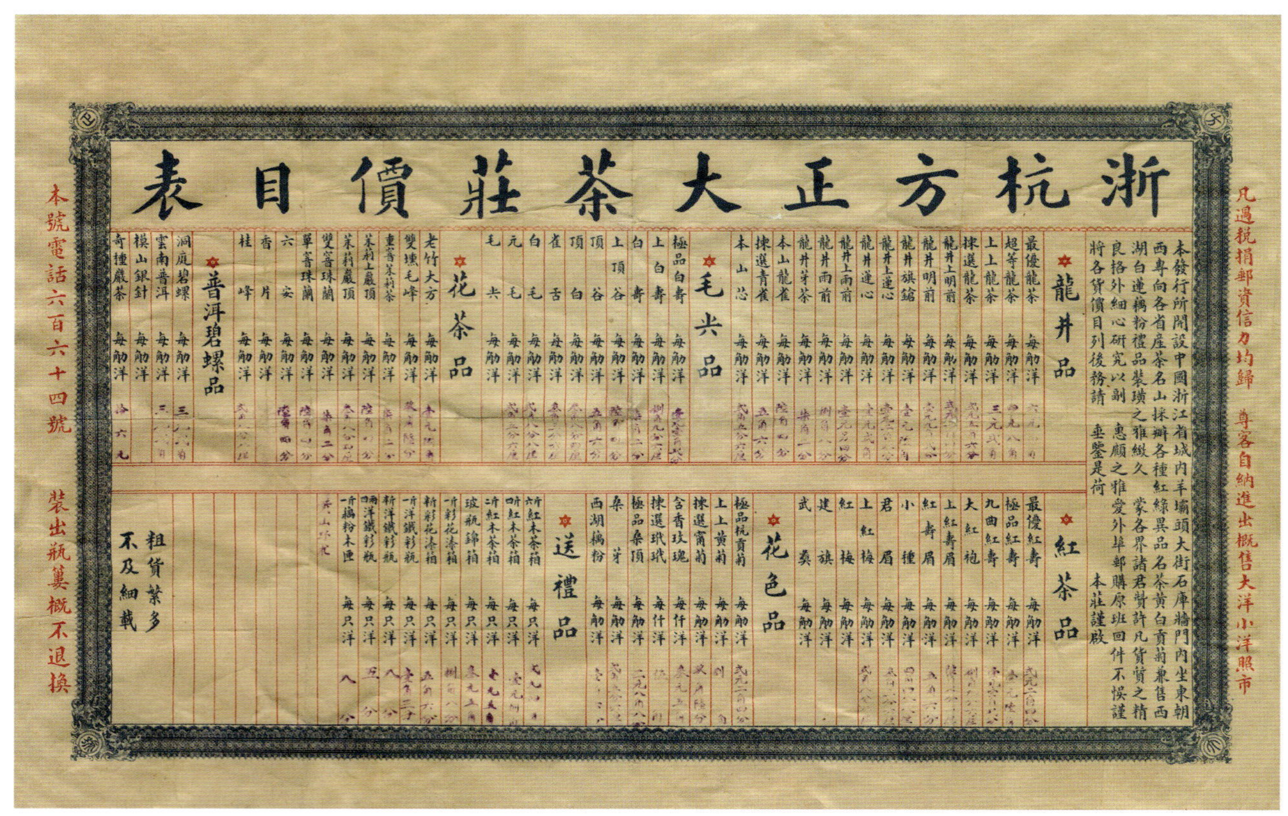

图6-158 《浙杭方正大茶庄价目表》

Fig. 6-158 “The Price List of Hangzhou Fangzhengda Tea Shop”

最优红寿，每斤洋二元二角四分；
极品红寿，每斤洋一元六角；
九曲红寿，每斤洋一元一角二分；
大红袍，每斤洋八角九分六厘；
上红寿眉，每斤洋陆六角七分一厘；
红寿眉，每斤洋五角六分；
小种，每斤洋四角四分八厘；
君眉，每斤洋三角三分六厘；
上红眉，每斤洋二角八分八厘；
红梅，每斤洋；
建旗，每斤洋；
武夷，每斤洋。

品名是蓝字印刷的，价格则以紫色加盖。价格变化，可随时加印更换。

《浙杭方正大茶庄价目表》与1929年《工商半月刊·杭州茶业状况·红茶》所列十种杭州红茶（九曲红梅）非常吻合，与方正大账册中营销全国的九曲红梅品名、价目一致，互相印证。

《价目表》的最后有“送礼品”：

六斤红木茶箱，每只洋二元四角；
四斤红木茶箱，每只洋一元八角；
二斤红木茶箱，每只洋一元五角。

还有玻璃饰箱、彩花漆箱、洋铁彩瓶等送礼品的包装。

本书中图6–10，正是方正大外销红木茶箱，这是又一件杭城老茶号的宝贝。

2. 茂记茶场的《浙杭西湖龙井狮子峰茂记茶场价目表》

《浙杭西湖龙井狮子峰茂记茶场价目表》为白底、绿字，纵26. 5厘米，横38. 5厘米。《价目表》顶端有“浙杭西湖龙井狮子峰”小绿字，打出其购自龙井茶核心地区龙井狮子峰的千亩茶园。下面大绿字“茂记茶场”中有“雄狮商标”图，绿色花饰下有“总场狮子峰，电话九五六，总发行所杭城仙林桥大街，电话东字一一九”。从广告价目表的总场和总发行所的地址，以及仅三位数的电话分析，其时应是茂记茶场初创的时期。

《价目表》花饰四角圆圈中分别有“茂记茶场”四个小字，“圆罐价目表”后有：狮字上品旗红，四两每罐洋五角；狮字旗红，四两每罐洋四角；峰字上品旗红，四两每罐洋三角；峰字旗红，四两每罐洋二角五分。“每斤价目表”后有：狮字上品旗红，每斤洋一元六角；狮字旗红，每斤洋一元二角；峰字上品旗红，每斤洋八角；峰字旗红，每斤洋六角；茂字上品旗红，每斤洋四角八分；茂字旗红，每斤洋三角六分；成字旗红，每斤洋二角四分；红叶。

图6-159　茂记茶场中英文对照二两茶叶包装纸

Fig. 6-159 The 0. 1 kilogram tea wrapping paper of Maoji Tea Shop in Chinese and English

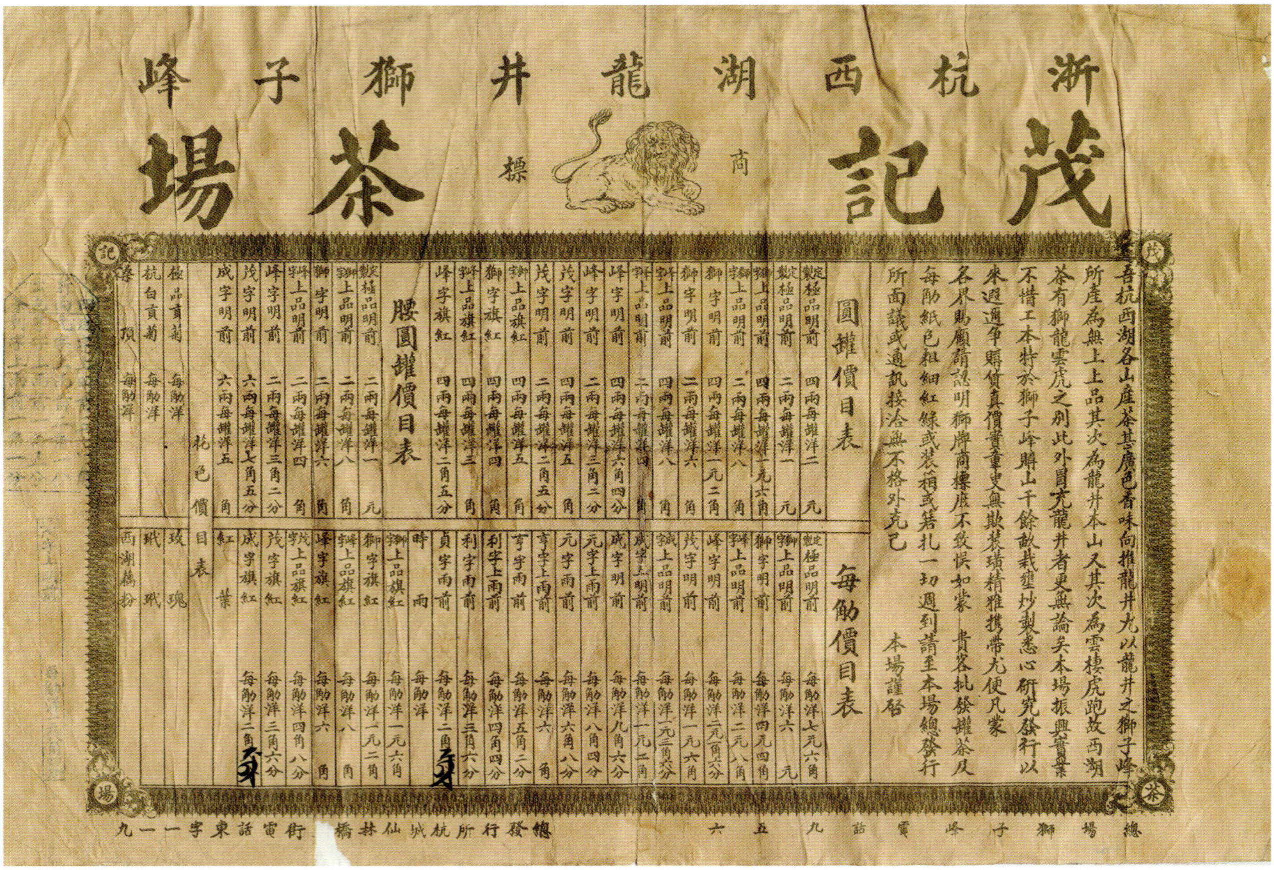

浙杭西湖龍井獅子峰

茂記 商標 茶場

圓罐價目表　每觔價目表　腰圓罐價目表　花色價目表

本場謹啓

總場獅子峰電話九五六　總發行所杭城仙林橋街電話東字一一九

图6-160　《茂记茶场价目表》

Fig. 6-160 "The Price List of Maoji Tea Shop"

茂记茶场销售的杭州红茶（九曲红梅）打的是旗红品牌，茶庄电话号码为三位数，应是1919年浙江商品陈列馆陈列“杭县红茶”时期的事情。

茂记茶场也是杭州顶级大茶庄，其主人高怡益开设有杭州著名的高义泰绸缎庄。茂记茶场有中英文对照的广告包装纸传世，该广告纸上印有茶场主人高怡益先生头像，以担保茶叶货真价实。1926年美国费城世博会，茂记茶场和杭州方正大、翁隆盛、亨大、乾泰茶庄均曾夺得甲等大奖。

图6-162和图6-163是20世纪30年代茂记茶场总发行所信封和信笺，其时已迁至保佑坊中山中路322号。

图6-161 茂记茶场高怡益开设的杭城高义泰绸缎庄
Fig. 6-161 The Hangzhou Gaoyitai Silk Fabrics Shop established by Gao Yiyi, who also owned Maoji Tea Shop

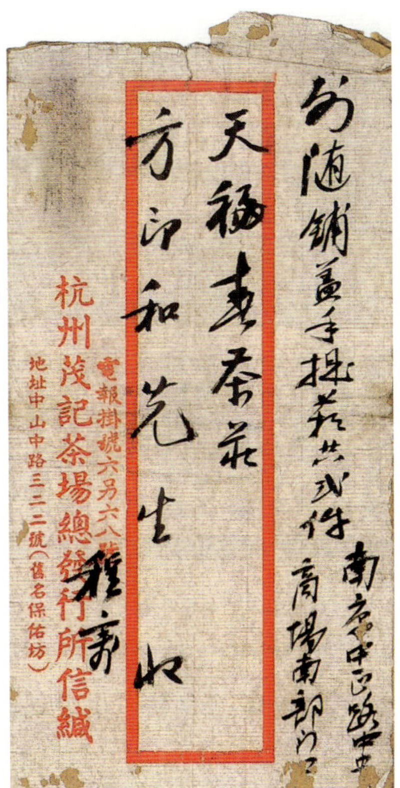

杭州茂記茶場總發行所信緘
電報掛號六另六八號
地址中山中路三二二號（舊名保佑坊）

图6-162 20世纪30年代杭州茂记茶场总发行所信封
Fig. 6-162 The envelope of the headquarters of Hangzhou Maoji Tea Shop in the 1930s

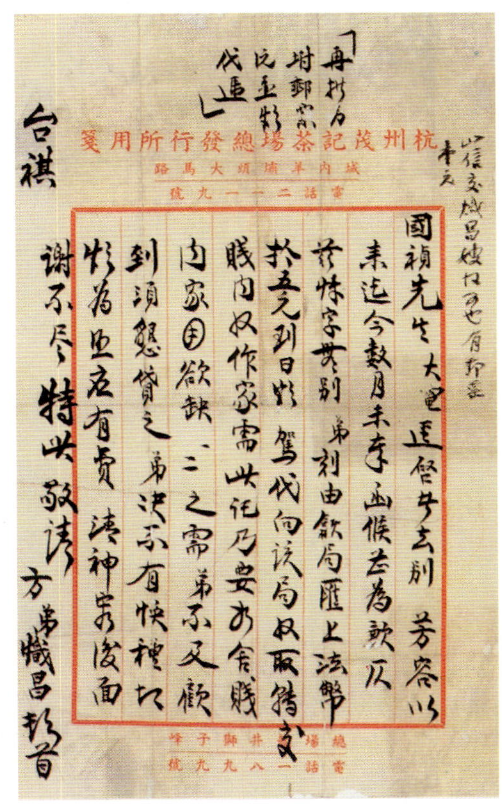

杭州茂記茶場總發行所用箋
城內羊壩頭大馬路
電話二一一九號

總場井獅子峰
電話一八九九號

图6-163 20世纪30年代杭州茂记茶场总发行所信笺
Fig. 6-163 The letter paper of the headquarters of Hangzhou Maoji Tea Shop in the 1930s

图6-164 茂记茶场“龙井狮子峰采茶一瞥”
Fig. 6-164 A glimpse of tea picking at Lion Mountain of Maoji Tea Shop

八、历经八百年的翁家山老茶号翁隆顺也制九曲红梅

据1919年浙江农校之《浙江农言》，杭州西湖茶区翁家山既种植、精制西湖龙井，也炒制红茶。此西湖红茶，即九曲红梅。十年前，笔者编著《龙井茶图考》时曾专门研究翁家山的老茶庄翁隆顺。

图6-165是笔者珍藏的“杭州老龙井翁隆顺茶庄老号”彩色茶盒包装纸。包装纸两侧红色边饰中有“茗贵称龙井，泉清让虎跑”字样，称誉龙井茶、虎跑水。包装纸上有一幅翁隆顺茶庄位置图，图四边有边饰，四角为“真老龙井”四字。图的上方标有天马山、棋盘山、老龙井山、狮子山，群山下店屋则为翁隆顺茶庄。茶庄门前有路直通翁家山，路前有井。按图索骥，即可找到翁隆

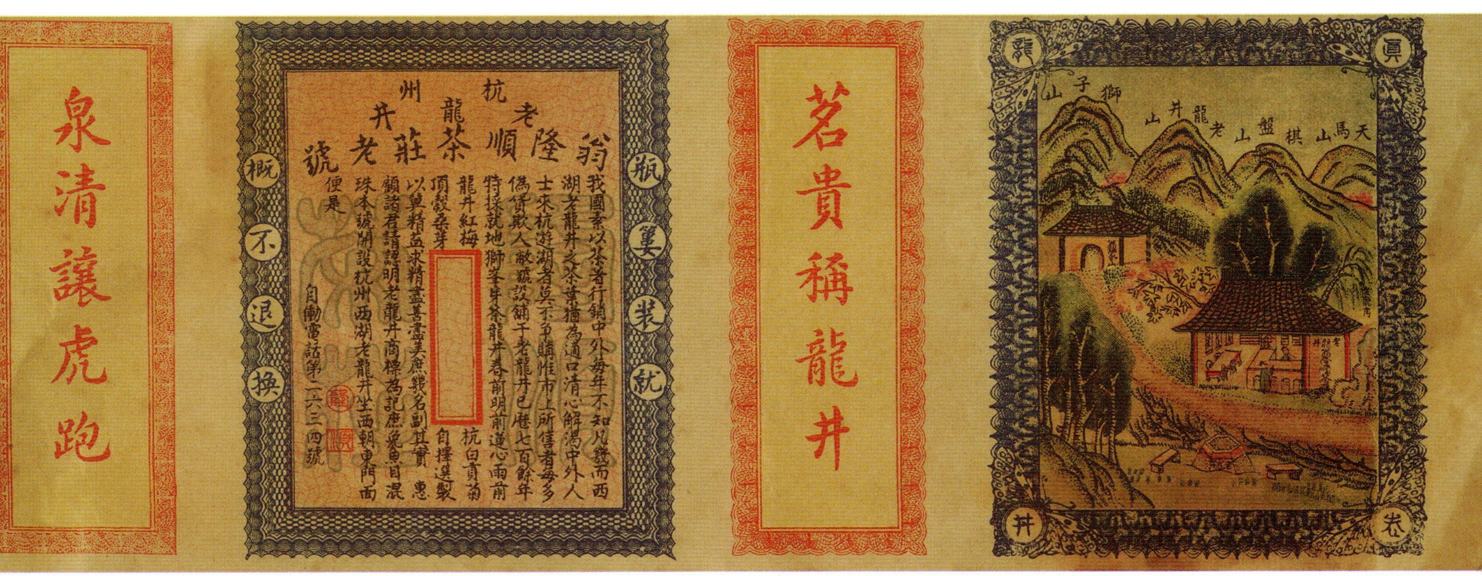

图6-165 杭州老龙井翁隆顺茶庄老字号茶盒包装纸
Fig. 6-165 Tea box wrapping paper from the Hangzhou old brand Wenglongshun Tea Shop

顺。还有一份杭州老龙井翁隆顺茶庄老号说明，两侧有“瓶篓装就，概不退换”八字。说明如下：

我国素以茶著，行销中外，每年不知凡几。而西湖老龙井之茶叶，尤为适口，清心解渴。中外人士来杭游湖者，莫不争购。惟（唯）市上所售者，每多伪货欺人。敝号设铺于老龙井已历七百余年。特采就地狮峰芽茶、龙井春前、明前莲心、雨前**龙井红梅**、杭白贡菊、顶谷桑芽，自择选制。以冀精益求精，尽善尽美，庶几名副其实。惠顾诸君，请认明老龙井商标为记，庶免鱼目混珠。本号开设杭州西湖老龙井，坐西朝东门面便是。自动电话第二六三四号。

“翁隆顺茶庄老号说明”中的“雨前龙井红梅”，即九曲红梅。

民国20年，即1931年，《杭州市经济调查》有“翁隆顺”的记载：“行名：翁隆顺；地址：西湖翁家山；经理：翁顺昌；籍贯：杭州；开设年月：世居；组合性质：独资；职员工人：学徒1人；资本数1200元，营业数10000元。”因此，按记载，翁隆顺茶号所称“设铺已历七百余年”，应是可信的。翁隆顺在清末民初，就打出“已历七百余年”历史悠久的旗号，而且为行业公认。这也说明南宋末年龙井一带已有不少龙井茶庄。

据此，翁隆顺应是有资料、有实物可查的最古老的龙井老字号茶庄，也是迄今为止有记载的中国最古老的茶号。

《杭州市公司行号年刊·茶漆业》（1937）载：翁隆顺，经理翁纯昌。

按1931年《杭州市经济调查·商业篇·茶漆业》之“翁隆顺”条目，和翁隆顺茶号茶盒包装纸，其时，世居翁家山的翁隆顺茶号已有“七百余年”，以1931年上溯700年，则为1231年，即南宋理宗绍定四年，再上溯15年，近800年前的1216年为南宋宁宗嘉定九年。

如此可知，杭州翁隆顺茶号肇创于南宋宁宗、理宗时期。

从南宋高宗建炎元年（1127）至元灭南宋的祥兴二年，即1279年，南宋存在152年。宋高宗建炎三年（1129）定都行在临安府（今杭州），也有150年。翁隆顺茶号肇创的南宋宁宗嘉定年间，是杭城的一个什么时期，有必要做一简要探究。

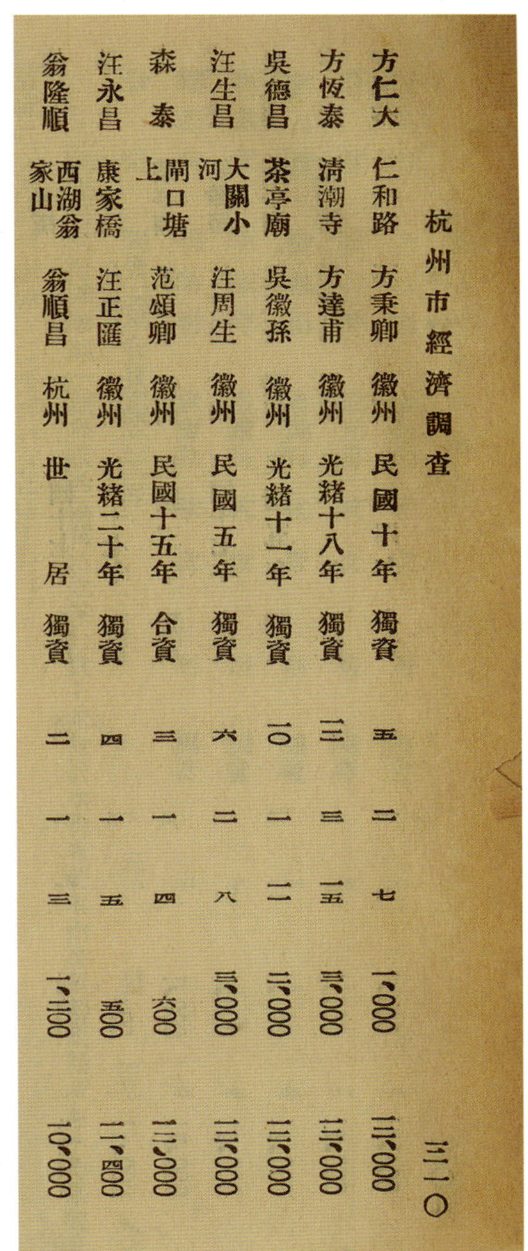

杭州市經濟調查

方仁大	仁和路	方秉卿	徽州	民國十年	獨資	5	2	7	1,000	13,000
方恆泰	清潮寺	方達甫	徽州	光緒十八年	獨資	3	3	15	3,000	13,000
吳德昌	茶亭廟	吳徽孫	徽州	光緒十一年	獨資	10	1	11	2,000	13,000
汪生昌	大關小河	汪周生	徽州	民國五年	獨資	6	2	8	3,000	13,000
森泰	上閘口塘	范頌卿	徽州	民國十五年	合資	3	1	4	600	12,000
汪永昌	康家橋	汪正匯	徽州	光緒二十年	獨資	4	1	5	500	11,400
翁隆順	西湖翁家山	翁順昌	杭州	世居	獨資	2	1	3	1,200	10,000

三一〇

图6-166　1931年《杭州市经济调查·商业篇·茶庄》之“翁隆顺”

Fig. 6-166 The Wenglongshun Tea Shop in *Hangzhou Economic Survey* in 1931

白居易刺杭时，他那千古传颂的诗篇播扬神州，传古千秋。其时，杭州的经济已很发达，替代湖州，成为

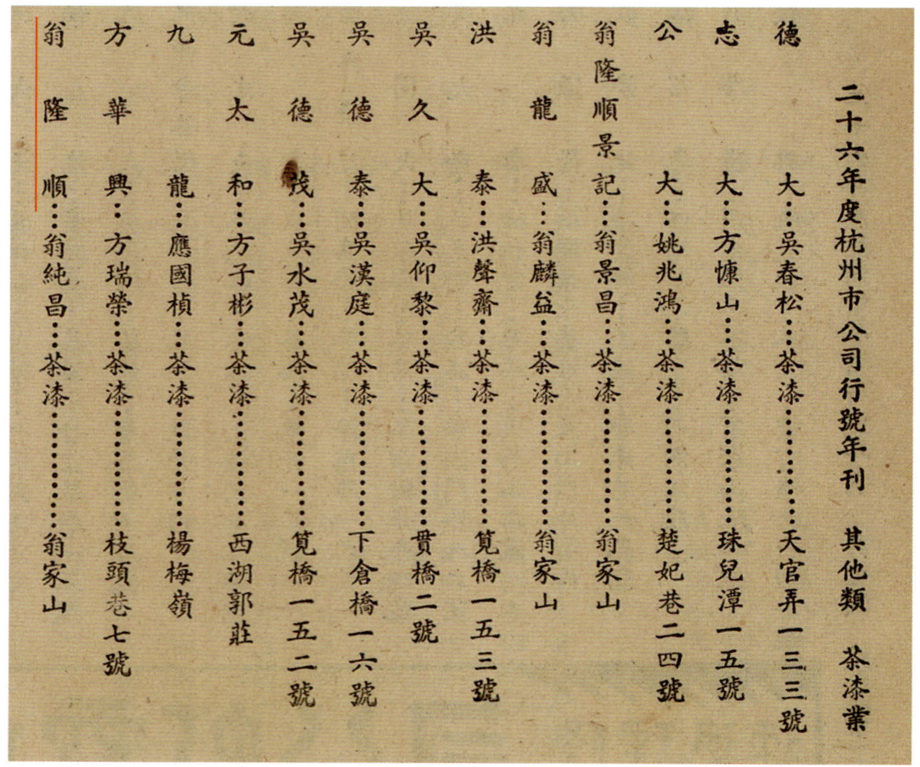

二十六年度杭州市公司行號年刊 其他類 茶漆業

行號	經理人	業別	地址
德大	吳春松	茶漆	天官弄一三三號
志大	方慷山	茶漆	珠兒潭一五號
公大	姚兆鴻	茶漆	楚妃巷二四號
翁隆順景記	翁景昌	茶漆	翁家山
翁龍盛	翁麟益	茶漆	翁家山
洪泰	洪聲齋	茶漆	筧橋一五三號
吳久大	吳仰黎	茶漆	貫橋二號
吳德泰	吳漢庭	茶漆	下倉橋一六號
吳德茂	吳水茂	茶漆	筧橋一五二號
元太和	方子彬	茶漆	西湖郭莊
九龍	應國楨	茶漆	楊梅嶺
方華興	方瑞榮	茶漆	枝頭巷七號
翁隆順	翁純昌	茶漆	翁家山

图6-167 《杭州市公司行号年刊·茶漆业》之“翁隆顺”

Fig. 6-167 The Wenglongshun Tea Shop in the *Yearbook of Hangzhou Company* (1937)

两浙政治、经济中心。所以，陆羽会在余杭著《茶经》，并在灵隐寺留下219字的《陆羽记》。吴越国七八十年，钱镠治理有方，尊中国，纳土归宋，避免兵燹，赢得两浙百姓安宁，经济持续繁荣。《宋会要》载，北宋初年至苏轼为杭州通判的熙宁十年（1077），一百多年间，杭州上缴的商税始终超过南京、苏州的总和，超过首都开封，超过最早有市舶司的广州，为神州第一。上交商税多，经济繁荣也。因之，人口持续增加，跃过南京、苏州，成为“东南第一州”。

史料表明，北宋的经济总量为唐代的7. 5倍，杭州商税在北宋始终为神州第一，因此迎来了古代杭州经济、文化、宗教的繁荣。因寺院众多，杭州成了“东南佛国”。无怪乎，“为大云寺主三十一年，护持左丞相二十年”，以花甲之年率弟子不远万里，远渡重洋，巡礼华夏的日本高僧成寻，于北宋熙宁五年（1072）入宋时，因不了解宋代情况，先至苏州，后至明州（宁波），均未能办理入境护照，摇橹从明州（宁波）到杭州，由时任杭州通判的苏轼办理杭州公移始得入宋。

皇帝要做皇帝的事，北宋的衰亡，首要责任在宋徽宗。宋徽宗善书画，其铁划铜钩的“瘦金体”书法，享誉神州，传承千古。他还是一位茶叶大师，著有《大观茶论》，却也因玩物丧志，沦丧了大半江山，自己也落得个“父子被掳，客死他乡”的下场。

在当今杭城兴建“御街”打造南宋文化时，一提南宋，不加分析，动辄“直把杭州作汴州”，也不符合史实。“靖康之耻”，金国掳去徽、钦二宗之时，后为南宋高宗的赵构任“兵马大元帅”领兵打仗，不在京城，躲过一劫。那一年，赵构只是一位不满20岁的青年。赵构在忠于赵宋王朝的大量忠臣护持下，担起重担。先至杭州，金兵大军南下，又逃至舟山。后金兵撤退，方重返杭州。

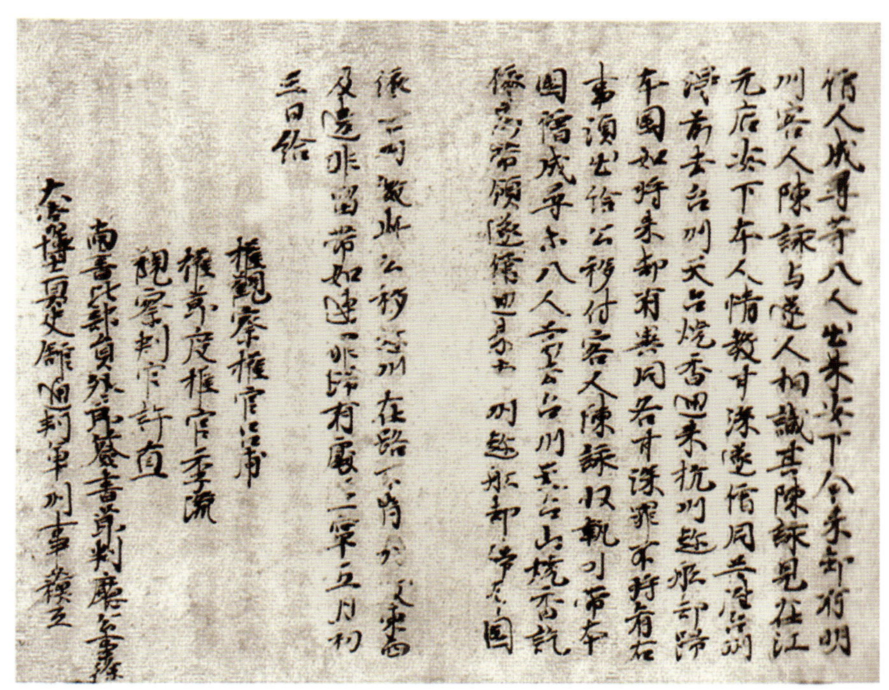

图6-168　苏轼手书的《杭州公移》（引自王丽萍校点的《新校参天台五台山记》）

Fig. 6-168 Hangzhou Passport Written by Su Shi (quoted from the *Travel of Wutai Mountain* proofread by Wang Liping)

南宋初年，赵构定都行在，升杭州为临安府。“行在”，意为“行都”，不忘旧都汴京之意。其皇宫只是一些茅屋而已。赵构从建炎元年（1127）20岁称帝，到绍兴三十二年（1162），55岁时，让位其子宋孝宗赵眘，在位35年。宋孝宗（1127—1194）从隆兴元年（1163）登基至淳熙十六年（1189）让位于宋光宗，在位26年。宋高宗、宋孝宗两位南宋皇帝不贪位、不恋权。宋高宗活到80岁，到去世还当了24年的太上皇。宋孝宗活到67岁，做了5年太上皇，这在中国历史上少见。宋孝宗一接位便为岳飞平反，杀秦桧。其时，宋高宗还健在，应是得到宋高宗认可的。这也看出宋高宗勇于承认错误、改正错误的大气。高、孝二宗励精图治，开创了高、孝、光、宁四帝的“中兴”的大好局面。特别是宋高宗，从20岁接位到55岁退位的35年间，大部分时间都驻跸镇江，与大臣们一起商议，实施收复江山，因此局势也大为改变，从金兵大举南下，到金使拜访，朝廷派员在临平斑荆馆赐龙茶银合。南宋高、孝、光、宁“中兴四帝”，从建炎元年（1127）至嘉定十七年（1224）近一百年间，以半壁江山，经济总量超过北宋。因而，有了南宋杭城的繁华，百姓的幸福，彰显了四帝励精图治之贡献。功过总评，四帝应是好皇帝。

肇创于南宋嘉定年间的中国最古老茶号之一翁家山翁隆顺茶号正是在南宋中兴四帝在位期间创办的，迄今约八百年。民国期间的几纸证据，也从细微之处揭示出南宋经济繁荣，西湖茶业兴旺。不经意间既做西湖龙井，又制雨前九曲红梅的小小翁隆顺茶号竟可追溯至南宋茶史，鲜见也。

杭州老龙井翁隆顺茶庄老号茶盒包装纸，以及民国时期两部杭州权威典籍证实翁家山的翁隆顺确实是迄今800年前南宋中兴时的杭州老字号茶庄。翁家山的翁隆顺茶庄在新中国成立后是否还在？翁隆顺茶庄后人是否还健在？

2014年4月20日，杭州市茶文化研究会在凯旋路茶都茗苑举办盛大的万人饮茶大会，领导讲话，学者致辞，倩女表演，茶商展示，市民观览，热闹非凡。时近中午，盛会已近尾声，笔者乘便观览刚开张的茶城，陪杭州茶研会虞荣仁会长、余杭研究会汪宏儿会长参观了二楼余杭五峰公司门市部、上城太极茶道。再漫步一楼，不经意间看到“翁隆顺”“西湖龙井”“九曲红梅”几个耀眼的大红字，笔者喜欢寻根刨底的天性与维系心头十年的西湖茶区往事马上联系起来。一行人步入宽敞的门市部，憨厚的店主迎了上来，问候上茶，一下拉近了距离。旁边坐着他高大斯文、受过高等教育的儿子和媳妇。经理翁永祥说，他在翁家山承包40亩茶园，在解放路茶叶市场有一处门市部，还是上城区茶文化研究会的理事。笔者问他，是否知晓翁隆顺往事，他说只有奶奶知道一些，但奶奶已过世多年。由于近代战乱、动荡不断，史料荡然无存，这也是意料中的事。他还说，“翁隆顺”商标早被人抢先注册，他也很是无奈。翁隆顺后人翁永祥先生说，他在杭城开着两家“翁隆顺茶庄”，经营精制“西湖龙井”九曲红梅，希望能传承800年历史的“翁隆顺老字号”之“就地狮峰芽茶、雨前龙井红梅”传统。憨厚的翁永祥先生代表了西湖茶区始终坚守的老茶人，他们还期盼自己的子媳能继承前辈的事业。翁永祥先生的证言证实了百年前《浙江农言》记载的翁家山茶农植龙井茶、精制西湖龙井，也精制九曲红梅的史实。

图6-169　茶都茗苑翁隆顺茶号，赵大川与翁永祥先生并其子媳合影

Fig. 6-169 Group photo of Mr. Zhao Dachuan, Mr. Weng Yongxiang and his son and daughter-in-law at the famous Wenglongshun Tea Shop

第七章　新中国成立初期，担当大梁

杭州红茶（九曲红梅），同光肇创，至新中国成立初期，已有八九十年历史。共和国建立初期，国家需要红茶，传统绿茶产区的杭州龙井茶区纷纷学习红茶制作技术改制红茶。九曲红梅原产地的浮山、定山茶农更是当起师父，教授红茶制作技术，制作优质红茶，支援国家外贸任务。

一、新中国成立初期，国家需要红茶

1949年10月1日，首都30万群众齐集天安门广场，隆重举行开国大典。在群众欢呼声中，毛泽东主席在天安门城楼上庄严宣告："中华人民共和国中央人民政府今天成立了。"他按动电钮，升起了第一面鲜艳的五星红旗。

新中国成立初期，帝国主义对我国实行了经济封锁。1950年6月25日，朝鲜战争爆发，美帝国主义将战火烧到我国家门口。1950年10月19日，中国人民志愿军赴朝参战，年轻的共和国经受着严峻的考验。

另一方面，新中国成立初期，中国共产党人接手的是千疮百孔的烂摊子，筹措资金，迅速恢复国民经济的任务急迫繁重。

图7-1是四枚笔者积40余年心血珍藏的一组中华人民共和国开国盛典纪念章，记录下新中国成立的历史。

图7-1　中华人民共和国开国盛典纪念章

Fig. 7-1 Badges of the founding ceremony of People's Republic of China

图7-2　中国人民志愿军跨过鸭绿江赴朝参战

Fig. 7-2 The Chinese People's Volunteers crossing the Yalu River to the war in DPRK

图7-3　浙江参战的志愿军二十军在朝鲜

Fig. 7-3 The Twentieth Corps with native from Zhejiang in DPRK

图7-4 被二十军炮兵摧毁的敌军坦克

Fig. 7-4 Enemy's tanks destroyed by the artillery of the Twentieth Crops

图7-5 志愿军凯旋

Fig. 7-5 Volunteer Army's triumphant return

1. 红茶是偿还苏联贷款及利息的主要物资

1951年2月14日，毛泽东和斯大林代表中苏两国签订了具有世界历史意义的《中苏友好同盟互助条约》。条约中立即能够兑现的就是第五条："缔约国双方保证以友好合作的精神，并遵照平等、互利、互相尊重国家主权与领土完整及不干涉对方内政的原则，发展和巩固中苏两国之间的经济与文化关系，彼此给予一切可能的经济援助，并进行必要的经济合作。"根据这条规定，两国同时签订了《关于贷款给中华人民共和国的协定》。

根据条约的第五条和同时签订的中苏贷款协定，贷款的总额为三亿美元。

根据协定，我国可自苏联取得帝国主义所不可能供给我们的机器制造设备、矿坑设备、运输设备及其他器材等，而我国将以茶叶、原料、美元等来偿付苏联的机器贷款。因此，新中国成立初期茶叶的生产，特别是红茶，对经济的恢复和发展，以及使我国由农业国走向工业国，起了极大的作用。

苏联等东欧国家习惯喝红茶，因此，包括杭州龙井茶区在内的许多传统绿茶区改制红茶，红茶担当起共和国初期经济大梁的角色。

图7-6是《中国茶叶产销计划意见书》书影，拟就于1949年10月20日，其时上海解放仅5个月，中华人民共和国成立仅19天，中央就将发展茶叶的任务交由上海来策划。《计划意见书》提纲为："一、序言；二、历年来茶叶产销概况；三、我国茶叶外销衰落的原因：四、今后茶叶产销改进意见；五、1950年茶叶产销计划。"《计划意见书》还以很大的篇幅写到了中国台湾茶业。

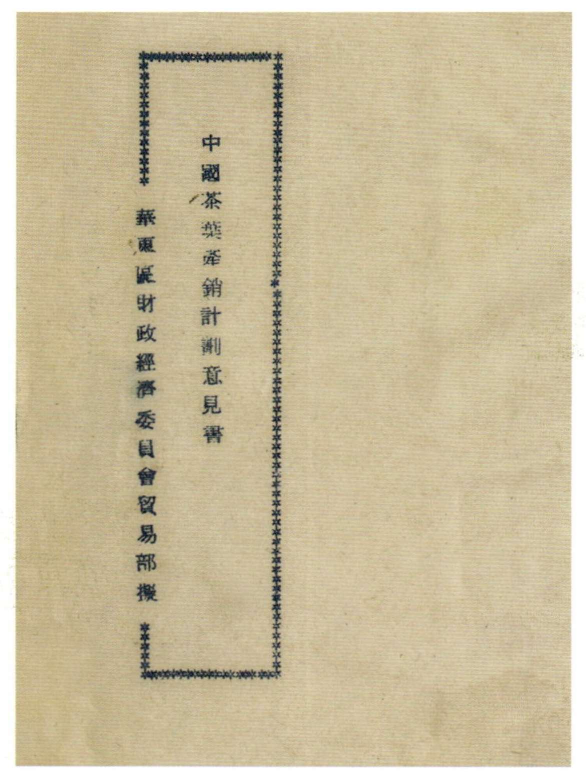

中國茶葉產銷計劃意見書

華東區財政經濟委員會貿易部擬

图7-6　华东区财政经济委员会贸易部拟《中国茶叶产销计划意见书》书影

Fig. 7-6 The photocopy of *Tea Production and Marketing Plan Submissions of China* drafted by the Trade Department of the East China Financial and Economic Committee

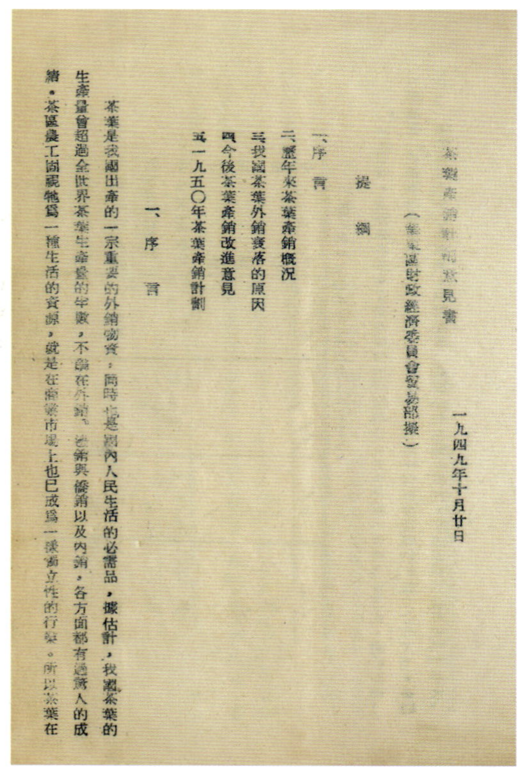

茶葉產銷計劃意見書

（華東區財政經濟委員會貿易部擬）

一九四九年十月廿日

提綱

一、序言
二、歷年來茶葉產銷概況
三、我國茶葉外銷衰落的原因
四、今後茶葉產銷改進意見
五、一九五〇年茶葉產銷計劃

一、序言

茶葉是我國出產的一宗重要的外銷物資，同時也是國內人民生活的必需品，據估計，我國茶葉的生產量曾超過全世界茶葉生產量的半數，不論在外銷、邊銷與僑銷以及內銷，各方面都有過驚人的成績。茶區農工固視牠爲一種生活的資源，就是在國際市場上也已成爲一種獨立性的行業。所以茶葉在

图7-7　《中国茶叶产销计划意见书·序言》

Fig. 7-7 "Preface" of *Tea Production and Marketing Plan Submissions of China*

图7-8　新中国成立初期，西湖茶区姑娘喜采春茶
Fig. 7-8 Girls in the West Lake tea region picking spring tea happily in the early days of PRC

2. 1951年吴觉农对“大力生产红茶”的论述

1951年5月10日，《中茶简报》刊登了刚成立的中国茶业公司经理吴觉农《新中国茶业的前途》一文，文章在论述中国茶业外销的历史后，写道：

中华人民共和国成立后，鉴于我国茶叶的长期衰落亟待恢复和发展，特设立了中国茶业公司，统一领导全国茶叶的产制运销工作，并注意经营苏联和各新民主主义国家需要的茶叶，当时决定了1950年茶叶产销的方针，主要是：**大力生产红茶，**积极发展边销，组织并领导私商经营内销和侨销，提倡机械制造以减低成本，并发放茶叶贷款，规定茶粮比价等，以提高茶农生产积极性。

过去一年中，在茶叶产销方面，已获得初步成就，这证明了中央人民政府所定的方针是完全正确的。以几个茶区为例，毛茶山价平均较1949年增加百分之三十以上，仅以外销茶叶产量而言，超过1949年的两倍，**如专就红茶言，则超过了八倍，茶叶生产已开始走向恢复。**

在国外贸易方面，销苏联的红茶，估计占总额百分之七十，一年中与苏联及新民主主义国家的茶叶贸易，均已超额完成了任务，奠定了有利于广大茶叶生产的基础。内销方面特别值得提出的是恢复和发展了边销茶。我们知道，边疆少数民族，以茶为必需品，过去反动政府垄断茶价，不仅边销减少，并造成兄弟民族间的嫉视。现在，人民政府在照顾茶农再生产的条件下，合理地调整了少数民族以土产交换茶叶的比价。西康羊毛和茶叶的比价，已较1949年提高百分之五十。新疆解放后由中央运去大量砖茶，以前每百斤羊毛只折合茶砖一块，现已提高到三块半，羊皮已由每百张折合茶砖八块提高到二十四块。

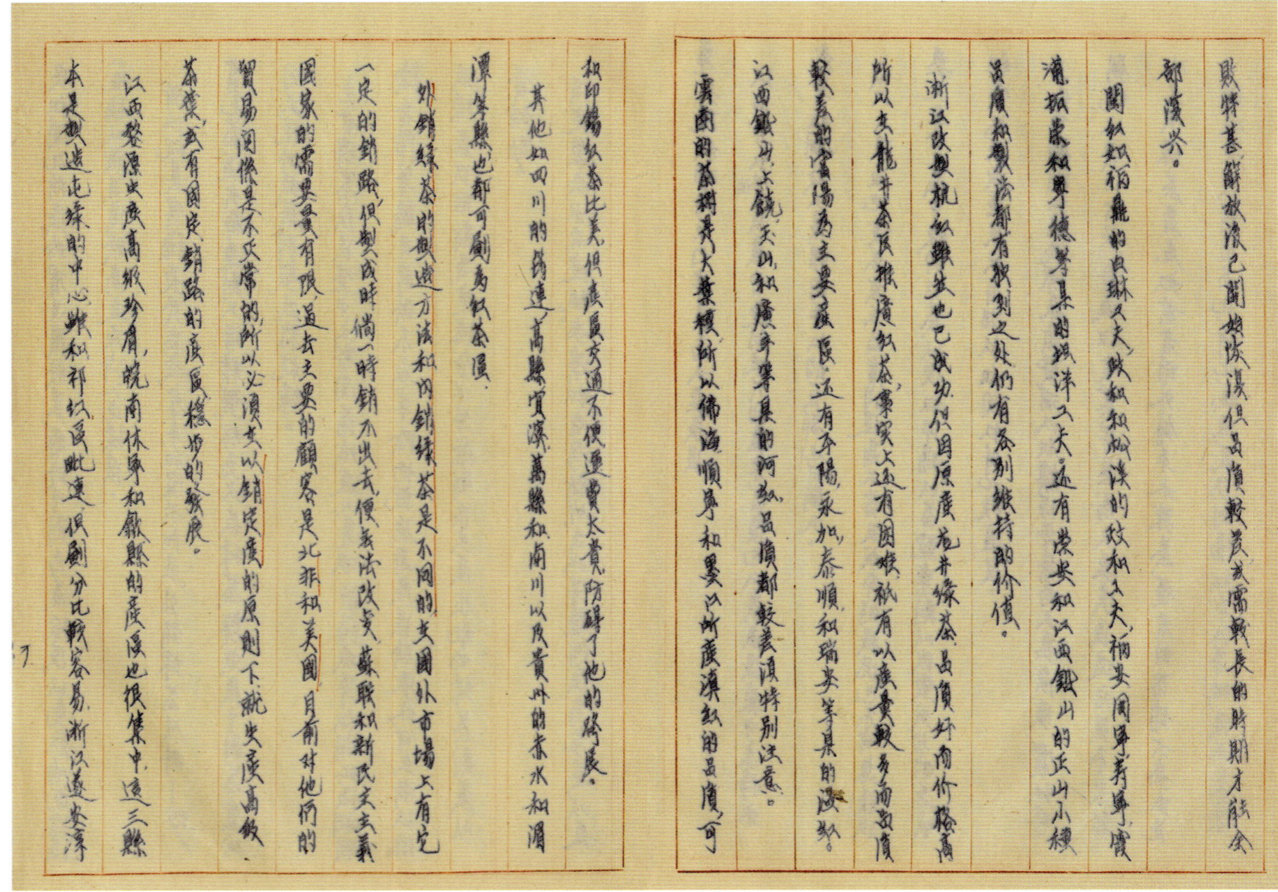
……甚酷，故現已開始恢復，但品質較差，尚需較長的時期才能全
部復興。
閩紅如福鼎的白琳工夫，政和的政和工夫，福安、周寧、壽寧、霞
浦、柘榮和寧德等縣的坦洋工夫。還有崇安和江西鉛山的正山小種
品質和製法都有獨到之處，仍有各別維持的價值。
浙江改製杭紅雖然也已成功，但因原產龍井綠茶品質好而價格高
所以杭州龍井茶區推廣紅茶，事實上還有困難，祇有以產量較多而品質
較差的富陽為主要產區。還有平陽、永加、泰順和瑞安等縣的溫紅。
江西鉛山、上饒、玉山和廣豐等縣的河紅，品質都較差，須特別注意。
雲南的茶樹是大葉種，所以佛海、順寧和墨江所產滇紅的品質，可
和印錫紅茶比美，但產區交通不便，運費太貴，妨礙了他的發展。
其他如四川的筠連、高縣、宜賓、萬縣和南川以及貴州的赤水和湄
潭等縣，也都可劃為紅茶區。
外銷綠茶的製造方法和內銷綠茶是不同的。其國外市場大有它
一定的銷路，但製成時倘一時銷不出去，便無法改變。蘇聯和新民主主義
國家的需要量有限，過去主要的顧客是北非和美國，目前對他們的
貿易關係是不正常的，所以必須在以銷定產的原則下，就出產高級
茶葉，或有固定銷路的產區，穩步的發展。
江西婺源出產高級珍眉，皖南休寧和歙縣的屯溪也很集中，這三縣
本是製造綠茶的中心，雖和祁紅區毗連，但劃分比較容易。浙江遂安淳

图7-9　吴觉农《新中国茶业的前途》对“大力生产红茶”的论述

Fig. 7-9 The exposition about “developed black tea vigorously” in the *Future of Chinas Tea Industry* written by Wu Juenong

我们对于茶叶的经营，也照顾到公私兼顾的原则。1950年由于组织私商，委托加工制造，解除了私商的顾虑；在外销茶价的稳定方面，国营公司维持了一定的供需和供销办法，保障了私商利益。

1950年的茶叶生产，虽然已得到以上的成绩，但还有些缺点，**例如在外销红茶方面，因为追求数量的完成，未能充分注意品质的改进，使价格方面受到一些影响。**机械制茶，因茶工和管理人员对机械还未熟练，精制率和成品未能提高到一定程度。**在收购方面没有及时明确政府以发展红茶为主的方针，**致私商收购有顾虑，而茶农在1949年粮荒之余，迫切需要出售茶叶，因而发生集中挤销的现象。政府财力有限，一时不能全面照顾，也引起一部分内销绿茶区茶农的不安，但是这些问题都是在恢复和发展过程中可以逐渐克服的困难，而且已经克服了许多。

纵观1950年茶叶生产和贸易上的胜利，增加了我们对于国茶恢复和发展的信心。

中国茶叶发展有无限前途，这是有充分事实根据的。以外销而论，苏联和新民主主义国家大量需要红茶，现在供给苏联的茶叶，距他的需要量还很远。历史上我国销苏联的红绿茶和砖茶曾有一亿二千余万磅的记录。**新民主主义国家对红茶，**蒙古人民共和国对砖茶均有

图7-10 新中国成立初期的吴觉农
Fig. 7-10 Wu Juenong in the early days of the PRC

大量需要，**而对其他资本主义国家，红茶输出，亦仍大有发展余地。**同时北非向为中国绿茶外销的主要地区，年销可达二千万磅左右。中国绿茶品质优良，非日本绿茶可比，非洲人民习惯饮用，偏爱独甚，出价亦高，所以销往非洲的绿茶，也有前途。

从国内看，土地改革以后，农民购买力提高，需茶日多，边远区域对各种砖茶的贸易也在继续扩展。如果每人多消费茶叶半磅，一年即需增加茶叶二亿磅，内销茶的潜在力量极为可观。我们的茶叶生产原有很好的基础，客观需要方面又有这样有利的条件，在去年茶叶开始恢复好转的基础上，**1951年的方针仍将大力生产红茶，**扩充对苏及新民主主义国家的贸易，边销茶叶国家适当的（地）掌握，大力推动其他销往非洲的绿茶，内销及侨销等茶，均以领导并组织私商经营为主。今后茶业的顺利开展自无疑义。惟（唯）在当前还须从以下三方面作（做）共同的努力。

一、增产红茶。世界茶叶市场的消费以红茶为主，要开辟国茶外销的出路，就应大力地、主动地增加红茶生产量。以目前茶叶生产情况而言，红茶生产供不应求，绿茶则有滞销现象，因此除珍眉绿茶的重要区域如江西婺源、皖南屯绿、浙江的遂绿以外，其他如浙江的平绿、温绿，江西的玉绿等，**必须尽量改制红茶。**根据去年在皖北霍山和浙江平水区改制红茶的经验，证明这一工作是完全可能的。但绿茶区茶农对于红茶加工向无习惯，我们除了积极提倡而外，尤要切实加以技术的指导，才能成功。如能进一步改用机器并转变过去中国所用室外发酵（热发酵）的老法为室内发酵（冷发酵）的科学方法，则品质改进自有相当保证，印度、锡兰红茶品质一般较好的原因之一就在于此。

吴觉农的文章中明确记载：新中国成立伊始成立的中国茶业公司，统一领导全国茶叶产制运销工作，1950年茶叶产销方针主要是大力发展红茶。1950年，毛茶山价平均较1949年增加30%；外销茶叶产量，超过1949年的两倍，如就红茶而言，则超过八倍。

在国外贸易方面，销苏联红茶，占总额70%。1950年茶叶生产和贸易上的胜利，增加了我们对国茶恢复和发展的信心。

吴觉农认为，中国茶叶发展有无限前途，这是有充分事实依据的。就外销而论，苏联和新民主主义国家大量需要红茶，现在供给苏联的茶叶，距他们的需要量还有很远。而对其他资本主义国家，红茶的输出亦仍大有发展前途。

1951年的方针是仍将大力生产红茶。世界上茶叶市场的消费以红茶为主，要开辟国茶外销的出路，就应大力地、主动地增加红茶生产量。

吴觉农时任中央农业部副部长兼中国茶业公司经理，他坚决执行中央指示，在全国茶叶生产区域，通过刚成立的中国茶业公司层层下达增加生产红茶指示，并在技术上、贷款上、收购上、绿茶区改红茶区等诸多事务上，做好细致扎实的工作，为新中国突破帝国主义经济封锁，为以红茶出口迅速归还苏联贷款及利息做出了贡献。

1938年，在南京陷落，中国战机消耗殆尽，中苏红茶贸易谈判胶着之时，也是吴觉农临危受命，短短数日就消除了苏方疑虑，迅速签订协议。中国以红茶向苏联换取战机，苏联飞行员血染长空，保卫大武汉，为中国部署大后方争取了时间。1937年“八一四”杭州笕桥空战的英雄高志航，就是从新疆运飞机途中遭袭，英年早逝。桩桩件件，确凿史实，诉说着从抗日战争初期至新中国肇建初期，茶叶担当国家大梁的往事。而当代茶圣吴觉农人生中最辉煌的成就，就是他壮年之时与苏联谈成了以红茶换战机的贸易协定。嗣后，他穿梭于国统区茶区之间，推广茶叶科技，发展茶叶生产，解决茶叶国家统制，想方设法将茶叶交付苏联；他创办福建崇安中国茶叶研究所、重庆复旦大学茶叶专修科，研究茶叶科技，培养茶叶专门人才。当今多少茶界泰斗，庄晚芬、陈椽、张天福、张堂恒、胡浩川、方君强都曾是吴觉农麾下战将，在民族危难深重之时，他们在茶区大山中，省吃俭用，为发展中国茶业做出贡献。这些在抗战中以“红茶换苏联战机”的中华精英们，又在共和国肇创之时，为增产红茶，以红茶支付苏联贷款及利息，在大学讲台上讲课，在茶区园中奔波，在茶厂中试验，为新生的共和国做出贡献！

3. 庄晚芳“绿茶区改做红茶”

图7-11是1950年初版上海永祥印书馆印行的庄晚芳著《中国的茶叶》书影。庄晚芳在《中国的茶叶》中针对红茶生产问题写道：

> 近几十年来世界饮茶的嗜好，多数是倾向于红茶，故红茶消费量日渐增加，其他茶则日渐减少。如苏联过去红绿茶需要各半，而现在红茶占十分之九，绿茶仅十分之一。又如美国于1920年开始即渐嗜好红茶，到1946年输入茶的统计，红茶占74%，绿茶占18. 7%，乌龙茶占7. 2%，混合茶占0. 1%。由此可见世界对茶叶嗜好的趋势了。过去中国红茶的生产输出占了首位，但由于帝国主义市场的垄断，到新中国成立前几将绝迹了。而今苏联和新民主主义国家需求大量的红茶，我们应如何乘此机会来恢复红茶的生产？
>
> 我们看到中央人民政府贸易部、农业部对于茶叶之生产加工及经营的指示，红茶生产列为第一项，“过去由于印锡茶业的大量倾销和恶意宣传，原有市场遭受了侵蚀，如两湖广大红茶区改制青黑茶，就是杭红、宁红的茶商经营也都成了强弩之末。近十年来更因长期战争和不良政治的摧残，遂造成了全面性的生产萎缩，目前鉴于苏联和各新民主主义国家的需求，同时也顾及世界茶叶消费着重在红茶的趋势，必须打下一稳固的、强有力的根基。因此今后红茶的经营，除去现有的红茶区大力增产外，对已经衰歇改业青黑茶的红茶区，和可以改做红茶的绿茶区，都应普遍地大规模进行恢复红茶和倡导改制红茶的生产工作……”由这个指示之中，我们可以提出两个问题：一是原有红茶区的增产，一是绿茶区的改做。那么如何增产，如何改做，是大大值得我们研讨的。
>
> **一、原有红茶区的增产。**中国原有红茶区，福建有福鼎、福安、寿宁、政和、沙县、崇安、邵武等县，浙江有温州、平阳等，安徽有祁门、至德，江西有浮梁、河口、宁州等，湖北有恩施、宜昌等，湖南有安化、新化等。这些原有红茶区，除少数还可以维持些生产数量外，其余大多是茶园荒芜而近绝迹了。如福建现仅有福鼎、福安、寿宁和政和少

量生产，其他沙县、崇安、邵武则完全没有生产了。不但生产工具茶厂没有了，制造技术落后了，而且茶树是根本绝迹了。所以要在原有红茶区增产红茶，大多数必须重起炉灶，从头做起。要从头做起，必须在原有红茶区，选择一区中之地势、气候、土壤适合栽茶的条件比较良好的区域，重新建立大规模的新式茶园茶厂，有重点、有计划地建设，才可以完成增产的任务和打下强有力的根基。……

二、绿茶区的改做红茶。绿茶区的茶树和红茶区的茶树是一样的，倡导改做红茶是没有什么问题。不过在绿茶区的茶农一向制惯了绿茶，对红茶制造毫无经验，而且设备也不同，一时使要有很大理想的收效是不可能的。除非由政府设立小型初制厂，或组织茶农集中收购茶青加以制造。今年在皖、浙、闽各地的绿茶区都倡导了改制红茶，虽然得到初步的成就，……

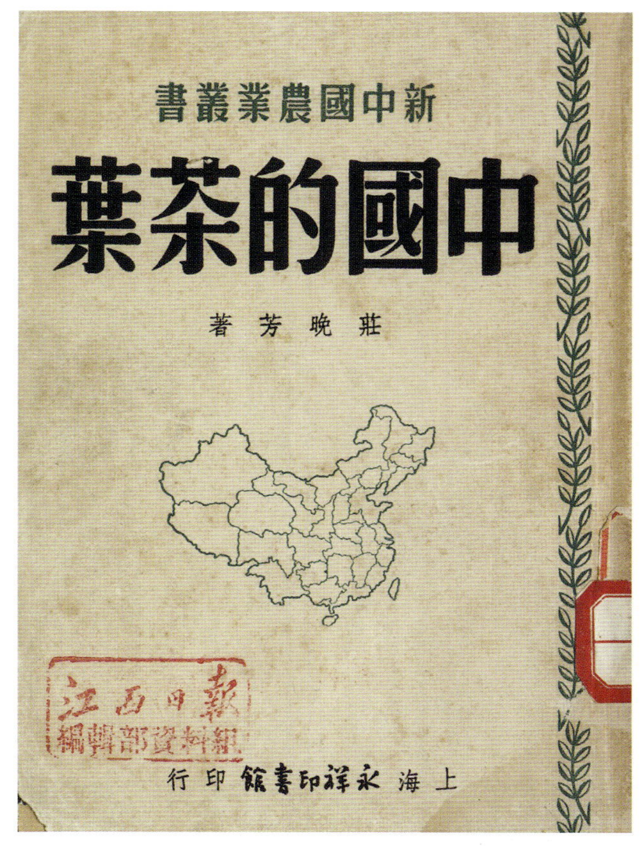

图7-11　1950年10月初版庄晚芳著《中国的茶叶》书影

Fig. 7-11 A copy of *Chinese Tea* written by Zhuang Wanfang in October, 1950

庄晚芳的文章使我们知晓新中国成立初期外销红茶占大头，苏联和新民主主义国家需求大量红茶，“可以改做红茶的绿茶区，都应普遍地大规模进行恢复红茶和倡导改制红茶的生产工作”。庄晚芳先生提出：第一，原有红茶区增产；第二，绿茶区改做红茶。当时龙井茶区绿茶改做红茶，原来生产“九曲红茶”的湖埠等红茶区更是颇受重视。

4.《中国茶业公司华东区公司爱国公约展览会介绍》记录的新中国成立初期茶业形势

图7-12是1951年《中国茶业公司华东区公司爱国公约展览会介绍》书影。这册书图文并茂地介绍了1951年国庆节前夕，中国茶业公司华东区公司在上海新华银行举办的一个爱国公约成绩展览会，以实际行动庆祝新中国成立两周年。当年，许多观众观看了展览后写下感言，有位观众写道：“我认为爱国公约的作用很大，（我）也学会了许多工作方法。”60多年前观众的感言，令今人读之可能不甚理解，怎么能把茶业和爱国联系在一起？但确实如此。书中大量的插图诠释了当年茶业公司职工响应国家号召，改进工作，勤俭节约，以实际行动粉碎了美帝对我国的经济封锁后，增产红茶，艰苦创业，打开苏联、东欧、北非市场，发展外贸的历史。

图7-13至图7-17是一组《中国茶业公司华东区公司爱国公约展览会介绍》中的部分插图，其中还有百年“杭红”的倩影。这些插图刚好也是对“新中国成立初期，国家需要红茶”的图解。

图7-12 《中国茶业公司华东区公司爱国公约展览会介绍》书影（左）

Fig. 7-12 A copy of *China Tea Company (East China) Patriotic Convention Exhibition Introduction* (left)

图7-13 美帝国主义于1950年12月，对我国实行经济封锁，实施禁运（右）

Fig. 7-13 American Imperialism blockaded our economy, and enforced embargo in December, 1950 (right).

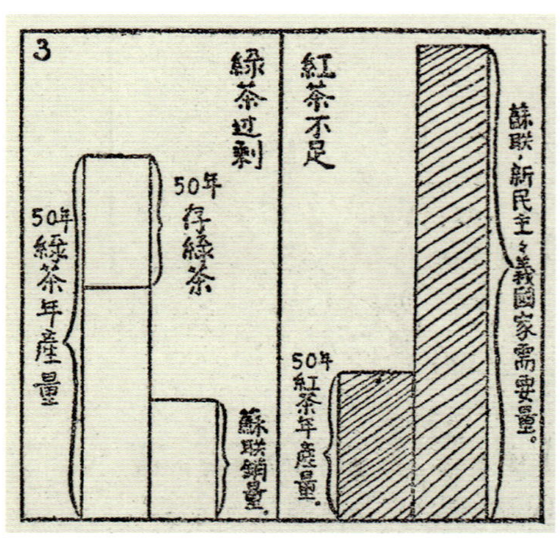

图7-14 我国茶叶外贸遭受暂时困难，绿茶过剩，红茶不足（左）

Fig. 7-14 China tea trade suffered temporary difficulties, with excess green tea and insufficient black tea (left).

图7-15 群策群力，坚决反封锁，摆脱对帝国主义贸易的依赖（右）

Fig. 7-15 We strongly countered blockade and got rid of dependence on imperialism trade together (right).

图7-16 公司向各地茶厂发出大力发展红茶的指示，其中有“杭红”（左）

Fig. 7-16 The company issued instructions to develop black tea to tea factories around, and among them was Hangzhou Black Tea (left).

图7-17 粉碎美帝经济封锁，迎来外贸大好局面（右）

Fig. 7-17 Smashing the American Imperialism economic embargo, and welcoming the excellent situation of foreign trade (right)

二、响应国家号召，杭州大力发展红茶

1. 1950年茶叶生产基本方针是增产红茶

1950年《中国茶讯》第1卷第1期以“浙省今年增产方针，预定目标十五万担”为题，刊登了《大公报》上，浙江省人民政府实业厅朱副厅长在全省茶农会议上的报告，他指出：

根据中央茶叶会议的精神，配合浙江具体情况，**今年茶叶生产的基本方针，是增产红茶，**保持绿茶，改进生产技术，提高品质，争取外销。根据这个方针，浙江今年茶叶生产任务为十五万担。

其次他说明几点：

（1）目前茶销已没有问题，主要是在浙江茶叶是否做得好，因此，一方面要适应增产，提高品质，另一方面要依靠全体茶农的努力。（2）如何来完成生产任务？茶农对茶叶生产要有正确的认识和信心，必须组织合作社解决收购，避免中间剥削。为解决生产的困难，今年政府设法举办一定的贷款。（3）改进茶叶生产任务，要求勤耕细作，早摘嫩芽，不掺杂，不染色，保持一定干燥标准，并提倡发展机器制茶，来逐步代替手工业。（4）茶农在生产中组织起来，要通过农协会，组织合作社、生产小组，互相帮助，互相研究。

2. 杭茶《增产红茶宣传小册》

图7-18是1950年11月印、中国茶业公司杭州分公司编的一种宣传刊物——《增产红茶宣传小册》书影。

图7-19是杭茶《增产红茶宣传小册 · 一、为什么要提倡增产红茶？》，将国家需要红茶的原因讲清楚，言明绿茶改红茶后茶农不吃亏。文如下：

一、为什么要提倡增产红茶？

1. 从国外销路上看：

茶叶是我们重要的出口物资，现在国外的销路，如苏联和新民主主义国家，都大量需要红茶，国内出产的红茶，不够供应他们的需要。浙江的茶叶，以绿茶居多，为了发展外销，促进生产，所以有增产红茶的必要。红茶有二次贷款，绿茶只有一次重点贷放，这就是表示政府提倡增产红茶的意思。

2. 从生产成本上看：

绿茶的初制，费工多、费力大；红茶利用日光萎凋，在室外自然发酵，以炭火烘干，费工

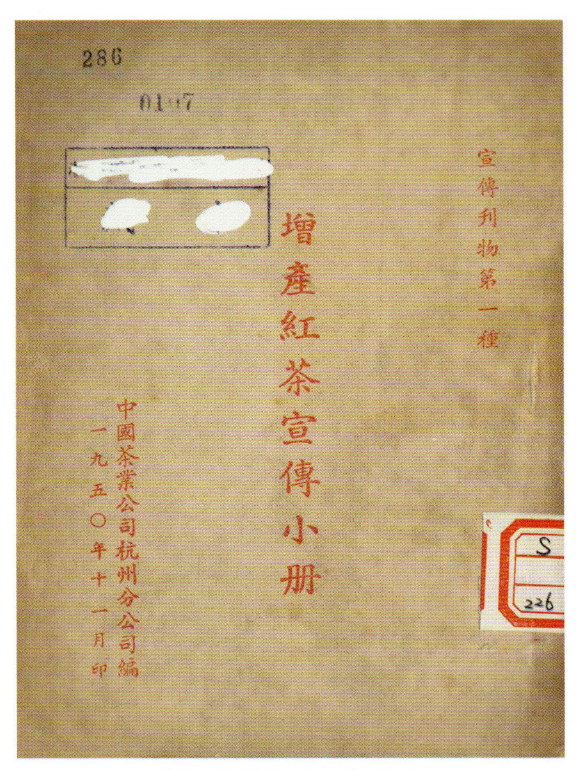

图7-18 杭茶《增产红茶宣传小册》书影
Fig. 7-18 A copy of *Pamphlets about Increasing the Production of Black Tea* of Hangzhou Branch of China Tea Company

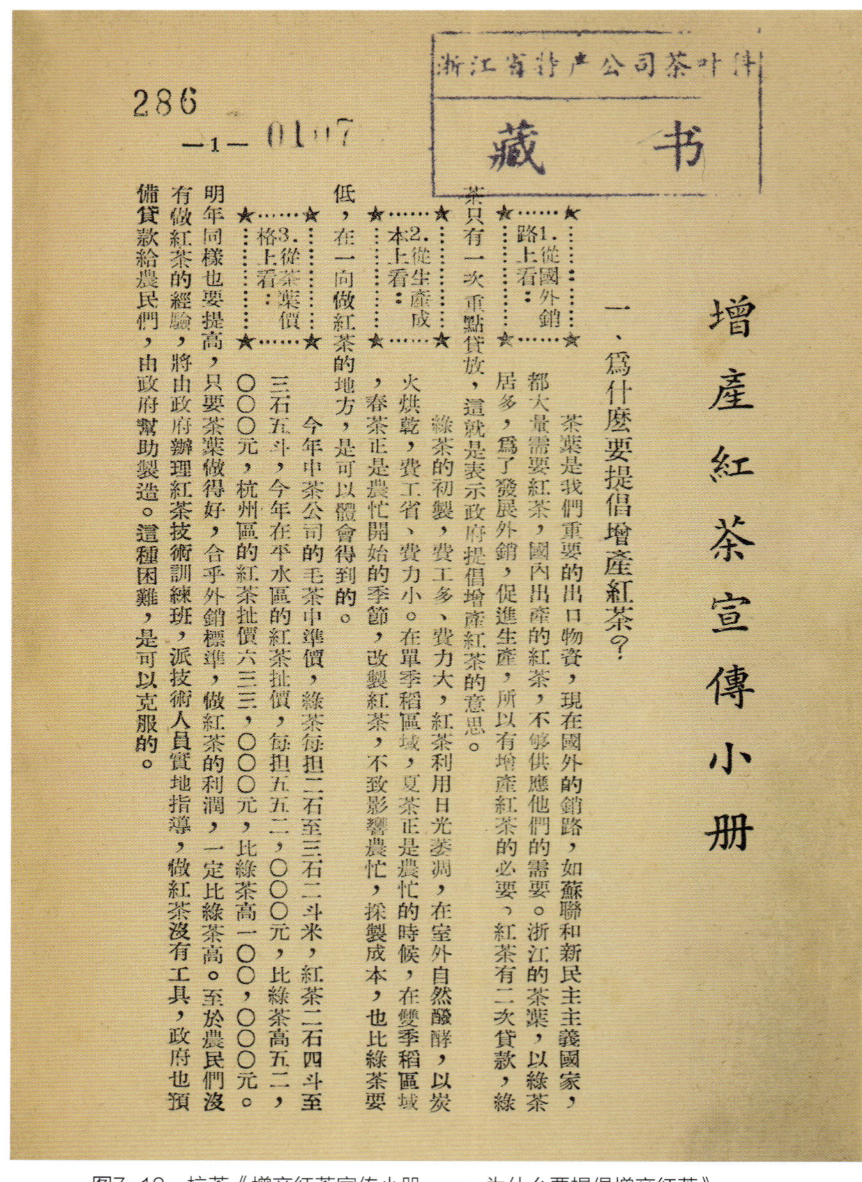

增產紅茶宣傳小冊

—1—

一、爲什麽要提倡增產紅茶?

1.從國外銷路上看:

茶葉是我們重要的出口物資，現在國外的銷路，如蘇聯和新民主主義國家，都大量需要紅茶，國內出產的紅茶，不够供應他們的需要。浙江的茶葉，以綠茶居多，爲了發展外銷，促進生產，所以有增產紅茶的必要，紅茶有二次貸款，綠茶只有一次重點貸放，這就是表示政府提倡增產紅茶的意思。

2.從生產成本上看:

綠茶的初製，費工多、費力大，紅茶利用日光萎凋，在室外自然醱酵，以炭火烘乾，費工省、費力小。在單季稻區域，夏茶正是農忙的時候，在雙季稻區域，春茶正是農忙開始的季節，改製紅茶，不致影響農忙，採製成本，也比綠茶要低，在一向做紅茶的地方，是可以體會得到的。

3.從茶葉價格上看:

今年中茶公司的毛茶中準價，綠茶每担二石至三石二斗米，紅茶二石四斗至三石五斗，今年在平水區的紅茶扯價，每担五五二，〇〇〇元，比綠茶高五二，〇〇〇元，杭州區的紅茶扯價六三三，〇〇〇元，比綠茶高一〇〇，〇〇〇元。明年同樣也要提高，只要茶葉做得好，合乎外銷標準，做紅茶的利潤，一定比綠茶高。至於農民們沒有做紅茶的經驗，將由政府辦理紅茶技術訓練班，派技術人員實地指導，做紅茶沒有工具，政府也預備貸款給農民們，由政府幫助製造。這種困難，是可以克服的。

图7–19　杭茶《增产红茶宣传小册 · 一、为什么要提倡增产红茶》

Fig. 7-19 *Pamphlets about Increasing the Production of Black Tea*, Chapet 1, “Why Should We Promote the Production of Black Tea”

省、费力小。在单季稻区域，夏茶正是农忙的时候；在双季稻区域，春茶正是农忙开始的季节，改制红茶，不致影响农忙，采制成本也比绿茶要低，在一向做红茶的地方，是可以体会得到的。

3. 从茶叶价格上看：

今年中茶公司的毛茶中准价，绿茶每担二石至三石二斗米，红茶二石四斗至三石五斗；今年在平水区的红茶扯价，每担552000元，比绿茶高52000元；杭州区的红茶扯价633000元，比绿茶高100000元。明年同样也要提高，只要茶叶做得好，合乎外销标准，做红茶的利润，一定比绿茶高。至于农民们没有做红茶的经验，将由政府办理红茶技术训练班，派技术人员实地指导；做红茶没有工具，政府也预备贷款给农民们，由政府帮助制造。这种困难，是可以克服的。

文中“扯价”，是中准价、平均价的意思。1950年杭州红茶的价格在浙江是最高的。杭州红茶，也即九曲红梅。

三、1950年杭州中茶干训班——增产红茶的培训基地

“茶为国饮，杭为茶都。”几乎每个茶叶发展历史时期，我们都能找到这八个字的痕迹。新中国成立初期，国家需要红茶，在杭州举办的“中国茶业公司制茶干部训练班”，其中心任务是“增产红茶，减少绿茶”，迅速培训优秀的制茶技术人员。

1. 中茶公司吴觉农经理的指示

图7–23是吴觉农《当前茶业工作人员的责任》（代序），第一项责任就是“增产红茶，减少绿茶”：

依照公司1950年推销的情形，红茶不够推销，而绿茶则生产过剩。1951年国外市场的需要，特别是苏联红绿茶的消费，红茶要占75%~80%，其他新民主主义国家都需要红茶。照现实估计，红茶只能达到20多万担，其中部份（分）红茶的品质还不大好，因此1951年的红茶生产，我们要争取增产，同时还要努力提高品质。绿茶菲（非）销，每年销量不过十五六万担，而目前菲（非）销困难，苏销不多，所以绿茶生产必须减少。

吴觉农还专门讲到红茶初制：

红茶初制要在室内利用常温萎凋与发酵；干燥技术，对于成茶品质关系很大，晒胚红茶品质低劣，发酵固有关系，最重要的原因在于干燥不合理。所以1951年要提倡收湿胚。

最后吴觉农说：

非党员干部，多带有小资产阶级知识份（分）子的缺点，要随时虚心学习，眼睛向下看，学习老干部刻苦耐劳的精神。同时要站稳立场，站在无产阶级的立场上，才能谈原则，看问题。老干部要好好学习业务，对于机械学习，并不很难，只须深入研究，即可成为专家。

通过训练，互相交流经验，吸取经验，回去后好好安排工作，希望从1951年起，从收购到制造，团结各方面，积极发挥能力，努力工作，产生劳动模范和劳动英雄！

《制茶学习》第一期还专门刊登了吴觉农的《目前茶叶产销趋势和我们的任务——吴总经理在训练班讲话》。

吴觉农再次提出增产红茶：

依照公司今年推销的情形，红茶有14万到15万担（数字尚未确定），这数字是不够推销的，绿茶方面生产数字还没有确实的统计，今年公司做了十几万担，还有几万担没有销出去，私商经营的也有几万担未销去，农民手里还有部分存茶，估计生产数量约二十几万担，而我们能够推销出去的，尚不到15万担，总之

图7-20　紫红色封面，金色炀字《制茶学习》合订本。“制茶学习”四字为当代茶圣吴觉农题写

Fig. 7-20 The bound volume of *Tea Making Learning* with golden words and purple cover, and the title “Tea Making Learning” written by Wu Juenong, contemporary sage of tea

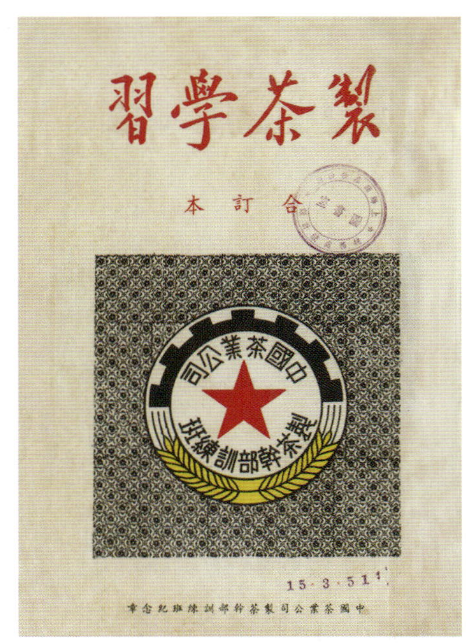

图7-21　《制茶学习》合订本扉页，中为“纪念章”

Fig. 7-21 The title page of the bound volume of *Tea Making Learning*, with a souvenir badge

图7-22　中国茶业公司制茶干部训练班全体摄影（1950年12月）
Fig. 7-22 The group photo of tea making cadres training class of China Tea Company (in December, 1950)

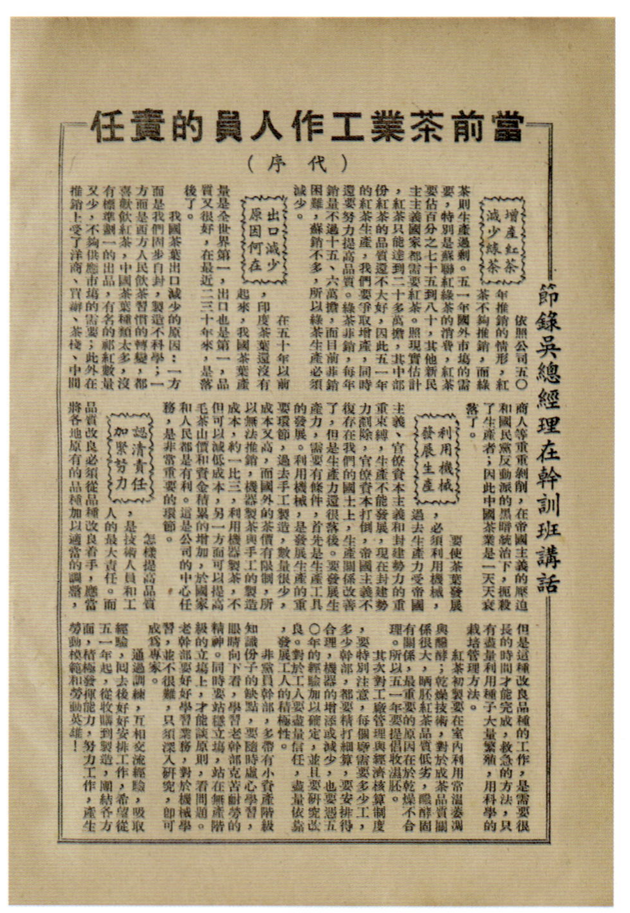

當前茶業工作人員的責任
（代序）

節錄吳總經理在幹訓班講話

增產紅茶 減少綠茶

依照公司五〇年推銷的情形，紅茶不夠推銷，而綠茶則生產過剩。五一年國外市場的需要，特別是蘇聯紅綠茶的消費，紅茶要佔百分之七十五到八十，其他新民主主義國家都需要紅茶。照現實估計，紅茶只能達到二十多萬擔，其中部份紅茶的品質還不大好，因此五一年的紅茶生產，我們要爭取增產，同時還要努力提高品質。綠茶非銷，每年銷量不過十五、六萬擔，而目前非銷困難，蘇銷不多，所以綠茶生產必須減少。

出口減少 原因何在

在五十年以前，印度茶葉還沒有起來，我國茶葉產量是全世界第一，出口也是第一，品質又很好，在最近二三十年來，是落後了。

我國茶葉出口減少的原因：一方面是我們固步自封，製造不科學；一方面是西方人民飲茶習慣的轉變，都喜歡飲紅茶，中國茶葉種類太多，沒有標準劃一的出品，有名的祁紅數量又少，不夠供應市場的需要；此外在推銷上受了洋商、買辦、茶棧、中間商人等重重剝削，在帝國主義的壓迫和國民黨反動派的黑暗統治下，扼殺了生產者；因此中國茶業是一天天衰落了。

利用機械 發展生產

要使茶葉發展，必須利用機械，過去生產力受帝國主義、官僚資本主義和封建勢力的重重束縛，生產不能發展，現在封建勢力剷除，官僚資本打倒，帝國主義不復存在我們的國土上，生產關係改善了，但是生產力還很落後。要發展生產力，需要有條件，首先是生產工具的發展。利用機械，是發展生產的重要環節，過去手工製造，數量很少，成本又高，而國外的茶價有限制，所以無法推銷，機器製茶與手工的製造成本，約一比三，利用機器製茶，不但可以減低成本，另一方面可以提高毛茶山價和資金積累的增加，於國家和人民都是有利。這是公司的中心任務，是非常重要的環節。

認清責任 加緊努力

怎樣提高品質，是技術人員和工人的最大責任。而品質改良必須從品種改良着手，應當將各地原有的品種加以適當的調整，但是這種改良品種的工作，是需要很長的時間才能完成，救急的方法，只有盡量利用種子大量繁殖，用科學的栽培管理方法。

紅茶初製要在室內利用常溫萎凋與醱酵；乾燥技術，對於成茶品質關係很大，曬胚紅茶品質低劣，醱酵固有關係，最重要的原因在於乾燥不合理。所以，五一年要提倡收濕胚。

其次對工廠管理與經濟核算制度，要特別注意，每個廠需要多少工，多少幹部，都要精打細算，要安排得合理，機器的增添或減少，也要憑五〇年的經驗加以確定，並且要研究改良。對於工人要盡量信任，盡量依靠，發展工人的積極性。

非黨員幹部，多帶有小資產階級知識份子的缺點，要隨時虛心學習，眼睛向下看，學習老幹部克苦耐勞的精神。同時要站穩立場，站在無產階級的立場上，才能談原則，看問題。老幹部要好好學習業務，對於機械學習，並不很難，只須深入研究，即可成為專家。

通過訓練，互相交流經驗，吸取經驗，回去後好好安排工作，希望從五一年起，從收購到製造，團結各方面，積極發揮能力，努力工作，產生勞動模範和勞動英雄！

图7-23　吴觉农《当前茶业工作人员的责任》（代序）
Fig. 7-23 "Responsibility of Today's Staff of Tea Industry" as the preface written by Wu Juenong

红茶是不够推销。而绿茶则生产过剩。

1951年的生产情况，在北京这次经理会议上决定了“以销定产”的方针，即是以推销的数量来决定生产的数量。红茶方面，我们希望能生产到24万担，可能不容易达到，但在经理会议上再三研究，要争取这个数字。至于国外市场上的需要，特别是苏联红茶的消费，红茶要占75%~80%，其他新民主主义的国家，如东德、波兰、罗马尼亚、捷克、匈牙利等都需要红茶，资本主义国家在英国和美国需要的也是红茶，照现实估计，红茶只能达到20万担和21万担，其中部分红茶的品质还不大好，因此1951年的红茶生产，我们要争取增产，同时还要努力提高品质。

2. 中茶干训班群英荟萃

图7-24　新中国成立初期，吴觉农（中）在福建茶区视察

Fig. 7-24 Wu Juenong (middle) inspecting the Fujian tea region in the early days of the PRC

为了增产红茶，完成中央任务，1950年12月18日至1951年1月31日，汇集了全国茶业技术精英、全国各大茶产区茶厂骨干的中国茶业公司制茶干部训练班在杭州举办。班主任胡浩川在《筹备及办理经过》一文中写道：

> ……聘请各课主持人员准备学习资料外，并聘请方翰周、刘润涛、刘靖、焦志成、胡浩川、李侠、于宝森、张兴胜、冯绍裘、谢春林、于黎光、褚玉衡、胡铁生、张一民、唐晓光、骆伯安、张尚德、刘云阁、刘佩伟等19位同志为训练委员，组织训练委员会，旋于11月24日在北京举行第一次训练委员会议，决定重要事项如下：
>
> 一、为便于掌握训练班进行起见，设立常务委员会，推定于宝森、张兴胜、于黎光、张一民、胡浩川等五同志为常务委员，并以于宝森同志为主任委员。
>
> 二、训练班设主任一人，副主任二人，秘书长一人，实际负责班务，推定胡浩川、张兴胜（冯绍裘代）、张一民三同志为正副主任，并由张一民同志兼秘书长。

三、关于训练办法，照原定计划进行，惟（唯）训练时间紧缩至45天，以制茶课程为主，贸易、管理等为副，另由主持人权衡轻重，厘订计划按步执行，原定12月9日开学，以时间关系，顺延一星期。

杭州分公司于11月底派人开始筹备，租定王马巷7号杭州市人民福利茶厂为班址，并另租王马巷14号、忠清巷85号等处房屋为宿舍，以杭州第一分厂、第二分厂为实习工厂。

为结合单元学习、汇编学习资料、反映学习动态及交流学习经验起见，每五日出刊一次，定名为“制茶学习”，由刘河洲同志主编，前后共出十期，并装合订本，约70万字，以供各级公司及干部之参考。

1950年年底的“中茶干训班”距今已有60余年，当时的班主任胡浩川，是1934年继吴觉农后的安徽祁门茶叶改良场场长。创立于1915年的祁门茶叶改良场是国内历史最悠久、设备最齐全的茶业技术机构，其专长是红茶的研究及制造。胡浩川是中国茶业公司总技师，是名副其实的红茶技术专家。19名委员中还有许多红茶技术专家，其中的冯绍裘先生，1933年在江西修水实验茶场担任技术员时，就潜心于红茶初、精制试验工作，后受胡浩川先生邀请到祁门茶叶改良场试制红茶。抗战时期，冯绍裘到云南开发茶业，是公认的滇红创始人。而担任设计课课长，并编辑《制茶学习》的刘河洲先生来自杭州分公司，是1931年吴觉农在上海国立劳动大学讲课时的学生，也是一位茶业专家。

1950年8月，中国茶业总公司特地把1949年举办后因国民党“二六”大轰炸而中止的干部训练班在杭州重新举办。“中茶干训班”于1950年12月18日正式开学，1951年1月31日结束，为期1个半月。训练班址租王马巷7号杭州市人民福利茶厂，另租王马巷14号、忠清巷85号等处为宿舍。以杭州第一分厂、第二分厂为实习工厂。班主任胡浩川，主任委员于宝森，常务委员还包括于黎光、张一民、张兴胜。

胡浩川

纵观胡浩川一生的历史，他和当代茶圣吴觉农在不同时期都是一对好搭档。

胡浩川（1896—1972），原名本瀚，曾用名涣、蕴甫等，今六安市张家店镇胡家大湾人。幼读私塾，民国7年（1918），考入安庆省立第一中学，不久转学到芜湖省立第五中学。1919年，在第二甲种农业学校读书时，被选为芜湖市学生会代表，在五四运动中积极参加反帝反封建斗争。民国11年（1922），赴日本留学，在静冈县农场茶叶部当见习生。在日本期间，加入中国国民党。民国13年（1924）回国，应沈子修邀请，到芜湖省立第二甲种农业学校任教，后又转至新民中学任教。民国16年（1927）春至武汉，经柯庆施、薛卓汉介绍，加入中国共产党。不久，经中共组织推荐，任国民党芜湖市党部常务委员。北伐

图7-25　胡浩川

Fig. 7-25 Hu Haochuan

军占领安徽后，国民党安徽省代表大会在安庆召开，胡浩川被推选为大会秘书长。是年，胡浩川回乡，因家事羁绊，与中共组织失去联系，后受聘任六安县立中学校长、六安县教育局局长。其间，他积极支持青年学生运动，并将家中田产变卖，充作中共六安党组织活动经费。后因遭国民党右派排挤，民国18年（1929）被迫赴沪，在上海园林场任技佐。此后，又到南京中学、南京栖霞山乡村师范、贵池第一师范任教。

民国23年（1934）9月，胡浩川任上海实业部商品检验局技士，负责出口茶叶检验工作，并兼任祁门茶叶改良场技士、场长。民国30年（1941），应聘于复旦大学，任茶叶系教授兼系主任。民国32年（1943）回安徽，任祁门茶场场长、安徽贸易委员会皖南办事处茶叶专员、安徽茶叶管理处处长。

新中国成立后，胡浩川继续任祁门茶场场长。1955年，调任中国茶业公司总技师兼技术室主任、计划处处长，参与创建中国茶业公司和制订全国茶叶产销计划，指导全国茶场兴建等工作。对茶叶栽培技术的推广、绿茶改制红茶、提高茶叶出口质量，均做出突出贡献。1962年，被推选为第三届全国政协委员。1963年被选为第三届全国人民代表大会代表。“文化大革命”中他曾遭受迫害，在困境中，虽已70多岁，但他仍坚持著述《音韵茶艺忆存录》一书。1972年胡浩川病逝于北京。

胡浩川一生精心从事茶叶技术研究工作，其主要著作有：《中国茶叶复兴计划》《祁门红茶复兴计划》《茶树害虫》《武夷山茶叶》《劣质茶之娇变》《茶叶改进初议》《六安大茶改良初议》等。此外，他还对《茶经》进行了校订。

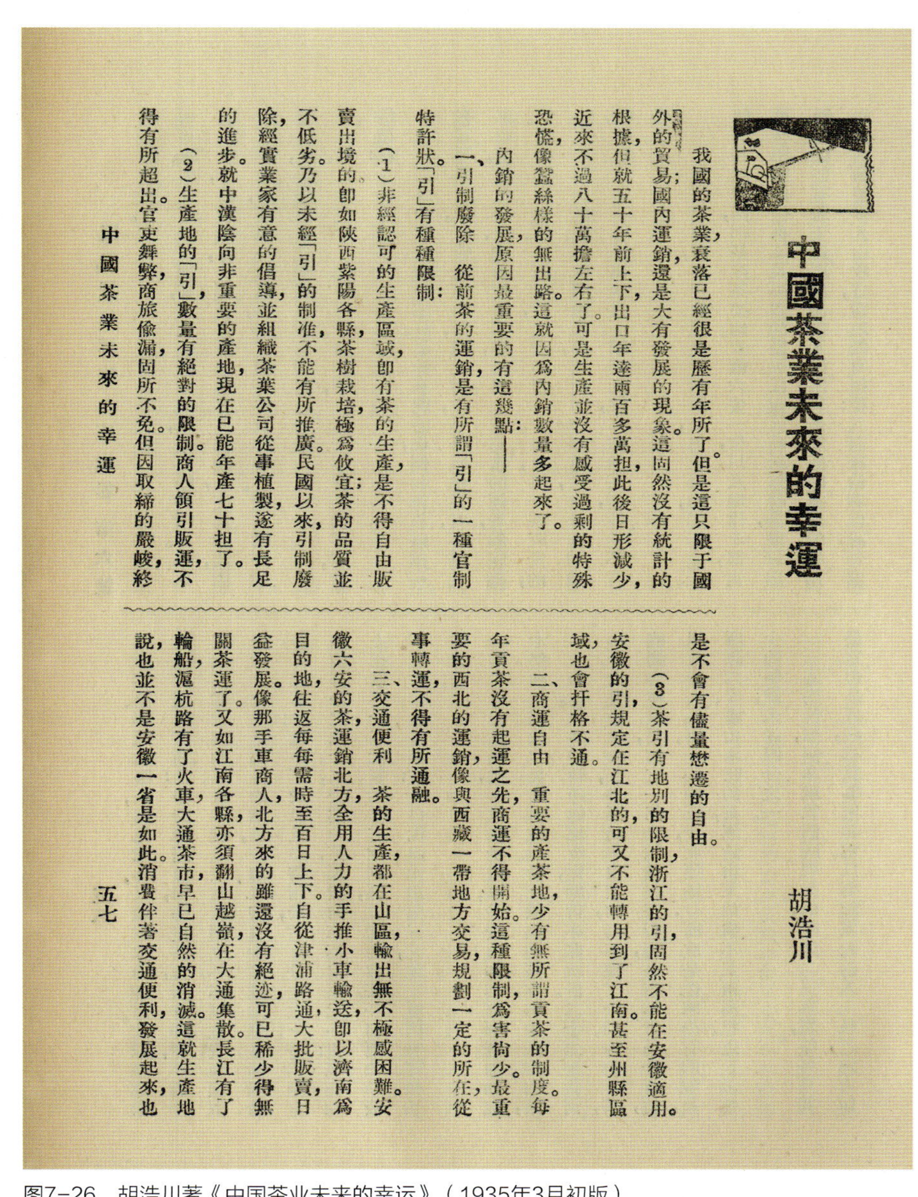

中國茶業未來的幸運

胡浩川

我國的茶業，衰落已經很是歷有年所了。但是這只限于國外的貿易；國內運銷，還是大有發展的現象。這固然沒有統計的根據，但就五十年前上下，出口年達兩百多萬担，此後日形減少，近來不過八十萬擔左右了。可是生產並沒有感受過剩的特殊恐慌，像蠶絲樣的無出路。這就因爲內銷數量多起來了。

內銷的發展，原因最重要的有這幾點：——

一、引制廢除　從前茶的運銷，是有所謂「引」的一種官制特許狀。「引」有種種限制：

（1）非經認可的生產區域，即有茶的生產，是不得自由販賣出境的。即如陝西紫陽各縣，茶樹栽培，極爲攸宜；茶的品質並不低劣。乃以未經「引」的制准，不能有所推廣。民國以來，引制廢除，經實業家有意的倡導，並組織茶葉公司從事植製，遂有長足的進步。就中漢陰向非重要的產地，現在已能年產七十担了。

（2）生產地的「引」，數量有絕對的限制。商人領引販運，不得有所超出。官吏舞弊，商旅偷漏，固所不免。但因取締的嚴峻，終是不會有儘量懋遷的自由。

（3）茶引有地別的限制，浙江的引，固然不能在安徽適用。安徽的引，規定在江北的，可又不能轉用到了江南。甚至州縣區域，也會扞格不通。

二、商運自由　重要的產茶地，少有無所謂貢茶的制度。每年貢茶沒有起運之先，商運不得開始。這種限制，爲害尙少。最重要的西北的運銷，像與西藏一帶地方交易，規劃一定的所在，從事轉運，不得有所通融。

三、交通便利　茶的生產，都在山區，輸出無不極感困難。安徽六安的茶，運銷北方，全用人力的手推小車輸送，即以濟南爲目的地，往返每每需時至百日上下。自從津浦路通，大批販賣，日益發展。像那手車商人，北方來的雖還沒有絕迹，可已稀少得無關茶運了。又如江南各縣，亦須翻山越嶺，在大通集散。長江有了輪船，滬杭路有了火車，大通茶市，早已自然的消滅。這就生產地說，也並不是安徽一省是如此。消費伴著交通便利，發展起來，也

中國茶業未來的幸運　五七

图7-26　胡浩川著《中国茶业未来的幸运》（1935年3月初版）

Fig. 7-26 *The Luck of Chinese Tea Industry's Future* by Hu Haochuan (first published in March, 1935)

冯绍裘

冯绍裘（1900—1987），字挹群，湖南省衡阳市人。滇红创始人。1923年毕业于河北保定农业专科学校。1924—1928年在安化茶叶讲习所任专业课教师。1933年担任江西修水实验茶场技术员，负责江西宁红茶的初、精制试验工作，后受胡浩川先生（时任祁门茶叶改良场场长）聘请到祁门试制红茶，并在该场设计了一套红茶初制机械设备，开创了我国机制红茶的先例。抗日战争爆发后，1938年祁门茶场开始疏散，冯绍裘先生应邀到中茶公司工作。9月中旬，为了开辟新的茶叶出口产区，中茶公司派冯绍裘、范和钧到云南调查茶叶产销情况，冯绍裘被分到顺宁（今凤庆县），即请凤山茶园试采芽叶5千克，分别制成红茶、绿茶各500克，样茶寄香港茶市，被誉为我国红、绿茶之上品，滇红由此诞生。1939年3月开始筹建顺宁实验茶厂，当年试制滇红16吨多，经香港转销伦敦，优异的产品品质引起了国际茶叶市场的震动。冯绍裘因此被公认为“滇红创始人”。

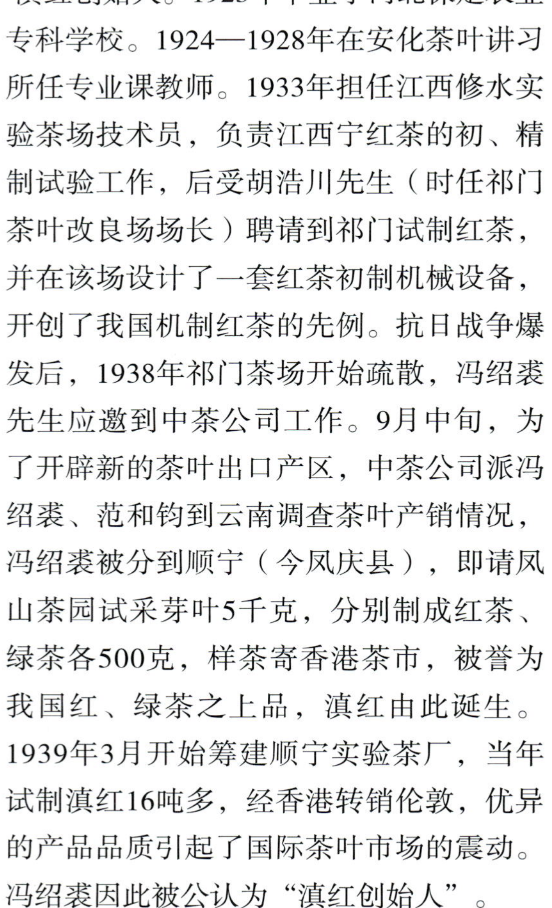

图7-27　冯绍裘塑像
Fig. 7-27 Statue of Feng Shaoqiu

刘河洲

刘河洲（1908—1998），原名刘亲仁，浙江嵊县长乐人。1928年2月至1931年8月，在上海国立劳动大学（以下简称“上海劳大”）园艺系学习，其间，刘河洲听吴觉农讲授茶叶科技，一生奉吴觉农为师。上海劳大毕业后，刘河洲于1931年9月至1935年在上海劳大农场、江西高级农林学校工作和任教。1936年随吴觉农筹建浙江嵊县三界茶叶改良场，从事茶业实习、教学和改良工作。抗日战争时期，1937年1月至12月，在实业部平水区茶叶产地检验办事处任主任；1938年4月至1939年3月，在农改所宁绍台茶检处任主任；1939年4月至9月，在浙江省油茶棉丝管理处任茶叶部指导课课长；1939年10月至1949年12月，任浙江省农业改进所遂安农业推广区主任，主持遂淳区茶叶改良工作；1941年1月至12月，任浙江省农业改进所视察兼

图7-28　刘河洲（1950）
Fig. 7-28 Liu Hezhou (1950)

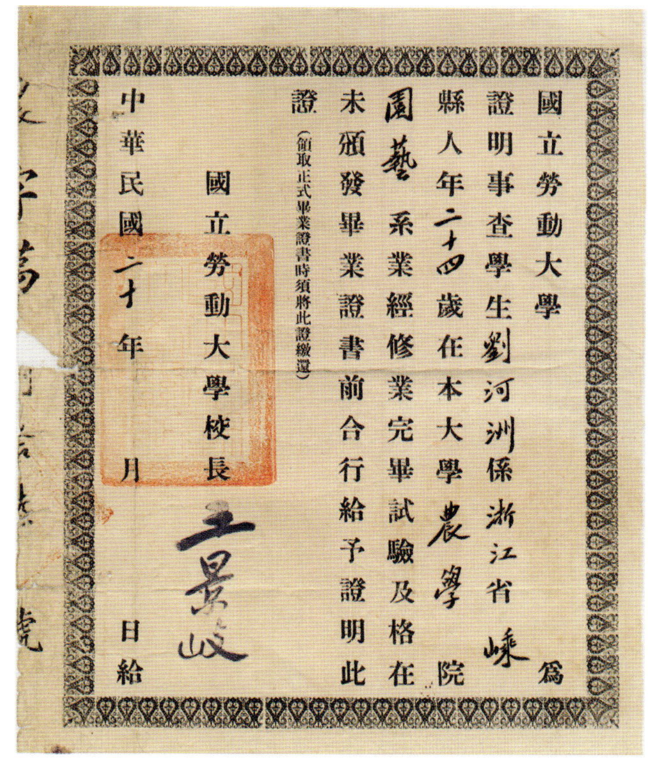

爲

國立勞動大學

證明事查學生劉河洲係浙江省嵊縣人年二十四歲在本大學農學院園藝系業經修業完畢試驗及格在未頒發畢業證書前合行給予證明此證

（領取正式畢業證書時須將此證繳還）

國立勞動大學校長　王景岐

中華民國二十年　月　日給

图7-29　1931年刘河洲国立劳动大学园艺系修业证书

Fig. 7-29 Liu Hezhou's Horticulture attainment certification, National Labor College, 1931

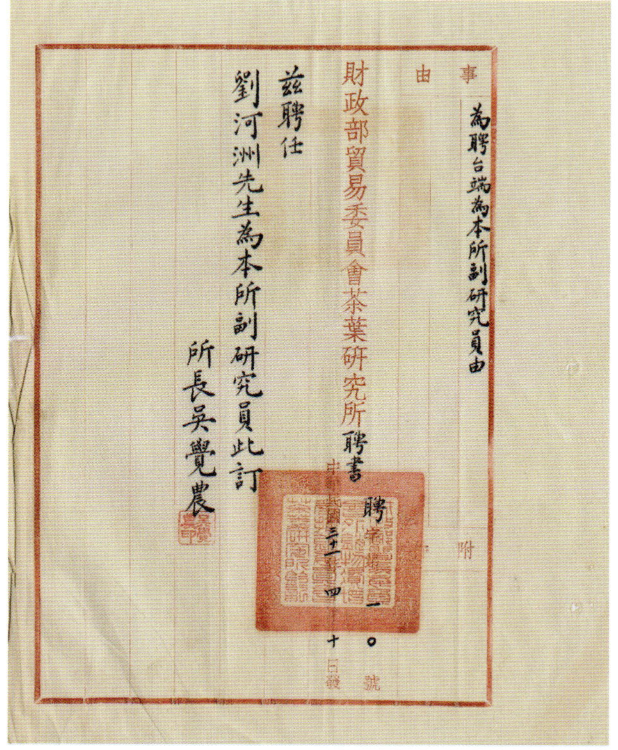

事由　爲聘台端爲本所副研究員由

財政部貿易委員會茶葉研究所聘書

聘字第　一〇　號

茲聘任

劉河洲先生為本所副研究員此訂

所長吳覺農

中華民國三十一年四月十日發

附

图7-30　1942年财政部贸易委员会茶叶研究所所长吴觉农署名的刘河洲副研究员聘书

Fig. 7-30 Research Associate Appointment Letter of Liu Hezhou issued by Wu Juenong, Chairman of Tea Research Institute of Trade Commission of Ministry of Finance, 1942

茶业系技术股股长；1942年2月至1944年9月由福建崇安赤石财政部贸易委员会茶叶研究所所长吴觉农聘为副研究员，负责茶叶栽培管理工作。1944年10月至1949年8月，任浙江省农业改进所技正、调研员，兼任农业经济系主任，负责茶业技术指导与调查。新中国成立后，刘河洲先在中茶浙江省分公司任科长，主办茶叶技术培训班，为浙皖赣培养大批茶叶专业人才。1952年7月至1954年8月，在新创建的浙江省杭州农校担任茶叶科老师，主讲制茶和茶叶检验。1955年，刘河洲作为顶级茶叶技术人才调入余杭茶叶试验场参加筹建工作，任场生产科科长和农艺师，为大面积新茶园的规划设计、开垦、种植做了大量有创见的工作。他在茶叶检验和制茶、栽培管理等方面均有很深的造诣，为国家培养了一批杰出的茶叶技术人才。晚年又担任浙江《茶叶》编辑，工作七年。

一个偶然的机会，笔者获得一批旧的档案，内中竟有老茶人刘河洲的各种证书。从1928年他在上海国立劳动大学的毕业证书，到1947年的《技正委任状》，这些难得一见的旧证书，既记录了一位老茶人的旧经历，也诠释了一段中国茶业历史，内中署名的种种历史人物，如蔡元培之子蔡无忌、当代茶圣吴觉农、浙江省建设厅厅长伍廷飏、浙江省农业改进所所长莫定森，之前均未发现有实物遗存。现一并列入本书，见图7–29和图7–30。

杭州中茶干训班的常务委员、训练班秘书长张一民，干事于忠浩，茶叶鉴评辅导孙树鼎均来自杭州分公司，红茶实习工厂顾问为杭州第一茶厂的郦济先生。

参加中茶公司制茶干部训练班的杭州同志如下：

表7-1　杭州中茶干训班名单

单位	姓名	性别	年龄	籍贯	现任职务	资历或文化程度	茶叶工作简历	特长
杭州分公司	俞迺邨	男	31	浙江杭州	技术科办事员	专科	从事茶叶工作2年	
	李汝璞	男	26	浙江嘉善	技术科办事员	大学	从事茶叶工作2年	
	沈培青	男	25	浙江慈溪	计划室办事员	大学	从事茶叶工作7个月	
	赵荣文	男	38	浙江诸暨	技术科	高小	从事茶叶工作3年	
	徐廷静	男	29	浙江淳安	技术科办事员	中学	从事茶叶工作6年	制茶
	唐力新	男	25	浙江兰溪	业务科办事员	专科	从事茶叶工作2年	
	袁益诚	男	29	浙江嵊县	技术员	专科	从事茶叶工作12年	制茶
	钟珪璋	男	30	浙江德清	业务员	高中	从事茶叶工作1年	
	胡景秋	男	24	浙江永康	计划室办事员	初中	从事茶叶工作10个月	
	胡树华	男	37	浙江淳安	技术员	初中		红绿茶制造
	斯大品	男	20	浙江东阳	见习员	高中		
	叶文德	男	43	浙江鄞县	办事员	初中		
	胡永文	男	27	浙江瑞安	办事员	初中		
	孙其均	男	28	浙江绍兴	办事员	高小		
	朱华清	男	28	上海市	办事员	高中		
	吴忆明	女	28	浙江余杭	办事员	高中		红茶初制
	高琪璋	男	21	浙江	实习员	初中		普通会计毛茶制造
杭州第一分厂	史继达	男	31	浙江嵊县	工务股	中学	从事茶业工作4年	红茶初精制
	俞学文	男	40	江西	技工	高小		制茶
	程灶林	男	48	江西	技工			制精茶
杭州第二分厂	缪以林	男	41	浙江杭县	领班	私塾一年	从事茶业工作25年	制眉茶
	缪以模	男	27	浙江杭县	领班	私塾一年	从事茶业工作6年	制眉茶
	傅维锦	男	37	浙江诸暨	技术员	高小		
	叶秋瑞	男	36	江西婺源	技术员	中学		
	胡凤声	男	34	安徽怀宁	领班	初小	从事茶业工作15年	制茶
	胡绍忠	男			领班	高小	从事茶业工作15年	制茶
杭州砖茶厂	施伯海	男	31	浙江萧山	技术员	中学	从事茶业工作11年	红绿茶初精制
	孔祥彬	男	32	浙江萧山	技术员	中学	从事茶业工作3年	红茶制造

3. 1950年杭州茶区的茶叶产量

《制茶学习》刊登有通讯员沈培青《从1951年红茶产制任务看浙江茶叶生产的方向》的文章，文章写道：

由于国际形势的转变，我国茶叶外销情况同时也起了很大的变化。从1950年茶叶产销的实绩来看：20万市担的绿茶最多只能销出14万~15万市担；而近15万市担的红茶，却尚不够应销。这种情况，说明了绿茶滞销，必须减产；而红茶则供不应求，前途大有发展的希望。总公司对1951年茶叶生产提出了"以销定产，以产定销"，增加红茶产量，提高绿茶品质的经营方针是非常正确的。

杭州分公司1950年9月至11月间派员深入各茶区调查全省各县茶叶产量，结果大致如下：

表7-2　杭州茶区茶叶产量（单位：毛茶市担）

县市别	红茶	绿茶	合计
杭州市		1838	1838
杭县	3620	4190	7810
临安	1100	5000	6100
於潜		850	850
余杭	650	5850	6500
昌化		2000	2000
孝丰		3000	3000
安吉		1500	1500
武康	300	1700	2000
富阳	600	3400	4000
新登		650	650
分水		2000	2000
桐庐	680	170	850
建德	600	7380	7980
吴兴	350	650	1000
长兴	1100	3200	4300
小计	9000	43378	52378

按照杭州分公司估计，1951年能生产杭红6000担。

1950年浙江红茶有杭红和温红、平红三种，九曲红梅为杭红的主力军。温红历史较久，平红则是由平水绿茶新试制的。

4. 学习总结

中茶干训班集合全国各茶厂精英，学习国家政策、方针、工厂管理理论，交流采制红茶收购、营销经验，浙江红茶组讨论热烈，提出不少建设性意见。

（1）第一单元学习总结汇报

①提高品质方面

最重要的在初制阶段，依照初制各阶段分别列述如下：

采摘　采摘方式，以一芽二叶至三叶为佳，而时期上必须早采、嫩摘，当日采，当日制，这样精制时可以节省做工、拣工。

萎凋　避免在强烈日光下进行萎凋。

揉捻　为提高揉捻工作效率，及保持卫生起见，可以在农村中推广（贷款）手摇木质揉捻机。

发酵　尽量使用自然发酵，避免密闭发酵。

干燥　一定要利用炭火烘，可使香气高，干燥程度充分，易保藏。日晒方法是不妥当的，叶底要变黑，香气也不高，虽能节省燃料，但以品质来讲，还是不应提倡。

总之对于提高品质这个问题，基本上重要的是技术指导，我们必须重视这个问题，结合地方行政机构，开办茶农技术训练班，宣传红茶出路和前途，并纠正茶农以粗老茶叶做红茶的错误思想，尽可能地重点设立初制厂来示范，要求达到毛茶品质标准化，但这个任务和工作，是必须结合群众力量来完成的。

提高品质方面，早采、嫩摘、精制，纠正茶农以粗老茶叶做红茶的错误思想，与九曲红梅原产地湖埠传统制法非常一致。

②降低成本方面

降低成本，重在精制工作。不过初制中能够好好组织生产合作社，也可以降低原料生产成本，收购上能合理掌握茶价，不致为投机商人所扰乱，而遭到额外损失。

精制对于降低成本起着决定性作用，首先要提倡机器制茶，改进制茶技术，充分发挥机器效能，并加强工人教育，发挥生产积极性及创造性，改进生产工具，组织工人进行生产竞赛，发挥集体力量，精打细算，研究人工、物料、动力、费用各项定额制度，完全做到经济核算，以求降低生产成本。

（2）第二单元总结汇报

对目前工厂存在不民主现象，浙江红茶组提出，茶厂领导普遍缺乏民主思想，口头上高唱民主，心里别有主张。有时强调工人觉悟不够，不去说服教育工人、团结工人，对依靠工人搞好生产的信念不强。制茶任务完成或将近完成时，行政领导对工人的去留，不通过工人生产小组，以民主方式来决定。同一地区茶工、拣工工资，不能合理统一，影响工人生产情绪。

①关于怎样搞好工厂管理

浙江红茶组提出，工厂是一个群众性的、有组织的生产机构，办理工厂，是一件复杂的、重大的、细致的而带有艺术性的工作。领导人员与全体职工间，职员与工人间，职员与职员间，工人与工人间，一定要取得协调一致，按期完成并争取超额完成上级交给的生产任务。根据近年来的经验，要做到上述要求，必须注意下列几点，并坚决地向着这个方向努力。

组织并健全工厂管理委员会——工厂是我们人民的财产，应组织工厂民主管理委员会，大家共同来管理工厂。

组织工人——团结工人，教育工人，提高工人政治觉悟及技术水平，树立新的劳动态度。

领导人员，以身作则。

通过工会组织，进行教育，打破茶师的帮派观念、临时观点，及拣茶女工的旧思想意识。（例如杭州红茶手工一、二厂女工，有浓厚的以劳动局等介绍机关为背景的错误思想。）

要走群众路线，有事和群众商量，如会同工人民主评定工资，调整工作时间，及制定工作制度。独断独行的办法，是得不到群众的拥护，一定行不通的。

对工人要采取耐心说服，启发教育，避免强迫命令、包办代替的工作作风。

举行生产竞赛，评选劳模。

经常召开检讨会，赏罚严明。

召开会议及进行学习，原则上利用休息时间，必要时亦得抽出工作时间。

从工作中去发现积极分子，培养积极分子。

凡会同工人订立的各种纪律，必须通过行政及工会的上级机关的核备，以免执行上发生困难。

②关于对工会的认识

浙江红茶组提出，要做好组织工会动员工作，应当好好学习《工会法》。工会干部不能特别强调工人的权利，而缺乏对义务的宣传。工会干部由行政干部兼任，往往因行政工作繁忙而耽误工会工作。工会干部政治素质要高，有的因政治素质差，做了群众尾巴，光闹福利工资，不配合行政宣教及生产竞赛工作，而变成了绊脚石。

③关于怎样使茶厂走向企业化

浙江红茶组提出，我们的茶厂，有些是接收来的，有些是新建立的，对于工厂管理制度，大都延用旧的一套，新的方法尚在摸索中，没有很大进展。今后茶厂要走向企业化，首先必须做到有计划、有步骤、有检查、有总结，尽可能使全部制茶过程走上机械化，人员要合理配备（茶厂组织根据实际需要来决定），精细分工，严格实行责任制，并定出各种制度，严格执行。

产品要切实做到规格化，划一品质标准。建立工会和工厂管理委员会，贯彻民主化。

（3）浙江红茶组中茶干训班“红茶增产问题讨论总结”

①原则

增加产量 1951年增产红茶，原则上着重绿茶转产，以增加红茶产量，及解决绿茶滞销问题。其次，温州区及杭州区尚有荒废茶园，可争取复垦，以增加产量。

提高品质 要使品质提高，必须提倡早采嫩摘，及纠正粗放制茶的习惯。（温州区产制红茶方法非常粗放，发酵干燥步骤不分。）尽可能在农村中推行小型机械制茶，对于早摘的嫩茶，价格上给以一定的鼓励，并组织茶农成立生产合作社，贷以茶具，给予技术指导，以保证品质的提高。

图7-31 干训班送给杭二分厂拣工的锦旗

Fig. 7-31 Silk banner (as an award or a gift) sent by the cadre training class to sorting workers of Hangzhou Second Branch Factory

②经营方式

茶农方面

经营方式普遍有：1）投售青叶；2）投售湿胚；3）投售干毛茶。

生产方式：

1）合工合茶：生产合作社的形式，基本上是进步的，管理节省，能大量利用工具生产，指导方便，品质一致，不论生产湿胚或干毛茶均可适用。

2）投售青叶湿胚：仅适用于生产集中之茶区。

3）投售干毛茶：在一般生产零星的茶区，只有采用这个办法。

以上三种以第一种为最理想。

公司方面

经营方针主要为：1）普设收购网；2）组织合作社收购；3）组织茶贩；4）团结私商。

③进行步骤

调查研究

1）调查对象：银行、税务机关或当地茶厂贩。

2）调查项目：茶园面积（现有与荒芜），茶园分布，产制习惯，集散地点，历年产量，及生产成本。

3）调查方法，略。

宣传指导

在1951年增产红茶，宣传指导是一种重大的任务，大体上可分下列步骤：

1）产制前的宣传：在茶季前结合红绿茶销路，做一个明显的对照，说明生产红茶比绿茶有利，打破他们思想上的顾虑（怕做坏了不收），尽可能做到宣传和将来收购工作的一致，减少劣质茶生产，而不会引起茶农对政府不满。

2）产制中的指导，略。

3）产制后的宣传，略。

组织

1）领导方面；2）茶农方面，略。

布置收购网

1）收购处（站）；2）合作社；3）流动收购站；4）茶贩，略。

④初制技术问题

采摘　浙江各茶区青叶的采摘方法各有不同，以杭州龙井区为最精细，合乎提高品质的要求，但是在平水、温州两区，甚为粗放，采摘较迟，且不分老嫩一概手捋，要做好红茶是不可能的。所以提倡早采嫩摘是提高品质的重要环节，在宣传时除了提倡早采嫩摘（一芽二叶三叶）外，还要告诉茶农依照茶叶大小来分别采摘，以利红茶制造。

要达到这个要求，还要打通茶农思想，因为普通采法，只要青叶300余斤制成毛茶一担，如果嫩采，非400斤不可，所以必须用算账方法告诉他们：虽然粗放的采法数量多、采工省，但是价格低；如果嫩采，因为采的次数多，采工虽然大，但是产量不会减少，价格却一定高，还是合算的。这一点一定要彻底说明。

采下的鲜叶避免压实和日晒，以免内部发热，而使鲜叶变劣，采摘中要多换篮子，至少一天两次，最好指定一人专门运茶送饭。

萎凋　理想的方法是室内进行，但是农民是做不到的，所以可使用日光萎凋，薄摊并勤加翻拌，要避免强烈日光。萎凋的适当程度是用手握时有柔软的感觉，摊放时可以自行弹开，中间主脉不断，同时要注意是否匀齐，如果程度不到则很易揉碎，增多碎茶，过度时水分失散太多，影响发酵的进行。

1950年茶农对于萎凋处理有用锅炒或蒸来加速萎凋的，这样毛病很大，影响到发酵工作，因为这样炒的茶叶，叶片上有灼焦点，嗅之有绿茶（炒青）气味，有刺激性火气，做成红茶一定有花青，蒸出的茶叶香气不高，叶色淡白，具绿茶气味，不能再进行发酵。

揉捻　最好先将萎凋叶摊晾后再揉，至细胞完全破裂，叶汁外流条线细紧为止，目前农村中揉捻机尚未普遍采用，要茶农揉出较好的茶叶是有困难的，脚揉不卫生，手揉力量不大，工作效率低。

滚袋揉捻有弯曲的毛病，平水区因为有制珠茶习惯，如用脚揉难免因习惯关系而形状变圆，所以推广小型揉捻机是很必要的。

发酵　揉捻完成的茶叶，必须进行解块，再来发酵，目下可采用湿布盖的办法，如果天气太冷，可以用水锅热蒸气通入室内帮助发酵，发酵良好的红茶色泽鲜艳，匀称，香气高。

干燥　应尽量避免用日晒，最好贷放烘焙用具，烘时木炭头要去净，毛火不要太足。若有烘焦茶叶应另行摊凉，焦味消失后拼堆。

⑤收购中的处理

1）如果收购湿胚或青叶，必须有充分的摊场和萎凋场。茶季多雨，对于这种地方的面积，必须做充分的估计。

2）根据1950年的收购经验，如开证明条，搭配实物，拒收大量茶叶，非但不能帮助茶农，相反给他们造成相当的麻烦，实际上也增加了自己的麻烦，今后收购不应这样做。

3）对于工作干部及茶季雇佣人员，应避免不良作风，以免引起茶农们的不满和反感，如果发现此类情事，必须对人民负责，按情节轻重切实处理。

图7-32 拣工竞赛团体优胜

Fig. 7-32 Group winners in Sorting Competition

4）对于掺杂、掺假的茶农，应给予一定的教育，并通过农会乡干督促纠正。如果商贩取巧，送司法机关办理。收购中其他弊病很多，如踏磅秤、装头改面、混砂石，这些不正当的行为均应及时进行教育，并在群众中宣布，教育群众。

5）收湿胚时篮子重量很易变动，除了随时矫正之外，勿停放在太阳下，以免影响皮重。

6）为避免除皮手续的麻烦，且可防止作弊，每秤应配以篮子十个（一定皮重），先将茶叶倒入篮中，再行过秤。

60余年前浙江红茶组为1951年增产红茶贡献的意见，已不单纯是技术问题，而是涉及经济形势、公司、工厂、茶农、合作社、供销社，生产、加工、收购的全方位考虑。领导采纳了他们的意见，也圆满完成了任务。

图7-33 腰鼓队表演致谢

Fig. 7-33 Drum team performance for acknowledgements

中茶干训班结业的当天，杭州分公司副经理甘豫立以“发展产销首须降低制造成本”为主题代表杭州分公司讲话，他说：

杭州分公司1951年的任务很繁重，为浙江历史上所未有。浙江是绿茶最多而红茶最少的区域，现在外销以红茶为主，必须增产红茶，减少绿茶，将绿茶转为红茶，红茶是由少到多，绿茶是由多到少。在这转变的时候，恰好训练班设在杭州，得到各位同志的帮助，可说是尽力少而得益多，特此向各位表示崇高的敬意。

《制茶学习》在他的讲话后，打出标语：

今年茶叶绿变红，争取外销第一功。提高品质减成本，发展生产利工农。

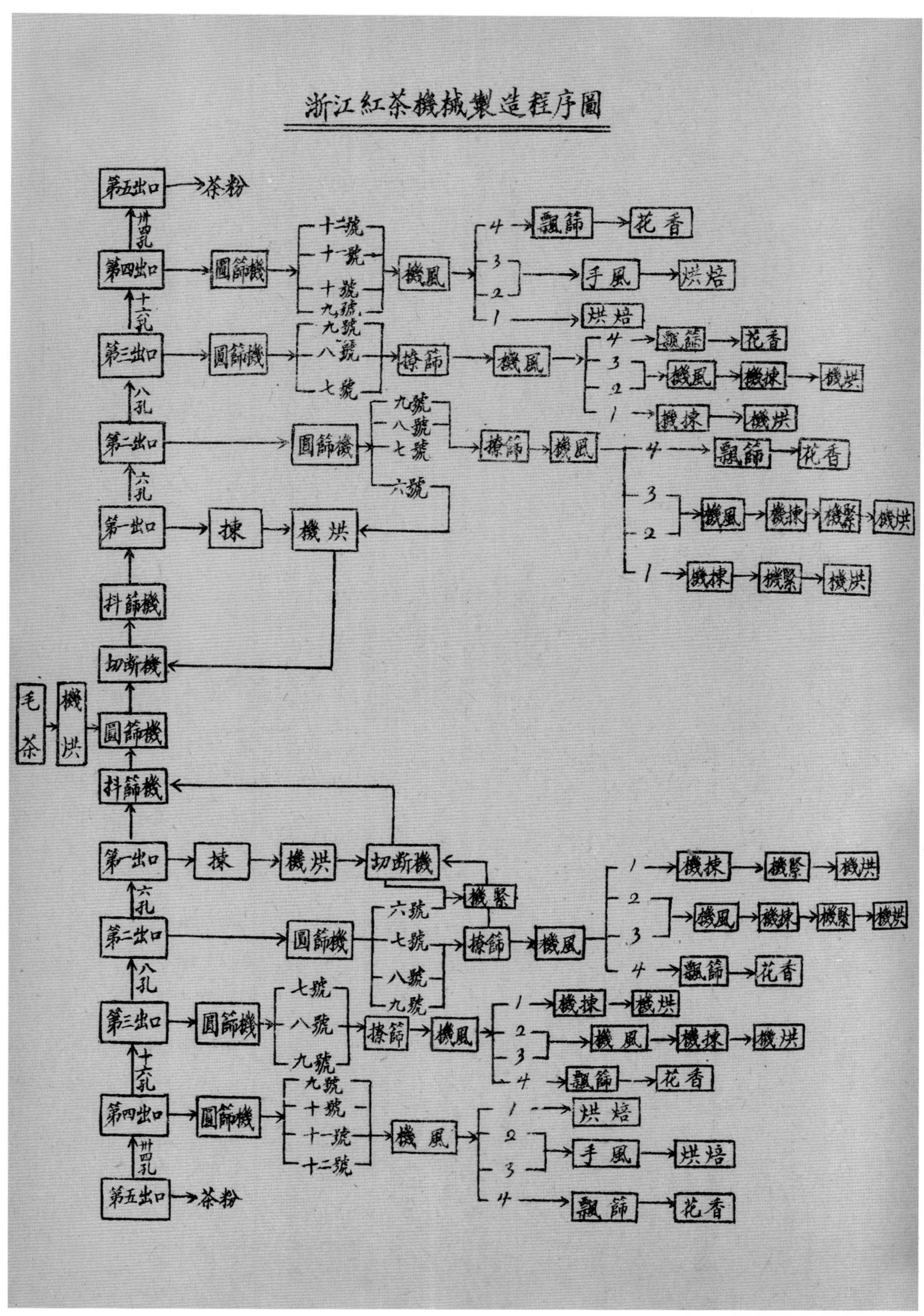

图7-34 《浙江红茶机械制造程序图》

Fig. 7-34 "The Machinery Manufacturing Process Diagram for Zhejiang Black Tea"

5. 工厂实习

《制茶学习》还详细地刊登了《各组实习计划汇志》，其中浙江红茶组共实习四天。第一天：烘干机、毛茶圆筛机、抖筛机、切断机、圆筛机、风选机、拣梗机，每部机器的实习全部有工作量、人工数记载。第二天：抖筛机、切断机、圆筛机、拣梗机、手拣、烘干机，同样都有工作量、人工数的记载。较第一天，第二天工作时间延长，如抖筛机第一天6小时，第二天8小时。第三天：切断机、抖筛机、圆筛机、拣梗机、手拣、干燥，提高制造精度。第四天：手拣、拼堆（将各号茶数量统计后，抽取样茶进行水分检验，合格后再行拼大堆装箱）、装箱，毛茶50担，以75%精制率计算，制成精茶37. 5担，以三夹板装盛，每箱75斤，共50箱。学员们实习的红茶制造过程如下：毛茶分筛、抖筛机、圆筛、风选、拣茶、切断、干燥、紧门筛（使每级茶叶更趋一律）、飘筛（扇出各种轻质茶，如"芽雨""花香"）、复火（以达到十分干燥程度）。其时，在杭州的实习，已是最先进的机械制造茶叶了。

浙江红茶组还绘了机械制造程序图（如图7–34）。

6. 杭红鉴评

1951年1月12日上午进行了茶叶鉴评实习总结。

第五组为浙江红茶，将本组24人依照技术的高低，分为四个小组，每小组选出主持人，并互推刘森同志管理样茶，詹柏森、姚国柱同志辅助水分检验，在三天中完成鉴评工作。

按照预定计划，分组进行毛茶鉴评，每次鉴评茶样六七个，编定号次，每组循环鉴评，在比较中求得一致的结论。每一鉴评步骤，不论有无把握，人人均需参加。起初各人凭主观鉴评，评好后，先由一般同志说出优缺点及特征，再由主持人员将各人意见归纳统一，或加以纠正补充，后由各人主持，经过检验，使不很懂的同志能够得到一点实际的经验。鉴评精茶，用记分来表示，记分的标准是依照商品检验局规定的尺度，不过茶训班不是依据等级。评好后大家动手将茶样装入罐中，洗净审茶用具，继续一日一次。

鉴评结果，以毛茶来说，只有祁门、福建、汉口、杭州、温州五处；精茶有祁红、杭红、温红、闽红、湖红、浮红、河红、宁红小种等。因为产地不同，做法不同，茶叶的品质也有很多差别。鉴评结果，对杭红的评价为：高级茶条索紧细弯缩，色黑欠润；中级茶身分较轻，梗及籽少，香气不高，味稍淡，叶底欠鲜红。"茶条索紧细弯缩，色黑"，与今九曲红梅描述相似。

各组均有审评记载，其中"杭红"部分摘录如下：

表7–3　中茶干训班第一组工夫茶审评记载表（1951年1月13日）

编号	来源	茶类	品名或等级	审评项目					
				形状	色泽	香气	滋味	叶底	水色
2	杭州手工厂	红茶	芽雨	碎轻片		焦	涩	欠匀	暗
3	杭手工精制厂	红茶	花香	碎不清		无	淡	暗	淡
4	杭红分厂	杭红	二级	钝短较齐	灰黑不光	平	醇	嫩开展	深红

续表

编号	来源	茶类	品名或等级	审评项目					
				形状	色泽	香气	滋味	叶底	水色
5	杭第一分厂	杭红	二级	短不匀	灰黑	火高	厚	黑条花青	微淡
6	杭州茶厂分厂	杭红	二级	匀整	灰黑	平	淡涩	黑条花青	深红

表7-4　中茶干训班第二组毛茶审评记载表（1951年1月8日）

编号	来源	茶类	品名或等级	精制率（%）	审评项目					
					形状	色泽	香气	水色	滋味	叶底
43	杭州	毛红	5	70	短松	深匀	纯	鲜明	薄	不匀
42	杭州	毛红	4	70	紧齐	润	浊	明亮	醇	暗
39	杭州	毛红	1	77	紧嫩	深润	纯正	鲜明	燥	红不开条
44	杭州	毛红	6	58	松碎	精灰	优	暗	醇	黑暗
40	杭州	毛红	2	72	紧	深润	优	淡明	青浊	不匀
41	杭州	毛红	3	72	松碎	不匀	浊	鲜明	厚	不匀

表7-5　中茶干训班第二组精茶审评记载表（1951年1月8日）

编号	来源	茶类	品名或等级	审评项目					
				形状	色泽	香气	水色	滋味	叶底
1009	杭红	红茶	1	紧碎	润匀	焦香	淡	涩薄	花青
1008	杭红	红茶	1	短嫩	润匀	稍霉	黑浊	霉	不匀
1013	杭红	红茶	3	圆缩	枯灰	浊	浊暗	酸	不匀
1010	杭红	红茶	2	扁松	浅	纯	浓浊	涩	黑条
1012	杭红	红茶	2	扁圆	稍灰	纯正	浓	薄	焦叶

表7-6　中茶干训班第三组毛茶精茶审评记载表（1951年1月2日）

编号	来源	茶类	品名或等级	精制率（%）	审评项目					
					形状	色泽	香气	水色	滋味	叶底
039	杭州	毛红	1	80	细嫩	润	纯正	醇厚	鲜明	鲜明
146	杭州	毛红	2	73	紧匀	调和	纯正	醇厚	稍暗	明
68	杭州	毛红	3	67	松	稍枯	燥	薄	稍暗	明

续表

编号	来源	茶类	品名或等级	精制率（%）	审评项目					
					形状	色泽	香气	水色	滋味	叶底
143	杭州	毛红	4	71	尚紧	调和	平常	薄	稍暗	浓
140	杭州	毛红	5	69	欠紧	稍枯	平常	薄	稍暗	稍淡
1013	杭州	红茶（精）	3		钝	欠匀	清	尚醇	欠明	明
1008	杭州	红茶（精）	1		紧结	浅	清	尚醇	明	明

附注：杭红采摘细嫩，香气平常，色泽枯浅，水色较明，叶底稍暗。

表7-7　中茶干训班第七、八组精茶审评记载表 1951年1月12日

编号	来源	茶类	品名或等级	审评项目					
				形状	色泽	香气	滋味	叶底	水色
0039	杭州	红茶	1	匀齐细紧	调和油润	优厚	醇和	鲜明不展	鲜艳稍淡
0040	杭州	红茶	2	稍松	稍枯	火稍高	醇	有花青	鲜明
0041	杭州	红茶	3	稍圆扁	稍枯浅	欠醇	苦涩	尚鲜明	红艳
0042	杭州	红茶	4	匀整	调和	有太阳气	燥味	青暗	红艳沉淀
0043	杭州	红茶	5		枯浅	有日臭	苦涩有酸味	不匀	混暗
0044	杭州	红茶	6	稍松扁松扁	枯黄	低劣	味淡	暗	淡

1951年交苏标准茶样之杭红

中国茶业公司从1950年开始与苏联从事茶业贸易，经一年对苏贸易的了解，制作《1950年交苏茶叶中拟选作1951年标准茶样表》，其中有三只是杭红。具体如下：

表7-8　1951年交苏标准茶样之杭红

厂名	茶类	批别	唛头	品质总分	审评等级	苏方意见	双方同意选定等级	评语
杭州分公司	杭红	1	桃	89	G. M.	M.	M.	滋味略有青味，条线细结，惟（唯）略短色黑，叶底红亮。
杭红一厂	杭红	2	棉	76. 5	G. C.	G. C.	G. C.	滋味略有青味，条线短而略碎，且花黄，叶底黑暗。
杭红一厂	杭红	5	柑	75. 5	G.	G.	G.	滋味略有青味，条线短而粗老，叶底黑暗。

在1950年交苏茶叶中，选作1951年的标准茶样，由各组研究后，多认为分级方面并不十分适当，有研究调整之必要。爰经华东区公司参照各省实际情况，根据交苏茶叶分级原则，初步拼制1951年茶样杭州厂家如下：

表7-9　1951年交苏茶叶杭州厂家

厂名	批别	唛头	茶类	级别		原茶及拼制比例
杭州分厂	1批	桃	杭红	中上级	G. M.	P1001 全
杭州分厂	2批、3批	李、杏	杭红	中级	M.	P1002 1/2 P1003 1/2
杭州分厂	3批	梅	杭红	中下级	G. C.	1007 全
杭州手工二厂	3批	栏	杭红	下级	C.	P1008 全

表7-10　1950年红茶分级统计百分比（引自《制茶学习》）

级别 类别	一级	二级	三级	四级	合计
杭红	3. 35	76. 42	18. 70	1. 53	100
杭红		21. 01	78. 99		100
温红			82. 36	17. 64	100
闽红	0. 55	34. 29	60. 56	4. 60	100

7. 学习为了生产

1951年1月上旬，杭州分公司召开第一次厂长会议，商讨1951年业务计划，其时中茶干训班制茶比较实习将近结束，共同实习正在积极准备中。为了结合学习，交流经验，特于1月12日下午由训练班常务委员会邀请杭州分公司经理、副理、各科科长、各厂厂长，及训练班各省区单位代表，杭州市福利茶厂经理等共60余人，举行茶叶产制座谈会，由胡浩川主任及常务委员会张一民同志分别致辞，各同志针对1951年红茶增产任务，纷纷发表意见，介绍经验，座谈会自下午7时起，一直到深夜11时才结束。

胡浩川主任说："要结合生产与管理，搞好我们的学习。干训班可说是全国性的茶叶产制座谈会，杭分公司这次讨论1951年生产计划，许多厂长都远道而来，怎样使茶叶生产与工厂管理结合起来，搞好我们的学习，希望各位同志提供意见。"

杭州分公司张一民经理说："浙江改制红茶最担心的是技术问题，有赖训练班各兄弟公司的帮助。"

杭州分公司甘豫立副理说："干训班是全国茶叶界的群英会，给浙江三大转变以助力。绿茶生产特多，要转向到少；红茶原来生产很少，要转向到多；青砖茶过去没有，现在要从没有转到有。这三

图7-35　杭二分厂欢送干训班
Fig. 7-35 Farewell scene of workers from Hangzhou Second Branch Factory seeing off students of the training class

图7-36　拣工给奖大会上，演出《红百合》的演员们
Fig. 7-36 The actresses performing “Red Lilies” in Sorting Competition Awards Ceremony

个转变，要结合到群众方面，真是一件困难的事，为了群众的生产问题和上级的政策方针，并结合国际市场的趋势，是一条必走的路。”

杭州分公司张一民经理最后说：“改制红茶是浙茶唯一出路，座谈会给我们增加了勇气。”

胡浩川主任语重心长地说：“希望各同志书面指教，张经理虚怀若谷，可钦可佩。”

《制茶学习》在该文的最后刊登标语，代表了60年前中茶干训班肩负的任务和决心：

面向红茶，面向机械；提高品质，降低成本；克服困难，迎接光荣任务；树立新的劳动态度，打破保守自满的落后思想；结合土改，肃清匪特；保护工厂，巩固生产。

全省茶叶专家的关心

《制茶学习》曾刊登1951年元旦嵊县三界实验茶场申屠杰《两个红茶初制问题》的短信，说明中茶干训班的举办牵动着全省甚至全国老茶人的心。文如下：

我现在提出两个问题请你们指教指教！

第一个问题就是粗制红茶揉捻机的问题。红茶初制必须要有揉捻机，现在已有茶农向我们商借揉捻机，而我们因为上面没有正式决定办法，就没有确实的话可以回答他们，我希望能够有一个决定的办法。贷款给茶农做木质揉捻机，把厂内的铁质揉捻机改为手摇方式借给他们，或到上海去买那种新出的足踏揉捻机转借给他们都可以，我想都有帮助，不过要早一点，要切切实实就开始做，不要像去年那样空口喊：“你们做红茶啊！”脚又不好踩，东西是没有的。

第二个问题是发酵室的设备问题。今年已决定大量改制红茶，多收湿胚。多收湿胚在公司恐怕就要等于多设初制厂，不过这种初制厂是由发酵后半段开始而已（我们不晓得祁门是怎么搞的，我想我们这里弄起来，一定会变成这样子），这样就要很多的发酵室。去年的发酵室我们是没有弄得好，我想这次在杭州有经验的同志很多，所以提出来请教请教，使得我们有一种在乡下任何地方都能办得到，而又能定温定湿的发酵室。

三界实验茶场申屠杰上

1月1日

申屠杰（1907—2004），乳名汝奇，号毅生，浙江省东阳市（原东阳县）兰亭乡罗青村人。1927年，公费考入上海国立劳动大学农艺系。1931年毕业后，1932—1949年18年时间里，先后在中学、师范学校、农业专科学校任教，在平阳茶场、三界茶场工作，曾去台湾参观茶场，并在台中农事试验所工作。

1950年，申屠杰在浙江中茶公司三界茶场任研究股股长期间，由于出口需要红茶，受命在绿茶地区改制红茶，他出色地完成了任务，得到当时来华的苏联茶叶专家的赞许。1953年，申屠杰调入浙江省农业厅特产局茶叶科任农业工程师。1955年，参与筹建浙江省农业厅余杭茶叶试验场，任技术指导。1957年，申屠杰被任命为余杭茶叶试验场试验股股长，领导并亲自主持开展茶树栽培、育种、生理生化、植保、机械等试验研究课题，试验成果在茶区广泛推广。1965年年底，浙江省委书记江华同志指示要在余杭茶叶试验场建一个国内茶树良种园，申屠杰当即与同事一起，冒着寒风去江西婺源和安徽祁门考察与征集优良品种种苗和茶籽。品种园在1967年建成。1981年7月，在杭州召开的全国茶树品种资源编目会议上，浙江省有84个品种（品系）列入资源目录，其中属杭州茶叶试验场（前身为余杭茶叶试验场，1971年更名）保存的有29个。1987年1月，申屠杰以80岁高龄参加全国茶树良种审定会议，他所选育的迎霜、翠峰、劲峰三个品种被认定为国家级良种。

图7-37　1995年的申屠杰

Fig. 7-37 Shentu Jie in 1995

图7-38　1925年的申屠杰在东阳读书留影

Fig. 7-38 Shentu Jie studying in Dongyang in 1925

图7-39　20世纪50年代申屠杰（右）在余杭茶叶试验场指导茶树栽培

Fig. 7-39 Shentu Jie (right) conducting the tea cultivation at Yuhang Tea Proving Ground in the 1950s

浙江貿易通訊

理，穩定茶價，[illegible]
場，各地運杭的內銷紅綠茶，均集中市場，進行交易，五月初，私商爲需要部份紅茶，曾在杭市高價吸收，因而影響了推廣區紅茶紛紛流入杭市，當經收購指導委員會召開了擴大會議，議決凡進入杭市投售之紅茶，由中茶公司統一收購，外埠行莊來杭採購及本市店莊所需的紅茶，由中茶公司在市場上適當供應，同時私營廠商向非屬政府推廣地區收購來杭銷售之紅

[illegible]
微少，全省自四月初開秤至五月底，據初步統計，已收購內外銷紅綠茶一一一六〇〇餘擔，完成五一年本省茶葉生產任務半數以上，私商（包括公私合營）內銷茶收購數量，烘炒青僅完成登記數字之40%，旗槍33%，其不能完成之原因，主要由於產銷失却平衡，今年的產量比去年減少，同時組織未能及時影響收購。

今年茶價一般比去年提高二〇·三〇%。

購，實收價格與去年比較，平紅提高六一%，杭紅高五五%，溫紅高一九%。杭紅因受旗槍高價的影響，在相距過大的情況下，我們不得不將紅茶價格略予提高，實收平均價超出規定中準價四七%，雖然平均品質也在中準以上，但品質的提高，未能達及價格的提高，因此杭紅春茶的價格是超過了規定。平紅溫紅平均價格雖亦超出中準價，但由於品質的提高，在好

茶高價原則之下，尙能符合規定價格。

我們對於掌握價格上，亦有個別偏差，地方政府在保證紅茶價格比綠茶高的原則之下，以旗槍與紅茶相比，因此亦認爲公司價格不合理，提出了好多意見，特別對於因製造上發生烟酸焦的劣茶價格表示不滿，當時我們在騎虎難下的情形之下，將杭紅茶價酌予提高，使與旗槍之距離不至過大，並由於收量甚微，農民一再反映，所以每日的價格下降甚少，迨至五月中旬，數量突增每日十餘擔而百餘擔三百餘擔五百餘擔，我們價格無法剎拉，因而造成價格較高，雖然提高了農民對於製造紅茶的信心和對於政府推廣的信仰，但是我們對於價格掌握上已發生了偏差，還是由於我們紅茶價格的下降率沒有很好地與旗槍聯繫而低於旗槍，因此到了一定的程度時候就一反變爲製造旗槍不如製造紅茶，突然都改製紅茶，以致造成價格來不及下降的偏差。

杭州市場紅茶已做開，五月份成交四五八擔，大部係私商出售，內銷紅茶主要銷售地區如上海京滬及杭嘉湖各地門莊，紛紛向杭市採貨，每擔六〇萬以下的低檔紅茶尤感需要，八〇萬中檔貨雖有成交，爲數不多，北方客商需要少量高檔紅茶，但市場缺貨，中茶公司正在設法調撥供應。

（二）龍井類　領導茶價上漲的是龍井茶，本省交流展覽會開幕時，適新龍井上市，零售高級龍井每兩價格高達一二〇〇〇元（每斤一九二、〇〇〇元）於是漲風熾起，但事實上此等高價龍井，每天售出不到一斤，當時合作社每天龍井茶之賣錢額不够營業開支，所以在整個杭市茶葉銷售比重上是微乎其微，龍井價高無疑要刺激旗槍高漲。同時杭市合作社包下了龍井，不容私商插足，更造成了私商的恐慌，因而打下了內銷茶漲價的心理基礎，由於龍井的上漲影響旗槍，旗槍影響了烘青，今年中茶公司委託合作社在收購價格受了市場價格上漲趨勢的影響，一般超過規定中準價55%，目前杭州市場對龍井之交易，基本上已成尾聲，迄五月底止，估計總共已銷出60——70%。目下茶農尙有部份存貨貯待高價出售，杭市各行商存底不多，買客需要亦少，自五月下旬開始，市場交易甚爲清淡。

（三）旗槍類　本省部份內銷茶區如青雲上泗等地，劃爲紅茶推廣區後，眞正龍井茶又爲合作社包收於是他們都怕買不到茶葉，一般習慣經營龍井的茶商，新龍井上市時如果買不到一部份高檔貨色，認爲有傷信譽，於是他們設法去臨安、富陽、餘杭、杭縣、武康等地，以高價直接向產地收購品質較高產量不多的旗槍以充龍井，旗槍價格因此高漲，其次各縣茶購會機械執行茶價，未能依品質機動掌握，如武康縣每斤價格規定一二〇〇〇至一六〇〇〇元之間，而有些茶葉品質甚劣，不够達到最低價一二〇〇〇元，但該縣茶購會不機動掌握，亦以一二〇〇〇元收進，也刺激了茶價上漲，公司旗槍收購價，一般超出中準價16——20%，與去年實收價格比較高25%。

（四）烘青類　今年受春寒雨水之影響，茶葉上市較遲，華北客商需要窨花迫切，四月下旬除建德東陽等地烘青外，其他各路均未上市，當時私商已訂購茉莉花，不得不以高價搶購以應花市，使建德烘青價格空前提高，莅茶每擔達一四〇萬元左右，烘青每擔達一一九萬元，東陽烘青往年無人問津，今年也搶購一空，價格畸形上漲，影響了杭市附近各產區之收購，引起了茶農認爲中茶公司及合作社以「低價」收購之不合理，至五月上旬，北方茶商窨花已足，各路貨色也紛紛上市，同時由於市場嚴格管理，規定建德烘青每擔不得超過一〇〇萬，於是開始下降，至五月中旬最高價降至一〇〇萬，五月下旬再落一〇萬，目前市場已趨平穩，浙江雜路烘青交易現已大部過去，正路烘青上市，交易漸起，估計至六月底花市需要一五〇〇擔左右。

（五）大方　五月初開始上市，以徽大方爲主，但爲數不多，浙大方極少上市，由於華北客商胃口甚佳，故價格上揚，至五月中旬，高檔大方每擔一七〇萬左右，五月下旬以後，來貨漸多，各路客商吸收已足，價格下降五萬，最近交易稀淡，價格又降五萬。

（六）雜茶　粗紅茶、茶末、茶片、茶梗等，因適合大衆胃口，市場頗有做開，黃河流域以北，風行簫龍井末子（中等價約四五萬）需要迫切，北方客商紛紛來杭，大量採購，本市行商亦有向北方做內銷，估計目前市場約需一〇〇〇市擔，龍井旗槍梗片每擔價格五〇至六〇萬元，上海蘇浙廣東等地客商迫切需要，

图7-40　《浙江贸易通讯·浙江春茶市场分析》

Fig. 7-40 "Zhejiang Spring Market Analysis" in *Zhejiang Trade Communications*

四、《浙江贸易通讯》记载的九曲红梅

1951年至1953年，浙江省人民政府商业厅编印《浙江贸易通讯》，记载报道了许多20世纪50年代初的杭州红茶生产、销售往事。1953年的报道还明确记载，湖埠红茶正是九曲红梅原产地的红茶。

1. 1951年杭州春茶市场的杭红

1951年5月《浙江贸易通讯》第1卷第3期《杭州、温州、平水三茶区春茶收购工作展开》一文，写道：

> 本省杭州、温州、平水茶区春茶收购工作已全面展开，各地收起很多。春茶的收购价格，一般的高级红茶每担价在100万元以上，最高达140万元。

高级红茶指的正是九曲红梅，其时，温红、平红都稍次。

1951年6月第1卷第4期《浙江贸易通讯》之《浙江春茶市场分析》一文报道了1951年的杭州红茶市场：

> 春茶自4月初上市至5月底已告一段落，夏茶即将开始。为了使今年的收购工作有计划、有组织地进行，本省成立了茶叶收购指导委员会，省府也颁布了茶叶管理的办法，同时也组织了公私联购处。关于春茶的收购工作，虽然由于经验不足，资料欠完备，发生了若干缺点，但基本上改变了过去盲目经营的状态，同时杭市工商局为配合茶叶收购计划，加强市场管理，稳定茶价，于5月2日成立杭州市茶叶市场，各地运杭的内销红绿茶，均集中市场，进行交易。5月初，私商为需要部份（分）红茶，曾在杭市高价吸收，因而影响了推广区红茶纷纷流入杭市，当经收购指导委员会召开了扩大会议，议决凡进入杭市投售之红茶，由中茶公司统一收购，外埠行庄来杭采购及本市店庄所需的红茶，由中茶公司在市场上适当供应，同时私营厂商向非属政府推广地区收购来杭销售之红茶，可通过中茶公司，统一供销，这个办

・18・

物資準備，秋後即有困難產生，此一任務是艱鉅的，而且必須想辦法克服與完成任務。至於土布收購業務的劃分，商業廳曾有意見劃歸百貨公司經營，省公司擬再報告商業廳要求下達指示。

d・一般工廠的要求，須由公司供給原料，主要原料棉紗缺乏，加工採購就感到困難，關於此點各級公司應擬訂需要原料之具體計劃，由省公司轉報上級，統一設法解決。

e・收購工作各地以往作得很差，對於加工、採購、訂貨的成本計算，規格核算，工繳標準等沒有經驗，因此應與當地工商行政部門密切結合，須在工商行政部門的統一領導下，統一掌握商品規格工繳等項工作，要掌握合理的價格政策，給生產者合理的利潤，不得因生產多而壓價收購，生產少而提高價格的忽左忽右現象，更不得與私商盲目競購。

總之秋季豐收後，工業品的需要量很大，我們應緊緊掌握淡季積蓄力量，旺季供應的原則來進行加工採購工作，此一工作的完成與否，對全省秋季百貨供應工作是一大關鍵，因此我們必須在三季度內爭取完成這次會議所付予的艱鉅任務。

浙江春茶市場分析

春茶自四月初上市至五月底已告一段落，夏茶即將開始，爲了使今年的收購工作有計劃有組織地進行，本省成立了茶葉收購指導委員會，省府也頒佈了茶葉管理的辦法，同時也組

茶，可通過中茶公司，統一供銷，這個辦法實施以來，不但糾正了推廣區紅茶的外流，而需要紅茶的茶商亦滿足了需要。

今年本省進行收購機構，公營企業除中茶

以米計算提高四〇%，個別地區如建德、分水、東陽烘青去年最高收價每擔四〇萬，折米二・〇五石，今年最高達八〇萬，折米五石，提高了一四〇%以上，紅茶的收購價一般比去年也提高了四五%左右，總的原因，由於品質提高，春寒雨水多。部份地區，去年推廣老青茶的結果，均能影響產量，同時土改以後，廣大農村經濟情況基本上有了好轉，內銷活躍，致

法实施以来，不但纠正了推广区红茶的外流，而需要红茶的茶商亦满足了需要。

今年本省进行收购机构，公营企业除中茶公司外，有杭市合作总社、国营浙赣运输公司茶叶部、各地供销合作社，及专署机关生产科等。公私联营有省茶叶公私联购处、土产联营公司。私营者，有外地及本地的私商，一般采用联营方式，个别经营为数极少，收购量也很微少。全省自4月初开秤至5月底，据初步统计，已收购内外销红绿茶111600余担，完成1951年本省茶叶生产任务半数以上。……

今年茶价一般比去年提高20．30%。以米计算（以茶价比米价）提高40%。……红茶的收购价一般比去年也提高了45%左右，总的原因，由于品质提高，春寒雨水多。……兹将各类茶叶价格变动及交易情形分述于后：

红茶　红茶大部由中茶公司统一收购，实收价格与去年比较，平红提高61%，杭红高55%，温红高19%。杭红因受旗枪高价的影响，在相距过大的情况下，我们不得不将红茶价格略予提高，实收平均价超出规定中准价47%。虽然平均品质也在中准以上，但品质的提高，未能达及价格的提高，因此杭红春茶的价格是超过了规定。平红、温红平均价格虽亦超出中准价，但由于品质的提高，在好茶高价原则下，尚能符合规定价格。

我们对于掌握价格上，亦有个别偏差。地方政府在保证红茶价格比绿茶高的原则之下，以旗枪与红茶相比，因此亦认为公司价格不合理，提出了好多意见，特别对于因制造上发生烟酸焦的劣茶价格表示不满。当时我们在骑虎难下的情形之下，将杭红茶价酌予提高，使与旗枪之距离不至过大，并由于收量甚微，农民一再反映，所以每日的价格下降甚少，迨至5月中旬，数量突增每日十余担，而百余担、三百余担、五百余担，我们价格无法剧拉，因而造成价格较高。虽然提高了农民对于制造红茶的信心和对于政府推广的信仰，但是我们对于价格掌握上已发生了偏差，这是由于我们红茶价格的下降率没有很好地与旗枪联系而低于旗枪，因此到了一定的程度时候就一反变为制造旗枪不如制造红茶，突然都改制红茶，以致造成价格来不及下降的偏差。

杭州市场红茶已做开，5月份成交458担，大部系私商出售，内销红茶主要销售地区如京沪及杭嘉湖各地门庄，纷纷向杭市采货，每担60万（元）以下的低档红茶尤感需要，80万（元）中档货虽有成交，为数不多，北方客商需要少量高档红茶，但市场缺货，中茶公司正在设法调拨供应。

1951年的杭州春季茶叶市场，首先写的是红茶，着重写的是杭红。其时，杭红成俏货。杭红，九曲红梅也。

2. 1953年的“湖埠红茶”

1953年5月《浙江贸易通讯》报道了杭州湖埠红茶的价格与茶商抢购湖埠红茶，记述了一段鲜为人知的九曲红梅往事。

1953年5月《浙江贸易通讯》第2卷第5期刊登唐力新《目前茶叶收购及市场管理工作存在的几个问题》，文章写道：

春茶收购工作已在全省各地普遍展开，根据各地反映，目前茶叶收购工作及市场管理

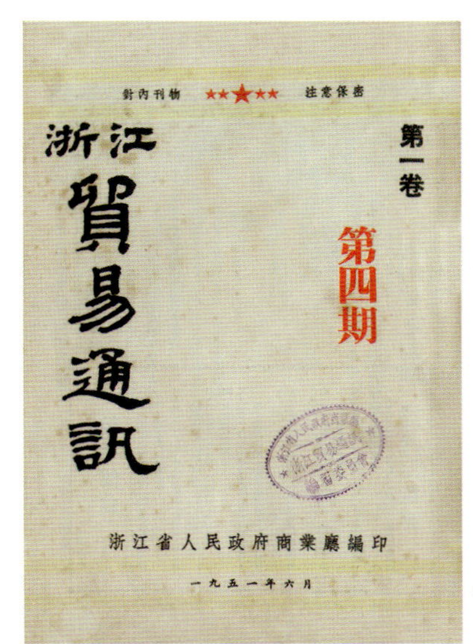

图7-41　《浙江贸易通讯》第1卷第4期书影

Fig. 7-41 *Zhejiang Trade Communications*: Vol. 1(4)

图7-42　1953年4月《浙江贸易通讯》第2卷第4期书影

Fig. 7-42 April of 1953, *Zhejiang Trade Communications*: Vol. 2 (4)

图7-43　唐力新（20世纪50年代）

Fig. 7-43 Tang Lixin (1950s)

工作上还存在不少问题，主要表现在：

一、私商抬价抢购，……打乱原订（定）生产计划。四月中、下旬，正是新茶上市的时候，茶商乘机抢先收购，图获厚利，因此均以收购20斤不予登记为藉（借）口，纷纷化整为零，在产地如杭县留下、转塘，余杭黄湖、双溪、闲林埠，杭市郊区六和塔、徐村附近，及萧山临浦等地抬价收购……

…………

七、内外销茶收购价格的矛盾：特别表现在杭县湖埠红茶上，国营中茶省公司收购牌价最高为每斤13200元，而私商收购价格达22000元，高出66.66%，内外销茶在收购价格上产生矛盾的原因，在这里主要是国营中茶省公司对湖埠红茶的历史价格、销售情况未作（做）深入了解，硬性作（做）外销原料审评的官僚主义所产生。

…………

以上的各个问题，存在着（其后果）是严重的，为了及时解决问题，提供下面几个意见，供请参考。……

十、湖埠红茶价格问题，国营中茶省公司应作（做）慎重研究，予以适当提高，如茶商抢购湖埠红茶，在不妨碍国家外销的原则下，可让出一部（分）或全部给私商。

唐立新在《制茶学习》的杭州分公司学员中有其姓名。他的文章报道了1953年茶叶收购及市场管理，特别提及湖埠红茶。说明无论是质还是量，湖埠红茶均占一席这地，名气很大。而且提及“湖埠红茶的历史价格”，说明其时湖埠红茶已有相当历史，且茶叶价格相对普通杭红高。

这是新中国历史中，明确记载九曲红梅原产地的红茶历史。

从笔者收集、梳理的诸多九曲红梅资料看，新中国茶史中记述九曲红梅，唐立新是第一人。

唐力新（1925—1986），浙江兰溪人，1949年参加革命工作，毕业于上海复旦大学茶叶专业。

历任中国茶业公司浙江省公司、浙江省特产公司物价股股长，业务科副科长，业务指导副科长，工程师。1985年11月加入中国民主同盟。

他曾任中国茶叶学会常务理事、浙江省茶叶学会副理事长、“茶人之家”副执事长、《茶叶》刊物副主编等职。多年来，他经常放弃休息时间，查阅有关茶叶历史资料，埋头笔耕，著述甚丰，为促进茶叶文化与生活做出了不懈的努力。

新中国成立初期，唐力新的许多文章都涉及湖埠红茶（九曲红梅）的生产、加工，以及销售。20世纪60年代，他在一些文章中，专门写九曲红梅，与今天许多文章上所写的九曲红梅的形态异曲同工。

浙江貿易通訊

內部刊物 注意保存

浙江省人民政府商業廳編印 一九五三年五月五日出版 79

·第二卷第五期·

目前茶葉收購及市場管理工作存在的幾個問題

唐力新

編者按：根據我們了解，目前私商化整爲零，抬價搶購茶葉，以及茶葉產區市場混亂現象是嚴重的。爲了制止私商的投機活動，保證國家收購計劃的完成。我們認爲有關部門應引起高度重視，共同迅速研究妥善解決這個問題。

春茶收購工作已在全省各地普遍開展，根據各地反映：目前茶葉收購工作及市場管理工作上還存在不少問題，主要表現在：

一、私商抬價搶購，刺激旗槍茶葉生產，打亂原訂生產計劃：四月中、下旬，正是新茶上市的時候，茶商乘機搶先收購，圖獲厚利，因此均以收購二〇斤不予登記爲藉口，紛紛化整爲零，在產地如杭縣留下、轉塘、餘杭黃湖、雙溪、閑林埠、杭市郊區六和塔、徐村附近，及蕭山臨浦等地抬價收購，如旗槍茶葉，每斤高出國營公司牌價二、三千元，不講求茶葉的乾燥程度品質規格等（一九五三年爲要使茶葉逐步走上商品規格化，推行收購是乾淨茶），使一部份茶農爲求出售方便均不願向國營公司收購站或公私聯購處站投售，而情願售給私商，以致非計劃生產旗槍的縣份如餘杭、富陽、武康、臨安、紹興、諸暨（以上爲外銷茶產區），桐廬、金華、天台、長興、嵊興（以上爲內銷茶產區），均改製有旗槍。旗槍茶葉，銷地有一定限止，主要銷甯、滬、杭一帶城鎮，原先計劃生產量與消費量基本已趨平衡，由於茶商抬價搶購，促成茶農的盲目大量改製，目前新茶量少銷暢，私商有利可圖而競購，但待旗槍大量登市，市場容量足够以後，私商停止收購，各地又將反映要求國家收購，使國家局荷重負，造成國家資金積壓。

二、部份地區國營公司收購計劃雖以完成，由於外銷茶區的盲目改變，及私商自由收購的結果，外銷茶區數量減少，如諸暨長瀾收購站，如餘杭黃湖站，外銷炒青至今尚未開秤收購，自四月十八日開秤到四月二十五日止收購量僅一担多。

三、少數地區工商行政部門對商業廳公佈之茶葉市場管理不甚明確，執行比較機械，致使合作社收購難以順利進行，如衢縣杜澤、雙橋二收茶站反映，當地產茶分散，茶商均以二〇市斤不予登記爲藉口，下鄉上門收購。

四、公私聯購處協商分配收購地區、數量，因各地私商小販化整爲零的販運，部份地區原計劃收購數量有落空的現象。如聯購處蕭山站收購數量每天僅二〇担，杭市收茶站，開秤二〇天僅收到一百餘担，杭縣留下、轉塘每日收購數量亦寥寥無幾。

五、羣衆對政府不滿。茶農紛紛反映國家殺價收購，今年各種農土特產收購價格，一般較一九五二年爲低，或保持原有水平，獨茶葉收購價格較去年爲高，今年收購價格較去年同期提高百分之十一·五，收購價格基本上是提高的，但與私商搶先抬價收購相比較，所以茶農反映國家收購價格低，如杭縣轉塘區茶農，成羣結隊攜茶流向杭市，郊區則小販、私商攔路兜收，本月二十三日上午杭縣轉塘地方，茶農以收茶站評茶人員評價不準（基本原因私商茶價高）爲理由，羣起將評茶人員包圍，要評茶員當衆檢討，並大罵國家殺價收購，政府政治威信遭受嚴重損失。

六、滬杭地區差價過大：由於一九五二年國家擴大外銷的結果，內銷茶數量大大縮減，以致在今年春茶上市之先，各銷地存貨已奇缺，茶商見新，亟欲吸進應市，造成了銷地高價競購，特別是旗槍和高級紅茶，如杭市收購價爲二萬元，滬地價格高達四萬至五萬之間，各地商販見有利可圖，均積極在產地高價收進向滬地販運，茶農亦見有厚利可圖，亦有自產自銷自已販運。

七、內外銷茶收購價格的矛盾：特別表現在杭縣湖埠紅茶上，國營中茶省公司收購牌價最高爲每斤一三二〇〇元，而私商收購價格遠二萬二千元，高達百分之六六·六六，內外銷茶在收購價格上產生矛盾的原因，在這裡主要是國營中茶省公司對湖埠紅茶的歷史價格，銷售情況未作深入了解，硬性作外銷原料茶評的官僚主義所產生。

八、市場管理混亂，價格無法掌握：由於收購精神不够明確，滬地差價過大，而且價格規定上又存在一些問題，因此茶販農民直接見面，六和塔、湖墅、清波門等地都成了變相的交易市場，茶農茶販，經常出入其間，收購價格，根本無法掌握，市場秩序甚爲混亂。

以上的各個問題，存在着是嚴重的，爲了及時解決問題，提供下面幾個意見，供請參考。

一、爲保證出口需要，外銷紅綠茶統一由國營中茶公司收購，其他國營企業合作社或私營廠商一律不得經營，在完成出口需要任務後，如有剩餘茶葉，可以特許私商經營一定數量，由商業廳批准，並指定地區收購。

二、外銷茶區之內銷茶統一由國營中茶公司或合作社，有組織的公私聯購處收購，個別茶商不得經營，以免抬價提級，影響外銷茶生產。

三、內銷茶產區，如當地計劃上市量已與國營公司、合作社或有組織的公私聯購處計劃收購量已達產銷平衡時，私商不得再收，以保證各收購單位收茶任務的完成。

四、內銷茶產區，收購茶葉二〇市斤以下不予登記，係指直接消費者及零星販賣者其全期經營的累積數量不達二〇市斤而言，全期經營數量超過二〇市斤者，仍需登記，協商指定地區收購。

五、茶農自產自銷來杭茶葉，當地坐商，及行商不能直接收購，須事先向省茶葉協商收購委員會辦理登記，經核定數量指定地區，協商和評定價格進行收購，（在茶葉旺季，恢復市場評價委員會，由中茶省公司，杭市茶商業同業公會，杭市城鄉物產交易所等業務部門組成）。

六、各區地方政府須掌握原定生產計劃，以達產銷平衡，如餘杭等地已特許改製部份旗槍更需加强領導，勿使茶農旗槍再擴大生產。

七、浙省公私聯購處的組織各級工商行政部門及國營公司需大力支持鞏固其組織，並儘量一切可能完成其協商收購任務，加强其對聯購信心。

八、全省各地商販，如其收購數量較大者，一律介紹參加省協商會登記，不能由各縣工商科擅自批准，以免上下收購計劃發生衝突和矛盾，各地門售商（包括外銷茶區）在其不販運的原則下，應予特別照顧，儘量滿足其茶類規格要求，以供應當地民用。

九、中茶省公司，應快收、快運、快銷，及時在滬杭二地大量拋售，在目前產銷二地價格差距過大之時，爲穩定茶價，保證收茶任務的完成，不應該完全考慮成本，必要時即使虧本也可出售。

十、湖埠紅茶價格問題，國營中茶省公司應作慎重研究，予以適當提高，如茶商搶購湖埠紅茶，在不妨礙國家外銷的原則下，可讓出一部或全部給私商。

·1·

·2·

图7-44　唐力新《目前茶叶收购及市场管理工作存在的几个问题》

Fig. 7-44 “Several Problems about Current Tea Acquisitions and Market Management” by Tang Lixin

五、杭州红茶制造技术的推广

杭州作为传统顶级绿茶龙井茶区，九曲红梅虽然早已是遐迩闻名的“万绿丛中一点红”，但在多数茶区，茶农对红茶制造还是陌生的。浙江省农业厅特邀许多茶叶专家写出专著，编写指导提纲，发放茶区，大力推广红茶制造技术。

1. 俞寿康编《红茶的制造》

图7-45是1951年4月新农出版社初版、俞寿康编的《红茶的制造》书影。

俞寿康（1920—1988），著名茶学家、茶业教育家。中国茶叶学会和浙江茶叶学会顾问、中国农业科学院茶叶研究所副研究员、《茶叶》杂志顾问。解放初期，任敦义农工学院茶叶专修科教授。1951年杭州农校成立，俞寿康任茶科主任。

《红茶的制造》为32开本，有87页，其目录如下：

一、制红茶的工场房屋设计

二、制红茶的工具设备

三、红茶的形态

四、制红茶的原理

五、制红茶的原料选择

六、红茶的工夫初制

1.萎凋；2.揉捻；3.发酵；4.烘焙

七、红茶的工夫精制

1. 补火；2. 筛分；3. 拣剔；4. 匀堆；5. 整理副产；6. 包装

八、红茶精制的机械

九、红茶产区与名目

俞寿康《红茶的制造》一书，全面、详尽地介绍了红茶制造的原理，初制、精制程序及机械。而且专门请人绘制了多幅插图，可操作性强。图7-46至图7-62是该书中的一些插图，我们可以窥见六十多年前杭州技术人员响应国家号召为增产红茶做出的努力。

图7-45　俞寿康编《红茶的制造》书影

Fig. 7-45 *Manufacture of Black Tea* compiled by Yu Shoukang

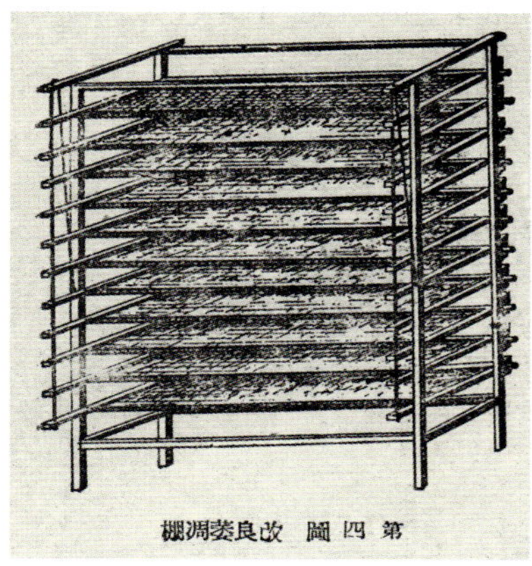

图7-46　第四图 改良萎凋机

Fig. 7-46 Improved withering machine (fig. 4)

图7-47　第一图 红茶初制工场房屋外形

Fig. 7-47 The house for primarily making of black tea (fig. 1)

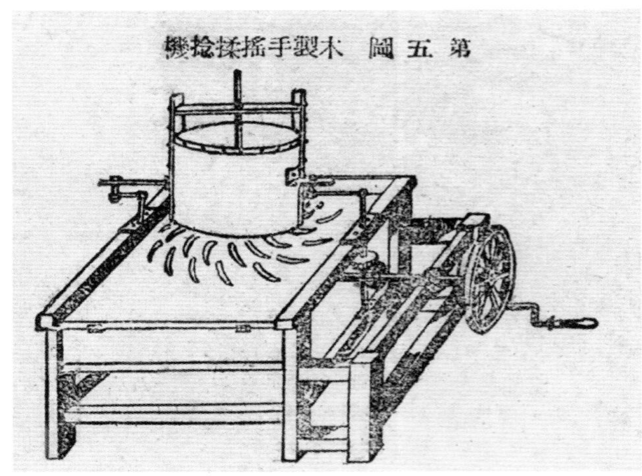

图7-48 第五图 木制手摇揉捻机

Fig. 7-48 Rolling machine made of wood (fig. 5)

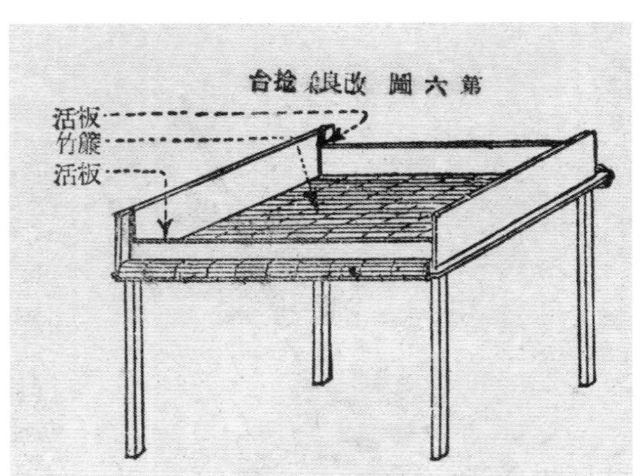

图7-49 第六图 改良揉捻台

Fig. 7-49 Improved rolling table (fig. 6)

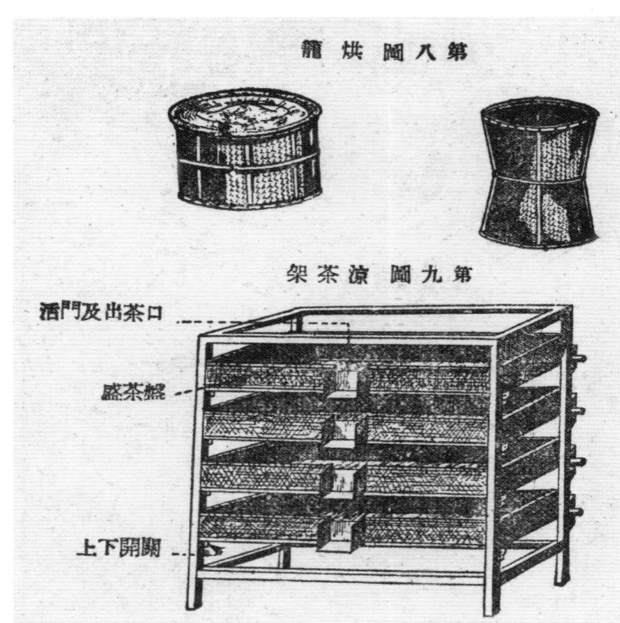

图7-50 第八图 烘笼 第九图 凉茶架

Fig. 7-50 Baking cage (fig. 9) and shelf for cooling the tea (fig. 8)

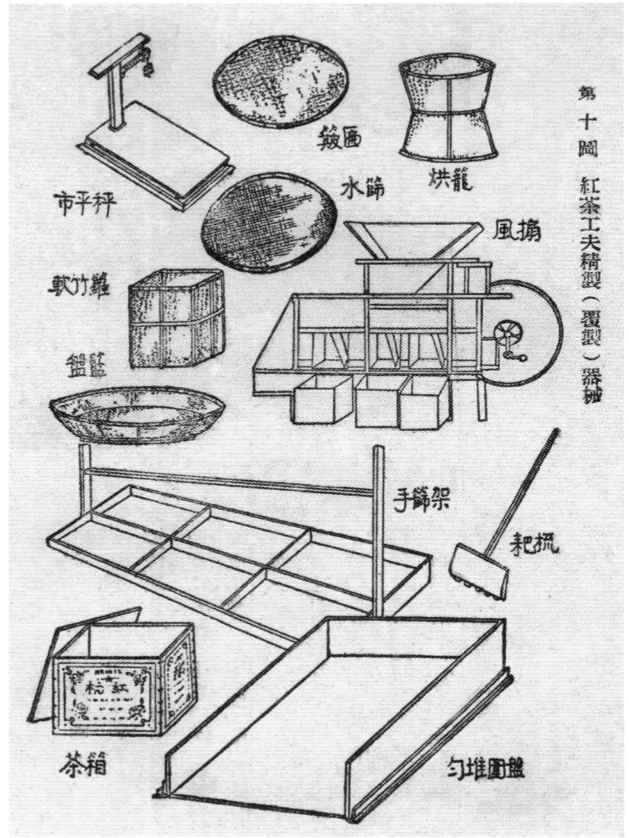

图7-51 第十图 红茶工夫精制器械

Fig. 7-51 Kungfu black tea refining device (fig. 10)

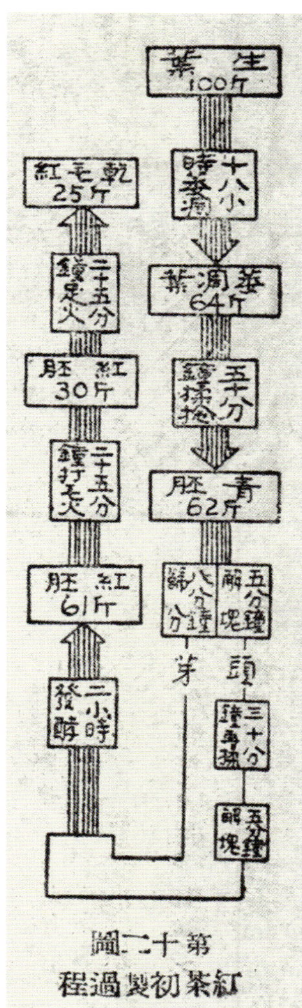

图7-52 第十二图 红茶初制过程

Fig. 7-52 The procedure of primary black tea making (fig. 12)

图7-53 第十三图 室内自然萎凋

Fig. 7-53 Withering in the room naturally (fig. 13)

图7-54 第十四图 日光萎凋

Fig. 7-54 Withering in the sun (fig. 14)

图7-55 第十五图 足踏揉捻机揉捻

Fig. 7-55 Rolling with a rolling machine conducted by feet (fig. 15)

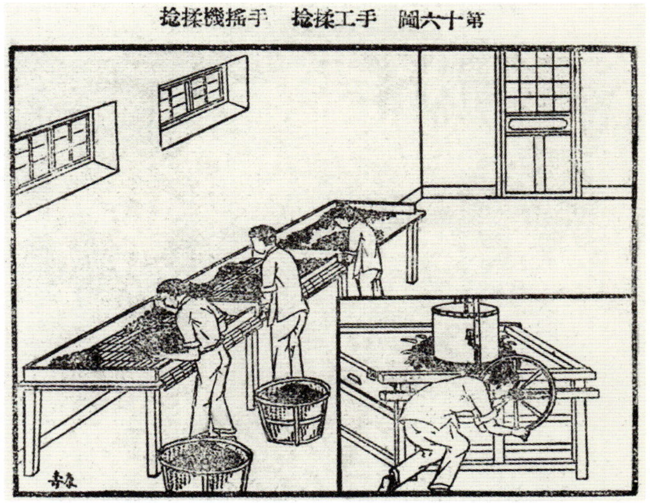

图7-56 第十六图 手工揉捻，手摇机揉捻

Fig. 7-56 Manual rolling and hand machine rolling (fig. 16)

图7-57　第十七图 室内自然发酵

Fig. 7-57 Fermentation in the room naturally (fig. 17)

图7-58　第十八图 日光发酵

Fig. 7-58 Fermentation in the sun (fig. 18)

图7-59　第十九图 烘焙

Fig. 7-59 Baking tea (fig. 19)

图7-60　第二十一图 手工筛分

Fig. 7-60 Manual screening (fig. 21)

图7-61　第二十九图 匀堆

Fig. 7-61 Stacking uniformly (fig. 29)

图7-62　第三十一图 包装

Fig. 7-62 Packing (fig. 31)

2. 1951年《红茶采制》

图7-63是浙江省人民政府农林厅印《红茶采制》书影。该说明书共21页，分为：

一、红茶与绿茶有什么不同

二、做红茶要制备哪些用具

三、怎样采摘青叶

四、怎样制造红茶，萎凋—揉捻—发酵—烘焙

五、红茶制造中的毛病及防止的方法

六、附图

《红茶采制》仅及《红茶的制造》的四分之一篇幅，而且还有采摘部分。其内容较简略，但发放范围大，速度快，影响也大。

图7-63　浙江省人民政府农林厅印《红茶采制》书影

Fig. 7-63 *Picking and Processing of Black Tea* printed by Forestry Department of the Peoples' Government, Zhejiang Province

3. 浙江省《茶叶生产技术指导纲要》之“红茶”

图7-64是浙江省农业厅编印，浙江省1955年《茶业生产技术指导纲要》书影。

1955年浙江省《茶叶生产技术指导纲要》比俞寿康《红茶的制造》要迟几年，而且涵盖了茶叶的栽培、采摘，以及绿茶部分，因而红茶制造技术较简单，但吸收了俞寿康精华部分，广为散发，对推广红茶制造技术影响较大。

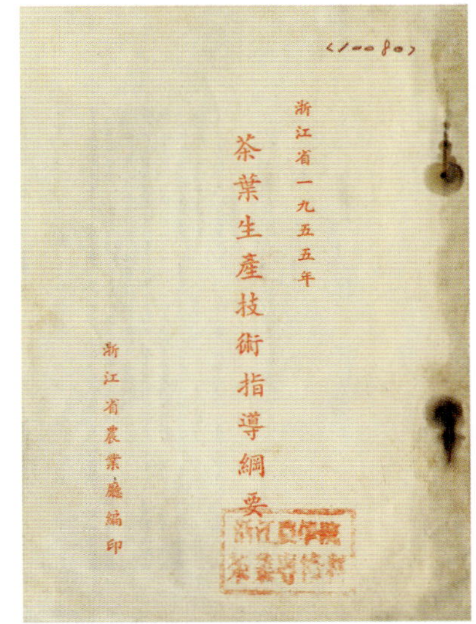

图7-64　1955年浙江省《茶叶生产技术指导纲要》书影

Fig. 7-64 A copy of *Tea Production Technical Guidance* in 1955

六、杭州红茶的试制

《杭州市供销合作社》第105页载：

> 新中国成立后，杭州茶园面积和产量增长很快。1950年，为适应对苏出口，杭州大力推广红茶生产。1951年，分水地区改制红茶，扩大了红茶生产基地。

1950年《中国茶讯》上刊登有许多绿茶区试制红茶的报告，展现了60余年前的老茶人积极响应国家号召，在绿茶区试制红茶，增产红茶，完成国家外销任务。现节录几篇杭州茶区试制红茶的报告如下。

1. 陶秉珍《绿茶区试制红茶的经过》

著名茶业专家陶秉珍著《绿茶区试制红茶的经过》，文中写道：

> 浙江每年出产外销茶叶在20万担左右，但红茶只占十分之一（大部分产在平阳、泰顺，此外杭县、诸暨、东阳也有少量出产），现在为了满足对苏贸易要求，必须把原制绿茶的鲜叶改制红茶，这就是要绿茶区试制红茶的意义了。

我们试制红茶的日子是4月28日，那天的气象状况是：天晴傍晚云，室内温度下午2时74华氏度；晚九时67华氏度；风向东南，风速疾，蒸发量70cc，相对湿度88%，绝对温度13. 57℉/℃。试制地点是浙江大学湘湖农场，在浙江萧山县湘湖中的一座小山上，山名叫锭山。原料鲜叶是向一个沿湖山村——名徐家坞——买来的。徐家坞向来是制造旗枪和圆茶的。旗枪专供内销，圆茶是平水外销珠茶的原料，我们一共购得58斤鲜叶，35斤做炒青，23斤试制红茶。

鲜叶是当天早晨起陆续采摘，到下午一两点钟，由我们收买，用船载回来已是下午3时了，这时满天布云，阳光若有若无，东南风又很大，我们赶忙行日光萎凋。一共用了3条篾簟，每条薄摊鲜叶七八斤。每隔15分钟翻拌重摊一回。东南风常将叶片吹到地上，要慢慢拾进去。到4点钟左右连淡薄的阳光都没有了；不过地面是热的，而且受着风吹，蒸发比较快速。叶色转浓，已有相当萎凋程度，便把3条簟薄摊，改作一条半簟厚摊，仍旧每隔15分钟翻拌重摊一回，到5点钟叶色带兰（蓝），柔软，并散放芳香，萎凋已完成了。前后共计2小时。

萎凋后的鲜叶，手揉15分钟，叶汁已出，便解块，堆在木盆里，厚六七寸，上面用湿布盖覆，但勿触叶面，在普通室温下进行发酵，每隔半小时翻拌一回，经3小时半，叶色半青半红，散放热苹果的香气，发酵完成，便去上烘。

烘焙分毛火、足火两个步骤，自晚上9点半起打毛火，每箱约装湿茶6斤多。每隔十多分钟翻烘一回，火力稍大，到12点钟毛火完毕，共计2小时半。就在篾簟上摊凉，厚约2寸。到第二天早晨8点半再打足火。火力稍低，每隔半小时翻烘一回，到11点半，足火告毕，烘焙完成，共计3小时。23斤鲜叶制成干毛红5斤12两，约为24. 6%，大至和4斤鲜叶做1斤干茶的标准相合。

这回试制的干毛红，经审评后，觉得条线太松，是手揉力量不够、时间太少的缘故；发酵适度，并无花青叶底，不过要做外销茶原料，还是稍带花青、发酵勿足好些；汤发浓，身骨厚，那又和杭红仿佛；叶底欠展，是毛火力太高了一点。在这回试制中，获得了两点经验：（一）红茶萎凋即使没有日光，也可在风中进行，时间并不太久，2小时左右足够了；（二）绿茶区的鲜叶，改制红茶是可能的，气候和叶质的影响并不大。愿把这一点经验，介绍给大家。

此文最后为“1950. 5. 15于浙江大学湘湖农场”，文章刊登在《中国茶讯》第1卷第5期。

陶秉珍其人其事

陶秉珍（1896—1952），浙江萧山人，毕业于浙江第一师范，曾就读于日本东京帝国大学农学部实科。1927年在上海接受浙江省海盐县澉浦城南小学朱斐章校董的聘请，到澉浦城南小学任教。是中共地下党员，1927年、1928年在澉浦城南私立小学以教师的公开身份做掩护，在澉浦开展农民运动，建立农民协会，开展“二五”减租运动。1928年被国民党逮捕，离开澉浦。曾任浙江大学农学院教授。著有《植物漫话》《昆虫漫话》《植物的生活》《五谷》等。

图7-65　采茶姑娘采茶忙（20世纪50年代）
Fig. 7-65 Girls busy picking tea (in the 1950s)

2. 袁益诚《浙江杭县上泗区改制红茶成功了》

1950年《中国茶讯》第1卷刊登袁益诚《浙江杭县上泗区改制红茶成功了》，文章写道：

浙江杭县上泗区产茶的地方，包括云泉、定山、转塘、龙坞、寿民、周安、回龙等乡，每年产茶，据初步调查约计6000担，其中以龙井为主，长大（比龙井要长要大）及炒青较少。惟（唯）云泉乡所属湖步（埠）村，专做红茶，畅销于国内市场，在红茶价格高过绿茶时，邻近村庄，纷相仿制，生产数量多达七八百担。今年中茶杭州分公司选定该区为改制红茶区域，于3月间调派干部下乡办理红茶采制贷款。起初茶农多有顾虑，不敢借贷，干部们就结合当地乡政府，开展普遍宣传，使茶农明瞭（了）贷款的意义与办法，以及怎样偿还等。打破各种顾虑后，（茶农）才纷纷填报能够改制红茶数量与拟借贷款数目，经过三星期的宣传、调查、发放等工作，完成了预定工作目标。

前面曾说过，上泗区对于制造红茶有把握者，只有云泉乡及定山乡毗邻云泉乡的一部分，其他各乡除极少数茶农偶然仿制一二次外，极大部分是毫无经验的。中茶杭红初制厂（设在杭县上泗区转塘镇）为掌握红茶品质，在开始采制之前，便联络区政府，排定日期通知各乡政府，按时召集村干开座谈会，由指导人员前往主持，宣述制造红茶的意义及做法与应该注意的地方；旋即由有经验的村干及茶农介绍原来的做法，好的地方予以保留，需要改进的地方一一予以指出；最后展开一般讨论，如怎样组织合作性质的机构，将制好的红茶，分级拼堆集中送售，使得茶农可以节省工夫，收茶处（并设于初制厂）可以简化手续等。各乡普遍开会后，一般的反映是这样：制造红茶有信心了；集中送售便利得多了。

在改制红茶过程中，对于形状、色泽、香气、水色、滋味、叶底等，都发现过缺点。逐一解决，终于获得成功。

文中写及之定山、转塘、云泉，即九曲红梅传统生产区，对制造红茶有把握，不存在试制问题。其时，中茶杭红初制厂设在转塘镇，因那里原是九曲红梅原产地，也是有道理的。

3. 薛秋祥《实习在杭州中茶红茶一分厂中》

1950年《中国茶讯》第1卷第7期刊登薛秋祥《实习在杭州中茶红茶一分厂中》一文，文中写道：

7月7日暑假开始，我们同学忙着分头接洽暑期实习的事情，经过一个星期多的讨论与商量，贸易部军管会与华东高等教育部终于批准了我们到杭州去实习，这是新中国成立后复旦茶专第一次在暑假中能到外埠去实习。为了使所学的都能应用，使理论与实际配合，并为下学期的新民主主义正课学习创造条件，在离开上海前，教授们详细地替我们作（做）了核要的指示！并且希望我们与工友同志们打成一片，在实习中建立劳动观点。22个同学，带着愉快的心情与满怀的希望在7月16日的晚上悄悄地离开了上海。

17日的清晨，一群从上海来的客人出现在清泰街上，我们找到了中国茶业公司杭州分公司的所在地，同学们又与公司方面讨论如何分配等问题。在商讨期中，我们暂时借住在青年路的基督教青年会会员招待所中，静候着分配的结果。

19日上午我被分配到水陆寺红茶一分厂实习，全部行李都搬到了厂中，从此便膳宿在厂里，厂中领导方面的尽意招待及工友同志们的热心指导使我们的心里感到非常地（的）兴奋与感谢。厂方同我们作（做）了几次专题谈话，使我初步了解些厂中情形。

我们同工友同志们在一起吃饭，他们上工了，我们就跟着进去，当我们从安静的学校里，踏入了生动紧张的制茶工厂时，情形是大大地（的）不同了，全体工友同志们各自努力地工作着，装箱的、打包的、搬运的、手筛的、手拣的，一片增加生产、支援前线的节奏，机器房内发出了巨大的声音，飞轮拖着皮带，皮带拖着每一部工作母机，转出了换取外汇，建设新中国的物资——茶叶。烘茶机把毛茶的水分烘干，每只烘箱每时可烘毛茶约160市斤，抖筛机把茶叶分成五级，切碎机在10分钟内可切碎茶叶约160市斤，拣梗机每时可拣出约40市斤，电机风扇每时可扇茶400市斤，多至600至800市斤。

精制过程方面，从毛茶进厂后经过烘干机—筛分机—切碎机—风扇机—拣梗机—复火—匀堆—装箱—包装，每一制造步骤都做了详细的观察与实地学习，由于工友同志们的帮助与指教，我同工友们打成了一片，从工友同志们的工作中、谈话中得到很多宝贵的经验，其中两个工友同志要订阅《中国茶讯》月刊，一个工友同志要买茶叶方面的参考书，我在工厂里尽了我的力量，努力向工友同志们学习，当他们因工作而负有小伤时，把带去的红药水与碘酒等小心地替他们消毒，工友们都非常感谢与感动。切碎机司务俞文华在切碎机上写道要向我们学习文化理论，我对他们说："你们工友每天很辛苦地工作，你们是有经验的工人，是领导阶级，是建设新中国的主人翁。"并且我同他们一起看报，讨论各种问题，同时他们知道了我们实习完毕后要回上海念书，特地介绍我到上海工作的制茶司务俞森荣与金麟祥处学习，说他们的制茶经验与技术是最好的，当我从红茶一厂调到二厂时，工友们介绍二厂的领班胡司务及一般情形，我因过于疲劳，中暑后病卧于二厂宿舍中时，一厂的俞学书司务特地来看我，使我感到一种说不出的高兴与感谢，回忆我生活学习在红茶一分厂中，好像在我自己的家中一样的自由与快乐。

这篇文章除了记载60余年前上海复旦茶专学生在暑假期间来杭体验制造红茶的历史，还带给我一些历史信息。一是，杭州中茶红茶一分厂在水陆寺巷。水陆寺巷在杭州下城区庆春路北，邻近菜市桥。二是，杭州中茶红茶一分厂是机械制造红茶，根据其设备及流程看应是精制红茶厂。

七、杭州红茶的生产

1. 1950年杭州红茶制造成本

表7-11　杭州红茶产制成本（据1950年《中国茶讯》第1卷）　单位：米石

杭县	生产成本				采制成本					
	地租或农业税	中耕除草	施肥	合计	摘工	炒制工	茶具修理折旧	其他	合计	总计
	0.2	0.72	0.5	1.42	0.8	0.42	0.1	0.05	1.37	2.79
临安	0.2	0.5		0.7	0.8	0.55	0.08	0.05	1.48	2.18

2. 1950年现域杭州市县红茶分季产量

表7-12　杭州红茶分季产量（据1950年《中国茶讯》第1卷）　单位：市担

县别	春茶产量		夏茶产量		红茶总产量	
	外销	内销	外销	内销	外销	内销
	红茶	红茶	红茶	红茶	红茶	红茶
杭县		2715		905		3615
临安	660	165	220	55	880	220
余杭	390	100	130	30	520	130
富阳	360	90	120	30	480	120
桐庐	405	105	135	35	540	140
建德	360	90	120	30	480	120

3. 1950年楼云林《祖国的丝茶》之“杭州红茶”

1950年初版楼云林《祖国的丝茶·下篇·茶》记载了60余年前的杭州红茶历史。书中论及浙江茶的产区，有“杭红多产于杭县、富阳、安吉等地”之语。

茶的品质和各类

（一）红茶　红茶各类：有祁门红茶、屯溪红茶、霍山红茶、平水红茶、**杭州红茶**、温州红茶、福建小种、正山小种、苏南红茶、宁州红茶、两湖红茶、河口红茶等。……

…………

图7-66 楼云林《祖国的丝茶》书影

Fig. 7-66 *The Silk and Tea of China* by Lou Yunlin

图7-67 1953年浙江省《收茶手册》

Fig. 7-67 *Tea Acquisition Brochure* of Zhejiang Province in 1953

茶的产销概况

1950年全国茶叶量增至210万市担左右，兹把各类的产销，分别述如下：

（一）红茶 1950年杭红产量约18000市担，屯红约13000市担（1951年作计量），霍红约100市担（1950年试制产量），平红约1000市担（1950年试制量），杭红约3200市担（1950年试制量）……

杭州茶人响应号召，1950年甫一试制，当年就有3200市担杭红试制量。

八、杭州红茶的收购

杭州各级茶业公司非常注意收购红茶，完成国家外销任务。

1. 1953年、1954年《收茶手册》对杭州红茶的收购

据1991年第1版《杭州市供销合作社志》，新中国成立初期，国营茶叶公司开始设点收购茶叶，私商可以自营，也可为国营公司代收。1950年，中茶杭州分公司成立后，省政府公布茶叶管理办法，杭州市成立了茶叶市场。自1952年开始，私商不得进入产区收购，停止茶叶邮包寄往省外各地，私商亦不得外运茶叶。1954年，规定外销茶及边销茶一律由国营公司收购，供销社除自营内销茶采购外，继续为国营公司代购。

图7-67是1953年3月编印的中国茶业公司浙江省公司《收茶手册》书影，该手册为64开本，共86页，对收茶的各种规定与程序记载极其详尽，便于携带和随时查阅。

收茶是完成国家外销任务的大事，《收茶手册》各种表格中首为《一九五三年浙江省外销红毛茶茶价计算系数表》，使收购人员随时翻阅，坚决执行。

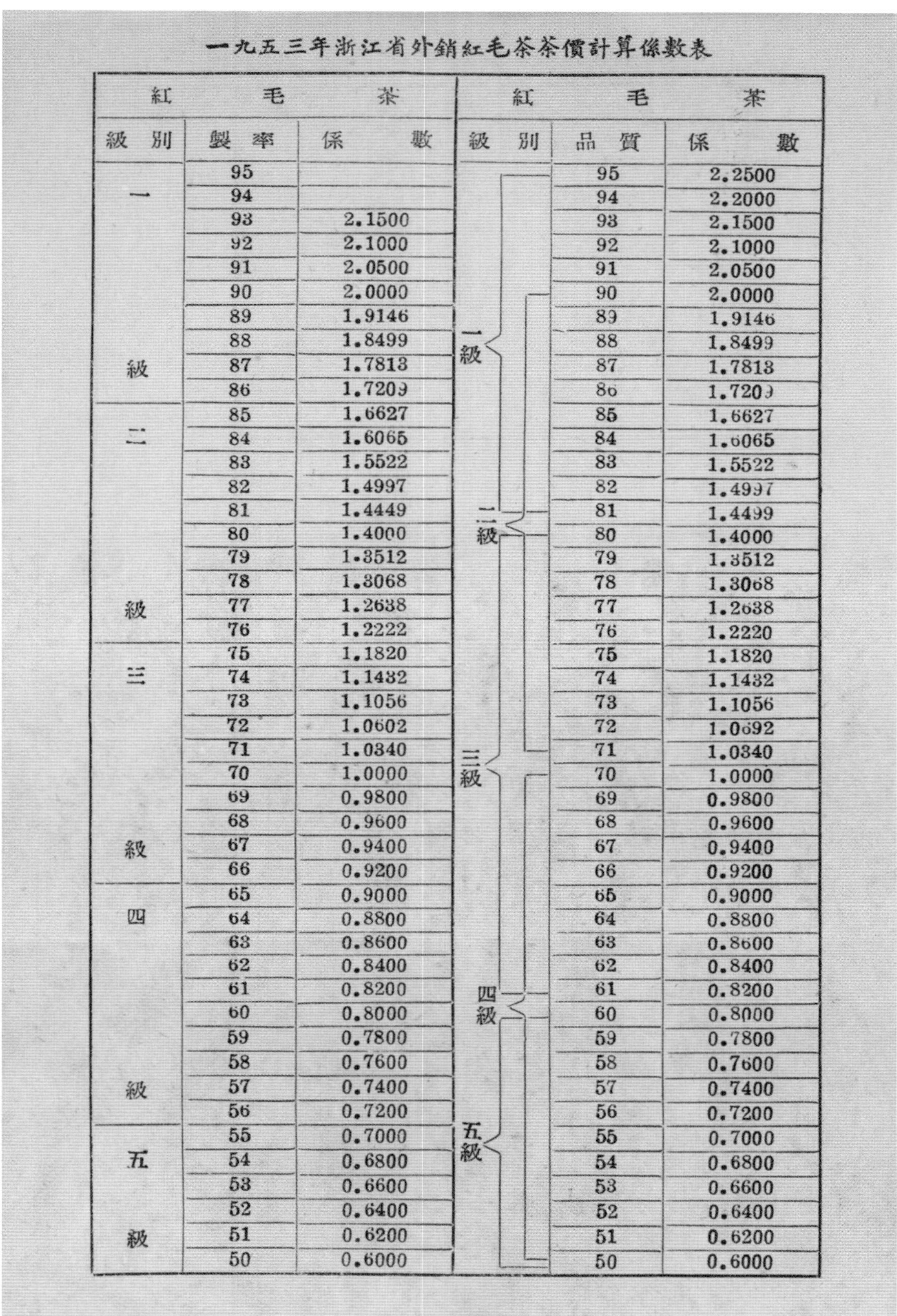

一九五三年浙江省外銷紅毛茶茶價計算係數表

紅毛茶 級別	製率	係數	紅毛茶 級別	品質	係數
一級	95			95	2.2500
	94			94	2.2000
	93	2.1500		93	2.1500
	92	2.1000		92	2.1000
	91	2.0500		91	2.0500
	90	2.0000		90	2.0000
	89	1.9146		89	1.9146
	88	1.8499	一級	88	1.8499
	87	1.7813		87	1.7813
	86	1.7209		86	1.7209
二級	85	1.6627		85	1.6627
	84	1.6065		84	1.6065
	83	1.5522		83	1.5522
	82	1.4997		82	1.4997
	81	1.4449		81	1.4499
	80	1.4000	二級	80	1.4000
	79	1.3512		79	1.3512
	78	1.3068		78	1.3068
	77	1.2638		77	1.2638
	76	1.2222		76	1.2220
三級	75	1.1820		75	1.1820
	74	1.1432		74	1.1432
	73	1.1056		73	1.1056
	72	1.0602		72	1.0692
	71	1.0340		71	1.0340
	70	1.0000	三級	70	1.0000
	69	0.9800		69	0.9800
	68	0.9600		68	0.9600
	67	0.9400		67	0.9400
	66	0.9200		66	0.9200
四級	65	0.9000		65	0.9000
	64	0.8800		64	0.8800
	63	0.8600		63	0.8600
	62	0.8400		62	0.8400
	61	0.8200		61	0.8200
	60	0.8000	四級	60	0.8000
	59	0.7800		59	0.7800
	58	0.7600		58	0.7600
	57	0.7400		57	0.7400
	56	0.7200		56	0.7200
五級	55	0.7000	五級	55	0.7000
	54	0.6800		54	0.6800
	53	0.6600		53	0.6600
	52	0.6400		52	0.6400
	51	0.6200		51	0.6200
	50	0.6000		50	0.6000

图7-68　浙江省《收茶手册·一九五三年浙江省外销红毛茶茶价计算系数表》

Fig. 7-68 "Calculation Coefficient Table of Exported Zhejiang Black Tea Price in 1953" in the *Tea Acquisition Brochure*

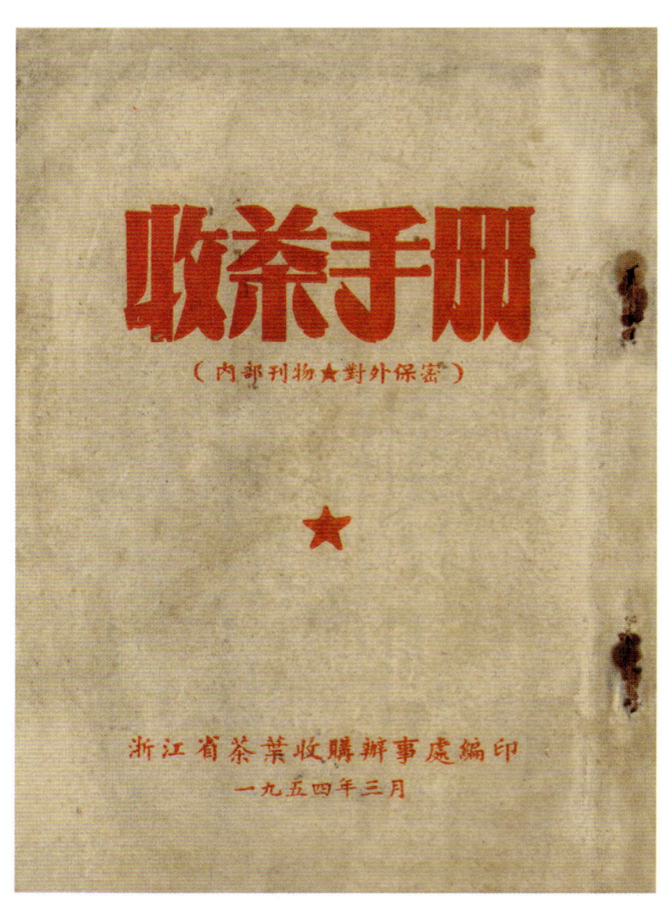

图7-69 1954年浙江《收茶手册》书影

Fig. 7-69 A copy of the *Tea Acquisition Brochure* in 1954

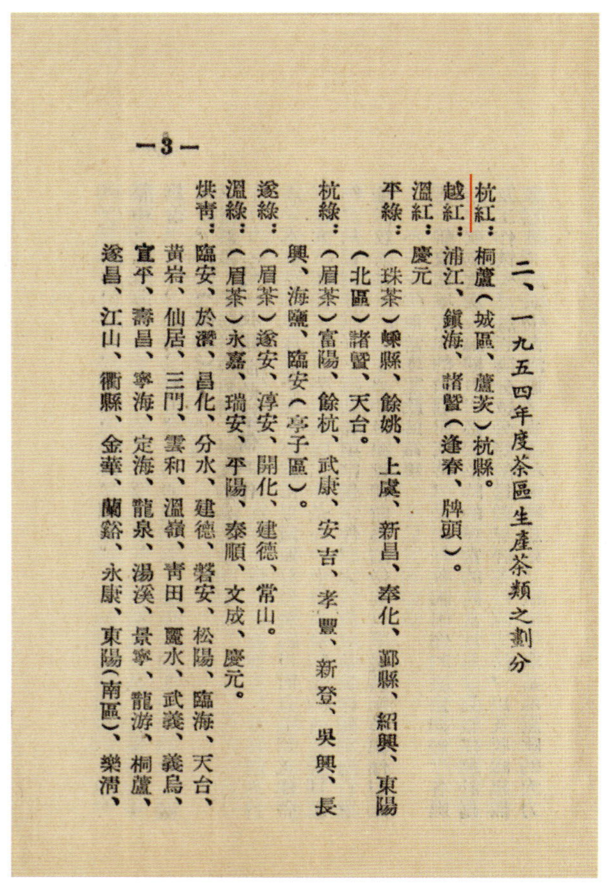

—3—

二、一九五四年度茶區生產茶類之劃分

杭紅：桐廬（城區、蘆茨）杭縣。

越紅：浦江、鎭海、諸暨（逢春、牌頭）。

溫紅：慶元

平綠：（珠茶）嵊縣、餘姚、上虞、新昌、奉化、鄞縣、紹興、東陽（北區）諸暨、天台。

杭綠：（眉茶）富陽、餘杭、武康、安吉、孝豐、新登、吳興、長興、海鹽、臨安（亭子區）。

遂綠：（眉茶）遂安、淳安、開化、建德、常山。

溫綠：（眉茶）永嘉、瑞安、平陽、泰順、文成、慶元。

烘青：臨安、於潛、昌化、分水、建德、磐安、松陽、臨海、天台、黃岩、仙居、三門、雲和、溫嶺、青田、麗水、武義、義烏、宣平、壽昌、寧海、定海、龍泉、湯溪、景寧、龍游、桐廬、遂昌、江山、衢縣、金華、蘭谿、永康、東陽（南區）、樂清、

图7-70 1954年浙江《收茶手册·茶区生产分类》，首为“杭红”

Fig. 7-70 “Tea Production Area Classification” in the *Tea Acquisition Brochure* in 1954, the first being Hangzhou Black Tea

图7-69是1954年3月浙江省茶叶收购办事处编印的《收茶手册》书影。

图7-70是浙江《收茶手册》第3页“二、一九五四年度茶区生产茶类之划分”，首为“杭红：桐庐（城区、芦茨）、杭县”。

2. 1950年7月19日上海《工商新闻》之“浙江红茶收购”

图7-71是1950年7月19日上海工商调查所发行的《工商新闻》，其第1版刊登有题为“产量增加，输出有利，茶叶产销前途乐观”的新闻。副标题为“红茶供不应求，绿茶收购已超过八成，茶农利益基本上获得照顾”。小标题“新茶展开收购”中有“公营中茶公司预定本年收购红绿茶共计十九万担，内红茶七万三千担，……浙江红茶一万六千担”的记载。

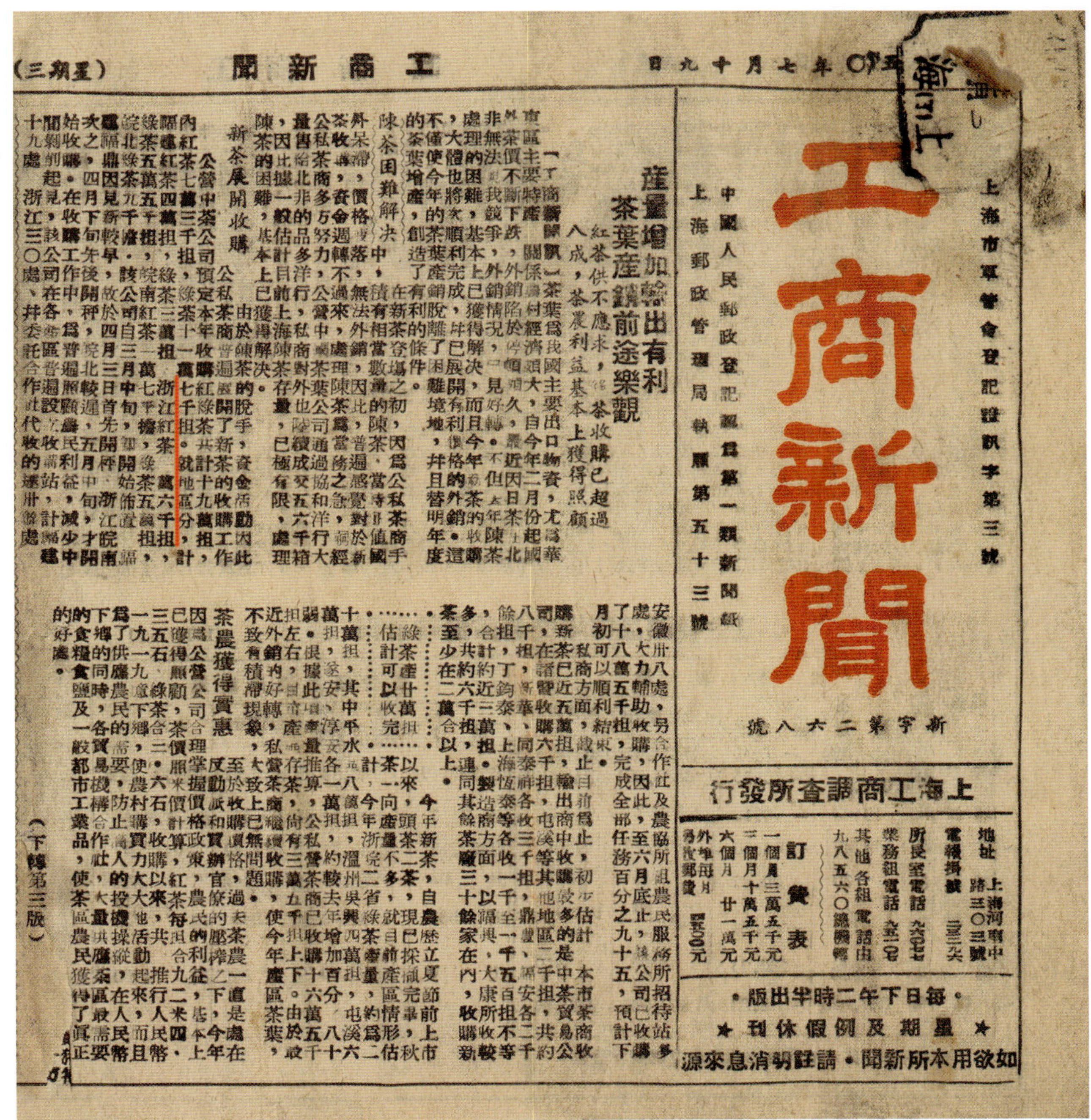

（星期三）　工商新聞　一九五〇年七月十九日

工商新聞

上海市軍管會登記證訊字第三號

中國人民郵政登記認爲第一類新聞紙

上海郵政管理局執照第五十三號

新字第二六八號

產量增加輸出有利 茶葉產銷前途樂觀

紅茶供不應求 茶農利益基本上獲得照顧 收購已超過八成

新茶展開收購

（下轉第三版）

上海工商調查所發行

地址　上海河南中路三〇三號

訂費表

一個月　三萬五千元

三個月　十萬五千元

六個月　廿一萬元

每日下午二時半出版

星期及例假休刊

如欲用本所新聞・請註明消息來源

图7-71　1950年上海《工商新闻》之“浙江红茶收购”

Fig. 7-71 “The Acquisition of Black Tea in Zhejiang Province” in *Business News*, Shanghai, 1950

九、杭州农业学校茶科

大力发展红茶，培养茶业技术人才是关键。1950年9月创办的杭州农业学校茶科，是新中国成立后最早的培养茶业人才的学校。

1951年，《中国茶讯》第2卷第12期载孙松祥撰《杭州农校设立茶科》：

> 浙江省立杭州农业学校于1950年9月创办，原定农艺、园林、森林、畜牧、特产五科。三年毕业，第一年读普通预科，二年级起分科。1951年9月初才开始正式分科，后因设备关系由五科而改为森林、畜牧、农艺三科。至9月19日，接到领导明确的指示："为了重点办好学校，配合国家急切需要，适合生产建设的迫切"，所以应即由森林、畜牧、农艺三科，改为茶、麻两科，以配合浙江目前的急需。
>
> 茶科当时已有50个同学，由敦义农工学院茶叶专修科教授俞寿康任科主任，由当地茶农指导实际经验，再配合书本理论。制茶季节由政府分配到各茶厂实习，确实做到理论与实际相结合。

《中国茶讯》的这一则报道，明确记载了1950年9月建立的杭州农校，因着国家经济建设和杭州作为全国著名茶区及茶为外销主要物资的需要而设立茶科。1950年，杭州市拱墅区建起了全国闻名的"浙江麻纺厂"，急需麻业人才。茶业、麻业在杭州成两大产业，1951年，杭州农校即设茶、麻两科。

杭州农校茶科首届学生于1953年毕业。1954年，学校校址因地处杭州西面的中村，由于军队需要，学校即解散。为编撰本书，笔者走访当时的老领导、老教授，他们回忆60年前的杭州农校茶科往事，都感慨万分、唏嘘不已。他们之中，有著名的茶业专家、曾任中共杭州市委常委并主管杭州农业和茶业的副市长丁可珍，她是杭州农校茶科首届毕业生；有余杭区原农业局局长、副县长、区政协副主席、杭州茶业援外专家戴志达；有原浙江人民出版社副社长、当年的团支书周祖庚；有原浙江农业大学茶学系博士生导师童启庆教授；有茶叶援外专家、杭州茶叶试验场副场长、杭州市农业局副局长赵晋谦；有杭州茶叶试验场场长、高级农艺师李寿林；有茶叶和茶史专家钱霖。

图7-72是1954年7月17日，杭州农业学校茶科甲班毕业纪念旧影。前排右起：楼亚芬、吴银娥、朱文珍、俞素英、余念祖、郑大仁、粱尚书、牧梅园、刘河洲、李德忠、王志英、童启庆、张文娟、钟萝；中排右起：李大椿、周建文、王绍裕、俞永明、边德镕、吴善庭、高黄银、陈纪福、胡海波、黄立余、张明庆、曹正大、陈培波、夏世华、沈培农、骆达元；后排右起：程元耀、施成杰、钱时霖、汤钖纯、宣保法、方昱、曹天麟、顾远新、李广德、何荣昌、戴树荣、金鹏、赵依禹、李寿林。图7-72和图7-73中所有的人名，由丁可珍、照片持有者李寿林辨认，年代久远，故人已逝，憾于有几人未能辨明。

图7-73是1954年杭州农校茶科乙班团支部合影。前排左起：丁可珍、方如英、孙祖美、徐淑娥、陈亚琪；中排左起班长周永光、寿张华、程明英、楼跃然、钟渭基、徐光金、钟××（不详）；后排左起：章秋璋、徐念祖、俞××（不详）、章锦祥、范祚灿、团支书周祖庚；后排左起：高竹屿、章芬华。

图7-72　1954年7月17日，杭州农业学校茶科甲班毕业纪念旧影，前排左六为刘河洲

Fig. 7-72 On July 17, 1954, the graduation commemorative photo of Class 1 of Tea Department of Hangzhou Agricultural School with Liu Hezhou being the sixth one in the first row

图7-73　1954年杭州农校茶科乙班团支部合影

Fig. 7-73 Students in Youth League Branch of Class 2 of Tea Department of Hangzhou Agricultural School in 1954

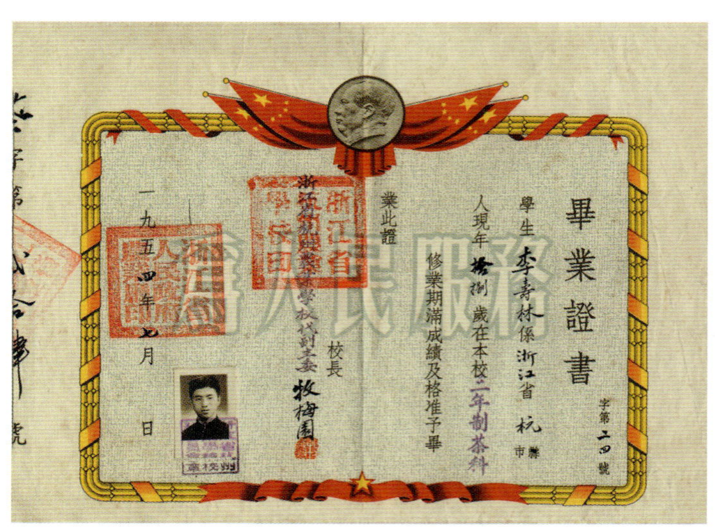
畢業證書
字第二四號
學生李壽林係浙江省杭市縣人現年 歲在本校二年制茶科修業期滿成績及格准予畢業此證
校長
一九五四年七月 日

图7-74 1954年，李寿林的浙江杭州农校茶科毕业证书
Fig. 7-74 Li Shoulin’s Graduation Certificate in Tea Department of Hangzhou Agricultural School in 1954

图7-75 《华东区第一次农业展览会汇刊》书影
Fig. 7-75 A copy of the *Journal of the First Agricultural Exhibition in Eastern Region of China*

十、城乡展览交流大会上的杭州红茶

面对国内经济凋敝，国外经济封锁的形势，新中国只能自力更生，加倍努力，为经济的恢复和发展而奋斗。为恢复历史的商业网络，建立新的商业网络，打开土特产销路，新中国成立初期国民经济恢复时期，全国各省市蓬勃开展各种形式的城乡物产展览交流大会。

1. 1949年12月上海华东区农业展览会上的杭州红茶

1949年11月，由华东区财委会、农业水利部等8个单位发起，继有华东粮食局、中国动物学会、植物学会、复旦大学、南京大学、金陵大学、浙江大学等102个机关和学校团体参加，经一个多月筹备，于12月31日，华东区第一次农业展览会举行了开幕式。本次展览会会期15天，个人购票参观者达223326人，团体购票者61133人，还有大量免费参观的农民、赠券参观者，以及临时要求集体参观和参加游艺者，观众达40万余人。

会场设在上海市中心跑马厅，占地190亩。展出共分农业建设途径部、农艺部、病虫药械部、园艺部、土壤肥料部、纺织纤维部、农业工程部、水产部、林牧部、苏联农业介绍部共10部。共有7000多种展品，各式图表719种，照片107幅，标本2659种。有实物1172件展出，展棚长达3华里。这些展品中也有“杭州红茶”（九曲红梅）。

2. 1951年6月上海市土产展览交流大会上的杭州红茶

新中国成立初期，全国土特产总产值占全国农民总收入的30%。扩大城乡互助，发展土产交流，是1951年全国经济贸易工作的中心任务，上海市举办土产展览交流大会具有全国性意义。上海是全国工商业的中心，当时拥有500万人口，平均购买力又远高于其他地区。当时全国各地都已开过或正在举办土产展览会，上海吸取各地经验，搜集来自全国各地的展品，开始筹备土产展览交流大会。参加交流的代表来自全国各地，上海市从1951年3月16日至6月9日，分三个阶段筹备举办土产展览交流大会。

1951年6月10日上海市土产展览交流大会开幕，于8月11日闭幕。大会共分食料、食品、手工业品、手工艺品、药物、水果蔬菜、林产、烟茶、畜产、肉乳蛋品、水产、工矿原料、棉毛丝袜、农业生产资料、日用品等共6个单元16个展馆。所有的展馆均聘请业绩突出的专家学者主持。如烟茶馆馆长陈舜年，副馆长方鸿儒、阮同祥、陈炽昌、张春申，展出委员中就有茶史界称为泰斗级人物的庄晚芳、陈椽、王泽农等人。大会场地建筑设计委员会主任委员即是民国时期1948年工业展览会的专家赵祖康。展出的品种来自全国各地，以茶叶为例，除了华东的龙井、大方、瓜片、杭红、闽红，乌龙茶、青砖茶、黑砖茶、米砖茶、茯砖茶、沱茶、千两茶均在展销之例。其中“杭红”，即九曲红梅。

图7-76　20世纪50年代赠志愿军的明信片“杭州采茶妇女正在采摘新茶”

Fig. 7-76 A postcard for volunteer army in the 1950s with a picture of Hangzhou women teapickers picking new tea

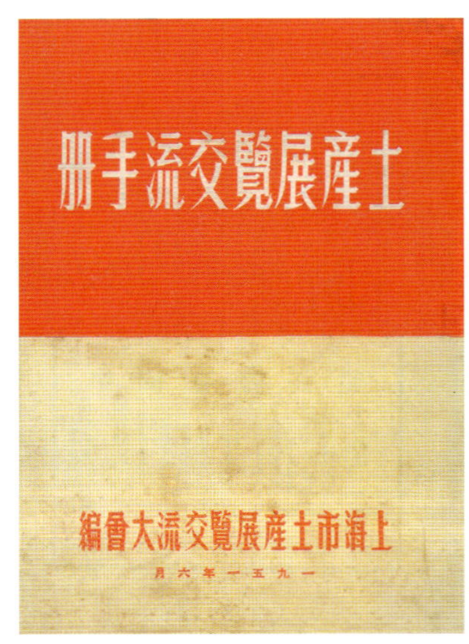

图7-77 《土产展览交流手册》书影

Fig. 7-77 A copy of *Native Products Exhibition and Trade Manual*

图7-78 烟茶馆

Fig. 7-78 Cigarette and Tea Museum

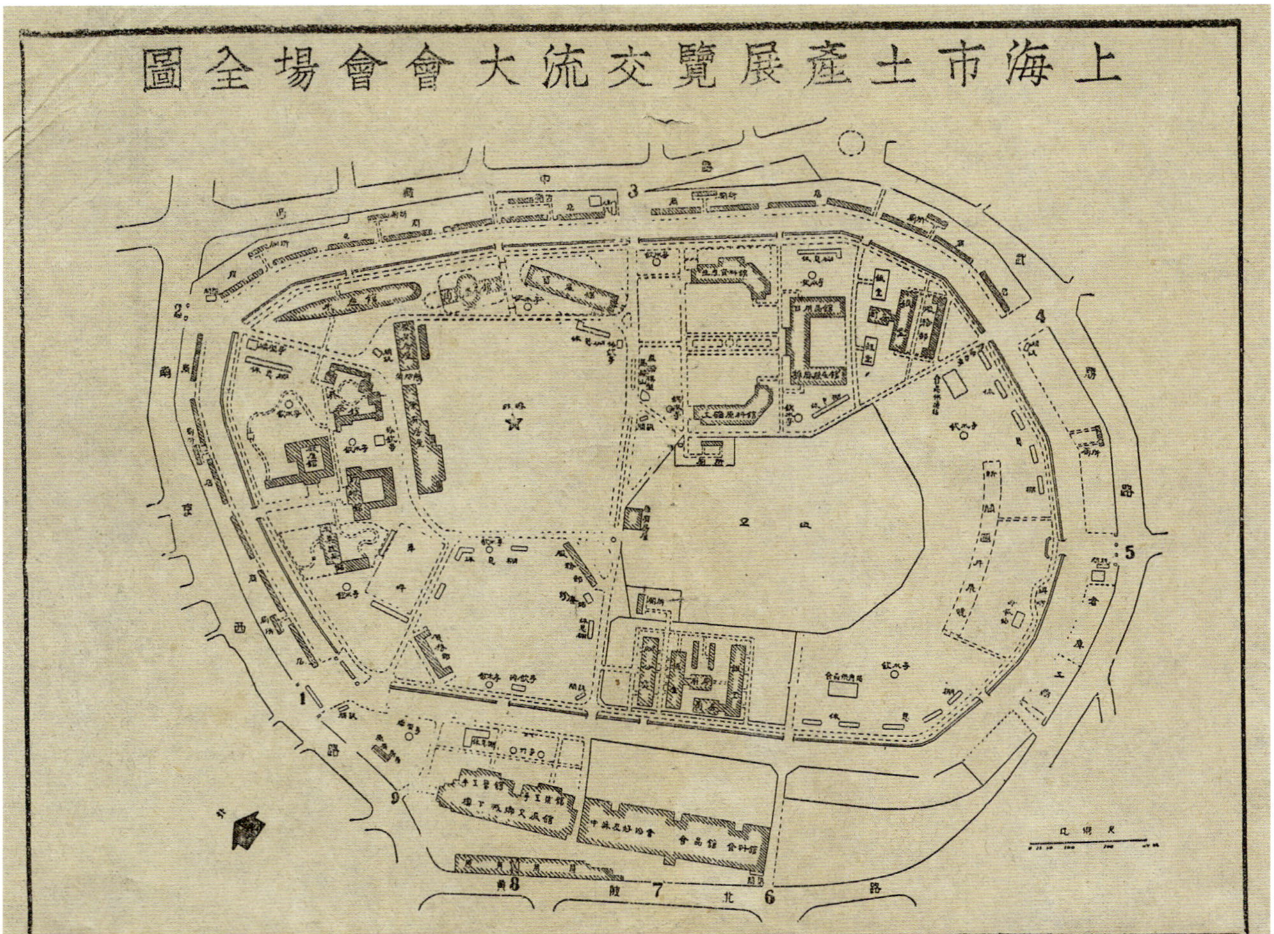

上海市土產展覽交流大會會場全圖

图7-79 《上海市土产展览交流大会会场全图》

Fig. 7-79 "The Map of Shanghai Native Products Exhibition and Trade Fair"

图7-80　1951年7月14日，上海市土产展览交流大会烟茶馆全体工作人员联欢会留影
Fig. 7-80 Group photo of all the staff of Cigarette and Tea Museum, Shanghai Native Products Exhibition and Trade Fair on July 14, 1951

3. 1951年4月浙江省土特产展览交流大会上的杭州红茶

1951年4月10日，在1929年召开过西湖博览会的杭州，以孤山为中心，向四面扩展，浙江省土特产展览交流大会开幕了。展览品分水利农具、工业、丝绸、省际、水产、手工业、茶叶、国药、铁道、油脂、食品、一般土产共12个馆展出。

图7-84至7. 90是一组1951年6月号《人民画报》题为“新中国的茶叶”旧影，取材均为杭州茶区。

浙江省土特产展览交流大会编印的《展览交流手册》（第二辑）第43页有“浙江茶叶生产新方向・茶叶馆介绍”，其中非常明显地突出红茶生产：

……展览馆的中心内容，是将浙江茶叶的生产、制造、运销情况，环绕着浙茶当前“大力打开内销茶叶销路”“增产红茶”这两个特点，以实物模型、图表、说明、彩图表现出来，并且也指出了茶叶今后发展的方向。

……走进展览室，先看到红茶的初制机与陈列的制造红茶的一套模型和图表，告诉我们采摘、萎凋、揉捻、发酵、烘焙，是制造红茶的必经过程。

在陈列的机器中，有红茶初制的手摇揉捻机，及精制过程中的拌筛机、圆筛机、切茶机、风力选剔机、拣梗机、干燥机、炒锅机……

图7-81 一般土产馆、食品馆

Fig. 7-81 General Native Products Museum and Food Museum

图7-82 茶叶馆、国药馆

Fig. 7-82 Tea Museum and Medicines Museum

图7-83 1951年，浙江省土特产展览交流大会纪念章

Fig. 7-83 Medals of Zhejiang Native Products Exhibition and Trade Fair in 1951

图7-84 春天来了，杭州狮峰山上春茶茁壮成长

Fig. 7-84 The tea branches at Hangzhou Shifeng Mountain growing fast in Spring

图7-85 土地改革后，茶农分得了茶园，茶叶发展得到保障

Fig. 7-85 After the Land Reform, tea garden distributed to tea farmers, and tea industry progress ensured

图7-86 中国茶业公司栽培的苗圃供应各地茶农优良茶种

Fig. 7-86 Plant nursery cultivated by China Tea Company had supplied tea farmers with different varieties of excellent species of tea.

图7-87 杭州舜皇山村茶农采茶

Fig. 7-87 Tea farmers picking tea leaves in Hangzhou Shunhuangshan Village

图7-88 龙井茶区茶农采茶归来

Fig. 7-88 Tea farmers returning from picking tea in the Longjin Tea Region

图7-89 中国茶业公司杭州茶厂利用机械制茶

Fig. 7-89 Hangzhou Tea Factory (China Tea Company) utilizing machine to produce tea

图7-90 在人民政府大力扶植下，1950年外销163738市担茶叶，为1949年的196%

Fig. 7-90 In 1950, with the strong support of the people's government, Zhejiang Province exported 8186900 kg tea, increasing to 196% of that of the year 1949.

……著名的茶叶如龙井、杭红、杭菊、花茶等廉价供应参观者试饮，……

关于陈列一般性的统计表中，……茶叶制造方面，有红茶初制模型及手工机器精制模型。

…………

大力增产红茶，争取外汇，是浙江茶叶第二个特点，在抗美援朝运动普遍深入与展开的今天，建立与苏联及各新民主主义国家的贸易关系，战胜帝国主义经济封锁，浙茶的生产改造已是当务之急。

1952年8月浙江省秋季城乡物资交流大会编印的《物资交流手册》第46页，“食品类·茶叶”有：

三、产地：……杭州茶区：主要有杭县、余杭、武康、临安、富阳等县，原以内销绿茶为主，新中国成立后杭县、临安、富阳、余杭、桐庐、建德等县均已改制红茶，适应外销。

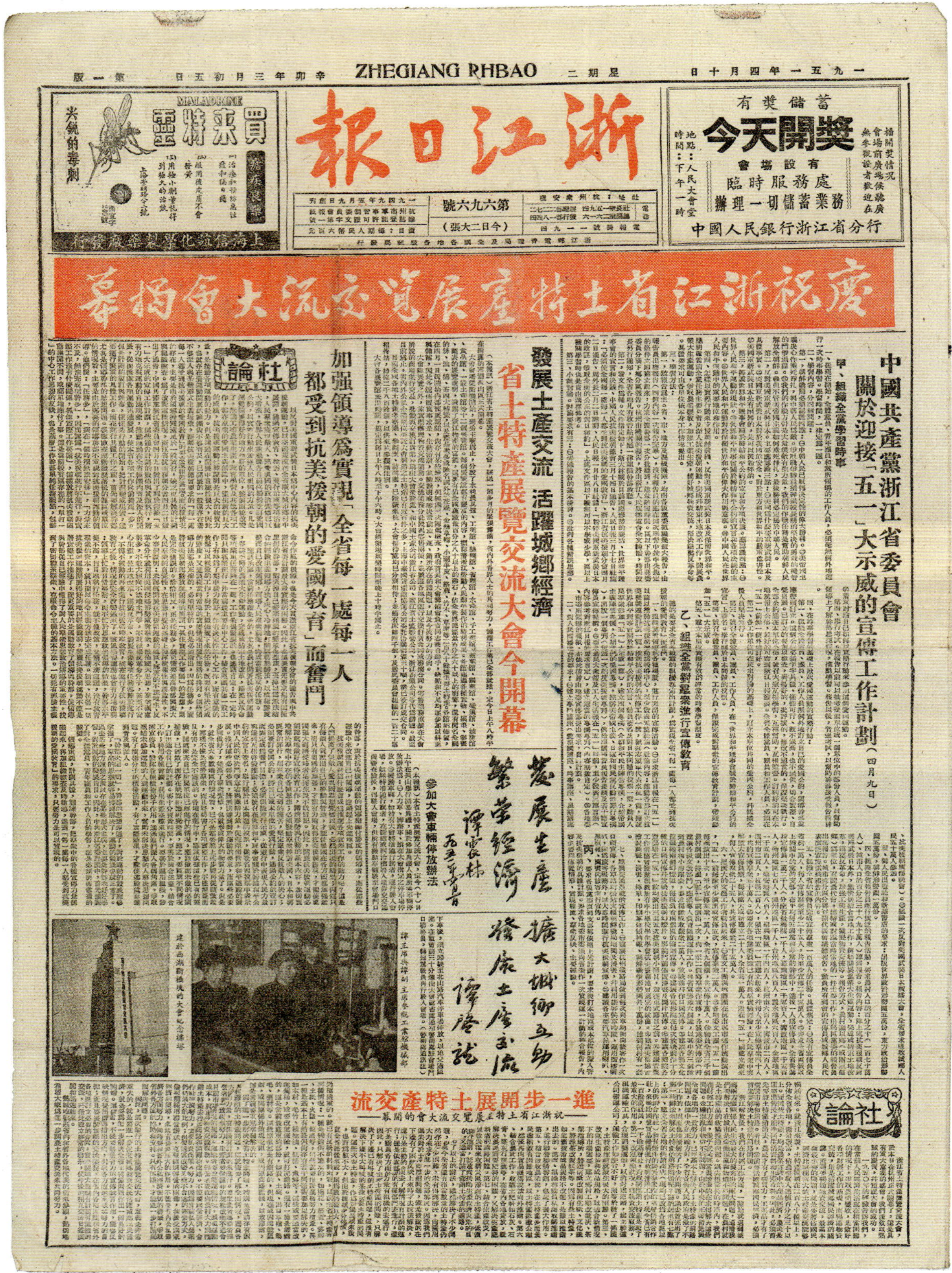

ZHEGIANG RHBAO

一九五一年四月十日 星期二　　辛卯年三月初五日　第一版

浙江日報

第六九六號（今日二大張）

蓄儲獎有 今天開獎

中國人民銀行浙江省分行

買來特靈 MALADRINE

上海信誼化學製藥廠發行

慶祝浙江省土特產展覽交流大會揭幕

中國共產黨浙江省委員會關於迎接「五一」大示威的宣傳工作計劃（四月九日）

甲、組織全黨學習時事

乙、組織全黨對群眾進行宣傳教育

發展土產交流 活躍城鄉經濟 省土特產展覽交流大會今開幕

社論 加强領導爲實現「全省每一處每一人都受到抗美援朝的愛國教育」而奮鬥

發展生產 繁榮經濟 譚震林

發展城鄉互助 發展土產交流 譚啓龍

參加大會車輛停放辦法

社論 進一步開展土特產交流

——祝浙江省土特產展覽交流大會的開幕——

图7-91　1951年4月10日《浙江日报》之《庆祝浙江省土特产展览交流大会揭幕》，有谭震林主席剪彩照

Fig. 7-91 The photo of President Tan Zhenlin cutting the ribbon in “To Celebrate the Opening Ceremony of Zhejiang Native Products Exhibition and Trade Fair” in the *Zhejiang Daily* on April 10, 1951

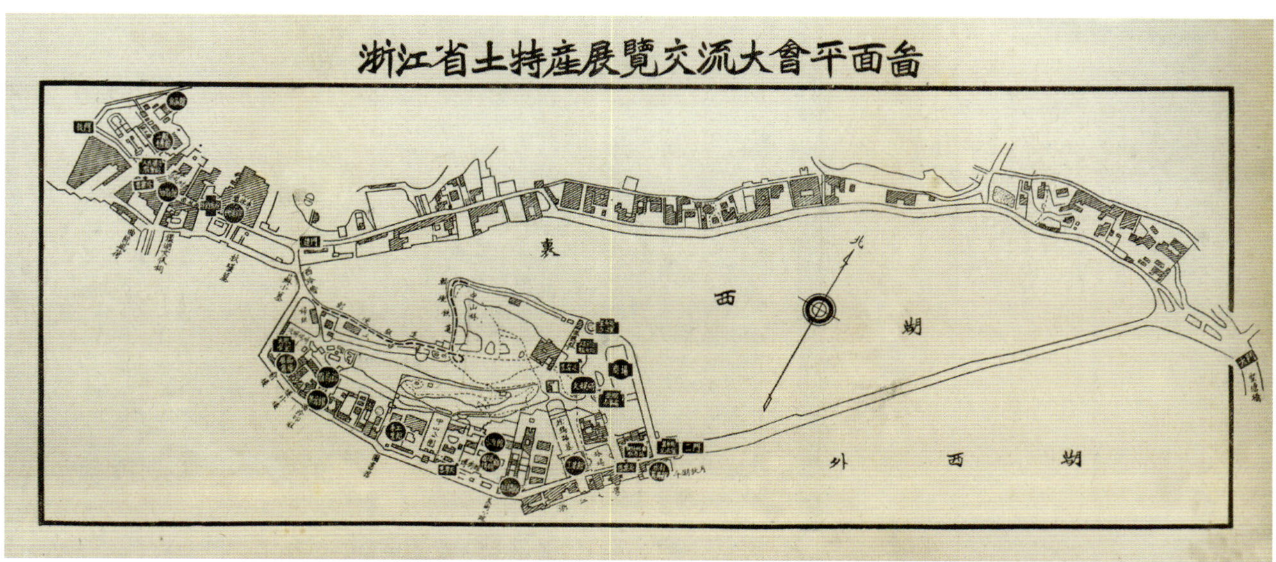

图7-92　《浙江省土特产展览交流大会平面图》

Fig. 7-92 “The Ichnography of Zhejiang Native Products Exhibition and Trade Fair”

图7-93　浙江土特产展览交流大会编印《展览交流手册》（第二辑）书影

Fig. 7-93 *Exhibition and Trade Manual* (second volume) compiled and printed by Zhejiang Native Products Exhibition and Trade Fair

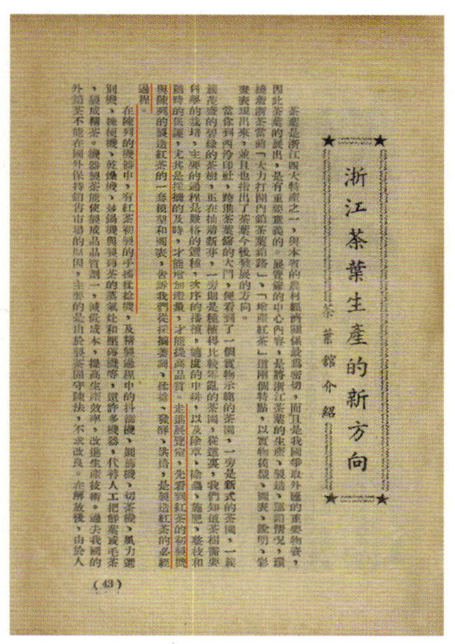

浙江茶葉生產的新方向

茶葉館介紹

茶葉是浙江四大特產之一，與本省的農村經濟關係最爲密切，而且是我國爭取外匯的重要物資，因此茶葉的展出，是有重要意義的。展覽館的中心內容，是將浙江茶葉的生產、製造、運銷情況，環繞着浙茶當前「大力打開內銷茶葉銷路」、「增產紅茶」這兩個特點，以實物模型、圖表、說明、彩畫表現出來，並且也指出了茶葉今後發展的方向。

當你到西泠印社，跨進茶葉館的大門，便看到了一個實物示範的茶園，一旁是新式的茶園，一片蔬茂盛的碧綠的茶樹，正在抽着新芽，一旁則是種植得比較紊亂的茶園，從這裏，我們知道茶樹需要科學的栽培，主要的過程是嚴格的選種，次序的播種，適度的中耕，以及除草、除蟲、施肥、整枝和適時的採摘，尤其是採摘的及時，才能增加產量，才能提高品質。走進展覽室，先看到紅茶的初製機與陳列的製造紅茶的一系模型和圖表，告訴我們從採摘萎凋、揉捻、發酵、烘焙，是製造紅茶的必經過程。

在陳列的機器中，有紅茶初製的手搖揉捻機，及精製過程中的抖篩機、圓篩機、切茶機、風力選別機、揀梗機、乾燥機、炒鍋機與製綠茶的蒸氣灶和壓磚機等，還許多機器，代替人工把鮮葉變毛茶，製成精茶。機器製茶能使製成品品質劃一，減低成本，提高生產效率，改進生產技術。過去我國的外銷茶不能在國外保持銷售市場的原因，主要的是由於製茶固守陳法，不求改良。在解放後，由於人

（43）

图7-94　《展览交流手册》之“浙江茶叶生产的新方向 · 茶叶馆介绍”

Fig. 7-94 “Introduction of Tea Museum” of “New Directions of Zhejiang Tea Production” in *Exhibition and Trade Manual*

图7-95　1952年8月浙江省秋季城乡物资交流大会编印《物资交流手册》书影

Fig. 7-95 *Goods Exchange Manual* by Urban and Rural Commodity Exchange Conference, Zhejiang Province in August 1952

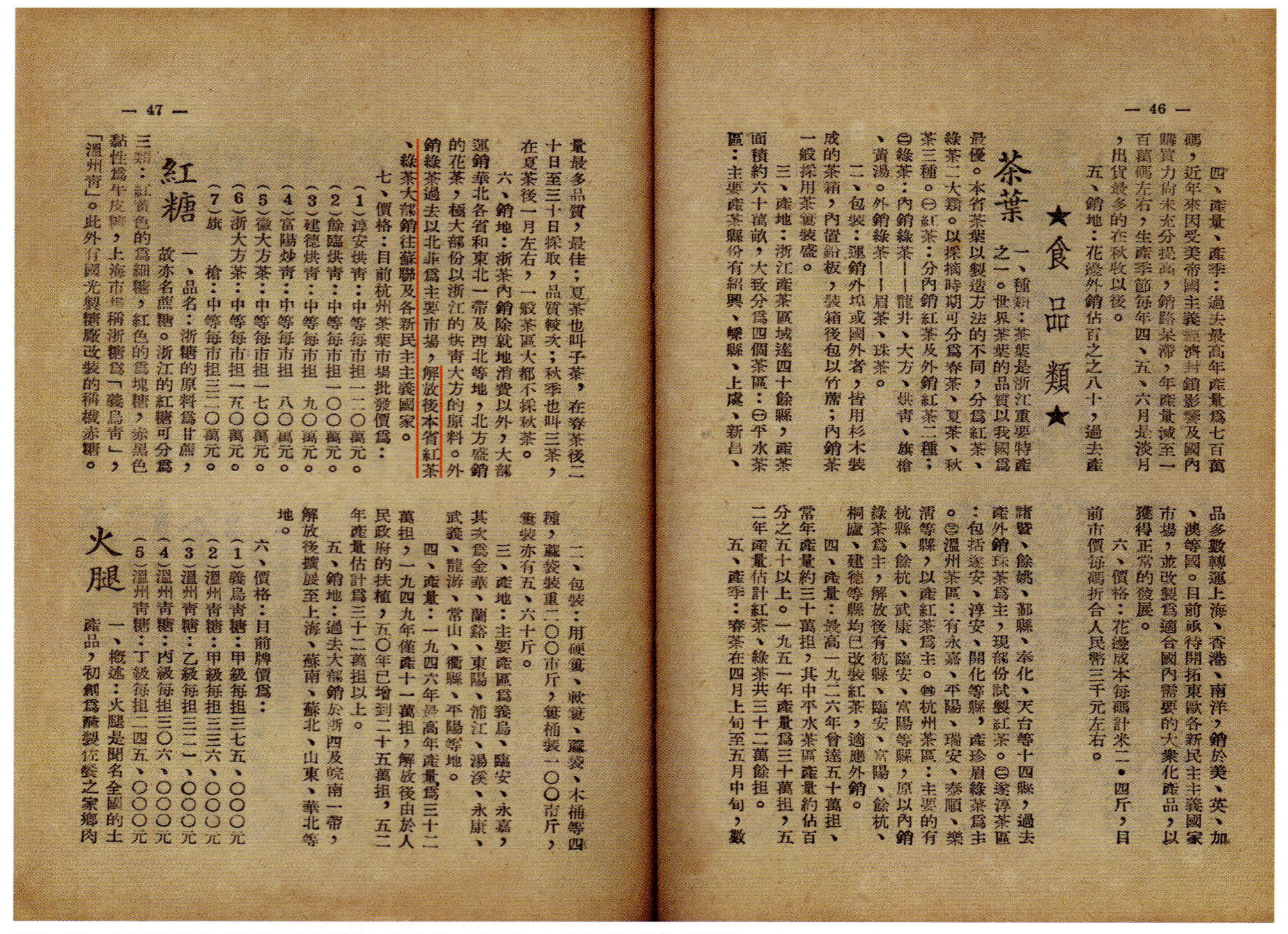

— 46 —

四、產量、產季：過去最高年產量爲七百萬碼，近年來因受美帝國主義經濟封鎖影響及國內購買力尚未充分提高，銷路呆滯，年產量減至一百萬碼左右，生產季節每年四、五、六月是淡月，出貨最多的在秋收以後。

五、銷地：花邊外銷佔百之八十，過去產品多數轉運上海、香港、南洋，銷於美、英、加、澳等國。目前亟待開拓東歐各新民主主義國家市場，並改製爲適合國內需要的大衆化產品，以獲得正常的發展。

六、價格：花邊成本每碼計米二·四斤，目前市價每碼折合人民幣三千元左右。

★食 品 類★

茶葉

一、種類：茶葉是浙江重要特產之一。世界茶葉的品質以我國爲最優。本省茶葉以製造方法的不同，分爲紅茶、綠茶二大類。以採摘時期可分爲春茶、夏茶、秋茶三種。㈠紅茶：分內銷紅茶及外銷紅茶二種。㈡綠茶：內銷綠茶——龍井、大方、烘青、旗槍、黃湯。外銷綠茶——眉茶、珠茶。

二、包裝：運銷外埠或國外者，皆用杉木裝成的茶箱，內置鉛板，裝箱後包以竹席；內銷茶一般採用茶簍裝盛。

三、產地：浙江產茶區域達四十餘縣，產茶面積約六十萬畝，大致分爲四個茶區：㈠平水茶區：主要產茶縣份有紹興、嵊縣、上虞、新昌、諸暨、餘姚、鄞縣、奉化、天台等十四縣，過去產外銷珠茶爲主，現部份試製紅茶。㈡遂淳茶區：包括遂安、淳安、開化等縣，產珍眉綠茶爲主。㈢溫州茶區：有永嘉、平陽、瑞安、泰順、樂清等縣，以產紅茶爲主。㈣杭州茶區：主要的有杭縣、餘杭、武康、臨安、富陽等縣，原以內銷綠茶爲主，解放後有杭縣、臨安、富陽、餘杭、桐廬、建德等縣均已改裝紅茶，適應外銷。

四、產量：最高一九二六年曾達五十萬担，常年產量約三十萬担，其中平水茶區產量約佔百分之五十以上。一九五一年產量爲三十萬担，五二年產量估計紅茶、綠茶共三十二萬餘担。

五、產季：春茶在四月上旬至五月中旬，數量最多品質最佳；夏茶也叫子茶，在春茶後二十日至三十日採取，品質較次；秋季也叫三茶，在夏茶後一月左右，一般茶區大都不採秋茶。

— 47 —

六、銷地：浙茶內銷除就地消費以外，大部運銷華北各省和東北一帶及西北等地，北方盛銷的花茶，極大部份以浙江的烘青大方的原料。外銷綠茶過去以北非爲主要市場，解放後本省紅茶、綠茶大部銷往蘇聯及各新民主主義國家。

七、價格：目前杭州茶葉市場批發價爲：

(1)淳安烘青：中等每市担一二〇萬元。

(2)餘臨烘青：中等每市担一〇〇萬元。

(3)建德烘青：中等每市担 九〇萬元。

(4)富陽炒青：中等每市担 八〇萬元。

(5)徽大方茶：中等每市担一七〇萬元。

(6)浙大方茶：中等每市担一五〇萬元。

(7)旗 槍：中等每市担三二〇萬元。

紅糖

一、品名：浙糖的原料爲甘蔗，故亦名蔗糖。浙江的紅糖可分爲三類：紅黃色的爲細糖，紅色的爲塊糖，赤黑色黏性爲牛皮糖，上海市場稱浙糖爲「義烏青」，「溫州青」。此外有國光製糖廠改裝的稱機赤糖。

二、包裝：用硬簍、軟簍、蘿簍、木桶等四種，蘿簍裝重二〇〇市斤，簍桶裝一〇〇市斤，簍裝亦有五、六十斤。

三、產地：主要產區爲義烏、臨安、永嘉，其次爲金華、蘭谿、東陽、浦江、湯溪、永康、武義、龍游、常山、衢縣、平陽等地。

四、產量：一九四六年最高年產量爲三十二萬担，一九四九年僅產十一萬担，解放後由於人民政府的扶植，五〇年已增到二十五萬担，五二年產量估計爲三十二萬担以上。

五、銷地：過去大部銷於浙西及皖南一帶，解放後擴展至上海、蘇南、蘇北、山東、華北等地。

六、價格：目前牌價爲：

(1)義烏青糖：甲級每担三七五、〇〇〇元

(2)溫州青糖：甲級每担三三六、〇〇〇元

(3)溫州青糖：乙級每担三二一、〇〇〇元

(4)溫州青糖：丙級每担三〇六、〇〇〇元

(5)溫州青糖：丁級每担二四五、〇〇〇元

火腿

一、概述：火腿是聞名全國的土產品，初創爲醃製佐餐之家鄉肉

图7-96 1952年8月《物资交流手册·食品类·茶叶》对“改种红茶”的记载

Fig. 7-96 A record about planting black tea in “Tea” chapter of “Food” classification in *Goods Exchange Manual* in August 1952

现域“九曲红茶”产地定山、浮山一带，其时属杭县，更是勇为先锋，迅速恢复生产红茶，支援国家创收外汇。

4. 1951年4月10日《大公报·庆祝浙江省土特产展览交流大会开幕特刊》之九曲红梅

图7-97是1951年4月10日《大公报·庆祝浙江省土特产展览交流大会开幕特刊》，该《大公报》右下侧有杭州生大茶号广告，广告词列出名茶为：“狮峰龙井，九曲红梅，珠兰茉莉，杭白菊花，西湖藕粉，玫瑰玳玳，花色茶厅，一应俱全。”列出者均为杭州土特产，首为西湖龙井，次为九曲红梅。此九曲红梅，是新中国成立后首次出现在报刊上。该报正中有“茶业改变生产方式，增产红茶面向大众，增产红茶，不是全为外销，面向大众也重要”。这句话放在今天仍有现实意义。

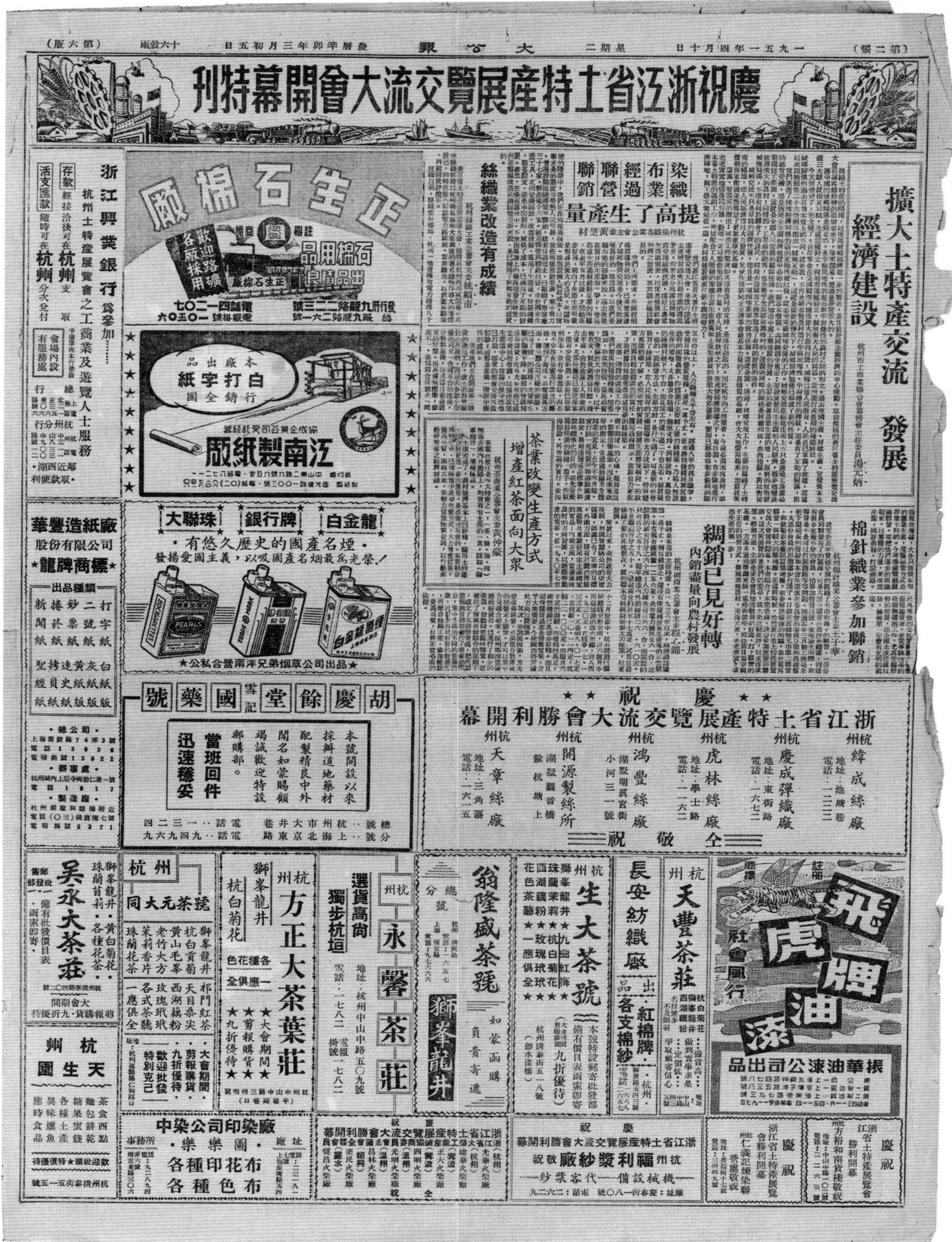

（第二張）　一九五一年四月十日　星期二　大公報　農曆辛卯年三月初五日　（第六版）

慶祝浙江省土特產展覽交流大會開幕特刊

擴大土特產交流 發展經濟建設

提高了生產量

絲織業改造有成績

茶業改變生產方式 增產紅茶面向大衆

綢銷已見好轉 內銷盡量向農村發展

棉針織業參加聯銷

图7–97　1951年4月10日《大公报 · 庆祝浙江省土特产展览交流大会开幕特刊》，杭州生大茶号之九曲红梅

Fig. 7-97 *Ta Kung Pao*, “Issue of Celebration of Opening of the Zhejiang Native Products Exhibition and Trade Fair”, April 10, 1951, with an advertisement of Jiuqu Hongmei of Hangzhou Shengda Tea Shop

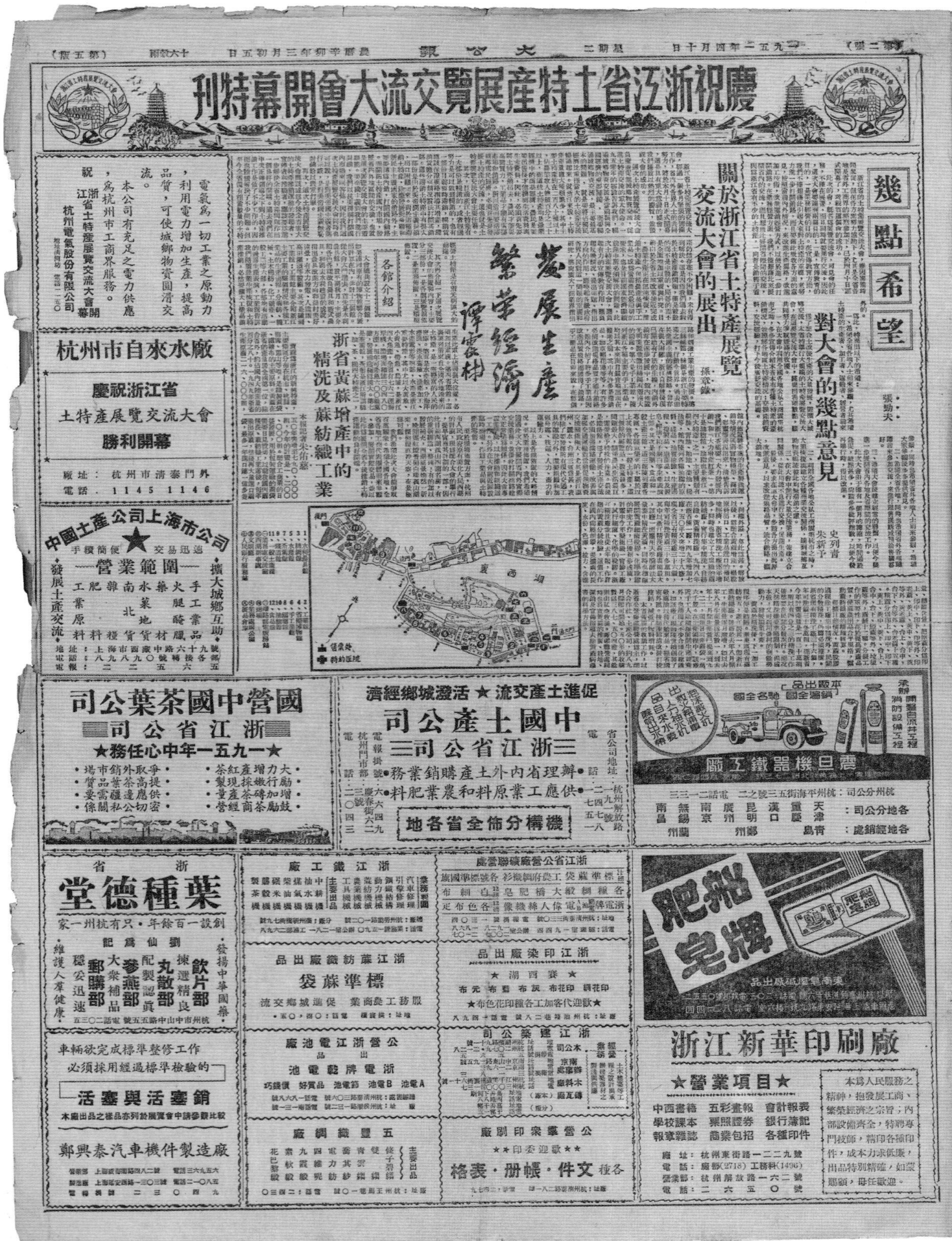
（第五版） 大公報 一九五一年四月十日 星期二

慶祝浙江省土特產展覽交流大會開幕特刊

幾點希望

張勁夫

關於浙江省土特產展覽交流大會的展出

孫章錄

對大會的幾點意見

史列青 朱新予

發展生產 繁榮經濟

譚震林

浙省黃蘇增產中的精洗及蘇紡織工業

各館介紹

图7-98　1951年4月10日《大公报·庆祝浙江省土特产展览交流大会开幕特刊》，还有展馆图（第五版）

Fig. 7-98 *Ta Kung Pao,* "Issue of Celebration of Opening of Zhejiang Native Products Exhibition and Trade Fair" with it's Hall map (the 5th page), April 10, 1951

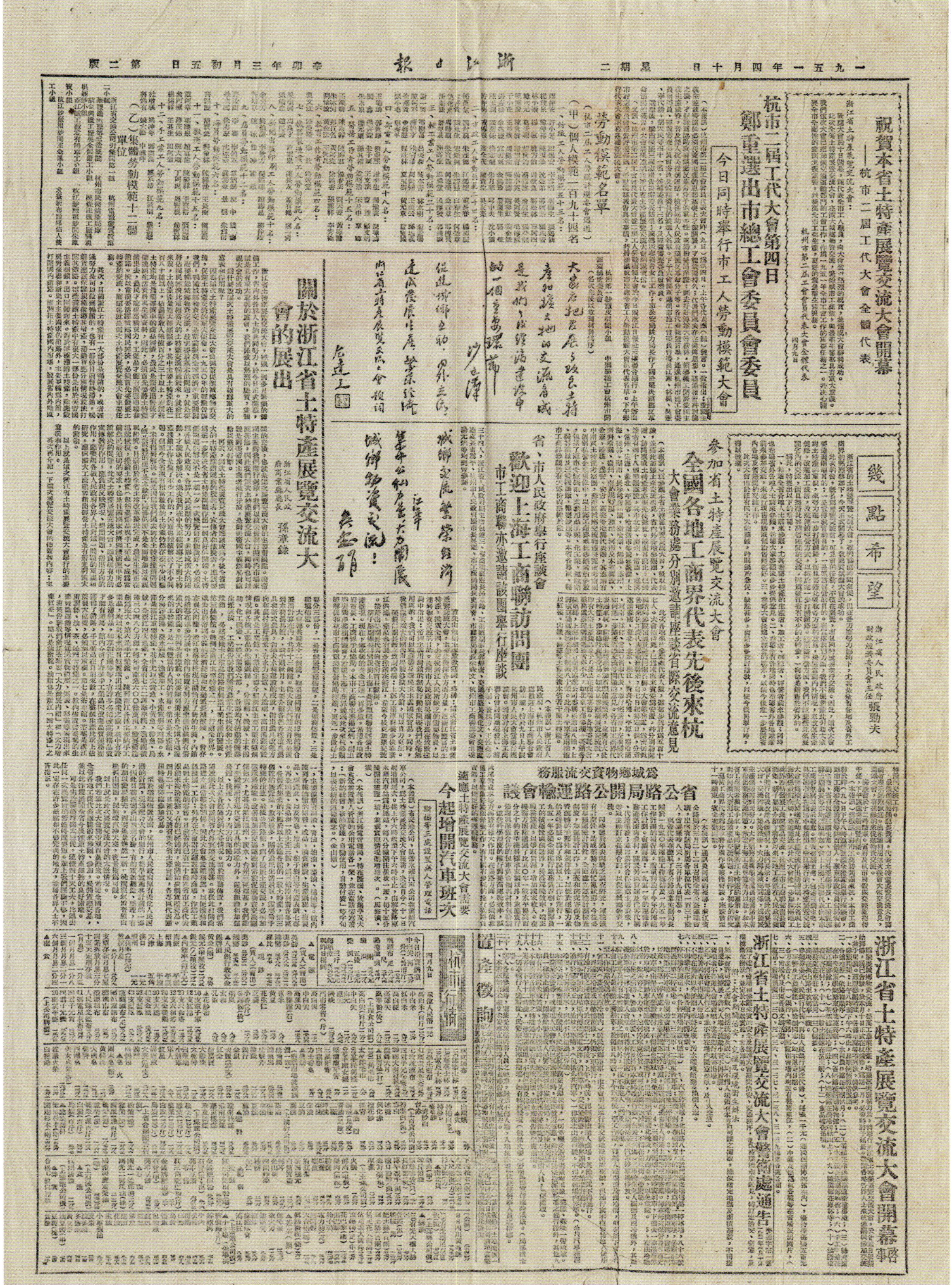
浙江日報

一九五一年四月十日 星期二

辛卯年三月初五日 第二版

祝賀本省土特產展覽交流大會開幕

——杭市二屆工代大會全體代表

杭市二屆工代大會第四日

鄭重選出市總工會委員會委員

今日同時舉行市工人勞動模範大會

勞動模範名單

關於浙江省土特產展覽交流大會的展出

孫章錄

幾點希望

張勁夫

參加省土特產展覽交流大會

全國各地工商界代表先後來杭

大會業務處分別邀請座談省際交流意見

省、市人民政府舉行座談會

歡迎上海工商聯訪問團

市工商聯亦邀請該團舉行座談

為城鄉物資交流服務

省公路局開闢運輸會議

適應土特產展覽交流大會需要

今起增開汽車班次

浙江省土特產展覽交流大會開幕

浙江省土特產展覽交流大會業務處通告

杭市行情

图7-99 1951年4月10日《浙江日报》第二版浙江省商业厅厅长孙章录《关于浙江省土特产展览交流大会的展出》，中有“大力增产红茶”。

Fig. 7-99 “To strongly promote black tea produce”, lines from the article of “Zhejiang Native Products Exhibition and Trade Fair” in *Zhejiang Daily* by Sun Zhanglu, Commercial Director of Zhejiang Province on April 10, 1951

十一、新中国成立初期杭州茶庄红茶发票一瞥

新中国成立初期，杭州许多茶庄都销售红茶，这些红茶也就是延续七八十年的名茶九曲红梅。

图7-100是1952年10月17日地方国营杭州市龙井茶场售给中蚕公司“梅春甲”茶叶2. 5两（当时1斤为16两）的发票。“梅春甲”应该是“甲级九曲红梅”之简称。地方国营杭州市龙井茶场是新中国成立后为发展龙井茶组建的国营茶场，第一任场长张书仁，曾是市建设局副局长。图7-101是1950年1月26日杭州鼎兴茶号售给上海国际西菜部红茶30斤之发票。杭州鼎兴茶号总部在杭州。1910年清末南洋劝业会上，杭州鼎兴茶庄的龙井茶是杭州唯一获最高奏邀特等奖的。“奏邀”，即向皇帝上奏折方获奖的，其分号在上海汉口路江西路口131号。图7-102是1953年杭州虎林仁记茶号售给杭市总社供销社红茶10两的发票。“杭州总社”，即杭州市合作总社简称。市供销总社喝之红茶，也应是名茶九曲红梅。图7-103是1956年河坊街春江楼喝红茶8分发票，其价格和龙井茶一样，应是九曲红梅。

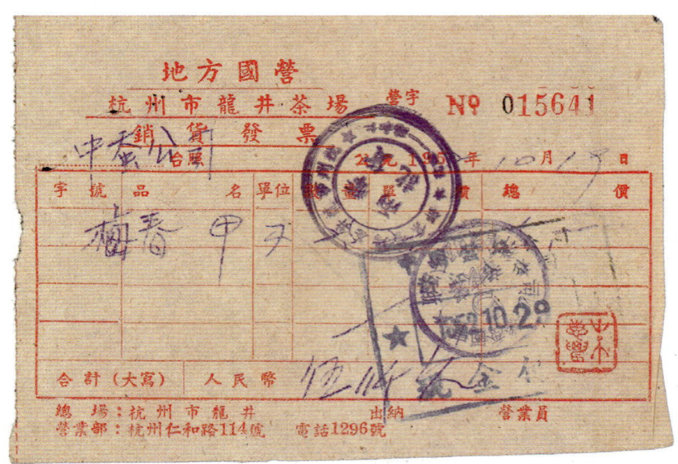
地方國營
杭州市龍井茶場 營字 No 015641
銷貨發票
中蚕公司 台照
年 10月17日
字號 | 品名 | 單位 | 總價
梅春甲
合計（大寫） 人民幣
總場：杭州市龍井 出納 營業員
營業部：杭州仁和路114號 電話1296號

图7-100 1952年10月17日杭州市龙井茶场售“梅春甲”2. 5两发票

Fig. 7-100 The invoice of 78g (2.5 liang) Meichun the first level sold out by Hangzhou Longjing Tea Shop, October 17, 1952

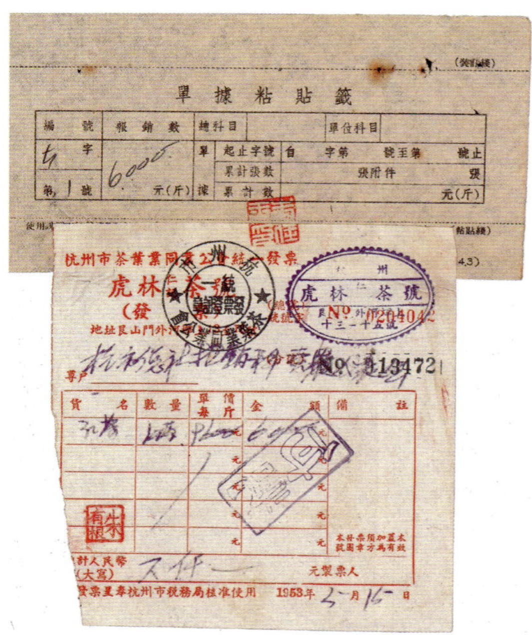
單據粘貼簽
杭州市茶葉業同業公會統一發票
虎林仁記茶號
No 3134721
1953年 3月15日

图7-101 1953年3月15日虎林仁记茶号售红茶10两发票

Fig. 7-101 The invoice of 312.5g black tea of Hulinren Tea Shop, March 15, 1953

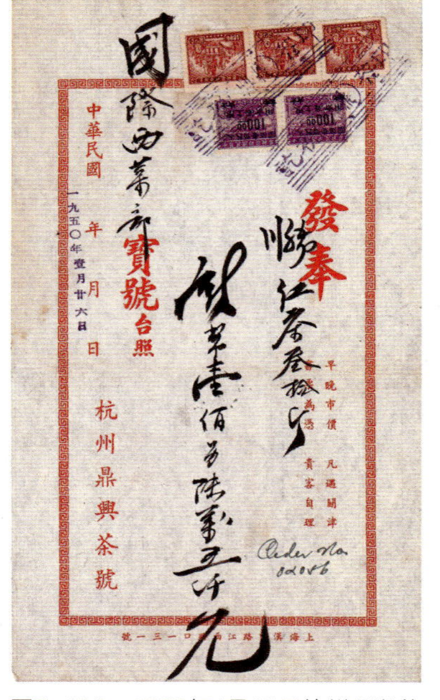
中華民國 一九五〇年壹月廿六日
國際西菜部 寶號 台照
發奉
杭州鼎興茶號

图7-102 1950年1月16日杭州鼎兴茶号售红茶30斤发票

Fig. 7-102 The invoice of 15kg black tea of Hangzhou Dingxin Tea Shop, January 16, 1950

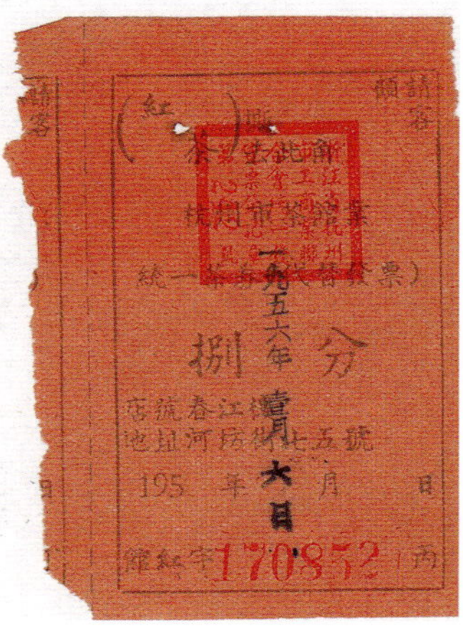
170852

图7-103 1956年1月6日河坊街春江楼红茶八分发票

Fig. 7-103 8 cent invoice of black tea in Chunjiang House, in Hefang Street, January 6, 1956

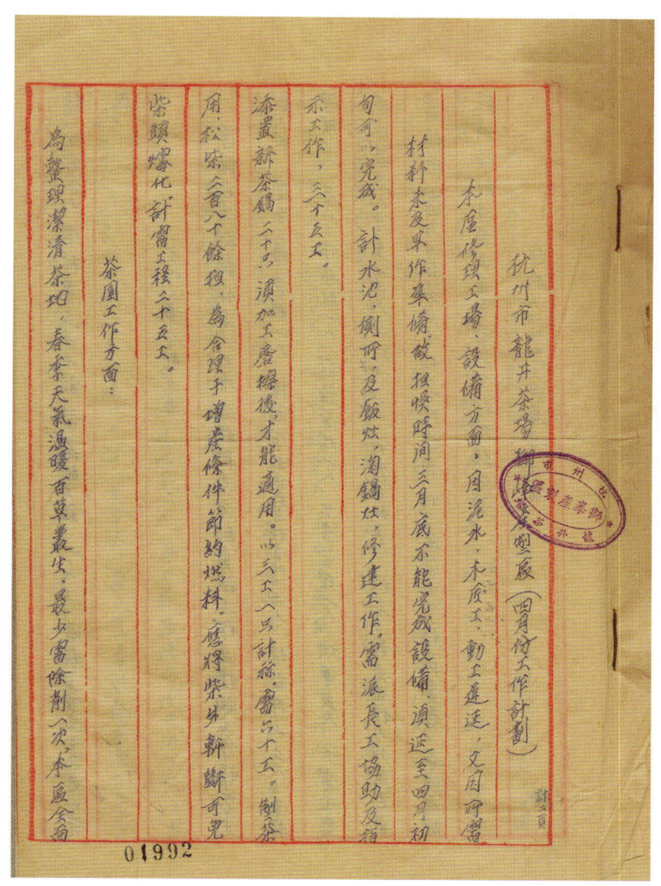

杭州市龍井茶場獅峰產製區(四月份工作計劃)

木屋修頓工場、設備方面，用泥水、木匠工，動工遲延，又因所需材料未及早作準備故，但[illegible]時間三月底不能完成設備，須延至四月初旬可以完成。計水池、廁所、及飯灶、湯鍋灶，修建工作，需派長工協助及種茶工作，三十五工。

添置新茶鍋二十六隻須加工磨擦後，才能適用。以三工一只計算，需六十工。制茶用松柴二百八十餘担，為合理于增產條件節約燃料，應將柴斗斬斷可免柴頭爆化，計需工程二十五工。

茶園工作方面：

為發現潔清茶地，春季天氣溫暖百草叢生，最少需除割一次，本區全面

01992

图7-104　1952年《杭州市龙井茶场狮峰产制区四月份工作计划》首页

Fig. 7-104 The first page of "Work Plan in April of Shifeng Produce Area in Hangzhou Longjing Tea Factory", 1952

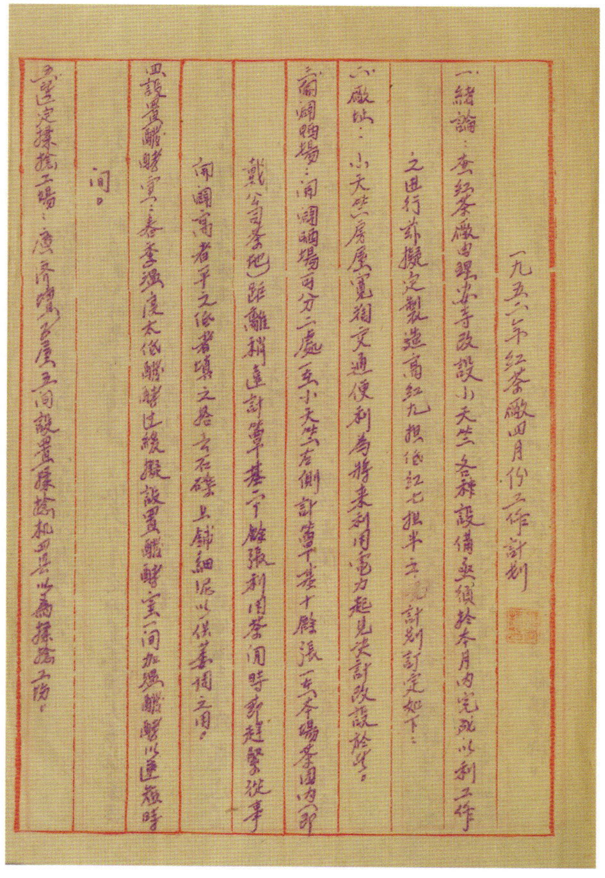

一九五二年红茶廠四月份工作計划

一、緒論：查紅茶廠由理安寺改設小天竺，各种設備亟須於本月內完成，以利工作之進行，茲擬定製造高紅九担、低紅七担半之計划，訂定如下：

二、廠址：小天竺(房屋寬闊交通便利，為將來利用電力起見，決計改設於此)。

三、開闢曬場：開闢曬場可分二處，一在小天竺右側，計需平整十餘張，一在本場茶園內(即戴公司茶地)距離稍遠，計需平整二十餘張，利用茶閒時節趕緊從事開闢。高者平之，低者填之，益以石磙上鋪細泥以供茶攤之用。

四、設置醱酵室：春季溫度太低，醱酵過緩，擬設置醱酵室一間加溫醱酵，以適應時間。

五、選定揉捻工場：廣濟壇房屋五間設置揉捻机四架，以為揉捻工場。

图7-105　杭州龙井茶场《一九五二年红茶厂四月份工作计划》

Fig. 7-105 The "Work Plan of Black Tea Factory in April 1952" of Hangzhou Longjing Tea Factory

1952年杭州市龙井茶场狮峰产制厂红茶厂

图7-104是1952年《杭州市龙井茶场狮峰产制区四月份工作计划》首页。图7-105是《一九五二年红茶厂四月份工作计划》，共4页，标题下还有领导小方红印。这一份计划，使我们知晓1952年春茶季节，地方国营杭州市龙井茶场狮峰产制厂专门设有红茶厂，厂址设在小天竺。4月份工作计划又开辟两处晒场，设置发酵间一间，加温发酵。在广济坛选定揉捻工场。建筑干燥室，布置萎凋室，规定青叶堆场，招雇工人，其中技工两名，长工两名。完善揉捻机、篾、箪、发酵匾等设备，购买木炭56担。分配干部工作，保证各流程按规定完成任务，加强政治教育。1952年的工作进度为4月中旬完成木炭、设备，准备制作红茶。4月下旬制造高红九担、低红七担半。

十二、1964年《浙江茶叶特点和评茶方法》中九曲红梅是内销名茶

图7-106是1964年8月浙江茶叶学会唐力新编、浙江省科学技术协会印的《浙江茶叶特点和评茶方法》书影。唐力新先生是著名的茶叶专家。1979年论述名茶九曲红梅的《中国名茶》《浙江名茶》，唐力新作为作者均在其中。

《浙江茶叶特点和评茶方法》的第二部分论述几种内销名茶，九曲红梅名列其中，书中介绍道：

九曲红梅：九曲红梅也称“龙井红”“河（湖）埠红”。产于杭州市西湖区周浦公社河（湖）埠地方，以上保村生产的品质最佳。

九曲红梅为红茶中的一个茶品，一般在“清明”后几日即开始采摘，标准为一芽二叶初展，初制时揉捻很充分，发酵适当。

九曲红梅的品质特点：形状细紧弯曲，抓起一大撮茶叶能相互连结（接）成一串，九曲红梅的名字由此而来。色泽特别乌润，香气馥郁，滋味醇鲜，汤色红艳。

九曲红梅主销上海、苏州、无锡及杭州、嘉兴、湖州各大、中城市。

唐力新先生在《浙江茶叶特点和评茶方法》中写及的九曲红梅，既有名称：九曲红梅“龙井红”“河（湖）埠红”；又有地点：“杭州市西湖区周浦公社河埠（湖）地方，以上保村生产的品质最佳”；还有采制方法及主销：“一般在‘清明’后几日即开始采摘，标准为一芽二叶初展，初制的揉捻很充分，发酵适当。……主销上海、苏州、无锡及杭州、嘉兴、湖州各大、中城市”。

唐立新文章中着重对九曲红梅品质特点进行介绍：“形状细紧弯曲，抓起一大撮茶叶能相互连结（接）成一串，九曲红梅的名字由此而来。色泽特别乌润，香气馥郁，滋味醇鲜，汤色红艳。”这与1981年《杭州市茶叶学会资料》中九曲红梅以形状命名的记载异曲同工。

这一段叙述，可谓既传承了民国时期对九曲红梅名字由来的解释，也是新中国最早对九曲红梅名称来的权威诠释。说明自民国初年以来的龙井红、湖埠红，就是九曲红梅。其“抓起一大撮茶叶能相互连结（接）成一串”，至今仍为大家认同，也是九曲红梅与其他红茶不同之处。因为此书着重介绍评茶方法，对九曲红梅的描述篇幅不能太多，字数也不能太多，但所有要素尽在其中，唐力新应是在调查基础上写下的，在以后记载九曲红梅的书中也都有他的名字。

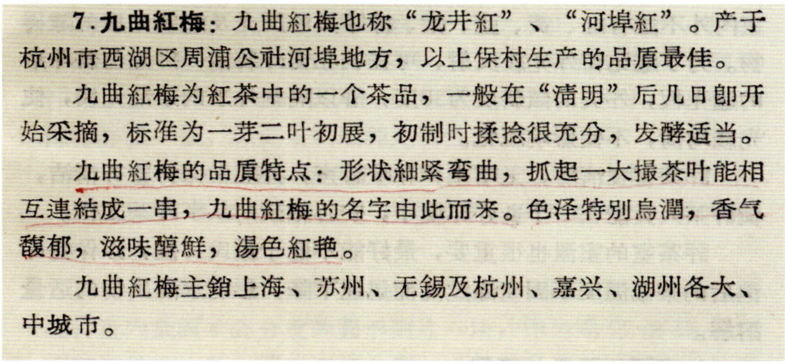

7.九曲紅梅：九曲紅梅也称“龙井紅”、“河埠紅”。产于杭州市西湖区周浦公社河埠地方，以上保村生产的品质最佳。

九曲紅梅为紅茶中的一个茶品，一般在“清明”后几日卽开始采摘，标准为一芽二叶初展，初制时揉捻很充分，发酵适当。

九曲紅梅的品質特点：形状細紧弯曲，抓起一大撮茶叶能相互連結成一串，九曲紅梅的名字由此而来。色泽特别烏潤，香气馥郁，滋味醇鮮，湯色紅艳。

九曲紅梅主銷上海、苏州、无錫及杭州、嘉兴、湖州各大、中城市。

图7-107 《浙江茶叶特色和评茶方法·内销名茶·九曲红梅》

Fig. 7-107 “Domestic Famous Tea: Jiuqu Hongmei” in the *Characteristics and Tasting Method of Zhejiang Tea*

图7-106 1964年8月浙江茶叶学会唐力新主编《浙江茶叶特点和评茶方法》书影

Fig. 7-106 A copy of the *Characteristics and Tasting Method of Zhejiang Tea* compilde by Tang Lixin of Zhejiang Tea Science Society, August 1964

第八章　东风化雨，重铸辉煌

1964年8月，唐力新在《浙江茶叶特点和评茶方法》中记载了内销名茶九曲红梅。随后即开始了“四清”运动、“文化大革命”，由于史料的销损毁，历史名茶九曲红梅竟处于被遗忘状态。改革开放后，根据中央指示，浙江省农业厅提出“恢复、创新、发展历史名茶”，九曲红梅犹如历经风霜雨雪的茶芽，迅速萌发。九曲红梅申报省级非物质文化遗产成功，标志着作为中国历史名茶的九曲红梅正大踏步走向辉煌。

一、1981年《杭州市茶叶学会资料》之九曲红梅

1981年《杭州市茶叶学会资料》一书中，“杭州茶叶史话”部分由著名茶叶专家、茶学教育家俞寿康撰写。文中不仅首次披露了茶圣陆羽在余杭双溪苕霅著《茶经》等茶界重大历史事件，也提及美国人威廉·乌克斯在《茶叶全书》中对陆羽的评价，但否定了乌克斯关于陆羽于780年著《茶经》这一毫无根据的说辞。俞寿康在“杭州茶叶的兴衰历程”中专门写及九曲红梅：

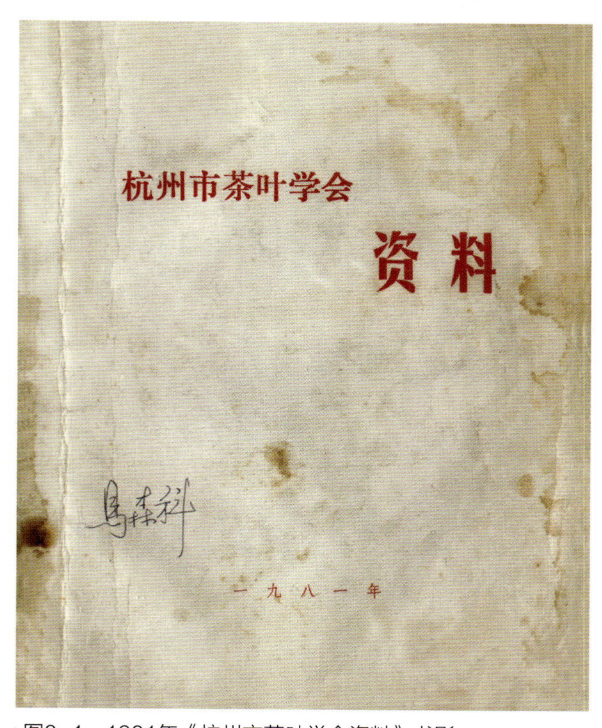

图8-1　1981年《杭州市茶叶学会资料》书影

Fig. 8-1 A copy of *Hangzhou Tea Science Society Material* in 1981

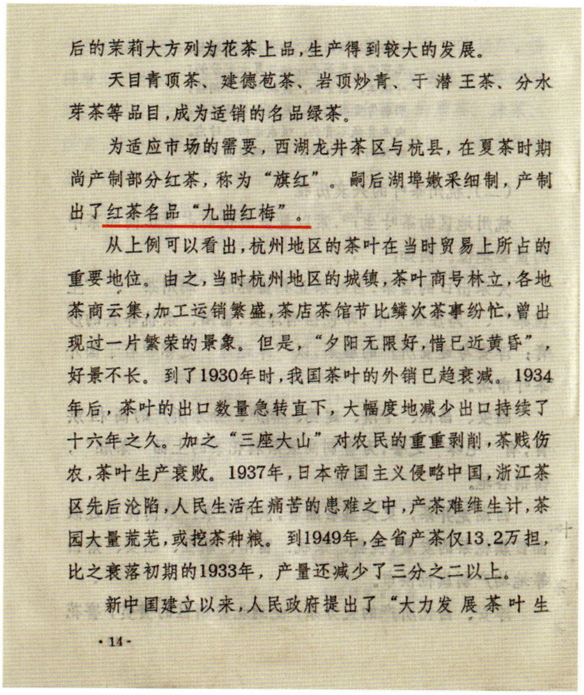

后的茉莉大方列为花茶上品，生产得到较大的发展。

天目青顶茶、建德苞茶、岩顶炒青、于潜王茶、分水芽茶等品目，成为适销的名品绿茶。

为适应市场的需要，西湖龙井茶区与杭县，在夏茶时期尚产制部分红茶，称为“旗红”。嗣后湖埠撇采细制，产制出了红茶名品“九曲红梅”。

从上例可以看出，杭州地区的茶叶在当时贸易上所占的重要地位。由之，当时杭州地区的城镇，茶叶商号林立，各地茶商云集，加工运销繁盛，茶店茶馆节比鳞次茶事纷忙，曾出现过一片繁荣的景象。但是，“夕阳无限好，惜已近黄昏”，好景不长。到了1930年时，我国茶叶的外销已趋衰减。1934年后，茶叶的出口数量急转直下，大幅度地减少出口持续了十六年之久。加之“三座大山”对农民的重重剥削，茶贱伤农，茶叶生产衰败。1937年，日本帝国主义侵略中国，浙江茶区先后沦陷，人民生活在痛苦的患难之中，产茶难维生计，茶园大量荒芜，或挖茶种粮。到1949年，全省产茶仅13.2万担，比之衰落初期的1933年，产量还减少了三分之二以上。

新中国建立以来，人民政府提出了“大力发展茶叶生

·14·

图8-2　《杭州市茶叶学会资料·红茶名品“九曲红梅”》

Fig. 8-2 “Famous Black Tea Jiuqu Hongmei” in *Hangzhou Tea Science Society Material*

> 为适应市场的需要，西湖龙井茶区与杭县，在夏茶时期尚产制部分红茶，称为“旗红”。**嗣后湖埠嫩采细制，产制出了红茶名品“九曲红梅”。**

俞寿康在“杭州茶叶的兴衰历程”中认为，先是龙井茶区及杭县均产制红茶，称为“旗红”；嗣后湖埠嫩采细制，产制出红茶名品九曲红梅。此处的红茶名品九曲红梅，应是早就享誉神州的历史名茶。

其后，俞寿康在“结语”中的名茶中又写及九曲红梅，并祝愿杭茶“若钱塘江水源远流长，浪涛永远向前奔腾”！

1981年《杭州市茶叶学会资料》第18页“杭州地区名茶产制情况”，把九曲红梅放在仅次于西湖龙井的第二位，文如下：

> 九曲红梅简称九曲红，产于美丽的钱塘江畔，杭州郊区周浦公社湖埠一带，尤以湖埠大坞山所产的为最佳。大坞山高五百米，山顶为一盆地，沙质壤土，土厚地肥。茶树根深叶茂，芽嫩茎柔，故茶叶品质甚为优异。
>
> 九曲红为一种工夫红茶，外式弯曲细紧如鱼钩，成茶披满金色的绒毛，色泽乌润，冲饮时汤色鲜亮红艳，犹如红梅，故称九曲红梅。
>
> 九曲红梅的采、制严格，一般在清明前开采，候早晨日出露干后，按一芽一、二叶标准采摘。严格掌握烘焙温度。解放前是农民烘成半干湿毛茶就交（馆）给茶商，再由茶商用低温复烘，而现在农民都掌握了烘焙技术，能自己加工成高挡（档）的九曲红梅。

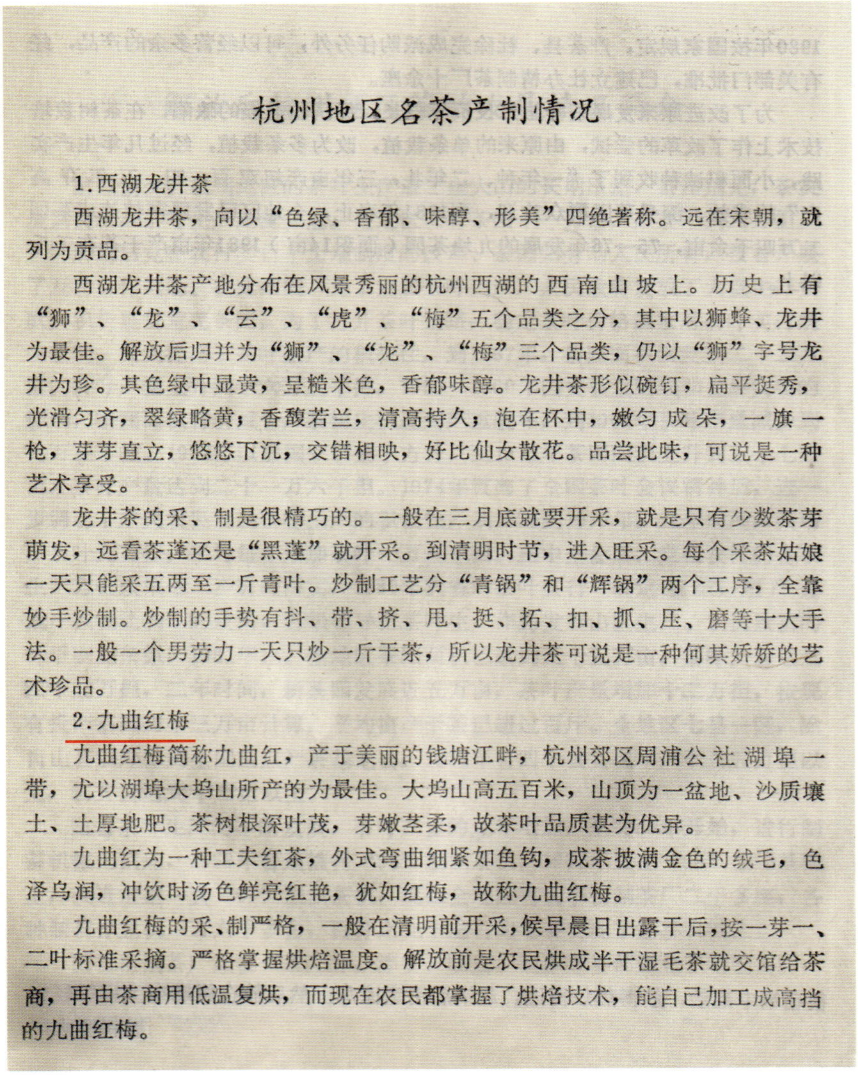

杭州地区名茶产制情况

1.西湖龙井茶

西湖龙井茶，向以“色绿、香郁、味醇、形美”四绝著称。远在宋朝，就列为贡品。

西湖龙井茶产地分布在风景秀丽的杭州西湖的西南山坡上。历史上有“狮”、“龙”、“云”、“虎”、“梅”五个品类之分，其中以狮蜂、龙井为最佳。解放后归并为“狮”、“龙”、“梅”三个品类，仍以“狮”字号龙井为珍。其色绿中显黄，呈糙米色，香郁味醇。龙井茶形似碗钉，扁平挺秀，光滑匀齐，翠绿略黄；香馥若兰，清高持久；泡在杯中，嫩匀成朵，一旗一枪，芽芽直立，悠悠下沉，交错相映，好比仙女散花。品尝此味，可说是一种艺术享受。

龙井茶的采、制是很精巧的。一般在三月底就要开采，就是只有少数茶芽萌发，远看茶蓬还是“黑蓬”就开采。到清明时节，进入旺采。每个采茶姑娘一天只能采五两至一斤青叶。炒制工艺分“青锅”和“辉锅”两个工序，全靠妙手炒制。炒制的手势有抖、带、挤、甩、挺、拓、扣、抓、压、磨等十大手法。一般一个男劳力一天只炒一斤干茶，所以龙井茶可说是一种何其娇娇的艺术珍品。

2.九曲红梅

九曲红梅简称九曲红，产于美丽的钱塘江畔，杭州郊区周浦公社湖埠一带，尤以湖埠大坞山所产的为最佳。大坞山高五百米，山顶为一盆地、沙质壤土、土厚地肥。茶树根深叶茂，芽嫩茎柔，故茶叶品质甚为优异。

九曲红为一种工夫红茶，外式弯曲细紧如鱼钩，成茶披满金色的绒毛，色泽乌润，冲饮时汤色鲜亮红艳，犹如红梅，故称九曲红梅。

九曲红梅的采、制严格，一般在清明前开采，候早晨日出露干后，按一芽一、二叶标准采摘。严格掌握烘焙温度。解放前是农民烘成半干湿毛茶就交馆给茶商，再由茶商用低温复烘，而现在农民都掌握了烘焙技术，能自己加工成高挡的九曲红梅。

图8-3 《杭州市茶叶学会资料·九曲红梅》

Fig. 8-3 “Jiuqu Hongmei” in *Hangzhou Tea Science Society Material*

文章在介绍九曲红梅的原产地后，还有一段话，从九曲红梅的形态、汤色描绘了美妙的九曲红梅和名称来历。

接下去文章写道：“解放前是农民烘成半干湿毛茶就交（馆）给茶商，再由茶商用低温复烘”，也就是1919年杭州公顺茶行采购浮山红茶，运送方正大茶号，方正大茶号复烘后营销全国的那一段历史。

该资料第39页，各类毛茶收购价格表，其中有红茶，也即九曲红梅，价格如下：

表8-1　《杭州市茶叶学会资料》之九曲红梅收购价格表

等级	一级		二级		三级		四级		五级		六级		七级		级外(脚茶)		
价格(元/市担)	1	2△	3	4△	5	6△	7	8△	9	10	11	12	13	14	上	中△	下
	234	214	194	174	156	140	126	112	99	87	75	64	57	50	43	30	20

表中设有△符号者，设有标准样。

列表如此详细，并有标准样，说明20世纪80年代初，西湖区红茶已有一定规模。

该资料第43页“特种茶收购价格”，专门列出“浙江龙井”和“九曲红”，每市担“九曲红”价格如下：

表8-2　《杭州市茶叶学会资料》之特种茶“九曲红”收购价格表

级别	价格（元/市担）
1	300
2	280
3	260

其时，“九曲红”价格远远高出一般红茶。

二、九曲红梅的恢复与创新

1978年，乘着党的十一届三中全会春风，贯彻浙江省农业厅“恢复、创新、发展历史名茶”的指示，西湖区科委、西湖农业局着力恢复、创新历史名茶九曲红梅。20世纪80年代初的一些红头文件，记录下九曲红梅三十余年前的那段历史。

1. 1982年九曲红梅参与名茶评比

1982年5月10日农特（82）179号浙江省农业厅文件《关于召开名茶品（评）比会议的通知》：

为了继续搞好我省名茶生产，提高茶叶质量，经研究决定召开一次名茶品（评）比会议。重点研究：①名茶采制工艺流程；②名茶试制、恢复、创新过程中存在的问题；③名茶审评。

会议5月25日在临平余杭县政府招待所召开，有省农委、省农业厅、中国茶科所、《浙江日报》、全国农展馆、浙江农业大学茶叶系、杭州茶叶试验场、《茶叶》杂志、杭州市农业局，并全省名茶区农业局人员75人参加。西湖区农业局李大椿同志参加了评比会议。

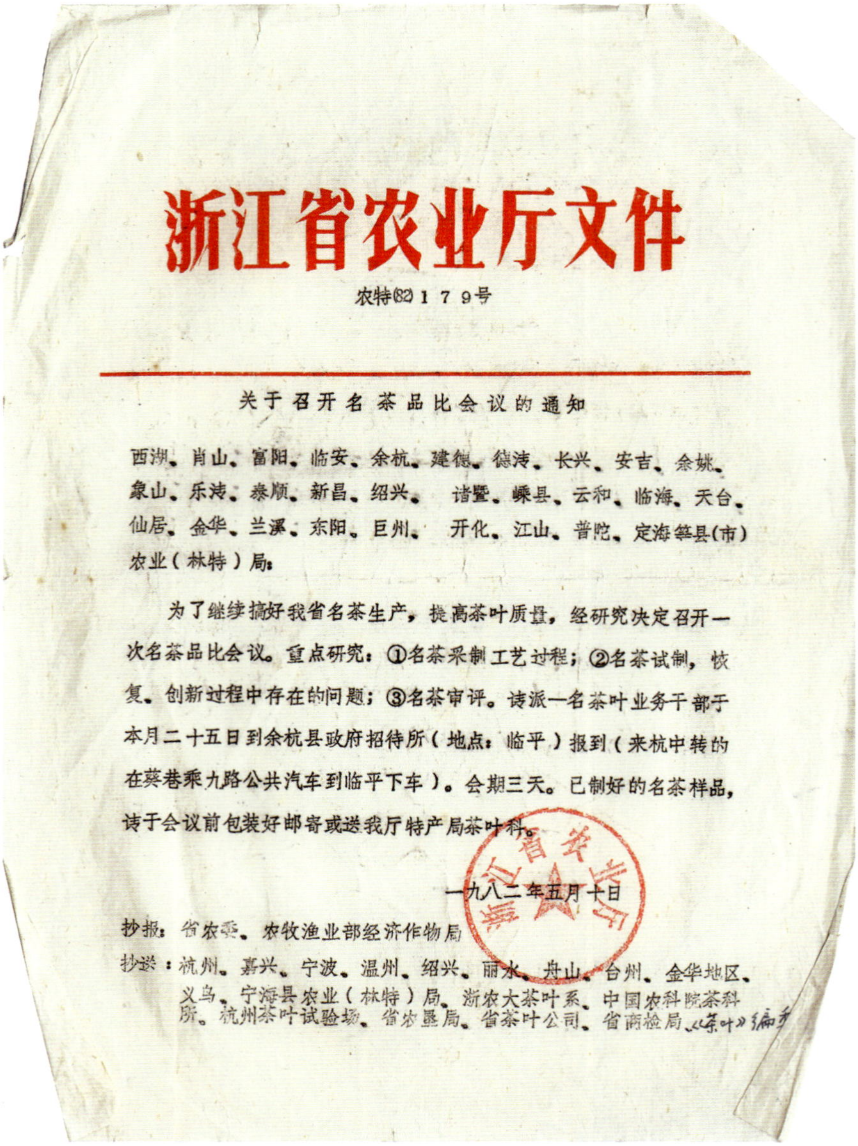

浙江省农业厅文件

农特(82)179号

关于召开名茶品比会议的通知

西湖、肖山、富阳、临安、余杭、建德、德清、长兴、安吉、余姚、象山、乐清、泰顺、新昌、绍兴、诸暨、嵊县、云和、临海、天台、仙居、金华、兰溪、东阳、巨州、开化、江山、普陀、定海等县(市)农业(林特)局：

为了继续搞好我省名茶生产，提高茶叶质量，经研究决定召开一次名茶品比会议。重点研究：①名茶采制工艺过程；②名茶试制，恢复、创新过程中存在的问题；③名茶审评。请派一名茶叶业务干部于本月二十五日到余杭县政府招待所（地点：临平）报到（来杭中转的在莫巷乘九路公共汽车到临平下车）。会期三天。已制好的名茶样品，请于会议前包装好邮寄或送我厅特产局茶叶科。

一九八二年五月十日

抄报：省农委、农牧渔业部经济作物局

抄送：杭州、嘉兴、宁波、温州、绍兴、丽水、舟山、台州、金华地区、义乌、宁海县农业（林特）局、浙农大茶叶系、中国农科院茶科所、杭州茶叶试验场、省农垦局、省茶叶公司、省商检局、《茶叶》编委

图8-4　农特（82）179号浙江省农业厅文件《关于召开名茶品（评）比会议的通知》

Fig. 8-4 No.179 document (1982) issued by Specialty Bureau, Agriculture Department of Zhejiang Province: The Notice of Convening Famous Tea Appraisal Meetings

嗣后，浙江省农业厅特产局（82）农特茶字第9号文件《关于检发全省名茶会议评比记录的函》，函中有：

> 我厅于5月26至28日召开了全省名茶会议，经过到会代表和有关专家共同鉴评，现将评比记录，印发给你们。
>
> 近年来，各地对恢复、创新、发展名茶做了许多工作。除了已发给名茶证书的七个品种外，这次送来参加评比已经初选的共66只茶样，质量都比较好。其中评为优质的，要不断改进，巩固提高，精益求精。……

西湖区九曲红梅为参加名茶评比进入初选66只茶样之一，西湖区九曲红梅的评语是：“条索细紧，色泽乌润，香高略带甜，滋味鲜醇，汤色红尚亮，叶底尚红亮。”

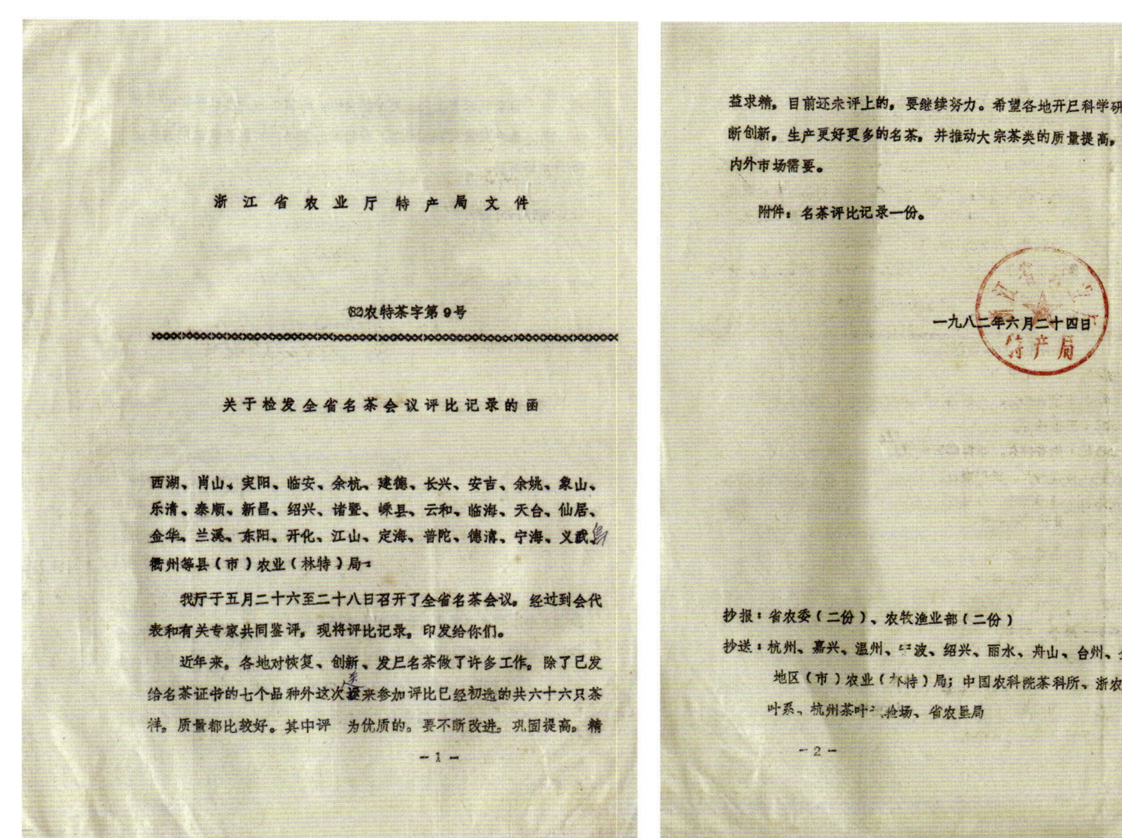

浙江省农业厅特产局文件

82农特茶字第9号

关于检发全省名茶会议评比记录的函

西湖、肖山、实阳、临安、余杭、建德、长兴、安吉、余姚、象山、乐清、泰顺、新昌、绍兴、诸暨、嵊县、云和、临海、天台、仙居、金华、兰溪、东阳、开化、江山、定海、普陀、德清、宁海、义武、衢州等县（市）农业（林特）局：

我厅于五月二十六至二十八日召开了全省名茶会议。经过到会代表和有关专家共同鉴评，现将评比记录，印发给你们。

近年来，各地对恢复、创新、发巳名茶做了许多工作。除了已发给名茶证书的七个品种外这次送来参加评比已经初选的共六十六只茶样，质量都比较好。其中评 为优质的。要不断改进，巩固提高，精

—1—

益求精，目前还未评上的，要继续努力。希望各地开巳科学研究，不断创新，生产更好更多的名茶，并推动大宗茶类的质量提高，满足国内外市场需要。

附件：名茶评比记录一份。

一九八二年六月二十四日

特产局

抄报：省农委（二份）、农牧渔业部（二份）

抄送：杭州、嘉兴、温州、宁波、绍兴、丽水、舟山、台州、金华地区（市）农业（林特）局；中国农科院茶科所、浙农大茶叶系、杭州茶叶试验场、省农垦局

—2—

图8-5　82农特茶字第9号浙江省农业厅特产局文件《关于检发全省名茶会议评比记录的函》

Fig. 8-5 No.9 document (1982) issued by Specialty Bureau, Agriculture Department of Zhejiang Province: A Technical Tea Appraisal Meeting Records of Zhejiang Province

西湖区九曲红梅：条索细紧，色泽乌润，香高略带甜，滋味鲜醇，汤色红尚亮，叶底尚红亮。

丽水尼茗：条索细紧，色绿略灰，清香，味尚醇，汤色黄绿明亮，叶底绿单张稍多。

定海洞岙云峰：外形紧细，色深绿略灰，带烟味，汤色黄绿，叶底黄绿尚明。

绍兴日铸：外形尚紧结，色绿翠，清香，味尚鲜醇，汤色绿明亮，叶底嫩绿欠匀，明亮。

此外还有西湖龙井、余杭经山茶、德清莫干黄芽、长兴紫笋、云和金奖惠明、泰顺香菇寮白毫、开化龙顶等七个茶样，根据历年评定结果，作为名茶，发给名茶证书，不参加评定。还有同一地区，同一茶名的名茶有二只样品以上者，我们均选择代表性的茶样进行审评记录。

—3—

图8-6 《评比记录的函 · 西湖区九曲红梅》

Fig. 8-6 Appraisal Records of Jiuqu Hongmei in West Lake Area

2. 1983年的科研项目“玫瑰九曲红”

1983年12月15日杭州市科学技术委员会《杭州市1983年珠兰、桂花等花茶评议会纪要》中，杭州市科委“花茶种类及加工工艺的研究”被列入1982年杭州市重大科学研究项目，其中有西湖区的“玫瑰九曲红”。《评议会纪要》写道：

> 为了评议花茶的品质、估价其前途及交流经验，于1983年12月13日至14日在杭州召开了花茶评议会。到会的有在杭的大专院校、部属研究所及产供销等26单位35名专家和代表，共同商讨了花茶的发展问题。

会议附件中参加花茶评议会的西湖区人员有：西湖区科委副主任张湘涛、农艺师林子远、技术员张文政，西湖区农林水利局局长商荣、干部仰强、陈绍刚，西湖区供销社业务股副股长兼农艺师杨文元，西湖区农副产品公司茶叶主评何勤松，西湖区西湖收茶站茶叶主评沈水泉，西湖区病虫测报站站长孙士荣、副站长唐学文，西湖公社农艺师陈宗新、助理农艺师龚淑英，留下公社助理农艺师孙关根、陈凤化，周浦公社吴山茶场职工黄顺银等16人，足见西湖区对开发九曲红梅等的重视。

会议期间，听取了西湖区科委和淳安县科委关于花茶的研究情况及发展前景的汇报，为了正确评定花茶新品种的品质，由浙农大茶叶系讲师辜博厚、徐幼君，中国农科院茶叶研究所助理研究员吴幼亭，浙江《茶叶》编辑、农艺师刘河洲，市特产公司吴隆堃，杭州茶叶试验场农艺师李寿林，淳安县农业局农艺师陈达金，西湖区茶叶主评何勤松、沈水泉共9位同志组成评茶领导小组，对21个试制样品进行秘密审评，结果见附表。

其中对西湖区“玫瑰九曲红”的“茶样审评单”如图8–8所示。

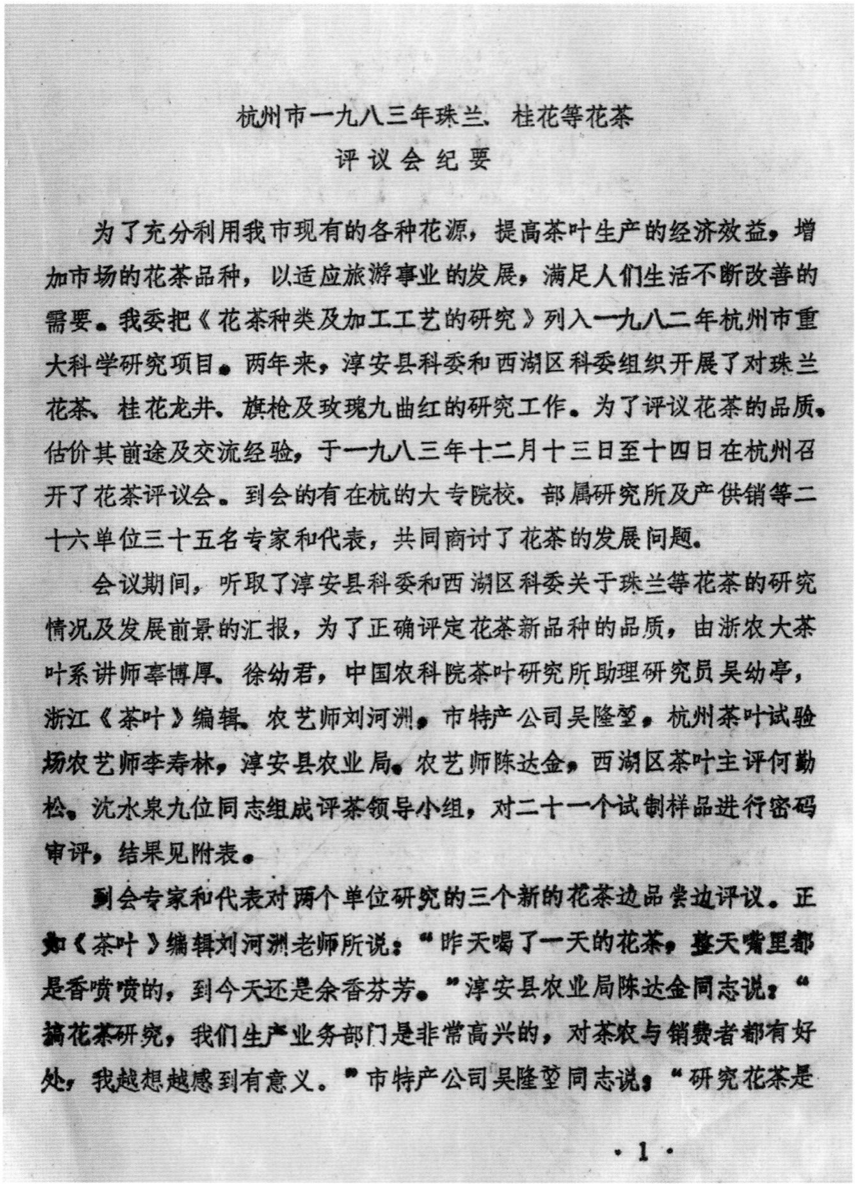

杭州市一九八三年珠兰、桂花等花茶
评议会纪要

为了充分利用我市现有的各种花源，提高茶叶生产的经济效益，增加市场的花茶品种，以适应旅游事业的发展，满足人们生活不断改善的需要。我委把《花茶种类及加工工艺的研究》列入一九八二年杭州市重大科学研究项目。两年来，淳安县科委和西湖区科委组织开展了对珠兰花茶、桂花龙井、旗枪及玫瑰九曲红的研究工作。为了评议花茶的品质，估价其前途及交流经验，于一九八三年十二月十三日至十四日在杭州召开了花茶评议会。到会的有在杭的大专院校、部属研究所及产供销等二十六单位三十五名专家和代表，共同商讨了花茶的发展问题。

会议期间，听取了淳安县科委和西湖区科委关于珠兰等花茶的研究情况及发展前景的汇报，为了正确评定花茶新品种的品质，由浙农大茶叶系讲师辜博厚、徐幼君，中国农科院茶叶研究所助理研究员吴幼亭，浙江《茶叶》编辑、农艺师刘河洲，市特产公司吴隆堃，杭州茶叶试验场农艺师李寿林，淳安县农业局、农艺师陈达金，西湖区茶叶主评何勤松、沈水泉九位同志组成评茶领导小组，对二十一个试制样品进行密码审评，结果见附表。

到会专家和代表对两个单位研究的三个新的花茶边品尝边评议。正如《茶叶》编辑刘河洲老师所说：“昨天喝了一天的花茶，整天嘴里都是香喷喷的，到今天还是余香芬芳。”淳安县农业局陈达金同志说：“搞花茶研究，我们生产业务部门是非常高兴的，对茶农与销费者都有好处，我越想越感到有意义。”市特产公司吴隆堃同志说：“研究花茶是

·1·

图8–7 《杭州市1983年珠兰、桂花等花茶评议会纪要》第1页

Fig. 8-7 The first page of *Hangzhou Scented Tea Tasting Council of Chloranthus Tea, Osmanthus Tea etc.* in 1983

3. 玫瑰九曲红加工工艺试验

1984年10月的茶叶鉴定会材料中，有西湖区科委林子远、张湘涛《桂花茶与玫瑰九曲红加工工艺试验》一文，总结了新开发的花茶玫瑰九曲红的加工工艺经验，共有七道工序。

（1）茶坯处理

九曲红为窨制玫瑰红茶茶坯。窨制前茶坯须进行复火干燥处理，目的有二：一是降低茶坯含水量，使其达到一定的干燥度，以利最大限度吸收花香。二是使茶坯具有一定的温度，以促使鲜花香气正常地挥发。

茶坯复火干燥的方法，是采取“高温、快速、安全”烘干法，高温的目的是使茶坯过高的含水量迅速散发，但必须防止过火，而不致产生焦味。白炭烘干温度控制在80℃左右，烘干机110±10℃之内，时间8~10分钟。

茶坯复火干燥程度，一般含水量在5%左右，高档茶坯含水量可以略低些，中、低档茶可略高。复火后茶坯温度较高，不能马上拌花付窨，须摊放冷却到一定时候（玫瑰43±2℃），方可付制。

（2）鲜花处理

玫瑰花在晴天早晨采收，挑选含苞待放、肥大而色泽墨红者为好，掰下花瓣，剔除花蕊、花蒂和杂物等，及时付窨。

（3）配花量

配花量多少，根据茶坯不同等级而定。高档茶配花量适当增多些，中、低档茶略少一点。我们用6~10个配花量比较，结果以4~6个配花量为宜。太少，香气淡薄；太多，成本增高，茶坯窨制过程中吸收鲜花水量也升高、茶叶汤色欠佳。

花量少时，可以提花2%左右，有助于香气加浓。

（4）茶花拌和

窨花时，按各级茶坯不同配花量配花，不论是箱窨或是堆窨，都是底层铺茶坯，再上一层花，如此一层茶一层花重复铺好，最上层再用茶坯覆盖。如果室温较低时，可用布袋盖在上面，以保持坯温，促使鲜花正常吐香。

杭州市科研茶样审评单

花茶名称：　玫瑰九曲红　　　　1983年12月13日

茶类名称	品质审评					
	香气		汤色		滋味	
	评语		评语		评语	
17 西湖区一级红茶（1）	高		尚红明亮		浓尚醇	
18 西湖区一级红茶（2）	高馥郁		红明亮		浓醇	
19 西湖区二级红茶（3）	尚高热嗅欠纯		红明亮		尚浓醇	
20 西湖区二级红茶（4）	尚高		红尚明亮		尚浓	
21 西湖区三级红茶（5）	欠高		红稍暗		尚浓欠纯	

审评人：郑博厚等

图8-8　1983年12月13日《杭州市科研茶样审评单·玫瑰九曲红》

Fig. 8-8 “Hangzhou Research Tea Appraisal List” of Rose Jiuquhong on Dec. 13, 1983

（5）通花散热

当茶花拌和窨制后，随着时间的推移，箱（堆）内温度逐渐上升，这是由于鲜花呼吸作用而放出热能的结果。随着鲜花水分不断散失并被茶坯所吸收，香气也不断扩散而挥发为茶坯所吸入。当温度超过50℃时，由于茶坯处于高温高湿条件下，茶叶起化学变化，使花茶色泽和汤色变黄，鲜花也会因高温而热熟并产生水闷气，花茶香气的浓度和鲜爽度受到影响。

通花时间根据散热快慢而收堆，在坯温为35℃时，应及时收堆续窨。

（6）复火烘干

通花后，在鲜花呈萎蔫状态，花朵变为紫褐色，手摸茶坯柔软、不沾手而散得开时，就可起花复火。配花量超过中等量时，由于囤温较高，花朵易被热熟变色，应起花后复火；配花量低于中等量时，视茶坯与花朵变化情况决定起花与否。

复火时，要掌握好茶先烘，次茶后烘的原则。复火的方法与茶坯复火基本相同，但温度可低些，只因出花后茶坯含水量较高，上烘量应适当减少，以缩短复火时间，一般复火烘干后，成品茶含水量控制在6%~7%之内，含水量过低则香气散失多，过高时茶叶保管易变质。

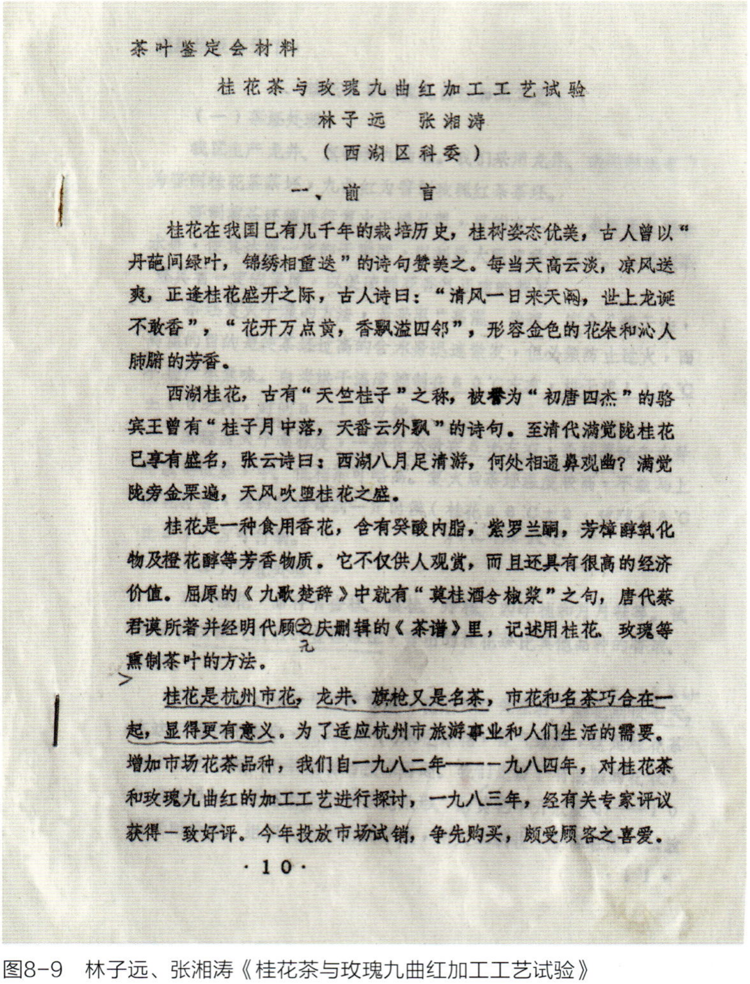

（7）匀堆装箱收藏

复火后的成品茶，稍许摊放冷却，然后进行匀堆装箱，并标明茶类等级，方可入库。

（8）玫瑰九曲红试销情况和经济效益

实验报告还预测了玫瑰九曲红的试销与经济效益：

玫瑰九曲红是新创的花茶品种。玫瑰九曲红香高、浓郁，获得顾客好评。投放市场试销后，顾客闻知，争先购买，前途可喜。

玫瑰九曲红经试销，扣除加工成本，增利高达二倍左右。

1984年11月3日，原周浦茶站主评郑金林还有评语：

茶叶鉴定会材料

桂花茶与玫瑰九曲红加工工艺试验

林子远　张湘涛

（西湖区科委）

一、前　　言

桂花在我国已有几千年的栽培历史，桂树姿态优美，古人曾以"丹葩间绿叶，锦绣相重迭"的诗句赞美之。每当天高云淡，凉风送爽，正逢桂花盛开之际，古人诗曰："清风一日来天阙，世上龙诞不敢香"，"花开万点黄，香飘溢四邻"，形容金色的花朵和沁人肺腑的芳香。

西湖桂花，古有"天竺桂子"之称，被誉为"初唐四杰"的骆宾王曾有"桂子月中落，天香云外飘"的诗句。至清代满觉陇桂花已享有盛名，张云诗曰：西湖八月足清游，何处相逼鼻观幽？满觉陇旁金粟遍，天风吹堕桂花之盛。

桂花是一种食用香花，含有癸酸内脂，紫罗兰酮，芳樟醇氧化物及橙花醇等芳香物质。它不仅供人观赏，而且还具有很高的经济价值。屈原的《九歌楚辞》中就有"奠桂酒兮椒浆"之句，唐代蔡君谟所著并经明代顾之庆删辑的《茶谱》里，记述用桂花、玫瑰等熏制茶叶的方法。

桂花是杭州市花，龙井、旗枪又是名茶，市花和名茶巧合在一起，显得更有意义。为了适应杭州市旅游事业和人们生活的需要。增加市场花茶品种，我们自一九八二年——一九八四年，对桂花茶和玫瑰九曲红的加工工艺进行探讨，一九八三年，经有关专家评议获得一致好评。今年投放市场试销，争先购买，颇受顾客之喜爱。

·10·

图8-9　林子远、张湘涛《桂花茶与玫瑰九曲红加工工艺试验》

Fig. 8-9 "Processing Test of Osmanthus Tea and Rose Jiuquhong" by Lin Ziyuan and Zhang Xiangtao

西湖区科委加工的玫瑰红茶香高馥郁，有助原茶香的发挥，做得很成功，值得推广。原先是在卖红茶的同时，附卖二两玫瑰花，冲泡时稍加入一二朵花而已，远不及今科委试制的香。

周浦也是九曲红梅原产地，周浦茶站主评郑金林的这段评语，说明1984年在售卖九曲红梅时，也附卖玫瑰花，其时，已有喜好“玫瑰九曲红”的习俗。

三、九曲红梅省级“非遗”申报成功

西湖区委、区政府十分重视九曲红梅的传承、保护、创新和发展。在2000年注册“九曲红梅”商标的同时，还以举办比赛、参展参评、抽样送检、实施项目、媒体宣传等方式扩大影响，并于2003年获得了省无公害农产品的产地认证并获“浙江省绿色农产品”称号，知名度和市场占有率大大提高。同年下半年又引进了外地强势企业——杭州福海堂茶业生态科技有限公司，建立示范基地，实行“龙头＋基地＋农户”的现代茶业经营模式，并以基地为中心，逐渐向周边地区辐射，形成市场牵龙头、龙头带基地、基地联农户的发展格局，走优质、高产、高效的茶叶产业化之路。2006年，九曲红梅被列入杭州市“非遗”名录。2009年，西湖区“非遗”保护中心在深度发掘文化遗存基础上，积极为“九曲红梅红茶制作技艺”申报浙江省非物质文化遗产项目，并获得成功。2011年，杭州市经济委员会编、西泠印社出版社出版《杭州工业类非物质文化遗产大观》一书，刊登有省级非物质文化遗产“九曲红梅红茶制作技艺”。

1. 省级“非遗”项目九曲红梅

根据《杭州工业类物质文化遗产大观》一书，省级“非遗”项目“九曲红梅红茶制作技艺”如下：

（1）九曲红梅红茶的采摘与制作

九曲红梅红茶产地的地域面积很小，只有15平方千米左右，原产地是大坞盆地及周边地区，也就是《中国名茶》记载的：“上堡、张余、冯家、社井、上杨、下杨、仁桥一带，尤以湖埠大坞山者为妙品。”该地块海拔300米以上，沙质土壤，土层深厚，土质肥沃，通透性好，pH值在5左右，气候温暖，湿润多雾，四周环山，林木茂盛。独特的地理、气候等生态环境，对茶叶生长和含氮物、氨基酸、蛋白质和芳香物的形成、积累十分有利。

九曲红梅红茶的采摘

鲜叶的嫩度、均匀度是构成九曲红梅红茶品质的根本要求。春茶一般按一芽二叶的标准分期、分批、及时、多次采摘，谷雨前后为旺采期，夏秋茶采摘标准基本相同，这样可克服采摘和茶叶生长的矛盾，既可保证茶叶品质，又有利于茶园稳产高产。

九曲红梅红茶的采摘有强烈的季节性。一要及时采摘；二要保证质量，即芽叶成朵，大小均匀，不带老叶、硬梗、夹蒂和杂物。采摘时应将芽叶夹在食指和拇指中间，轻轻用力向上提起，随采随放入篮中，做到心静、眼准、手灵、脚勤，讲质量、求数量、保效率。

九曲红梅红茶的制作

九曲红梅红茶素以“形如鱼钩、色泽乌润、汤色红艳、香似红梅”而著称。除独特的地理、气候等生态环境和优良的茶树品种、精细的采摘方法外，还应归功于精湛的传统制作技艺。主要有以下几个环节：

阴摊：鲜叶一般以20厘米的厚度阴摊12个小时以上，随着水分的蒸发，其中的青草气也逐渐消失，香气和滋味的要素随之形成。

萎凋：把阴摊过的青叶薄摊在篾垫上，放在太阳下，经翻、拌后晒1~2小时后，可根据阳光的强弱、摊晒的厚薄，再经过一摸、二捏、三捻，当叶片失去水分三分之一左右（即已能揉成条而不碎裂时，须根据视觉、嗅觉、触觉，特别是凭实践经验才能做出正确的判断），即可收拢入屋。

揉捻：将萎凋叶略翻降温，每次取1千克左右成堆放在长1.2米、宽0. 8米的长方形篾垫上，人背靠墙壁，用脚踩着上下翻动揉压，使之叶面破损，汁液外渗，逐渐成条，颜色变红，青草气渐消，果香初透。反复5~6次，当揉捻叶达5千克左右时，便可装入直径为25厘米的白布袋中，经挤压、拧紧成球状，然后再手扶护栏，脚踩球状茶团，上下、前后、左右反复揉捻，至茶汁外流时，出袋用手搓解块，为发酵打下基础。

图8-10 《杭州工业类非物质文化遗产大观》书影

Fig. 8-10 A copy of *Hangzhou Intangible Cultural Heritage of Industrial Class*

发酵：发酵是九曲红梅红茶质量的决定因素，目的是增强酶活性，促进内含物质变化，形成红茶特有的色、香、味。解块后的揉捻茶在阳光下的篾垫上摊晒半小时左右，待茶体发热，再度失水三分之一时，装入布袋热闷（23~28℃）2小时左右。发酵适度的叶子，青草气全消失，具有清鲜的果香味，叶色变红且比较油润，有光泽。此时，因茶叶尚潮，不易断碎，最好能拣去老叶、枝梗和杂物。

干燥：可用日光照晒和用焙笼烘干两种方法。如用焙笼烘干一般分两次进行：第一次毛火，采用高温快速烘干法，迅速破坏酶的活性，停止发酵；第二次足火，采用低温慢烘法，利用热化作用使之生发香气。在毛火和足火之间，可间行摊凉回潮，整个烘焙过程中要进行数次翻拌，以保证受热、失水均匀。待到茶叶色泽乌润、香气浓烈、条索紧结、手揉成粉末、含水量为6%左右即可。

烘焙结束后，用竹茶筛过筛去末，再进行分级包装、贮存。

图8-11　九曲红梅茶产地之——双灵村茶园

Fig. 8-11 One of the production areas of Jiuqu Hongmei—Shuanglin Village

图8-12　双灵村“江南生态茶林”牌坊

Fig. 8-12 The memorial arch of “Jiangnan Ecological Tea Plantation” in Shuanglin Village

图8-13 九曲红梅茶叶采摘（摄影：厉剑飞）
Fig. 8-13 People picking the Jiuqu Hongmei Tea (shot by Li Jianfei)

图8-14 1979年《中国名茶》书影
Fig. 8-14 A copy of *Chinese Famous Tea* in 1979

九曲红梅红茶的制作一般可归纳为："摊、捏、捻、翻、揉、搓、闷、筛"八大手法。

摊：根据不同的鲜叶（嫩度、水分），按不同的厚度摊放，用不尽相同的时间，使之恰到好处。

捏：萎凋叶到一定时候，手捏感到柔软时，应立即翻晒，达到里外一致，失水均匀。

捻：经翻晒的萎凋叶，叶色变深，叶面起皱时，用手可捻成条状，不会断裂时，萎凋完成。

翻：初次揉捻时，需用脚反复翻捻、加压，用力要恰到好处，直到茶叶成条，色泽微红。

揉：再次装袋揉捻时，应以揉为主，慢慢收紧袋口，使茶汁外流，香气外溢。

搓：揉捻完成出袋后应及时解块，手搓时动作要轻盈，双手夹茶上下轻搓，不能转圆圈搓，不可用力过度。

闷：发酵过程主要在热闷中度过，对温度高低、时间长短、装放厚薄的把握与发酵质量关系很大。

筛：在发酵完成，茶叶尚潮不会断碎时，仔细挑拣老叶、枝梗、杂物等，另在烘焙以后过筛，再次从筛底拣去杂物，对提高茶叶的品质很有好处。

上述九曲红梅红茶制作过程的八大手法，有的单独使用，有的一法多用，应根据鲜叶的嫩度、天气的变化灵活掌握，随机应变。从鲜叶摊放到制成干茶，一般需24小时方可完成。

（2）九曲红梅红茶的储藏

一般用坛或瓮等陶器为好。用干燥的木炭五斤左右放在小口坛的底部，然后放上五六斤九曲红梅红茶，并放置少量的玫瑰花瓣，再把坛口子封好，过半年左右换一次木炭或拿出来晒一次。

图8-15至图8-19是一组九曲红梅红茶制作流程照片，均由厉剑飞摄影。

图8-15　阴摊
Fig. 8-15 Spreading without direct sunlight

图8-16　萎凋
Fig. 8-16 Withering

图8-17　揉捻
Fig. 8-17 Rolling

图8-18　发酵（发酵完成后，拣去老叶、枝梗和杂物等）
Fig. 8-18 Fermenting (After fermentation, people would pick out the old leaves, branches and debris etc.)

图8-19　干燥（日晒）
Fig. 8-19 Drying (in the sun)

（3）九曲红梅红茶采摘、制作的工具

采茶工具

茶篮（篓）：分小、中、大三种。采明前茶必须用小茶篮，因茶芽小，不易将茶篮装满，且行动方便；谷雨前后采茶可用中号茶篮；大号茶篮现在一般不用于采茶，只用于将采茶女采来的茶叶集中起来盛放，拎回家制作用。

雨具（雨衣、雨裤、长筒雨鞋）：一般都是塑料制品，便于携带且价廉实用。长筒雨鞋除了便于雨天和湿地走路，还能防虫蛇叮咬。

采茶帽：能避阳光照射，保护皮肤，又可使茶芽清晰可辨，有利采摘。

图8-20　各色福海堂九曲红梅红茶

Fig. 8-20 Different kinds of Jiuqu Hongmei Black Tea of Fuhaitang Tea Company

图8-21　茶性温和，汤色红艳，茶味香甜的九曲红梅

Fig. 8-21 Jiuqu Hongmei with gentle nature, flush red liquor color, and sweet smelling and taste

图8-22　采茶姑娘

Fig. 8-22 Female workers picking tea

图8-23 茶篮（篓）、茶簸箕、采茶帽等

Fig. 8-23 Tea tools made of bamboo: basket, dustpan, hat, etc.

图8-24 茶匾

Fig. 8-24 Tea tray

图8-25 筛子

Fig. 8-25 Sieve for screening the tea

图8-26 勃篮

Fig. 8-26 Basket (container made of thicker wicker)

制茶工具

茶匾或篾垫：摊放鲜茶叶用，使鲜茶叶蒸发部分水分，又使鲜叶柔软，有利于提高制作品质。

茶簸箕：有小、中、大之分，盛放茶叶之用。

勃篮：装数量多的茶叶，用于装摊放叶、萎凋叶或成品茶。

筛子：分细筛、中筛、末筛三种。细筛筛高档茶之用，中筛较为通用，末筛用来提取茶末之用。

图8-23至图8-26是一组九曲红梅采茶和制茶工具。

2. 省级“非遗”项目九曲红梅红茶制作技艺传承人冯赞玉

省级“非遗”项目九曲红梅红茶制作技艺传承人冯赞玉，现为杭州福海堂茶业生态科技有限公司农艺师。他从小跟堂爷冯品治、堂叔冯鸣孝等学习制茶技术。1975年被推荐进初中教农业课，后在乡农技站分管种植业技术。1989年被授予“杭州市劳动模范”和“浙江省优秀农技员”荣誉称号。

（1）执着坚守

冯赞玉待人随和、热情，做事专注、认真，在双浦茶区农业技术推广和服务方面得到广大村民认可，从而享有较高声誉。

冯赞玉出生在1947年，他所在的西湖区双浦镇湖埠村冯家组是个山峦环抱、林木葱茏、溪水清澈、风景秀丽、环境宜人的自然村，非常有利于茶树生长。这里是双浦镇地方特色农产品九曲红梅茶的原产地域和保护区。1963年，因父亲早逝，家庭经济拮据，母亲无力再供儿子升学念高中，时在初中毕业班当班长的冯赞玉只能回家乡参加农业劳动。那时，九曲红梅茶产业陷入低谷，生产技艺也面临湮没的危险。

冯赞玉回乡后，虚心好学，不怕辛劳，爱动脑，肯钻研，很快赢得了干部和社员的认可。翌年，他被选送参加周浦公社农技员、植保员培训班。1967年，他被选任生产队长。在此期间，他虚心向堂爷冯品治、堂叔冯鸣孝等有经验的老农学习制作九曲红梅茶及其他农业技术，进步很快，也做出了一定的成绩。

1971年，冯赞玉又被推选为冯家大队大队长，成为当时全区最年轻的基层干部之一。此后，在大队党支部领导下，他们在对老茶园进行改造更新的同时，发动社员在荒山缓坡开辟新茶园近百亩，为茶叶生产发展打下基础。

图8-27 省级“非遗”项目九曲红梅制作技艺传承人冯赞玉（中）

Fig. 8-27 Successor of Provincial Intangible Cultural Heritage “Jiuqu Hongmei” Making Skills: Feng Zanyu (middle)

冯赞玉曾经是西湖区最年轻的村主任和区人大代表，又是九曲红梅原产地湖埠茶农的后代，有过许多进城就业的机会，但他却对九曲红梅情有独钟，执着坚守。

历经百余年的九曲红梅，是与祁红、闽红、滇红齐名的神州著名红茶，红茶中一等一的妙品，以细、黑、匀、曲见长，堪称一绝，并在中外博览会上频频获奖。

九曲红梅虽然制作程序和工艺都比绿茶复杂。但是在西湖龙井茶声誉鹊起、价格飙升的同时，红茶的价格却一直上不去，以致茶农种植都没有积极性。到20世纪90年代中期，茶叶专业队解散，茶叶加工厂关停，全乡生产茶园面积已不足1200亩，红茶产量也逐渐降到30余吨，九曲红梅竟然濒危了。生活、成长在九曲红梅原产地的冯赞玉，心中充满痛楚，下决心一定要重振九曲红梅往日的辉煌。

图8-28 冯赞玉全神贯注审看茶样

Fig. 8-28 Feng Zanyu concentrating on checking the tea samples

30余年的坚守，冯赞玉坚守着

这份祖传的技艺，并通过各种途径去参加培训、学习。再加上自学和实践，成了省里的优秀农技员。2002年。他制作的九曲红梅茶获得了“中国精品名茶博览会金奖”。

图8-29　冯赞玉向徒弟传授技艺时接受采访（中国茶叶博物馆茶友会供图）

Fig. 8-29 Feng Zanyu interviewed during teaching the skills to his disciples (provided by Tea Lovers Club of China National Tea Museum)

（2）东风化雨

如果说，改革开放恢复历史名茶使九曲红梅犹如枯木逢春，那么，新千年以来的大发展则是东风化雨，九曲红梅就像茶芽在雨露滋润下茁壮成长。

正因为有了像冯赞玉这样的坚守者，九曲红梅是幸运的，而更幸运的还是它遇上了好时光。新千年到来，农业生产进入了一个新的发展阶段，单家独户的传统农业正朝现代农业、市场农业、都市农业的方向演变，特色产业增效明显，农产品已由数量向质量转型。2002年，杭州市人大常委会审议并通过了《杭州市西湖龙井茶基地保护条例》，周浦乡茶区被列为西湖龙井二级保护区，这同样给九曲红梅注入了活力。

2010年，“九曲红梅红茶制作技艺”已被列入浙江省、杭州市的非物质文化遗产项目，冯赞玉成为该项目的传承人。藏在深山的九曲红梅渐渐被人们找回了记忆。许多人在观看茶艺、品尝香茗后惊讶地说：“平时只把龙井茶当作我们杭州的宝贝，没想到茶都的红茶也这么香！”茶界专家也纷纷对九曲红梅加以肯定和赞誉。

（3）茶都添香

“茶为国饮，杭为茶都”，人们在找回记忆，品饮幽香、暖胃、养胃的九曲红梅时，九曲红梅火了。冯赞玉多年的坚守，也得了人们的赞誉。

冯赞玉常年举办各种培训班，把先进的理念和科学农技传授给茶农。他大力改进，在制茶中改用萎凋槽、揉捻机、发酵架（室）、烘干机等机械加工，使劳动强度降低，生产效率提高，成茶品质提升。他还不断引进新的优良品种，比如“浙农117”长叶茶，第三年就可以采摘了；还有在茶树边种植美国的狼尾巴草以达到保湿、保肥、防止水土流失的效果。他把生态环保当作重头工作来抓，指导茶农严格规范农药的浓度、用量，以及在什么时候用，特别强调“安全期”不能用药，让茶农从根本上认识到自己不能做坏了自己的品牌，断了自己的财路。

许多公司大投入、高质量、精制作，使九曲红梅获选杭州十大名牌，价值大幅度提高。九曲红梅因其有独特的暖胃、养胃功效，以及对女性具有美容养颜的作用，加上饮用方法的多样化（既可以加奶加糖，就着茶点喝，是颇具休闲风味的下午茶，又可在夏天制作冰红茶等），大受青睐，市场前景十分看好。

当我们品饮清香氤氲、茶烟袅娜的九曲红梅时，不应忘记终身坚守而今白发满头的冯赞玉先生。

3. 张关富和福海堂

省级“非遗”项目九曲红梅依托的正是杭州福海堂茶业有限公司，福海堂的掌门人是张关富先生。

张关富于1997年创建杭州福海堂茶业有限公司，该企业一直以“弘扬华茶，振兴茶业”为己任，以“科技引导产业，服务创造市场”为经营理念。经过多年的努力，公司的销售业绩和发展品位不断提升，曾经以优质袋泡茶在杭城崭露头角，是浙江茶业界的著名企业之一。

在西湖灵山风景区如意尖下，坐落着一家以九曲红梅茶生产为主业的企业，这就是杭州福海堂茶业生态科技有限公司。这是一家双浦镇双灵村所辖的农业企业，是2003年原周浦乡人民政府为优化当地茶类结构、促进西湖龙井茶产业发展、弘扬九曲红梅茶文化而引进的茶叶企业。该公司拥有茶叶基地面积520亩及标准厂房1900余平方米，冷藏库480立方米。

这里溪流清澈，空气清新，鸟语花香，与周边良好的生态环境完美融合。基地茶园三面群山环抱，黛峰逶迤，山林葱郁繁茂，气候温和湿润，光照充足，茶树苍翠欲滴，充满生机。茶叶园区系西湖龙井茶基地二级保护区，也是传统名茶九曲红梅茶的原产地域。公司茶叶基地分三大区块，即小大坞区块的生活、生产、加工区，青龙山区块的休闲、观光、旅游区和水库区块的品茶、餐饮、会务、住宿区（在建），可谓三足鼎立，遥相呼应，互为一体。福海堂建立的一、二、三产有机结合的生态茶产业发展模式，保证了所生产的茶产品安全、卫生、无公害。多年来，经上级质监部门等多次抽检，产品百分之百符合规定的质量和安全标准。

福海堂茶业生态科技有限公司总经理张关富，祖籍绍兴，现居杭州，毕业于原杭州大学外语系，曾担任杭州铁路系统团干部多年，后受铁道部援外局派遣去非洲的坦桑尼亚、利比里亚担任首席英语翻译。回国后于1994年创办银河集团，经营茶叶贸易，时任集团副总裁兼银利茶业公司总经理。1995年，张关富作为主要发起人之一，发表了《新国茶宣言》。当时，《人民日报》《光明日报》《解放日报》及全国多家晚报和国外媒体竞相报道，反响强烈。2003年带领团队来周浦建立茶叶基地。福海堂生产基地拥有一批高素质的茶叶管理人才，技术力量雄厚，管理体制科学，经营理念先进，经销品种丰富，营销网络健全。公司以“科技引导产业，服务创造市场”为管理目标进行基地建设，着力打造科技型的农业龙头企业，实现扎根一处、开发一地、造福一方的目标。

图8-30 西湖区茶研会会长祝永华（右）与张关富（左）（晓鸿摄影）

Fig. 8-30 Zhu Yonghua, the Director of Tea Culture Institute in West Lake District (right) and Zhang Guanfu (left) (shot by Xiaohong)

2007年10月，公司生产的西湖龙井茶和九曲红梅茶两大产品通过了绿色食品论证，公司的生产茶园也成为西湖区第一个通过绿色食品论证的茶叶基地。

2005年4月，当时的福海堂茶业生态科技有限公司在成功举办首届“福海堂杯”九曲红梅茶斗茶赛

图8-31　福海棠茶叶基地雪后仿佛童话世界（陆灵枫摄影）
Fig. 8-31 A fairyland-like world after snow: the tea garden of Fuhaitang Tea Company (shot by Lu Lingfeng)

后，每年与西湖龙井茶产业协会、乡镇政府组织西湖龙井茶手工炒制比赛和九曲红梅茶斗茶赛，使参赛选手相互学习，切磋技艺，总结经验，共同提高。经西湖龙井茶产业协会邀请国家级专家在考核现场审核评定，公司已拥有西湖龙井茶手工炒制高级炒茶技师五名（沈吉花、周林平、徐良、杨国军、楼龙肖），炒茶技师多名及一批青年炒茶工，可谓高手众多，后继有人。2011年。在龙坞举行的西湖区西湖龙井茶手工炒制“炒茶王”大赛中，公司选手马强华一举摘得“炒茶王”桂冠，另有两人获三等奖，为公司争得了荣誉。

近几年来，福海堂茶业生态科技有限公司采取实施项目，扩大基建，整治园区，改造厂房等一系列措施，使得基地面貌改观，茶园观赏性、品位和档次提升，经济、社会和生态效益显现。自2005年起，公司曾先后被评为杭州市十佳农业示范园区、浙江省示范茶厂、浙江省特色优势农产品基地，还获得杭州市现代农业科技型龙头企业、西湖区都市休闲旅游示范国际访问点等认定和浙江省无公害、绿色农产品认证，以及国土资源部农业环境质量监测认证、中国绿色食品发展中心绿色食品认证。公司选送的九曲红梅茶、西湖龙井茶获政府名茶展评的多个奖项：九曲红梅茶于2004年获中国“蒙顶山杯”国际名茶博览会金奖，西湖龙井茶、九曲红梅茶于2008年双双获中国（国际）名茶博览会金奖。九曲红梅红茶制作技艺已被政府文化部门分别于2006年、2009年列入杭州市、浙江省非物质文化遗产名录并予以保护；作为公司顾问的冯赞玉，也有幸被选定为该“非遗”项目的代表性传承人。2011年，“福海堂”牌西湖龙井茶与“贡”牌、“御”牌、“西湖”牌西湖龙井茶一起，被列入上海世博会十大名茶，并入选上海世博会联合国馆专用茶。

“重峦林色动，深坞茗香浮。”作为公司休闲、观光、旅游示范区的青龙山区块，地处“江南生态茶村”双灵北侧，这里呈八字形的两座小山冈上部相互衔接，西是头，东为尾，很像一条壮实的青龙。此地三面临山，层林叠翠，茶园茂盛，园中的大樟树浓荫匝地，杭州市有关部门对外宣传的茶园图片，很多是以这里的茶园、樟树为背景拍摄的。“不雨山长润，无云水自阴。”特殊的地理环境、气候条件和科学的管理方法，使青龙山茶园成了每年西湖龙井茶的首采地之一。2007年年底，澳大利亚农业和食品部部长一行考察了该园区，对基地一流的生态环境赞不绝口；2010年4

月，杭州市副市长何关新视察园区，即兴诵出“好山出好茶，青龙舞早茶”的赞美诗句，博得了大家的一片掌声；这里还有浙江唯一、全国少有，由公司总经理张关富先生亲自设计、规划、参加栽种，占地1700余平方米，双行双株凹沟密植栽种，共五千余丛、逾万株茶苗，构成了笔画总长度为650米的硕大的“茶”字。青龙山茶园成了广大摄影爱好者和休闲旅游客的“聚焦点”、观光地。

2011年，福海堂520亩茶叶基地共生产成品茶23. 6吨，其中九曲红梅茶为15. 5吨，共创产值730万元。

灵山一叶得妙境，福海两茶品天下。福海堂的西湖龙井和九曲红梅香飘大江南北，誉满五洲四海。

4. 申遗记忆

九曲红梅省级非遗申报成功，是九曲红梅发展史上的一个里程碑，许多人为之呕心沥血，西湖区“非遗”保护中心厉剑飞先生深度挖掘九曲红梅文化遗存，精心策划，着力写作、拍摄，成功使九曲红梅登上省级“非遗”名录。

厉剑飞在《九曲红梅申报“非遗”项目的点滴记忆》一文中为我们留下一些九曲红梅成功申报省级“非遗”的历史片断。

2009年，厉剑飞先生在西湖区“非遗”保护中心工作。为了将九曲红梅红茶制作技艺申报浙江省非物质文化遗产项目，他与九曲红梅这款杭产名牌红茶有过最亲密的接触。最难忘的是2009年5月1日这一天，因为对他来说，这是一生中最有意义的一个劳动节，也是他一生中名副其实的“劳动”节。这一天，他和同行们拍摄了用作申报资料的九曲红梅茶电视纪录片，工作时间从早上四点钟开始，一直到第二天早上四点多结束，整整工作了24个小时。

为了拍摄日出时的九曲红梅原产地双灵村的茶园晨景，他们必须在早上五点半日出之前赶到预定地点并做好一应准备工作。为此，2009年5月1日，厉剑飞早上三点半起床，四点钟出门，跟摄制组人员会合后，驱车直奔双浦镇双灵村。五点钟前，他们已到达双灵村。在板壁山水库、村里、茶园和如意尖下等十来个现场拍完外景和采茶场景后，已经是上午十点左右了。接下来是在福海堂茶业公司拍摄收茶、阴摊、萎凋等制茶过程和九曲红梅茶产品及相关制作工具、用具等。

图8-32 厉剑飞先生
Fig. 8-32 Mr. Li Jianfei

中午，他们对福海堂公司的张关富总经理做了现场采访。下午，他们到双灵村农家院子里拍摄制茶的揉捻、解块、发酵、干燥、贮藏等步骤。傍晚，借着夕阳，在双灵村边的溪流畔拍摄了九曲红梅茶艺表演。晚饭后，在山村举行了一个小型的九曲红梅茶评比活动，拍摄了评茶的全过程。直到晚上十点多，大家才回家。

在家里，他按照计划连夜把当天拍摄的图片一张张整理出来，并选出申报书和申报片上需用的图片进

图8-33　厉剑飞拍摄的《茶乡清晨》
Fig. 8-33 "Morning in a Tea Country" shot by Li Jianfei

行后期处理。处理图片是一件相当费神也很累人的事情。一天下来拍摄的图片，包括场景、制作步骤、相关物件以及相关文件、历史资料等，共有三百多张，从中挑选编入申报书文本和申报纪录片中使用的约一百张进行后期处理。从挑选到处理，厉剑飞整整花了五个小时，完成时已经是5月2日早晨四点多了。

在九曲红梅申报浙江省"非遗"名录的过程中，有一个小插曲不得不提。

在西湖区确定了2009年申报浙江省"非遗"名录的项目后，他向省文化厅非遗处处长王淼做了一次详细的汇报，征求王淼处长的意见，并请教如何做好申报工作。当王淼处长听到九曲红梅茶时，他愣了一下，说："浙江省还有红茶的？我都不知道呢。"他顿时意识到问题的严重性。九曲红梅虽然被茶业专家称为浙江茶区的"万绿丛中一点红"，但由于20世纪后半叶以来其产地缩小、产量减少，在社会上的影响力下降，渐渐地，除了茶业专家外，知道这款杭产红茶的人很少，这肯定会给项目的申报带来很大的影响。

经过分析和讨论，厉剑飞先生意识到，要让人们认可九曲红梅，首先必须要让人们认识它。于是，他和冯赞玉老师及福海堂公司取得联系，决定邀请王淼处长和有关专家到九曲红梅原产地来实地考察。

2009年4月28日，浙江省非遗处处长王淼、杭州市非遗保护中心副主任林敏等，来到双浦镇双灵村九曲红梅茶生产基地及重点企业福海堂茶业生态科技有限公司，对西湖区申报浙江省"非遗"名录项目的九曲红梅红茶制作技艺相关情况进行考察和论证。在福海堂公司，工作人员给每位来客泡了一杯九曲红梅，但并不马上告诉客人这是什么茶。专家们喝了一口茶，都说很好喝。

王森处长问："这是什么茶?"

厉剑飞回答："这就是九曲红梅茶。"

"九曲红梅!"专家们一下子记住它了。

四、杭州市西湖区茶文化研究会

1. 杭州市西湖区茶文化研究会的成立

杭州市西湖区茶文化研究会的成立对西湖区的茶文化研究无疑有极大的推动力。

2010年5月27日下午，西湖区茶文化研究会正式成立。杭州市人大常委会副主任、西湖区委书记郑荣胜出席成立大会并讲话。西湖区委副书记、区长王立华为西湖区茶文化研究会授牌。区人大常委会主任吴国良、区政协主席张岐、副区长干新卫、风景名胜区副主任王宏伟等领导出席会议。

中国国际茶文化研究会常务副会长徐鸿道、中国国际茶文化研究会秘书长詹泰安、杭州市茶文化研究会会长虞荣仁等领导和兄弟区、县（市）茶文化研究会的同行到会祝贺。

西湖区政协副主席祝永华被推选为西湖区茶文化研究会会长。

祝永华会长讲话中说："西湖区茶文化研究会的成立，为发展茶产业、弘扬茶文化、促进茶旅游增添了有力的砝码。它集聚了一大批茶文化研究领域的专家学者，将有力地推动西湖区茶文化研究的深入开展。"

郑荣胜向西湖区茶文化研究会的成立表示热烈祝贺。他说，西湖区是龙井茶的故乡，是中国茶文化的重要发源地，与茶有着不解之缘。西湖龙井茶品牌响亮，以色绿、香郁、味甘、形美"四绝"闻名天下，历来是茶中极品、朝廷贡品、国家礼品，有"百茶之首""绿色皇后"之美誉。

图8-34　杭州市西湖区茶文化研究会成立大会

Fig. 8-34 Founding Conference of Tea Culture Institute of West Lake District

同样，西湖区的九曲红梅茶也是以龙井茶为原料而制作的红茶珍品，早在1915年就获得巴拿马赛会金奖。近年来，西湖区充分发挥自身在茶领域的独特优势，围绕倡导"茶为国饮"、打造"中国茶都"这一目标，积极保护龙井茶品牌，年年举办开茶节，大力发展茶旅游和茶产业，努力做好弘扬茶文化这篇大文章，西湖区在全国茶界的知名度、美誉度和影响力不断增强。西湖区茶文化研究会的成立，就是西湖区加强茶文化研究的实际行动和重要举措。西湖区茶文化研究会不仅集聚了一大批茶文化领域的专家学者，而且还集聚了一大批茶业界的行家高手，这必将有力地推动西湖茶文化研究的深入开展。

他希望通过西湖区茶文化研究会这个平台，进一步弘扬茶文化、发展茶产业、打响茶品牌，把"中国茶都"这张杭州城市的"金名片"擦得更亮，把西湖龙井茶这块品牌叫得更响，为坚持绿色发展，倡导低碳经济，建设和谐社会，打造"全国最美丽城区"做出新的更大贡献。

西湖茶讯

第1期
（总第一期）

杭州市西湖区茶文化研究会办公室　　二〇一〇年六月十日

杭州市西湖区成立茶文化研究会

5月27日下午，西湖区茶文化研究会正式成立。杭州市人大常委会副主任、西湖区委书记郑荣胜出席成立大会并讲话。西湖区委副书记、区长王立华为西湖区茶文化研究会授牌。区人大常委会主任吴国良、区政协主席张岐，副区长干新卫、风景名胜区副主任王宏伟等领导出席会议。

图8-35　《西湖茶讯》第1期（总第1期）书影
Fig. 8-35 A copy of *Tea Information,* Vol. 1

2012年西湖区茶文化研究会领导人员

西湖区茶文化研究会顾问：西湖区区委书记王立华，区委副书记、区长朱党其，区人大常委会主任施增富，区政协主席张岐，资深茶文化专家阮浩耕。

名誉会长：区人大正区级巡视员、原区人大常委会主任吴国良，区委常委、区政府副区长周卫兵，区政府副区长陈玮，之江旅游度假区管委会副主任赵欣浩，西湖风景名胜区管委会副主任王宏伟。

会长：祝永华。

副会长：区风景旅游局局长章洪根，区农业局局长何海强，区文广新局局长魏小平，区政协文史和教卫文体委员会主任唐建瑛，原区审计局调研员沈平夷（兼秘书长），区商务局局长叶莲凤，西湖景区管委会社发局调研员赵宏权，浙江天河房地产联合发展公司董事长陈锦升，杭州西湖龙井茶叶有限公司董事长戚国伟，杭州龙井茶业集团有限公司董事长祝百昌，杭州山地茶业有限公司董事长刘志荣，杭州顶峰茶业有限公司董事长胡醒，杭州西湖茶叶市场有限公司董事长陈春仁。

2. 西湖区茶文化研究会新址揭牌仪式隆重举行

2011年12月7日，杭州市西湖区茶文化研究会新址揭牌仪式在西溪方井桃源隆重举行。全国政协文史和学习委员会副主任、中国国际茶文化研究会会长周国富及中国国际茶文化研究会常务副会长徐鸿道、秘书长詹泰安，杭州市茶文化研究会会长虞荣仁、副会长安志云、来坚巨、杨菊芳，西湖区委书记王立华，区委副书记、代区长朱党其，副区长干新卫和杭州各区、县（市）茶文化研究会会长、秘书长等近百人参加了揭牌仪式。

仪式由西湖区茶文化研究会会长祝永华主持，时任西湖区代区长朱党其、中国国际茶文化研究会常务副会长徐鸿道分别致辞并讲话。

朱区长代表区四套班子对区茶文化研究会新址的顺利落成表示热烈的祝贺，对长期以来关心、支持西湖区经济社会发展，特别是茶文化、茶产业发展的各位领导和各界友人表示衷心的感谢，并对研究会今后的发展寄予了殷切的希望，指出要倾力打造西湖龙井茶这张杭州城市的金名片。徐鸿道副会长对西湖区茶文化研究会乔迁新址表示祝贺。指出这既为研究会开展工作提供了广阔的舞台，又对研究会开展工作提出了更高的要求。西湖区茶文化研究会要充分利用好新平台，进一步推进西湖龙井茶文化研究的各项工作，为实现“茶为国饮、杭为茶都”的目标和西湖区的茶产业、茶旅游的发展做出新成绩。随后，周国富会长、虞荣仁会长、詹泰安秘书长和王立华书记共同为新址落成揭牌。

图8-36 西湖区茶研会新址揭牌仪式合影左起：祝永华、朱党其、詹泰安、徐鸿道、周国富、王立华、虞荣仁、安志云（任鲸摄影）

Fig. 8-36 Photo at the Unveiling Ceremony of the new site of Tea Culture Institute of West Lake District (from the left): Zhu Yonghua, Zhu Dangqi, Zhan Tai’an, Xu Hongdao, Zhou Guofu, Wang Lihua, Yu Rongren, An Zhiyun (shot by Ren Jing)

图8-37　中国国际茶文化研究会会长周国富（左）和杭州市茶文化研究会会长虞荣仁为西湖区茶文化研究会揭牌（任鲸摄影）

Fig. 8-37 Zhou Guofu (left), Director of China International Tea Culture Institute and Yu Rongren (right), Director of Hangzhou Tea Culture Institute, jointly inaugurating the Tea Culture Institute of West Lake District (shot by Ren Jing)

图8-38　全国政协文史和学习委员会副主任、中国国际茶文化研究会会长周国富（前排左二）和西湖区茶文化研究会会长祝永华（前排左一）、副会长沈平夷（前排左三）亲切握手

Fig. 8-38 Zhou Guofu (first row, the 2rd from left), the Deputy Director of Committee of Cultural and Historical Data of Chinese People's Political Consultative Conference and the Director of China International Tea Culture Institute, shook hands with Zhu Yonghua (first row, the 1st from left), the Director of Tea Culture Institute of West Lake District, and Shen Pingyi (first row, the 3rd from left), the Deputy Director of Tea Culture Institute of West Lake District.

3. 组织参展浙江省首届茶文化博览会

中国（浙江）非物质文化遗产博览会暨浙江省首届茶文化博览会于2012年4月29日上午在义乌市国际博览中心开幕。中共浙江省委书记、省人大常委会主任赵洪祝发来贺信。文化部副部长、国家文物局局长励小捷，浙江省副省长郑继伟及全国政协文史及学习委员会副主任、中国国际茶文化研究会会长周国富等出席。

西湖区茶文化研究会组织杭州山地茶业有限公司、杭州龙井茶叶集团公司等茶叶企业和2012年西湖龙井茶炒茶王大赛“茶王”得主李泉春等炒茶高手参加本届“茶博会”的展示与互动。会长祝永华和副会长兼秘书长沈平夷等赶赴展会参加开幕式，并深入展场和与会人员一起热情接待前来参观、考察、交流的领导、茶文化界同行和中外观众，通过现场展示与交流，为西湖区的龙井茶产业发展和茶文化宣传进一步拓展平台，扩大影响，广交茶友，树立形象。

浙江省首届茶文化博览会以茶为圆心，以文化为半径，是浙江省振兴中国茶产业、复兴中华茶文化的一次有鲜明特色的探索。“茶博会”设有名茶馆展、地方名茶展、茶具精品展，突出展示浙江名优绿茶的传统炒制技艺及茶艺、曲艺表演等“非遗”内容，展现极富历史内涵与风物魅力的浙江茶文化精华。

4. 第十四届西湖国际茶会暨中国茶叶博物馆建馆二十周年系列活动

2011年4月16日和17日，中国茶叶博物馆举办第十四届西湖国际茶会暨建馆二十周年系列庆祝活动。见图8-39至图8-43。

图8-39 第十四届西湖国际茶会暨中国茶叶博物馆建馆二十周年系列活动开幕现场（中国茶叶博物馆供图）

Fig. 8-39 The Opening Ceremony of the 14th West Lake International Tea Party & 20th Anniversary of China National Tea Museum (provided by the China National Tea Museum)

图8-40　中国国际茶文化研究会名誉会长王家扬与茶友在会场合影（方及摄影）

Fig. 8-40 Wang Jiayang, the Honorary Director of China International Tea Culture Institute took pictures with tea lovers. (shot by Fang Ji)

图8-42　徐鸿道、王金财、郑荣胜（前排自左至右）在西湖龙井开茶节主席台上

Fig. 8-42 Xu Hongdao, Wang Jincai, Zheng Rongsheng (from left to right in the first line) on the rostrum at the West Lake Longjing Festival to celebrate the spring tea selling

图8-41　西湖龙井开茶节上，西湖区转塘街道龙坞茶村（上城埭）一派节日气氛

Fig. 8-41 Longwu Tea Village of Zhuantang Street, West Lake District showing a festive air at the West Lake Longjing Festival to celebrate the spring tea selling

图8-43　出席西湖龙井开茶节的浙江省、杭州市领导一起采新茶

Fig. 8-43 Leaders of Zhejiang Province and Hangzhou City picking the new tea together

图8-44　中共西湖区委书记、区人大常委会主任王立华（左前站立）向老领导表示热烈欢迎和诚挚祝福

Fig. 8-44 Wang Lihua (left), Secretary of West Lake District Committee of CPC and the Director of the District People's Congress, expressing warm welcome and sincere wishes to former leaders

图8-45　西湖区文化研究会会长会议（方及摄影）

Fig. 8-45 The director meeting of Tea Culture Institute of West Lake District (shot by Fang Ji)

5. 春季茶话会在龙坞茶村举行

2012年5月14日，茶香醉人。由杭州市茶文化研究会和西湖区茶文化研究会共同主办的春季茶话会，当天上午在风景秀丽的龙坞茶村举行。中共杭州市委、市人大、市政府、市政协和杭州分军区的历届老领导、老首长共九十余人应邀参加。

茶话会由杭州市茶文化研究会副会长兼秘书长来坚巨主持。杭州市茶文化研究会会长虞荣仁致欢迎辞，表示希望通过举办这样的品茶活动，提倡科学泡茶、健康饮茶，逐步养成“多饮茶，少喝酒，不抽烟”的生活习惯，高高兴兴品“龙井”，健健康康享生活。

6. 让九曲红梅更香更红

为实现西湖区委、区政府提出的让本区所产一“绿”（西湖龙井茶）一“红”（九曲红梅茶）两大茶叶品牌比翼齐飞的目标，西湖区茶文化研究会先后举行会长会议和《西湖问茶》作者组稿联谊会，传达西湖区政府提升九曲红梅茶品质工作专题会议精神，围绕挖掘九曲红梅茶历史文化内涵、提升九曲红梅茶品牌影响力的主题，研究明确近期要重点做好对九曲红梅茶的历史文化挖掘、展示和品牌宣传推广工作。各位会长和各界人士先后在会上发言，并提出许多有益的见解和建议。

7. 《西湖问茶》首发茶会

2010年11月10日，西湖区茶文化研究会在杭州湖畔居茶楼举行《西湖问茶》首发茶会。中国国际茶文化研究会名誉会长王家扬、杭州市茶文化研究会秘书长来坚巨、西湖区副区长干新卫、西湖区政协副主席祝永华和茶业界、新闻界人士，特邀老茶人、老杭州等约50人参加。

《西湖问茶》以西湖龙井茶为主要内容，围绕一个“问”字，讲述有关茶的历史演变、技能品饮、艺文鉴赏、禅道哲理等方面内容。经过西湖区政府、浙江省社科院、中国茶叶博物馆及茶业界、出版界、佛教界、摄影界多位专家学者历时三个多月的共同努力，《西湖问茶·冬之卷》正式出版。

西湖区与茶有着不解之缘，是中国茶文化的重要发源地之一。近年来，依托独特的区位优势，西湖区围绕打造“中国茶都”的目标，积极保护龙井茶品牌，大力发展茶旅游和茶产业。到目前为止，西湖区内已有多个“国字号”茶叶专业机构，涌现出了多个茶叶品牌企业，初步形成了从茶叶生产、加工到文化交流等全方位的茶叶产业体系。

至2011年，《西湖问茶》逢立春、立夏、立秋、立冬日已推出了四卷，由浙江摄影出版社出版。

8. 《西湖问茶》在醉庐举行联谊笔会

2011年11月7日，西湖区茶文化研究会邀请多位热心提供稿源的图、文作者，在西湖区双浦镇双灵村（“江南生态茶村”）的醉庐举行联谊笔会，就继续写好、编好同名刊物《西湖问茶》切磋、商谈，并考察杭州福海堂茶业有限公司、彩邑养生园和野秀陶园，进行书法笔墨交流。

图8-46 《西湖问茶》作者组稿联谊会会场（马荣壮摄影）

Fig. 8-46 Contributions soliciting meeting of *Enjoying Tea at West Lake* (shot by Ma Rongzhuang)

图8-47　王建荣（左）发言（宣佳宁摄影）

Fig. 8-47 Wang Jianrong (left) giving a speech (shot by Xuan Jianing)

图8-48　祝永华（右）讲话（马荣壮摄影）

Fig. 8-48 Zhu Yonghua (right) giving a speech (shot by Ma Rongzhuang)

图8-49　沈平夷（右）讲话（马荣壮摄影）

Fig. 8-49 Shen Pingyi (right) giving a speech (shot by Ma Rongzhuang)

图8-50 《西湖问茶》首发茶会（吴海森摄影）

Fig. 8-50 The tea party for the issue of *Enjoying Tea at West Lake* (shot by Wu Haisen)

图8-51 《西湖问茶》作者、编者欢聚一堂

Fig. 8-51 A happy get-together of authors and editors of *Enjoying Tea at West Lake*

图8-52 祝永华主编笔会讲话

Fig. 8-52 Zhu Yonghua, editor-in-chief, giving a speech in the fellowship-party

图8-53 其乐融融

Fig. 8-53 A happy time

图8-54 唐建瑛副主编（中）笔会讲话

Fig. 8-54 Tang Jianying (middle), associate editor, giving a speech in the fellowship-party

图8-55　沈平夷副主编（右二）笔会讲话
Fig. 8-55 Shen Pingyi (2nd from right), associate editor, giving a speech in the fellowship-party

图8-56　《西湖问茶》第1期至第11期
Fig. 8-56 Issues 1 to 11 of *Enjoying Tea at West Lake*

9. “@微茶楼”香飘天下

2012年2月3日晚上20时至22时，经过前期紧张、细致的筹备，账号“@微茶楼”主办的“全国斗茶赛”在腾讯微博上顺利举办。擂主与攻擂手双方就“网购茶叶靠不靠谱”这个主题，在微博上展开精彩辩论。这已是“@微茶楼”在腾讯微博举办的第二场“全国斗茶赛”。由于辩论话题的社会关注度比较高，参与辩论的方式灵活多样，吸引了广大博友参与网络投票和辩论，现场气氛相当热烈。经过两个小时的激烈辩论，“@微茶楼全国斗茶赛”主评委宣布擂主方获胜——网上购买茶叶是靠谱的。

中国是茶的故乡。茶文化经过千年积淀，融会了儒、释、道精华，是中华民族传统文化和人文精神的具体体现。中国茶叶种植有四个极点：东为台湾的南投、台北、新竹、嘉义等县、市，西到西藏的林芝地区，北起山东青岛的崂山地区，南达海南三亚。

为弘扬中华茶文化，2011年10月23日，“掌柜”蔡奇在腾讯微博上创办了“@微茶楼”账号，利用网络信息传播方式，搭建起弘扬茶文化的平台，为天下茶友提供交流联谊的网络园地。

“@微茶楼”坚持平民化路线，采用仿古情景剧的形式与博友互动。情景剧里，所有人物都以古代茶店角色相称，如掌柜、茶学士、茶博士、账房先生、书房先生、店小二、店丫头等。对所有来访的博友，则一律尊称“客官”。

“@微茶楼”里的所有工作人员，皆为热心茶文化事业的志愿者。在掌柜的带领下，在广大“客官”的支持下，“@微茶楼”全体人员同心协力，锐意进取，各尽所能，以仿古情景剧的形式在茶言茶。先后推出“博士讲茶”“每周一品”“每周一评”“品茶论道”“晒家乡茶”等话题，组织“全国斗茶赛”等活动，还创办了每周一期的电子周刊，通过微博这一新兴的交流媒体，有效地展示茶产品，普及茶文化，交流茶技艺，吸引爱茶人，服务品茶人，倡导茶生活，得到了全国“客官”的关心与热爱。

图8-57　2012年2月3日，“@微茶楼”“掌柜”浙江省委常委、宣传部部长蔡奇在“黑板报、微茶楼、心理会所”迎新年茶话会上致辞

Fig. 8-57 On Feb 3rd, 2012, Cai Qi, the manager of “@weichalou (a forum on Tencent Weibo)”, Member of the Standing Committee and Director of the Propaganda Department of Zhejiang Province, making a speech at the New Year Tea Party with the theme of “Blackboard Newspaper, Mini Teahouse, Psychological Club”.

图8-58　“@微茶楼”自编节目《开门大吉》在迎新年茶话会上演出

Fig. 8-58 The program “Lucky to Open the Door”, which was produced by “@weichalou” given at the New Year Tea Party

10. 九曲红梅茶文化展示馆开工建设并公开征集相关文物史料

2012年岁末，杭州市西湖区九曲红梅茶文化展示馆和研究院在地处九曲红梅原产地的双浦镇双灵村上堡自然村开工建造。这座展示馆暨研究院呈围合院落式布局，东侧主体建筑为两层，局部一层。各建筑单体都以景观连廊相连，以红瓦配红砖的整体色调搭配，映衬在绿林翠色中十分吸引眼球，整体意境与九曲红梅系浙产茶叶“万绿丛中一点红”的赞辞相吻合。九曲红梅茶文化展示馆已于2014年春建成开馆，馆内展示有九曲红梅具有历史意义的制茶器具、茶叶包装、茶乡风情等史料性实物、场景，同时还有九曲红梅茶历史文化的介绍等内容。

图8-59　正在建设中的九曲红梅茶文化展示馆

Fig. 8-59 Jiuqu Hongmei Tea Culture Exhibition Hall under construction

11. 2013年西湖开茶节

图8-60　开山巨鼓敲响2013年西湖开茶节
Fig. 8-60 The 2013 West Lake Tea Festival opening with drums

2013年3月29日，“2013中国（杭州）西湖国际茶文化博览会开幕式暨西湖龙井开茶节九曲红梅茶文化旅游活动”在如意尖下热热闹闹登场亮相，开启了“绿红双茶飘香灵山”的“中国茶都”新篇章。

2013年西湖区重点推出杭州市十大名茶中唯一的红茶品牌——九曲红梅茶。这款经典红茶，素以国内传统轻发酵红茶中的佳品而蜚声茶业，营销国内外。在1915年的巴拿马太平洋万国博览会上，九曲红梅茶作为浙产红茶的代表茶品而荣获大奖，其后又在美国费城博览会、上海工商部中华国货展览会、首届西湖博览会等赢得多种荣誉。

图8-61　杭州市茶文化研究会会长虞荣仁在开茶节致
Fig. 8-61 Yu Rongren, Director of Hangzhou Tea Culture Institute, making a speech at the Festival

图8-62　中共西湖区委书记王立华和中国国际茶文化研究会秘书长詹泰安在开茶节上
Fig. 8-62 Wang Lihua (left), Secretary of West Lake District Committee of CPC, and Zhan Tai’an, the Secretary-General of China International Tea Culture Institute, at the Festival

当天上午，省、市、区领导和茶界著名人士近千人相聚在西湖龙井、九曲红梅的产地——双浦镇双灵茶村，共话西湖茶产业的新发展。中国国际茶文化研究会常务副会长徐鸿道出席并宣布开茶节开幕，杭州市茶文化研究会会长虞荣仁在开幕式致辞。开幕式上表彰了双灵村、上城埭村、龙井村等首批杭州茶文化旅游体验点，并举行了浙江省旅游特色经营户的授牌仪式和九曲红梅茶文化旅游体验活动的首发仪式。

市茶文化研究会会长虞荣仁发表了热情洋溢的祝语。他指出，西湖国际茶文化博览会已经成为杭州发展茶产业、弘扬茶文化、促进茶旅游、提升“东方品质之城”知名度的一个重要平台，被社会各界所关注。西湖区是我国著名的茶叶产区，区内有西湖龙井和九曲红梅两大茶叶名牌。西湖龙井茶一直保持着良好的发展势头，九曲红梅茶更是蓬勃兴起，两大茶叶品牌齐头并进，为杭州整个茶产业的发展注入了青春的活力。

本届开茶节暨西湖国际茶文化博览会启动仪式上举行了多种创意迭出、参与性强的活动，包括炒茶表演、茶市与山里淘展卖、九曲红梅茶器和藏品展等系列活动。还在野秀陶园推出九曲红梅茶历史文化藏品展示，并对双浦镇的“浙江省旅游特色经营户”进行授牌，首发双灵村手绘导游图，以及茶园里的快乐茶姑、花园边的西湖龙井炒制、美院学生的手工茶器展、西山森林公园摄影作品展、西湖区知名茶企的产品展销、西湖区特色旅游村展示、西湖龙井与九曲红梅双茶茶艺表演等。精彩纷呈的活动让蜂拥前来参与本届开茶节活动的茶友、茶商和游客感到九曲红梅茶原产地西湖灵山优良、独特的生态环境和深厚的茶文化底蕴。中外游客在互动中传承茶文化，推广茶品牌，促进茶发展，在美丽的西湖品红绿双茶，体会不一样的春天。

图8-63　西湖区领导王立华（右二）、朱党其（左一）、张岐（右一）在开茶节上向村民赠送手绘地图《九曲红梅茶村——双灵村》

Fig. 8-63 Leaders of West Lake District, Wang Lihua (the 2nd from right), Zhu Dangqi (the 1st from left) and Zhang Qi (the 1st from right) presenting the hand-drawn maps, “Tea Village of Jiuqu Hongmei—Shuanglin” to villagers as gifts

图8-64　九曲红梅茶艺表演（芦恩伟摄影）

Fig. 8-64 The tea ceremony of Jiuqu Hongmei (shot by Lu Enwei)

五、九曲红梅茶产业

1. 源起

新千年以来，随着中国经济的飞速发展，人民生活水平日益提高，品茗之风再度盛行。生产传统半发酵茶乌龙茶的福建茶区，成功开发醇香、暖胃、养生的金骏眉红茶，引起神州嗜茶族的追捧，迅速形成一股红茶旋风。

一叶知秋，长期从事茶叶生产、营销的浙江省茶叶集团股份有限公司的包兴伟先生，马上联想起红茶发展的时机已经到来，应大力发展1915年获巴拿马赛会金奖的杭州红茶——历史名茶九曲红梅。

2012年5月下旬，在福建生产“正山堂”金骏眉红茶的企业家江元勋先生应邀莅杭。包兴伟先生抓住机遇，于2012年5月30日，和江元勋先生一起署名写就《关于发展浙江红茶的些许建议》，明确提出恢复及挖掘杭州传统红茶——具有140余年历史的九曲红梅。

包兴伟先生为杭州市民主建国会（以下简称市民建）成员，通过市民建，2012年6月14日，以杭民建（2012）26号《关于振兴与发展杭州传统历史名茶九曲红梅的建议》，上报其时中共杭州市委、杭州市人民政府黄坤明书记、邵占维市长、杨戌标副市长、戚哮虎副市长。

黄坤明书记非常重视，迅速于6月19日批示。7月6日，邵占维市长批示：“虞主席、关新同志：能否请茶文化研究会牵头，政协有关同志支持，会同西湖区作（做）一专题研究，把发展‘九曲红梅’品牌作为‘杭为茶都’建设的重要内容，对早期品牌培育过程中，茶农或茶企业的利益损失，可采取政府适当补助的办法，请酌。”

贯彻市委、市政府主要领导批示，西湖区政府于2012年10月19日成立西湖区发展九曲红梅茶产业工作领导小组。浙茶集团积极参与九曲红梅的发展，2012年9月27日，西湖区人民政府与浙茶集团签署《关于九曲红梅战略合作协议》。风起云生，西湖茶区迎来新一轮的九曲红梅大发展。

2. 杭州九曲红梅茶业有限公司

2012年9月27日，浙江省茶叶集团股份有限公司与西湖区政府陈玮副区长签署了九曲红梅品牌发展合作协议。11月26日，由浙茶集团为主组建的杭州九曲红梅茶业有限公司成立。茶行业龙头企业和原产地政府携手合作，九曲红梅茶发展提升工程全面展开，九曲红梅茶品牌发展翻开了新篇章。

为加快发展九曲红梅茶，浙茶集团根据与西湖区的合作协议，积极组织落实，已取得不小的进展。一是投入精兵强将。成立了公司领导班子成员参加的项目组，配备了有红茶生产经营研究经验和具体发展思路的专职人员，引进了九曲红梅茶的专业技术人员，正在进一步充实力量，提供人员力量的保障。二是技术研发先行。为稳定和提升九曲红梅的质量，公司和中国农科院茶叶研究所成立了联合试制小组，2012年抓住秋茶的最后几批鲜叶进行试制，积累生产经验和试制参数，最终要实现九曲红梅的工厂化、机械化、清洁化生产。三是高起点策划营销。已和专业策划机构做了沟通，进行整体策划，使九曲红梅的品牌营销从一开始就有明确的发展定位、较高的起点和有效的推广策略。确保九曲红梅品牌营销成功。四是集中资源支持。公司把九曲红梅作为优化茶叶结构和国内贸易产品的重点，整合销售团队、技术人员、设施设备、营销网络、资金等资源支持，加快发展。

图8-65 浙江茶叶集团股份有限公司施建强董事长和西湖区陈玮副区长在合作协议签署仪式

Fig. 8-65 Shi Jianqiang, the Chairman of Zhejiang Tea Group Co., Ltd., and Chen Wei, the Deputy Governor of West Lake District, at the signing ceremony

图8-66 董事会、监事会合影

Fig. 8-66 A group photo of the board of directors and the board of supervisors

浙茶集团参与九曲红梅茶开发的目标是要建立充足的九曲红梅茶原料基地，建设现代化加工厂，辐射带动周边毗邻地区，做大产业规模，把九曲红梅打造成国内外闻名的中国红茶高端名茶，与西湖龙井茶一起成为杭州“一绿一红”两张茶叶金名片。

2013年6月30日，杭州各报刊登了“九曲红梅荣获红茶评比金奖”的新闻。由杭州九曲红梅茶业有限公司提供的天香牌九曲红梅，最终以每公斤13600元的全场最高竞拍价，在红茶评选中获得金奖。

图8-67至图8-86是一组2013年9月9日笔者专程赴湖埠，在包兴伟总经理陪同下参观杭州九曲红梅茶业有限公司拍摄的照片。

图8-67　杭州九曲红梅茶业有限公司

Fig. 8-67 Hangzhou Jiuqu Hongmei Tea Co., Ltd.

图8-68　“天香”牌九曲红梅荣获2013“浙茶”杯红茶评比金奖奖牌

Fig. 8-68 “Tianxiang” Jiuqu Hongmei winning the 2013 “Zhejiang Tea” gold medal of the Black Tea Rating

图8-69　中国杭州优质红茶金奖产品天香九曲红梅铜牌

Fig. 8-69 The board of “Tianxiang” Jiuqu Hongmei winning the gold medal of High-quality Black Tea of Hangzhou, China

图8-70　“天香”九曲红梅茶获“极具”发展潜力品牌”

Fig. 8-70 “Tianxiang” Jiuqu Hongmei winning the “Brand with Great Potential for Development ”

图8-71 浙茶在展览会上

Fig. 8-71 Zhejiang Tea Group Co., Ltd. at the exhibition

图8-72 “天香”九曲红梅正在拍卖

Fig. 8-72 “Tianxiang” Jiuqu Hongmei at auction

图8-73 杭州九曲红梅茶业有限公司董事长王兵讲话

Fig. 8-73 Wang Bing, Chairman of Hangzhou Jiuqu Hongmei Tea Co. Ltd. giving a speech

图8-74 杭州九曲红梅茶业有限公司包兴伟讲话

Fig. 8-74 Bao Xingwei, General Manager of Hangzhou Jiuqu Hongmei Tea Co., Ltd. giving a speech

图8-75 包兴伟总经理（左4）领奖

Fig. 8-75 Bao Xingwei, General Manager (the 4th from left) accepting the award

图8-76　优质“天香”九曲红梅

Fig. 8-76 “Tianxiang” Jiuqu Hongmei with high quality

图8-77　古色古香的“天香”九曲红梅

Fig. 8-77 Antique “Tianxiang” Jiuqu Hongmei

图8-78　古色古香的“天香”九曲红梅

Fig. 8-78 Antique “Tianxiang” Jiuqu Hongmei

图8-79　九曲红梅茶道表演

Fig. 8-79 Tea ceremony of Jiuqu Hongmei

图8-80　处于“西湖龙井茶基地保护区”的公司茶园

Fig. 8-80 The company tea garden in “West Lake Longjing Tea Base Reserve”

图8-81　地处湖埠的公司茶园

Fig. 8-81 The company tea garden in Hubu Village

图8-82　茶工正在公司茶园采茶

Fig. 8-82 Tea workers picking tea at the company tea garden

图8-83　赵大川在公司湖埠茶园

Fig. 8-83 Zhao Dachuan at the company tea garden in Hubu Village

图8-84　摊青

Fig. 8-84 Tedding fresh leaves

图8-85　刚出炉的“天香”九曲红梅

Fig. 8-85 Freshly made “Tianxiang” Jiuqu Hongmei

图8-86　“天香”九曲红梅的广告

Fig. 8-86 The advertisement of “Tianxiang” Jiuqu Hongmei

3. 九曲红梅荣获中国杭州名茶评比优质红茶金银奖

2013年6月，由中国杭州名茶评比暨红茶品评活动领导小组、杭州市茶文化研究会主办，杭州市农办、杭州市农业局、杭州市茶叶产业协会承办，还有中国国际茶文化研究会、中国农科院茶叶研究所等单位支持的中国杭州名茶评比暨红茶品评活动，评出了杭州十大名茶，首为西湖龙井，次为径山茶。评出优质红茶金奖一项，即西湖区“天香九曲红梅”；银奖为名胜区“钱塘梅红”、余杭区“银泉红茶”、桐庐县“芦茨红茶”、淳安县“淳红红茶”、富阳县（区）“茶胡红茶”、临安市“大洋红茶”六项。

西湖区“天香九曲红梅”与名胜区“钱塘梅红”，均为历史名茶九曲红梅原产地出品。

图8-87 “天香九曲红梅”获金奖，杭州九曲红梅茶业有限公司总经理包兴伟（右）领奖

Fig. 8-87 “Tianxiang” Jiuqu Hongmei winning the gold medal and Bao Xingwei (right), General Manager of Hangzhou Jiuqu Hongmei Tea Industry Co., Ltd. , receiving the award

4. 企业、茶农双赢的典范

2003年下半年，周浦乡政府引进了强势企业——杭州福海堂茶业生态科技有限公司，这一举措是走优质、高产、高效的茶叶产业化之路，达到企业、茶农双赢的典范。

“胜地双灵奇峰如意含烟色，名茶九曲妙韵如梅拈露香。”2010年3月28日，双浦镇双灵“江南生态茶村”在各级党委、政府及茶界人士的关心支持下，隆重举行开村仪式，双灵茶村建设从此驶入了快车道。自2010年开始，双灵村已投专项建设资金数千万元，对村中溪流及村间道路实施整治改造，还在双灵路进村处建立石牌坊，由浙江省政协原副主席梁平波书写的“江南生态茶村”六个遒劲有力的大字镌刻在牌坊的正上方，使茶村面貌焕然一新。2011年再投资金，新建进村大道，重修村前围廊，新筑沿溪数百米人行步道，并对全村农居进行立面改造，达到“农家乐”接待服务的规范标准，提升茶村档次。

图8-88 钱塘梅红获银奖，卢正浩茶号卢江梅董事长（右）领奖

Fig. 8-88 Qiantang Meihong winning the silver award and Lu Jiangmei (right), Chairwoman of Luzhenghao Tea Industry Co., Ltd. , receiving the award

双浦镇的灵山茶叶专业合作社是西湖区最早成立的茶叶专业合作社之一，有社员158户，基地茶园514亩。该社在认真做好产前、产中、产后服务的基础上。特别注重做好对茶园病虫的“两查两定”和“统防统治”（即查发病时间 、定防治适期、查病虫种类、定对口农药和统一操作人员、统一农药品种、统一施药时间、统一安全间隔期）工作，以确保红、绿茶的品质和安全性。双浦镇福海堂茶业生态科技有限公司与灵山茶叶专业合作社拥有全镇一半以上的茶园面积，他们专心管理，精心制作，以“淡而远、香而清、醇而圆、秀而美”的西湖龙井茶及“细如鱼钩、色泽乌润、香似红梅、滋味鲜醇、汤色红艳、叶底红亮”的九曲红梅茶赢得市场的认可。多年来，其产销

图8-89　2013年3月15日，九曲红梅开茶了（任鲸摄影）
Fig. 8-89 On March 15, 2013, the tea season of Jiuqu Hongmei began. (shot by Ren Jing)

图8-90　张关富与贝南合影
Fig. 8-90 A group photo of Zhang Guanfu and Behnam

格局为更具规模型、更佳质量型、更好效益型的企业形象奠定了基础。

2008年，公司成立了九曲红梅茶研究会。几年来，通过斗茶比赛，选手们切磋技艺、互相交流，茶叶品质提升较快，经济效益也逐步提高。

杭州福海堂茶业生态科技有限公司通过几年的扎实工作，茶叶基地建设已上了一个新的台阶，知名度日益提高。2007年岁末，澳大利亚农业和食品部部长金满一行，在浙江省外事办领导的陪同下，兴致勃勃地来公司考察访问，当看到了生态一流的板壁山水库及青龙山茶园后，公司总经理张关富先生先后敬斟福海堂带有板栗香的西湖龙井茶和香醇的九曲红梅茶，客人们品后连称“OK”“OK”；2009年5月，这里还迎来了上海“博世凯”外教之旅访问团的50名不同国籍的教师们，他们看了茶园景色，聆听了专家讲解后十分高兴地表示以后还要来观光做客；《农民日报》及浙江省、杭州市多家报社、电视台的记者们常来茶叶基地采访、报道，这对双浦镇双灵“江南生态茶村”和地方特色农产品九曲红梅茶知名度的提升是有很大帮助的。

悠久的历史，孕育了多彩的文化。一批文化工作者经过努力，将民间流传的关于九曲红梅茶的故事进行整理，编印成书予以宣传，如《九曲红梅茶发展史》《望娘十八湾与九曲红梅茶》《“龙鳞曲柳”与九曲红梅茶》等，再加上民间流传的茶歌、茶诗、采茶舞等，更增加了九曲红梅茶的神奇色彩和文化内涵。

“茶为国饮，杭为茶都。”2008年在杭州西城广场举行的中国杭州旅游休闲产品博览会上，双浦镇的“两茶”展台前人气很旺，市民们在观茶艺、品香茗后惊讶地说：“平时只把西湖龙井茶当作杭州的宝贝，没想到我们本地产的红茶也这么香!”由双浦镇选送的九曲红梅茶在2002年中国精品名茶博览会和2004年中国“蒙顶山杯”国际名茶博览会上两度获金奖。2008年4月，杭州福海堂茶业生态科技有限公司选送的西湖龙井茶、九曲红梅茶双双荣获中国（国际）名茶博览会金奖。2011

年4月，九曲红梅茶再度获中国农产品品牌大会优质农产品金奖。双浦镇申报的九曲红梅红茶制作技艺于2006年、2009年分别被杭州市、浙江省政府文化部门列入非物质文化遗产名录，并加以保护，奠定了该茶深层次发展的基础。冯赞玉被选定为“非遗”项目九曲红梅红茶制作技艺代表性传承人。2010年，福海堂茶业生态科技有限公司总经理张关富受到联合国副秘书长贝南先生的亲切接见并合影留念。自2011年起，九曲红梅茶作为“非遗”农产品，曾多次被该项目的展示、展销会评定为最受喜欢的“非遗”产品和“老字号”农产品。

图8-91 2009年5月上海“博世凯”外教之旅访问九曲红梅原产地

Fig. 8-91 In May 2009, Teachers from Pacican Education & Culture Service Corporation visiting the origin of Jiuqu Hongmei

2010年，双浦镇双灵“江南生态茶村”和福海堂茶叶基地被西湖区区委、区政府及杭州市旅委选定为乡村休闲旅游示范村和都市休闲旅游示范国际访问点，进一步推动了湖埠地区旅游业的发展。借助灵山风景区与九曲红梅茶的优势，双浦茶区先后开设“马家人文”、福海茶庄、九曲茶庄、贾不了茶庄、翠谷山庄、如意山庄、水库山庄、山里人家、地和山庄、丰泽农庄、醉庐、英莲茶庄、“彩邑养生”等多家茶庄，还有二十多户茶农相继开办了茶楼和“农家乐”，沿江休闲产业带已形成一定的规模，生意十分红火。据不完全统计，近年来双浦的游客年均逾35万人，年创经营总收入5000万元以上。

5. 深圳深宝入驻九曲红梅茶核心产区

2012年3月，深圳市深宝实业股份有限公司（中国食品饮料行业首家上市公司）投资1. 75亿元在龙井茶的故乡——浙江杭州，成立了杭州聚芳永控股有限公司，为百年品牌“聚芳永”注入新的力量。公司从2010年开始对杭州茶叶产区企业进行了历时2年的调研和合作商谈，最终与杭州福海堂公司达成合作意向，正式承接福海堂的品牌、渠道和加工基地，入驻福海堂位于西湖区双灵村的九曲红梅核心产区，正式进入九曲红梅茶品类市场。

合作后的聚芳永公司对在核心产区的工厂进行了全面的升级改造，投资年产万斤的龙井茶和九曲红梅茶生产线各一条，建立龙井茶和九曲红梅茶手工炒制中心和体验中心，以龙井茶和九曲红梅茶叶双核心产区庄园模式打造新型高端精品茶产业，以塑造“聚芳永”龙井茶品牌和九曲红梅茶品牌为核心，建立以茶叶种植、炒制加工、生态观光、互动体验、文化休闲为一体的龙井茶和九曲红梅茶产业基地。

图8-92 深圳深宝九曲红梅核心产区

Fig. 8-92 The core tea-producing areas of Jiuqu Hongmei of Shenbao Company

6. 北京马连道茶城营销九曲红梅的杭州茶人陈和震

杭州茶人陈和震先生和他的徒弟制作的九曲红梅，茶叶色泽乌润，形如鱼钩，抓一把放在手里，那一个个鱼钩竟是互相牵挂着，交织在一起。猛一闻，这存放了几年的红茶让人联想起中药熟地和陈皮那种陈郁的香气；冲泡之后，举杯啜饮，口中又顿时充盈着浓浓的红枣香味。这九曲红梅还有药的作用，常饮能够健脾养胃。

陈和震先生对九曲红梅情有独钟。他不仅精制九曲红梅在马连道茶城营销，还在北京报刊刊登九曲红梅历史由来已久的文章。

陈和震先生是一位老茶人了。他从18岁开始从事茶叶生产，曾是余杭平山农场茶厂厂长，后为平山农场场长，至今与茶打交道已半个世纪。十年前已近花甲之年的他想把浙江历史上最出名的，也是唯一的红茶珍品九曲红梅介绍到北京市场来。那时，北京人对红茶兴趣不大，对杭州的九曲红梅知之更少，此茶仅在茶楼中做红茶茶艺表演时用。但陈和震先生当时却很乐观，认为未来北京的茶叶市场将是多元化的茶产品市场，红茶一定会在市场上崛起，九曲红梅也一定会重振辉煌。

他说："历史上浙江盛产名优绿茶，不产红茶。这'万绿丛中一点红'的'九曲红梅'，是红茶中妙品。外形以细、黑、匀、曲见长，内质以香幽、味甘称绝。20世纪30年代，在杭州最热闹的中山中路上畅销有二种茶叶，一是'狮峰龙井'，二是'九曲红梅'。"

因此，他多年来潜心研究并挖掘九曲红梅制作工艺，并付出诸多心血。

陈和震先生的九曲红梅一问世，它那环连钩挂的独特外形和馨沁肺腑的梅香就引来不少人的关注。令这位茶叶行家想不到的是，每年都有一些茶商定量购进他的九曲红梅茶加以收藏。这些茶商很有收藏家眼光。他们这样评价老陈制作的这款茶："将传统工艺和现代市场的亮点结合得很好，选用原料合理，加工中萎凋、揉捻、发酵各工艺配合合理，有利于茶内有机物后期转化，故而有存放价值。"行家说，陈和震先生的九曲红梅由于茶叶内部有机物重组，不但香气温润、滋味醇厚，还能产生药用价值。

2013年，陈和震先生精制的九曲红梅参加北京名茶拍卖，被比利时茶商高价拍走，震撼北京茶叶市场。

图8-93　陈和震先生任平山农场茶厂厂长旧影

Fig. 8-93 Old photo of Mr. Chen Hezhen as the director of Pingshan Tea Factory

图8-94　九曲红梅是陈和震先生在马连道茶城经营的主要名茶品种之一（洪岚摄影）

Fig. 8-94 Jiuqu Hongmei is one of the main tea brands of Mr. Chen Hezhen in Maliandao Tea City. (shot by Hong Lan)

图8-95　陈和震在北京马连道的杭州西湖名茶总公司（市场部的茶坊）

Fig. 8-95 Hangzhou West Lake Tea Corporation of Chen Hezhen in Maliandao Tea City, Beijing (tea shop in the market)

7. 往事难忘

当我们品饮茶中妙品九曲红梅，沐浴在中华民族伟大复兴年代的阳光里，不应忘记九曲红梅的艰苦岁月。

灵山村（节录自郑丹《灵山村：大坞产好茶，九曲百年香》）

（灵山村所处）大坞盆地，犹如一张天然的“茶床”，十分有利于茶叶的生长。盆地四周环山，重峦叠嶂，林木葱郁，中间为一稍有起伏抑扬的“平原”，沙质壤土，土质肥沃。山中云雾缭绕，气候湿润，气温常年比山下低3℃左右。尽管海拔不很高，但却有着相似于高山的气候，四周山上的动植物养分随着水流到达大坞盆地，带来充足的营养，滋养着茶树的生长。用大坞盆地所产的茶叶加工制作成红茶，品质尤佳。……

…………

1949年之后，九曲红梅茶的生产发生了很大的改变，特别是在制作技术上进行了革新。湖埠一带出现了木制揉捻机，形状如磨。茶农将经过日晒的茶叶倒入桶中，通过两人互相配合，你拉我送，直到把茶叶揉捻熟。木制揉捻机的出现与使用，大大降低了红茶制作的劳动强度，提高了红茶的制作效率，九曲红梅的产量也得到了提高。此后，灵山村茶农生产的红茶有不少进入外销。

20世纪60年代以后，山村开始供电。茶农建起茶叶加工场，木制揉捻机经过加工、改良，改制成了电力铁质揉捻机。

灵山村四周环山，全村共有茶园1000余亩。20世纪60年代以前，茶叶制作以生产小队为单位进行采摘与制作。1973年，灵山村组织了茶叶生产专业队，共产党员于水法是灵山村第一位茶叶生产专业队队长，他带领由20多位中老年村民组成的专业队，在大坞盆地进行考察与探究，对茶树进行选种，选出优良品种。随后又带领大家开展劈山造地、砌坎修路、种植、施肥、剪枝等工作。在大家的共同努力下，经过五年的艰苦劳动，大坞盆地的茶园面积从原先的几十亩扩展到了200余亩……

灵山大坞盆地所产的红茶，年产量约在150担左右，但相比其他产地，大坞所产的红茶因质量好，价格也要高出许多。……

于水法年龄渐大，灵山村通过选拔，选出了专业队第二任队长袁永文。和于水法一样，袁永文带领专业队在大坞茶园进行劳作、养护、采摘、加工与销售，充分发扬共产党员无私奉献的精神，为发展九曲红梅茶做贡献。

1985年，灵山幻境（灵山洞景区）开放游览，各地游客纷至沓来，这不仅给灵山村民的旅游经营提供了商机，同时也给九曲红梅茶打开了新的销路，这款传统名茶的知名度也有了提高。这一时期，经历了茶园由个人承包而效果并不理想的曲折之后，灵山村村委选派共产党员袁永道为茶叶专业队队长，继续组织村民上山复耕、施肥、采摘、制作与销售。而后，灵山村建立了专门的茶叶加工厂，购置了电力揉捻机、烘干机等机械设备，大坞茶园逐渐恢复生机。

湖埠村（节录自郑廷惠《做茶传技艺，清流绕碧山》）

1949年之前，由于山林破坏严重，水利设施又不完善，十年九旱。湖埠地带的贫苦百姓为了生计，逐渐在山坞缓坡地种上抗旱性较强的茶树。当时茶农白天忙于制作毛茶，晚上全家人还要对八九成干的潮茶进行挑拣去杂，第二天一大早，男人就去浮山或留下的茶庄出售，茶庄再统一烘焙，制成燥茶装箱入库。因当时肥料不足，茶的产量不高，总产在两万斤上下。

新中国成立后，农民组织起来走合作化道路，茶园面积有了恢复。20世纪60年代，湖埠百姓响应人民政府号召，在当地建起了塘子坞、板壁山两座水库，为茶叶生产的发展创造了良好的条件。那时，湖埠茶园面积较大，约在500亩以上，即姚家坞、冯家、张余三个自然村平均170亩左右。姚家坞略多，张余偏少些。20世纪70年代初，因平地茶园改水田，茶农响应毛主席"今后在山坡上要多多开辟茶园"的号召，湖埠地方低山缓坡优质茶园明显增加，茶园总面积近600亩，茶叶产量也达到了近四万斤。但由于制作较粗放，销售价格不高，每斤还不足五元，经济效益上不去。到20世纪90年代，随着市场经济的发展，西湖龙井茶价格飙升，效益剧增，周浦乡茶村实施了"以红改绿"的茶类结构调整，湖埠村也有数十户茶农改炒龙井茶，部分茶农收益增加，但总体茶产业增效仍比较缓慢。

21世纪初，农业发展进入了一个新的阶段，单家独户的传统农业朝特色农业、都市休闲农业的方向转变，农产品也由数量向质量转型，茶叶产业格局得到优化。每年清明前至谷雨，以采制西湖龙井茶为主，谷雨之后，红、绿茶兼制，以红为主，九曲红梅茶的优势得到正常发挥，经济效益也有了较好体现。

湖埠茶场

湖埠茶场建于1959年，场址位于湖埠茶区中心地段的张余村（现张余组），它是新中国成立后本地区最早建成的农产品加工场，当时称"上泗公社社井管理区湖埠茶叶加工场"，后简称"湖埠茶场"。据茶场原场长陈炳生生前回忆，当时由浙江省茶叶研究院拨给上泗人民公社四万元建场。茶场建筑面积约为1200平方米，砖木结构，人字大梁，上盖平瓦，钢筋栅栏大玻璃窗，屋檐高7. 5米，当时在这一带算是大型建筑物了。加工场边，浇筑水泥晒场近2000平方米。由于20世纪50年代本地区尚未通电，故配有35匹马力的柴油机一台，用平板皮带、传动轴带动12台木质揉捻机进行加工。柴油机启动时，要由几个年轻力壮的员工轮流摇转，是一种十分费力的工作。茶场员工最多时有五十余人，他们由当时的姚家坞、冯家坞和张余三个生产大队按各队的茶园面积大小选派若干人员组合在一起，各自按茶场的出工单回本队记工分获取劳动报酬。

当年，三个大队把所采青叶全部运往湖埠茶场加工，制作成干茶后，运往凌家桥茶叶收购站出售。那时茶叶售价低，最好的也只有四元钱一斤。所得茶叶款，除必要的开支外，按青叶投入数返回各大队。其中有一年，因茶场的红茶质量特别好，杭州茶厂还派专人发来奖状，以示鼓励。

1964年，随着生产条件的改进，特别是村里通了电，各村都购置了电动揉茶机，开始自行加工制茶，湖埠茶场停办了。该茶场五年的建场、产茶史尽管短暂，却留下了一段难忘的茶史。

张余茶场

1974年，当时的张余大队，在周浦板壁山水库溢洪道出口处的20亩茶园，离村较远，管理不便，加之茶园坡度在35度以上，水土流失严重，故决定成立张余大队茶叶专业队来专职管理这块茶园。专业队在茶园稍平坦处建造了约80平方米的房舍及120平方米的晒场，这就是三个茶场中的第二个——张余茶场。当时的队（场）员有余光涛、张龙生、何长根、张梭中等，采茶女工则由生产队指派前往。采摘来的青叶，在茶场的晒场萎凋后，再运往张余茶叶加工场揉捻、发酵、干燥，然后去供销社出售。茶场年茶叶总产量2000余斤，总产值5000元左右。80年代初，茶场还得到过上级颁发的奖状和奖金。

随着市场经济体制的建立，并考虑到张余茶场的实际情况，自1992年起，茶园先后由多名村民承包。2004年，茶场与杭州福海堂茶业公司签订了茶园租赁协议，张余茶场的历史至此终结。

灵山茶场

1984年，实行了农村联产承包责任制，湖埠茶区的千余亩茶园当时分别由800多户茶农承包经营，采制、生产的九曲红梅茶，品质和价格差异很大，从总体上讲，对茶叶生产效益有相当不利的影响。于是。当时的周浦乡政府决定，1985年5月在产茶区的中心地段张余村建立灵山茶厂，收购并精制加工本地的九曲红梅茶，以使质量上一台阶，增加经济效益。灵山茶场选址在张余村一组仓库，以原有300余平方米的库房稍作修建、改造后交付使用，另新建钢架塑瓦简易厂房约300平方米，还浇筑水泥晒场350平方米，购置了轧茶机、筛选机、分级机、烘干机、包装机等用于九曲红梅茶的精加工。

灵山茶厂建厂初期，九曲红梅茶生产势头很好，村民们踊跃投售，茶厂严格按质论价，不符合规定标准的，比如说杂质较多、干燥度不够等，都要返回重做处理。茶厂年收购毛茶为300到400担，再按照各地客户对茶叶口感的需求差异，有针对性地进行加工，包装后销往沿海城市及西部城镇或游牧民族地区。然而，精制后的茶叶，价格虽然比原先生产队和村民的初制茶提高不少，但除去各项开支及成本，利润并不是很高，经营的势头逐渐减弱。灵山茶厂经营十年后，在1994年停办。

湖埠、张余和灵山三个茶场虽然都早已停办，作为一段九曲红梅的发展史，湖埠茶农们却永远忘却不了。

图8-96　双灵村（上堡）（任鲸摄影）
Fig. 8-96 Shuangling Village (Shang Bao) (shot by Ren Jing)

双灵村（节录自潘小娟《双灵村：江南好生态，红梅朵朵开》）

双灵村位于西湖区灵山风景区，是2002年由大岭和上堡两个自然村合并而成的。村境东南，与灵山洞、风水洞毗邻；西南，与富阳区相连；村北接壤西湖区转塘街道村口村。三面环山，山清水秀，空气清新，风景宜人。小小的山村生态优良，得天独厚。

双灵村土地肥沃，山上的溪水终年不断，气温因地处山谷常年比市区低3℃左右，一到夏天更是气候凉爽。良好的生态环境，为茶叶的生长和发展提供了得天独厚的优势。

图8-97　双灵村（大岭）（刘汉林摄影）
Fig. 8-97 Shuangling Village (Da Ling) (shot by Liu Hanlin)

杭州主城区最高的山峰如意尖也在双灵村，这座海拔537米的山峰，每当春夏雨水充沛的时节，常可见云雾缭绕之景。一到傍晚阳光折射，天空一片火红的云霞，非常美丽。村境内还有西湖区最大的水库板壁山水库，库区水质清澈，山影倒映，令人神往。

新中国成立时，双灵村的茶叶种植面积已经发展到800余亩，年产量达5万斤。但是在计划经济、统耕统销的情况下，加上生产队当时制茶方法落后等各种原因，九曲红梅特级茶的产销却起色不大，甚至有日渐萧条之势。村里的老茶农楼大伯回忆，老一辈的人都是用脚捻茶，后来用木桶八九个人手推磨茶，日出而作日落而息，辛苦劳累，经济效益却总是不见增长。

改革开放以后，山区农民乘着市场经济的东风，打开思路，引发多种经营模式，从种田产粮改为以名茶生产为主，引进"龙井43"，开始制作西湖龙井茶。而对于老一辈留传下来的九曲红梅茶制法，也引进了新式生产工具——炒茶机、红茶揉捻机，并逐步提高精制工艺，打响品牌，行销全国。茶农的年收入随之逐年增加，在村茶叶生产合作社的指导下，还培育出了成片的有机茶园。

双灵村拥有5205亩山林，其中茶地占11. 6%，约605亩。自20世纪80年代以来，村内茶地全部分配给村民，村民各自经营着自家的茶地。现今村里年龄最大的种茶老人已经90多岁了。

2003年，双灵村与杭州福海堂茶业有限公司合作，成立了福海堂茶业生态科技有限公司，自主生产经营茶园上千亩，并建立起国家级茶叶科技示范园区。除了种植西湖龙井茶，还着重加大对九曲红梅茶产销的投入。过去，村里的村民只会种茶、制茶，对于后期的营销并不在行。与杭州福海堂茶业有限公司合作后，不但开发了新的茶叶品种，让双灵村的茶叶销到了更多更远的地方，也让双灵村变成了生态茶园的示范基地。依靠种茶、采茶，村里平均每户人家的年收入约有七八万元，有些村民到转塘、杭州、上海的茶叶市场里开店，或者在本地开"农家乐"，经营住宿、棋牌、垂钓、烧烤等，双灵村的"农家乐"已有八家。

杭富村（节录自朱英超《杭富村：采茶万千篓，难忘是梅鳌》）

杭富村位于西湖区双浦镇西南部，南临富春江支流，北傍杭富沿江公路，2002年由骆家埭、金马、马家桥三个自然村合并而成，村域面积约1. 35平方公里，有茶地、耕地、林地近2000亩。这里群山起伏，竹木葱茏，背山朝阳，光照充足，云雾缭绕，土壤肥沃，为九曲红梅茶的生产提供了良好的自然环境。

杭富村的茶山集中分布在燕子山、香樟湾、盘坞、大坞、高山、清殿坞等地，相距茶农们居住的地方有2~3公里路程。1982年以前，每到采茶季节，茶农们一早就上山采摘茶叶。茶叶的季节性特别强，早采是个宝，迟采变成草。为了节约时间，多采茶叶，每到中午用餐时，他们的家人就会把做好的饭菜统一集中到各小组，由小组派人（一般需要三至四人）挑担上山送饭。送饭的人员又会把上午大家采摘的茶叶称重后统一装入茶篓（当地人称“茶篰”）带回。当时是集体劳作，采摘回来的茶叶大家都是统一晒制，晒到茶叶潮气去除，就开始制茶。一般四斤青叶才能做出一斤九曲红梅茶。

图8-98 杭富村（任鲸摄影）
Fig. 8-98 Hangfu Village (shot by Ren Jing)

1982年下半年开始实行土地承包责任制，当时一个人分到150丛茶左右，村民们从此又各自劳作。这些茶园分散在好几处地方，离村子较远。村民们开始自采、自制，所产的茶叶，以高山和清殿坞采摘回来的茶叶制作出来的九曲红梅茶品质最好，售卖到供销社的下杨茶叶收购站时，价位也最高，当时可以达到三元钱一斤，这也一下子提高了茶农的采茶积极性。

图8-99 从浮山茶园东望钱塘江（任鲸摄影）
Fig. 8-99 Looking Qiantang River in the east from Fushan Tea Garden (shot by Ren Jing)

浮山茶市（节录自郑雪荣《浮山村：江畔曾茶市，茶农聚浮山》）

本书第六章中，披露四张1919年杭州公顺茶行在浮山购红茶的税收凭证。税收凭证上均盖有“闸口浮山茶捐分局”官印。说明九十余年前浮山红茶买卖盛行。

浮山一名“浮屿”，古名“巳山”，在转塘狮子山的东南面，山体不高，海拔仅62米。昔时浮山因旁无障翳，数十里外遥望悉见，突出江中，浮于江面，故名“浮山”。

在浮山的东北面有个自然村，叫“外浮山村”，村边有一条叫“拆通浦”的水道与钱塘江、富春江相通，可通较大船只，往东可直航南星桥、上海、宁波，西溯钱江可通富阳、桐庐等水运码头。昔时上泗地区的人前往杭州购货办事，没有一条便利的公路。若从陆路去杭州繁华的商业中心地带清河坊，必须翻山越岭，走羊肠小道，既费时又费力。最方便的是从浮山头走水路，去南星桥航程只需几个小时，既便捷又省力。浮山独特的地理位置，优越的水路运输环境。自然形成了上泗地区连接杭城的重要交通要道和农副产品交易的集散地。每日清晨，有四五只船只从浮山埠起航直达南星桥码头。

有码头就有集市。昔时的浮山有一条呈“丁”字形的街道，横着的一条叫“横埭街”，竖着的那条叫“缪（家）街”。街道宽不过3米，却一直伸到村子的尽头。街道两边店铺林立，有茶叶行十多家、杂货店数家，还有米店、肉店、药店、布店、旅馆、豆腐店、理发店、茶馆、戏馆、酒楼等，商贾俱全，贸易繁荣。

在浮山一条街上，最亮眼的要数那几家茶行和茶馆了，十多家茶行生意兴隆，两家茶馆顾客盈门，因此有不少外地人把街称为“浮山茶市街”。

街道两侧的十多家茶行，俗称“茶行十八爿”。茶行主人都是浮山本地人。茶行开在自己家里，店面朝街面开设。每到“桂桂笼”“清明利子”（山鸟的土名）叫时，茶季便到了。茶农们上浮山卖茶，茶行开秤收茶。这里的茶行从春茶收起一直收到秋茶，本地生产的浮茶和定北一带生产的定北茶，基本都由这些茶行收购。茶行除收购绿茶外，也收购当地生产的红茶，特别喜欢收购湖埠大坞生产的红茶。大坞红茶属红茶中的珍品，以细、黑、匀、曲见长，堪称一绝，颇受外地客商的青睐。

时光流逝，商贸繁荣景象一直延续到了20世纪30年代末，后因日寇的侵入，村庄被毁，河道淤塞，浮山埠逐渐被岁月湮没，繁华的浮山商贸街日渐衰落，茶市街也荡然无存。

8. 九曲红梅企业家

沈家发（节录自许桂华《沈家发的九曲红梅情结》）

说起远近闻名的传统名茶九曲红梅，不能不提起一个人，他就是与红茶结缘大半辈子的双浦镇灵山村的沈家发。

老沈是在九曲红梅的原产地灵山村长大成

图8-100 沈家发在灵山村旁的茶园里（任鲸摄影）

Fig. 8-100 Shen Jiafa in tea garden next to the Lingshan Village (shot by Ren Jing)

图8-101　沈家发和老同学冯赞玉在灵山村一棵盛开的红梅树下合影（任鲸摄影）

Fig. 8-101 Shen Jiafa and his old classmate Feng Zanyu taking picture under a red blooming plum tree in Lingshan Village (shot by Ren Jing)

人的，从小经常跟随母亲去大坞盆地的集体茶场采茶。大人们采茶挣工分，小孩子玩耍找乐趣。

20世纪70年代，大坞盆地的茶叶种植面积最多时达到400多亩。为加强茶园培育管理，增加集体经济收入，当时的灵山大队从各生产队抽调人员，专门成立了由20多人组成的茶叶专业队，平时主要依靠专业队管理，在采茶旺季一般都临时抽调各生产队妇女及时采制茶叶上市。虽然当时的九曲红梅销售价每千克还不到十元，但在那个年代仍是生产队的一笔主要的经济收入。

随着灵山洞的开发，游客逐渐增多，旅游商品的需求也随之增加。在20世纪90年代初，老沈凭借精明能干、人缘不错的优势，被当时的周浦乡党委、政府委任为杭州灵山综合商店经理，兼管综合商店下属的灵山茶厂，又一次直接参与了九曲红梅茶的产销。据他回忆，当时灵山茶厂有职工30多名，村里大部分种植茶叶的农户都把茶叶拿到厂里来加工，厂里还直接收购鲜叶，既为厂里增加了利润，又为茶农增加了收入。茶厂职工的工资也由原先的每月60元增加到了每月300多元，职工的制茶积极性空前高涨，不仅提升了九曲红梅茶的品质，而且拓宽了销售渠道，为九曲红梅的进一步发展奠定了良好的基础。

老沈对九曲红梅茶有着浓厚感情，对九曲红梅茶的生产、加工、销售有着挥之不去的情结。他感言，茶叶中的“一红一绿”是茶都杭州的一种珍贵文化遗产和独特资源。

九曲红梅真正的转机是在2003年年底出现的。杭州福海堂茶业有限公司看中了九曲红梅的品牌和原产地的宝贵资源，与大坞盆地附近的双灵村签约，成立福海堂茶业生态科技有限公司，共同发展九曲红梅茶。早在2000年就由灵山茶厂注册的九曲红梅商标，几经辗转和商磋，最终归由福海堂茶业生态科技有限公司使用。从此，九曲红梅茶成为福海堂的拳头产品，同时也为九曲红梅茶的进一步发展注入了新的活力。

此后，沈家发于2005年在转塘茶叶市场经营起了自己的茶叶店，至今还坚守着一生钟爱的茶叶行当。

九曲红梅第四代传人楼红盛

楼氏家族制作九曲红梅茶到现在历经五代人。第一代传人楼万峰（1861—1939，谱名“万丰”），字府祥，本地出生，祖籍义乌梅溪。家住上泗周浦上堡村（现双灵村）。第二代传人楼效金（1909—1991），字西金，家住上泗周浦上堡村（现双灵村）。他们都是楼家红茶的开创者，为九曲红梅的生产和发展打下了坚实的基础。九曲红梅茶第三代传人楼小红（1944年5月出生），家住双浦镇双灵村，继续传承精湛的红茶制作工艺，对楼氏红茶的发展发挥着承上启下的作用。九曲红梅茶第四代传人楼红盛（1961年4月出生），他是楼小红的弟弟，年龄差哥哥17岁，家住双浦镇双灵村，高中毕业后投身于九曲红梅茶的生产，开办杭州万峰茶业有限公司，现任公司董事长，他和大家通过努力，使九曲红梅茶的发展更上一层楼。九曲红梅茶第五代传人楼超（1989年5月出生），家住双浦镇双灵村，是楼红盛之子，毕业于浙江大学外国语学院日语专业、浙江大学远程教育学院会计专业。年轻人有着自己独到的想法，也有着独特的制茶技艺，现为杭州万峰茶叶有限公司总经理。

图8-102　杭州万峰茶业有限公司董事长楼红盛（任鲸摄影）

Fig. 8-102 Lou Hongsheng, Chairman of Hangzhou Wanfeng Tea Industry Co., Ltd. (shot by Ren Jing)

图8-103　老楼家第二代传人楼效金夫妇

Fig. 8-103 Lou Xiaojin, the second generation successor of Lou Family, and his wife

楼小红老伯说，新中国成立初期，湖埠红茶销往全国各地。那时候交通比较落后，信息也相对滞后，全靠外来人前来换大米、布匹、干果，过年也是靠红茶换年货，当时有句俗语叫“一朵茶叶七粒米”。

楼老伯回忆道：“我五六岁时就跟着妈妈去茶山采茶，那时候还是单干，20世纪50年代末成立互助组。每年春季开始一直到秋季，妇女采茶，男人制茶，做的都是普通红茶，制作方法很古老，比较高档的也就是放在铁锅里用手揉捻，一般的都是用脚在竹席上揉捻，然后再用布袋装紧，用脚踩滚，直至茶叶柔软为止，很费体力。而且就算是这样的制作工艺仍然需要一定的技术，一般人还不会翻踩，且做出来的茶叶也比较粗糙。那时是计划经济时期，茶叶由供销社统一收购。生产队集体经济按劳分配，湖埠山区粮食自足，粮茶并举，但主要经济收入还是靠茶叶生产。那时候，整个湖埠片都以制作红茶为主，不断扩充茶园面积。政府还组织我们到外地考察，吸取外地经验，引进新品种，改进制作方法，开始制作‘九曲红梅’高档茶。‘九曲红梅’挑选春茶的鲜嫩茶芽精制而成，滋味鲜爽，香气浓郁，畅销国内外，还获得过很多奖项。”说到这儿，楼老伯脸上露出了一丝骄傲的神情。

1984年实行家庭联产承包责任制，分茶园到户。1987年，楼小红老伯担任上堡村村委会主任，一干就是两届六年。在此之前，村级集体经济几乎为零，六年间，在西湖区农业局和乡政府的帮

图8-104　杭州万峰茶业有限公司因出品九曲红梅精品红茶而荣获浙江省名茶行业十佳优秀企业称号

Fig. 8-104 Hangzhou Wanfeng Tea Industry Co., Ltd. was awarded the "Top Ten Outstanding Enterprises of Zhejiang Province Tea Industry" title for Jiuqu Hongmei with high quality.

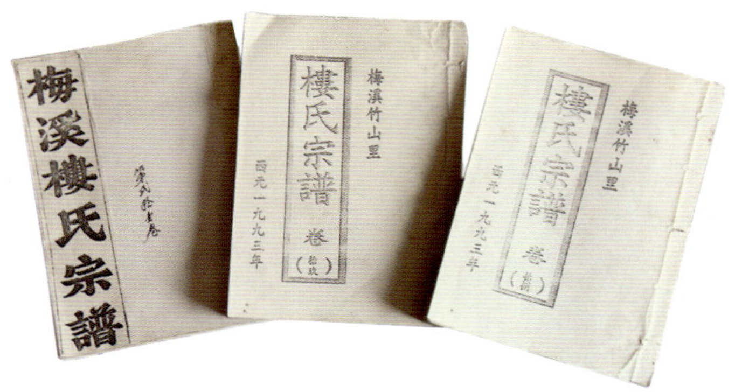

图8-105　《梅溪楼氏宗谱》书影，里面有"红梅茶"的记载

Fig. 8-105 The recordation about Hongmei Tea in the *Genealogy of Lou Family in Meixi*

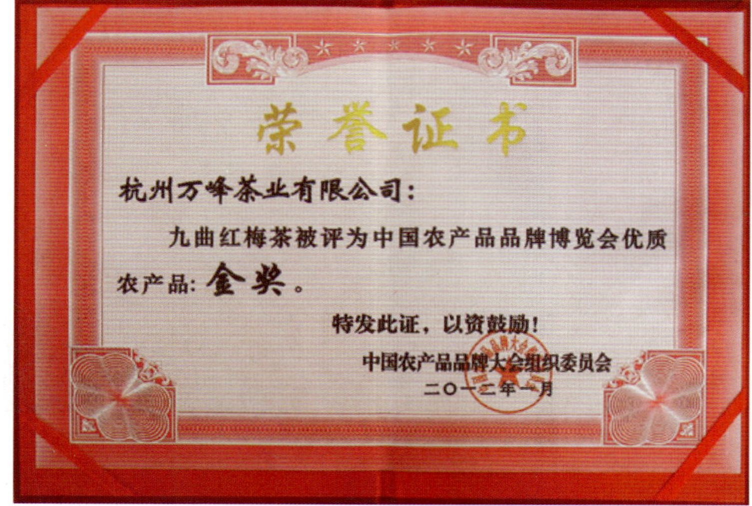

图8-106　杭州万峰茶业有限公司出品的九曲红梅茶获中国农产品品牌博览会优质农产品金奖的奖章与证书

Fig. 8-106 Medal and certificate of the Gold Award of High Quality Agricultural Products in Chinese Brands of Agricultural Products Expo, awarded to Jiuqu Hongmei of Hangzhou Wanfeng Tea Industry Co., Ltd.

助指导下，楼老伯带领村民利用荒山缓坡发展多种经济，开发杜板山茶园100多亩及洞子山桃园，成立茶叶专业队，引进茶叶新品种"龙井43"，请来农业局茶叶科技人员现场指导。大力发展茶产业。这期间，茶产业也经历了一次转型，由原来的单一制作红茶向以制作西湖龙井茶为主、红茶为辅的结构转型，当时的上堡村还被列为"西湖龙井"二级原产地保护区。1995年，楼老伯任上堡村党支部书记、经济合作社社长等职，茶产业继续红红火火。连续几年中，九曲红梅茶再度畅销，广大茶农也积累了一套独特的制茶技艺，九曲红梅茶被列为杭州特产，茶产业成为村民收入的主要来源，更是当时的主导产业。楼老伯认为，只要有固定消费群的红茶市场，好品质的九曲红梅定能重新红火。所以，他将努力把红茶加工技术传续下去。他还要告诉更多的人有关红茶的好处——红茶加工比绿茶省人力，一天的加工量可达绿茶的近十倍。

图8-107　杭州西湖茶叶市场经理陈春仁(任鲸摄影)

Fig. 8-107 Chen Chunren, the manager of Hangzhou West Lake Tea Market (shot by Ren Jing)

图8-108　杭州西湖茶叶市场（转塘）(任鲸摄影)

Fig. 8-108 Hangzhou West Lake Tea Market (Zhuan tang) (shot by Ren Jing)

西湖茶叶市场总经理陈春仁

陈春仁，这位四十出头的农家后代，从小生长在茶乡，在父辈们的耳濡目染下，深谙茶道，对茶叶的生产和销售独具专长。他自己不仅种茶、制茶且售茶，更是茶叶销售经营上的行家里手，现任杭州西湖茶叶市场有限公司董事长兼总经理。在从事茶叶销售的近20个年头里，他销售茶叶达几万吨。公司销售的茶叶品种有西湖龙井、钱塘龙井、越州龙井、九曲红梅及各地名优茶。仅2011年，公司茶叶销售量就达3000吨，交易额突破5亿元，创税利2500多万元。公司销售网络遍布北京、上海、江苏、山东等省市，目前该市场堪称华东地区龙井茶龙头交易市场。陈总本人也成为中国茶文化研究会会员、浙江省茶叶市场专业协会会长、高级评茶师、高级经营师。

六、茶艺表演与茶肴

1. 袁勤迹首开九曲红梅茶艺表演

袁勤迹女士，温州人，原为著名导游。她天资聪慧，对各种名茶茶艺研究精深，领悟性极高。20世纪末各种茶艺表演刚刚兴起，她就创新表演，频频获奖，为业内人士赞许。1999年，昆明世界园艺博览会上，袁勤迹首次进行九曲红梅茶艺表演。2007年，袁勤迹英年早逝，其时不过40来岁。

九曲红梅为著名红茶，条索紧结细嫩，色泽乌润，汤色红中透黄，口感鲜甜醇厚。袁勤迹为了体现红茶红叶、红汤的特点，特地选用了钧红瓷器来衬托红茶的暖色调。这套组合茶具，是她为表演九曲红梅特别制作的。

钧红瓷器亮丽华贵，既散发着浓郁的东方文化气息，又有很强的观赏性。钧红瓷器还具有保温适中、传热速度慢的特点，故能保持九曲红梅固有的色、香、味。品茗杯内壁上白釉，能体现九曲红梅的汤色润泽。

小圆托盘上，中央是一只上红釉的品茗杯，代表花心，五只小品茗杯摆成五个花瓣形，象征一朵绽放的红梅。

图8-109　袁勤迹首创九曲红梅茶艺表演（图文原稿由耿乙匀提供）

Fig. 8-109 Yuan Qinji pioneering the "Jiuqu Hongmei" tea ceremony (photos and text manuscript provided by Geng Yiyun)

图8-109的茶几左上角是焚香炉和赏茶荷，左后排是茶组合，将茶摆放在碗身斜直的斗笠形器皿中，以打破常规的竖式茶为造型。右后排的酒精炉上置一烧壶，炉前有瓜条纹的水盂，与所有光面的器皿形成对比。

为了展示瓷壶泡茶的规范动作，在茶壶下设置了圆形的茶池，既能观看叶底的表演过程，又调整了操作时的正确高度。右置一花瓶，以供现场插花之用，烘托气氛。

此组茶具的摆放一大一小、一高一低、一前一后、一方一圆，求得不对称美的感受。无论在茶具的造型、色泽、构图上，还是在茶具和几架的配置上，都注重格调统一，整体和谐，始终围绕并突出九曲红梅的主题。

欧阳勋先生，1934年生，茶圣陆羽出生、成长地——湖北天门人。原在天门市政协工作，20世纪70年代即投身于茶史研究、茶文化创作。在全国首创天门市陆羽研究会，现为中国国际茶文化研究会常务理事、湖北省陆羽茶文化研究会首席顾问。欧阳勋先生非常欣赏袁勤迹的茶艺表演，每次观览她的表演都颇为赞叹，欣然提笔，留下诗作。袁勤迹1999年在昆明世界园艺会上表演九曲红梅茶艺，欧阳勋为之赋诗，留下墨宝，诗曰：

九曲红梅誉红茶，
饮茶文化一枝花。
杯中釉白①蕴汤色，
花瓣②造型创意佳。

图8-110　袁勤迹在进行九曲红梅茶艺表演

Fig. 8-110 Yuan Qinji presenting "Jiuqu Hongmei" tea ceremony

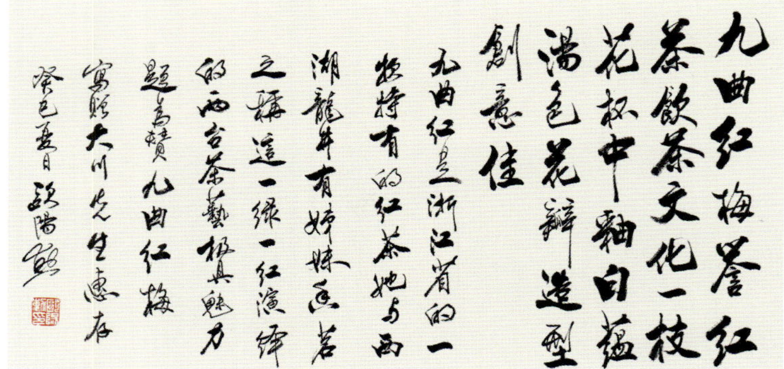

图8-111　欧阳勋赞袁勤迹演示九曲红梅茶艺

Fig. 8-111 Calligraphy by Ouyang Xun to show his appreciation of Yuan Qinji's "Jiuqu Hongmei" tea ceremony

图8-112　2013年6月24日欧阳勋（中）在西湖区赠诗，与沈平夷副会长（右）、赵大川（左）合影

Fig. 8-112 On June 24, 2013, Ouyang Xun (middle) presented a poem in West Lake District, and took a photo with Shen Pingyi (right), Deputy Director of Tea Culture Institute of West Lake District, and Zhao Dachuan (left).

注释：①釉白：指杯中白釉。白釉质感最能体现九曲红梅的汤色。

②花瓣：指以五只小品茗杯摆成花瓣形，象征着一朵绽放的红梅。

2. 九曲红梅品鉴会

2012年12月22日下午，中国茶叶博物馆举行了“赏析九曲，茶话红梅”——九曲红梅品鉴会。这也是一场九曲红梅茶艺表演。

图8-113　湖畔居

Fig. 8-113 Hupanju Tea House

图8-114　青藤

Fig. 8-114 Qingteng Tea House

图8-116　你我茶燕

Fig. 8-116 Niwochayan Tea House

图8-115　野秀陶园茶席

Fig. 8-115 The layout of tea set in Yexiu Taoyuan Tea House

图8-117　中国茶叶博物馆茶友会茶艺——绽放

Fig. 8-117 Tea ceremony by Tea Lovers Club of the China National Tea Museum: Blossom

图8-118 乾勖阁

Fig. 8-118 Qianxuge Tea House

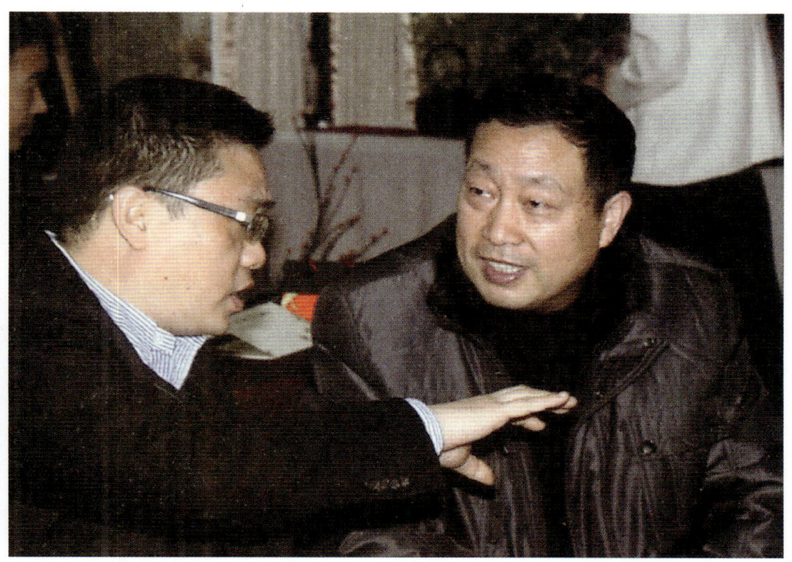

图8-119 西湖区茶文化研究会会长祝永华和双浦镇党委书记胡志刚在品鉴会上

Fig. 8-119 Zhu Yonghua, Director of Tea Culture Institute of West Lake District, and Hu Zhigang, Communist Party Secretary of Shuangpu Town

图8-120 九曲相与析，红梅共欣赏

Fig. 8-120 Gathering together and enjoying Jiuqu Hongmei

3. 梅龙草堂

世居九曲红梅原产地业茶的农家女鲁华芳，从事种茶、采茶、炒茶、售茶，已有15个年头。鲁华芳创建的杭州梅龙茶文化有限公司是中国茶包装文化领航企业，坐落在优美、富裕、充满活力的之江国家旅游度假区——西湖茶叶市场，其前身是具有多年茶叶包装生产销售历史的工厂，创办于2000年。经过15年的努力，“梅龙”从一个专业从事茶叶包装生产销售的企业，进入到以茶为纽带的，更广阔的茶文化事业领域。现公司旗下的品牌——“梅龙草堂”主要生产经营茶叶、原创包装、陶瓷、茶具等茶文化系列产品。

公司拥有以中国美术学院、浙江省创意设计协会、浙江省民间美术家协会、西泠印社为依托的文化艺术专家团队。

怀揣着对客户的感恩、对茶文化的敬仰，“梅龙人”希望茶文化能够传承、融合、分享，让茶以一种文化的形式、艺术的面貌，与世人分享，让更多的人懂茶、爱茶、品茶、感悟人生，让茶真正走进寻常百姓的生活，走进人们的心灵……

图8-121　刘江题篆体“梅龙草堂”

Fig. 8-121 The seal character “Mei Long Thatched Cottage” inscribed by Liu Jiang, a celebrated Chinese seal cutter

图8-122　中国佳茗大使——鲁华芳，在会议上为各国贵宾展示九曲红梅茶艺

Fig. 8-122 Lu Huafang, the ambassador of commendable Chinese tea, presenting Jiuqu Hongmei tea ceremony for the distinguished guests from all over the world

品茶香
享文化

本报讯（通讯员 丁雨倩 陆月皎）清泉红茶，拂去尘世纷杂，缓缓倒入杯中，晕开的是醉人的香气。日前，我区2015年美丽非遗“三进”系列活动“首秀”在文新街道骆家庄文化礼堂举行，来宾们坐在“九曲红梅”主题茶席周围，听优美茶歌，赏非遗电影，品九曲红梅茶。

今年，我区美丽非遗“三进”系列活动计划举行10场，并在“西湖文艺大课堂”和“西湖人文大讲堂”的基础上，新设立了非遗创新项目——“西湖非遗大学堂”，骆家庄为该项目的首个教学点。

鲁华芳

图8-123　《杭州日报》之“品茶香，享文化”报道

Fig. 8-123 The report from *Hangzhou Daily*, whose theme is “Taste Fragrant Tea, Enjoy Profound Culture”

图8-124　公司全体员工向冯赞玉老师学习九曲红梅制茶工艺留影

Fig. 8-124 A photo of the company staff and Feng Zanyu, from whom the staff learned tea making techniques of Jiuqu Hongmei

图8-125　各国贵宾在会议期间来公司品尝九曲红梅

Fig. 8-125 The distinguished guests all around the world visiting the company and enjoying Jiuqu Hongmei Tea during the conference

4. 九曲红梅入馔

节录自《九曲红梅》一书中高炜、灵翁所撰之九曲红梅茶肴。

蛋蛋蒸蛋

蛋蛋蒸蛋的主要原料有皮蛋、鸭孺（咸鸭蛋）、鸡蛋和九曲红梅茶。黄的是蛋黄，白的是蛋清，皮蛋夹在中间作为点缀，增加了菜肴的颜色，也增添了食物的营养。这个菜还有很好的寓意：三种蛋象征着“三元”，所以有“连中三元”的好彩头。

图8-126　茶香小鲍鱼

Fig. 8-126 Steamed Abalone with Jiuqu Hongmei Tea Flavour

茶香小鲍鱼

茶香小鲍鱼的主要原料有鲍鱼、九曲红梅茶、紫苏。把九曲红梅茶放在铁板上面，靠蒸把九曲红梅的香味发出来。紫苏可以提香去腥，去湿增鲜。鲍鱼本身的营养价值就很高，特别是对女性来说，鲍鱼有补虚、滋阴、润肺、清热、养肝、明目的功效。

啫啫茶香鸡

啫啫茶香鸡的主要原料是土鸡、九曲红梅茶、酱汁。鸡肉富含蛋白质、氨基酸，对贫血患者、体质虚弱的人是很好的食疗补品。加入九曲红梅茶能减少鸡肉的油腻感，九曲红梅也让鸡肉的颜色更鲜艳。九曲红梅是红茶中的珍品，含有丰富的茶多酚，增加了这道菜的营养价值。

茶香深水甜虾

茶香深水甜虾的主要原料有深水虾、九曲红梅茶。用九曲红梅的茶水煮虾能去除虾本身的腥味。深水虾营养丰富、口味甘鲜，加上九曲红梅的清香，令人回味无穷。虾仁甘，性温，有补肾壮阳的功能，搭配九曲红梅的营养价值，又是一道食补佳品。

图8-127　茶香深水甜虾

Fig. 8-127 Boiled Deep-water Shrimp with Jiuqu Hongmei Tea Flavor

图8-128　啫啫茶香鸡

Fig. 8-128 Red-cooked Chicken with Jiuqu Hongmei Tea Flavor

茶香紫苏鱼头

茶香紫苏鱼头的主要原料是鱼头、手磨豆腐、九曲红梅茶、紫苏。九曲红梅茶水不仅能增加菜肴的颜色，茶叶的清香还能去除鱼肉的腥味。紫苏有去腥的作用，它的香气伴随着温度升高能慢慢地释放出来。鱼头能聚火、下火。豆腐能清泻胃火。所以这道菜非常健康美味。

图8-129　茶香紫苏鱼头
Fig. 8-129 Carp Head with Jiuqu Hongmei Tea Flavor

茶香蛋羹

茶香蛋羹的主要原料是九曲红梅茶、鸡蛋及新鲜的薏仁、薄荷叶。鸡蛋羹虽然是家常小菜，但是它的营养价值不能小觑。用茶叶水蒸的鸡蛋羹更是别有一番风味。点缀其上的薄荷叶还能散发出迷人的清香。

踏雪寻梅

主料：九曲红梅茶、黑鱼片、鸡蛋。

烹制：黑鱼片与鸡蛋（打散成液）上撒茶叶一起清蒸。

品尝：茶叶深红、鱼片洁白、蒸蛋金黄，色泽诱人；茶香、鱼嫩、蛋鲜，多种美味兼容，具暖胃滋补之功。

图8-130　踏雪寻梅（陆灵枫摄影）
Fig. 8-130 Plum Blossoms in the snow (Steamed Egg and Slices of Snakehead with Jiuqu Hongmei Flavor) (shot by Lu Lingfeng)

九曲香鸭

主料：九曲红梅茶、老鸭一只（鸭龄两年）。

烹制：茶沏泡成茶汤，老鸭蒸熟后切块，与茶汤用小火合炖。

品尝：老鸭块呈茶红色，汤汁茶香浓郁，味道鲜美，补中益气。

图8-131　九曲香鸭（陆灵枫摄影）
Fig. 8-131 Braised Duck with Jiuqu Hongmei Tea Flavor (shot by Lu Lingfeng)

红梅萦带

主料：九曲红梅茶、鲜带鱼、萝卜。

烹制：萝卜切丝铺底，取鲜带鱼中段切块后置于萝卜丝之上，撒上茶叶，清蒸。

品尝：茶叶色泽深红若梅，茶香消却鱼腥；萝卜丝清口开胃；带鱼鲜美清嫩且带银白色，以“银带”谐音“萦带”，寓意九曲红梅茶原产地有九曲龙溪萦绕群山幽谷的优良自然生态环境。

图8-132 红梅鲞带（陆灵枫摄影）
Fig. 8-132 Steamed Hairtail with Jiuqu Hongmei Tea Flavor (shot by Lu Lingfeng)

图8-133 九曲茶香鸡（陆灵枫摄影）
Fig. 8-133 Braised Chicken with Jiuqu Hongmei Tea Falvor (shot by Lu Lingfeng)

九曲茶香鸡

主料：九曲红梅茶、土鸡一只。

烹制：整鸡煮熟，观火候适时投入九曲红梅茶，待茶味入鸡后，取整鸡装盘，并预先调制好作料汁。

品尝：先请食客欣赏因茶汤作用而具有特殊色、香、形的整鸡，再切块仿白斩鸡吃法蘸作料汁食用。鸡香、茶香交相融合，有温补作用，尤其适合夏、秋换季时食用。

梅韵牛排

主料：九曲红梅茶、牛排。

烹制：牛排煎熟后，以茶汤（加上作料）浸泡，再入锅加热，收干后装盘上桌。

品尝：牛排肉质鲜嫩，更因融入九曲红梅茶香而别具风味。

红梅河虾

主料：九曲红梅茶、河虾。

烹制：河虾油爆后洒上茶汤，翻炒片刻，收干汤汁即可。

品尝：虾肉味道鲜美，茶香扑鼻，饮“梨花初酿”米酒佐餐，堪称“茶酒不分家”之一大快事。

图8-134 梅韵牛排（陆灵枫摄影）
Fig. 8-134 Fried Steak with Jiuqu Hongmei Tea Flavor (shot by Lu Lingfeng)

图8-135 红梅河虾（陆灵枫摄影）
Fig. 8-135 Stir-fried Shrimps with Jiuqu Hongmei Tea Flavor (shot by Lu Lingfeng)

附　录　九曲红梅茶生产技术规程

DB 3301

杭州市地方标准

DB 3301/T 1032—2013

代替DB 3301/T 060. 1—2003、DB 3301/T 060. 2—2003、

DB 3301/T 060. 3—2003

2013-07-20发布

2013-8-10实施

杭州市质量技术监督局　发布

前　言

本标准依据GB/T 1. 1—2009给出的规则起草。

本标准代替DB 3301/T 060. 1—2003《九曲红梅茶第1部分栽培技术规范》、DB 3301/T 060. 2—2003《九曲红梅茶第2部分加工技术规程》、DB 3301/T 060. 3—2003《九曲红梅茶第3部分商品茶》。与其相比，主要变化如下：

——调整了部分规范性引用文件；

——补充了苗木要求；

——简化了鲜叶采摘内容；

——产品分级改为特级、一级、二级、三级、四级，共五个等级，提高了鲜叶分级标准，从原来特级为一芽二叶初展提高到一芽一叶至一芽二叶初展，修改原各分级原料要求和干茶感官品质指标；

——删除了原标准对加工机具的要求；

——将九曲红梅茶加工工艺规范、九曲红梅茶质量要求及检验和九曲红梅茶的标志、包装、运输、贮存作为规范性附录。

附录A、附录B和附录C为规范性附录。

本标准不涉及相关专利。

本标准由杭州市农业局提出。

本标准起草单位：西湖区农业局、杭州市质量技术监督局西湖分局、杭州市农业局。

本标准主要起草人：洪祥宝、商建农、洪守霞、冯赞玉、胡新光、俞利姝。

本标准2003年10月首次发布，2013年7月第一次修订。

本标准主要修订单位：杭州市西湖区龙井茶产业协会、杭州市西湖区农业局，杭州市质量技术监督局西湖分局、杭州九曲红梅茶业有限公司、杭州灵山茶叶专业合作社、杭州福海堂茶业生态科技有限公司、杭州市西湖区农业技术推广服务中心。

本标准主要修订人：商建农、伍海燕、官少辉、冯赞玉、楼红盛、卢红渭、杨宇宙、张卉。

本标准代替了DB 3301/T 060. 1—2003、DB 3301/T 060. 2—2003、DB 3301/T 060. 3—2003。

DB 3301/T 060. 1—2003、DB 3301/T 060. 2—2003、DB 3301/T 060. 3—2003为首次发布。

九曲红梅茶生产技术规程

1. 范围

本标准规定了九曲红梅茶的术语和定义、苗木要求、建园要求、茶园管理、鲜叶与加工等技术要求。

本标准适用于九曲红梅茶的生产与加工。

2. 规范性引用文件

下列文件对于本文件的应用是必不可少的。凡是注日期的引用文件，仅所注日期的版本适用于本文件。凡是不注日期的引用文件，其最新版本（包括所有的修改单）适用于本文件。

GB/T 191　包装储运图示标志

GB 2762　食品安全国家标准食品中污染物限量

GB 2763　食品安全国家标准食品中农药最大残留限量

GB 4285　农药安全使用标准

GB 7718　食品安全国家标准预包装食品标签通则

GB/T 8302　茶取样

GB/T 8304　茶水分测定

GB/T 8305　茶水浸出物测定

GB/T 8306　茶总灰分测定

GB/T 8311　茶粉末和碎茶含量测定

GB/T 8321　农药合理使用准则（所有部分）

GB/T 11767　茶树种苗

GB/T 18795　茶叶标准样品制备技术条件

GB/T 23776　茶叶感官审评方法

GH/T 1070　茶叶包装通则

NY 5020　无公害食品茶叶产地环境条件

JJF 1070　定量包装商品净含量计量检验规则

DB 33/T 479　茶叶加工场所基本技术条件

《定量包装商品计量监督管理办法》（国家质量监督检验检疫总局令（2005）第75号）
《食品标识管理规定》（国家质量监督检验检疫总局令（2009）第123号）

3. 术语与定义

下列术语及定义适用于本标准。

九曲红梅茶

产自杭州市西湖区地域内的茶鲜叶，经萎凋、揉捻、发酵、干燥等工艺加工而成的工夫红茶。

4. 苗木要求

4.1　品种

适制九曲红梅茶的当地群体种和其他适宜加工九曲红梅茶的品种。

4.2　苗木质量

新种茶园苗木应符合GB/T 11767的规定，质量要求见表1。

表1　苗木的质量要求

级别	苗龄	苗高/cm	茎粗/mm	侧根数/根	品种纯度	检疫性
I	一足龄	≥30	≥3.0	≥3	100%	不得检出
II	一足龄	≥20	≥2.0	≥2	100%	

5. 建园要求

5.1　自然环境

茶园环境条件符合NY 5020的要求。

5.2　土壤

黄红壤及其变种，母质以花岗岩和凝灰岩为主。土壤pH 4.5~6.5。

5.3　种植

5.3.1　开垦

5.3.1.1　宜在坡度25°以下的山地开垦种植，坡度在15~25°的，应修筑等高水平梯坎，梯面宽应≥3m。

5.3.1.2　开垦深度应50cm以上。

5.3.2　基肥

定植前开种植沟，沟深约50cm、宽约60cm，沟内施足底肥，宜用有机肥或饼肥7.5~15t/hm^2。

5.3.3　定植时间

5.3.3.1　秋季

10月下旬至11月下旬为宜。

5.3.3.2　春季

2月中旬至2月下旬为宜。

5.3.4　定植密度

5.3.4.1　单条栽

行距120~150cm、株距30cm，每丛茶苗2~3株，每公顷种植茶苗大于60000株。

5.3.4.2　双条栽

大行距150cm，小行距30cm，丛距30cm，两小行茶丛交叉排列。每丛茶苗2株，每公顷种植茶苗大于80000株。

5.3.5　栽种方法

5.3.5.1　根据种植规格，按规定的行距开好种植沟，现开现栽，保持土壤湿润。

5.3.5.2　栽种茶苗时，将茶苗放在穴中间位置，一手将土填入穴内，一手将茶苗轻轻一提，使茶苗根系自然舒展；再分2~3次填土，压实后适当加细土到茶苗"泥门"，同时浇足水。

5.3.5.3　定植后应防旱、保苗，适时浇水，发现缺株及时补齐。

6. 茶园管理

6.1　树冠管理与改造

6.1.1　定型修剪

6.1.1.1　定型修剪的对象为幼龄期茶树和台刈后茶树。

6.1.1.2　定型修剪一般分三次完成。第一次在定植后或台刈后进行，剪口离地高15~20cm。第二次在栽后的第二年秋季进行，剪口离地高30~35cm。第三次在定植后第三年春茶后进行，剪口离地高45~50cm。修剪时剪口要光滑。

6.1.2　树冠改造

6.1.2.1　轻修剪

成龄茶园通过剪去冠面突出枝和细弱枝，促进生长枝侧芽多发，控制树冠高度和幅度。轻修剪每年可进行1~2次，宜在春茶后（5月上旬）或秋末（10月中下旬）进行。

6.1.2.2　深修剪

投产多年、产生大量鸡爪枝或受严重冻害、病虫危害，蓬面枝叶枯焦、脱叶的茶园，修剪深度为在蓬面下10~20cm。

6.1.2.3　重修剪

树冠已衰败的投产茶园，离地25~35cm以上枝条全部剪去，宜在春茶后进行。

6.1.2.4　台刈

在春茶后用台刈剪对衰老茶树枝条在离地10~15cm全部刈去。做到切口光滑，倾斜，枝干不开裂。

6.2　土壤改良与管理

6.2.1　深翻改土

每年或隔年一次，在10月秋茶结束后进行。在茶行两侧深耕，深度20~30cm，结合深耕施基肥。

6.2.2　翻耕除草

6.2.2.1　浅耕在春茶前（2月下旬至3月上旬）进行，深度6~10cm。

6.2.2.2　中耕在春茶采摘结束后（5月上中旬）进行，深度10~15cm。

6.2.2.3　伏耕在7月中旬至8月中旬进行，深度15~20cm。

6.2.2.4　翻耕结合除草。

6.2.3　铺草

在高温干旱的夏初和秋末在茶树行间铺草，铺草量为15~20t/hm^2，以增进肥力。

6.3　施肥

6.3.1　施肥时间

春茶前施肥，宜2月中旬前。夏茶前追肥，宜春茶结束的5月上旬。秋茶前追肥，宜夏茶结束后6月下旬至8月下旬期间分期施。秋冬季施基肥，宜在10月上旬至11中旬，结合深耕进行。

6.3.2　施肥量

6.3.2.1　幼龄茶园以基肥为主，氮、磷、钾三元素配比为2：1：1。年施有机肥0.7~1.5t/hm^2。

6.3.2.2　成龄茶园以氮肥为主，辅以磷钾，一般每采收100kg干茶，需施纯氮18~20kg，氮、磷、钾三元素配比为4：1：1。施用量根据土壤肥力及干茶产量情况适当调整。

6.3.3　施肥方法

6.3.3.1　根部基肥

在行间开20~30cm深条沟，施入肥料后覆土。

6.3.3.2　根部追肥

在行间开10cm左右条沟，施入肥料后覆土。

6.4　茶园水分管理

6.4.1　茶树生长期要求土壤相对含水量为70%~90%，空气相对湿度应大于70%。

6.4.2　成龄茶园通过深翻改土、铺草、浅耕等办法保持土壤水分。幼龄茶园应采取浅锄保水、追施粪肥、灌水、种植绿肥等措施抗旱保苗。

6.4.3　低洼积水茶园，根据地形向外开排水沟，沟底宽10~20cm，沟深60~80cm，使积水易于排出。

6.5 冻害的防治

6.5.1 冻害预防

6.5.1.1 加强肥水管理，秋末早施、重施基肥，增施磷、钾肥，增强树势，提高抗寒能力。

6.5.1.2 在低温寒潮来临前，用稻草、杂草、遮阳网等覆盖茶树蓬面。

6.5.2 冻害后护理

6.5.2.1 剪除受冻枝叶，对冻害严重的应进行深修剪或重修剪。

6.5.2.2 受冻害的茶树宜进行根外追肥。

6.6 病、虫、草害综合防治

6.6.1 严格执行国家规定的植物检疫制度。

6.6.2 采用合理修剪、勤除杂草、冬季清园、合理施肥等农业措施。

6.6.3 保护和利用天敌，使用生物农药，维持和改善茶园生态环境，充分发挥茶园生态系统的自然调控能力。

6.6.4 加强物理防治，采用人工捕杀、灯光诱杀、色板诱杀或信息素诱杀等方法防治害虫。采用机械或人工方法防除杂草。

6.6.5 合理进行化学防治，严格按制定的防治指标，掌握防治适期施药，宜一药多治或农药的合理混用和轮用。宜低容量喷雾，推行点治或挑治，减少全面喷药。禁止使用高毒、高残留农药，选用高效、低毒、低残留、对天敌杀伤力低的农药品种。按照GB 4285、GB/T 8321（所有部分）的规定执行，严格控制施药量。严格执行农药安全间隔期，间隔期内不得采摘鲜叶。

7. 鲜叶与加工

7.1 鲜叶采摘与分级

采摘时间为3月下旬至10月上旬，用于同批次加工的鲜叶，其嫩度、净度、茶叶组成均匀度应基本一致。鲜叶质量分为特级、一级、二级、三级、四级，指标应符合表2的要求。

表2 鲜叶质量分级要求

等 级	要求
特 级	一芽一叶至一芽二叶初展，以一芽一叶为主，芽稍长于叶，芽叶完整、匀净。
一 级	一芽一叶至一芽二叶，一芽二叶在50%以下，芽与叶长度基本相等,芽叶完整。
二 级	一芽二叶至一芽三叶初展，以一芽二叶为主，叶长于芽，芽叶完整。
三 级	一芽二叶至一芽三叶，有部分嫩的对夹叶。
四 级	一芽二叶至一芽三叶，以一芽三叶为主。

7.2 加工

7.2.1 加工条件

应符合DB 33/T 479中的规定。

7.2.2 加工工艺

鲜叶萎凋—揉捻—发酵—初烘—足烘。具体加工工艺符合附录A的规定。

8. 质量要求及检验

九曲红梅茶产品的质量要求及检验应符合附录B的规定。

9. 标志、包装、运输、贮存

九曲红梅茶的标志、包装、运输、贮存的要求应符合附录C的规定。

规范性附录：九曲红梅茶加工工艺

A.1 萎凋

A.1.1 利用自然萎凋、萎凋槽萎凋、萎凋机萎凋等，要求萎凋时间在12h以上。

A.1.2 萎凋程度

以萎凋叶含水量为58%~64%适度标准，其中春茶约为58%~61%，夏秋茶约为61%~64%。其感官特征为：手握成团，叶茎折而不断，嗅时少青气，叶色暗绿。

A.2 揉捻

投叶量根据揉捻机型号决定，揉捻时间约为60~90min，加压按轻—重—轻原则，要求成条率达到80%以上。

A.3 发酵

A.3.1 发酵温度宜25~40℃，相对湿度宜在90%以上。

A.3.2 发酵时间春茶宜3~4h，夏秋茶宜2~3h。

A.3.3 发酵程度为青气消失，发出浓厚的花香或果香，叶色呈黄红色或铜红色。

A.4 初烘

初烘温度为100~110℃，含水量降至20%左右，结束后应摊凉。

A.5 足烘

足烘温度为70~90℃，含水量不高于6%，手捻茶能成粉末。

九曲红梅茶质量要求及检验

B. 1　质量要求

B. 1. 1　基本要求

品质正常，无异味，无劣变，无污染。茶叶应洁净，不含非茶类物质。

B. 1. 2　分级

按感官品质分为：特级、一级、二级、三级、四级。每个级设立一个实物标准样，分别为其品质的最低要求，每三年换样一次，实物标准样的制备应符合GB/T 18795的规定。

B. 1. 3　各级九曲红梅茶感官品质应符合表B. 1的要求。

表B. 1　九曲红梅茶感官品质要求

项 目		要 求				
		特级	一级	二 级	三 级	四级
外形	条索	细紧多苗锋	紧细有锋苗	紧细	尚紧细	尚紧
	整碎	匀齐	较匀齐	匀整	较匀整	尚匀整
	色泽	乌黑油润	乌润	乌尚润	尚乌润	尚润
	净度	净	净稍含嫩茎	尚净有嫩茎	尚净稍有筋梗	有梗朴
内质	香气	鲜嫩甜香	嫩甜香	甜香	纯正	平正
	滋味	鲜醇甘爽	鲜醇爽口	醇和尚爽	醇和	尚醇和
	汤色	橙红明亮	橙红亮	橙红明	橙红尚明	尚橙红
	叶底	细嫩显芽红匀亮	匀嫩芽红亮	嫩匀红尚亮	尚嫩匀尚红亮	尚匀尚红

B. 1. 4　理化指标

应符合表B. 2的规定。

表B. 2　理化指标

项 目	要 求	
	特级、一级、二级	三级、四级
水分，% ≤	6.5	7.0
总灰分，% ≤	6.5	7.0
水浸出物，% ≥	32.0	
粉末，% ≤	1.0	

B. 1. 5　质量安全指标

B. 1. 5. 1　污染物限量应符合GB 2762的规定。

B. 1. 5. 2　农药残留限量应符合GB 2763的规定。

B. 1. 6　净含量

定量包装规格由企业自定，净含量负偏差应符合国家质量监督检验检疫总局2005年第75号《定量包装商品计量监督管理办法》。

B. 2　检验方法

B. 2. 1　取样

按GB/T 8302规定执行。

B. 2. 2　感官检验

按GB/T 23776的方法结合实物样进行。

B. 2. 3　理化检验

B. 2. 3. 1　水分

按GB/T 8304规定的方法测定。

B. 2. 3. 2　总灰分

按GB/T 8306规定的方法测定。

B. 2. 3. 3　水浸出物

按GB/T 8305规定的方法测定。

B. 2. 3. 4　粉末

按GB/T 8311规定的方法测定。

B. 2. 4　质量安全指标

按GB 2762、GB 2763规定的方法测定。

B. 2. 5　净含量

按JJF 1070规定的方法检验。

B. 3　检验规则

B. 3. 1　抽样

B. 3. 1. 1　抽样以批为单位。在生产和加工拼配过程中形成的独立数量的产品为一个批次，同批产品的品质规格一致。

B. 3. 1. 2　抽样方法和数量按GB/T 8302的规定执行。

B. 3. 2　出厂检验

每批产品均应做出厂检验，经检验合格签发合格证后，方可出厂。出厂检验项目为感官品质、水分、粉末、净含量和标签。

B. 3. 3　型式检验

B. 3. 3. 1　正常生产时每半年进行一次型式检验。有下列情况时也应进行型式检验。

a) 因人为或自然因素使原材料或生产环境发生较大变化时；

b) 出厂检验的结果与上次型式检验有较大差异时；

c) 国家法定质量监督机构提出型式检验要求时。

B. 3. 3. 2　型式检验项目为B. 2. 2、B. 2. 3、B. 2. 4、B. 2. 5中的全部项目。

B. 3. 4　判定规则

B. 3. 4. 1　检验项目全部符合本标准要求的产品，则判该批产品为合格。

B. 3. 4. 2　凡劣变、有污染、有异味或质量安全指标中有一项不符合本标准要求，则判定该批产品不合格。

B. 3. 4. 3　除质量安全指标外，理化指标有一项不合格或感官指标不符合规定级别的，应在原批次产品中加倍取样复验；复验中感官指标、理化指标仍不合格者，判该批次产品为不合格品。

对检验结果有争议时，应对留存样进行复检，或在同批次产品中重新按GB/T 8302规定加倍抽样，对不合格项目进行复检，以复检结果为准。

九曲红梅茶标志、包装、运输、贮存

C. 1　标志

C. 1. 1　出厂产品包装标签应符合GB 7718及《食品标识管理规定》的规定。

C. 1. 2　产品的包装储运图示标志应符合GB/T 191的规定。

C. 2　包装

包装材料与容器应清洁、干燥、无异味、无毒，不影响茶叶品质，符合GH/T 1070的规定。

C. 3　运输

运输工具应清洁、干燥、无异味、无污染。运输时应防潮、防雨、防曝晒，避免剧烈撞击、重压。装卸时要轻放轻卸，严禁与有毒、有异味、易污染的物品混装、混运。

C. 4　贮存

C. 4. 1　不得与有毒、有害、有异味、易污染的物品接触。

C. 4. 2　茶叶应存放在清洁阴凉、干燥避光、无异味，并有防潮设施且周围环境无污染的专用仓库。

C. 4. 3　按本标准规定的运输和贮存条件，保质期为36个月。

后　记

吾与西湖有缘，30年间收藏有大量西湖老照片、西湖月份牌及西湖博览会史料。王国平总主编的《西湖全书》中，即有赵大川、韩一飞编著《西湖老照片》，赵大川编著《西湖风情画》以及《西湖博览会》（上半部分）三部图书，这三部书也曾为西湖申遗助力。

吾与西湖茶叶也有缘。就在1978年10月党的十一届三中全会召开之际，我有幸参加了浙江省水利厅水利喷灌技术师资培训班，在众多大学生助工中脱颖而出，考了第一名。嗣后，有了十年的喷灌生涯。西湖区双峰大队（现中国茶叶博物馆）、灵隐大队、龙井大队、茅家埠大队、龙坞大队的茶叶固定、半固定喷灌工程都是我参与设计、施工的，那一段经历成文后编入《龙井问茶》一书。

在西湖区从事茶叶喷灌工程的日子里，听茶农诉说，览旧时书籍，我对龙井绿茶、九曲红梅从略知一二到渐渐入门，并有了为西湖一绿一红茶叶著书立说、树碑立传的想法。

吾辈非作家，缺艺术想象，无神来之笔，只能下苦功。看一本书写到什么程度，就看作者的资料积累到什么程度，我的写作以资料翔实，图文并茂取胜。2004年4月，由我编著，图文并茂、图片说明中英文对照的160页《龙井茶图考》一书由西泠印社出版，只是小试牛刀，对西湖一绿一红茶叶初步探究的尝试而已。

经过几年的积累，在西湖区政协、西湖区委会大力支持下，2007年3月，500余页、图文并茂、图片说明中英文对照，我所编著的《龙井茶图考》由杭州出版社出版，在探究西湖一绿一红茶叶上前进了一大步。

西湖茶叶，一绿一红，先后两部《龙井茶图考》，对龙井绿茶的探究已有深度。浏览细究手中实物及资料，与在西湖茶区所见、听茶农所闻相较，我的研究与实际总有差距，探究九曲红梅奥秘并著书立说的愿望，日益加深。西湖区发动各方人士探索九曲红梅的前生今世，给了我深度挖掘九曲红梅的机会，也有了我编著《九曲红梅图考》并出版的机遇。

感谢王立华书记、祝永华会长拨冗为本书作序，他们的序高屋建瓴，抹去尘封，突出了九曲红梅的辉煌历史。感谢毛立民总经理参著此书，并精心作序。在这里我想谈一点对本书资料积累的认识和体会。凡事有利也有弊，杭州历来是宜居之地，也引来倭寇、战乱，乃至“文化大革命”对文化遗存的破坏。新中国成立初期，政府明文规定，辛亥革命后的文献、实物，不属文物，是图书馆、博物馆不屑

1982年赵大川在省农机学会做学术报告

Zhao Dachuan making an academic report in Zhejiang Agricultural Machinery Academy in 1982

收藏的。这些文献要么流落民间，要么在“文化大革命”期间被销毁。因此，国家图书馆和博物馆里古籍、出土文物众多，而晚清、民国时期的文献较少，以致杭州民国史料、实物匮乏。意识到这一点，新千年后，我有了最初的稿酬，便大量收买纸质品，民国乃至新中国成立后的文献、图片，悉数购买。我的视野，不仅在杭州，我在苏州、上海、北京、广州、西安、郑州等都曾留下足迹。

另外我还想说，这也是缘分。就在我退休的新千年，大变革后随之而来的是大发展，高速公路、地铁开通，到处有高楼拔地而起。先是干部搬住新房，再是百姓大搬迁，大量的旧书籍、老照片和新中国成立后的各种文化遗存，被当作废物进入废品收购站，又在江西、安徽书贩的奔波下，最终被摆放到收藏品市场，这是真正的“千年等一回”，我正赶上了这千载难逢的时机。其时，我刚届退休，有了时间，有了最初的稿酬，有了比别人略大的财力。我避开富有者竞相购买的玉器、瓷器、金银器，专拣那些别人不屑一顾，今天看来却都是杭州宝贝的纸质品、证章、奖章、残砖断瓦购买。别人视我为“疯子”，连夫人也不理解，但这却是我深思熟虑后的决定。当一些收藏者看清其中价值时，时已晚矣。这期间父母的支持，令我感动，当我囊中羞涩时，总是他们迈着蹒跚步伐去银行取钱借我，使我多了许多宝贝。

在撰写本书的过程中，我曾专程去上海图书馆多次，和地方文献部一些同志结交成友。赴沪前先是数度电话联系，再三查询，他们讲确有1915年的《神州日报》，但只能看碟片，不能阅览和拍摄原件，我又向图书馆领导央求，终获同意，需开具介绍信，由对方拍摄。

赴沪前，电话联系，询问馆方周六、周日是否开馆，答曰：“全都开馆。”2013年2月3日，周日，我信心满满，晨6：00出发，7：18乘高铁至上海虹桥站，9：00抵上海图书馆。不料地方文献部周日休息，不开放。无奈，只得稍事休息，原路返杭。2月5日，春节前二度赴沪，上午9：00开

1978年浙江省水利厅喷灌技术首届师资培训班杭州学员留影（后右2为赵大川，1978年11月）
Photo of Hangzhou members taking part in the first teacher-training class on the spray irrigation technology by Department of Water Resources of Zhejiang Province in 1978 (Zhao Dachuan was the 2nd from right in back row.)

馆前，已赶到上图，出示介绍信，由领导签字后，馆方讲先看碟片，看中哪一张、哪一份报纸后，再行拍摄。1915年的《神州日报》就有十余张碟片，从上午9：00开始，中午边啃面包，边看碟片（图书馆规定，馆内不能喝水），一张报纸八版，一版一版看过去，直看到头昏眼花，没有好身体、没有好眼力，扛不住矣。下午4：00，终于找到了报道巴拿马赛会中国七省名茶共获大奖的十余张1915年《神州日报》，其中的五版，证据确凿，证明包括九曲红梅在内的七省名茶确获超等大奖。我和馆方商量，请他们拍摄，我先付钱，随后将光盘邮寄给我。很不凑巧，馆方称“拍摄同志这几天不在”，待春节后再联系，又只好原路返杭。其时，已近年关，诸事甚多，也只好停几天再议。晚上，我迫不及待地将已获确凿证据的消息告知唐建瑛、洪尚之，大家也为之精神振奋，松了一口气。

2月19日，三度赴上海图书馆。那天清晨下起小雨，到上图已是大雪纷飞，躲进温暖如春的馆内，馆方已安排专人进行拍摄。一家有一家的规矩，上图有专门的服务公司，工作人员均是大学本科毕业。为我拍摄之青年人，即是哈工大毕业生。他讲，要清晰，必须按规定拍摄，一张报纸有四版，每版分四小块拍摄，然后再合成一版。从上午一直到下午3：00，拍摄方结束。

开始结账，服务公司要收拍摄劳务费，地方文献部要收资料费，结账花了近一小时，付费数千元，但总算拿到真凭实据，一颗心也放下了。我立即电告儿子，让他网上购票，我一到虹桥站即凭身份证取票、上车，到杭州已过6：00。三度赴沪可谓功德圆满，当晚电告唐建瑛主任，她的心也放下了。嗣后，由美虹高仿成原大报纸进行展示，各级领导看后，也甚满意。这是迄今为止，参与1915年巴拿马赛会的浙、赣、苏、湘、鄂、闽、徽七省茶叶，首次拿出共获金牌大奖的历史依据。

1993年水利部陈雷司长（右）陪同新加坡专家（左）参观种猪场茶叶喷灌。陈雷2007年被国务院任命为水利部部长

In 1993, Chen Lei (right), who was appointed by the State Council as the Minister of Ministry of Water Resources in 2007, accompanied a Singaporean expert (left) to look around tea spray irrigation on the Boars Testing Ground.

许多有价值的珍贵史料是在写作过程中不断完善的。2014年3月8日，星期六，晨5：30，我一早就赶到了杭州收藏品市场，先在河边淘点有字款的残瓷破罐，考证杭城历史，追忆千年杭城遗韵。6点以后，钢材屋架、塑钢屋顶的摊屋下，安徽小伙、萧山大嫂、宁波大叔等纷纷摆开在杭州及周边地区收购来的杭州纸质文献。因为我起得早，十数年如一日，咬定目标，总能吃上第一口水，夺得“先看权”。沙里淘金，往往获得别人看来稍贵，但在文献价值上来讲，都是万里挑一的宝贝。7时许，杭城的许多纸质文献淘宝人都陆续上三楼，交流收藏心得，等候一位杭城著名的文献商到来。他每星期骑着摩托车在杭城及闲林埠、祥符桥废品市场下大力气收罗，许多旧书，“文革”纸制品，学校、单位档案，都是他首先发现，在收藏品市场售卖的，我书中的许多上佳素材，也源自此人。

3月8日那天，我虽然没有大的收获，却有缘结识了一位金华的朋友。此人祖父曾是民国时期《汉语大辞典》的撰稿人，改革开放后，其祖父已年届八十，还被请出来担当辞书编审。家学渊源深厚，因此他虽在国家单位工作，闲时却醉心于读书收藏。3月14日，他专程来我家，让售我几件宝贝，随后我们曾多次通话。3月20日，他来电说他有两件杭州老字号茶庄的价目表，电话查询，竟有九曲红梅，我欣喜若狂，立即允诺以他的出价购买。他称将在3月28日携货来我家，一手交钱，一手交货。我度日如年地耐心等待他的到来，3月28日下午，我打电话给他，他称已乘上来杭汽车，而这两件宝贝已让售给衢州友人，因为他要换取他家乡东阳的文献。我理解他对家乡的热爱，在无可奈何的同时，却得到了这位衢州友人的电话、姓名。我立即拨通电话，联系衢州朋友。衢州朋友说可以让售于我，但已提价一倍。我宁可不吃饭，也不能漏过一件九曲红梅的宝贝，再三商量后，价格稍降一点，立即成交。我一看时间，还有一小时银行关门，立即按他的开户行和账号，将款汇出。几分钟后，他发短信告知我“款已收到”，并称次日下午快递寄我。3月29日，星期六下午，参加2014望海茶敬老茶会后，等候汽车时，已收到他寄出宝贝和快递单号的短信。3月30日，星期天，上午10点，我欣喜地收到了这两件宝贝。这可以讲，是我收藏文献著书立说最离奇的经历，也因此有了两张弥足珍贵的《杭州老字号茶庄价目表》。

依靠这些资料，我可以在陋室中，细细浏览，慢慢揣摩，认真梳理，只字推敲，由此我编著出版了超过2000万字、厚厚的40余部图书。

在这部书完竣，即将出版之际，特别感谢长期来鼓励我、支持我著书立说的老领导安志云副主任、何关新副主席、洪航勇副主任、王立华书记、祝永华会长、浙大王岳飞教授、浙江省茶叶公司施建强董事长、王兵副总经理、九曲红梅有限公司包兴伟总经理、沈平夷秘书长、唐建瑛主任、洪尚之先生。感谢著名茶史专家胥滨女士提供许多建设性的意见，为本书出版提供了大力支持。浙江大学出版社黄宝忠副社长、张琛副总编、张远方编辑认真把关，只字校勘，保证图书质量，特别致谢。浙江图书馆、杭州图书馆、余杭图书馆敞开库藏，提供资料，予以支持，一并致谢。

赵大川

2015年5月12日于建国南苑寓所